Kleiner Leitfaden Mathematik

für den Unterricht in der Sekundarstufe I

Hrsg.: Dr. Lutz Engelmann

PAETEC
Gesellschaft für Bildung und Technik mbH

Herausgeber: Dr. Lutz Engelmann

Autoren:
Dr. Klaus-Peter Eichler (Abschnitte 1; 5.1–5.5)
Dr. Lutz Engelmann (Abschnitte 3.7; 4.1; 4.2; 5.10)
Dr. habil. Günter Fanghänel (Abschnitt 2)
OStR Karlheinz Lehmann (Abschnitte 3.1–3.6; 3.8; 5.11; A.2.1.; Archimedes)
Dr. Gerhard Paulin (Abschnitte 3.9–3.11; 4.3–4.9; 5.5.7; 5.6–5.9)
Prof. Dr. Hans-Dieter Sill (Abschnitte 6; A.1)
Dr. habil. Reinhard Stamm (Abschnitte 7; 8; 9)

Reihe: Dieses Buch erscheint als 1. Band einer Reihe „Mathematik und Informatik für alle“ (MIA; Hrsg. d. Reihe: Dr. Lutz Engelmann).

Die Deutsche Bibliothek – CIP-Einheitsaufnahme

Kleiner Leitfaden Mathematik : für den Unterricht in der Sekundarstufe I / Paetec, Gesellschaft für Bildung und Technik mbH. Hrsg. von Lutz Engelmann. [Autoren: Klaus-Peter Eichler ...]. – 1. Aufl.. – Berlin: Paetec, Ges. für Bildung und Technik, 1996
ISBN 3-89517-150-6
NE: Engelmann, Lutz [Hrsg.]; Paetec, Gesellschaft für Bildung und Technik <Berlin>

Gedruckt auf chlorfrei gebleichtem Papier

1. Auflage
1 5 4 3 2 1 | 2000 1999 98 97 96
Die letzte Zahl bezeichnet das Jahr dieses Druckes.

Redaktion: Dr. Lutz Engelmann
Layout und Zeichnungen: Dr. Lutz Engelmann
Umschlaggestaltung: Britta Scharffenberg

Druck: Westermann Druck Zwickau GmbH

ISBN 3-89517-150-6

Quadratzahlen $1^2 + 2^2 + 3^2 + \ldots + n^2$. Er zeigt, wie man einen Winkel konstruktiv in drei gleiche Teile teilen kann (freilich nicht nur mit Zirkel und Lineal). Er entwickelt Formeln für die Oberfläche von Kugeln und Kugelteilen. Er berechnet aus dem regelmäßigen 96-Eck, daß π zwischen $3\frac{10}{71}$ und $3\frac{1}{7}$ (d. h. zwischen 3,1408 … und 3,1428 …) liegen muß. Seine vielleicht bedeutsamste Leistung ist aber die Berechnung der Fläche eines Parabelsegments. Er zerlegt diese Fläche in Teile, die er gedanklich immer mehr verkleinert. Mit diesen Gedankengängen greift er der Entwicklung um anderthalb Jahrtausende voraus bis zu jener Zeit, als in Europa die Infinitesimalrechnung entsteht. Aber auch ein Spiel „Stomachion“ entwickelt er, bei dem aus 14 verschiedenen Teilen, die zusammen ein Quadrat bilden, die verschiedensten Figuren zusammengesetzt werden sollen.

Und in die Weltgeschichte geht ARCHIMEDES ein, als er seine Heimatstadt im 2. Punischen Krieg monatelang vor den sie belagernden Römern bewahrt. Er ersinnt immer neue Abwehrwaffen: Ballisten (Schleudermaschinen) mit bis dahin unbekannter Reichweite und Treffsicherheit, mit denen die feindlichen Schiffe schon aus der Ferne bekämpft werden, Geräte aus Hebeln und Flaschenzügen, mit denen er die in den Hafen eingedrungenen Schiffe aus dem Wasser heben und zerschmettern kann, Sichelräder, die den Berg herabrollend, die Angreifer niederstrecken, riesige Hohlspiegel, die die Angreifer blenden und – so die Sage – die Segel in Brand setzen. Monatelang trotzt Syrakus den sieggewohnten Römern. Erst durch eine List (den Abbruch der Belagerung vortäuschend) gelingt ihnen endlich die Eroberung der Stadt.

Dabei kommt ARCHIMEDES ums Leben, der Überlieferung nach durch einen römischen Soldaten, der ihn in seinem Garten antrifft, wo ARCHIMEDES geometrische Figuren in den Sand zeichnet und dem Eindringlich ärgerlich ein „Störe meine Kreis nicht!“ zuruft. „ARCHIMEDES“ heißt aus dem Griechischen übersetzt „Erzdenker“. Er hat diesen Namen verdient.

Vorwort

Im „Kleinen Leitfaden“ sind die mathematischen Inhalte, die sich Schüler bis zum Ende der Klasse 10 aneignen sollten, in kompakter Form dargelegt. Trotz der sachlichen und knappen Stoffdarstellung und obwohl eine fachsystematische Grobgliederung unterlegt wurde, widerspiegelt die Darstellung und Anordnung des Stoffes innerhalb der einzelnen Kapitel durchaus den „Durchschnittsweg“ der Schulmathematik. Alle Schwerpunkte, die in der Schule behandelt werden, vor allem jener Stoff, der erfahrungsgemäß Probleme bereitet, sind so aufbereitet worden, daß der „Leitfaden“ zur selbständigen Wissensaneignung, zur Wiederholung und zum Schließen von Wissenslücken, aber auch zum direkten Einsatz im Mathematikunterricht genutzt werden kann.

Besonders betont wurden sowohl der kulturhistorische als auch der Anwendungsaspekt mathematischer Allgemeinbildung:
Eingestreut und im Kleindruck dargestellt sind viele interessante Details unter „Historisches“ und „Wissenswertes“, die das „Kulturgut Mathematik“ aufzeigen. Im Anhang findet der Leser außerdem ein Personenregister mit den Lebensdaten bedeutender Mathematiker sowie ein „Kleines Lexikon zur Herkunft mathematischer Begriffe“.
Die Autoren haben sich bemüht, Rechenbeispiele – so dies ohne größeren Erklärungsaufwand möglich war – auf praktische inner- und außermathematische Sachverhalte zu beziehen. Im Anhang findet man darüber hinaus ein Kapitel „Hinweise zum Lösen von Aufgaben“.

Der „Kleine Leitfaden Mathematik“ ist insbesondere geeignet für

- Schüler der Klassen 7 bis 10, die in Vorbereitung auf Klassenarbeiten oder Abschlußprüfungen Wissenslücken schließen möchten;
- den Mathematikunterricht in der Sekundarstufe I als Lehrwerk, wenn vorhandene Lehrbücher nicht genügend die Intentionen vorgegebener Rahmenpläne widerspiegeln.

Darüber hinaus kann der Leitfaden genutzt werden von

- Schülern der gymnasialen Oberstufe, die den mathematischen Stoff bis Klasse 10 – in geschlossener Form bereitgestellt – zur Wiederholung benötigen;
- Lehrern, die Anregungen für ihren Unterricht suchen;
- Schülern und Lehrern an Berufs-, Abend- und Volkshochschulen;
- Eltern, die ihren Kindern bei Hausaufgaben behilflich sein möchten;
- mathematisch Interessierten, die ein Nachschlagewerk benötigen.

Einige Hinweise zur Arbeit mit dem „Leitfaden“

Inhaltsverzeichnis

Auf Seite 5 ist eine Inhaltsübersicht zur groben Orientierung angegeben. Detaillierte Inhaltsangaben findet man am Anfang jedes der zehn großen Kapitel. Um schnell die einzelnen Kapitel zu finden, wurden diese mit Randmarken versehen, welche auch in der Inhaltsübersicht zu finden sind. Intensiven Nutzern des Leitfadens sei empfohlen, die Randleisten der Kapitel bis zu den Marken wie bei einem Adreßbuch auszuschneiden, damit das entsprechende Kapitel „mit einem Griff“ erreichbar ist.

Register und Querverweise

Das effektivste Zugriffssystem für ein solches Buch wie den Leitfaden ist u.E. das Register. Alle im Leitfaden definierten bzw. umschriebenen Begriffe sind im Sachregister enthalten. Im laufenden Text sind die Begriffe an den Stellen, an denen sie erklärt werden, farbig und fett hervorgehoben.
Eine Hervorhebung von Begriffen (nur) durch Fettdruck im Text weist darauf hin, daß man über das Register an anderen Stellen entsprechende inhaltliche Erläuterungen und Definitionen findet. Es wurde allerdings aus Gründen der Lesbarkeit darauf verzichtet, jeden im Leitfaden erklärten und damit im Register auffindbaren Begriff hervorzuheben – insbesondere wenn es sich um i.allg. verständliche Begriffe (wie „Gleichung“; „Term“ usw.) handelt.
Läßt sich ein Hinweis zum Nachlesen korrespondierender Inhalte nicht auf einen Begriff reduzieren, werden Querverweise zum entsprechenden Abschnitt angegeben.

Symbolik

In den Text sind Teile eingebettet, die der Überschaubarkeit und besseren Lesbarkeit halber folgendermaßen gekennzeichnet sind:

D steht für „Definition“.
In den so gekennzeichneten Absätzen werden Begriffe – den schulischen Anforderungen entsprechend – dargelegt. Die definierten Begriffe sind farbig hervorgehoben.

S steht für „Satz“.
Hier sind mathematische Sätze niedergeschrieben.
Für einzelne Sätze werden beipielhaft Beweise angegeben und die Teile eines Beweises (Voraussetzung, Behauptung, Beweisschritte) durch kursive Schrift gekennzeichnet. Im Anhang findet man außerdem einen zusammenfassenden Abschnitt zum Lösen von Beweisaufgaben (Abschnitt A.1.3).

■ steht für „Beispiel“.
Begriffskonkretisierungen und beispielhafte Lösungen für Sach- und Anwendungsaufgaben, Rechnungen, Konstruktionsbeschreibungen sind hier dargelegt. Auf Probleme, die erfahrungsgemäß auftreten könnten, wird durch „*Man beachte:*“ hingewiesen.

H steht für „Historisches“.
Hier findet der Leser Angaben, wann und von wem eine mathematische Beziehung „entdeckt“ wurde und unter welchem gesellschaftlich-historischen oder mathematischen Hintergrund diese Entdeckung erfolgte.

W steht für „Wissenswertes“.
Interessante mathematische Details, mathematisch-philosophische Betrachtungen bzw. Inhalte, die nicht unbedingt als Schulstoff ausgewiesen sind, aber die Freude an mathematischem Arbeiten erhöhen können, sind hier zu finden.

Autoren, Herausgeber und Verlag wünschen allen Nutzern des Leitfadens Erfolg und Spaß an der Mathematik. Hinweise und Verbesserungsvorschläge sind uns stets willkommen.
Der Herausgeber möchte sich außerdem herzlich bei allen Autoren – insbesondere bei Herrn Karlheinz Lehmann für seine kritische Durchsicht und historischen Hinweise – bedanken.

Lutz Engelmann

Inhaltsübersicht

1
2
3
4
5
6
7
8
9
A

1 Grundbegriffe der Mathematik

1.1 Aussagen

1.1.1 Zeichen und Zeichenreihen in der Mathematik

Jeder mathematische Ausdruck ist eine Zeichenreihe, die aus einzelnen Zeichen besteht. Bei den Zeichen unterscheidet man Konstante, Variable und technische Zeichen (z. B. Klammern).
Eine **Konstante** ist ein Zeichen mit einem festen Wert oder einer festen Bedeutung.

■ Konstanten sind
- **Zahlzeichen** wie 4, π, -2 oder das römische Zahlzeichen X
- **Relationszeichen** wie $>$, $<$, $=$, $\in$, $|$, $\cong$
- **Operationszeichen** wie $+$, $-$, $\cdot$, $\cap$, $\cup$
- Zeichen für bestimmte **Funktionen** wie sin, cos, ln

Eine **Variable** ist ein Zeichen für ein beliebiges Element aus dem vorgegebenen **Grundbereich** (dem **Variablengrundbereich**). Die Angabe einer Variablen erfordert deshalb immer zugleich die Angabe eines Grundbereichs. Grundbereiche sind Mengen, insbesondere Mengen von Zahlen, oder Größenbereiche.

■ a) Im Ausdruck $3 + x;\ x \in \{2; 3; 4\}$ dürfen für die Variable x die Werte 2, 3 und 4 eingesetzt werden. Damit kann $3 + x$ die Werte 5, 6 und 7 annehmen.
b) $17\,m + x = 40\,m$ x ist hier eine Länge, wenn m für „Meter" steht.

Zeichenreihen und die ihnen entsprechenden sprachlichen Gebilde lassen sich in Terme, Aussagen und Aussageformen unterteilen.

D Eine sinnvolle mathematische Zeichenreihe ohne Relationszeichen heißt **Term**

■ T_1: 457 T_2: x^3 $(x \in \mathbb{N})$ T_3: $(6{,}25 : 0{,}25)^2$
T_4: $\sqrt{\frac{1}{4}}$ T_5: $34 + 27$ T_6: $(a + b) \cdot (a - b)$ $(a,b \in \mathbb{Z})$
T_7: $125 \cdot 5$ T_8: $\sin x$ $(x \in \mathbb{R})$ T_9: $\sqrt{25}$
T_{10}: $(2y - 3x)^3$ $(x,y \in \mathbb{N})$ T_{11}: $f(x)$ ($x \in \mathbb{R}$ und f ist eine Funktion)

Die Terme T_1, T_3, T_4, T_5, T_7 und T_9 enthalten keine Variablen. Der **Termwert** kann sofort angegeben oder ausgerechnet werden. Beispielsweise ist $T_1 = 457$ und $T_3 = 625$.
Die Terme T_3 und T_7 haben den gleichen Wert, sie sind **gleichwertig**.
Die Terme T_2, T_6, T_8, T_{10} und T_{11} enthalten Variable. Wird für die Variablen aus dem zugehörigen Grundbereich eingesetzt, nimmt der Term jeweils einen bestimmten Wert an.

■ a) Wenn $x = 2$, dann ist $T_2 = 8$. Oder, anders aufgeschrieben: $T_2(2) = 8$.
b) Wenn $x = 3$, dann ist $T_2 = 27$. Also ist $T_2(3) = 27$.

Dieses Einsetzen einer Zahl für die Variable heißt **Variablenbelegung**.

■ $5 < 17$ und $3|18$ sind keine Terme, da sie Relationszeichen für die Relation „... ist kleiner als ..." bzw. für die Relation „... ist Teiler von ..." enthalten.

D **Aussagen** sind sinnvolle sprachliche Äußerungen (bzw. entsprechende sinnvolle Zeichenreihen), die entweder wahr oder falsch sind.

■ a) Die Zahl 49 ist durch 7 teilbar. (beziehungsweise als Zeichenreihe $7|49$)
Diese Aussage ist wahr.
b) Das Dreifache von 67 ist kleiner als 200. $(3 \cdot 67 < 200)$ Diese Aussage ist falsch.

Nicht jede sprachlich sinnvolle Äußerung ist eine Aussage.

■ „Guten Morgen!" Dieser Gruß ist zwar sprachlich sinnvoll, aber keine Aussage.

Entscheidend ist, *daß* die Äußerung einen Wahrheitswert hat, also entweder wahr oder falsch ist. Ob eine Aussage vorliegt, hängt nicht davon ab, ob ihr Wahrheitswert bekannt ist. Unter Umständen ist der Wahrheitswert (noch) nicht bekannt oder überprüfbar. Deshalb sind auch Sätze wie „In unserem Sonnensystem gibt es außerirdisches Leben" Aussagen.

■ 1742 wurde die **GOLDBACHsche Vermutung** aufgestellt: „Jede gerade Zahl größer oder gleich 4 läßt sich als Summe zweier Primzahlen darstellen." (nach CHRISTIAN GOLDBACH, 1690–1764)
Diese Vermutung ist eine Aussage, weil klar ist, daß sie entweder wahr oder falsch sein muß. Allerdings konnte bisher nicht herausgefunden werden, ob sie wahr oder falsch ist.

D Eine **Aussageform** ist eine sinnvolle sprachliche Äußerung, die mindestens eine **freie Variable** enthält und die zur Aussage wird, wenn für die Variable(n) eine Zahl oder ein Wert aus dem Grundbereich eingesetzt wird. (vgl. Abschnitt 2.10.1)

Beim Einsetzen eines einzelnen, konkreten Elements in eine Aussageform entsteht eine Einzelaussage, die etwas über dieses konkrete Element aussagt.

Aussageform ——	**Bedingung** ——	► **Aussage**
$12 \cdot a < 40$ $(a \in \mathbb{N})$	für $a = 3$	$12 \cdot 3 < 40$ (wahr)
Das Zwölffache einer natürlichen Zahl ist kleiner als 40.	für „eine natürliche Zahl" ist 4 einzusetzen	Das Zwölffache von 4 ist kleiner als vierzig (falsch)
$3 \cdot x = 18$ $(x \in \mathbb{N})$	für $x = 6$	$3 \cdot x = 18$ (wahr)
Eine Figur ist ein Viereck.	für „eine Figur" ein konkretes Quadrat ABCD einsetzen	ABCD ist ein Viereck. (wahr)
Das Doppelte einer Zahl ist 10.	für „eine Zahl" 3 einsetzen	Das Doppelte von 3 ist 10. (falsch)

Entsteht beim Einsetzen eine wahre Aussage, so **erfüllt** das eingesetzte Element die Aussageform. Das eingesetzte Element ist dann eine **Lösung** dieser Aussageform.

Mit Formulierungen wie „es gibt ein", „es gibt kein", „für alle" oder „nicht für alle" kann man Aussagen bilden, die die Erfüllbarkeit einer Aussageform beschreiben (vgl. Abschnitt 1.1.3, S. 9, 10).

Aussageform ——	► **Aussage (über die Erfüllbarkeit der Aussageform)**
Eine natürliche Zahl ist durch 3 teilbar.	Es gibt eine natürliche Zahl, die durch 3 teilbar ist. (wahr)
Eine gebrochene Zahl ist kleiner als 0.	Es gibt eine gebrochene Zahl, die kleiner als Null ist. (falsch)
$x^2 \geq 0$ $(x \in \mathbb{Q})$	Für alle rationalen Zahlen x gilt: $x^2 \geq 0$. (wahr)
Eine natürliche Zahl ist Primzahl.	Nicht alle natürlichen Zahlen sind Primzahlen. (wahr)

In den Aussageformen sind die Variablen kursiv dargestellt. Dort sind sie **freie Variable**, weil man beliebig aus dem Grundbereich für sie einsetzen kann.
In den Aussagen sind jeweils die gleichen Variablen enthalten. Allerdings kann dort nicht mehr für die Variablen eingesetzt werden. Die Variablen sind durch die Formulierungen „für alle", „es gibt ein" usw. gebunden, es sind **gebundene Variable**.

Aussagen mit „es gibt ein" sind **Existenzaussagen**. Sie behaupten die Existenz mindestens eines Elements aus dem Grundbereich, welches die entsprechende Aussageform löst (erfüllt).
Zu beachten sind die Unterschiede in der Bedeutung der verschiedenen Formulierungen:

- „Es gibt ein" wird immer im Sinne von „mindestens ein" benutzt.
- „Es gibt höchstens ein" läßt auch die Möglichkeit zu, daß kein solches Objekt existiert.
- „Es gibt genau ein" sagt aus, daß ein und nur ein Objekt existiert.

■ – Es gibt eine Primzahl, die durch 2 teilbar ist. (wahr)
– Es gibt ein Rechteck, welches ein Rhombus ist. (wahr, denn ein Quadrat ist Rechteck und Rhombus)

- Es gibt genau ein Rechteck, welches ein Rhombus ist. (falsch, denn jedes der unendlich vielen Quadrate ist zugleich ein Rechteck und ein Rhombus)
- Es gibt ein rechtwinklig-gleichseitiges Dreieck. (falsch)
- Es gibt höchstens ein rechtwinklig-gleichseitiges Dreieck. (wahr)

Aussagen mit „für alle" sind **Allaussagen** (auch **Universalaussagen** genannt). Sie behaupten, daß alle Elemente des Grundbereiches die in der Aussage enthaltene Aussageform erfüllen.

- Alle Primzahlen sind ungerade. (falsch)
- Alle rechtwinkligen Dreiecke sind nicht gleichseitig. (wahr)
- Das Quadrat einer ganzen Zahl ist stets nichtnegativ. (wahr)
- Für alle reellen Zahlen a und b gilt: $a + b = b + a$. (wahr, **Kommutativgesetz der Addition**)

Weitere wahre Allaussagen sind beispielsweise alle Rechengesetze.

Im Sprachgebrauch wird „für alle" oft durch andere gleichbedeutende Wendungen wie „stets gilt", „immer" oder „für jede" ersetzt.

1.1.2 Wahrheitswerte von Aussagen

H Sehr alt sind die Versuche der Menschen, umgangssprachlichen Mißverständnissen durch die Benutzung einer formaleren, von genauen und eindeutigen Regeln beherrschten Sprache aus dem Wege zu gehen. Mathematiker, die deshalb eine künstliche Sprache zu schaffen versuchten, waren beispielsweise GOTTFRIED WILHELM LEIBNIZ (1646–1716) und GOTTLOB FREGE (1846–1925).

In der (klassischen) Logik treten genau zwei Wahrheitswerte, die Werte wahr und falsch, auf. Man spricht deshalb auch von einer **zweiwertigen Logik**.

W Die Forderung, daß eine Aussage entweder wahr oder falsch ist, wird als das **Prinzip der Zweiwertigkeit** bezeichnet. Dieses Prinzip enthält zwei Teilforderungen:

1. Jede Aussage ist wahr oder falsch. (**Prinzip des ausgeschlossenen Dritten**)
2. Keine Aussage ist wahr und falsch zugleich. (**Prinzip des ausgeschlossenen Widerspruchs**)

Die mathematische Logik untersucht auch sogenannte **mehrwertige Logiken**, in denen nicht nur zwei Wahrheitswerte auftreten können. Beispielsweise könnte man neben den Wahrheitswerten w und f auch den Wahrheitswert m (möglich) zulassen (dreiwertige Logik). Auch die Bewertung der Güte von Aussagen – etwa der Vorhersagen des Wetterberichts – mit Hilfe einer Prozentskala ist ein Beispiel für eine mehrwertige Logik.

1.1.3 Erfüllbarkeit von Aussageformen

Wenn in einer Aussageform Werte aus dem Grundbereich für die Variablen eingesetzt werden, kann folgendes eintreten:

- Überführt kein Element des Grundbereiches die Aussageform in eine wahre Aussage, so ist die Aussageform *nicht erfüllbar*.
- Überführt wenigstens ein Element des Grundbereiches die Aussageform in eine wahre Aussage, so ist die Aussageform *erfüllbar*.
- Überführen sogar alle Elemente des Grundbereiches die Aussageform in eine wahre Aussage, so ist die Aussageform *allgemeingültig*.

Aussageformen		
nicht erfüllbar	erfüllbar	
nicht allgemeingültig		allgemeingültig
Kontradiktion $x^2 = -1 \ (x \in \mathbb{R})$ $12 + b < 7 \ (b \in \mathbb{Q}_+)$	**Neutralität** $x^3 = 8 \ (x \in \mathbb{N})$ $12 + b < 7 \ (b \in \mathbb{Z})$	**Identität** $(a+2)(a-2) = a^2 - 4 \ (a \in \mathbb{R})$ $(a+b)c = ac + bc \ (a, b, c \in \mathbb{R})$

Es gibt also drei Klassen von Aussageformen:

- nicht erfüllbare Aussageformen (Kontradiktionen);
- erfüllbare, aber nicht allgemeingültige Aussageformen (Neutralitäten) und
- allgemeingültige und damit erst recht erfüllbare Aussageformen (Identitäten).

Am Beispiel von $12 + b < 7$ über den Grundbereichen $\mathbb{Q}_+$ bzw. $\mathbb{Z}$ wird zugleich deutlich, daß die Lösbarkeit (Erfüllbarkeit) einer Aussageform vom Grundbereich abhängt.

Aus erfüllbaren Aussageformen können *wahre Existenzaussagen* gebildet werden:

■ Ein Viereck ist ein Quadrat.	Es gibt ein Viereck, welches ein Quadrat ist. (Aber: Nicht jedes Viereck ist ein Quadrat.)
$12 \cdot x < 60 \ (x \in \mathbb{N})$	Es gibt eine natürliche Zahl x mit $12 \cdot x < 60$. (Aber: Dies gilt nicht für alle nat. Zahlen x.)
$(x+y)^2 = x^2 + 2xy + y^2 \ (x, y \in \mathbb{R})$	Es gibt reelle Zahlen x und y mit $(x+y)^2 = x^2 + 2xy + y^2$ (Das gilt sogar für alle reellen Zahlen x und y, weil die Aussageform nicht nur erfüllbar, sondern sogar allgemeingültig ist.)

Aus allgemeingültigen Aussageformen können *wahre Allaussagen* gewonnen werden:

■ $x^2 \geq 0 \ (x \in \mathbb{R})$	Das Quadrat einer reellen Zahl ist stets nichtnegativ.
$x \cdot y = y \cdot x \ (x, y \in \mathbb{R})$	Für alle reellen Zahlen gilt: Faktoren kann man vertauschen, das Produkt bleibt gleich.
$10 \mid x \Rightarrow 2 \mid x \ (x \in \mathbb{Z})$	Stets gilt: Wenn eine ganze Zahl durch 10 teilbar ist, so ist sie auch durch 2 teilbar.

Diese Zusammenhänge werden insbesondere beim Beweisen (vgl. Abschnitt 1.1.6) genutzt. Beispielsweise kann die Wahrheit einer Allaussage nachgewiesen werden, indem gezeigt wird, daß die darin enthaltene Aussageform allgemeingültig ist.

1.1.4 Logische Operationen

Aus der Umgangssprache ist bekannt, daß aus einfachen Sätzen mit Hilfe von Bindewörtern längere, kompliziertere Sätze zusammengestellt werden. Ähnlich können auch Aussagen und Aussageformen verneint oder durch die Wörter „und", „oder", „entweder ... oder", „wenn ..., so", „genau dann, wenn" verknüpft werden.

Dabei entsteht eine neue Aussage als Verneinung einer anderen Aussage oder als Verbindung zweier anderer Aussagen mit diesen Bindewörtern. Der Wahrheitswert der neuen Aussage hängt von den Wahrheitswerten der Einzelaussagen und von deren Verknüpfung ab. Bei der Festlegung des Wahrheitswertes einer zusammengesetzten Aussage sind immer nur die Wahrheitswerte der Teilaussagen wichtig. Die Inhalte der Teilaussagen dagegen spielen keine Rolle. Im Gegensatz zum umgangssprachlichen Gebrauch ist es unwesentlich, ob eine Teilaussage inhaltlich mit der anderen zusammenhängt.

Verneinung (Negation) einer Aussage

Eine beliebige Aussage A wird sprachlich verneint:

Aussage A	verneinte (negierte) Aussage $\neg A$, $\overline{A}$
Das Quadrat von 3 ist 10. $(3^2 = 10)$ (f)	Das Quadrat von 3 ist nicht 10. $(3^2 \neq 10)$ (w)
$36 + 38 = 74$ (w)	$36 + 38 \neq 74$ (f)

Eine Aussage und ihre Negation haben stets entgegengesetzte Wahrheitswerte.
Die Verneinung der Verneinung einer Aussage ist wieder die Aussage selbst.

Aussage:	2 ist eine Primzahl. (w)
Verneinung:	2 ist keine Primzahl. (f)
Verneinung der Verneinung:	Es stimmt nicht, daß 2 keine Primzahl ist. (w)

UND-Verknüpfung (Konjunktion) zweier Aussagen A und B

Aussage A	Aussage B	A und B $(A \wedge B)$
6 ist eine gerade Zahl. (w)	6 ist kleiner als 10. (w)	6 ist eine gerade Zahl und kleiner als 10 (w)
15 ist durch 3 teilbar. (w)	15 ist durch 4 teilbar. (f)	15 ist durch 3 und durch 4 teilbar. (f)
27 ist größer als 30. (f)	27 ist kleiner als 40. (w)	27 ist größer als 30 und kleiner als 40. (f)
16 ist eine Primzahl. (f)	16 ist Teiler von 20. (f)	16 ist eine Primzahl und Teiler von 20. (f)

Die Beispiele verdeutlichen, daß die Aussage „A und B“ genau dann wahr ist, wenn die Teilaussagen A und B zugleich wahr sind.
Sprachlich wird die UND-Verknüpfung oft auch durch Formulierungen wie „sowohl als auch“ oder „zugleich“ ausgedrückt.

ODER-Verknüpfung (Disjunktion) zweier Aussagen A und B

Die Aussage „A oder B“ ist genau dann wahr, wenn mindestens eine der Teilaussagen A bzw. B wahr ist. „A oder B“ ist also auch dann wahr, wenn die Aussagen A und B zugleich wahr sind.

Hier besteht ein Unterschied zur Umgangssprache, in der „oder“ häufig im Sinne von „entweder oder“, also im ausschließenden Sinne benutzt wird. Beispielsweise können in Aussagen wie „Beim Wurf der Münze ist Wappen oder Zahl gefallen.“ oder „Er kam mit dem Zug um 8 Uhr oder um 9 Uhr an.“ nicht gleichzeitig beide Teilaussagen wahr sein.

Aussage A	Aussage B	A oder B $(A \vee B)$
6 ist eine gerade Zahl. (w)	6 ist kleiner als 10. (w)	6 ist eine gerade Zahl oder kleiner als 10 (w)
15 ist durch 3 teilbar. (w)	15 ist durch 4 teilbar. (f)	15 ist durch 3 oder durch 4 teilbar. (w)
7 ist kleiner als 3. (f)	7 ist kleiner als 8. (w)	7 ist kleiner als 3 oder kleiner als 8. (w)
16 ist eine Primzahl. (f)	16 ist Teiler von 20. (f)	16 ist eine Primzahl oder Teiler von 20. (f)

ENTWEDER-ODER-Verknüpfung (Alternative) zweier Aussagen A und B

Die Aussage „entweder A oder B" ist genau dann wahr, wenn eine der beiden Teilaussagen wahr und zugleich die andere falsch ist. Damit „entweder A oder B" wahr ist, müssen die Aussagen A und B verschiedene Wahrheitswerte haben.

Aussage A	Aussage B	entweder A oder B $(A \dot{\vee} B)$
12 ist durch 3 teilbar. (w)	12 ist durch 4 teilbar. (w)	Entweder ist 12 durch 3 oder durch 4 teilbar. (f)
15 ist durch 3 teilbar. (w)	15 ist durch 4 teilbar. (f)	Entweder ist 15 durch 3 oder durch 4 teilbar. (w)
16 ist durch 3 teilbar. (f)	16 ist durch 4 teilbar. (w)	Entweder ist 16 durch 3 oder durch 4 teilbar. (w)
17 ist durch 3 teilbar. (f)	17 ist durch 4 teilbar. (f)	Entweder ist 17 durch 3 oder durch 4 teilbar. (f)

Hinweis: Zuweilen wird die Alternative auch als Antivalenz bezeichnet. Insbesondere die Bezeichnungen Disjunktion und Alternative werden gelegentlich gegenüber der Verwendung hier vertauscht.

WENN-DANN-Verknüpfung (Implikation) zweier Aussagen A und B

Die Aussage „wenn A, dann B" ist nur dann falsch, wenn A wahr und zugleich B falsch ist. In allen anderen Fällen ist die Aussage wahr.

Aussage A	Aussage B	wenn A, dann B $(A \Rightarrow B)$
16 ist durch 4 teilbar. (w)	16 ist durch 2 teilbar. (w)	Wenn 16 durch 4 teilbar ist, dann ist 16 durch 2 teilbar. (w)
15 ist durch 3 teilbar. (w)	15 ist durch 4 teilbar. (f)	Wenn 15 durch 3 teilbar ist, dann ist 15 durch 4 teilbar. (f)
15 ist durch 4 teilbar. (f)	15 ist durch 3 teilbar. (w)	Wenn 15 durch 4 teilbar ist, dann ist 15 durch 3 teilbar. (w)
16 ist eine Primzahl. (f)	16 ist Teiler von 20. (f)	Wenn 16 eine Primzahl ist, dann ist 16 ist Teiler von 20. (w)

Wenn aus einer wahren Aussage eine falsche Aussage gefolgert wird, so wird dieser Schluß verständlicherweise als falsch bewertet.
Die Festlegungen zu Schlüssen aus falschen Aussagen sind auf den ersten Blick nicht so rasch einzusehen: Hier ist zu bedenken, daß von einer falschen Aussage ausgehend durch logisch korrektes Schließen sowohl wahre als auch falsche Aussagen gewonnen werden können. Deshalb ist die Aussage „wenn A, dann B“ immer wahr, falls A falsch ist.

Andere Redeweisen für die Implikation sind „wenn …, so …“, „aus … folgt …“ oder „für … gilt …“

GENAU DANN-WENN-Verknüpfung (Äquivalenz) zweier Aussagen A und B

Die Äquivalenz zweier Aussagen ist genau dann wahr, wenn beide Aussagen den gleichen Wahrheitswert haben.

Aussage A	Aussage B	A genau dann, wenn B $(A \Leftrightarrow B)$
6 ist eine gerade Zahl. (w)	6 ist durch 2 teilbar. (w)	6 ist eine gerade Zahl genau dann, wenn 6 durch 2 teilbar ist. (w)
15 ist durch 3 teilbar. (w)	15 ist durch 4 teilbar. (f)	15 ist durch 3 teilbar genau dann, wenn 15 durch 4 teilbar ist. (f)
27 ist größer als 30. (f)	27 ist kleiner als 40. (w)	27 ist größer als 30 genau dann, wenn 27 kleiner als 40 ist. (f)
16 ist eine Primzahl. (f)	16 ist Teiler von 20. (f)	16 ist eine Primzahl genau dann, wenn 16 ein Teiler von 20 ist. (w)

Die Bewertung der Gesamtaussage mit „wahr“ oder „falsch“ hängt auch hier nur von den Wahrheitswerten der Teilaussagen ab, nicht aber davon ob dies Teilaussagen inhaltlich übereinstimmen. Andere Redeweisen für die Äquivalenz sind „dann und nur dann, wenn“ oder „aus … folgt … und umgekehrt“.

Wahrheitswerteverlauf zusammengesetzter Aussageformen

Wie Aussagen können auch Aussageformen verknüpft werden. Da Aussageformen freie Variable enthalten, kann ihnen kein Wahrheitswert zugeordnet werden. Erst nach einer Variablenbelegung entstehen wahre oder falsche Aussagen.
In den folgenden Tabellen sind p und q Aussageformen. Aus ihnen werden zusammengesetzte Aussageformen wie „p oder q“, „wenn p, so q“ usw. gebildet.
Die Tabellen zeigen den **Wahrheitswerteverlauf** dieser zusammengesetzten Aussageformen. Je nachdem, ob die Aussageformen p und q zur wahren oder falschen Aussage werden, sind dann „nicht p“ ($\neg p$), „p und q“ ($p \wedge q$), „p oder q“ ($p \vee q$) usw. wahr oder falsch.

Negation

p	$\neg q$
w	f
f	w

Konjunktion

p	q	$p \wedge q$
w	w	w
w	f	f
f	w	f
f	f	f

Disjunktion

p	q	$p \vee q$
w	w	w
w	f	w
f	w	w
f	f	f

Alternative

p	q	$p \dot{\vee} q$
w	w	f
w	f	w
f	w	w
f	f	f

Implikation

p	q	$p \Rightarrow q$
w	w	w
w	f	f
f	w	w
f	f	w

Äquivalenz

p	q	$p \Leftrightarrow q$
w	w	w
w	f	f
f	w	f
f	f	w

In den Tabellen ist beim Vergleich insbesondere der Zeilen, in denen p und q verschiedene Wahrheitswerte haben, die **Kommutativität** der Konjunktion, der Alternative, der Disjunktion und der Äquivalenz ersichtlich.
Mit diesen Wahrheitswertetabellen kann der Wahrheitswert zusammengesetzter Aussagen und der Wahrheitswerteverlauf zusammengesetzter Aussageformen bestimmt werden.
Beispielsweise kann man überprüfen, ob scheinbar gleiche Formulierungen wirklich logisch gleichwertig sind. Sind die Formulierungen logisch gleichwertig, erscheinen Zeile für Zeile die gleichen Wahrheitswerte. Die Ausdrücke sind dann **wahrheitswerteverlaufsgleich**

Ein Beispiel zeigt, daß es nicht ohne weiteres möglich ist, eine „wenn, so“-Aussage umzukehren:

■ p: „Eine natürliche Zahl ist kleiner als 20“
q: „Eine natürliche Zahl ist kleiner als 100.“
$p \Rightarrow q$: „Wenn eine natürliche Zahl kleiner als 20 ist, so ist sie auch kleiner als 100.“
$q \Rightarrow p$: „Wenn eine natürliche Zahl kleiner als 100 ist, so ist sie kleiner als 20.“

Am Beispiel wird klar, daß $q \Rightarrow p$ in diesem Fall nicht zu $p \Rightarrow q$ gleichwertig ist.
Hingegen erscheint die Formulierung „Wenn eine natürliche Zahl nicht kleiner als 100 ist, so ist sie auch nicht kleiner als 20“ sinnvoll ($\neg q \Rightarrow \neg p$). Die Untersuchung der Wahrheitswerteverläufe erklärt diese Beobachtung:

p	q	$p \Rightarrow q$	$q \Rightarrow p$	$\neg p$	$\neg q$	$\neg q \Rightarrow \neg p$
w	w	w	w	f	f	w
w	f	f	w	f	w	f
f	w	w	f	w	f	w
f	f	w	w	w	w	w

„Wenn p, so q“ und „wenn q, so p“ haben nicht den gleichen Werteverlauf. Die Umkehrung einer Implikation ist also nicht zur Implikation gleichwertig. Weil die Umkehrung einer Implikation nicht zur Implikation äquivalent ist, können als Implikation gegebene mathematische Sätze nicht ohne weiteres umgekehrt werden.
$p \Rightarrow q$ und $\neg q \Rightarrow \neg p$ sind wahrheitswerteverlaufsgleich, also äquivalent. Die Implikation kann folglich umgekehrt werden, wenn man ihre Glieder dabei zugleich negiert.

D Der Ausdruck $\neg q \Rightarrow \neg p$ heißt **Kontraposition** der Implikation $p \Rightarrow q$.

■ p: „Eine natürliche Zahl ist durch 4 teilbar.“
q: „Eine natürliche Zahl ist durch 2 teilbar.“
$p \Rightarrow q$: „Wenn eine Zahl durch 4 teilbar ist, so ist sie durch 2 teilbar.“
Diese Aussageform ist allgemeingültig.
$\neg q \Rightarrow \neg p$: „Wenn eine Zahl nicht durch 2 teilbar ist, so ist sie auch nicht durch 4 teilbar.“ Diese Aussageform ist ebenfalls allgemeingültig.

Die Äquivalenz von Implikation und ihrer Kontraposition wird beim Beweisen von Sätzen genutzt. Manchmal ist der Beweis der Kontraposition einer Aussage leichter als der Beweis der Aussage selbst. Dann beweist man die Kontraposition und hat so auch die Aussage bewiesen.

1.1.5 Definitionen

Unter einer **Definition** versteht man

- eine Festlegung, was ein Objekt ist, wie es entsteht, wie man es feststellt, oder
- eine Festlegung über die Bedeutung und Verwendung eines Zeichens.

■ (1) Eine *gerade Zahl* ist eine durch 2 teilbare natürliche Zahl.
(2) Wenn man eine natürliche Zahl mit 2 multipliziert, erhält man eine *gerade Zahl.*
(3) Eine natürliche Zahl mit der Endziffer 0, 2, 4, 6 oder 8 heißt *gerade Zahl.*
(4) $\overline{AB}$ ist die Strecke mit den Randpunkten A und B.

Die Aussagen (1), (2) und (3) sind drei mögliche Definitionen des Begriffs *gerade Zahl.* Aussage (1) beschreibt das Wesen gerader Zahlen, Aussage (2) erklärt, wie gerade Zahlen gewonnen werden können und Aussage (3) nennt ein äußeres Erscheinungsmerkmal zur Feststellung gerader Zahlen.
Die Aussage (4) erklärt das Zeichen für „Strecke".

Definitionsarten

- **Sachdefinition**, auch **klassische Realdefinition** genannt:
Der Begriff wird durch einem Oberbegriff und besondere Merkmale erklärt.

■ Das *Quadrat* ist ein *Rechteck* mit *vier gleichlangen Seiten.*
Das *Trapez* ist ein *Viereck* mit *(mindestens) zwei parallelen Seiten.*

- **Genetische Definition**:
Sie gibt an, wie ein Objekt entsteht, wie es erzeugt werden kann.

■ Zeichnet man alle Punkte einer Ebene, die von einem Punkt den gleichen Abstand haben, so entsteht ein Kreis.

- **Rekursive Definition**:
Die rekursive Definition charakterisiert eine Klasse von Objekten. Dazu enthält sie eine Vorschrift, nach der diese Klasse ausgehend von einem Anfangselement schrittweise und systematisch aufgebaut werden kann.

■ Für alle $k \in \mathbb{N}$ ist k! (lies k Fakultät) definiert durch: $0! = 1$ und $(n + 1)! = n! \cdot (n + 1)$.
Also ist nach dieser Definition $4! = 3! \cdot 4 = 2! \cdot 3 \cdot 4 = 1! \cdot 2 \cdot 3 \cdot 4 = 0! \cdot 1 \cdot 2 \cdot 3 \cdot 4 = 24$.

■ Das Addieren natürlicher Zahlen kann mit folgender Definition erklärt und auf die Nachfolgerbildung in $\mathbb{N}$ (das Weiterzählen) zurückgeführt werden (dabei bedeutet k' der Nachfolger der Zahl k):
Definition: Für alle Zahlen $a, b \in \mathbb{N}$ gilt: $a + 0 = a$ und $a + b' = (a + b)'$.
Anwendung: So ist beispielsweise
$4 + 2 = 4 + 1' = (4 + 1)' = (4 + 0')' = ([4 + 0]')' = (4')' = 6$.
Damit ist $4 + 2$ der Nachfolger des Nachfolgers von 4, also 6. Die Summe $4 + 2$ wird über $4 + 0$ und zweimalige Nachfolgerbildung (das Weiterzählen) schrittweise ermittelt.

- **Nominaldefinition**:
Die Nominaldefinition gibt die Bedeutung eines Zeichens an, legt seine Verwendung fest.

■ $a + b$ bedeutet die Summe der Zahlen a und b.

Notwendigkeit von Grundbegriffen

Durch Definitionen werden Begriffe und Relationen mit Hilfe anderer Begriffe und Relationen erklärt. Auch die in einer Definition zur Erklärung benutzten Begriffe und Relationen müssen selbst wieder definiert werden. Geht man diesen Weg immer weiter, kommt man zu einfachsten Begriffen und Relationen, die sich nicht weiter auf andere Begriffe und Relationen zurückführen lassen. Sie werden **Grundbegriffe** bzw. **Grundrelationen** genannt.

■ Alle Menschen haben ähnliche Vorstellungen vom Begriff „Punkt". Zugleich ist es nicht sinnvoll, ihn mit anderen Begriffen zu erklären. Er wird deshalb als Grundbegriff benutzt. Verabredet wird lediglich, daß Punkte z. B. mit einem kleinen Kreuz markiert und mit großen Buchstaben bezeichnet werden.

W EUKLID VON ALEXANDRIA (365–300 v. u. Z.) gab im ersten Buch seiner Elemente eine – aus heutiger Sicht unzweckmäßige – Definition des Begriffes „Punkt" an: „Ein Punkt ist, was keine Teile hat."
Dieser Definitionsversuch zeigt auf der einen Seite das bereits zu EUKLIDs Zeiten ausgeprägte Streben nach begrifflicher Klarheit. Andererseits wird deutlich, daß unmöglich alle Begriffe definiert werden können. EUKLID hat zwar gesagt, was ein Punkt ist, wird aber dadurch zur Erklärung eines weiteren Begriffes gezwungen: Was nämlich ist das, „was keine Teile hat"?

1.1.6 Sätze und Beweise

D Ein **Satz** ist eine **Aussage**, deren Wahrheit mit anderen Aussagen bewiesen werden kann.

Bei einem Satz unterscheidet man zwischen **Voraussetzung**(en) und **Behauptung**. Der **Beweis** des Satzes zeigt, daß die Behauptung aus der Voraussetzung folgt (aus ihr ableitbar ist). Sätze werden oft in Form von „Wenn ..., dann ..."- Aussagen formuliert, weil so Voraussetzung (Wenn ...) und Behauptung (dann ...) klar ersichtlich sind.

Notwendigkeit von Axiomen

Wird ein Satz mit anderen Sätzen bewiesen (d.h. auf sie zurückgeführt), müssen diese Sätze wiederum auch bewiesen, also selbst wieder auf andere Aussagen zurückgeführt werden. Wird dieser Weg fortgesetzt, gelangt man schließlich zu einfachsten Aussagen, die in der Regel anschaulich klar sind und die nicht weiter auf andere Aussagen zurückgeführt werden können. Diese „am Anfang stehenden" und als wahr angesehenen Aussagen heißen **Axiome**.

■ „Zu zwei Punkten in der Ebene gibt es stets eine Verbindungsgerade."
„Zu jeder Geraden gibt es noch einen Punkt, der außerhalb dieser Geraden liegt."
Beide Aussagen werden der anschaulichen Erfahrung entsprechend beim Aufbau der **EUKLIDischen Geometrie** (unserer Schulgeometrie) als wahr angesehen und nicht bewiesen. Sie sind Axiome, mit denen andere Aussagen bewiesen werden können.

Beweisarten

Für den Beweis eines Satzes ist es wichtig, zunächst seinen Aufbau genau zu kennen. Da Sätze Aussagen sind, ist die für Aussagen angegebene Unterteilung hilfreich:

- **Einzelaussagen**: Aussagen über ein konkretes Objekt. (Beispiel: $7|189$) Beim Beweis muß das konkrete Objekt überprüft werden. (Hier ist $7 \cdot 27 = 189$, also ist $7|189$ wahr.)

1

- **Existenzaussage**: Behauptet die Existenz eines Objektes mit der betreffenden Eigenschaft. (Beispiel: „Es gibt eine gerade Primzahl")
  Zum Beweis genügt die Angabe eines Beispiels (hier die Angabe der Zahl 2).

- **Allaussage**: Behauptet eine Eigenschaft für alle Elemente eines Grundbereiches. Die Allaussage behauptet immer die Allgemeingültigkeit einer **Aussageform** über dem betreffenden **Grundbereich**.
  Um eine Allaussage zu beweisen, wird die Allgemeingültigkeit der in ihr enthaltenen Aussageform gezeigt. Wenn diese Aussageform beim Einsetzen beliebiger Elemente des Grundbereiches wahr wird, dann wird sie es für alle Elemente:

■ *Behauptung:* Die Summe dreier aufeinanderfolgender natürlicher Zahlen ist stets durch 3 teilbar.

Beweis: Seien a, $a + 1$, und $a + 2$ drei beliebige aufeinanderfolgende natürliche Zahlen. Dann ist $S = a + (a + 1) + (a + 2)$ die Summe dieser drei Zahlen: $S = 3a + 3 = 3(a + 1)$.
$3|3(a + 1)$ ist allgemeingültig, d.h. wird für alle natürlichen Zahlen a zur wahren Aussage. Damit ist die Behauptung bewiesen.

Um eine Allaussage zu widerlegen, reicht ein **Gegenbeispiel**:

■ „Jede natürliche Zahl, die durch 5 teilbar ist, ist auch durch 10 teilbar."
Mit der Zahl 15 als Gegenbeispiel wird diese Allaussage widerlegt, denn $5|15$, aber $\neg(10|15)$.

Bezieht sich die Allaussage auf eine Menge mit nur wenigen Elementen, kann die Allaussage auch für jedes Element einzeln nachgeprüft werden.

- **„wenn, dann"-Aussage**: Sehr viele Sätze liegen in dieser sprachlichen Gestalt vor oder können leicht in sie umformuliert werden. Hierbei ist der Satz klar in Voraussetzung (wenn ...) und Behauptung (dann ...) gegliedert.
  Bei der Beweisfindung kann man von der Voraussetzung ausgehen und aus dieser schrittweise die Behauptung ableiten. (**Vorwärtsarbeiten**, Beispiel: S. 215)
  Man kann auch von der Behauptung ausgehen und die Methode des **Rückwärtsarbeitens** anwenden. (Beispiel: S. 215, 216)
  Eine andere Möglichkeit besteht darin, nicht die Aussage „Wenn A, dann B" zu beweisen, sondern die gleichwertige Aussage „Wenn nicht B, dann nicht A" (**Kontraposition**). Man bezeichnet dieses Vorgehen auch als „indirekten Beweis" (s. unten).

- **Äquivalenz**: Ein Satz in Gestalt einer Äquivalenz ist leicht an seiner Struktur „A genau dann, wenn B" zu erkennen.
  Zum Beweis sind zwei Teile notwendig: Es sind die Aussagen „wenn A, so B" und „wenn B, so A" einzeln zu beweisen. (Beispiel: S. 186)

- **Indirekter Beweis**: Beim indirekten Beweis wird zunächst angenommen, daß die Behauptung nicht gilt. Im Verlauf des Beweises ergibt sich ein Widerspruch, der nur dadurch erklärt werden kann, daß diese Annahme falsch ist. Damit ist die Behauptung (indirekt) bewiesen.
  Beispielsweise kann man indirekt beweisen, daß $\sqrt{2}$ keine rationale Zahl ist (vgl. Abschnitt 2.5.1, S. 61).

- **Fallunterscheidungen**: Läßt sich eine Aussage nicht für alle Elemente einer Menge (beispielsweise der Menge der ganzen Zahlen $\mathbb{Z}$) gleichzeitig beweisen, ist häufig eine *vollständige* Fallunterscheidung hilfreich. Man teilt dazu die Elemente in Klassen ein (beispielsweise $\mathbb{Z}$ in die Menge der negativen und die Menge der nichtnegativen ganzen Zahlen) und beweist die Aussage für jede der Klassen getrennt.
  Eine solche Fallunterscheidung ist beispielsweise oft bei Termen mit Beträgen oder beim Umformen von Ungleichungen sinnvoll (vgl. Abschnitt 3.5.1, S. 119, 120).
  Wichtig ist, daß jedes Objekt in (mindestens) einem der Fälle erfaßt ist.

- **Beweis mittels vollständiger Induktion**: Ist eine Aussage für alle natürlichen Zahlen oder für alle Elemente einer zu $\mathbb{N}$ gleichmächtigen Menge zu beweisen, wird oft folgendes Prinzip (**PEANOsche Axiome**, **Induktionsaxiom**) genutzt:
  a) Gilt eine Eigenschaft für eine erste natürliche Zahl und
  b) folgt aus der Gültigkeit der Eigenschaft für eine beliebige natürliche Zahl die Gültigkeit für den Nachfolger dieser Zahl,
  so gilt diese Eigenschaft für alle natürlichen Zahlen.
  a) wird als **Induktionsanfang** bezeichnet, b) wird als **Induktionsschritt** bezeichnet.

1.2 Mengen

1.2.1 Menge und Element

Der Begriff Menge wird in der Mathematik als **Grundbegriff** verwendet, also nicht mit anderen Begriffen erklärt. Er sei hier nur anschaulich umschrieben:
Zusammenfassungen von beliebigen wirklich existierenden oder gedachten Dingen zu einem Ganzen werden als **Mengen** bezeichnet.
Die zusammengefaßten Dinge sind die **Elemente** der Menge.
$x \in M$ (lies „x ist Element von M") bedeutet „x gehört zur Menge M".
$x \notin M$ (lies „x ist nicht Element von M") bedeutet „x gehört nicht zur Menge M".

■ $15 \in \mathbb{N}$ 15 ist eine natürliche Zahl.
$-7 \notin \mathbb{Q}_+$ –7 ist keine gebrochene Zahl.
$A \in g$ Der Punkt A liegt auf der Geraden g.

H Der Begriff „Menge" wurde 1895 in ähnlicher Weise erstmals von dem deutschen Mathematiker GEORG CANTOR (1845–1918) verwendet. Er begründete Ende des vorigen Jahrhunderts die Mengenlehre als ein Mittel zur kurzen, präzisen Darstellung von mathematischen Sachverhalten.
Die von CANTOR gegebene Erklärung des Begriffs Menge ist keine Definition, denn der Begriff „Menge" wird nicht auf andere, bereits definierte Begriffe zurückgeführt. Das benutzte Wort „Zusammenfassung" ermöglicht allerdings eine anschauliche Beschreibung des Sachverhaltes.

Die Zusammenfassung von Elementen zu einer Menge erfolgt meist nach bestimmten Eigenschaften, die die Elemente haben.

■ (1) Die Menge aller Schüler der Klasse, die im Mai Geburtstag haben.
(2) Die Menge aller Lehrer der Schule.
(3) Die Menge aller blonden Mädchen der Stadt.
(4) Die Menge aller Häuser in der Nähe der Schule.

In den Beispielen (1) und (2) kann die Menge sofort elementweise angegeben werden.

In den Beispielen (3) und (4) sind die Eigenschaften nicht so klar festgelegt. Welche Haarfarbe ist noch blond? Wann ist ein Haus noch „in der Nähe" der Schule?

W Werden alle nur denkbaren Zusammenfassungen gestattet, ist auch folgendes Beispiel möglich: In einem Dorf wohnt ein Mann und arbeitet als Barbier (Friseur). Der Barbier erhält den Auftrag, alle die Männer des Dorfes zu rasieren, die sich nicht selbst rasieren. Die Männer, die sich selbst rasieren, darf der Barbier nicht rasieren. R sei die Menge aller Dorfbewohner, die der Barbier rasiert. Ihre Bildung zeigt den Widerspruch: Wenn der Barbier sich selbst rasiert, gehört er zu R. Weil er aber alle „Selbstrasierer" nicht rasieren darf, darf er sich nicht rasieren, gehört also doch nicht zu R.
Widersprüche dieser Art werden nach dem englischen Mathematiker und Philosophen BERTRAND RUSSELL (1872–1970) auch **RUSSELLsche Antinomien** genannt.

Die Beispiele (1) bis (4) und auch das Beispiel des Barbiers zeigen: Es ist wichtig, nur solche Eigenschaften zur Bildung von Mengen zu benutzen, bei denen klar entschieden werden kann, was zur Menge gehört und was nicht.

Eine Menge wird aus allen den Elementen des Grundbereiches gebildet, die die mengenbildende Eigenschaft haben. Dabei gibt es drei Möglichkeiten:

Kein Element des Grundbereichs hat die mengenbildende Eigenschaft

Mindestens ein, aber nicht alle Elemente des Grundbereiches haben die mengenbildende Eigenschaft

Alle Elemente des Grundbereiches haben die mengenbildende Eigenschaft.

$x < 0$; $(x \in \mathbb{N})$	$x\|12$; $(x \in \mathbb{N})$	$x \geq 0$; $(x \in \mathbb{N})$
$A = \{x \in \mathbb{N}: x < 0\}$	$B = \{x \in \mathbb{N}: x\|12\}$	$C = \{x \in \mathbb{N}: x \geq 0\}$
Keine natürliche Zahl x hat die Eigenschaft $x < 0$. A enthält deshalb *kein* Element. A ist die **leere Menge** $A = \emptyset$	*Mindestens eine, aber nicht alle* natürlichen Zahlen x haben die Eigenschaft $x\|12$. B enthält deshalb *einige, aber nicht alle* Elemente von $\mathbb{N}$. $B = \{1; 2; 3; 4; 6; 12\}$	*Alle* natürlichen Zahlen x haben die Eigenschaft $x \geq 0$. C enthält deshalb *alle* Elemente des Grundbereiches $\mathbb{N}$. C ist die **Allmenge** über $\mathbb{N}$. $C = \mathbb{N}$

1.2.2 Darstellung von Mengen

Möglichkeiten der Angabe von Mengen	Beispiel
Alle Elemente der Menge werden in geschweiften Klammern aufgeschrieben.	$M = \{0; 5; 10; 15\}$
Alle Elemente der Menge werden in ein Diagramm eingetragen. Solche Diagramme werden **VENN-Diagramme** genannt (nach JOHN VENN).	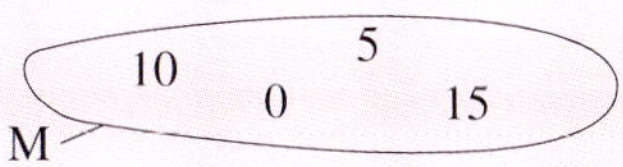
Der Grundbereich und die mengenbildende Eigenschaft werden in Worten beschrieben.	„M ist die Menge aller natürlichen Zahlen, die kleiner als 20 und durch 5 teilbar sind."
Der Grundbereich und die mengenbildende Eigenschaft (Aussageform) werden als Zeichenreihe in einer geschweiften Klammer angegeben.	$M = \{x \in \mathbb{N}:\ x < 20 \wedge 5\|x\}$ („M ist die Menge aller x Element $\mathbb{N}$ mit x kleiner als 20 und 5 teilt x")

Darstellung der Menge mit Grundbereich und mengenbildender Eigenschaft	elementweise Darstellung
$A = \{x \in \mathbb{Z}:\ 0 < x < 4\}$	$A = \{1; 2; 3\}$
$B = \{x \in \mathbb{N}:\ 0 < x < 4\}$	$B = \{1; 2; 3\}$
$C = \{y \in \mathbb{N}:\ x\|6\}$	$C = \{1; 2; 3; 6\}$
$D = \{y \in \mathbb{Z}:\ x\|6\}$	$D = \{-6; -3; -2; -1; 1; 2; 3; 6\}$
$E = \{x \in \mathbb{Q}_+:\ x < -2\}$	$E = \{\} = \emptyset$
$F = \{x \in \mathbb{Z}:\ x < -2\}$	$F = \{-3; -4; -5; -6; -7; -8; \ldots\}$
$G = \{x \in \mathbb{R}:\ x^3 + 7 = 15\}$	$G = \{2\}$
$H = \{x \in \mathbb{R}:\ \frac{x}{3} + \frac{x}{4} = \frac{7}{6}\}$	$H = \{2\}$

Die Beispiele zeigen, daß eine Menge sowohl durch ihren Grundbereich als auch durch die entsprechende mengenbildende Aussageform bestimmt wird.
Beim Lösen von Gleichungen und Ungleichungen wird die von der Aussageform bestimmte Menge als **Lösungsmenge** bezeichnet.
Die Mengen C und D werden mit der gleichen Aussageform und verschiedenen Grundbereichen gebildet. Dadurch sind die Mengen C und D verschieden. Gleiches gilt für die Mengen E und F. Der Vergleich der Mengen A und B zeigt, daß das nicht immer so sein muß: Hier liegen gleiche Aussageformen und verschiedene Grundbereiche vor, doch A = B.
Von besonderem Interesse sind die Beispiele G und H: Zwei verschiedene Aussageformen mit dem gleichen Grundbereich bestimmen hier die gleiche Menge. Solche Aussageformen werden als **äquivalent** (gleichwertig) bezeichnet. (vgl. Abschnitt 3.3)

1.2.3 Mächtigkeit von Mengen

Kann jedem Element der Menge A genau ein Element der Menge B zugeordnet werden und ist zugleich jedes Element von B Bild genau eines Elements von A, so sind die Mengen A und B **gleichmächtig** (**äquivalent**): A ~ B

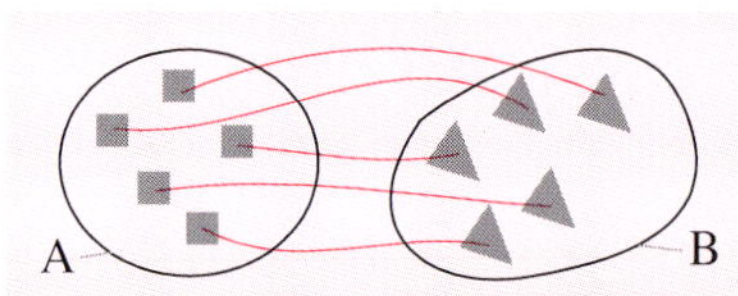

Man beachte: „Äquivalent" wird in der Mathematik in verschiedenen Bedeutungen verwendet. Mengen sind äquivalent, wenn sie die gleiche Mächtigkeit haben. Aussageformen (z.B. Gleichungen) mit dem gleichen Grundbereich sind äquivalent, wenn sie die gleiche Lösungsmenge haben. Ursache dafür ist, daß die entsprechenden Beziehungen sogenannte Äquivalenzrelationen sind.

Bei endlichen Mengen entspricht die Mächtigkeit der Anzahl ihrer Elemente. Zwei endliche Mengen sind gleichmächtig, wenn sie die gleiche Anzahl von Elementen besitzen.

- A und B in der obigen Abbildung sind gleichmächtig. Beide sind „Fünfermengen".
- M = {1; 2} und N = { ♦; ♦ } sind gleichmächtig. Beide sind „Zweiermengen".

Durch eine solche paarweise Zuordnung der Elemente können auch Mengen mit unendlich vielen Elementen nach ihrer Mächtigkeit verglichen werden.

D Ist eine unendliche Menge zur Menge der natürlichen Zahlen gleichmächtig, so ist sie eine **abzählbar unendliche Menge**. Anderenfalls ist die Menge **überabzählbar unendlich**

■ Jeder ganzen Zahl kann eineindeutig genau eine natürliche Zahl zugeordnet werden. Die Menge der ganzen Zahlen und die Menge der natürlichen Zahlen sind also von gleicher Mächtigkeit. Eine Möglichkeit der Zuordnung zeigt die folgende Anordnung. Die Menge $\mathbb{Z}$ wird dabei „abgezählt“ (durchnumeriert). $\mathbb{Z}$ ist deshalb eine abzählbar unendliche Menge.

$$\mathbb{N} = \{0;\ 1;\ 2;\ 3;\ 4;\ 5;\ 6;\ 7;\ 8;\ 9;\ 10;\ 11;\ 12;\ \ldots\}$$

$$\updownarrow \quad \updownarrow \quad \updownarrow \quad \updownarrow \quad \updownarrow \quad \updownarrow \quad \updownarrow \quad \updownarrow \quad \updownarrow \quad \updownarrow \quad \updownarrow \quad \updownarrow \quad \updownarrow \qquad\qquad \mathbb{N} \sim \mathbb{Z}$$

$$\mathbb{Z} = \{0;\ 1;-1;\ 2;-2;\ 3;-3;\ 4;-4;\ 5;-5;\ 6;-6;\ \ldots\}$$

■ Auch die Menge $\mathbb{Q}_+$ der gebrochenen Zahlen ist abzählbar unendlich. (vgl. Abschnitt 2.3.1, S. 53).

Mit Hilfe ähnlicher Zuordnungen kann gezeigt werden, daß auch die Menge der rationalen Zahlen $\mathbb{Q}$, die Menge der geraden Zahlen, die Menge der durch 5 teilbaren ganzen Zahlen usw. abzählbar unendliche Mengen sind.
Dagegen gibt es keine eineindeutige Abbildung der Menge $\mathbb{R}$ der reellen Zahlen auf die Menge $\mathbb{N}$ der natürlichen Zahlen. Die Menge der reellen Zahlen ist überabzählbar unendlich. Ihre Mächtigkeit wird auch als das **Kontinuum** bezeichnet. Selbst Teilmengen von $\mathbb{R}$, etwa Intervalle auf der Zahlengeraden wie zum Beispiel $M = \{x \in R|\ 3 < x < 4\}$ haben die Mächtigkeit des Kontinuums.

1.2.4 Relationen zwischen Mengen; Mengenoperationen

Gleichheit von Mengen

D Zwei Mengen sind **gleich**, wenn sie dieselben Elemente besitzen. (A = B)
Also gilt stets: $x \in A \Leftrightarrow x \in B$ und $A = B \Leftrightarrow B = A$.

■ $A = \{x \in \mathbb{R}:\ x^2 - x = 0\}$
$B = \{y \in \mathbb{N}:\ y < 2\}$

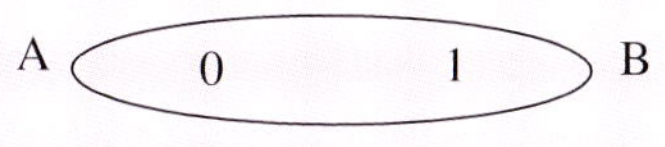

Gleichmächtigkeit (Äquivalenz) von Mengen

D Zwei Mengen A und B sind **gleichmächtig** (**äquivalent**), wenn es eine eineindeutige Abbildung von A auf B gibt (A ~ B).

Wenn A ~ B ist, kann jedem Element von A genau ein Element von B und zugleich jedem Element von B genau ein Element von A zugeordnet werden (vgl. auch S. 20).

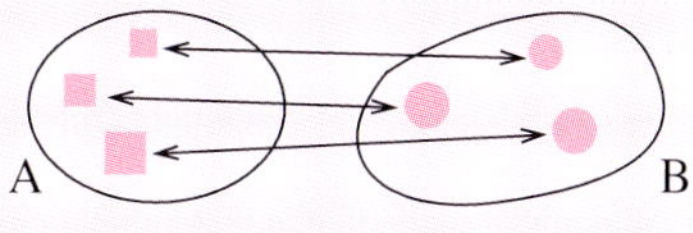

A und B sind äquivalent. (A ~ B)
A und B sind Dreiermengen.

Teilmengen

D Die Menge A ist **Teilmenge** der Menge B, wenn jedes Element von A zugleich in B enthalten ist. $(A \subseteq B)$
B heißt dann Obermenge von A.

Nach dieser Erklärung ist jede Menge auch Teilmenge von sich selbst $(A \subseteq A)$.
Die leere Menge ist Teilmenge jeder Menge. Für alle Mengen A gilt: $\emptyset \subseteq A$

D Ist jedes Element von A zugleich in B enthalten (also $A \subseteq B$) und gibt es in B mindestens ein Element, welches nicht in A enthalten ist, dann ist A **echte Teilmenge** von B. $(A \subset B)$

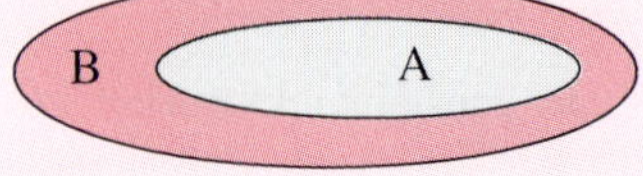

A ist die Menge aller Quadrate.
B ist die Menge aller Parallelogramme.

$A \subseteq B$, denn jedes Quadrat ist ein Parallelogramm.

Da es auch (mindestens) ein Parallelogramm gibt, welches kein Quadrat ist, gilt $A \subset B$.

Vereinigungsmenge

D Die **Vereinigungsmenge** $A \cup B$ ist die Menge aller Elemente, die in A oder in B (oder in beiden Mengen) enthalten sind.
$A \cup B = \{x \mid x \in A \vee x \in B\}$

Die Aussageformen $x \in A$ und $x \in B$ sind mit „oder" verbunden. Sie können vertauscht werden, weil die Verknüpfung mit „oder" kommutativ ist (vgl. Abschnitt 1.1.4). Deshalb gilt für alle Mengen A und B: $A \cup B = B \cup A$.
Je nach der Beziehung zwischen A und B kann $A \cup B$ veranschaulicht werden:

A und B haben keine gemeinsamen Elemente. A und B sind **disjunkt**.	A und B sind **überschnittene Mengen**.	B ist **Teilmenge** von A.
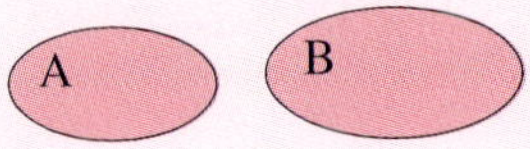	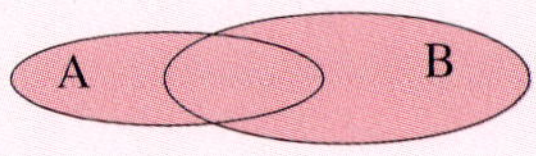	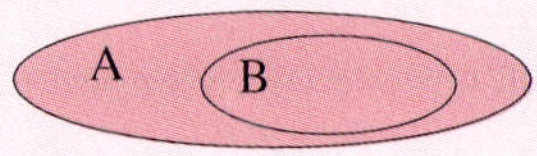
$A \cup B = B \cup A$	$A \cup B = B \cup A$	$A \cup B = B \cup A = A$

- $\{2; 3; 4; 5; 6\} \cup \{5; 6; 7; 8; 9\} = \{2; 3; 4; 5; 6; 7; 8; 9\}$

- $A = \{x \in \mathbb{R}:\ x < -7\};\quad B = \{y \in \mathbb{R}:\ y > 0\}$
  $A \cup B = \{z \in \mathbb{R}:\ z < -7 \vee z > 0\}$
  $A \cup B$ ist also die Menge aller reellen Zahlen außerhalb des Intervalls $[-7; 0]$.

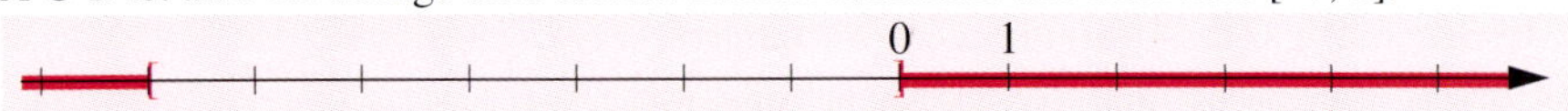

- $K = \{x \in \mathbb{N}:\ x < 17\};\quad L = \{x \in \mathbb{N}:\ x \geq 12\}$, dann ist $K \cup L = \mathbb{N}$

Durchschnittsmenge

D Die **Durchschnittsmenge** $A \cap B$ ist die Menge aller Elemente, die sowohl in A als auch in B enthalten sind.
$A \cap B = \{x \mid x \in A \wedge x \in B\}$

In $A \cap B$ sind die Aussageformen $x \in A$ und $x \in B$ mit „und" verbunden. Sie können vertauscht werden, weil die Verknüpfung mit „und" kommutativ ist (vgl. Abschnitt 1.1.4). Deshalb gilt für alle Mengen A und B: $A \cap B = B \cap A$.

Entsprechend der Beziehung zwischen A und B kann $A \cap B$ veranschaulicht werden:

A und B sind disjunkt.	A und B sind überschnitten.	B ist Teilmenge von A.
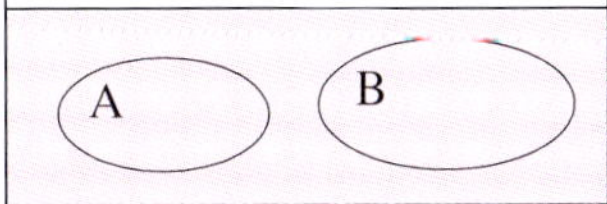	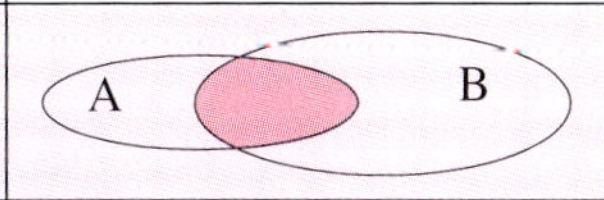	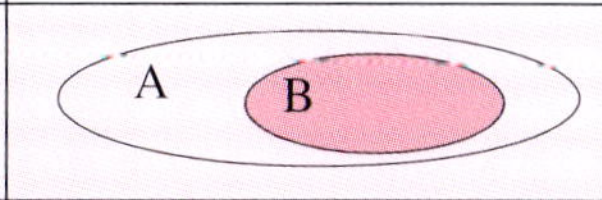
$A \cap B = B \cap A = \emptyset$	$A \cap B = B \cap A$	$A \cap B = B \cap A = B$

■ In der Ebene sind für zwei Geraden g und h folgende Lagen möglich:

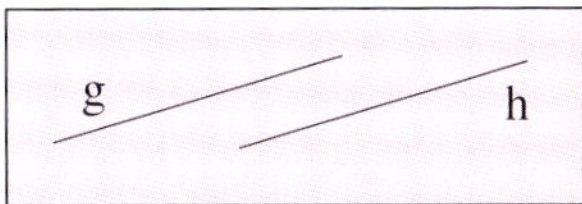	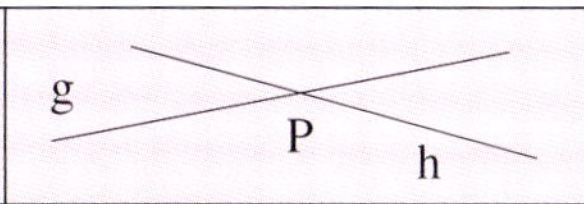	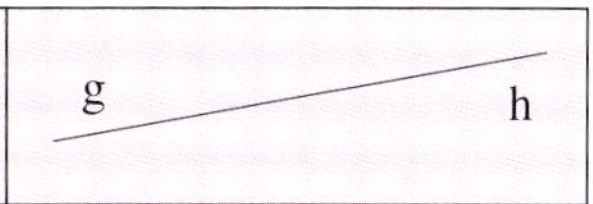
g und h haben keinen Punkt gemeinsam, also g ‖ h. $g \cap h = h \cap g = \emptyset$	g und h schneiden einander im Punkt P. $g \cap h = \{P\}$	g und h fallen zusammen, sind gleich, also g ‖ h. $g \cap h = g = h$

■ A ist die Menge aller geraden Zahlen, B ist die Menge aller Primzahlen. $A \cap B = \{2\}$

■ $A = \{x \in \mathbb{R}:\ x \geq -7\}$; $B = \{y \in \mathbb{R}:\ y \leq 0\}$
$A \cap B = \{z \in \mathbb{R}:\ z \geq -7 \ \wedge\ z \leq 0\} = [-7;\ 0]$

■ M ist die Menge aller rechtwinkligen Dreiecke, L ist die Menge aller gleichseitigen Dreiecke. Dann ist $L \cap M = \emptyset$. (Es gibt kein rechtwinklig-gleichseitiges Dreieck.)

■ R_e ist die Menge aller Rechtecke, R_h die Menge aller Rhomben. Dann ist $R_e \cap R_h = Q$, wobei Q die Menge aller Quadrate ist.

■ In einer gemischten Reisegruppe aus Engländern und Franzosen sprechen 17 Personen Englisch, 13 sprechen Französisch und 6 Personen beherrschen beide Sprachen. Wie viele Personen gehören zur Reisegruppe?

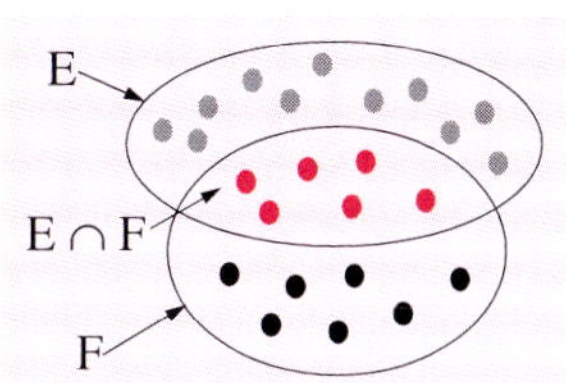

E ist die Menge der Reisenden, die Englisch spricht,
F ist die Menge der Reisenden, die Französisch spricht.
Dann gehören 6 Personen zu $E \cap F$.

Also sprechen $17 - 6 = 11$ Personen nur Englisch,
$13 - 6 = 7$ Personen nur Französisch.

Zur Reisegruppe gehören insgesamt 24 Personen.

■ Gesucht ist der größte gemeinsame Teiler der Zahlen 60 und 28, der ggT(60;28).
A ist die Menge aller Teiler von 60 $\quad A = \{1;\ 2;\ 3;\ 4;\ 5;\ 6;\ 10;\ 12;\ 15;\ 20;\ 30;\ 60\}$
B ist die Menge aller Teiler von 28 $\quad B = \{1;\ 2;\ 4;\ 7;\ 14;\ 28\}$
$A \cap B$ ist die Menge aller gemeinsamen Teiler der Zahlen 60 und 28: $A \cap B = \{1;\ 2;\ 4\}$
$\text{ggT}(60;\ 28) = 4$

Komplementärmengen

D In $\overline{A}$ (lies „A quer“) sind alle Elemente aus dem Grundbereich G, die nicht in A enthalten sind. $\overline{A}$ ist das **Komplement** von A bezüglich des Grundbereiches G.
A und $\overline{A}$ sind **Komplementärmengen** bezüglich G.
$\overline{A} \cup A = G \qquad \overline{A} \cap A = \emptyset$
Wie im Beispiel deutlich wird, ist die mengenbildende Aussageform von $\overline{A}$ die Negation der mengenbildenden Aussageform von A.

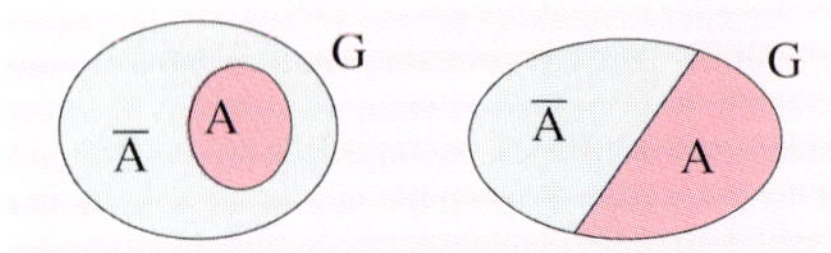

Die Menge der geraden Zahlen und die Menge der ungeraden Zahlen sind Komplementärmengen bezüglich $\mathbb{N}$:
$A = \{x \in N\colon 2|x\} = \{0; 2; 4; 6; \ldots\}$
$\overline{A} = \{x \in N\colon 2 \nmid x\} = \{1; 3; 5; 7; \ldots\}$
$A \cup \overline{A} = \mathbb{N} \qquad A \cap \overline{A} = \emptyset$

Differenzmenge

D Die **Differenzmenge** (**Differenz**) $A \setminus B$ ist die Menge aller Elemente, die in A und nicht in B enthalten sind.
$A \setminus B = \{x \mid x \in A \wedge x \notin B\}$

Entsprechend der Beziehung zwischen A und B kann $A \setminus B$ veranschaulicht werden:

A und B sind disjunkt.	A und B sind überschnitten.	B ist Teilmenge von A.
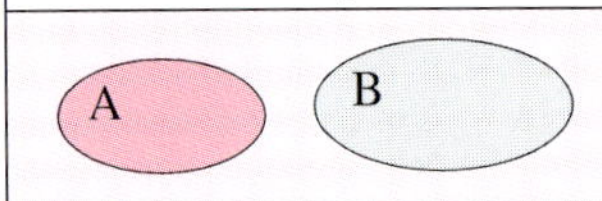	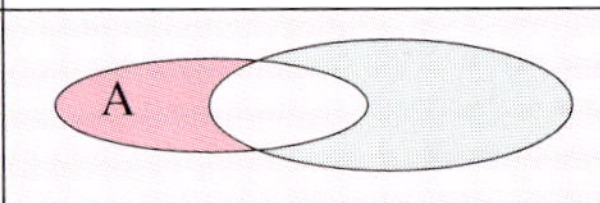	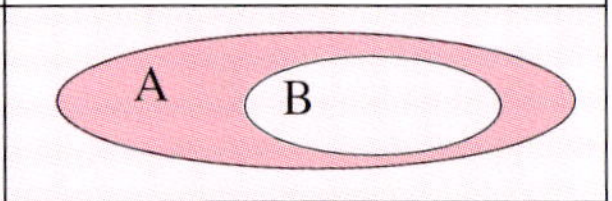
$A \setminus B = A$ $\quad B \setminus A = B$	$A \setminus B$ $\quad B \setminus A$	$A \setminus B$ $\quad B \setminus A = \emptyset$

W Die Betrachtung der Aussageform zeigt, daß die Differenzmengenbildung nicht kommutativ ist:
In $A \setminus B$ sind Elemente aus A, aber kein Element aus B.
In $B \setminus A$ dagegen sind Elemente aus B, aber kein Element aus A.
Wenn $A \setminus B = B \setminus A$ sein soll, muß folglich $A = B$ sein. Dann ist $A \setminus B = B \setminus A = \emptyset$.

■ $\{3; 4; 5; 6\} \setminus \{5; 6; 7; 8\} = \{3; 4\}$, dagegen ist $\{5; 6; 7; 8\} \setminus \{3; 4; 5; 6\} = \{7; 8\}$.

■ Ist $M = \{x \in \mathbb{Z}\colon x < 0\}$ (die Menge der negativen ganzen Zahlen), so ist $\mathbb{Z} \setminus M = \mathbb{N}$.

■ $A = \{x \in \mathbb{N}\colon 3|x\} = \{0; 3; 6; 9; 12; 15; 18; \ldots\}$
$B = \{x \in \mathbb{N}\colon 6|x\} = \{0; 6; 12; 18 \ldots\}$
$A \setminus B = \{3; 9; 15; 21; \ldots\} \qquad B \setminus A = \emptyset$

Geordnetes Paar, geordnetes Tripel

D Ein **geordnetes Paar** (a; b) entsteht durch Zusammenfassen zweier Elemente a und b in einer festgelegten Reihenfolge.
Sind a und b Zahlen, ist das geordnete Paar ein **Zahlenpaar**

Die Festlegung der Reihenfolge unterscheidet ein geordnetes Paar von einer Zweiermenge.
Weil die Reihenfolge eine Rolle spielt, ist in der Regel $(a; b) \neq (b; a)$.
Es ist $(a; b) = (b; a)$ genau dann, wenn $a = b$.
(Für Zweiermengen dagegen gilt stets $\{a; b\} = \{b; a\}$.)

Geordnete Paare können auch in einer **Wertetabelle** oder in einem **Koordinatensystem** dargestellt werden. Lösungen von Gleichungen mit zwei Variablen oder Gleichungssystemen mit zwei Variablen können als geordnete Paare angegeben werden.

D Ein **geordnetes Tripel** (a; b; c) entsteht durch Zusammenfassen dreier Elemente in einer festen Reihenfolge.
Sind a, b und c Zahlen, spricht man von einem **geordneten Zahlentripel**

Produktmenge

D Die **Produktmenge** $A \times B$ ist die Menge aller geordneten Paare, deren erstes Element in A und deren zweites Element in B enthalten ist.
$A \times B = \{(x; y): \; x \in A \; \wedge \; y \in B\}$

■ $A = \{2; 3; 4\}, \quad B = \{7; 8;\}$
$A \times B = \{(2; 7); (2; 8); (3; 7); (3; 8); (4; 7); (4; 8)\}$
$B \times A = \{(7; 2); (8; 2); (7; 3); (8; 3); (7; 4); (8; 4)\}$

Mit diesem Beispiel wird zugleich deutlich, daß die Produktmengenbildung nicht kommutativ ist.
Häufig ist nicht die gesamte Produktmenge von Interesse, sondern nur eine Teilmenge aller geordneten Paare. Funktionen beispielsweise können als Teilmengen von $\mathbb{N} \times \mathbb{N}$, $\mathbb{R} \times \mathbb{R}$ usw. angesehen werden:

■ $f_1 = \{(x; y) \in \mathbb{N} \times \mathbb{N}: \; y = 3x + 2\} = \{(0; 2); (1; 5); (2; 8); (3; 11); \ldots\} \subset \mathbb{N} \times \mathbb{N}$
$f_2 = \{(x; y) \in \mathbb{R} \times \mathbb{R}: \; y = x^2\} \subset \mathbb{R} \times \mathbb{R}$
f_1 ist eine lineare Funktion in $\mathbb{N}$, und f_2 ist eine quadratische Funktion in $\mathbb{R}$.

Potenzmenge

D Die **Potenzmenge** P(M) ist die Menge aller Teilmengen der Menge M.

Da stets $M \subseteq M$ und $\emptyset \subseteq M$, enthält die Potenzmenge einer Menge immer die leere Menge und die Menge M selbst.

■ $M = \{3; 4; 5; 6\}$
Die Potenzmenge von M enthält die leere Menge und M selbst sowie hier alle Einer-, Zweier-, Dreiermengen, die aus den Elementen von M gebildet werden können:
$P(M) = \{\emptyset; \{3\}; \{4\}; \{5\}; \{6\}; \{3; 4\}; \{3; 5\}; \{3; 6\}; \{4; 5\}; \{4; 6\}; \{5; 6\}; \{3; 4; 5\};$
$\{3; 4; 6\}; \{3; 5; 6\}; \{4; 5; 6\}; \{3; 4; 5; 6\}\}$

1.3 Zahlenbereiche als spezielle Mengen

1.3.1 Übersicht über die Zahlenbereiche

Natürliche Zahlen $\mathbb{N}$

Werden alle endlichen Mengen nach ihrer Mächtigkeit sortiert, entstehen Klassen. Zwei Mengen sind genau dann in der gleichen Klasse, wenn sie **gleichmächtig** sind, wenn sie also „gleichviele" Elemente haben.

W Zum Prüfen, ob zwei Mengen gleichviele Elemente besitzen, muß nicht gezählt werden. Die Elemente der Mengen können paarweise zugeordnet (z.B. nebeneinandergelegt oder mit Linien verbunden) werden. Die Kenntnis von Zahlen ist zu diesem Vergleich nicht notwendig.

D Die Zahlen 0, 1, 2, 3, … heißen **natürliche Zahlen**
Jede natürliche Zahl ist eine Klasse gleichmächtiger endlicher Mengen. Die natürliche Zahl gibt dabei die Anzahl der Elemente der Mengen an. (vgl. Abschnitt 2.1.1)

Mit der Zahl drei benennt man die Klasse aller „Dreiermengen". Drei Elemente zu haben, ist das einzige Merkmal, welches alle Mengen der Klasse gemeinsam haben.
Weil natürliche Zahlen Klassen von Mengen sind, ist es nicht möglich, z. B. die Zahl drei zu legen, sondern nur konkret drei Äpfel, drei Steine, … . Auf diese Weise kann jede natürliche Zahl durch eine Menge veranschaulicht werden. Die natürliche Zahl fünf gibt beispielsweise die Anzahl der Finger an einer Hand an. Es gibt noch beliebig viele andere Mengen, die ebenfalls zur Zahl fünf gehören.
Natürliche Zahlen können als Punkte auf dem Zahlenstrahl dargestellt werden (vgl. Abschnitt 2.1.1).

W Alle Eigenschaften der natürlichen Zahlen könnten auf Eigenschaften von Mengen zurückgeführt werden. Die bekannten Grundrechenoperationen und deren Eigenschaften könnten mit Hilfe von Mengenverknüpfungen erklärt werden. So ist beispielsweise $3 + 2 = 5$, weil 5 Kieselsteine auf dem Tisch liegen, wenn zuerst drei gelegt und dann noch zwei andere hinzugelegt werden.

Es ist ebenso möglich und erspart den ständigen Rückgriff auf Mengen, ausgewählte Grundeigenschaften der Menge der natürlichen Zahlen als Axiome anzusehen. Der italienische Mathematiker GIUSEPPE PEANO (1858–1932) zeigte 1891, daß sich die Eigenschaften der natürlichen Zahlen aus den folgenden fünf Axiomen, die später nach ihm **PEANOsche Axiome** genannt wurden, ableiten lassen:

I. 0 ist eine natürliche Zahl.
II. Jede natürliche Zahl hat genau einen Nachfolger.
III. 0 ist nicht Nachfolger einer Zahl.
IV. Keine Zahl ist zugleich Nachfolger zweier verschiedener Zahlen.
V. Enthält eine Menge die Zahl 0 und mit jeder Zahl zugleich auch deren Nachfolger, so enthält diese Menge alle natürlichen Zahlen.

Gebrochene Zahlen $\mathbb{Q}_+$

Aus zwei beliebigen natürlichen Zahlen a und b können Quotienten a : b gebildet werden. Dabei werden die Quotienten als **Brüche** in der Form $\frac{a}{b}$ $(b \neq 0)$ dargestellt.

Einige Brüche (Quotienten) sind in $\mathbb{N}$ berechenbar (z. B. $\frac{4}{2}$), andere nicht (z. B. $\frac{2}{4}$). Gleichwertige Brüche gehen durch Kürzen oder Erweitern auseinander hervor. Sie werden zu Klassen zusammengefaßt:

D Eine **gebrochene Zahl** ist eine Klasse von gleichwertigen Brüchen.
(vgl. Abschnitt 2.3.1)

■ $\frac{2}{1} = \{\frac{2}{1}; \frac{4}{2}; \frac{6}{3}; \frac{8}{4}; \frac{10}{5}; \frac{12}{6}; \ldots\}$ $\frac{3}{1} = \{\frac{3}{1}; \frac{6}{2}; \frac{9}{3}; \frac{12}{4}; \frac{15}{5}; \ldots\}$

Quotienten wie 2 : 4 und 6 : 12 sind in $\mathbb{N}$ nicht durch Dividieren vergleichbar.
Stets ist $a : b = c : d \Leftrightarrow a \cdot d = c \cdot b$ $(b \neq 0$ und $d \neq 0)$. Die Multiplikation ist in $\mathbb{N}$ immer ausführbar. Deshalb können zwei Quotienten und damit die entsprechenden Brüche auf diesem Wege immer auch ohne Dividieren verglichen werden.

■ $\frac{2}{4} = \frac{6}{12}$, denn $2 \cdot 12 = 6 \cdot 4$ $\frac{5}{7} \neq \frac{4}{6}$, denn $5 \cdot 6 \neq 4 \cdot 7$

Damit können auch jene Brüche in Klassen eingeteilt werden, deren Wert in $\mathbb{N}$ nicht berechnet werden kann.

Gebrochene Zahlen können durch **gemeine Brüche** oder durch **Dezimalbrüche** dargestellt werden. Auf dem Zahlenstrahl liegen die Brüche an der gleichen Stelle, die die gleiche gebrochene Zahl darstellen.

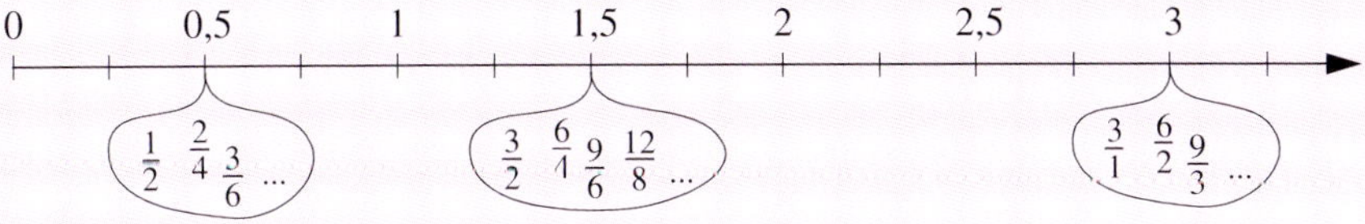

Dabei liegt zwischen zwei gebrochenen Zahlen stets noch eine weitere gebrochene Zahl, beispielsweise das **arithmetische Mittel** (der Mittelwert) der Zahlen.

Ganze Zahlen $\mathbb{Z}$

Aus zwei beliebigen natürlichen Zahlen a und b kann die Differenz $a - b$ gebildet werden. Einige Differenzen sind in $\mathbb{N}$ berechenbar (z.B. $4 - 2$), andere nicht (z.B. $2 - 4$). Differenzen mit dem gleichen Ergebnis werden zu Klassen zusammengefaßt:

D Eine **ganze Zahl** ist eine Klasse von gleichen Differenzen natürlicher Zahlen.

■ $+2 = \{(2 - 0); (3 - 1); (4 - 2); (5 - 3); (6 - 4); \dots\}$
$+7 = \{(7 - 0); (8 - 1); (9 - 2); (10 - 3); (11 - 4); \dots\}$

Differenzen wie $2 - 4$ und $6 - 8$ sind in $\mathbb{N}$ nicht durch Subtrahieren vergleichbar.
Weil stets $a - b = c - d \Leftrightarrow a + d = c + b$ und die Addition in $\mathbb{N}$ immer ausführbar ist, können zwei Differenzen auf diesem Wege immer verglichen werden.

■ $(2 - 4) = (6 - 8)$, denn $2 + 8 = 6 + 4$ $(3 - 7) \neq (0 - 5)$, denn $3 + 5 \neq 0 + 7$

Damit ist es möglich, auch jene Differenzen wie $(1 - 6)$, $(2 - 7)$ oder $(3 - 8)$, die in $\mathbb{N}$ nicht berechnet werden können, in Klassen einzuteilen.

■ $+5 = \{(5 - 0); (6 - 1); (7 - 2); \dots\}$ $0 = \{(3 - 3); (5 - 5); (6 - 6); (12 - 12); \dots\}$
$-5 = \{(0 - 5); (1 - 6); (2 - 7); \dots\}$ $-3 = \{(0 - 3); (1 - 4); (2 - 5); (3 - 6); \dots\}$

+5 und –5, +3 und –3, +4 und –4 … sind **zueinander entgegengesetzte Zahlen**. Die Zahl 0 ist zu sich selbst entgegengesetzt. (vgl. Abschnitt 2.2.1)
Ganze Zahlen sind damit die natürlichen und alle zu ihnen entgegengesetzten Zahlen.
Die Menge Z kann mit Punkten auf der Zahlengeraden dargestellt werden.

Rationale Zahlen $\mathbb{Q}$

Ähnlich wie die gebrochenen und die ganzen Zahlen können auch die rationalen Zahlen gewonnen werden. Eine Möglichkeit besteht darin, Differenzen gebrochener Zahlen zu bilden und diese in Klassen einzuteilen.

D Eine **rationale Zahl** ist eine Klasse von gleichen Differenzen gebrochener Zahlen.

Die Menge der rationalen Zahlen enthält alle gebrochenen Zahlen sowie die zu ihnen entgegengesetzten Zahlen. (vgl. Abschnitt 2.4)
Eine andere Möglichkeit besteht darin, Quotienten (Brüche) aus ganzen Zahlen zu bilden und diese in Klassen einzuteilen.

D Eine **rationale Zahl** ist eine Klasse von gleichwertigen Brüchen ganzer Zahlen.

Auf der Zahlengeraden gibt es zwischen zwei rationalen Zahlen stets (mindestens) noch eine rationale Zahl und damit unendlich viele rationale Zahlen. Die rationalen Zahlen liegen überall **dicht**.

Jede rationale Zahl kann in der Gestalt $\frac{a}{b}$ mit $a \in \mathbb{Z},\ b \in \mathbb{Z},\ b \neq 0$ dargestellt werden.

D Zahlen, die nicht in der Gestalt $\frac{a}{b}$ mit $a \in \mathbb{Z},\ b \in \mathbb{Z},\ b \neq 0$ dargestellt werden können, heißen **irrationale Zahlen**. In der Darstellung als Dezimalbruch sind irrationale Zahlen unendlich und nicht periodisch. (vgl. Abschnitt 2.5.1)

■ $\sqrt{2}$, π, e, … sind irrationale Zahlen.

Reelle Zahlen $\mathbb{R}$

Zwar liegen die rationalen Zahlen auf der Zahlengeraden überall dicht, doch gehört dennoch nicht zu jedem Punkt der Zahlengeraden eine rationale Zahl.

■ Eine Strecke der Länge $\sqrt{2}$ kann vom Nullpunkt aus auf der Zahlengeraden abgetragen werden. Dennoch ist $\sqrt{2}$ keine rationale Zahl (vgl. S. 61).

Es gibt auf der Zahlengeraden mehrere derartige Punkte, denen keine rationale Zahl entspricht. Diese „irrationalen Lücken" treten nicht vereinzelt auf, sondern sie liegen genau wie die rationalen Zahlen auf der Zahlengeraden überall dicht. Das heißt, daß es – wie bei den rationalen Zahlen – auch zwischen zwei irrationalen Zahlen stets noch eine (und damit unendlich viele) weitere irrationale Zahlen gibt.

Um die Zahl $\sqrt{2}$ möglichst genau zu bestimmen, wird ein Intervall [a; b] gesucht, in dem $\sqrt{2}$ enthalten ist. Dieses Intervall wird dann systematisch immer weiter verkleinert, wobei stets $\sqrt{2}$ im Intervall verbleiben muß (vgl. S. 62). Mit dieser **Intervallschachtelung** ist die irrationale Zahl $\sqrt{2}$ mit beliebiger Genauigkeit bestimmbar.
Jede Intervallschachtelung bestimmt genau einen Punkt der Zahlengeraden und damit eine Zahl. Diese Zahl muß nicht immer eine irrationale Zahl sein. Es kann ebenso eine rationale Zahl oder eine natürliche Zahl sein.

D Jede durch eine Intervallschachtelung bestimmte Zahl heißt **reelle Zahl**
Die **Menge $\mathbb{R}$ der reellen Zahlen** ist die Menge aller Dezimalbrüche.

1.3.2 Mengenbeziehungen zwischen den Zahlenbereichen

Die folgende Übersicht veranschaulicht alle Teilmengenbeziehungen zwischen den Zahlenbereichen $\mathbb{N}$, $\mathbb{Z}$ (schraffiert), $\mathbb{Q}_+$ (hellgrau gefärbt), $\mathbb{Q}$ und $\mathbb{R}$.

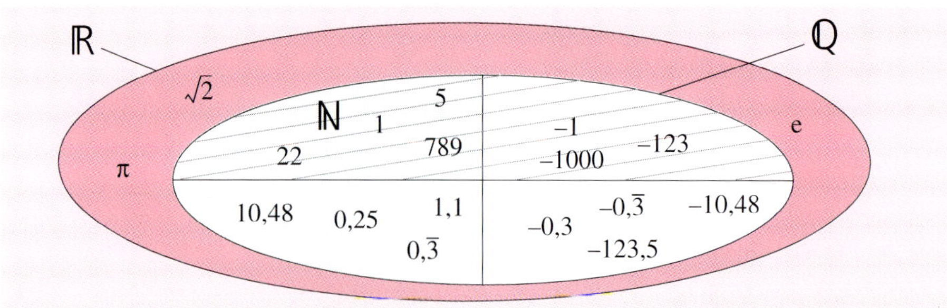

Die Menge der rationalen Zahlen ist eine echte Teilmenge der Menge der reellen Zahlen. Jede rationale Zahl ist eine reelle Zahl, aber nicht jede reelle Zahl (z.B π) ist eine rationale Zahl.
Im Diagramm werden die Beziehungen $\mathbb{N} \subset \mathbb{Q}_+$, $\mathbb{N} \subset \mathbb{Z}$, $\mathbb{Q}_+ \subset \mathbb{Q}$, $\mathbb{Z} \subset \mathbb{Q}$ deutlich. Ebenfalls ersichtlich ist, daß die Mengen $\mathbb{Z}$ und $\mathbb{Q}_+$ **überschnittene Mengen** sind. Zahlen, die gebrochene (und damit nichtnegative) Zahlen und zugleich ganze Zahlen sind, sind natürliche Zahlen.

1.3.3 Intervalle

Mengen wie $M = \{x \in \mathbb{R} \mid 1 \le x \le 4\}$ können nicht durch einzelne Punkte, sondern nur durch Strecken auf der Zahlengeraden dargestellt werden:

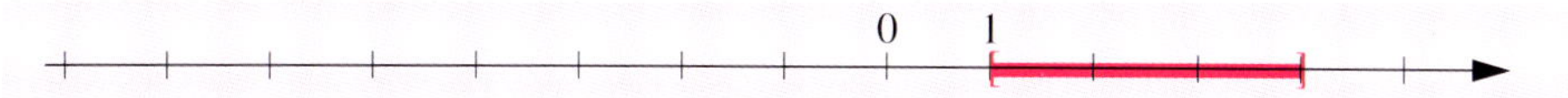

Die Menge $M = \{x \in \mathbb{R} \mid 1 \le x \le 4\}$ wird auch als Intervall [1; 4] bezeichnet.

D Ein **Intervall** ist eine spezielle Teilmenge von $\mathbb{R}$. Sie kann durch eine Doppelungleichung beschrieben werden.

$[a; b] = \{x \in \mathbb{R} \mid a \le x \le b\}$ ist das abgeschlossene Intervall von a bis b,
$]a; b[= \{x \in \mathbb{R} \mid a < x < b\}$ ist das offene Intervall von a bis b,
$]a; b] = \{x \in \mathbb{R} \mid a < x \le b\}$ ist das linksoffene Intervall von a bis b,
$[a; b[= \{x \in \mathbb{R} \mid a \le x < b\}$ ist das rechtsoffene Intervall von a bis b,
$]-\infty; b] = \{x \in \mathbb{R} \mid x \le b\}$ ist das linksoffene Intervall von $-\infty$ bis b,
$[a; +\infty[= \{x \in \mathbb{R} \mid x \ge a\}$ ist das rechtsoffene Intervall von a bis $+\infty$.

„Offen" bedeutet, daß die jeweilige Zahl nicht mit zum Intervall gehört. Beim abgeschlossenen Intervall gehören untere und obere Grenze mit zum Intervall.

1.3.4 Ausführbarkeit der Rechenoperationen

Zahlenbereichserweiterungen wurden letztlich deshalb vorgenommen, um bestimmte Rechenoperationen uneingeschränkt ausführen zu können. Die folgende Tabelle verdeutlicht dies.

Zahlenmenge	**uneingeschränkt ausführbare Rechenoperationen**				
	Addition	**Multiplikation**	**Subtraktion**	**Division** (nicht durch 0)	**Radizieren**
natürliche Zahlen $\mathbb{N}$	×	×			
ganze Zahlen $\mathbb{Z}$	×	×	×		
gebrochene Zahlen $\mathbb{Q}_+$	×	×		×	
rationale Zahlen $\mathbb{Q}$	×	×	×	×	
reelle Zahlen $\mathbb{R}$	×	×	×	×	

2 Zahlen und Rechnen

2.1 Natürliche Zahlen

2.1.1 Zahlbegriff, Zahldarstellungen

Zahlen und Ziffern

Die Zahlen 0, 1, 2, 3, 4, 5, 6, ... bilden die **Menge ℕ der natürlichen Zahlen**. Dabei war lange umstritten, ob auch 0 zu dieser Menge gehören soll.
Die natürliche Zahl n ist eine Abstraktion von konkreten Mengen mit n Elementen.

■ Das Gemeinsame von 5 Äpfeln, 5 Häusern, 5 Hunden, 5 Weizenkörnern, 5 Sternen ist eben die Anzahl der Elemente – also 5.

Endliche Mengen mit gleichviel Elementen heißen gleichmächtig, die Anzahl der Elemente ist ihre Mächtigkeit. Damit steht jede natürliche Zahl für eine Klasse gleichmächtiger Mengen. Die so gewonnene Zahl heißt **Kardinalzahl**.
Natürliche Zahlen dienen aber auch der Beschreibung von Stellen in Anordnungen.

■ So ist der August der achte Monat des Jahres, Eisen ist das sechsundzwanzigste Element im Periodensystem, John F. Kennedy war der fünfunddreißigste Präsident der USA.

Die so verwendeten natürlichen Zahlen heißen **Ordinalzahlen**. Man schreibt sie im Unterschied zu den Kardinalzahlen meist mit einem Punkt.
Man erhält die natürlichen Zahlen, indem man mit null beginnt und immer um eins weiterzählt. Somit erhält man zu jeder natürlichen Zahl eine unmittelbar darauf folgende.
Zu n erhält man $n+1$. Diese Zahl $n+1$ heißt **Nachfolger** von n.

■ Der Nachfolger von sieben ist acht, der von neunhundertneunundneunzig ist eintausend, der von einhunderttausend ist einhunderttausendundeins.

Mit Ausnahme von null hat jede natürliche Zahl n auch einen Vorgänger, nämlich $n-1$.
Man kann die natürlichen Zahlen veranschaulichen, indem man den Ausgangspunkt eines Strahles mit Null bezeichnet und dann in jeweils gleichen Abständen den Nachfolger zu jeder Zahl einträgt. Die so entstehende Figur heißt **Zahlenstrahl**

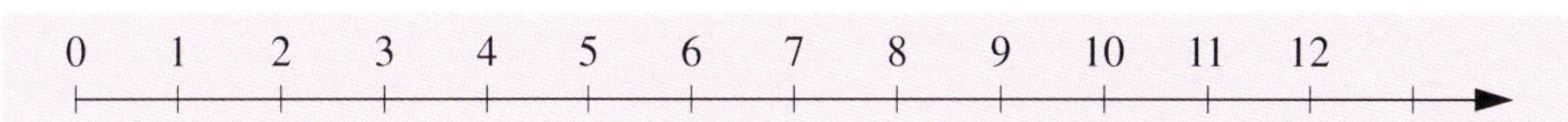

Auf diese Weise sind die natürlichen Zahlen der Größe nach geordnet. Von zwei natürlichen Zahlen ist diejenige größer, die weiter von 0 entfernt ist. Wenn a größer als b ist, schreibt man $a > b$. Dann ist natürlich b kleiner als a, wofür man $b < a$ schreibt.

S Zwischen zwei natürlichen Zahlen a und b gilt eine (und nur eine) der folgenden Beziehungen: $a < b$ $a = b$ $a > b$.

Da jede natürliche Zahl einen Nachfolger hat, gibt es keine größte natürliche Zahl. (Angenommen jemand behauptet, es gäbe eine größte natürliche Zahl x, dann wäre deren Nachfolger $x+1$ größer, die Behauptung ist also falsch.)
Die Menge $\mathbb{N}$ der natürlichen Zahlen hat also unendlich viele Elemente.

Zum Darstellen natürlicher Zahlen verwendet man **Ziffern**.

■ Die Zahl fünf kann man auf verschiedene Weise darstellen:
- mit arabischen Ziffern als 5;
- im **Dualsystem** als IOI;
- mit römischen Zahlzeichen als V.

Positionssysteme

Heute wird meist eine Zahldarstellung verwendet, die mit den zehn (arabischen) Ziffern 0, 1, 2, 3, 4, 5, 6, 7, 8 und 9 auskommt. Dies ist möglich, weil auch der Stelle, an der eine Ziffer steht, Bedeutung zukommt.

■ Zur Darstellung von achttausenddreihundertundacht werden die Ziffern 0, 3 und 8 (letztere zweimal) verwendet und bekanntlich in der Reihenfolge 8308 angeordnet.
Dies bedeutet: acht Tausender und drei Hunderter und null Zehner und acht Einer, anders geschrieben: $8 \cdot 1000 + 3 \cdot 100 + 0 \cdot 10 + 8 \cdot 1$ oder $8 \cdot 10^3 + 3 \cdot 10^2 + 0 \cdot 10^1 + 8 \cdot 10^0$.

Eine solche Darstellung erfordert unbedingt eine Kennzeichnung leerer Stellen (hier durch die Ziffer 0). Eine Unterscheidung von 8308 und 838 wäre sonst nicht möglich.

Das Beispiel zeigt, daß bei der Darstellung natürlicher Zahlen die Zahl 10 und ihre Potenzen die Grundlage bilden. Man spricht deshalb vom **dekadischen Positionssystem** (deka (gr.) – zehn) oder auch vom **Dezimalsystem** (decem (lat.) – zehn).

In diesem dekadischen Positionssystem läßt sich jede natürliche Zahl eindeutig (d.h. auf eine und nur eine Weise) als Folge von Ziffern darstellen. Dabei wird durch die Stelle, an der eine Ziffer steht, angegeben, mit welcher Potenz von 10 sie zu multiplizieren ist. Die (von rechts) erste Stelle mit 10^0, die zweite mit 10^1, die dritte mit 10^2 usw. Allgemein gilt:

$$a_m a_{m-1} a_{m-2} \ldots a_2 a_1 a_0 = a_m \cdot 10^m + a_{m-1} \cdot 10^{m-1} + \ldots + a_2 \cdot 10^2 + a_1 \cdot 10^1 + a_0 \cdot 10^0$$

Außer im dekadischen Positionssystem (mit der Basis 10) lassen sich die natürlichen Zahlen auch in Positionssystemen mit anderer Basis darstellen.

Im **Dualsystem** ist das die Basis 2. Man benötigt nur zwei Grundziffern, z.B. O für 0 und I für 1. Die Darstellung erfolgt analog zu der im dekadischen System, nur treten an Stelle der Potenzen von 10 diejenigen von 2.

■ Die Zahl fünf hat dann die Darstellung IOI, d.h. $1 \cdot 2^2 + 0 \cdot 2^1 + 1 \cdot 2^0$.
Die Darstellung IIOIO bedeutet $1 \cdot 2^4 + 1 \cdot 2^3 + 0 \cdot 2^2 + 1 \cdot 2^1 + 0 \cdot 2^0$, also die Zahl 26.

Duale Darstellungen spielen in der Rechentechnik eine wichtige Rolle, weil die beiden Grundziffern durch elektrische Zustände (z. B. Strom fließt, Strom fließt nicht) realisiert werden können.

Ein anderes, auch für die Rechentechnik bedeutsames Positionssystem verwendet als Basis die Zahl $16 = 2^4$. Man nennt es **Hexadezimalsystem**. Hier benötigt man 16 Grundziffern, also zu denen des Dezimalssystems noch weitere 6. Diese werden i. allg. durch die Buchstaben A für 10, B für 11, C für 12, D für 13, E für 14 und F für 15 bezeichnet.

- Die Zahl A30F im Hexadezimalsystem stellt die Zahl $10 \cdot 16^3 + 3 \cdot 16^2 + 0 \cdot 16^1 + 15 \cdot 16^0 = 41743$ im Dezimalsystem dar.
- Die im Dezimalsystem als 300 geschriebene Zahl hat die hexadezimale Darstellung 12C, nämlich $1 \cdot 16^2 + 2 \cdot 16^1 + 12 \cdot 16^0$.

W Je größer die Basiszahl eines Positionssystems, um so kürzer werden die Zahldarstellungen in diesem System.

Wesentliche Rechengesetze und Verfahren (z. B. die Verfahren für das schriftliche Rechnen) gelten in allen Positionssystemen.

Additionssysteme

Eine andere Art der Darstellung für natürliche Zahlen ist die Darstellung mit römischen Ziffern (Zahlzeichen). Hier werden bezeichnet:

Eins mit I	Fünf mit V	Hundert mit C (centum (lat.) – hundert)
Zwei mit II;	Zehn mit X	Fünfhundert mit D;
Drei mit III	Fünfzig mit L	Tausend mit M (mille (lat.) – tausend).

Aus diesen Ziffern werden die Zahlen durch Addition und Subtraktion zusammengesetzt. Die einzelnen Ziffern werden i. allg. addiert, steht aber eine kleinere Ziffer vor einer größeren, wird sie von dieser subtrahiert.

So bedeuten: IV = 5 – 1 = 4; VI = 5 + 1 = 6; VII = 7; IX = 9;
XI = 11; XC = 90; CXI = 111;
MCCCLVI = 1356; MCMLXXIX = 1979.

H Zu den ältesten Antrieben für die Entwicklung menschlicher Sprache zählt wohl auch das Bedürfnis nach einer Benennung von Zahlen. In mehreren europäischen Sprachen besteht eine interessante Ähnlichkeit zwischen den Worten für „zählen" und „erzählen" (ital.: contare/raccontare; span.: contar/contar; franz.: compter/raconter; gr.: logos = Rechnung; Wort; Erzählung). Die Erfindung der Schrift führte zu einer ganz erheblichen Steigerung der Fähigkeiten der Menschen, mit Zahlen umzugehen.
Man unterscheidet im wesentlichen zwei große geschriebene Rechensysteme: Erstens additive Systeme, in denen jede Zahl durch die direkte Addition (z. T. auch Subtraktion) der numerischen Werte einzelner Ziffern entsteht, wie etwa bei der Hieroglyphenrechnung des alten Ägypten oder den römischen Zahlzeichen; zweitens Positions- oder Stellenwertsysteme, die zwingend ein Zeichen für unbesetzte Stellen verlangen.
Positionssysteme kommen nur in vier Zivilisationen mit geschriebener Sprache vor: in Mesopotamien, in China, im alten Indien und in der Mayakultur Zentralamerikas. Unser dekadisches Positionssystem geht auf den indischen Kulturkreis zurück. Im Jahre 773 brachte ein Inder astronomische Schriften von BRAHMAGUPTA an den Hof des Kalifen AL-MANSUR in Bagdad. Der große arabische Mathematiker AL-CHWARIZMI (dessen Name in „Algorithmus" auftaucht) verwertete diese in seinem Lehrbuch der Arithmetik, in dem er die neuen indischen Ziffern erklärte und verwendete. Dieses Buch erschien 820. In Spanien wurde dieses Buch im 12. Jahrhundert durch ROBERT VON CHESTER übersetzt. Von da aus traten

dann die sogenannten arabischen Ziffern ihren Siegeszug an, vor allem, weil man mit ihnen viel leichter rechnen konnte. Die Form der Ziffern hat sich seit ihrer Schaffung durch die Inder mehrfach verändert. Die heutige Gestalt unserer Ziffern geht auf ALBRECHT DÜRER (1471–1528) zurück.
Ein großes Problem aber war die Zahl null. Die Mathematiker des Mittelalters konnten eine Zahl, die "Nichts bedeutete" nicht oder nur schwer verstehen. Entscheidend wurde die Verwendung von 0, wie auch die Verbreitung der arabischen Ziffern insgesamt, durch den italienischen Mathematiker LEONARDO VON PISA, genannt FIBONACCI, (um 1170–1240) gefördert.
Die Griechen mit ihrer weitentwickelten Mathematik hatten keinen Begriff von 0. Auch 1 rechneten sie nicht zu den Zahlen, sie war die Monade, aus der alle anderen Zahlen hervorgingen. In einem deutschen Rechenbuch von 1537 von KOBEL wird die Auffassung vertreten, daß die Eins keine Zahl, sondern das erzeugende Prinzip aller Zahlen ist.

2.1.2 Rechnen mit natürlichen Zahlen

Addition

Natürliche Zahlen kann man addieren. Geht man auf die Mengenvorstellung der **Kardinalzahl** zurück, so bedeutet **Addieren** das Vereinigen von entsprechenden Mengen.

■ 3 Äpfel und 4 Äpfel ergeben 7 Äpfel.

Eine Menge A mit a Elementen vereinigt mit einer (zu A elementfremden) Menge B mit b Elementen ergibt eine Menge S mit $s = a + b$ Elementen.

D In $s = a + b$ heißen s bzw. $a + b$ die **Summe** und a und b die **Summanden**.
Die Operation heißt **Addition** und wird durch „+" symbolisiert.

Die Addition ist im Bereich der natürlichen Zahlen immer ausführbar, und sie ist eindeutig, d.h., zu zwei Zahlen a und b gibt es eine und nur eine Zahl s mit $s = a + b$.

S Es gilt $a + 0 = 0 + a = a$. Die Zahl null ist das **neutrale Element der Addition**.

Man kann die Addition am Zahlenstrahl veranschaulichen.
Um $s = a + b$ zu erhalten, beginnt man bei a und geht b Schritte nach rechts:

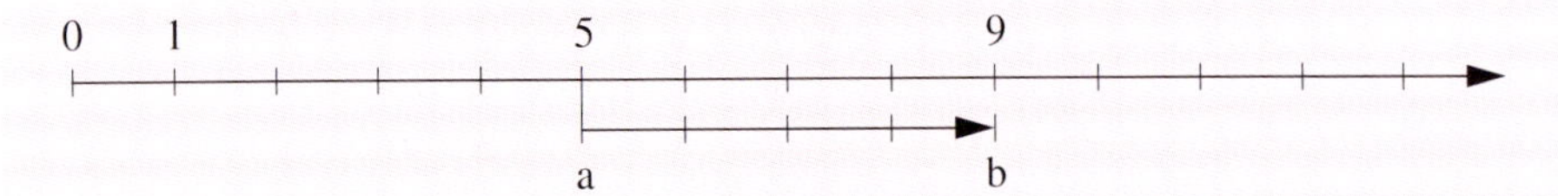

■ Im obigen Bild sind $a = 5$, $b = 4$ und demzufolge $s = 9$.

S Für $s = a + b$ gilt stets: $s \geq a$ und $s \geq b$.
Eine Summe natürlicher Zahlen ist nie kleiner als ein einzelner Summand.

S a, b und c seien natürliche Zahlen. Dann folgt aus $a < b$ stets $a + c < b + c$.
Diese Eigenschaft heißt **Monotonie der Addition** bez. der „ist kleiner als"-Relation.

Für die Addition natürlicher Zahlen a, b und c gelten weiter folgende Sätze:

S $a + b = b + a$ (**Kommutativgesetz**, **Vertauschungsgesetz**)
Summanden darf man stets vertauschen, die Summe bleibt gleich.

S $a + (b + c) = (a + b) + c$ (**Assoziativgesetz**, **Verbindungsgesetz**)
Summanden darf man stets beliebig zusammenfassen, die Summe bleibt gleich.

Aus beiden Gesetzen folgt, daß beim Addieren die Reihenfolge der Summanden beliebig ist. Dies kann man beim Kopfrechnen ausnutzen, indem man die Zahlen so zusammenfaßt, daß volle Zehner entstehen.

■ $3 + 8 = 3 + (7 + 1) = 3 + 7 + 1 = 10 + 1 = 11$
$3 + 8 + 7 = 3 + 7 + 8 = 10 + 8 = 18$
$47 + 28 = 47 + (3 + 25) = 50 + 25 = 75$
$490 + 637 + 10 = 490 + 10 + 637 = 500 + 637 = 500 + 500 + 137 = 1137$
$469 + 226 = 400 + 69 + 200 + 26 = 600 + 69 + (25 + 1) = 600 + 70 + 25 = 675$

Obwohl heute leistungsfähige Taschenrechner allgemein verfügbar sind, ist Kopfrechnen wichtig, z.B. um durch Überschläge Kontrollmöglichkeiten zu haben.

Es gibt auch ein **schriftliches Verfahren der Addition**.
Dazu schreibt man die zu addierenden Zahlen untereinander und zwar Einer unter Einer, Zehner unter Zehner, Hunderter unter Hunderter usw. und addiert (von rechts beginnend) spaltenweise. Die Anzahl der Einer der Summe wird notiert, die Anzahl der Zehner wird in der nächsten Spalte berücksichtigt, man merkt oder notiert sie sich.

■ Es seien die Zahlen 38251, 7430, 27 und 5638 zu addieren.

Man schreibt:	*Man rechnet:*
38251	1. Spalte (von rechts): $1 + 0 + 7 + 8 = 16$, schreibe 6, merke 1;
+ 7430	2. Spalte (von rechts): $1 + 5 + 3 + 2 + 3 = 14$, schreibe 4, merke 1;
+ 27	3. Spalte (von rechts): $1 + 2 + 4 + 6 = 13$, schreibe 3, merke 1;
+ 5638	4. Spalte (von rechts): $1 + 8 + 7 + 5 = 21$, schreibe 1, merke 2;
51346	5. Spalte (von rechts): $2 + 3 = 5$, schreibe 5.

Subtraktion

Die Frage, welche Zahl d man zu einer Zahl a addieren muß, um eine vorgegebene Zahl c zu erhalten, führt zur Umkehrung der Addition, zur Subtraktion:

D $a + d = c$ ist identisch mit $d = c - a$.
Dabei heißen: d bzw. $c - a$ die **Differenz**, c der **Minuend** und a der **Subtrahend**
Die Operation heißt **Subtraktion** und wird durch „–" symbolisiert.

Eine natürliche Zahl d existiert nur, wenn $c \geq a$ gilt. Im Bereich der natürlichen Zahlen ist die Subtraktion nicht uneingeschränkt ausführbar, sondern nur, wenn der Subtrahend nicht größer als der Minuend ist.
Die Subtraktion kann man auf dem Zahlenstrahl veranschaulichen. Um $d = c - a$ zu erhalten, beginnt man bei c und geht a Schritte nach links:

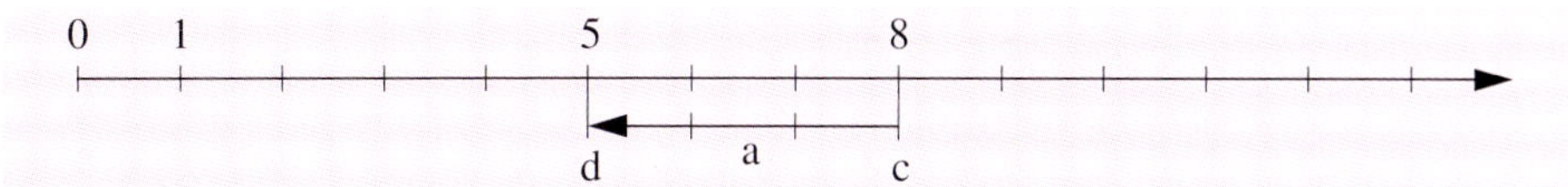

■ Im Bild sind $c = 8$, $a = 3$ und demzufolge $d = 5$.

S Es gelten $a - 0 = a$ und $a - a = 0$, weil $a + 0 = a$ ist.

S $c - a = a - c$ gilt nur, wenn $c = a$, weil dann $c - a = a - c = 0$ ist. Die Vertauschbarkeit von c und a gilt also nur für den einfachen Fall, daß beide gleich sind.

S Es gilt stets $c - (a + b) = c - a - b$ und $c - (a + b) = c - (b + a)$ und somit $c - a - b = c - b - a$

Die Gesetzmäßigkeiten dieses Satzes kann man beim Rechnen ausnutzen:

■ $18 - 9 = 18 - (8 + 1) = 18 - 8 - 1 = 10 - 1 = 9$

■ $218 - 55 - 18 = 218 - 18 - 55 = 200 - 55 = 145$

Zur **schriftlichen Subtraktion** schreibt man die Zahlen wieder (analog zur schriftlichen Addition) untereinander. Man subtrahiert (von rechts beginnend) spaltenweise und notiert das Ergebnis. Ist die Subtraktion nicht ausführbar, erhöht man den Minuenden um einen (oder mehrere) Zehner, die man in der nächsten Spalte zusätzlich subtrahiert.
Sind mehrere Subtrahenden zu subtrahieren, beginnt man zweckmäßigerweise von unten, addiert die Subtrahenden und ergänzt zum Minuenden, wobei man ggf. einen (mehrere) Zehner addiert und in der nächsten Spalte zu den Subtrahenden addiert.

■ Es seien von 5847 die Zahlen 294, 1036 und 441 zu subtrahieren.

Man schreibt:	*Man rechnet:*
5847	1. Spalte (von rechts): $1 + 6 + 4 = 11$, Ergänzung zu 17 ergibt 6;
– 294	2. Spalte (von rechts): $1 + 4 + 3 + 9 = 17$, Ergänzung zu 24 ergibt 7;
–1036	3. Spalte (von rechts): $2 + 4 + 0 + 2 = 8$, Ergänzung zu 8 ergibt 0;
– 441	4. Spalte (von rechts): 1, Ergänzung zu 5 ergibt 4.
4076	

W Die Verfahren des schriftlichen Rechnens
- machen auch vom **Distributivgesetz** Gebrauch;
- gelten völlig analog auch in anderen Positionssystemen.

W Mit Hilfe der Subtraktion kann man eine interessante Eigenschaft dreistelliger Zahlen entdecken. Man ordnet die Ziffern einer dreistelligen Zahl (bei der nicht alle Ziffern gleich sind) einmal so, daß die größtmögliche Zahl entsteht, und dann so, daß die kleinstmögliche Zahl entsteht. Dann bildet man die Differenz und wendet das Verfahren auf das Resultat erneut an. Nach endlich vielen Schritten erhält man – unabhängig von der Ausgangszahl – stets 495. Diese Zahl heißt **KAPREKARzahl**, nach dem indischen Mathematiker KAPREKAR, der diese Eigenschaft 1949 fand. Die KAPREKARzahl für vierstellige Zahlen lautet 6147. Für zweistellige Zahlen gibt es keine KAPREKARzahl.

Multiplikation

Die mehrfache Addition gleicher Summanden führt zur Multiplikation.

■ Anstelle von $7 + 7 + 7 + 7 + 7$ schreibt man $5 \cdot 7$. Das Resultat ist 35.

D In $a \cdot b = p$ ist p bzw. $a \cdot b$ das **Produkt** der **Faktoren** a und b.
Man nennt a auch **Multiplikator** und b **Multiplikand**.
Die Operation heißt **Multiplikation** und wird durch „·" symbolisiert.

Die Multiplikation ist im Bereich der natürlichen Zahlen immer ausführbar, und sie ist eindeutig, d. h., zu zwei Zahlen a und b gibt es eine und nur eine Zahl p mit $p = a \cdot b$.

Es gilt $a \cdot 1 = 1 \cdot a = a$. Die Zahl eins ist das **neutrale Element der Multiplikation**.
Es gilt $a \cdot 0 = 0 \cdot a = 0$. Ein Produkt hat den Wert null, genau dann, wenn (mindestens) ein Faktor 0 ist.

S Für $p = a \cdot b$ mit $a, b \in \mathbb{N}$ und $a \neq 0$ und $b \neq 0$ gilt stets: $p \geq a$ und $p \geq b$.
Ein Produkt natürlicher Zahlen, in dem kein Faktor Null ist, ist nie kleiner als ein einzelner Faktor.

S a, b und c seien natürliche Zahlen ($c \neq 0$). Dann folgt aus $a < b$ stets $a \cdot c < b \cdot c$
Diese Eigenschaft heißt **Monotonie der Multiplikation** bezüglich der „ist kleiner als"-Relation.

Für die Multiplikation natürlicher Zahlen a, b und c gelten weiter folgende Gesetze:

S $a \cdot b = b \cdot a$ (**Kommutativgesetz**, **Vertauschungsgesetz**)
Faktoren darf man stets vertauschen, das Produkt bleibt gleich.

S $a \cdot (b \cdot c) = (a \cdot b) \cdot c$ (**Assoziativgesetz**; **Verbindungsgesetz**)
Faktoren darf man stets beliebig zusammenfassen, das Produkt bleibt gleich.

■ $5 \cdot 36 = 5 \cdot 2 \cdot 18 = 10 \cdot 18 = 180$

Aus beiden Sätzen folgt, daß beim Multiplizieren die Reihenfolge der Faktoren beliebig ist.

■ $4 \cdot 18 \cdot 25 = 4 \cdot 25 \cdot 18 = 100 \cdot 18 = 1800$

Für die Verbindung von Addition und Multiplikation gilt stets:

S $a \cdot (b + c) = a \cdot b + a \cdot c$ (**Distributivgesetz**, **Verteilungsgesetz**)

■ $7 \cdot 59 = 7 \cdot 50 + 7 \cdot 9 = 350 + 63 = 413$
$7 \cdot 22 + 7 \cdot 8 = 7 \cdot (22 + 8) = 7 \cdot 30 = 210$

S Durch mehrmaliges Anwenden des Distributivgesetzes erhält man
$(a + b + c) \cdot d = a \cdot d + b \cdot d + c \cdot d$.
Dies kann man beliebig erweitern. Es gilt also:
Eine Summe wird mit einem Faktor multipliziert, indem man jeden Summanden einzeln mit diesem Faktor multipliziert und die entstehenden Produkte addiert.

Dies kann man beim Kopfrechnen ausnutzen, indem man die zu multiplizierenden Zahlen so zerlegt, daß Grundaufgaben (das „Kleine Einmaleins") mit natürlichen Zahlen oder mit gleichen Zehnerpotenzen entstehen:

■ $13 \cdot 7 = (10 + 3) \cdot 7 = 10 \cdot 7 + 3 \cdot 7 = 70 + 21 = 91$
$746 \cdot 3 = (700 + 40 + 6) \cdot 3 = 700 \cdot 3 + 40 \cdot 3 + 6 \cdot 3 = 2100 + 120 + 18 = 2238$
$513 \cdot 18 = 513 \cdot 10 + 513 \cdot 8 = 5130 + 500 \cdot 8 + 10 \cdot 8 + 3 \cdot 8 =$
$5130 + 4000 + 80 + 24 = 9234$

Auf dem Distributivgesetz beruht auch das **Verfahren der schriftlichen Multiplikation**
Folgende Beispiele sollen es verdeutlichen:

■ Es sei die Zahl 3216 mit 7 zu multiplizieren.

Man schreibt:	*Man rechnet:*
$\underline{3216 \cdot 7}$	Man multipliziert die einzelnen Ziffern mit 7 beginnend von rechts.
$\underline{\underline{22512}}$	Die Einer werden jeweils (von rechts beginnend) notiert und ggf. deren Zehner der nächsten Spalte zugerechnet. Also $6 \cdot 7 = 42$ (2 geschrieben 4 gemerkt). Dann: $1 \cdot 7 = 7$; $7 + 4 = 11$ (1 geschrieben 1 gemerkt) usw.

■ Es seien die Zahlen 478 und 326 miteinander zu multiplizieren.

Man schreibt:	*Man rechnet:*
478 · 326	
1434	478 · 3 und notiert das Ergebnis (analog zum vorherigen Beispiel);
956	478 · 2 und notiert das Ergebnis um eine Stelle verschoben;
2868	478 · 6 und notiert das Ergebnis, wieder um eine Stelle verschoben.
155828	Die drei Zeilen werden addiert.

Division

Die Frage, mit welcher Zahl q man eine Zahl a multiplizieren muß, um eine vorgegebene Zahl c zu erhalten, führt zur Umkehrung der Multiplikation, zur Division.

D $a \cdot q = c$ ist äquivalent zu $q = c : a \quad (a \neq 0)$.
Dabei sind q bzw. c : a der **Quotient**, c der **Dividend** und a der **Divisor**.
Die Operation heißt **Division** und wird durch „:" symbolisiert.
$q = c : a$ kann auch als $q = \frac{c}{a}$ geschrieben werden.

Es gilt: $a : 1 = a$ und $a : a = 1$, weil $a \cdot 1 = a$ ist.
Im Bereich der natürlichen Zahlen ist die Division nicht uneingeschränkt ausführbar, sondern nur, wenn der Dividend ein Vielfaches des Divisors und der Divisor nicht null ist. Das bedeutet: In $q = c : a$ existiert eine natürliche Zahl nur, wenn c ein **Vielfaches** von a ist.
Die Division durch null ist nicht erklärt.

W Es ist sinnlos, eine Division durch null erklären zu wollen.
Wäre z.B. $100 : 0 = x$, dann müßte $x \cdot 0 = 100$ gelten, und das wäre ein Widerspruch.

S Es gilt $(a \pm b) : c = a : c \pm b : c$
Eine Summe (Differenz) kann gliedweise dividiert werden.

■ $324 : 3 = (300 + 24) : 3 = 300 : 3 + 24 : 3 = 100 + 8 = 108$
$133 : 7 = (140 - 7) : 7 = 20 - 1 = 19$

Beim Kopfrechnen nutzt man die Tatsache, daß die Division die Umkehrung der Multiplikation ist. Dabei ist eine sichere Beherrschung der Grundaufgaben von Nutzen.

■ So kann man das Resultat von 56 : 7 mit 8 angeben, weil man weiß, daß $7 \cdot 8 = 56$ ist.
147 : 7 kann man durch Zerlegen in $140 : 7 + 7 : 7 = 20 + 1 = 21$ ermitteln.
228 : 6 kann man durch Zerlegen in $240 : 6 - 12 : 6 = 40 - 2 = 38$ ermitteln.

Beim **schriftlichen Dividieren** nutzt man wieder das Distributivgesetz. Das Vorgehen wird an folgendem Beispiel deutlich:

■ Es sei 3374 durch 7 zu dividieren.

Man schreibt:	*Man rechnet (links beginnend) wie folgt:*
3374 : 7 = 482	33 : 7 = 4 Rest 5. Man notiert 4 als erste Ziffer des Quotienten.
28	Man rechnet 4 · 7 = 28, schreibt 28 unter 33, bildet die Differenz
57	33 – 28 = 5 und fügt die nächste Ziffer des Dividenden, die 7, an.
56	57 : 7 = 8 Rest 1. 8 ist 2. Resultatsziffer. 7 · 8 = 56; unter 57 setzen.
14	57 – 56 = 1. Man fügt die nächste Ziffer des Dividenden, die 4, an.
14	14 : 7 = 2. 2 ist 3. Resultatsziffer. 7 · 2 = 14; unter 14 setzen.
0	Die Differenz ist 0. Die Aufgabe geht auf, 3374 ist ein Vielfaches von 7. Der Quotient ist 482.

Analog kann man durch mehrstellige Zahlen schriftlich dividieren.

■ Es sei 15296 durch 32 zu dividieren.

Man schreibt:	*Man rechnet:*
15296 : 32 = $\underline{\underline{478}}$	152 : 32 = 4 Rest x, (5 · 32 = 160 > 152); 4 notieren.
$\underline{128}$	4 · 32 = 128; unter 152 schreiben.
249	152 – 128 = 24; 9 ergänzen; 249 : 32 = 7, Rest y; 7 notieren.
$\underline{224}$	7 · 32 = 224; unter 249 schreiben.
256	249 – 224 = 25; 6 ergänzen; 256 : 32 = 8, Rest 0; 8 notieren.
$\underline{256}$	8 · 32 = 256; unter 256 schreiben.
0	256 256 − 0; 15296 ist ein Vielfaches von 32.
	Der Quotient ist 478.

Vorrangregeln (Prioritäten)

Die Addition und ihre Umkehrung, die Subtraktion, sowie die Multiplikation und ihre Umkehrung, die Division, sind die sogenannten vier **Grundrechenarten**. Dabei sind Addition und Subtraktion Rechenarten erster Stufe. Multiplikation und Division sind Rechenarten zweiter Stufe. Beim Rechnen haben Operationen höherer Stufe Priorität (Vorrang).

■ $2 + 3 \cdot 5 = 2 + 15 = 17$ (Die Multiplikation hat Vorrang vor der Addition.)
$8 - 6 : 2 = 8 - 3 = 5$ (Die Division hat Vorrang vor der Subtraktion.)

Man merke sich die einfache Regel: Punktrechnung geht vor Strichrechnung.

Will man eine andere Reihenfolge der Operationen (als die Vorrangregeln fordern) erreichen, verwendet man z. B Klammern.

■ $(2 + 3) \cdot 5 = 5 \cdot 5 = 25$ (Der Wert in der Klammer ist zuerst zu berechnen.)
$(8 - 6) : 2 = 2 : 2 = 1$ (Der Wert in der Klammer ist zuerst zu berechnen.)

W Beim Verwenden von Taschenrechnern muß man darauf achten, ob das benutzte Gerät über eine **Vorrangautomatik** (Hierarchie) verfügt (vgl. Abschnitt 2.7.3, S. 73).

2.1.3 Vielfache und Teiler

Vielfache

D Wenn $v = a \cdot b$ gilt, so nennt man v ein **Vielfaches** von a. (Natürlich ist dann v auch ein Vielfaches von b.)

■ 584 ist ein Vielfaches von 8, denn es gilt $8 \cdot 73 = 584$.
584 ist ein Vielfaches von 73, denn es gilt $73 \cdot 8 = 584$.
584 ist kein Vielfaches von 7, denn es gilt $7 \cdot 83 = 581 < 584$ und $7 \cdot 84 = 588 > 584$, d.h., es gibt keine natürliche Zahl x mit $7 \cdot x = 584$.

D Alle Vielfachen von 2 heißen **gerade Zahlen**; alle anderen natürlichen Zahlen heißen **ungerade Zahlen**.

S Wenn n die Folge der natürlichen Zahlen (0, 1, 2, 3, ...) durchläuft, so durchläuft
$g = 2n$ die Folge der geraden Zahlen (0, 2, 4, 6, ...);
$u = 2n + 1$ die Folge der ungeraden Zahlen (1, 3, 5, 7, ...).

Teiler

D Eine Zahl a heißt Teiler einer Zahl c, wenn es eine natürliche Zahl n gibt mit $a \cdot n = c$.
Man schreibt dies als $a \mid c$ und sagt auch „c ist durch a **teilbar**".
(Natürlich gilt dann auch $n \mid c$, da $n \cdot a = c$ ist.)
Ist eine Zahl b *nicht* Teiler von c, schreibt man $b \nmid c$.

■ Die Zahl 12 hat die Teiler 1, 2, 3, 4, 6, 12. Aber 5 ist nicht Teiler von 12, denn es gibt keine natürliche Zahl x mit $5 \cdot x = 12$.

S Jede Zahl n hat die (trivialen) Teiler 1 und n. Es gilt $1 \mid n$ und $n \mid n$, weil $n \cdot 1 = n$.

D Ein Teiler von n heißt **echter** (**eigentlicher**) **Teiler**, wenn er kleiner als n ist.

S Null ist durch jede Zahl n teilbar (jedes n ist Teiler von 0), weil $n \cdot 0 = 0$.

Man beachte: Null kann nie Teiler einer Zahl c ($c \neq 0$) sein, weil $0 \cdot q$ stets 0 und nie c ergibt. Aber $0 \mid 0$, denn für alle natürlichen Zahlen n ist $0 \cdot n = 0$.

W Eine Zahl, die gleich der Summe ihrer echten Teiler ist, heißt **vollkommene Zahl**.
So ist 6 eine vollkommene Zahl, weil $6 = 1 + 2 + 3$ gilt.
Unter den Zahlen bis 100 gibt es nur eine weitere vollkommene Zahl, nämlich $28 = 1 + 2 + 4 + 7 + 14$.

H Die ersten vier vollkommenen Zahlen 6, 28, 496 und 8128 waren bereits den alten Griechen bekannt. Sie spielten in der Zahlenmystik der Pythagoreer (PYTHAGORAS, um 580 – 496 v. u. Z.) eine Rolle, und EUKLID (um 365 – um 300 v. u. Z.) geht im neunten Buch seiner „Elemente" auf sie ein. Mit den vollkommenen Zahlen haben sich Mathematiker aller Epochen beschäftigt, z.B. CATALDI (1552–1662), MERSENNE (1588–1648), EULER (1707–1783).
In mittelalterlichen Manuskripten findet man die fünfte vollkommene Zahl, sie lautet: 33550336. Die beiden nächsten gab 1588 CATALDI an, er fand 8589869056 und 137438691328. Bis heute ist nicht geklärt, ob es ungerade vollkommene Zahlen gibt und ob eine größte vollkommene Zahl existiert.

W Eine andere Beziehung zwischen zwei Zahlen beruht auch auf deren Teilern.
Zwei Zahlen heißen **befreundet**, wenn jede gleich der Summe der echten Teiler der anderen ist.
Das kleinste Paar befreundeter Zahlen ist (220; 284).
Die Summe der Teiler von 220 ist $1 + 2 + 4 + 5 + 10 + 11 + 20 + 22 + 44 + 55 + 110 = 248$.
Die Summe der Teiler von 248 ist $1 + 2 + 4 + 71 + 142 = 220$.
Weitere Paare befreundeter Zahlen sind 17296 und 18419 sowie 9363584 und 9437056.

H Bereits in der Antike spielten Untersuchungen zu befreundeten Zahlen eine Rolle, so soll PYTHAGORAS das erste Paar gekannt haben. Auch später haben sich die Mathematiker mit diesem Problem beschäftigt. So hat der arabische Mathematiker IBN AL-BANA (1256–1321) das zweite Paar entdeckt. FERMAT (1601–1665) entdeckte es 1636 wieder, und DESCARTES (1596–1650) fand 1638 das dritte Paar. Die Suche nach Verfahren zur Entdeckung befreundeter Zahlen hat wesentlich zur mathematischen Theoriebildung beigetragen.

Für die **Teilbarkeit von natürlichen Zahlen** gelten folgende Sätze:

S Wenn eine Zahl t Teiler einer Zahl a ist, so ist sie auch Teiler aller Vielfachen von a.
Aus $t \mid b$ folgt $t \mid p$ mit $p = a \cdot b$.

■ 3 ist Teiler von 6. Damit ist 3 auch Teiler von 12, von 18, von 24, von 30 usw.

S Wenn eine Zahl t Teiler aller Summanden ist, so ist sie auch Teiler der Summe.
Aus $t \mid a$ *und* $t \mid b$ folgt $t \mid (a+b)$.

■ 4 ist Teiler von 28 und von 36. Damit ist 4 auch Teiler von $64 = 28 + 36$.

Die Teiler einer Zahl sind nicht immer einfach zu ermitteln. Man kann dazu aber von **Teilbarkeitsregeln** Gebrauch machen. Dabei sei die Zahl a im Dezimalsystem dargestellt. Ob sie durch t teilbar ist, entscheidet man durch die folgende Bedingung:

t	Bedingung für die Zahl a	Beispiel
2	wenn ihre Endziffer durch 2 teilbar ist	73568 ist durch 2 teilbar, weil $2 \mid 8$. 87695 ist nicht durch 2 teilbar, weil $2 \nmid 5$.
4	wenn ihre letzten beiden Ziffern eine durch 4 teilbare Zahl darstellen	3258936 ist durch 4 teilbar, weil $4 \mid 36$. $4 \nmid 24568914$, weil $4 \nmid 14$.
8	wenn ihre letzten drei Ziffern eine durch 8 teilbare Zahl darstellen	769832 ist durch 8 teilbar, weil $8 \mid 832$. $8 \nmid 2359058$, weil $8 \nmid 58$.
5	wenn sie auf 0 oder 5 endet	235 und 3870 sind durch 5 teilbar.
10	wenn ihre letzte Ziffer eine 0 ist	3680 und 245100 sind durch 10 teilbar.
100	wenn ihre letzten zwei Ziffern Nullen sind	245100 ist durch 100 teilbar. 3680 ist nicht durch 100 teilbar.
1000	wenn ihre letzten drei Ziffern Nullen sind	376000 ist durch 1000 teilbar.
3	wenn ihre **Quersumme** (die Summe ihrer Ziffern) durch 3 teilbar ist	$3 \mid 345672$, weil die Quersumme $3+4+5+6+7+2=27$ und $3 \mid 27$.
6	wenn sie durch 2 und 3 teilbar ist	258 ist durch 6 teilbar (Quersumme 15 und gerade).
9	wenn ihre Quersumme durch 9 teilbar ist	$9 \nmid 78402$, weil die Quersumme 21 nicht durch 9 teilbar ist. (Allerdings ist 78402 durch 3 teilbar.)
11	wenn ihre **Querdifferenz** (auch **alternierende Quersumme** genannt) durch 11 teilbar ist Man bildet die Querdifferenz, indem man die Summe der (von rechts) an ungerader Stelle stehenden Ziffern und die Summe der übrigen Ziffern bildet und den Unterschied dieser beiden Summen ermittelt.	2563 ist durch 11 teilbar. Die Summe der an 1. und 3. Stelle von rechts stehenden Ziffern ist $3+5=8$, die Summe der an 2. und 4. Stelle stehenden Ziffern ist $6+2=8$. Also ist die Querdifferenz $8-8=0$, und es gilt $11 \mid 0$.
7	wenn die Zahl, die nach folgendem Verfahren ermittelt wird, durch 7 teilbar ist *Verfahren:* Man multipliziert die am weitesten links stehende Ziffer mit 3 und addiert die nächste Ziffer. Man multipliziert das Ergebnis mit 3 und addiert die nächste Ziffer. Dies setzt man solange wie möglich fort. (Ist die entstehende Zahl zu groß, wendet man auf diese das Verfahren erneut an.)	Zu untersuchen sei die Zahl 54971. Man rechnet: $5 \cdot 3 + 4 = 19$; $19 \cdot 3 + 9 = 66$; $66 \cdot 3 + 7 = 205$; $205 \cdot 3 + 1 = 616 = 7 \cdot 88$ oder $6 \cdot 3 + 1 = 19$; $19 \cdot 3 + 6 = 63 = 7 \cdot 9$.

W Die Regeln für 9 und 11 gelten in Positionssystemen zu einer beliebigen Basis b analog für $b-1$ und $b+1$. In einem System mit der Basis 8 ist eine Zahl durch 7 (9) teilbar, wenn ihre Quersumme (Querdifferenz) durch 7 (9) teilbar ist.

Teilbarkeitsbeziehungen spielen bei vielen zahlentheoretischen Betrachtungen eine Rolle. So kann man z. B. die **Reste** betrachten, die bei der Division durch eine Zahl entstehen. Bei der Division einer natürlichen Zahl durch die Zahl n sind n verschiedene Reste möglich. Zahlen die den gleichen Rest lassen, bezeichnet man als kongruent bezüglich (modulo) n. Damit kann man bezüglich der Zahl n alle natürlichen Zahlen in sogenannte **Restklassen** einteilen.
Zahlenkongruenzen kann man zum Lösen **diophantischer Gleichungen** oder zur sogenannten **Neunerprobe** verwenden.

■ Bei der Division durch 9 sind 9 verschiedene Reste (0, 1, 2, ..., 8) möglich. Beim Addieren ist nun der Rest des Ergebnisses einer Summe gleich dem Rest der Summe aus den Resten der Summanden.

Aufgabe: $32 + 56 = 88$
32 läßt den Rest 5, weil $32 = 3 \cdot 9 + 5$ und 56 läßt den Rest 4, weil $56 = 6 \cdot 9 + 2$,
dann läßt $88 = 32 + 56$ den Rest $7 = 5 + 2$. Es gilt $88 = 9 \cdot 9 + 7$.

Diese Beziehungen gelten auch für die Subtraktion, Multiplikation und Division. Besonders bei langen Rechnungen ist eine solche Neunerprobe sinnvoll. Wenn die Reste nicht übereinstimmen, ist die Rechnung mit Sicherheit falsch. Bei übereinstimmenden Resten ist die Richtigkeit des Resultates zwar nicht sicher, aber sehr wahrscheinlich.

Gemeinsame Teiler

D Ist eine Zahl g sowohl Teiler einer Zahl a als auch Teiler einer Zahl b, so heißt g **gemeinsamer Teiler** von a und b.
Der **größte gemeinsame Teiler** wird mit **ggT** bezeichnet.

D Zwei Zahlen die nur 1 als gemeinsamen Teiler haben, heißen **teilerfremd**

■ Die Zahlen 12 und 18 haben die gemeinsamen Teiler 2, 3 und 6.
Der ggT von 12 und 18 ist 6.
Die Zahlen 15 und 28 sind teilerfremd.

Den ggT zweier Zahlen kann man über Primfaktorenzerlegung finden (vgl. S. 44).
Zur Ermittlung des ggT zweier Zahlen a und b kann auch der **EUKLIDische Algorithmus** verwendet werden. Dabei wird wie folgt verfahren:

- Man teilt die größere durch die kleinere Zahl.
- Geht die Division auf, ist der Divisor der ggT.
- Geht die Division nicht auf, bleibt ein Rest. Dieser ist der neue Divisor, der alte wird zum Dividenden. Nun setzt man das Verfahren fort. Nach endlich vielen Schritten erhält man den ggT, u. U. erhält man die Zahl 1, dann sind die Ausgangszahlen teilerfremd.

■ Es ist der ggT von 544 und 391 gesucht.
544 : 391 = 1; Rest 153
391 : 153 = 2; Rest 85
153 : 85 = 1; Rest 68
85 : 68 = 1; Rest 17
68 : 17 = 4; Rest 0 Die Division geht auf, 17 ist der ggT von 544 und 391.

Gemeinsame Vielfache

D Ist eine Zahl v sowohl Vielfaches einer Zahl a als auch Vielfaches einer Zahl b, so heißt v **gemeinsames Vielfaches** von a und b.
Das **kleinste gemeinsame Vielfache** wird mit **kgV** bezeichnet.

Das Produkt zweier Zahlen ist immer gemeinsames Vielfaches von ihnen.

■ Die Zahlen 12 und 18 haben als gemeinsame Vielfache ihr Produkt 216 und alle Vielfachen davon. Gemeinsame Vielfache sind aber auch 144, 108, 72 und 36. Das kgV ist 36.

2.1.4 Primzahlen

D Eine Zahl p, die außer den Teilern 1 und p keine weiteren Teiler hat, heißt **Primzahl.**

Eine Primzahl ist also eine Zahl, die nur durch 1 und sich selbst teilbar ist. Die Zahl 1 wird nicht zu den Primzahlen gerechnet.

■ Die ersten Primzahlen sind 2, 3, 5, 7, 11, 13, 17 und 19.

W Es gibt keinen geschlossenen Ausdruck (keine Formel), nach der man die n-te Primzahl berechnen könnte. Man weiß aber, daß es keine größte Primzahl gibt. Die Menge der Primzahlen ist unendlich.
Es gibt auch in der nach ihrer Größe geordneten Folge der Primzahlen immer wieder sogenannte **Primzahlzwillinge** wie z.B. 3 und 5; 17 und 19; 41 und 43 oder 1 000 000 000 061 und 1 000 000 000 063. Andererseits gibt es in der Folge der Primzahlen auch Lücken beliebiger Länge.

Jede natürliche Zahl n $(n > 1)$, die nicht selbst Primzahl ist, kann als Produkt von Primzahlen (**Primfaktoren**) geschrieben werden.

■ $12 = 2 \cdot 2 \cdot 3 = 2^2 \cdot 3$ $\qquad 60 = 2 \cdot 2 \cdot 3 \cdot 5 = 2^2 \cdot 3 \cdot 5$
$36 = 2 \cdot 2 \cdot 3 \cdot 3 = 2^2 \cdot 3^2$ $\qquad 450 = 2 \cdot 3^2 \cdot 5^2$

S Die Zerlegung einer natürlichen Zahl in Primfaktoren ist eindeutig.

Dieser für die Zahlentheorie fundamentale Satz besagt, daß es (von der Reihenfolge abgesehen) nur auf eine einzige Art und Weise möglich ist, eine natürliche Zahl als Produkt von Primfaktoren darzustellen.

S Alle Primzahlen sind zueinander teilerfremd.

H Da sich alle natürlichen Zahlen n $(n > 1)$ aus Primzahlen zusammensetzen lassen bzw. selbst Primzahlen sind, haben sich die Mathematiker aller Epochen für die Primzahlen interessiert.
Bekannt ist ERATOSTHENES (um 276–194 v. u. Z.), der mit dem nach ihm benannten **Sieb des ERATOSTHENES** eine Methode angab, die Primzahlen der Reihe nach zu ermitteln. Dazu ordnet man die Zahlen etwa wie folgt an:
Man beginnt nun oben links. 1 ist zu streichen, 2 einzukreisen als erste Primzahl, nun streicht man alle Vielfachen von 2, also jede 2. Zahl. Dann nimmt man die nächste nicht gestrichene Zahl, also die 3. Dies ist die zweite Primzahl. Man streicht nun jede 3. Zahl, sucht dann die kleinste nicht gestrichene Zahl. Dies ist die 5. Nun ist jede 5. Zahl zu streichen. (In der nebenstehende Tabelle sind die Streichungen durchgeführt.) Setzt man dieses Verfahren fort, sind gerade die Primzahlen nicht durchs Sieb gefallen.

1	2	3	4	5	6	7	8	9	10
11	12	13	14	15	16	17	18	19	20
21	22	23	24	25	26	27	28	29	30
31	32	33	34	35	36	37	38	39	40
41	42	43	44	45	46	47	48	49	50
51	52	53	54	55	56	57	58	59	60
61	62	63	64	65	66	67	68	69	70
71	72	73	74	75	76	77	78	79	80
81	82	83	84	85	86	87	88	89	90
91	92	93	94	95	96	97	98	99	100

FERMAT stellte die Behauptung auf, daß alle Zahlen der Form $2^{2^n}+1$ Primzahlen sind. Für die ersten fünf ($2^{2^0}+1 = 2^1+1 = 3$; $2^2+1 = 5$; $2^4+1 = 17$; $2^8+1 = 257$ und $2^{16}+1 = 65\,537$ trifft dies zu. EULER zeigte 1732, daß die Behauptung falsch ist, weil $2^{32}+1 = 4\,294\,967\,297$ das Produkt der Primzahlen 641 und 6 700 417 ist.

Auch MERSENNE hat sich – im Zusammenhang mit seinen Untersuchungen zu den **vollkommenen Zahlen** – intensiv mit Primzahlen befaßt. So behauptete er, daß für $p \leq 257$ die Zahl $m = 2^p - 1$ (**MERSENNEsche Zahlen**) nur dann eine Primzahl ist, wenn p eine der Zahlen 1, 2, 3, 5, 7, 13, 17, 19, 31, 67, 127 ist. Obwohl diese Behauptung falsch ist (für $p = 61$ ergibt sich eine Primzahl und für $p = 67$ ist m keine Primzahl), hat sie viel zur mathematischen Theoriebildung beigetragen.

Ein viel diskutiertes Problem war auch, ob man alle natürlichen Zahlen als Summen von Primzahlen darstellen kann. Heute weiß man, daß jede natürliche Zahl als Summe von höchstens 27 Primzahlen geschrieben werden kann.

Eine Zerlegung in Primfaktoren ist zweckmäßig, wenn man von zwei Zahlen den größten gemeinsamen Teiler oder das kleinste gemeinschaftliche Vielfache ermitteln will.

- Den ggT zweier Zahlen erhält man aus deren Primfaktorzerlegung, indem man die kleinsten Potenzen aller Primfaktoren multipliziert, die in *beiden* Zerlegungen vorkommen.

■ Es soll der ggT von 1176 und 364 ermittelt werden.
Primfaktorzerlegungen:

$$\begin{aligned} 1176 &= 2^3 \cdot 3 \cdot 7^2 \\ 364 &= 2^2 \cdot \phantom{3 \cdot {}} 7 \cdot 13 \\ \hline \mathrm{ggT}(1176, 364) &= 2^2 \cdot \phantom{3 \cdot {}} 7 = 28 \end{aligned}$$

- Das kgV zweier Zahlen erhält man aus deren Primfaktorzerlegung, indem man die höchsten Potenzen *aller* vorkommenden Primfaktoren multipliziert.

■ Es soll das kgV von 1176 und 364 ermittelt werden.
Primfaktorzerlegungen:

$$\begin{aligned} 1176 &= 2^3 \cdot 3 \cdot 7^2 \\ 364 &= 2^2 \cdot \phantom{3 \cdot {}} 7 \cdot 13 \\ \hline \mathrm{kgV}(1176, 364) &= 2^3 \cdot 3 \cdot 7^2 \cdot 13 = 15288 \end{aligned}$$

Das kgV ist hier kleiner als das Produkt $1176 \cdot 364 = 428064$, weil die Faktoren 2^2 und 7 nur einmal berücksichtigt wurden.

Mit dem folgenden Satz ist es möglich, den ggT aus dem kgV zu ermitteln und umgekehrt:

S Stets gilt: $\mathrm{ggT}(a, b) \cdot \mathrm{kgV}(a, b) = a \cdot b$.

2.2 Ganze Zahlen

2.2.1 Zahlbegriff, Zahldarstellungen

In der Menge $\mathbb{N}$ der natürlichen Zahlen ist die Subtraktion nur ausführbar, wenn der Subtrahend nicht größer als der Minuend ist (vgl. Abschnitt 2.1.2).

■ 2 – 3 ist in $\mathbb{N}$ nicht lösbar.
Aus praktischen Beispielen (2 Pluspunkte und 3 Minuspunkte ergeben 1 Minuspunkt; 2 Mark Guthaben und 3 Mark Verbindlichkeiten ergeben 1 Mark Schulden) weiß man ein Resultat, nämlich: –1. Dies ist allerdings keine natürliche Zahl.

Um einen Zahlenbereich zu erhalten, in dem man uneingeschränkt subtrahieren kann, setzt man die Folge der natürlichen Zahlen nach links fort. Jede Zahl hat dann genau einen Vorgänger. Der Vorgänger von 0 wird als –1 bezeichnet, der Vorgänger von –1 mit –2, der von –2 mit –3 usw.

Die so gebildeten Zahlen und die natürlichen Zahlen bilden zusammen die Menge $\mathbb{Z}$ der **ganzen Zahlen**. Dabei heißen die links von 0 stehenden Zahlen **negative ganze Zahlen**. Die natürlichen Zahlen (außer 0) werden auch **positive ganze Zahlen** genannt. Die Zahl 0 ist weder positiv noch negativ.

Negative (ganze) Zahlen werden durch das Zeichen „–“ (ein Minuszeichen als negatives Vorzeichen) gekennzeichnet. Positive (ganze) Zahlen werden oft mit dem Zeichen „+“ (ein Pluszeichen als positives Vorzeichen) bezeichnet. Die Zahl 0 schreibt man auch als ±0.

Man kann die ganzen Zahlen veranschaulichen, indem man den Zahlenstrahl nach links zur Zahlengeraden erweitert, wozu man von 0 ausgehend in gleichen Abständen nach rechts die positiven ganzen Zahlen und nach links die negativen ganzen Zahlen abträgt:

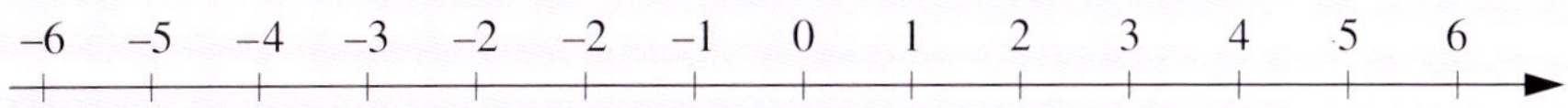

Damit gibt es zu jeder Zahl eine **entgegengesetzte Zahl**. Die Null ist zu sich selbst entgegengesetzt.

D Zwei ganze Zahlen heißen **zueinander entgegengesetzt**, wenn ihre Darstellungen auf der Zahlengeraden spiegelbildlich zu 0 liegen. Das Bilden der entgegengesetzten Zahl wird durch ein Minuszeichen gekennzeichnet.

■ Die entgegengesetzte Zahl von 3 ist –3;
die entgegengesetzte Zahl von +725 ist –725;
die entgegengesetzte Zahl von –3 ist –(–3);
die entgegengesetzte Zahl von –21 ist –(–21).

Die entgegengesetzte Zahl von a ist also –a.

Die entgegengesetzte Zahl zu einer positiven ganzen Zahl ist eine negative ganze Zahl: $-(+n) = -n$.

Die entgegengesetzte Zahl zu einer negativen ganzen Zahl ist eine positive ganze Zahl: $-(-n) = +n$.

■ $-(+3) = -3$ $\quad -(-3) = +3$ $\quad -(-21) = +21$

D Die Menge der **ganzen Zahlen** ist die Vereinigung der Menge der natürlichen Zahlen und der zu den natürlichen Zahlen entgegengesetzten Zahlen.

Der Abstand, den eine ganze Zahl g vom Nullpunkt hat, ist ihr **absoluter Betrag** $|g|$. Oftmals sagt man statt „absoluter Betrag von g“ auch einfach nur „**Betrag** von g“.

D

$$|g| = \begin{cases} g, \text{ wenn g positiv oder 0 ist} \\ -g, \text{ wenn g negativ ist} \end{cases}$$

Der (absolute) Betrag einer Zahl kann also niemals negativ sein.

■ $|3| = 3$, weil 3 positiv ist.
$|-5| = 5$, weil $-(-5) = 5$ ist. (–5 ist negativ, der Betrag ist die entgegengesetzte Zahl –(–5). Diese ist aber gleich der positiven Zahl +5 = 5.)

Aus der Definition des absoluten Betrages ergeben sich nachstehende Folgerungen:

- Zueinander entgegengesetzte Zahlen haben den gleichen absoluten Betrag. $|a| = |-a|$
- Der Betrag von null ist null ($|0| = 0$).
- Die Gleichung $|x| = a$ hat
  - die beiden Lösungen a und –a, wenn a positiv ist ($|a| = |-a| = a$);
  - eine Lösung, wenn $a = 0$ gilt ($|0| = 0$);
  - keine Lösung, wenn a negativ ist.

■ $|x| = 2$. Lösungen: $x_1 = -2$; $x_2 = +2$, denn $|-2| = |+2| = 2$.

In der Menge der ganzen Zahlen versucht man, die Relationen und Operationen so festzulegen, daß die für die Teilmenge der natürlichen Zahlen geltenden Gesetzmäßigkeiten nach Möglichkeit auf den gesamten Bereich ausgedehnt werden (**Permanenzprinzip**).

So erklärt man die **Ordnungsrelation „... ist größer als ...“** wie folgt:

D Von zwei ganzen Zahlen ist diejenige **größer**, die auf der Zahlengeraden weiter rechts liegt.

Hieraus folgt:

- Eine ganze Zahl g ist genau dann positiv, wenn $g > 0$.
- Eine ganze Zahl g ist genau dann negativ, wenn $g < 0$.
- Jede positive Zahl ist größer als jede negative Zahl. (Beispiel: $1 > -7$)
- Von zwei positiven Zahlen ist diejenige größer, die den größeren Betrag hat.
- Von zwei negativen Zahlen ist diejenige größer, die den kleineren Betrag hat. (Beispiel: $-5 > -7$, weil $|-5| = 5 < 7 = |-7|$)

2.2.2 Rechnen mit ganzen Zahlen

Addition

D Die **Addition** wird im Bereich der ganzen Zahlen so festgelegt, daß $a + b$ bedeutet
- von a um b Einheiten nach rechts zu gehen, wenn b positiv ist;
- von a um b Einheiten nach links zu gehen, wenn b negativ ist.

Außerdem gilt $a + 0 = a$.

■ Im folgenden sind die Aufgaben $3 + 2$; $3 + (-2)$; $3 + (-4)$ an einer Zahlengeraden und die Aufgaben $(-3) + 2$; $(-3) + 4$ und $(-3) + (-2)$ an einer anderen Zahlengeraden veranschaulicht:

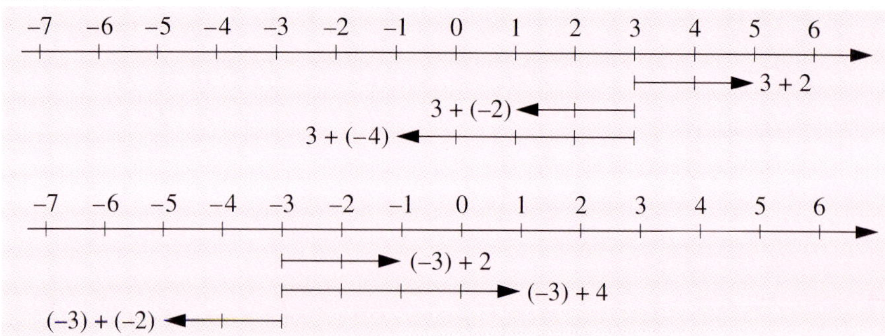

Die Addition ist im Bereich der ganzen Zahlen eindeutig und stets ausführbar.

Es gelten folgende **Regeln für die Addition ganzer Zahlen**

- Positive ganze Zahlen sind identisch mit den entsprechenden natürlichen Zahlen, für diese ist die Addition erklärt (vgl. Abschnitt 2.1.2).
- Die Summe zweier entgegengesetzter Zahlen ist Null: $a + (-a) = 0$.
- Zwei Zahlen mit gleichem Vorzeichen werden wie folgt addiert:
  1. Man bildet die Beträge und addiert diese.
  2. Man gibt dem Resultat das Vorzeichen der Ausgangswerte.

■ $(-3) + (-4) = -(3 + 4) = -7$ $(-117) + (-253) = -370$ $+68 + (+45) = +113$

- Zwei ganze Zahlen mit unterschiedlichem Vorzeichen werden wie folgt addiert:
  1. Man bildet die Beträge und subtrahiert den kleineren vom größeren.
  2. Man gibt dem Resultat das Vorzeichen, das die Zahl mit dem größeren Betrag hat.

■ $35 + (-24) = +(|+35| - |-24|) = +(35 - 24) = 11$
(Den größeren Betrag hat 35, das Ergebnis ist positiv.)

■ $35 + (-44) = -(|-44| - |+35|) = -(44 - 35) = -9$
(Den größeren Betrag hat 44, das Ergebnis ist negativ.)

Mit diesen Regeln ist die Addition ganzer Zahlen auf die Addition natürlicher Zahlen zurückgeführt. Beim Rechnen mit ganzen Zahlen kann man also die Verfahren des Rechnens mit natürlichen Zahlen anwenden, es sind dann immer nur gesonderte Überlegungen zur Ermittlung des Vorzeichens des Resultates vonnöten.

S Für $s = a + b$ gilt $s \geq a$ und $s \geq b$ nur dann, wenn $a \geq 0$ und $b \geq 0$ ist.
Eine Summe zweier ganzer Zahlen kann durchaus kleiner als ein einzelner Summand sein. Sie ist es, wenn (mindestens) ein Summand negativ ist.

S Es seien a, b, c ganze Zahlen. Dann folgt aus $a < b$ stets $a + c < b + c$.
Es gilt die **Monotonie der Addition** bezüglich der „ist kleiner als"-Relation.

Für die Addition ganzer Zahlen a, b und c gelten weiter folgende Sätze:

S $a + b = b + a$ (**Kommutativgesetz**, **Vertauschungsgesetz**)
Summanden darf man stets vertauschen, die Summe bleibt gleich.

S $a + (b + c) = (a + b) + c$ (**Assoziativgesetz**, **Verbindungsgesetz**)
Summanden darf man stets beliebig zusammenfassen, die Summe bleibt gleich.

Aus beiden Gesetzen folgt, daß beim Addieren die Reihenfolge der Summanden beliebig ist.

Subtraktion

Die Subtraktion ganzer Zahlen wird auf die Addition ganzer Zahlen zurückgeführt:

D $a - b = a + (-b)$
Eine ganze Zahl wird subtrahiert, indem man die zu ihr entgegengesetzte Zahl addiert.

■ $5 - 3 = 5 + (-3) = 2$ $5 - 8 = 5 + (-8) = -(|-8| - |+5|) = -(8 - 5) = -3$
$5 - (-3) = 5 + 3 = 8$ $(-5) - 3 = (-5) + (-3) = -(|-5| + |-3|) = -(5 + 3) = -8$

Da zu jeder ganzen Zahl eine entgegengesetzte Zahl existiert und die Addition im Bereich der ganzen Zahlen stets ausführbar ist, ist auch die Subtraktion stets ausführbar.
Die Gleichung $a + x = c$ hat in der Menge $\mathbb{Z}$ stets genau eine Lösung, nämlich $x = c - a$.

Man beachte: Das Minus-Zeichen „–" tritt in drei Zusammenhängen auf:

- als Vorzeichen zur Kennzeichnung negativer Zahlen;
- als Kennzeichnung für die entgegengesetzte Zahl;
- als Operationszeichen für die Subtraktion.

Die Relationen und Operationen in der Menge $\mathbb{Z}$ der ganzen Zahlen sind so definiert, daß es keine Probleme mit diesen unterschiedlichen Bedeutungen gibt. Man kann insbesondere auch anstelle der negativen Zahl $(-n)$ einfach $-n$ $(n \in \mathbb{N})$ schreiben.

■ $5 - 7$ kann man als Subtraktion $(+5) - (+7)$ oder als Addition $(+5) + (-7)$ auffassen.
$-9 - 3$ kann man als Subtraktion $(-9) - (+3)$ oder als Addition $(-9) + (-3)$ auffassen.
Die Ergebnisse sind natürlich jeweils dieselben.

Multiplikation

Die Multiplikation ganzer Zahlen wird so erklärt, daß die Gesetzmäßigkeiten der Multiplikation natürlicher Zahlen möglichst auch für den Gesamtbereich der ganzen Zahlen Gültigkeit behalten.

D Zwei ganze Zahlen werden multipliziert, indem man ihre Beträge multipliziert und das Vorzeichen des Resultates gesondert bestimmt. Dieses ist

- positiv, wenn beide Faktoren gleiche Vorzeichen haben;
- negativ, wenn beide Faktoren unterschiedliche Vorzeichen haben.

Es gelten also die **Regeln für die Multiplikation ganzer Zahlen**:

plus mal plus ist plus	plus mal minus ist minus
minus mal plus ist minus	minus mal minus ist plus

■

$3 \cdot 7 = 21$	$3 \cdot (-7) = -21$
$(-3) \cdot 7 = -21$	$(-3) \cdot (-7) = +21$

Damit ist die Multiplikation ganzer Zahlen auf die Multiplikation natürlicher Zahlen zurückgeführt.

S Für alle ganze Zahlen g gilt:
$g \cdot 1 = g$ $\quad g \cdot (-1) = -g$ $\quad g \cdot 0 = 0$

S Es seien a, b und c ganze Zahlen. Dann folgt aus $a < b$ nur dann $a \cdot c < b \cdot c$, wenn $c > 0$.
Die **Monotonie der Multiplikation** gilt nur eingeschränkt.

S Es seien a, b und c ganze Zahlen, und es gelte $c < 0$. Dann folgt aus $a < b$ stets $a \cdot c > b \cdot c$.
Wenn man beide Seiten einer Ungleichung mit einer negativen Zahl multipliziert, kehrt sich das Relationszeichen um. Aus „<" wird „>" und umgekehrt.

■ $3 < 5$ Multipliziert man beide Seiten mit -2, erhält man $-6 > -10$.
$-2 > -8$ Multipliziert man beide Seiten mit -3, erhält man $6 < 24$.

Für die Multiplikation ganzer Zahlen gelten weiter:

S $a \cdot b = b \cdot a$ (**Kommutativgesetz**, **Vertauschungsgesetz**)
Faktoren darf man stets vertauschen, das Produkt bleibt gleich.

S $a \cdot (b \cdot c) = (a \cdot b) \cdot c$ (**Assoziativgesetz**, **Verbindungsgesetz**)
Faktoren darf man stets beliebig zusammenfassen, das Produkt bleibt gleich.

Aus beiden Gesetzen folgt, daß beim Multiplizieren die Reihenfolge der Faktoren beliebig ist.

D Für die Addition und Multiplikation gilt das **Distributivgesetz**: $a \cdot (b + c) = a \cdot b + b \cdot c$.

■ $(-2) \cdot (3 + 4) = -6 - 8 = -14$ oder $(-2) \cdot 7 = -14$
$(-3) \cdot (-4 + 2) = +12 - 6 = 6$ oder $(-3) \cdot (-2) = 6$

S Durch mehrmaliges Anwenden des Distributivgesetzes erhält man
$(a + b + c) \cdot d = a \cdot d + b \cdot d + c \cdot d$.

■ $(2 - 3 + 5) \cdot (-2) = -4 + 6 - 10 = -8$ oder $4 \cdot (-2) = -8$

Aus den genannten Gesetzmäßigkeiten folgt:

S Ein Produkt aus ganzen Zahlen ist
- gleich Null, wenn (mindestens) ein Faktor Null ist; ansonsten
- positiv, wenn die Anzahl der negativen Faktoren gerade ist;
- negativ, wenn die Anzahl der negativen Faktoren ungerade ist.

■ $4 \cdot 0 \cdot (-5) \cdot (-41) = 0$ $(-4) \cdot 5 \cdot (-3) \cdot 7 = +420$ $2 \cdot (-3) \cdot 4 = -24$

Division

Bei der Erklärung der **Division** im Bereich der ganzen Zahlen geht man analog zur Erklärung der Multiplikation vor.

D Eine ganze Zahl a wird durch eine ganze Zahl b ($b \neq 0$) dividiert, indem man den Betrag von a durch den Betrag von b dividiert und das Vorzeichen des Resultates gesondert bestimmt. Dieses ist
- positiv, wenn a und b das gleiche Vorzeichen haben;
- negativ, wenn a und b unterschiedliche Vorzeichen haben.

■ $28 : 7 = 4$ $28 : (-7) = -4$
$(-28) : 7 = -4$ $(-28) : (-7) = +4$

S Die Division $q = a : b$ ist in der Menge $\mathbb{Z}$ der ganzen Zahlen nur ausführbar, wenn der Betrag des Dividenden a ein Vielfaches vom Betrag des Divisors b ist, also wenn gilt
$a = m \cdot b$ oder $|b| \mid |a|$, d.h. $|b|$ ein Teiler von $|a|$ ist.

W Wenn man den Begriff „Vielfaches" dadurch erweitert, daß in $v = a \cdot b$ für a und b auch negative Zahlen zugelassen werden, kommt man im obigen Satz ohne Rückgriff auf die Beträge aus.
Auch kann man dann Teilbarkeitsbeziehungen in der Menge $\mathbb{Z}$ der ganzen Zahlen analog zu denen in der Menge $\mathbb{N}$ der natürlichen Zahlen definieren.
Beispielsweise hätte die Zahl 6 dann zu den Teilern 1, 2, 3 und 6 auch die Zahlen –1, –2, –3 und –6 als Teiler. Jede ganze Zahl z hätte dann (mindestens) die Teiler 1, –1, z, und –z.

Da Multiplikation bzw. Division ganzer Zahlen auf die Multiplikation bzw. Division natürlicher Zahlen zurückgeführt sind, können die Verfahren des Rechnens mit natürlichen Zahlen, insbesondere die des schriftlichen Rechnens, angewandt werden. Man rechnet mit den Beträgen und muß jeweils nur das Vorzeichen des Resultates gesondert ermitteln.

H Negative Zahlen waren den Mathematikern lange Zeit nicht recht geheuer. Für PYTHAGORAS und seine Nachfolger waren Zahlen immer Anzahlen von Dingen, Längen von Strecken, Inhalte von Flächen, Volumina von Körpern. DIOPHANT VON ALEXANDRIA (um 250 u. Z.) beschäftigte sich mit zahlentheoretischen Fragen und dem Lösen von Gleichungen. Er wußte, daß es auch negative Lösungen gab, ließ diese aber nicht gelten ($x + 10 = 5$ war für ihn keine richtige Gleichung).

Im indischen Kulturkreis wurden z. B. zum Beschreiben von Schulden negative Zahlen angewandt. Man findet sie bei BRAHMAGUPTA (598–um 660) und auch bei BHASKARA (1114–1185).

Auch im alten China wurden bereits ab dem 12. Jahrhundert v.Chr. rote bzw. schwarze Rechenstäbchen zur Darstellung positiver bzw. negativer Zahlen verwendet.

In Europa wurden negative Zahlen erstmals von den Mathematikern der Renaissance benutzt, aber zunächst nur mit größter Zurückhaltung. Der bedeutende Mathematiker MICHAEL STIFEL (1487–1567) kannte sie zwar, hielt sie aber für „absurde und fiktive Gebilde". Auch die großen Mathematiker RENÈ DESCARTES (1596–1650) und BLAISE PASCAL (1623–1662) gingen sehr vorsichtig mit negativen Zahlen um. Es wurden dann aber Zahlen, die kleiner als Null sind (und weniger als Nichts repräsentieren), akzeptiert. Besonderen Anteil hatten hierbei GERONIMO CARDANO (1501–1576) und JOHN WALLIS (1616–1703), beides bedeutende Mathematiker, die sich mit dem Lösen von Gleichungen (auch höheren Grades) und mit Potenzreihen beschäftigten.

2.3 Gebrochene Zahlen

2.3.1 Zahlbegriff, Zahldarstellungen

Brüche

In der Menge $\mathbb{N}$ der natürlichen Zahlen ist die Division nur ausführbar, wenn der Dividend ein Vielfaches des Divisors ist (vgl. Abschnitt 2.1.2, S. 38).

■ $1 : 2$ ist in $\mathbb{N}$ nicht lösbar.
Aus praktischen Beispielen des Aufteilens oder Verteilens kennt man aber ein Resultat, nämlich $\frac{1}{2} = 0{,}5$. Dies ist aber keine natürliche Zahl, sondern ein Bruch.

Um eine Menge zu erhalten, in der man uneingeschränkt (außer durch Null) dividieren kann, ergänzt man die natürlichen Zahlen durch Brüche, was im folgenden beschrieben wird.

D Ein **Bruch** q ist eine Zahl, die aus zwei natürlichen Zahlen z und n ($n \neq 0$) in der Form $q = \frac{z}{n}$ gebildet wird. Dabei heißt z der **Zähler** und n der **Nenner** des Bruches q.
(Im Unterschied zu **Dezimalbrüchen** (vgl. Abschnitt 2.3.3.) nennt man derartige Brüche auch **gewöhnliche** oder **gemeine Brüche**.)

■ $z = 8;\ n = 21$ ergibt $q = \frac{8}{21}$ $z = 4;\ n = 7$ ergibt $q = \frac{4}{7}$

D Brüche mit dem Zähler 1 heißen **Stammbrüche**.

■ $\frac{1}{2};\ \frac{1}{3};\ \frac{1}{5};\ \frac{1}{10};\ \frac{1}{100};\ \frac{1}{785};\ \frac{1}{1}$ sind Stammbrüche.

Ein Bruch mit dem Nenner 1 ist identisch mit der natürlichen Zahl, die den Zähler bildet.

■ $\frac{2}{1} = 2$ $\frac{5}{1} = 5$ $\frac{100}{1} = 100$ $\frac{a}{1} = a\ (a \in \mathbb{N})$

Einen Bruch $\frac{z}{n}$ kann man auf dem Zahlenstrahl darstellen. Dazu ermittelt man zunächst die Darstellung des Stammbruches $\frac{1}{n}$ dadurch, daß man die Einheit in n Teile zerlegt.
Der erste Teilpunkt ist dem Stammbruch $\frac{1}{n}$ zugeordnet. Nunmehr vervielfacht man diese Strecke z-mal und hat damit den Punkt, der dem Bruch $\frac{z}{n}$ zugeordnet ist.

■ $q = \frac{3}{5}$

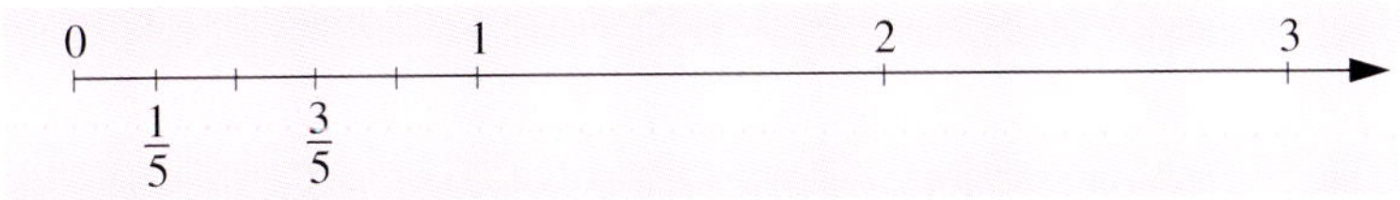

D Der Abstand, den die Darstellung des Bruches $q = \frac{z}{n}$ vom Nullpunkt hat, heißt **Wert des Bruches**.

Jedem Bruch ist genau ein Punkt des Zahlenstrahls zugeordnet.
Es gibt Brüche, denen der gleiche Punkt zugeordnet ist, die den gleichen Wert haben.

■ Den gleichen Wert haben $\frac{2}{3}$; $\frac{4}{6}$; $\frac{12}{18}$; $\frac{20}{30}$; $\frac{2000}{3000}$.

S Zwei Brüche $\frac{a}{b}$ und $\frac{c}{d}$ haben genau dann den gleichen Wert, wenn $a \cdot d = b \cdot c$ gilt.

■ $\frac{3}{5} = \frac{9}{15}$, denn $3 \cdot 15 = 5 \cdot 9$

D Ein Bruch $q = \frac{z}{n}$ heißt
- **echter Bruch**, wenn $z < n$ gilt, d.h., wenn sein Zähler kleiner als sein Nenner ist;
- **unechter Bruch**, wenn $z \geq n$ gilt, d.h., wenn sein Zähler größer ist als sein Nenner oder Zähler und Nenner gleich sind.

■ Echte Brüche sind $\frac{2}{3}$; $\frac{4}{5}$; $\frac{9}{10}$; $\frac{99}{100}$. Unechte Brüche sind $\frac{3}{2}$; $\frac{4}{4}$; $\frac{17}{16}$; $\frac{101}{100}$.

Der Wert eines unechten Bruches ist größer als 1 oder gleich 1.
Unechte Brüche können auch als gemischte oder ganze Zahlen geschrieben werden.

■ $\frac{3}{2} = 1\frac{1}{2}$ $\frac{4}{4} = 1$ $\frac{17}{16} = 1\frac{1}{16}$ $\frac{27}{8} = 3\frac{3}{8}$

Erweitern

Der Wert eines Bruches verändert sich nicht, wenn man Zähler und Nenner mit der gleichen, von Null verschiedenen Zahl multipliziert:
$\frac{a}{b} = \frac{a \cdot g}{b \cdot g}$ $(a, b, g \in \mathbb{N};\ b \neq 0;\ g \neq 0)$.
Der Bruch $\frac{a}{b}$ wurde mit der natürlichen Zahl g **erweitert**.

Kürzen

Der Wert eines Bruches verändert sich nicht, wenn man Zähler und Nenner durch die gleiche, von 0 verschiedene Zahl dividiert: $\frac{a}{b} = \frac{a:g}{b:g}$ $(a, b, g \in \mathbb{N};\ b \neq 0;\ g \neq 0;\ g \neq 1)$.
(Der Bruch $\frac{a}{b}$ wurde mit der natürlichen Zahl g **gekürzt**. Da die Division durch 1 den Bruch nicht verändert, wird das nicht als „Kürzen" bezeichnet.)

Ein Bruch $\frac{a}{b}$ läßt sich mit einer natürlichen Zahl g immer erweitern. Er läßt sich mit einer natürlichen Zahl g aber nur kürzen, wenn sowohl z als auch n Vielfache von g sind.

■ $\frac{5}{9} = \frac{5 \cdot 15}{9 \cdot 15} = \frac{75}{135}$ $\frac{14}{21} = \frac{14:7}{21:7} = \frac{2}{3}$ $\frac{36}{49}$ ist nicht kürzbar

Die größtmögliche Zahl, durch die man einen Bruch $\frac{z}{n}$ kürzen kann, ist der **größte gemeinsame Teiler** (ggT; vgl. Abschnitt 2.1.3, S. 42) von z und n. Sind bei einem Bruch Zähler und Nenner teilerfremd, kann er nicht gekürzt werden.

Man beachte: Ein häufiger Fehler besteht darin, daß bei einem Bruch, dessen Zähler oder Nenner eine Summe (oder Differenz) ist, nicht der gesamte Zähler oder der gesamte Nenner durch die gleiche Zahl geteilt werden, sondern einzelne Summanden gegeneinander gekürzt werden.
(„In Differenzen und Summen kürzen nur die Dummen").

W Es gibt allerdings Brüche, bei denen man ein richtiges Ergebnis erhält, wenn man einzelne Ziffern gegeneinander kürzt.
Wenn man bei $\frac{16}{64}$ die Sechsen gegeneinander „kürzt", so erhält man mit $\frac{1}{4}$ ein richtiges (aber auf falschem Wege erhaltenes) Ergebnis. Genauso verhalten sich auch einige andere Brüche. Mit Zählern und Nennern, die kleiner als 100 sind, gibt es noch folgende Brüche: $\frac{19}{95} = \frac{1}{5}$; $\frac{26}{65} = \frac{2}{5}$; $\frac{49}{98} = \frac{4}{8}$.

Menge der gebrochenen Zahlen

S Wenn bei einem Bruch Zähler und Nenner gleich sind, hat er den Wert 1.
$\frac{z}{n} = 1$, genau dann, wenn $z = n \neq 0$ gilt.

D Brüche, die den gleichen Nenner haben, heißen **gleichnamig**, alle anderen **ungleichnamig**

■ Gleichnamig sind $\frac{3}{2}$ und $\frac{7}{2}$; $\frac{5}{17}$ und $\frac{9}{17}$; $\frac{2}{100}$ und $\frac{7}{100}$.

D Alle Brüche die den gleichen Wert haben und damit dem gleichen Punkt des Zahlenstrahls zugeordnet sind, bilden eine Klasse.
Jede solche Klasse von Brüchen ist eine **gebrochene Zahl**.
Sie kann durch einen beliebigen Bruch aus der Klasse repräsentiert werden.

■ Die Brüche $\frac{1}{2}$, $\frac{3}{6}$, $\frac{7}{14}$ und $\frac{2000}{4000}$ repräsentieren dieselbe gebrochene Zahl.

Im allgemeinen wählt man zur Darstellung einer gebrochenen Zahl denjenigen Bruch, bei dem Zähler und Nenner teilerfremd sind.

Eine gebrochene Zahl $q = \frac{z}{n}$ ist die Gesamtheit der Brüche, die aus dem Bruch durch Erweitern oder Kürzen hervorgehen.

Zu jeder gebrochenen Zahl gibt es genau einen Punkt auf dem Zahlenstrahl.

Die **Menge der gebrochenen Zahlen** wird mit $\mathbb{Q}_+$ bezeichnet. Sie enthält die Menge $\mathbb{N}$ der natürlichen Zahlen als Teilmenge. Es gilt $\mathbb{N} \subset \mathbb{Q}_+$, weil $\frac{a}{1} = a \ (a \in \mathbb{N})$.
Insbesondere sind $\frac{0}{1} = 0$ und $\frac{1}{1} = 1$ gebrochene Zahlen.

Die Menge $\mathbb{Q}_+$ der gebrochenen Zahlen hat unendlich viele Elemente.

D Zwei gebrochene Zahlen q_1 und q_2 heißen **zueinander reziprok**, wenn es Darstellungen $q_1 = \frac{a}{b}$ und $q_2 = \frac{b}{a}$ $(a, b \in \mathbb{N};\ a \neq 0;\ b \neq 0)$ gibt. q_2 heißt **Kehrwert** von q_1.

■ Zueinander reziproke Zahlen sind $\frac{2}{3}$ und $\frac{3}{2}$; $\frac{7}{4}$ und $\frac{4}{7}$; $\frac{3}{1}$ und $\frac{1}{3}$.

Die Zahl eins ist zu sich selbst reziprok. Zur Zahl null existiert keine reziproke Zahl.

Analog zum Vorgehen bei den natürlichen Zahlen kann in der Menge $\mathbb{Q}_+$ der gebrochenen Zahlen eine Ordnungsrelation erklärt werden.

D Von zwei gebrochenen Zahlen ist diejenige größer, deren Darstellung auf dem Zahlenstrahl weiter rechts liegt.

S Eine gebrochene Zahl $q_1 = \frac{a}{b}$ ist genau dann größer als eine gebrochene Zahl $q_2 = \frac{c}{d}$, wenn $a \cdot d > b \cdot c$ gilt.

■ $\frac{2}{3} > \frac{3}{5}$, weil $2 \cdot 5 > 3 \cdot 3$ $\qquad$ $\frac{3}{5} > \frac{4}{7}$, weil $3 \cdot 7 > 4 \cdot 5$

Man kann Brüche auch vergleichen, indem man sie **gleichnamig** macht und dann die Zähler vergleicht.

S Zwischen zwei gebrochenen Zahlen liegt stets eine weitere gebrochene Zahl.
Es folgt hieraus, daß es für eine gebrochene Zahl weder einen unmittelbaren Nachfolger noch einen unmittelbaren Vorgänger geben kann.

■ Zwischen $\frac{1}{3}$ und $\frac{1}{2}$ liegt $\frac{5}{12}$, weil $\frac{1}{3} = \frac{4}{12}$ und $\frac{1}{2} = \frac{6}{12}$.

Zwischen $\frac{1}{3}$ und $\frac{5}{12}$ liegt $\frac{9}{24}$, weil $\frac{1}{3} = \frac{8}{24}$ und $\frac{5}{12} = \frac{10}{24}$.

Zwischen $\frac{1}{3}$ und $\frac{9}{24}$ liegt $\frac{17}{48}$, weil $\frac{1}{3} = \frac{16}{48}$ und $\frac{9}{24} = \frac{18}{48}$.

Aus dem obigen Satz folgt, daß zwischen zwei gebrochenen Zahlen unendlich viele weitere gebrochene Zahlen liegen. Man sagt auch: Die Menge $\mathbb{Q}_+$ der gebrochenen Zahlen ist **überall dicht**.

W Obwohl die Menge der gebrochenen Zahlen unendlich und überall dicht ist, kann man die gebrochenen Zahlen eindeutig den natürlichen Zahlen zuordnen, man kann sie also abzählen. Die Menge $\mathbb{Q}_+$ der gebrochenen Zahlen ist abzählbar. Dies geschieht nach einem Verfahren, welches GEORG CANTOR (1845–1918) angegeben hat, wie folgt:

Die gebrochenen Zahlen werden wie im nebenstehenden Schema angeordnet. Dabei werden offensichtlich alle erfaßt. Man zählt nun von 1 beginnend in Pfeilrichtung und läßt dabei alle Brüche, die eine schon erfaßte gebrochene Zahl darstellen, weg. Die Reihenfolge lautet also 1; $\frac{1}{2}$; 2; 3; $\frac{1}{3}$; $\frac{1}{4}$; $\frac{2}{3}$; $\frac{3}{2}$; 4; 5; $\frac{1}{5}$ ...
Man hat damit die gebrochenen Zahlen *abgezählt*, allerdings nicht in einer der Größe nach geordneten Reihenfolge dargestellt.

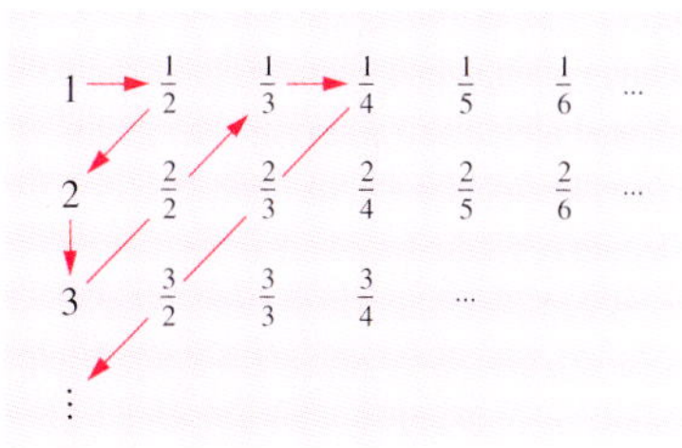

H Brüche wurden im Zusammenhang mit Teilungsaufgaben sehr früh verwendet, wesentlich früher als z.B. negative Zahlen. Allerdings ging man über den Nenner 12 kaum hinaus. War es dennoch nötig, kleinere Teile zu berechnen, wurde einfach die Einheit verkleinert.
Bei den alten Ägyptern wurden nur Stammbrüche verwendet, eine Ausnahme bildet der Bruch $\frac{2}{3}$, der sich in einer Ausgabe des Papyrus Rhind (etwa 1800 v. u. Z.) findet. Multipliziert wurde durch fortgesetzte Verdopplung und anschließende Addition von Stammbrüchen mit Hilfe von Tabellen. Im Papyrus Rhind findet man eine derartige Tabelle, die bis zum Doppelten von $\frac{1}{101}$ geht. Danach erhält man z. B.:
$\frac{2}{7} = \frac{1}{4} + \frac{1}{28}$; $\frac{2}{11} = \frac{1}{6} + \frac{1}{66}$; $\frac{2}{97} = \frac{1}{56} + \frac{1}{679} + \frac{1}{776}$.
Die Mathematiker des alten Griechenlands betrachteten Brüche als Verhältnisse, da für sie die Einheit unteilbar war.

2.3.2 Bruchrechnung / Rechnen mit gebrochenen Zahlen

Im folgenden werden für die einzelnen Rechenarten am Anfang stets Regeln für das Rechnen mit Brüchen formuliert, weil beim Rechnen mit gebrochenen Zahlen stets Repräsentanten (Brüche) genutzt werden.

Addition

- Zwei **gleichnamige Brüche** werden addiert, indem man die Zähler addiert und den Nenner beibehält.

■ $\frac{1}{3} + \frac{2}{3} = \frac{3}{3} = 1$ $\frac{4}{5} + \frac{7}{5} = \frac{11}{5}$ $\frac{2}{7} + \frac{3}{7} = \frac{5}{7}$

Für zwei gebrochene Zahlen q_1 und q_2 gibt es immer gleichnamige Repräsentanten.
Geht man von einer Darstellung $q_1 = \frac{z_1}{n_1}$ und $q_2 = \frac{z_2}{n_2}$ aus, so kann man ein gemeinsames Vielfaches von n_1 und n_2 ermitteln und beide Brüche so erweitern, daß dieses gemeinsame Vielfache den (für beide Brüche gleichen) Nenner bildet.

■ $\frac{5}{6} + \frac{1}{8} = \frac{20}{24} + \frac{3}{24} = \frac{23}{24}$ $\frac{7}{18} + \frac{5}{12} = \frac{14}{36} + \frac{15}{36} = \frac{29}{36}$

Sind $q_1 = \frac{z_1}{n_1}$ und $q_2 = \frac{z_2}{n_2}$ jeweils schon weitestgehend gekürzt, so nennt man das **kgV** von n_1 und n_2 den **Hauptnenner** der beiden Brüche q_1 und q_2.

■ $\frac{4}{15} + \frac{7}{12}$; Hauptnenner: $\text{kgV}(15; 12) = 60$; $\frac{4}{15} = \frac{16}{60}$; $\frac{7}{12} = \frac{35}{60}$ $\Rightarrow$ $\frac{16}{60} + \frac{35}{60} = \frac{51}{60} = \frac{17}{20}$

Sind bei den Brüchen $q_1 = \frac{z_1}{n_1}$ und $q_2 = \frac{z_2}{n_2}$ die Nenner n_1 und n_2 teilerfremd, so ist ihr Hauptnenner das Produkt der beiden Nenner n_1 und n_2.

■ $\frac{1}{3} + \frac{1}{4} = \frac{4}{12} + \frac{3}{12} = \frac{7}{12}$ $\frac{4}{15} + \frac{3}{4} = \frac{16}{60} + \frac{45}{60} = \frac{61}{60}$

Da sich für zwei gebrochene Zahlen stets gleichnamige Darstellungen finden lassen, ist mit den oben genannten Regeln die Addition von gebrochenen Zahlen auf die Addition natürlicher Zahlen zurückgeführt.

- Zwei **gebrochene Zahlen** werden addiert, indem man
  - sie durch gleichnamige Brüche repräsentiert;
  - diese gleichnamigen Brüche addiert.

Für die Addition gebrochener Zahlen gelten (wie auch für die Addition natürlicher Zahlen) die folgenden Sätze:

S Die Addition ist im Bereich der gebrochenen Zahlen eindeutig und stets ausführbar.
Dabei gilt: $q \pm 0 = q$. Null ist das neutrale Element der Addition.

S Für $s = a + b$ gilt $s \geq a$ und $s \geq b$.
Eine Summe zweier gebrochener Zahlen ist niemals kleiner als ein einzelner Summand.

Für die Addition gebrochener Zahlen gelten weiter die **Monotonie der Addition** bezüglich der Relation „... ist kleiner als ...“, das **Kommutativgesetz** und das **Assoziativgesetz**. Aus den zuletzt genannten beiden Gesetzen folgt weiterhin, daß beim Addieren die Reihenfolge der Summanden beliebig ist.

Subtraktion

- Zwei gleichnamige Brüche werden subtrahiert, indem man die Zähler subtrahiert und den Nenner beibehält.

- Zwei gebrochene Zahlen werden subtrahiert, indem man
  - sie durch gleichnamige Brüche repräsentiert;
  - diese gleichnamigen Brüche subtrahiert.

■ $\frac{5}{3} - \frac{2}{3} = \frac{3}{3} = 1$ $\qquad$ $\frac{7}{4} - \frac{1}{3} = \frac{21}{12} - \frac{4}{12} = \frac{17}{12}$

Damit ist die Subtraktion gebrochener Zahlen auf die Subtraktion natürlicher Zahlen zurückgeführt. Die Subtraktion gebrochener Zahlen ist nicht uneingeschränkt ausführbar, sondern nur, wenn der Subtrahend nicht größer als der Minuend ist.

■ $\frac{2}{4} - \frac{3}{4}$ ist nicht lösbar in $\mathbb{Q}_+$ $\qquad$ $\frac{3}{5} - \frac{2}{3} = \frac{9}{15} - \frac{10}{15}$ ist nicht lösbar in $\mathbb{Q}_+$

Multiplikation

- Zwei Brüche werden miteinander multipliziert, indem man beide Zähler und beide Nenner miteinander multipliziert:

  $$\frac{z_1}{n_1} \cdot \frac{z_2}{n_2} = \frac{z_1 \cdot z_2}{n_1 \cdot n_2} = \frac{z}{n}$$

■ $\frac{2}{3} \cdot \frac{5}{7} = \frac{2 \cdot 5}{3 \cdot 7} = \frac{10}{21}$ $\qquad$ $\frac{4}{6} \cdot \frac{12}{23} = \frac{4 \cdot 12}{6 \cdot 23} = \frac{48}{138} = \frac{8}{23}$

Man beachte: Rechenvereinfachungen sind dadurch zu erreichen, daß gekürzt wird, *bevor* man die Multiplikation ausführt. Dies ist – im Unterschied zur Addition und Subtraktion von Brüchen – möglich, da man Faktoren vor dem Multiplizieren kürzen kann, Summanden vor dem Addieren jedoch nicht:

$$\frac{4}{6} \cdot \frac{12}{23} = \frac{4 \cdot \cancel{12}^{2}}{{}_{1}\cancel{6} \cdot 23} = \frac{4 \cdot 2}{1 \cdot 23} = \frac{8}{23}$$

- Ein Bruch wird mit einer ganzen Zahl multipliziert, indem man den Zähler mit dieser Zahl multipliziert und den Nenner beibehält: $\frac{z}{n} \cdot g = \frac{z \cdot g}{n} = \frac{z \cdot g}{n}$

- Zwei gebrochene Zahlen werden multipliziert, indem man jede durch einen (beliebigen) Bruch repräsentiert und diese Brüche multipliziert.

Das Ergebnis der Multiplikation zweier gebrochener Zahlen ist (wie das Ergebnis der Addition auch) unabhängig von den gewählten Repräsentanten.

■ $\frac{2}{3} = \frac{4}{6}$; $\frac{4}{7} = \frac{12}{21}$ $\quad$ Es gilt: $\frac{2}{3} \cdot \frac{4}{7} = \frac{8}{21}$ $\quad$ und $\quad$ $\frac{4}{6} \cdot \frac{12}{21} = \frac{48}{126} = \frac{48:6}{126:6} = \frac{8}{21}$.

Die Multiplikation gebrochener Zahlen ist somit auf die Multiplikation natürlicher Zahlen zurückgeführt. Damit gelten die **Monotonie der Multiplikation** bez. der Relation „... ist kleiner als ...", das **Kommutativgesetz** und das **Assoziativgesetz**.
Ferner gilt auch $q \cdot 1 = q$ und $q \cdot 0 = 0$.

Man beachte: Wenn man eine gebrochene Zahl mit einem echten Bruch multipliziert, ist das Ergebnis kleiner als diese Zahl: $q \cdot c < q$, wenn $c < 1$.

■ $\frac{2}{3} \cdot \frac{1}{2} = \frac{2}{6} < \frac{2}{3}$ $\qquad$ $5 \cdot \frac{1}{3} = \frac{5}{3} < 5$

Division

- Ein Bruch $\frac{a}{b}$ wird durch einen Bruch $\frac{c}{d}$ dividiert, indem man den zum Divisor reziproken Bruch $\frac{d}{c}$ bildet und diesen mit dem Dividenden $\frac{a}{b}$ multipliziert: $\frac{a}{b} : \frac{c}{d} = \frac{a}{b} \cdot \frac{d}{c} = \frac{a \cdot d}{b \cdot c}$.

■ $\frac{1}{3} : \frac{1}{2} = \frac{1}{3} \cdot \frac{2}{1} = \frac{1 \cdot 2}{3 \cdot 1} = \frac{2}{3}$ $\frac{7}{5} : \frac{2}{4} = \frac{7}{5} \cdot \frac{4}{2} = \frac{7 \cdot 4}{5 \cdot 2} = \frac{28}{10} = \frac{14}{5}$

Aus dieser Regel folgt:

- Ein Bruch $\frac{z}{n}$ wird durch eine ganze Zahl g dividiert, indem man den Zähler durch diese Zahl dividiert oder den Nenner mit dieser Zahl multipliziert: $\frac{z}{n} : g = \frac{z : g}{n} = \frac{z}{n \cdot g}$.

■ $\frac{9}{7} : 3 = \frac{9 : 3}{7} = \frac{3}{7}$ $\frac{2}{3} : 5 = \frac{2}{3 \cdot 5} = \frac{2}{15}$

Man beachte: Wenn man eine gebrochene Zahl durch einen echten Bruch dividiert, ist das Resultat größer als der Dividend: $q : c > q$, wenn $c < 1$.

- Will man gebrochene Zahlen dividieren, rechnet man mit Repräsentanten (Brüchen).

Das Ergebnis der Division zweier gebrochener Zahlen ist unabhängig von den gewählten Repräsentanten. Mit obigen Regeln ist die Division gebrochener Zahlen auf die Multiplikation gebrochener Zahlen zurückgeführt. Da zu jeder gebrochenen Zahl (außer 0) eine reziproke Zahl existiert, ist die Division (außer durch 0) im Bereich der gebrochenen Zahlen uneingeschränkt ausführbar.

2.3.3 Dezimalbrüche; Rechnen mit Dezimalbrüchen

Dezimalbrüche

Gebrochene Zahlen kann man nicht nur als gemeine Brüche, sondern auch als **Dezimalbrüche** schreiben, d. h. als Zahlen im Dezimalsystem, bei denen nach einem Komma mit Zehntel, Hundertstel usw. fortgesetzt wird.

Die Stellen nach dem Komma werden als **Dezimalstellen** (oder **Dezimalen**) bezeichnet.

Für die **Stammbrüche**, deren Nenner eine Potenz von 10 ist, gilt demnach folgende Schreibweise: $\frac{1}{10} = 0{,}1$; $\frac{1}{100} = 0{,}01$; $\frac{1}{1000} = 0{,}001$ usw.

D Brüche der Form $\frac{a}{10^n}$ $(a, n \in \mathbb{N})$, deren Nenner also eine Potenz von 10 ist, heißen **Zehnerbrüche**.

Für Zehnerbrüche kann auch folgende Schreibweise als **endlicher Dezimalbruch** verwendet werden: Man schreibt die Zahl a im Dezimalsystem und setzt das Komma vor die n-te Stelle von rechts, wozu man gegebenenfalls Nullen ergänzen muß.

■ $\frac{33}{10} = 3{,}3$ $(n = 1)$ $\frac{3}{10} = 0{,}3$ $(n = 1)$ $\frac{28}{1000} = 0{,}028$ $(n = 3)$

Nicht alle Brüche lassen sich in der Form $\frac{a}{10^n}$ darstellen. So läßt sich zwar $\frac{1}{20}$ durch Erweitern mit 5 in $\frac{5}{100}$ umwandeln, bei $\frac{1}{3}$ funktioniert ein solches Vorgehen nicht. Man kann $\frac{1}{3}$ nur als **unendlichen Dezimalbruch** darstellen, da in dezimaler Schreibweise die Nachkommastellen nie abbrechen ($\frac{1}{3} = 0{,}33333...$).

Man beachte: Die nachfolgend angegebenen Rechenregeln für Dezimalbrüche sollte man möglichst nicht nutzen, wenn unendliche Dezimalbrüche auftreten. Einfacher und genauer läßt es sich in diesem Fall mit gemeinen Brüchen rechnen.

Addition und Subtraktion

An eine Dezimalzahl können an die letzte Ziffer *nach* dem Komma beliebig viele Nullen angehängt werden. So stellen 3,4; 3,40 und 3,40000000 ein und dieselbe Zahl dar (vgl. aber Abschnitt 2.8.1). Mit dieser Erkenntnis läßt sich folgende Regel formulieren:

- Dezimalbrüche kann man addieren (subtrahieren), indem man
  - an alle Zahlen Nullen anhängt, so daß überall gleichviele Nachkommastellen (Dezimalen) vorhanden sind;
  - das Komma wegläßt und dann die so entstandenen natürlichen Zahlen addiert (subtrahiert)
  - zum Schluß das Komma wieder vor die gleiche Stelle setzt, vor der es bei den einzelnen Summanden gestanden hat.

■ $0{,}3 + 0{,}2 = 0{,}5$ $\quad 1{,}75 + 12{,}38 = 14{,}13$ $\quad 0{,}7 + 0{,}8 = 1{,}5$ $\quad 3{,}61 + 2{,}14 = 5{,}75$

■ $0{,}3 + 0{,}753 = 0{,}300 + 0{,}753 = 1{,}053$ $\quad 1{,}04 + 2{,}6 = 1{,}04 + 2{,}60 = 3{,}64$

Zum Addieren von Dezimalbrüchen kann man auch die Verfahren des schriftlichen Rechnens mit natürlichen Zahlen anwenden. Wichtig dabei ist, daß man die Zahlen so untereinander schreibt, daß die Kommas untereinander stehen.

■ Es seien die Zahlen 0,3; 0,756; 1,42 und 10,007 zu addieren.

Man schreibt:

$$\begin{array}{r} 0{,}3 \\ +\ 0{,}756 \\ +\ 1{,}42 \\ +10{,}007 \\ \hline 12{,}483 \end{array}$$

Das Resultat lautet: $\underline{\underline{12{,}483}}$

Multiplikation

Man läßt zunächst das Komma außer acht und multipliziert die so entstehenden natürlichen Zahlen. Danach muß man überlegen, an welche Stelle des Resultates das Komma zu setzen ist. Dabei gilt:

Hat der erste Faktor n Stellen nach dem Komma und der zweite Faktor m Stellen nach dem Komma, so hat das Produkt $n + m$ Stellen nach dem Komma. Gegebenenfalls müssen Nullen ergänzt werden.

■

$0{,}3 \cdot 0{,}5 = 0{,}15$	$3 \cdot 5 = 15;$	$n = 1;\ m = 1;$	$m + n = 2$
$0{,}2 \cdot 0{,}4 = 0{,}08$	$2 \cdot 4 = 8;$	$n = 1;\ m = 1;$	$m + n = 2$
$1{,}2 \cdot 0{,}03 = 0{,}036$	$12 \cdot 3 = 36;$	$n = 1;\ m = 2;$	$m + n = 3$
$0{,}014 \cdot 0{,}002 = 0{,}000028$	$14 \cdot 2 = 28;$	$n = 3;\ m = 3;$	$m + n = 6$

Damit – also der Beachtung und korrekten Setzung des Kommas im Resultat – kann das Verfahren der **schriftlichen Multiplikation natürlicher Zahlen** auch auf die Multiplikation von Dezimalbrüchen angewandt werden.

Division

Die Division von Dezimalbrüchen ist ebenfalls auf die Division natürlicher Zahlen zurückführbar:

In einem ersten Schritt erweitert man – falls nötig – beide Brüche so, daß der Divisor eine ganze Zahl ist. Praktisch rückt man im Dividenden und im Divisor das Komma um so viele Stellen nach rechts, wie der Divisor Dezimalstellen hat.
In einem zweiten Schritt läßt man das Komma im (neuen) Dividenden außer acht und dividiert durch den (neuen) Divisor (also durch eine ganze Zahl).
In einem dritten Schritt überlegt man sich, wo das Komma stehen muß. Das Komma wird vor die Stelle gesetzt, bei der es im (neuen) Dividenden steht, nötigenfalls sind Nullen zu ergänzen.

■ $1{,}15 : 0{,}5 = 11{,}5 : 5 = 2{,}3$

■ $0{,}48 : 0{,}8 = 4{,}8 : 8 = 0{,}6$
(48 : 8 = 6, aber das Komma muß vor die Einerstelle gesetzt werden.)

Es kann auch (insbesondere dann, wenn die Division nicht aufgeht) das Verfahren der schriftlichen Division natürlicher Zahlen angewandt werden:

■ $0{,}8 : 0{,}03 = 80 : 3$	(Erweitern, so daß der Divisor eine ganze Zahl ist)
$80 : 3 = \underline{\underline{26{,}666...}}$	(Man rechnet: $8 : 3 = 2$ Rest 2; der Quotient beginnt mit 2.)
$\underline{6}$	(Man rechnet: $2 \cdot 3 = 6$ und schreibt 6 unter 8.)
20	(Man rechnet: $8 - 6 = 2$ und fügt die nächste Ziffer des Dividenden,
$\underline{18}$	die 0, an. ...)
20	(Jetzt ist das Komma zu setzen und von oben die erste Stelle nach dem Komma, hier eine Null, zu holen. Die Fortsetzung des Verfahrens führt immer wieder zu 20 : 3.)

Man beachte: Die Ausführung eines Überschlags (nachdem man den Divisor in eine ganze Zahl überführt hat) vereinfacht die Überlegungen zur Kommasetzung:
$0{,}8 : 0{,}03 = 80 : 3 \approx 90 : 3 = 30$ (Das Ergebnis ist mit Sicherheit zweistellig.)

Umwandlung von gemeinen Brüchen in Dezimalbrüche (und umgekehrt)

Nach dem oben geschilderten Verfahren der schriftlichen Division lassen sich alle gemeinen Brüche in Dezimalbrüche umwandeln. Dabei gilt:

S Wandelt man einen Bruch, der in der Form $\frac{z}{n}$ dargestellt ist, in einen Dezimalbruch um, so ist dieser entweder endlich oder unendlich. Dabei sind die unendlichen Brüche **periodisch**, d. h., eine Ziffer oder Ziffernfolge wiederholt sich ständig.

W Der Bruch ist
- endlich, wenn in der Primfaktorzerlegung des Nenners nur Potenzen von 2 oder (und) 5 auftreten;
- rein periodisch, wenn in der Primfaktorzerlegung des Nenners Potenzen von 2 oder 5 nicht auftreten;
- gemischt periodisch (periodisch nach einer endlichen Vorperiode), wenn in der Primfaktorzerlegung des Nenners sowohl Potenzen von 2 oder 5, als auch (mindestens) einer anderen Primzahl auftreten.

Bei periodischen Brüchen gibt man die Periode durch Überstreichen an.

■ $0{,}3333... = 0{,}\overline{3}$ $\quad 1{,}3454545... = 1{,}3\overline{45}$ $\quad 12{,}7010101... = 12{,}7\overline{01}$ $\quad \frac{1}{7} = 0{,}\overline{142857}$

Will man einen endlichen Dezimalbruch in einen gemeinen Bruch umwandeln, schreibt man die Zahl bei Vernachlässigung des Kommas als Zähler. Der Nenner ist 10^n, wobei sich n als Anzahl der Dezimalen ergibt.

■ $12{,}303 = \frac{12303}{10^3} = \frac{12303}{1000}$ $\qquad 0{,}25 = \frac{25}{10^2} = \frac{25}{100} = \frac{1}{4}$

Bei periodischen Dezimalbrüchen der Periodenlänge n kann man den Bruch mit 10^n multiplizieren und dann den Ausgangsbruch subtrahieren. Man erhält eine endliche Zahl z, die das $(10^n - 1)$-fache des ursprünglichen Bruches ist. $\frac{z}{10^n - 1}$ ist der gesuchte gemeine Bruch.

■ $0{,}\overline{3}$ sei umzuwandeln.

$$\begin{array}{r} 10 \cdot 0{,}\overline{3} = 3{,}\overline{3} \\ -(\ 1 \cdot 0{,}\overline{3} = 0{,}\overline{3}) \\ \hline 9 \cdot 0{,}\overline{3} = 3 \\ 0{,}\overline{3} = \frac{3}{9} = \frac{1}{3} \end{array}$$

$0{,}\overline{14}$ sei umzuwandeln.

$$\begin{array}{r} 100 \cdot 0{,}\overline{14} = 14{,}\overline{14} \\ -(\ 1 \cdot 0{,}\overline{14} = 0{,}\overline{14}) \\ \hline 99 \cdot 0{,}\overline{14} = 14 \\ 0{,}\overline{14} = \frac{14}{99} \end{array}$$

2

2.4 Rationale Zahlen

In der Menge $\mathbb{N}$ der natürlichen Zahlen sind Subtraktion und Division nicht uneingeschränkt ausführbar (vgl. Abschnitt 2.1).
In der Menge $\mathbb{Z}$ der ganzen Zahlen kann zwar uneingeschränkt subtrahiert werden, aber die Division ist weiterhin eingeschränkt (vgl. Abschnitt 2.2).
In der Menge $\mathbb{Q}_+$ der gebrochenen Zahlen kann man zwar uneingeschränkt dividieren (außer durch 0), aber die Subtraktion ist eingeschränkt (vgl. Abschnitt 2.3).

Sowohl von $\mathbb{Z}$ als auch von $\mathbb{Q}_+$ kann man zu einer Menge gelangen, in der man alle vier Grundrechenoperationen (außer Division durch 0) uneingeschränkt ausführen kann. Dies ist die Menge $\mathbb{Q}$ der rationalen Zahlen.
Ein Weg, diese Menge zu erhalten, ist, bei Brüchen auch negative Zahlen als Zähler zuzulassen. Damit kann man zu jeder gebrochenen Zahl eine entgegengesetzte angeben.

D Zwei Zahlen heißen **zueinander entgegengesetzt**, wenn ihre Darstellungen auf der Zahlengeraden spiegelbildlich zu 0 liegen.
Die Zahl 0 ist zu sich selbst entgegengesetzt.

■ $\frac{2}{3}$ und $\frac{-2}{3}$; $\frac{11}{5}$ und $\frac{-11}{5}$; $\frac{n}{2}$ und $\frac{-n}{2}$ sind jeweils zueinander entgegengesetzt.

D Die **Menge $\mathbb{Q}$ der rationalen Zahlen** ergibt sich aus der Gesamtheit der gebrochenen und der zu diesen entgegengesetzten Zahlen.

Die Menge $\mathbb{Q}$ der rationalen Zahlen enthält als Teilmenge die Menge der ganzen Zahlen, weil $\frac{z}{1} = z$ $(z \in \mathbb{Z})$.

Die Begriffe positiv (negativ), zueinander entgegengesetzt und (absoluter) Betrag werden für rationale Zahlen so definiert, daß die für den Teilbereich $\mathbb{Z}$ der ganzen Zahlen geltenden Festlegungen erhalten bleiben:

D Zwei rationale Zahlen q_1 und q_2 heißen **zueinander entgegengesetzt**, wenn es eine Darstellung $q_1 = \frac{a}{b}$ und $q_2 = \frac{c}{d}$ mit $a = -c$ und $b = d$ gibt.

D Der **(absolute) Betrag** $|q|$ einer rationalen Zahl $q = \frac{a}{b}$ ist gleich dem Bruch aus dem Betrag des Zählers durch den Betrag des Nenners: $|q| = \frac{|a|}{|b|}$

D Eine rationale Zahl ist
- **positiv**, wenn ihre Darstellung auf der Zahlengeraden rechts vom Nullpunkt liegt;
- **negativ**, wenn ihre Darstellung auf der Zahlengeraden links vom Nullpunkt liegt.

Analog zu dem Vorgehen bei den ganzen Zahlen kann in der Menge $\mathbb{Q}$ der rationalen Zahlen eine Ordnungsrelation erklärt werden.

D Von zwei rationalen Zahlen ist diejenige kleiner, deren Darstellung auf der Zahlengeraden weiter links liegt.

D Für zwei rationale Zahlen a, b gilt $a < b$ genau dann, wenn es ein x mit $x > 0$ gibt, so daß $a + x = b$.

■ $\frac{-2}{3} < \frac{-1}{2}$, weil $\frac{-2}{3} + \frac{1}{6} = \frac{-1}{2}$ $\qquad$ $\frac{-2}{3} < \frac{-5}{8}$, weil $\frac{-2}{3} + \frac{1}{24} = \frac{-5}{8}$

Analog zu den ganzen Zahlen gilt:
- Eine rationale Zahl q ist genau dann positiv, wenn $q > 0$ gilt.
- Eine rationale Zahl q ist genau dann negativ, wenn $q < 0$ gilt.
- Jede positive Zahl ist größer als jede negative Zahl.
- Von zwei positiven Zahlen ist diejenige größer, die den größeren Betrag hat.
- Von zwei negativen Zahlen ist diejenige größer, die den kleineren Betrag hat.

Zwischen zwei rationalen Zahlen liegt stets eine weitere rationale Zahl. Genau wie die Menge $\mathbb{Q}_+$ der gebrochenen Zahlen ist die Menge $\mathbb{Q}$ der rationalen Zahlen überall dicht.

D Zwei rationale Zahlen q_1 und q_2 heißen **zueinander reziprok**, wenn es eine Darstellung $q_1 = \frac{a}{b}$ und $q_2 = \frac{b}{a} = \frac{-b}{-a}$ gibt. Die Zahl 1 und die Zahl –1 sind jeweils zu sich selbst reziprok, zu null existiert kein Reziprokes (Kehrwert).

Die Addition rationaler Zahlen wird auf die Addition gebrochener Zahlen zurückgeführt. Analog zu den gebrochenen Zahlen repräsentiert man die Summanden durch gleichnamige Brüche, addiert die Zähler und behält den Nenner bei.
Daraus resultieren folgende Regeln für das Vorzeichen des Ergebnisses:

- Sind bei der Darstellung der zu addierenden rationalen Zahlen q_1 und q_2 durch gleichnamige Brüche beide Zähler positiv, so ist das Ergebnis auch positiv (und der Zähler des Ergebnisses gleich der Summe der beiden Zähler).

■ $\frac{2}{7} + \frac{3}{7} = \frac{5}{7}$

- Sind beide Zähler negativ, so ist das Ergebnis auch negativ (und der Betrag des Zählers im Ergebnis ist die Summe der Beträge beider Zähler).

■ $\frac{-2}{7} + (\frac{-3}{7}) = \frac{-5}{7}$ (Für $\frac{-5}{7}$ ist auch die Schreibweise $-\frac{5}{7}$ erlaubt.)

- Sind beide Zähler Zahlen mit unterschiedlichem Vorzeichen, so ist das Ergebnis
  - 0, wenn es sich um entgegengesetzte Zahlen handelt;
  - positiv, wenn die positive Zahl den größeren Betrag hat;
  - negativ, wenn die negative Zahl den größeren Betrag hat.

  (Der Betrag des Zählers im Ergebnis ist gleich dem Betrag der Differenz der Beträge beider Zähler.)

■ $\frac{2}{7} + (\frac{-2}{7}) = 0$ $\qquad$ $\frac{-2}{7} + \frac{3}{7} = \frac{1}{7}$ $\qquad$ $\frac{2}{7} + (\frac{-3}{7}) = \frac{-1}{7}$

Eine rationale Zahl wird subtrahiert, indem man die zu ihr entgegengesetzte Zahl addiert. Da zu jeder rationalen Zahl eine entgegengesetzte existiert, ist die Subtraktion stets ausführbar.

Die Multiplikation rationaler Zahlen erfolgt analog zur Multiplikation gebrochener Zahlen, indem jeweils die Zähler und die Nenner miteinander multipliziert werden. Da es sich bei den Zählern um ganze Zahlen handelt, müssen die Vorzeichenregeln für ganze Zahlen angewandt werden.

Auch die Division rationaler Zahlen erfolgt analog zur Division gebrochener Zahlen, indem mit dem Reziproken des Divisors multipliziert wird. Da zu jeder rationalen Zahl (außer null) eine reziproke existiert, ist die Division (außer durch null) stets ausführbar.

Für die Grundrechenoperationen gelten die gleichen Gesetzmäßigkeiten wie in der Menge der gebrochenen bzw. ganzen Zahlen.

2.5 Reelle Zahlen

2.5.1 Zahlbegriff

Obwohl die rationalen Zahlen **überall dicht** liegen, gibt es auf der Zahlengeraden Punkte, denen keine rationale Zahl zugeordnet werden kann.

Einen solchen Punkt erhält man z. B. dadurch, daß man im Punkt 1 eine Senkrechte der Länge 1 errichtet und deren Endpunkt mit dem Nullpunkt verbindet. Die Verbindungsstrecke, die nach dem **Satz des PYTHAGORAS** die Länge $\sqrt{2}$ hat, kann man einfach abtragen.

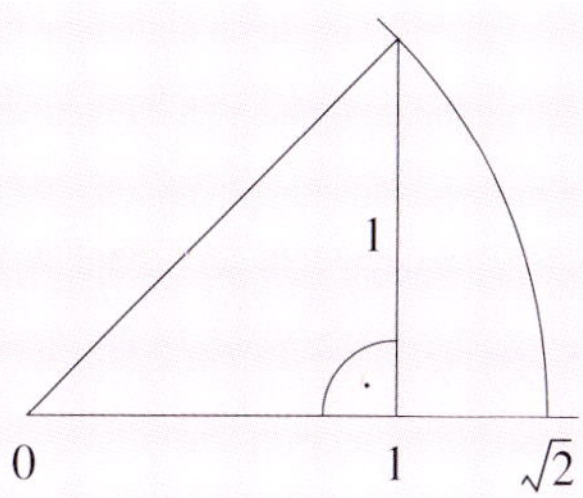

Der Beweis, daß $\sqrt{2}$ keine rationale Zahl ist, wird indirekt geführt (vgl. auch Abschnitt 1.1.6, S. 17):

Dazu nimmt man an, $\sqrt{2}$ sei eine rationale Zahl. Dann muß es eine Darstellung $\sqrt{2} = \frac{p}{q}$ geben, bei der p und q teilerfremd sind. Durch Quadrieren folgt dann aber $2 = \frac{p \cdot p}{q \cdot q}$, d.h., p und q müssen sich doch kürzen lassen. Die Annahme, $\sqrt{2}$ sei eine rationale Zahl, führt zu einem Widerspruch und ist demzufolge falsch.

$\sqrt{2}$ ist also eine nicht-rationale oder (mit einem anderen Wort) **irrationale Zahl**
Allgemein gilt folgender Satz:

S Die Quadratwurzel aus einer natürlichen Zahl ist entweder selbst eine natürliche Zahl, oder sie ist irrational.

Die meisten Wurzeln höheren Grades und die meisten **Logarithmen** sind irrationale Zahlen. Auch die Zahl π als Verhältnis von Umfang und Durchmesser eines Kreises (vgl. Abschnitt 5.11.9, S. 252) ist irrational.
Irrational sind ebenfalls die meisten Funktionswerte der **Winkelfunktionen**.

W Bei den irrationalen Zahlen unterscheidet man, ob sie Lösung einer algebraischen Gleichung sind oder nicht.
Zum Beispiel ist $\sqrt{2}$ Lösung der Gleichung $x^2 - 2 = 0$, und $\sqrt[3]{7}$ ist Lösung der Gleichung $x^3 - 7 = 0$. Solche Zahlen heißen **algebraische irrationale Zahlen**.
Die Zahl π ist nicht Lösung einer algebraischen Gleichung, und für die meisten Logarithmen und Winkelfunktionswerte ist dies auch nicht der Fall. Solche irrationalen Zahlen heißen **transzendent**.
Damit zerfällt die Menge der irrationalen Zahlen in algebraische irrationale und in transzendente Zahlen.

D Die Vereinigung der Gesamtheit der rationalen und der irrationalen Zahlen bildet die **Menge $\mathbb{R}$ der reellen Zahlen**. Es gilt: $\mathbb{R} = \mathbb{Q} \cup \mathrm{I}$.

W Im Unterschied zur Menge der gebrochenen Zahlen, die abzählbar unendlich ist (vgl. S. 53), können die reellen Zahlen nicht abgezählt werden, sie sind **überabzählbar**.

Für die reellen Zahlen gilt:
Jedem Punkt der Zahlengeraden kann umkehrbar eindeutig eine reelle Zahl zugeordnet werden. Das heißt, zu jeder reellen Zahl gibt es genau einen Punkt und zu jedem Punkt genau eine reelle Zahl. Man sagt: Die Menge der reellen Zahlen ist abgeschlossen.
Da die rationalen Zahlen **überall dicht** liegen, kann man jede nichtrationale reelle Zahl beliebig genau durch eine Folge rationaler Zahlen annähern.

■ So gilt für $\sqrt{2}$:

$1{,}4 < \sqrt{2} < 1{,}5$	weil	$1{,}4^2 = 1{,}96 < 2$	und	$1{,}5^2 = 2{,}25 > 2$
$1{,}41 < \sqrt{2} < 1{,}42$	weil	$1{,}41^2 = 1{,}9881 < 2$	und	$1{,}42^2 = 2{,}0164 > 2$
$1{,}414 < \sqrt{2} < 1{,}415$	weil	$1{,}414^2 = 1{,}999396 < 2$	und	$1{,}415^2 = 2{,}002225 > 2$
$1{,}4142 < \sqrt{2} < 1{,}4143$	weil	$1{,}4142^2 = 1{,}99996164 < 2$	und	$1{,}4143^2 = 2{,}00024449 > 2$

Man kann also durch eine solche **Intervallschachtelung** jede irrationale Zahl beliebig genau annähern. Dies ist für das praktische Rechnen mit reellen Zahlen wichtig.

2.5.2 Rechnen mit reellen Zahlen

Im Bereich der reellen Zahlen sind die Addition, die Subtraktion, die Multiplikation, die Division (außer durch null) uneingeschränkt ausführbar.
0 ist das neutrale Element der Addition: $r + 0 = 0 + r = r$.
1 ist das neutrale Element der Multiplikation: $1 \cdot r = r \cdot 1 = r$.

Es gelten die gleichen Regeln und Gesetze wie im Bereich der rationalen Zahlen, also insbesondere das **Kommutativgesetz** der Addition und das der Multiplikation, das **Assoziativgesetz** der Addition und das der Multiplikation, das **Distributivgesetz** sowie die **Monotonie** der Addition bezüglich der Relation „... ist kleiner als ...“. Die Monotonie der Multiplikation ist eingeschränkt, aus $a < b$ folgt $a \cdot c < b \cdot c$ nur, wenn $c > 0$ gilt.

Beim Rechnen mit reellen Zahlen gibt es folgende Möglichkeiten:

- Alle vorkommenden Zahlen sind rational. Dann kommen die Regeln und Verfahren des Rechnens mit rationalen Zahlen zur Anwendung.
- Mindestens eine vorkommende Zahl ist irrational. Dann kann man evtl. die Gesetze des Rechnens mit Wurzeln, Logarithmen, Winkelfunktionswerten (siehe Abschnitt 2.6.) u.ä. nutzen, oder man rechnet mit rationalen Näherungswerten.
  Da jede irrationale Zahl beliebig genau durch rationale Werte angenähert werden kann, ist letzteres immer möglich und in der Praxis das übliche Vorgehen.

H Entweder PYTHAGORAS selbst oder einer seiner Schüler entdeckte, daß das Verhältnis von Quadratdiagonale und Quadratseite nicht als Verhältnis zweier natürlicher Zahlen dargestellt werden kann. Beide Strecken haben kein gemeinsames Maß, sie sind **inkommensurabel**. Diese Entdeckung erschütterte ganz erheblich das Weltbild der PYTHAGOREER, die angenommen hatten, daß sich jedes Phänomen in der Sprache der natürlichen Zahlen formulieren lasse.
Quadratwurzeln konnten die Mathematiker der Antike aber noch beherrschen, weil sie diese konstruieren konnten. An Wurzeln höheren Grades scheiterten sie. So war die Verdopplung des Kubus (das **Delische Problem**) eines der unlösbaren Probleme. Die Legende berichtet, daß das Orakel von Delphi die Athener beauftragte, den würfelförmigen Altar des Apollon im Heiligtum der Insel Delos zu verdoppeln. Dies erfordert die Berechnung der irrationalen 3. Wurzel von 2.
Die anderen unlösbaren Probleme der antiken Mathematik waren die **Trisektion** (Dreiteilung) eines beliebigen Winkels und die **Quadratur des Kreises**. Beide Probleme hängen mit der **Transzendenz** von π zusammen. Die Aufgabe, einen Winkel mit Zirkel und Lineal in drei gleiche Teile zu teilen oder ein zu einem Kreis inhaltsgleiches Quadrat zu konstruieren, beschäftigte die Mathematiker bis in die Neuzeit hinein. Der Beweis, daß beides unmöglich ist, resultiert letztlich erst aus den Forschungen des französischen Mathematikers EVARISTE GALOIS (1811–1832).
Das Problem des Irrationalen hat – nicht nur im Zusammenhang mit den oben genannten klassischen Problemen – die Mathematiker aller Generationen beschäftigt. Einen Abschluß fanden diese Diskussionen erst Ende des vorigen Jahrhunderts. Entscheidend für die heutige Theorie der irrationalen Zahlen waren vor allem die grundlegenden Arbeiten von RICHARD DEDEKIND (1831–1916), GEORG CANTOR (1845–1918) und KARL WEIERSTRASS (1815–1897).

2.6 Potenzen, Wurzeln, Logarithmen

2.6.1 Potenzen

Begriffe

Produkte aus gleichen Faktoren lassen sich vereinfacht als Potenzen schreiben:

■ $2 \cdot 2 \cdot 2 \cdot 2 \cdot 2 = 2^5$ $\qquad (-6) \cdot (-6) \cdot (-6) = (-6)^3$ $\qquad (\frac{7}{5}) \cdot (\frac{7}{5}) \cdot (\frac{7}{5}) \cdot (\frac{7}{5}) = (\frac{7}{5})^4$

D In der **Potenz** $c = a^n = \underbrace{a \cdot a \cdot a \cdot a \cdot \ldots \cdot a}_{\text{n-mal der Faktor a}}$

heißen a ($a \in \mathbb{R}$) die **Basis**, n ($n \in \mathbb{N},\ n > 1$) der **Exponent** und c der **Potenzwert**.

Man beachte: Es ist zu unterscheiden:

$-2^4 = -2 \cdot 2 \cdot 2 \cdot 2 = -16$ und $(-2)^4 = (-2) \cdot (-2) \cdot (-2) \cdot (-2) = 16$;

$\frac{3^2}{4} = \frac{3 \cdot 3}{4} = \frac{9}{4}$ und $(\frac{3}{4})^2 = \frac{3}{4} \cdot \frac{3}{4} = \frac{9}{16}$.

In einer Folge von Potenzen steigen die Potenzwerte oft sehr rasch an, wenn die Exponenten nur langsam anwachsen.

■ $11^2 = 121$ $\qquad 11^3 = 1331$ $\qquad 11^4 = 14641$ $\qquad 11^5 = 161051$

W Dies wird auch in einer Anekdote über den Erfinder des Schachspiels deutlich.
Dieser erbat sich als Belohnung auf das erste Feld des Schachbretts ein Weizenkorn, auf das zweite Feld zwei Weizenkörner und auf jedes weitere Feld immer die doppelte Anzahl der Körner des vorhergehenden. Dies führt bei 64 Feldern zu der Gesamtmenge von $2^{64} - 1$ Körnern. Rechnet man 1 Korn zu einem Gramm, so sind dies rund 18000000000000 t Weizen. Die Weltgetreideproduktion 1993 betrug 1800000000 t. Das heißt, man würde 18000000000000 : 1800000000 = 10000 Ernten wie 1993 benötigen – soviel Getreide ist auf der Welt noch nicht geerntet worden.

W Die größte Zahl, die man mit zwei Ziffern schreiben kann, ist $9^9 = 387420489$.

Potenzen sind zunächst nur für Exponenten erklärt, die natürliche Zahlen größer als 1 sind, da ein Produkt mindestens zwei Faktoren haben muß.
Betrachtet man die Folge $a^5; a^4; a^3; a^2$, in der sich für $a \neq 0$ jedes Glied aus dem vorangegangenen ergibt, indem man durch a dividiert (was den Exponenten um 1 verkleinert), so liegt es nahe, diese Folge fortzusetzen: $a^1; a^0; a^{-1}; a^{-2}$... und entsprechend $a; 1; \frac{1}{a}; \frac{1}{a^2}$ usw.

Daraus ergeben sich folgende Festlegungen (und somit eine Erweiterung des Potenzbegriffs):

D Für alle a ($a \in \mathbb{R}$) gilt: $a^1 = a$.
Für alle a ($a \in \mathbb{R},\ a \neq 0$) gilt: $a^0 = 1$ und $a^{-n} = \frac{1}{a^n}$.

■ $(-\frac{2}{15})^0 = 1$ $4^{-3} = \frac{1}{4^3} = \frac{1}{64}$ $10^{-1} = \frac{1}{10} = 0{,}1$ $a^{-1} = \frac{1}{a^1} = \frac{1}{a}$

Insbesondere gilt: $1^n = 1$ und $0^n = 0$ (außer für $n = 0$).

S Potenzen aus negativen Zahlen (mit einer negativen Basis) sind
- positiv, wenn der Betrag des Exponenten gerade ist;
- negativ, wenn der Betrag des Exponenten ungerade ist.

■ $(-2)^2 = +4$ $(-2)^3 = -8$ $(-1)^{1996} = 1$ $(-1)^{1997} = -1$ $(-1)^{-1998} = 1$

Mit diesen Festlegungen sind Potenzen für alle ganzzahligen Exponenten erklärt.
Damit wird es möglich, zusammengesetzte Einheiten ohne Bruchstrich zu schreiben.

■ Statt der Einheit $\frac{m}{s}$ (Meter pro Sekunde) schreibt man $m \cdot s^{-1}$.
$6 \frac{g}{cm^3}$ schreibt man als $6\,g \cdot cm^{-3}$.

Weil der Flächeninhalt eines Quadrates die zweite Potenz seiner Seitenlänge ist ($A = a^2$), nennt man die 2. Potenzen auch **Quadratzahlen** oder kurz auch nur **Quadrate**
Analog heißen die 3. Potenzen **Kubikzahlen**, weil das Volumen des Würfels (**Kubus**) gleich der dritten Potenz seiner Kantenlänge ist ($V = a^3$).

■ Die folgende Tabelle zeigt die Quadrat- und die Kubikzahlen der natürlichen Zahlen von 1 bis 19:

n	1	2	3	4	5	6	7	8	9	10	11	12	13	14	15	16	17	18	19
n^2	1	4	9	16	25	36	49	64	81	100	121	144	169	196	225	256	289	324	361
n^3	1	8	27	64	125	216	343	512	729	1000	1331	1728	2197	2744	3375	4096	4913	5832	6859

S Die Quadrate natürlicher Zahlen enden immer auf eine der Ziffern 0, 1, 4, 5, 6 oder 9; niemals also auf 2, 3, 7 oder 8.

D Drei natürliche Zahlen a, b und c für die $a^2 + b^2 = c^2$ gilt, bilden ein **pythagoreisches Zahlentripel**

Der Name kommt vom **Satz des PYTHAGORAS**, der besagt, daß in einem rechtwinkligen Dreieck die Summe der Quadrate der Katheten gleich dem Quadrat der Hypotenuse ist (vgl. Abschnitt 5.6.1, S. 211, 212).

■ Pythagoreische Zahlentripel sind z. B. die Zahlen:
3, 4 und 5 (9 + 16 = 25) 5, 12 und 13 (25 + 144 = 169)
8, 15 und 17 (64 + 225 = 289) 9, 40 und 41 (81 + 1600 = 1681)

Aus einem pythagoreischen Zahlentripel kann man durch Vervielfachung aller Zahlen mit dem gleichen Faktor beliebig viele weitere (unechte) pythagoreische Zahlentripel gewinnen (vgl. auch S. 212).

■ Pythagoreische Zahlentripel sind also 6; 8 und 10; 27, 120 und 123; 24, 45 und 51.

W Viel Interesse hat bei Mathematikern und Laien die Frage gefunden, ob es auch eine analoge Beziehung zwischen drei Zahlen für höhere Potenzen gibt, ob also natürliche Zahlen a, b und c existieren, für die $a^n + b^n = c^n$ (mit $n > 2$) gilt. FERMAT (1601–1665) äußerte die Vermutung, daß dies nicht der Fall sei und gab an, einen Beweis dafür gefunden zu haben, der aber nicht auffindbar war. Erst 1994 ging die Nachricht durch die Presse, daß es dem in Princeton lehrenden englischen Mathematiker WILES gelungen sei, die **FERMATsche Vermutung** zu beweisen.

Potenzgesetze

Für das Rechnen mit Potenzen ($a \in \mathbb{R}$; $m, n \in \mathbb{Z}$) gelten folgende Gesetze:

S Potenzen gleicher Basis werden multipliziert, indem man die Basis beibehält und die Exponenten addiert.

$$\mathbf{a^n \cdot a^m = a^{n+m}}$$

■ $2^3 \cdot 2^5 = 2^{3+5} = 2^8 = 256 \qquad (8 \cdot 32 = 256)$

■ $(-2)^3 \cdot (-2)^4 = (-2)^{3+4} = (-2)^7 = -128$

S Potenzen gleicher Basis werden dividiert, indem man die Basis beibehält und die Exponenten subtrahiert.

$$\mathbf{a^n : a^m = a^{n-m}}$$

■ $(\frac{1}{2})^5 : (\frac{1}{2})^3 = (\frac{1}{2})^{5-3} = (\frac{1}{2})^2 \qquad (\frac{1}{32} : \frac{1}{8} = \frac{1}{4})$

■ $3^3 : 3^5 = 3^{3-5} = 3^{-2} = \frac{1}{3^2} = \frac{1}{9} \qquad (27 : 243 = \frac{1}{9})$

S Ein Produkt wird potenziert, indem jeder Faktor potenziert wird.

$$\mathbf{(a \cdot b)^n = a^n \cdot b^n}$$

■ $(2 \cdot 3)^3 = 2^3 \cdot 3^3 = 8 \cdot 27 = 216 \qquad (6^3 = 216)$

S Ein Quotient wird potenziert, indem der Dividend und auch der Divisor potenziert wird.

$$\mathbf{(a : b)^n = a^n : b^n}$$

■ $(8 : 4)^2 = 8^2 : 4^2 = 64 : 16 = 4 \qquad (2^2 = 4)$

$$\left(\frac{2}{3}\right)^4 = \frac{2^4}{3^4} = \frac{16}{81}$$

S Eine Potenz wird potenziert, indem man die Exponenten multipliziert.

$$\mathbf{(a^n)^m = a^{n \cdot m}}$$

■ $(2^2)^3 = 2^{2 \cdot 3} = 2^6 = 64 \qquad (4^3 = 64)$

Man beachte: Es gibt einen Unterschied zwischen $(2^2)^3 = 2^6 = 64$ und $2^{2^3} = 2^8 = 256$.

W Die größte Zahl, die man mit drei Ziffern darstellen kann, ist 9^{9^9}. Diese Zahl hat 369693100 Ziffern.

S Die Potenz eines Bruches ist gleich der negativen Potenz seines Kehrwertes: $\left(\frac{a}{b}\right)^n = \left(\frac{b}{a}\right)^{-n}$

■ $\left(\frac{2}{3}\right)^2 = \frac{2^2}{3^2} = \frac{3^{-2}}{2^{-2}} = \left(\frac{3}{2}\right)^{-2}$

Die Beziehung $a^b = b^a$ mit $a \neq b$ gilt nur für $a = 2$ und $b = 4$ und nicht allgemein, d.h., das Potenzieren ist *nicht* kommutativ.

Abgetrennte Zehnerpotenzen

Die Potenzgesetze kann man verwenden, um sehr große oder sehr kleine Zahlen übersichtlich darzustellen oder auch um Genauigkeitsgrenzen anzugeben. Man wählt dazu ein Darstellen von Zahlen mit **abgetrennten Zehnerpotenzen**.
Dabei wird eine Zahl als Produkt, dessen einer Faktor eine Potenz mit der Basis 10 (eine Zehnerpotenz) ist, dargestellt.

■ $1000 = 1 \cdot 10^3$ $\quad 5000 = 5 \cdot 10^3$ $\quad 18000 = 18 \cdot 10^3 = 1{,}8 \cdot 10^4$
$0{,}1 = 1 \cdot 10^{-1}$ $\quad 0{,}0003 = 3 \cdot 10^{-4}$ $\quad 0{,}0018 = 18 \cdot 10^{-4} = 1{,}8 \cdot 10^{-3}$

Bei der **normierten Darstellung mit abgetrennten Zehnerpotenzen** wird die Zahl in der Form $a,bcd... \cdot 10^n$ dargestellt, wobei für die Zahl a vor dem Komma gilt: $1 \le |a| < 10$.
Man kommt von dieser normierten Darstellung zu einer Darstellung ohne abgetrennte Zehnerpotenzen, indem man das Komma um n Stellen verrückt; und zwar nach rechts, wenn n positiv ist, und nach links, wenn n negativ ist. Gegebenenfalls sind entsprechend viele Nullen zu ergänzen.

■ $5{,}2 \cdot 10^8 = 520000000$ (Das Komma wird um 8 Stellen nach rechts gerückt.)
$5{,}2 \cdot 10^{-8} = 0{,}000000052$ (Das Komma wird um 8 Stellen nach links gerückt.)
$1{,}6 \cdot 10^{-3} = 0{,}0016$ (Das Komma wird um 3 Stellen nach links gerückt.)

Auf diese Weise lassen sich z.B. Naturkonstanten übersichtlicher angeben.

■ Die mittlere Entfernung Sonne-Erde beträgt $1{,}5 \cdot 10^8$ km.
Die Lichtgeschwindigkeit im Vakuum ist $2{,}99792458 \cdot 10^8\ \mathrm{m \cdot s^{-1}}$.
Die Gravitationskonstante hat den Wert $6{,}672\,59 \cdot 10^{-11}\ \mathrm{m^3 \cdot kg^{-1} \cdot s^{-2}}$.

Beim Rechnen mit Zahlen, die mit abgetrennten Zehnerpotenzen dargestellt sind, wendet man die Potenzgesetze und die in $\mathbb{R}$ geltenden Gesetzmäßigkeiten (**Assoziativgesetz**, **Kommutativgesetz**) und Rechenregeln an.
Beim Addieren und Subtrahieren kommt das Distributivgesetz zur Anwendung.

■ $2{,}8 \cdot 10^3 + 1{,}3 \cdot 10^3 = (2{,}8 + 1{,}3) \cdot 10^3 = 4{,}1 \cdot 10^3$
$5{,}62 \cdot 10^{-4} - 8{,}03 \cdot 10^{-4} = -2{,}41 \cdot 10^{-4}$

Man beachte: Beim Addieren und Subtrahieren müssen die Exponenten der abgetrennten Zehnerpotenzen gleich sein.

■ $2{,}8 \cdot 10^3 + 1{,}3 \cdot 10^2 = 2{,}8 \cdot 10^3 + 0{,}13 \cdot 10^3 = (2{,}8 + 0{,}13) \cdot 10^3 = 2{,}93 \cdot 10^3$
$5{,}62 \cdot 10^{-4} - 8{,}03 \cdot 10^{-5} = 5{,}62 \cdot 10^{-4} - 0{,}803 \cdot 10^{-4} = 4{,}817 \cdot 10^{-4}$

Beim Multiplizieren bzw. Dividieren kommen die ersten beiden Potenzgesetze zur Anwendung:

■ $2{,}8 \cdot 10^3 \cdot 1{,}3 \cdot 10^3 = 2{,}8 \cdot 1{,}3 \cdot 10^3 \cdot 10^3 = 3{,}64 \cdot 10^6 = 3640000$
$2{,}8 \cdot 10^3 \cdot 1{,}3 \cdot 10^2 = 2{,}8 \cdot 1{,}3 \cdot 10^3 \cdot 10^2 = 3{,}64 \cdot 10^5 = 364000$
$2{,}8 \cdot 10^3 \cdot 1{,}3 \cdot 10^{-2} = 2{,}8 \cdot 1{,}3 \cdot 10^3 \cdot 10^{-2} = 3{,}64 \cdot 10^1 = 36{,}4$
$2{,}8 \cdot 10^3 \cdot 1{,}3 \cdot 10^{-8} = 2{,}8 \cdot 1{,}3 \cdot 10^3 \cdot 10^{-8} = 3{,}64 \cdot 10^{-5} = 0{,}0000364$

2.6.2 Wurzeln

Die Frage, welche Zahl a man mit einem vorgegebenen Exponenten n potenzieren muß, um eine vorgegebene Zahl c zu erhalten, führt zur ersten Umkehrung des Potenzierens, zum **Radizieren (Wurzelziehen)**.
(Anmerkung: Da das Potenzieren nicht kommutativ ist, gibt es zwei Umkehrungen.)

D $a = c^n$ ist gleichbedeutend mit $c = \sqrt[n]{a}$ (gelesen: c ist gleich **n-te Wurzel** aus a).
Dabei heißt n der **Wurzelexponent** und a ($a \in \mathbb{R}$, $a \geq 0$) der **Radikand**.

■ $\sqrt[2]{4} = 2$, denn $2^2 = 4$ $\sqrt[3]{64} = 8$, denn $4^3 = 64$ $\sqrt[5]{32} = 2$, denn $2^5 = 32$

In der Mathematik selbst, vor allem aber beim praktischen Rechnen spielen Wurzeln mit dem Wurzelexponenten 2 eine wichtige Rolle. Man nennt sie „Quadratwurzeln" und hat vereinbart, daß der Wurzelexponent nicht geschrieben werden muß.

D $\sqrt[2]{a} = \sqrt{a}$ heißt **Quadratwurzel**. Es gilt $\sqrt{a^2} = |a|$.

W Ursprünglich, z.B. von LEONARDO FIBONACCI (1180 – um 1250) wurde $\sqrt{2}$ als r2 geschrieben. Das r war die Abkürzung des lat. Wortes radix, d.h. Wurzel. MICHAEL STIFEL (1487–1567) stilisierte dieses r zu dem heute gebräuchlichen Wurzelhaken √. RENÉ DESCARTES (1596–1650) führte den Querstrich über den Radikanden ein, um z.B. $\sqrt{2 \cdot 4}$ von $\sqrt{2} \cdot 4$ unterscheiden zu können.

Während in der Menge $\mathbb{N}$ der natürlichen Zahlen $c = \sqrt[n]{a}$ nur existiert, wenn a eine n-te Potenz von c ist, existiert in der Menge der reellen Zahlen die n-te Wurzel aus a stets, wenn a eine nichtnegative reelle Zahl und n eine natürliche Zahl ($n > 1$) ist:
$c = \sqrt[n]{a}$ ist eine reelle Zahl, wenn $a \in \mathbb{R}$, $a \geq 0$ und $n \in \mathbb{N}$, $n \geq 2$.

Wurzeln aus negativen Zahlen sind in der Menge der reellen Zahlen nicht definiert.

■ Die Gleichung $x^2 + 2 = 0$ hat in $\mathbb{R}$ keine Lösung.
(Das Bild der Funktion $y = x^2 + 2$ ist eine nach oben geöffnete **Parabel**, die ihren tiefsten Punkt im Scheitel S(0; 2) hat und die x-Achse nicht schneidet.)

W Will man auch Wurzeln aus negativen Zahlen berechnen, muß man die Menge der reellen Zahlen nochmals erweitern. Man erhält die Menge der **komplexen Zahlen**, zu deren Darstellung aber die Zahlengerade (deren Punkte ja alle reellen Zahlen entsprechen) nicht mehr ausreicht. Man kann die komplexen Zahlen in einer Ebene, der sogenannten **GAUßschen Zahlenebene**, benannt nach dem großen deutschen Mathematiker CARL FRIEDRICH GAUß (1777–1855), darstellen.

Durch folgende Definition erweitert man den Begriff der Potenz so, daß damit auch Wurzeln erfaßt werden können.

D $\sqrt[n]{a^m} = a^{\frac{m}{n}}$ ($a > 0$; $m, n \in \mathbb{N}$; $m \geq 1$; $n \geq 2$)

Auch für diesen (erweiterten) Potenzbegriff gelten die Potenzgesetze. Aus ihnen ergeben sich die **Wurzelgesetze**:

S $\sqrt[n]{a} \cdot \sqrt[n]{b} = \sqrt[n]{a \cdot b}$, denn $a^{\frac{1}{n}} \cdot b^{\frac{1}{n}} = (a \cdot b)^{\frac{1}{n}}$

■ $\sqrt{8} \cdot \sqrt{2} = \sqrt{8 \cdot 2} = \sqrt{16} = 4$

S $\sqrt[n]{a} : \sqrt[n]{b} = \sqrt[n]{\frac{a}{b}}$, denn $a^{\frac{1}{n}} : b^{\frac{1}{n}} = \left(\frac{a}{b}\right)^{\frac{1}{n}}$

■ $\sqrt[3]{81} : \sqrt[3]{3} = \sqrt[3]{\frac{81}{3}} = \sqrt[3]{27} = 3$

S $\left(\sqrt[n]{a}\right)^m = \sqrt[n]{a^m}$, denn $\left(a^{\frac{1}{n}}\right)^m = a^{\frac{m}{n}} = \left(a^m\right)^{\frac{1}{n}}$

■ $\left(\sqrt[3]{8}\right)^2 = \sqrt[3]{8^2} = \sqrt[3]{64} = 4$

S $\sqrt[n]{\sqrt[m]{a}} = \sqrt[n \cdot m]{a} = \sqrt[m]{\sqrt[n]{a}}$, denn $\left(a^{\frac{1}{n}}\right)^{\frac{1}{m}} = a^{\frac{1}{m \cdot n}} = \left(a^{\frac{1}{m}}\right)^{\frac{1}{n}}$

■ $\sqrt[2]{\sqrt[3]{64}} = \sqrt[6]{64} = 2$ $\sqrt[3]{\sqrt{8}} = \sqrt{\sqrt[3]{8}} = \sqrt{2}$

Ferner gilt: $\sqrt[n]{1} = 1$ $\sqrt[n]{0} = 0$ $\sqrt[n]{a^n} = a \; (a > 0)$

2.6.3 Logarithmen

Ist in der Gleichung $a^c = b$ der Exponent unbekannt, liegt also eine Bestimmungsgleichung der Form $a^x = b$ vor, so erfordert ihre Auflösung nach x eine neue Schreibweise und man kommt zu einer zweiten Umkehrung des Potenzierens, dem **Logarithmieren**.

D $b = a^c$ ist gleichbedeutend mit $c = \log_a b$ (gelesen: c = **Logarithmus** von b zur Basis a). Dabei wird stets $a > 0$ und $a \neq 1$ vorausgesetzt.

Der Logarithmus von b zur Basis a ist also diejenige Zahl, mit der man a potenzieren muß, um b zu erhalten. (*„Der Logarithmus ist ein heruntergekommener Exponent.“*)

■ $\log_2 32 = 5$, denn $2^5 = 32$ $\log_3 81 = 4$, denn $3^4 = 81$
$\log_5 125 = 3$, denn $5^3 = 125$ $\log_{10} 100 = 2$, denn $10^2 = 100$
$\log_{10} 1000 = 3$, denn $10^3 = 1000$ $\log_{10} 10000 = 4$, denn $10^4 = 10000$
$\log_{\frac{1}{3}} \frac{1}{27} = 3$, denn $\left(\frac{1}{3}\right)^3 = \frac{1}{27}$ $\log_{0,5} 0{,}25 = 2$, denn $0{,}5^2 = 0{,}25$

S Für $a > 0$ gilt: $\log_a 1 = 0$ (weil $a^0 = 1$) und $\log_a a = 1$ (weil $a^1 = a$).

Für das Rechnen sind insbesondere die Logarithmen zur Basis 10, die sogenannten **dekadischen Logarithmen**, wichtig. Man schreibt für $\log_{10} a$ einfach lg a. (vgl. S. 161)

In der Menge der reellen Zahlen existiert der Logarithmus von b zur Basis a stets, wenn a und b positive reelle Zahlen sind ($a \neq 1$). Logarithmen negativer Zahlen existieren in $\mathbb{R}$ nicht. Damit ist der Begriff der Potenz nochmals erweitert, weil nun als Exponenten auch reelle Zahlen zugelassen sind.
Aus den Potenzgesetzen (vgl. S. 65) lassen sich folgende **Logarithmengesetze** ableiten:

S $\log_a(u \cdot v) = \log_a u + \log_a v$ ■ $\log_2(3 \cdot 5) = \log_2 3 + \log_2 5$

S $\log_a\left(\frac{u}{v}\right) = \log_a u - \log_a v$ ■ $\log_3\left(\frac{7}{5}\right) = \log_3 7 - \log_3 5$

S $\log_a(u^r) = r \cdot \log_a u$ ■ $\log_5(12^4) = 4 \cdot \log_5 12$ $\lg 2^5 = 5 \cdot \lg 2$

S $\log_a \sqrt[n]{u} = \frac{1}{n} \cdot \log_a u$ ■ $\log_2 \sqrt[4]{8} = \frac{1}{4} \cdot \log_2 8 = \frac{3}{4}$ $\lg \sqrt{2} = \frac{1}{2} \lg 2$

Aus der Definition des Logarithmus und aus $\log_a(u^r) = r \cdot \log_a u$ ergeben sich die folgenden interessanten Beziehungen:

- $a^{\log_a x} = x$
- $\log_a a^x = x$

Die Logarithmengesetze lassen sich zum praktischen Rechnen gut verwenden, weil Rechnen mit Logarithmen ein Rechnen mit Exponenten (bei gleicher Basis) ist. Damit wird das Multiplizieren bzw. das Dividieren auf das Addieren bzw. das Subtrahieren zurückgeführt. Das Potenzieren bzw. Radizieren wird auf das Multiplizieren bzw. Dividieren mit natürlichen Zahlen zurückgeführt.
Das logarithmische Rechnen hat in der Vergangenheit, als es noch keine elektronischen Rechenhilfsmittel gab, eine große Rolle gespielt. Aber auch in modernen Rechenhilfsmitteln werden noch Eigenschaften der Logarithmen genutzt.

2

W Zum logarithmischen Rechnen benötigt man die Logarithmen der Zahlen, mit denen gerechnet werden soll. Als praktisch haben sich dabei die **dekadischen Logarithmen** erwiesen.
Da $\lg(a \cdot 10^n) = \lg a + \lg 10^n = n + \lg a$ ist, genügt es, die dekadischen Logarithmen der Zahlen zwischen 1 und 10 zu kennen. In der folgenden Tabelle sind die rationalen Näherungswerte der Logarithmen der Zahlen von 1,0 bis 9,9 angegeben:

	0	**1**	**2**	**3**	**4**	**5**	**6**	**7**	**8**	**9**
1	0,0000	0,0414	0,0792	0,1139	0,1461	0,1761	0,2041	0,2304	0,2553	0,2788
2	0,3010	0,3222	0,3424	0,3617	0,3802	0,3979	0,4150	0,4314	0,4472	0,4624
3	0,4771	0,4914	0,5051	0,5185	0,5315	0,5441	0,5563	0,5682	0,5798	0,5911
4	0,6021	0,6128	0,6232	0,6335	0,6435	0,6532	0,6628	0,6721	0,6812	0,6902
5	0,6990	0,7076	0,7160	0,7234	0,7324	0,7404	0,7482	0,7559	0,7634	0,7709
6	0,7782	0,7853	0,7924	0,7993	0,8062	0,8192	0,8195	0,8261	0,8325	0,8388
7	0,8451	0,8513	0,8573	0,8633	0,8692	0,8751	0,8808	0,8865	0,8921	0,8976
8	0,9031	0,9085	0,9138	0,9191	0,9243	0,9294	0,9345	0,9395	0,9445	0,9494
9	0,9542	0,9590	0,9638	0,9685	0,9731	0,9777	0,9823	0,9868	0,9912	0,9956

Der Logarithmus von 2,5 ist also 0,3979. Der von 25 ist dann 1,3979, weil $\lg 25 = \lg 10 + \lg 2{,}5$ gilt.
Analog ist $\lg 0{,}25 = 0{,}3979 - 1$, weil $\lg 0{,}25 = \lg (2{,}5 : 10)$ und damit $\lg 2{,}5 - \lg 10$ gilt.
Die Ziffernfolge 3979 heißt **Mantisse**, die Zahl vor dem Komma oder die nachgestellte negative Zahl ist die **Kennziffer**. Ein Logarithmus besteht immer aus Kennziffer und Mantisse.
Will man nun z.B. $2{,}5 \cdot 3{,}4$ rechnen, so sucht man die Logarithmen beider Zahlen heraus. Sie lauten 0,3979 und 0,5315. Addiert man diese, erhält man 0,9294. Diesem Logarithmus entspricht der Wert 8,5. Also ist $2{,}5 \cdot 3{,}4 = 8{,}5$.
In analoger Weise lassen sich Divisionsaufgaben rechnen, man muß den Logarithmus des Divisors von dem des Dividenden subtrahieren. Will man eine Potenz berechnen, muß man den Logarithmus der Basis mit dem Exponenten multiplizieren. Soll eine Wurzel gezogen werden, ist der Logarithmus des Radikanden durch den Wurzelexponenten zu teilen. In allen Fällen muß man dann natürlich zum erhaltenen Logarithmus aus der Tabelle den jeweils zugehörigen Wert ermitteln.

H Der Begriff Logarithmus geht auf MICHAEL STIFEL (1487–1567) zurück, der auch schon wesentliche Eigenschaften des Logarithmus entdeckte. Ausgangspunkt waren dabei Vergleiche von arithmetischen und geometrischen Reihen.
Für die praktische Anwendung brauchbar gemacht – was das Berechnen von Logarithmentafeln erforderte – wurde das Ganze in der ersten Hälfte des 17. Jahrhunderts. Die erste Logarithmentafel gab 1614 JOHN NAPIER (1550–1617) heraus. 1620 erschienen die Tafeln von JOST BÜRGI (1552–1632) und 1617 die von HENRY BRIGGS (1561–1631), der erstmals dekadische Logarithmen verwandte. Seine 1624 erschienene „Arithmetica logarithmica" enthielt die dekadischen Logarithmen der ganzen Zahlen von 1 bis 20000 und von 90000 bis 100000 auf 14 Stellen genau.
Mathematiker und Astronomen, so z.B. JOHANNES KEPLER (1571–1630), begrüßten und benutzten die neue Entdeckung, die die oftmals aufwendigen Rechenarbeiten wesentlich vereinfachte.
Der Engländer EDMUND GUNTER (1561–1626) erfand die logarithmische Teilung. Dabei werden ausge-

hend von 1 die Logarithmen der Zahlen als Längen abgetragen. Diese logarithmische Teilung ist die Grundlage für Aufbau und Arbeit mit dem **Rechenstab** (**Rechenschieber**), bei dem man durch zwei Skalen (eine feste auf dem Stabkörper und eine bewegliche auf einer sogenannten Zunge) die dargestellten Streckenlängen (also die Logarithmen) addieren bzw. subtrahieren kann.
Vor der Entwicklung und Verbreitung elektronischer Taschenrechner war der Rechenstab für viele (vor allem technische) Berufe ein unentbehrliches Handwerkszeug.

2.7 Algorithmen; Rechnen mit dem Taschenrechner

Elektronische Taschenrechner sind heute weit verbreitet und werden zum Ausführen numerischer Berechnungen gern benutzt. Ihre Verwendung und Handhabung ist in der Regel unproblematisch und erscheint kinderleicht. Dennoch erfordert sinnvolles, effektives und fehlerfreies Arbeiten mit einem Taschenrechner gewisse Kenntnisse über das verwendete Gerät und natürlich auch über den zu lösenden Sachverhalt und die auszuführenden Operationen.
Taschenrechner gibt es in unterschiedlichsten Ausführungen. Einfache Geräte gestatten nur das Ausführen der vier Grundrechenoperationen. Sogenannte wissenschaftliche Taschenrechner bieten zahlreiche zusätzliche Möglichkeiten; sie haben z.B. Tasten für Winkel-, Exponential- und Logarithmusfunktionen, Klammerebenen, einen (oder mehrere) Speicher, Statistikprogramme usw. Darüber hinaus gibt es noch frei programmierbare Taschenrechner, die den Computern nahestehen. Was ein konkreter Taschenrechner leisten kann, muß letztlich aus der Bedienungsanleitung entnommen oder durch gezieltes Experimentieren mit dem Gerät erkundet werden.

2.7.1 Algorithmen

Eine wesentliche Grundlage für die Entwicklung und Nutzung elektronischer Rechentechnik (angefangen von Taschenrechnern über Personalcomputer bis hin zu EDV-Anlagen) sind Algorithmen.

Ein **Algorithmus** kann erklärt werden als Folge von Handlungsanweisungen zum Lösen (bzw. Bearbeiten) einer Aufgabe, die

- auf eine Klasse von Aufgaben anwendbar ist,
- eindeutig den ersten Schritt des Lösens (Bearbeitens) festlegt,
- zu jedem Schritt eindeutig den nächsten festlegt,
- nach endlich vielen Schritten zum Ziel führt.

■ Das wohl bekannteste Beispiel für einen „Algorithmus" ist der **EUKLIDische Algorithmus** zur Ermittlung des größten gemeinsamen Teilers zweier Zahlen (vgl. S. 42).

Alle Algorithmen lassen sich auf folgende Grundstrukturen zurückführen:

- **Lineare Anweisungsfolge**:
  Auf Anweisung A folgt Anweisung B.

- **Verzweigung**: Auf Anweisung A folgt in Abhängigkeit von einer Bedingung entweder Anweisung B oder Anweisung C.

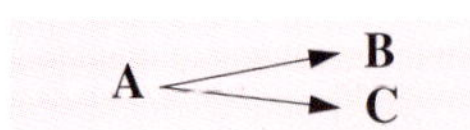

- **Zyklus**: Nach einer Reihe von Anweisungen A_i (i = 1, 2, 3, ... n) folgt wieder die Anweisung A_1. $A_1 \rightarrow A_2 \rightarrow \ldots \rightarrow A_n$ (mit Rückpfeil von A_n zu A_1)
  (Durch den Einbau einer Verzweigung kann der Zyklus in Abhängigkeit von einer Bedingung verlassen werden. Es kann aber auch angegeben werden, wie oft der Zyklus zu durchlaufen ist.)

Alle Rechenverfahren, insbesondere das schriftliche Rechnen mit im dekadischen Positionssystem dargestellten Zahlen, sind letztlich Algorithmen.

H Hier liegt auch der Ursprung für den Name Algorithmus, der auf den arabischen Mathematiker MUHAMMAD IBN MUSA AL-CHWARIZMI (787 – um 850) zurückgeht, durch dessen Werk das indische Positionssystem geistiger Besitz des Abendlandes wurde.
Wesentliche Grundlagen für das maschinelle Bearbeiten von Algorithmen legten der Engländer ALAN MATHISON TURING (1912–1954) und der Deutsche JOHN V. NEUMANN (1903–1957).
Den ersten programmierbaren Computer baute KONRAD ZUSE im Jahre 1941.

Die Schrittfolgen beim Arbeiten mit einem Taschenrechner sind auch Algorithmen. Man gibt diese Schritt- oder Tastenfolgen durch sogenannte **Rechenablaufpläne** an.

2.7.2 Rechnen mit dem TR: Eingeben und Ablesen von Zahlen

Allen Taschenrechnern (TR) gemeinsam sind eine Anzeige (Display) und Tasten zum Eingeben von Werten und Befehlen und ggf. Schalter zum Ein-Ausschalten und Umschalten auf verschiedene Darstellungsarten (z.B. bei Winkelfunktionswerten).
Bei den Tasten kann man unterscheiden:

Tasten	Beispiele
Tasten zum Betrieb des TR	Ergebnistaste `=`; Löschtasten `C`, `CE` (auch kombiniert möglich und unter Umständen anders bezeichnet); Klammertasten `(`, `[`, `]`, `)`; Umschalttasten (z.B. Darstellung von Dezimalbrüchen auf gewöhnliche Brüche).
Tasten zum Eingeben von Zahlen	Zifferntasten `0`, `1`, ... `9`; Kommataste `,`; Taste für Festwerte, z.B. `π`; Zehnerpotenztaste `EEX`.
Operationstasten	Tasten für die Rechenoperationen `+`, `−`, `×`, `÷` (Die Bezeichnungen für die Multiplikation und für die Division weichen von den üblichen Symbolen ab.); Tasten für das Potenzieren `yˣ`.
Funktionstasten	Vorzeichenwechseltaste `+/−`; Prozenttaste `%`; Quadrattaste `x²`; Wurzeltaste `√`; Winkelfunktionstasten `sin`; Logarithmus- und Exponentialfunktionstasten; Inversionstaste. Die Funktionstasten haben meist eine doppelte (bei einigen TR auch eine dreifache) Belegung, die durch eine Umschalttaste aktiviert werden kann.
Tasten für Arbeiten mit dem Speicher	Speichereingabe `X→M`; Speicheraufaddierung `M+`; Registertausch Speicher/Arbeitsregister `X↔M`; Speicherrückruf `MR`; Speicherlöschung `MC`.

Die Anzahl der Tasten, ihre Anordnung und ihre Bezeichnung kann von Gerät zu Gerät sehr verschieden sein. Auch die Wirkungsweise kann unterschiedlich sein, nicht immer wirkt z. B. die Prozenttaste als Funktionstaste.

2.7.3 Rechnen mit dem TR: Ausführen von Grundrechenoperationen

Rechnen mit zwei Operanden

Es wird hier nur auf die heute fast ausschließlich üblichen TR mit algebraischer Notation eingegangen. Beim Ausführen von Grundrechenoperationen mit zwei Operanden und beim Potenzieren geht man folgendermaßen vor:

1. Es wird der erste Operand eingegeben. Hierzu tippt man die Ziffern von links beginnend ein und nutzt (falls erforderlich) Kommataste und Vorzeichenwechseltaste (für negative Werte). Alle Nullen sind mit einzugeben. Eine Ausnahme bilden nur Dezimalbrüche der Form 0,abc..., bei denen man die Eingabe mit der Kommataste beginnen kann.
   Falls man mit abgetrennten Zehnerpotenzen rechnen möchte, gibt man zunächst die Ziffernfolge und nach Betätigung der Zehnerpotenztaste den Exponenten ein.
   Die Vorzeichenwechseltaste für Operanden oder Exponenten ist erst nach erfolgter Eingabe der Ziffern zu betätigen.
2. Man betätigt die gewünschte Operationstaste. Hierdurch gibt man die Information, daß die Eingabe der ersten Zahl abgeschlossen ist, und die Anweisung, diese Zahl in der verlangten Weise mit einer zweiten, noch einzugebenden zu verknüpfen.
3. Man gibt analog zum 1. Schritt den zweiten Operanden ein.
4. Man betätigt die Ergebnistaste. Hierdurch gibt man die Information, daß die Eingabe des zweiten Operanden abgeschlossen ist, und die Anweisung, die Operation auszuführen und das Ergebnis anzuzeigen.

Konstantenautomatik

Solange nur Operationen mit zwei Operanden auszuführen sind, wird es keine Probleme geben. Für manche Fälle ist es aber nützlich, eine ggf. vorhandene (oder einschaltbare) Konstantenautomatik des Taschenrechners zu nutzen. Diese wirkt so, daß ein Operand (in der Regel der zweite) konstant beibehalten wird und man durch Eingeben des ersten Operanden und der Ergebnistaste sofort das Resultat erhält.

■ Man rechnet $2 \cdot 3$ durch folgenden Ablaufplan [2] [×] [3] [=]. Das Resultat ist 6.
Gibt man nun ein [4] [=], erhält man das Resultat 12;
[2] [,] [3] [=]. erhält man das Resultat 6,9;
[,] [5] [7] [+/–] [=], erhält man das Resultat –1,71.

■ Man rechnet 2^3 durch folgenden Ablaufplan [2] [y^x] [3] [=]. Das Resultat ist 8.
Gibt man nun ein [4] [=], erhält man das Resultat 64;
[2] [,] [3] [=], erhält man das Resultat 12,167;
[,] [5] [7] [+/–] [=], erhält man das Resultat „0. E“.

Verlangt man Operationen, die nicht definiert sind (z.B. Division durch null), oder wird der Rechenbereich überschritten, schaltet der TR in der Regel ab und zeigt dies an, z. B. durch „0. E". Das „E" steht für „Error" (Irrtum).
Im letzten Beispiel ist $(-0{,}57)^3$ zwar definiert, die meisten Taschenrechner berechnen aber Potenzwerte über die Logarithmusfunktion. Neben i.allg. geringerer Genauigkeit führt dies auch dazu, daß negative Basen nicht zugelassen sind, da Logarithmen nur für positive Werte existieren (vgl. Abschnitt 2.6.3, S. 68).

Operationen mit mehreren Operanden

Will man Operationen mit mehreren Operanden ausführen, kann man analog zu der oben beschriebenen Schrittfolge vorgehen, indem man das Resultat als Zwischenergebnis und damit als neuen ersten Operanden ansieht und damit weiterrechnet.
Sind nur Operationen gleicher Stufe auszuführen, kann auf das zwischenzeitliche Betätigen der Ergebnistaste verzichtet werden.

■ Für $2{,}2 + 3 - 5{,}8 - 9{,}2$ führt der Ablaufplan
[2] [,] [2] [+] [3] [−] [5] [,] [8] [−] [9] [,] [2] [=] zum Ziel −9,8.

Für $3{,}6 \cdot 2{,}1 \cdot (-0{,}4) : 1{,}6$ führt der Ablaufplan
[3] [,] [6] [×] [2] [,] [1] [×] [,] [4] [+/−] [÷] [1] [,] [6] [=] zum Ziel −1,89.

Sind Operationen unterschiedlicher Stufen auszuführen, muß man wissen, wie der verwendete TR arbeitet.

■ Für $2 + 3 \cdot 5$ führt der Ablaufplan [2] [+] [3] [×] [5] [=] bei einem Rechnertyp zum falschen Resultat 25 und bei einem anderen Typ zum richtigen Resultat 17.

Vorrangautomatik

Manche TR verfügen über eine Vorrangautomatik, was dazu führt, daß Rechenoperationen höherer Stufe bevorzugt ausgeführt werden.

■ Im Beispiel $2 + 3 \cdot 5$ führt der als zweites genannte TR bevorzugt die Multiplikation $3 \cdot 5$ aus und addiert dann erst zu deren Resultat die Zahl 2.

Ob ein TR über Vorrangautomatik verfügt, kann man der Bedienungsanleitung entnehmen oder durch Rechnen mit einfachen Zahlen (siehe obiges Beispiel) erkunden.
Ist eine Vorrangautomatik vorhanden, hat dies nicht nur Vorteile. Beim Berechnen von Brüchen muß man z. B. die Berechnung des Zählers dann stets durch die Ergebnistaste abschließen.

■ Hat der Taschenrechner Vorrangautomatik, erhält man für $\frac{7+3}{5}$ nach dem Ablaufplan [7] [+] [3] [÷] [5] [=] nicht das richtige Resultat 2, sondern den falschen Wert 7,6 $(7 + 0{,}6)$. Ein richtiger Ablaufplan wäre [7] [+] [3] [=] [÷] [5] [=].

Sind Ausdrücke zu berechnen, in denen Brüche oder (und) Klammern vorkommen, kann man (falls vorhanden) Klammertasten verwenden. Gut beraten ist man aber, wenn man die Berechnung eines Zählers (oder Nenners) bzw. eines Klammerwertes zwischendurch durch das Betätigen der Ergebnistaste abschließt.

2.7.4 Rechnen mit dem TR: Benutzen von Funktionstasten

Durch Betätigen entsprechender Funktionstasten kann man benötigte Funktionswerte aufrufen. Man gibt die Zahl ein und betätigt *danach* die gewünschte Funktionstaste.

■ $2{,}3^2$ berechnet man durch $\boxed{2}\,\boxed{,}\,\boxed{3}\,\boxed{x^2}$. Man erhält 5,29.
$\sqrt{0,056}$ berechnet man durch $\boxed{,}\,\boxed{0}\,\boxed{5}\,\boxed{6}\,\boxed{\sqrt{\ }}$. Man erhält 0,23664.

Manche TR schalten hierbei auf die Darstellung mit abgetrennten Zehnerpotenzen um.
Die Genauigkeit von TR kann unterschiedlich sein, dies wird beim Berechnen von Wurzeln oftmals deutlich.

Obwohl natürlich die Funktionswerte intern berechnet werden, stehen sie praktisch auf „Knopfdruck" zur Verfügung. Der TR erfüllt damit auch die Funktion eines *Wertespeichers* und macht spezielle Tafeln von Funktionswerten (Quadrat-, Wurzeltafeln u. ä.) weitgehend überflüssig. Der TR bietet außerdem den Vorteil, daß mit den aufgerufenen Funktionswerten sofort gerechnet werden kann. Bei den Winkelfunktionswerten kann man i. allg. auch wählen, ob man die Werte im Grad- oder Bogenmaß eingeben möchte.
Wichtig ist, zu beachten, daß eine Funktionstaste nur auf den zuletzt eingegebenen Wert wirkt.

■ Nach dem Ablaufplan $\boxed{1}\,\boxed{8}\,\boxed{\times}\,\boxed{2}\,\boxed{\sqrt{\ }}\,\boxed{=}$ erhält man das Resultat von $18 \cdot \sqrt{2} = 25{,}455844$. Will man das Resultat von $\sqrt{18 \cdot 2}$ haben, muß man den Ablaufplan $\boxed{1}\,\boxed{8}\,\boxed{\times}\,\boxed{2}\,\boxed{=}\,\boxed{\sqrt{\ }}$ verwenden.

2.7.5 Rechnen mit dem TR: Benutzen des Speichers

Für viele Berechnungen ist es zweckmäßig, Werte, die wiederholt auftreten, oder bestimmte Zwischenergebnisse, die man später benötigt, zu speichern.

Durch Betätigen einer Speichereingabetaste ($\boxed{X\to M}$, $\boxed{STO}$) wird der in der Anzeige stehende Wert in den Speicher kopiert, bei saldierendem Speicher (Tasten $\boxed{M^+}$ oder $\boxed{M^-}$) zu evtl. bereits vorhandenen Speicherinhalten addiert bzw. von diesen subtrahiert. Wenn man einen Wert speichert, bleibt er trotzdem in der Anzeige (d. h. im aktuellen Rechenregister) erhalten. Existiert eine Wechseltaste $\boxed{X\leftrightarrow M}$, so führt ihre Betätigung dazu, daß der in der Anzeige stehende Wert und der im Speicher vorhandene Wert ihre Plätze tauschen.
Durch Betätigen der Speicherrückruftaste ($\boxed{MR}$, $\boxed{RST}$) wird der im Speicher befindliche Wert in das aktuelle Rechenregister kopiert und damit in der Anzeige dargestellt. Er bleibt aber im Speicher unverändert erhalten und steht somit für weitere Rückrufe zur Verfügung.

Folgende Beispiele zeigen die Verwendung eines Speichers:

■ Zum Berechnen des Oberflächeninhaltes eines Kreiskegels nach der Formel
$A_K = \pi\, r(r + \sqrt{r^2 + h^2}\,)$ kann folgender Ablaufplan verwendet werden:

$\boxed{r}\,\boxed{X\to M}\,\boxed{x^2}\,\boxed{+}\,\boxed{h}\,\boxed{x^2}\,\boxed{=}\,\boxed{\sqrt{\ }}\,\boxed{+}\,\boxed{MR}\,\boxed{=}\,\boxed{\times}\,\boxed{MR}\,\boxed{\times}\,\boxed{\pi}\,\boxed{=}$

■ Zum Lösen einer **quadratischen Gleichung** der Form $x^2 + px + q = 0$ kann aus der bekannten Lösungsformel folgender Ablaufplan entwickelt werden:

[p] [÷] [2] [=] [x^2] [–] [q] [=] [√] [X→M] [+] [p] [+/–] [÷] [2] [=] [MR] [+/–] [+] [p] [+/–] [÷] [2] [=]

Ablesen: x_1 ↑ Ablesen: x_2 ↑

2

2.7.6 Zur Genauigkeit des TR

Obwohl man mit einem TR i.allg. recht genau arbeiten kann, gibt es kein Gerät, das absolut genau zu rechnen vermag. Dies ist konstruktiv bedingt und kein Mangel des einen oder anderen Fabrikates, wenngleich es auch Unterschiede zwischen einzelnen TR hinsichtlich der möglichen Genauigkeit gibt. Hierüber kann man sich in der Bedienungsanleitung informieren.
Die Menge der von einem TR verarbeitbaren Zahlen ist endlich und **diskret** (d.h. *nicht* dicht), im Unterschied zu der Menge der rationalen Zahlen, mit denen gewöhnlich gerechnet wird, die unendlich und **überall dicht** ist.

W Die Lücken zwischen zwei benachbarten Taschenrechnerzahlen sind übrigens keineswegs überall gleich groß. So unterscheiden sich bei einem wissenschaftlichen TR, der eine 8-stellige Zahldarstellung und eine zweistellige Exponentenangabe zuläßt, die benachbarten Zahlen $5{,}5555555 \cdot 10^{99}$ und $5{,}5555554 \cdot 10^{99}$ um 10^{92}. Die ebenfalls benachbarten Zahlen 0 und $1 \cdot 10^{-99}$ aber nur um 10^{-99}.

Die eingeschränkte Genauigkeit eines TR wird auch deutlich, wenn man die Wurzel einer Zahl berechnet und das Ergebnis anschließend quadriert.

■ Der Ablaufplan [5] [√] [=] [x^2] führt bei einigen TR zum Ergebnis 4,9999998, bei anderen zum richtigen Resultat 5.
Subtrahiert man im letzten Fall aber von dem Ergebnis 5, so zeigt sich, daß noch eine Differenz vorhanden ist.
Betätigt man die Wurzeltaste mehrfach hintereinander und anschließend ebensooft die Quadrattaste, so wird die Differenz noch deutlicher.

Werden Zahlen eingegeben bzw. entstehen beim Rechnen Zahlen, die mehr Ziffern haben als der Taschenrechner Stellen anzeigen kann, schneidet ein einfacher TR überschüssige Stellen einfach ab. Ein wissenschaftlicher TR rundet im allgemeinen.

■ Für $9{,}0000007 + 2{,}0000009$ erhält man statt des richtigen Wertes 11,0000016 entweder 11,000001 oder 11,000002.

Die Genauigkeit eines TR ist kann bei einzelnen Funktions- bzw. Operationstasten unterschiedlich sein. Sie ist i.allg. bei Potenz- und Winkelfunktionstasten geringer als bei den vier Grundrechenoperationen.

■ Berechnet man den Wert für $9{,}46^5$ nach

- dem Ablaufplan [9] [,] [4] [6] [y^x] [5] [=], erhält man 75762;
- dem Ablaufplan [9] [,] [4] [6] [×] [=] [=] [=] [=] (Konstantenautomatik vorausgesetzt), erhält man 75762,742.

Beim Arbeiten mit einem TR sollte man also um diese eingeschränkte Genauigkeit wissen.

2.8 Rechnen mit Näherungswerten

2.8.1 Grundbegriffe

In der Praxis ist es weder immer möglich noch stets zweckmäßig, für eine Größe einen absolut genauen Wert anzugeben. Man arbeitet dann mit **Näherungswerten**

Näherungswerte kommen vor

- als Ergebnisse von Schätzungen und Überschlagsrechnungen,
- als Maßzahlen gemessener Größen,
- als Resultate von Rundungen,
- als Angaben für irrationale Zahlen ($\sqrt{2} = 1{,}4142$; $\pi = 3{,}14$).

D Die Abweichung zwischen einem genauen Wert x und seinem Näherungswert $\overline{x}$ heißt **absoluter Fehler** von x. Man bezeichnet ihn mit Δx. Es gilt: $\Delta x = x - \overline{x}$.

Bei Rundungen läßt sich der absolute Fehler genau angeben:

■ Rundet man $\frac{1}{3}$ auf 0,3, so ist der absolute Fehler $\frac{1}{3} - \frac{3}{10} = \frac{1}{30}$.

Bei Meßwerten kann der absolute Fehler geschätzt werden:

■ Mißt man die Länge einer Strecke s mit dem Lineal zu 19,7 cm, kann man als absoluten Fehler (eigentlich als Schranke für den absoluten Fehler) angeben: $\Delta s = \pm 0{,}1$ cm. Das heißt: Der genaue Wert für s liegt zwischen 19,6 cm und 19,8 cm.

Mißt man die Länge einer Strecke a mit dem Bandmaß zu 30,52 m, kann man $\Delta a = \pm 1$ cm angeben.

Der absolute Fehler sagt nur bedingt etwas über die Genauigkeit eines Wertes aus.

■ Ein absoluter Fehler von 0,1 cm bei einer Länge von 19,7 cm ist u.U. anders zu beurteilen ist als ein größerer absoluter Fehler von 1 cm bei einer Länge von 30,52 m.

Um Fehler vergleichen zu können, berechnet man den relativen Fehler.

D Der **relative Fehler** ist das Verhältnis von absolutem Fehler zum genauen Wert: $\delta x = \left|\frac{\Delta x}{x}\right|$.

Den relativen Fehler kann man auch in Prozent angeben, dann spricht man vom **prozentualen Fehler**. Es gilt: $\delta x \mathrel{\hat{=}} \delta x \cdot 100\%$.

■ Bei der Länge $a = 19{,}7$ cm und $\Delta a = -0{,}1$ cm ist $\delta a = \left|\frac{-0{,}1}{19{,}7}\right| = 0{,}005076$ bzw. $\delta a = 0{,}5076\,\%$.

Bei der Länge $b = 30{,}52$ m und $\Delta b = -1$ cm ist $\delta b = \left|\frac{-1}{3052}\right| = 0{,}0003277$ bzw. $\delta b = 0{,}03277\,\%$.

Die zweite Messung ist also genauer, obwohl der absolute Fehler größer ist.

Oftmals ist es wichtig, daß man den absoluten Fehler einer Größe kennt. Deshalb wird bei vielen Meßwerten der Fehler (oder eine Schranke für den Fehler) angegeben. Dies ist vor allem bei physikalischen Konstanten der Fall.

■ FROOME hat 1950 die Lichtgeschwindigkeit im Vakuum gemessen und dabei den Wert $c = (299\,793{,}0 \pm 0{,}3)\ \text{km} \cdot \text{s}^{-1}$ erhalten.

Bei einem Näherungswert heißen alle Ziffern, die mit denen des genauen Wertes übereinstimmen, **zuverlässige Ziffern**. Eine (letzte) Ziffer gilt auch dann als zuverlässig, wenn eine Rundung des genauen Wertes an dieser Stelle sie bestätigen würde.

■ Gibt man für einen Wert $x = 3{,}452$ den Näherungswert $x_1 = 3{,}45$ an, sind in diesem alle Ziffern zuverlässig, hingegen ist in einem Näherungswert $x_2 = 3{,}4$ nur die 3, nicht aber die 4 eine zuverlässige Ziffer.

Durch Anwenden der Rundungsregeln erhält man i.allg. Näherungswerte, in denen alle Ziffern zuverlässig sind.
Wenn bei einem Näherungswert kein Fehler angegeben ist, geht man davon aus, daß er nur zuverlässige Ziffern enthält, die Abweichung also nicht größer als 0,5 Einheiten der als letztes angegebenen Stelle ist.

2

■ Danach hat
- $a = 20{,}3\,\text{cm}$ den maximalen absoluten Fehler $\Delta a = \pm 0{,}05\,\text{cm}$;
- $V = 205\,\text{m}^3$ den maximalen absoluten Fehler $\Delta V = \pm 0{,}5\,\text{m}^3$;
- $m = 205{,}0\,\text{g}$ den maximalen absoluten Fehler $\Delta m = \pm 0{,}05\,\text{g}$.

In diesem Zusammenhang ist die Darstellung mit **abgetrennten Zehnerpotenzen** bedeutsam, weil damit die Genauigkeit eines Wertes angegeben werden kann.

■ Bei einem Meßwert von $m = 140\,\text{kg}$ kann z.B. unterschieden werden zwischen
- der Angabe $m = 1{,}4 \cdot 10^2\,\text{kg}$; hier beträgt der max. absolute Fehler $\Delta m = \pm 0{,}05\,\text{kg}$;
- der Angabe $m = 1{,}40 \cdot 10^2\,\text{kg}$; hier beträgt der max. absolute Fehler $\Delta m = \pm 0{,}005\,\text{kg}$;
- der Angabe $m = 14 \cdot 10^1\,\text{kg}$; hier beträgt der max. absolute Fehler $\Delta m = \pm 0{,}5\,\text{kg}$.

2.8.2 Fehlerfortpflanzung

S Wenn in eine Rechnung Näherungswerte eingehen, ist auch das Resultat ein Näherungswert.

Die Frage, in welchem Maße sich bei einer Rechnung die Genauigkeit der Eingangswerte auf die Genauigkeit des Resultates auswirkt, kann nicht allgemein beantwortet werden. Das hängt von der Art der Aufgabe, vor allem von den auszuführenden Operationen, von evtl. zu verwendenden Funktionswerten (Winkelfunktionswerte, Logarithmen u.ä.) sowie unter Umständen auch vom eingeschlagenen Lösungsweg ab.

W Es gibt Verfahren, solche Fehlerfortpflanzungen zu berechnen bzw. die entstehenden Fehler abzuschätzen. Diese Verfahren bedienen sich höherer Mathematik und können hier nicht dargestellt werden.

Eine gute Methode, sich einen Überblick über die Genauigkeit eines Rechenergebnisses zu verschaffen, ist die **Berechnung von Wertschranken**.
Um eine obere Wertschranke für ein Rechenergebnis, in das Näherungswerte eingegangen sind, zu ermitteln, wählt man von jedem Eingangswerten den größt- oder kleinstmöglichen aus, je nachdem, wie er in die Rechnung eingeht. Positive Werte vorausgesetzt, muß z.B. für Summanden bzw. Faktoren der größtmögliche, für Subtrahenden bzw. Divisoren hingegen der kleinstmögliche Wert eingesetzt werden.

■ Von einem Rohr seien der Außendurchmesser $d_1 = 45\,\text{mm}$, der Innendurchmesser $d_2 = 25\,\text{mm}$ und die Länge $l = 7{,}50 \cdot 10^2\,\text{mm}$ bekannt.

Für die Maßzahlen gilt also: $44{,}5 \le d_1 \le 45{,}5$; $24{,}5 \le d_2 \le 25{,}5$ und $749{,}5 \le l \le 750{,}5$. Um die Masse zu ermitteln, muß zunächst das Volumen berechnet werden, wozu die Formel für den Hohlzylinder $V = \frac{\pi}{4} l(d_1^2 - d_2^2)$ angewandt werden kann. Bei formalem Rechnen mit einem TR erhält man $V = 824668{,}07\,\text{mm}^3$. Eine obere Wertschranke erhält man, indem man für d_2 und l die *größtmöglichen* Werte (also 45,5 und 750,5) und für d_2 den *kleinstmöglichen* Wert (also 24,5) einsetzt. Man erhält $V_o = 866478{,}74\,\text{mm}^3$. Analog muß man zur Ermittlung einer unteren Wertschranke für d_1 und l die *kleinstmöglichen* und für d_2 den *größtmöglichen* Wert einsetzen. Man erhält $V_u = 782912{,}38\,\text{mm}^3$. Man erkennt, daß eine Angabe $V = 824668{,}07\,\text{mm}^3$, die einen absoluten Fehler von $\pm 0{,}005\,\text{mm}^3$ signalisiert, eine *sinnlose Genauigkeit* vortäuschen würde. Richtig wäre wohl eine Rundung auf $V = 820\,\text{cm}^3$, wobei die 2 schon nicht mehr zuverlässig ist.

Bei komplizierten Aufgaben, insbesondere wenn Funktionswerte eingehen, ist nicht gesichert, daß ein Arbeiten mit extremen Eingangswerten auch die extremen Werte des Resultates liefert. Für einfache Aufgaben kann man eine sinnvolle Genauigkeit eines Resultates durch Beachtung folgender Faustregeln erreichen:

- Kommen in der Aufgabe nur Rechenoperationen der ersten Stufe vor, sucht man den Eingangswert, der die wenigsten Dezimalen hat. Auf die Anzahl dieser Nachkommastellen wird das Resultat gerundet.
- Kommen in der Aufgabe auch Rechenoperationen höherer Stufen vor, sucht man den Eingangswert mit der geringsten Anzahl zuverlässiger Ziffern heraus. Auf diese Anzahl von Ziffern rundet man das Resultat. Die Zuverlässigkeit der letzten Ziffer(n) ist dabei nicht garantiert.

■ Von einem rechteckigen Grundstück seien folgende Meßwerte bekannt:
$a = 127{,}4\,\text{m}$; $b = 5{,}38\,\text{m}$.
Für den Umfang sollte man das formale Resultat von $u = 2(a + b) = 265{,}56\,\text{m}$ auf eine Dezimalstelle, also auf 265,6 m runden.
Für den Flächeninhalt sollte man das formale Resultat von $A = a \cdot b = 685{,}412\,\text{m}^2$ auf drei zuverlässige Ziffern, also auf $685\,\text{m}^2$ runden.

2.9 Kaufmännisches Rechnen

2.9.1 Währungsumrechnungen

Bei Umrechnungen von Geldbeträgen zwischen verschiedenen Währungen ist der Kurs eine wichtige Größe. Er wird an den Devisenbörsen ermittelt und jeweils aktuell (z.B. in der Zeitung oder durch Aushänge bei den Banken) bekanntgegeben.

Der **Kurs** der Deutschen Mark (DM) ist das Umrechnungsverhältnis zwischen Devisen.
Bei den meisten Ländern ist er das Verhältnis von einer D-Mark zu 100 ausländischen Währungseinheiten. Ausnahmen bilden der US-Dollar ($) und das englischen Pfund Sterling (£), bei denen der Kurs das Verhältnis von 1 DM zu 1 $ bzw. 1 DM zu 1 £ ist, sowie die italienische Lira (Lit), bei der der Kurs das Verhältnis von 1 DM zu 1000 Lit ist.

Es gilt also
- für fast alle ausländischen Währungen (AW): DM : AW = Kurs : 100;
- für US-Dollar ($) und englisches Pfund (£): DM : AW = Kurs;
- für italienische Lira (Lit): DM : Lit = Kurs : 1000.

Nach den Regeln für das Rechnen mit **Verhältnisgleichungen** ergibt sich:

- für Umrechnungen von DM in ausländische Währungen (AW): $AW = \frac{100 \cdot DM}{Kurs}$
(Ausnahmen: $\$ = \frac{DM}{Kurs}$; $£ = \frac{DM}{Kurs}$; $Lit = \frac{1000 \cdot DM}{Kurs}$)
- für Umrechnungen von ausländischen Währungen (AW) in DM: $DM = \frac{AW}{100} \cdot Kurs$
(Ausnahmen: $DM = \$ \cdot Kurs$; $DM = £ \cdot Kurs$; $DM = \frac{Lit}{1000} \cdot Kurs$)

■ Der Kurs des französischen Franc sei 28,278.
Man will 80,– DM umrechnen. Es gilt: $x\ FF = \frac{100 \cdot 80}{28,278}\ FF = 282{,}90\ FF.$

Man will 80 FF umrechnen. Es gilt: $y\ DM = \frac{80 \cdot 28,278}{100}\ DM = 22{,}62\ DM.$

Der Kurs des US-Dollar sei 1,40.
Man will 80,– DM umrechnen. Es gilt: $x\ \$ = \frac{80}{1,40}\ \$ = 57{,}14\ \$.$
Man will 80 $ umrechnen. Es gilt: $y\ DM = 80\ \$ \cdot 1{,}4 = 112{,}–\ DM.$

2.9.2 Proportionalität und Proportionen

Direkte Proportionalität

Es gibt Zusammenhänge zwischen Größen, wo beim Wachsen (Vermindern) der einen die andere im gleichen Verhältnis wächst (kleiner wird).

■ Ein Brötchen kostet 0,30 DM, dann kosten 2 Brötchen 0,60 DM und 10 kosten 3,00 DM. 20 Liter Benzin kosten 32,– DM, 10 Liter kosten dann 16,– DM , 5 Liter kosten 8,– DM und 1 Liter kostet 1,60 DM.

D Zwischen zwei Größen A und B besteht eine **direkte Proportionalität**, wenn die Beziehung $A = k \cdot B$ existiert. k heißt dabei **Proportionalitätsfaktor** und steht für einen konstanten Wert.

Werden direkte Proportionalitäten in einem **kartesischen Koordinatensystem** dargestellt, liegen die Punkte alle auf Geraden, die jeweils durch den Koordinatenursprung gehen (vgl. Abschnitt 4.2.1).

■ Ein Auto fährt mit einer konstanten Durchschnittsgeschwindigekt von $60\ km \cdot h^{-1}$.
Dann besteht zwischen dem zurückgelegten Weg s und der vergangenen Zeit t direkte Proportionaltät.

t (h)	0,25	0,5	0,75	1	2
s (km)	15	30	45	60	120

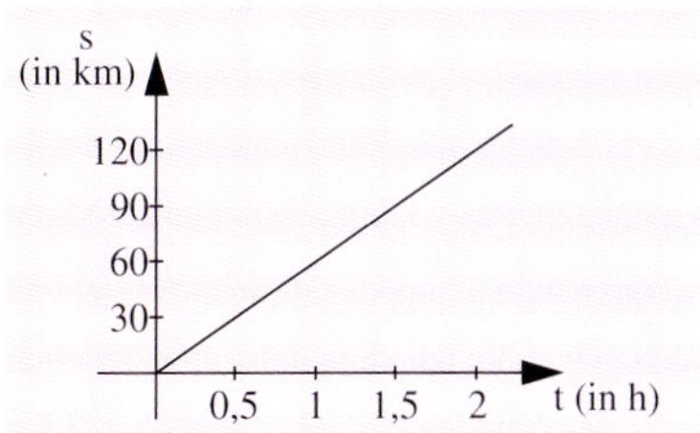

S Sind zwei Größen A und B direkt proportional zueinander, so gilt für zugeordnete Wertepaare a_1; b_1 und a_2; b_2 die Verhältnisgleichung $a_1 : a_2 = b_1 : b_2$.

■ Im obigen Beispiel gilt: $1 : 0{,}75 = 60 : 45$; $0{,}5 : 2 = 30 : 120$.

Viele einfache Sachverhalte, die dem Schema „je mehr → desto mehr" (bzw. „je weniger → desto weniger") entsprechen, sind direkte Proportionalitäten.

■ Je mehr Maschinen eingesetzt werden, desto größer ist die Anzahl der gefertigten Produkte.
Je größer die Länge einer Quadratseite wird, desto größer wird der Umfang des Quadrates ($u = 4a$).

Man beachte. Nicht alle Beziehungen der Art „je mehr → desto mehr" sind direkte Proportionaltäten. Beispiel: Je größer die Länge einer Quadratseite wird, desto größer wird der Flächeninhalt des Quadrates. Da die Formel $A = a^2$ gilt, liegt keine direkte Proportionalität vor. Die Darstellung dieses Sachverhaltes in einem kartesischen Koordinatensystem liefert *keine* Gerade.
Die direkte Proportionalität ist eine lineare Abhängigkeit zwischen zwei Größen, beim Flächeninhalt liegt aber eine quadratische Abhängigkeit vor.

Besteht zwischen zwei Größen direkte Proportionalität, kann man entsprechende Verhältnisgleichungen aufstellen und lösen (vgl. Abschnitt 3.7).

■ 2 Arbeiter produzieren am Tag 36 Teile.
a) Wieviel Teile werden von 6 Arbeitern an einem Tag produziert?
b) Wieviel Arbeiter benötigt man, wenn man 216 Teile am Tag produzieren will?

Lösung: a) $2 : 6 = 36 : x$, also $x = 108$.
b) $2 : y = 36 : 216$, also $y = 12$.

Indirekte Proportionalität

Es gibt Zusammenhänge zwischen Größen, bei denen das Wachsen der einen zu einem Vermindern der anderen führt, bzw. das Vermindern der einen ein Wachsen der anderen zur Folge hat.

■ Eine Futtermenge reicht bei 6 Tieren für 60 Tage. Für drei Tiere würde sie 120 Tage reichen, für 12 Tiere nur 30 Tage und für 18 Tiere nur 20 Tage.

D Zwischen zwei Größen A und B besteht **indirekte Proportionalität** (**umgekehrte Proportionalität**), wenn die Beziehung $A \cdot B = k$, d.h. $A = k \cdot \frac{1}{B}$, existiert (k konstant).

Werden indirekte Proportionalitäten in einem **kartesischen Koordinatensystem** dargestellt, liegen die Punkte auf einem **Hyperbelast**.

■ In einem Gleichstromkreis sei die Spannung konstant. Der elektrische Widerstand R und die Stromstärke können verändert werden.
Dann folgt aus dem Ohmschen Gesetz $U = I \cdot R$, daß die Stromstärke um so größer wird, je geringer der Widerstand wird.
Für $U = 20$ V ergeben sich folgende zusammengehörige Werte von R und I:

R(Ω)	5	10	20	40	100
I (A)	4	2	1	0,5	0,2

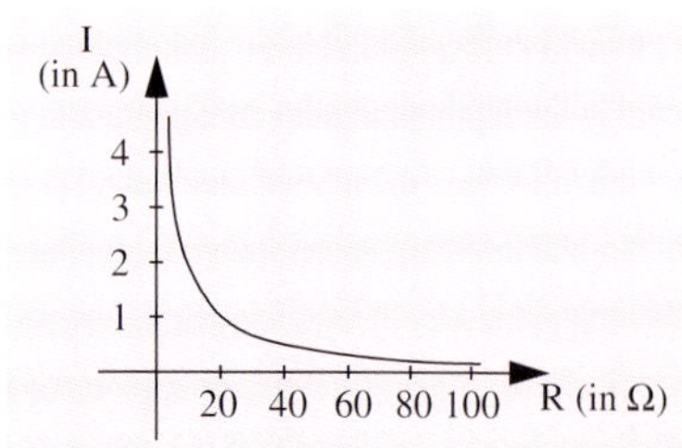

S Sind zwei Größen A und B indirekt proportional, gilt für zugeordnete Wertepaare $a_1; b_1$ und $a_2; b_2$ die Verhältnisgleichung $a_1 : a_2 = b_2 : b_1$, was gleichbedeutend ist mit $a_1 \cdot b_1 = a_2 \cdot b_2$.

Viele einfache Sachverhalte, die dem Schema „je mehr → desto weniger" entsprechen, sind indirekte Proportionalitäten.

■ Durchschnittsgeschwindigkeit und Zeit bei konstantem Weg:
Für 90 km benötigt man bei $v = 60\ \text{km} \cdot \text{h}^{-1}$ 1,5 Stunden;
$v = 90\ \text{km} \cdot \text{h}^{-1}$ 1 Stunde;
$v = 30\ \text{km} \cdot \text{h}^{-1}$ 3 Stunden.

■ Anzahl eingesetzter Arbeiter und benötigte Zeit für Fertigstellung eines Bauvorhabens; Anzahl eingesetzter Maschinen und benötigte Zeit zum Abernten eines Feldes

Man beachte: Nicht alle Zuordnungen, die dem Schema „je mehr → desto weniger" entsprechen, sind indirekte Proportionalitäten. Beispiel:
Je länger ein Fadenpendel ist, um so kleiner ist die Frequenz, mit der es schwingt. Es gilt für die Länge l und die Frequenz f aber nicht $f \cdot l = k$, sondern $f = \frac{1}{2\pi} \cdot \sqrt{\frac{g}{l}}$ ($g = 9{,}81\ \text{ms}^{-2}$, g Gravitationskonstante).
Auch ist bei Sachverhalten, die auf indirekte Proportionalitäten führen, auf Grenzen zu achten, innerhalb derer diese Beziehungen gelten.
Beispiel:
Wenn 2 Arbeiter einen Graben in 4 Tagen ausschachten, dann schaffen es 4 Arbeiter in 2 Tagen und 8 Arbeiter in 1 Tag. Es ist wohl aber sinnlos anzunehmen, daß 800 Arbeiter dafür nur 0,01 Tag, d. h. 14,4 Minuten benötigen würden.

Fortlaufende Proportionen

Sind zwei Größen A und B direkt proportional zueinander, so gilt für zugeordnete Wertepaare $a_1, b_1; a_2, b_2; a_3, b_3; \ldots a_n, b_n$ die Beziehung $a_1 : a_2 : a_3 : \ldots : a_n = b_1 : b_2 : b_3 : \ldots : b_n$.

■ Mit 1 kg Farbe kann man eine Fläche von $20\ \text{m}^2$ streichen.
Dann reichen 4 kg für $80\ \text{m}^2$; 6 kg für $120\ \text{m}^2$; 8 kg für $160\ \text{m}^2$.
Es gilt $4\ \text{kg} : 6\ \text{kg} : 8\ \text{kg} = 80\ \text{m}^2 : 120\ \text{m}^2 : 160\ \text{m}^2$ oder auch $4 : 6 : 8 = 80 : 120 : 160$.

Aus der fortlaufenden Proportion $a_1 : a_2 : a_3 = b_1 : b_2 : b_3$ kann man folgende drei „normale" Proportionen aufstellen:
(1) $a_1 : a_2 = b_1 : b_2$, (2) $a_1 : a_3 = b_1 : b_3$, (3) $a_2 : a_3 = b_2 : b_3$.
Wenn man von diesen Proportionen drei Größen kennt, kann man die vierte berechnen (vgl. Abschnitt 3.7, S. 124, 125).

■ Es sei das Volumen eines Quaders zu berechnen, dessen Kantenlängen im Verhältnis 2 : 3 : 5 stehen und dessen größte Kante 7 cm lang ist.
Die Kanten könnte man mit a, b und c bezeichnen und $a < b < c$ annehmen.
Dann ist $c = 7\ \text{cm}$, und es gilt: $a : c = 2 : 5$ und $b : c = 3 : 5$, das heißt $a : 7\ \text{cm} = 2 : 5$ und $b : 7\ \text{cm} = 3 : 5$, woraus sich $a = \frac{14}{5}\ \text{cm} = 2{,}8\ \text{cm}$ und $b = \frac{21}{5}\ \text{cm} = 4{,}2\ \text{cm}$ ergibt. Damit ist $V = 4{,}2\ \text{cm} \cdot 2{,}8\ \text{cm} \cdot 7\ \text{cm} = 82{,}32\ \text{cm}^3$.

Mittlere Proportionale

D Verhält sich ein Wert a zu einem Wert x wie dieser zu einem Wert b, so nennt man x die **mittlere Proportionale** von a und b.
Für die mittlere Proportionale x gilt also $a : x = x : b$, woraus folgt $x = \sqrt{a \cdot b}$.
(vgl. auch Abschnitt 2.9.3, **geometrisches Mittel**)

■ Die mittlere Proportionale von 2 und 8 ist 4. Es gilt $2 : 4 = 4 : 8$.
Die mittlere Proportionale von 8 und 18 ist 12. Es gilt $8 : 12 = 12 : 18$.
12 sei die mittlere Proportionale von a und 5, dann gilt $a : 12 = 12 : 5$, woraus $a = \frac{144}{5} = 28{,}8$ folgt.

■ In jedem rechtwinkligen Dreieck ist die Höhe die mittlere Proportionale der beiden Hypotenusenabschnitte:
$p : h = h : q$
$h^2 = p \cdot q$ (**Höhensatz**)

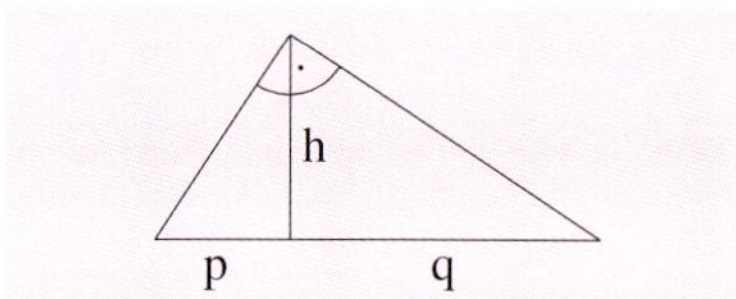

Goldener Schnitt

D Teilt man eine Strecke s so in zwei Teilstrecken a und b, daß die größere Teilstrecke mittlere Proportionale der ganzen Strecke und der kleineren Teilstrecke ist, so nennt man diese Teilung den **Goldenen Schnitt**.

Es sei $a > b$, dann gilt $s : a = a : b$.

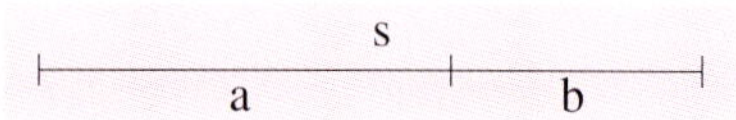

Da $b = s - a$ ist, folgt $s : a = a : (s - a)$, und weiter $a = -\frac{s}{2} + \frac{s}{2}\sqrt{5} = \frac{s}{2}(-1 + \sqrt{5}) = s \cdot 0{,}618\ldots$.

S Teilt man eine Strecke s nach dem Goldenen Schnitt in zwei Teilstrecken a und b, so ist die verbleibende Strecke b die mittlere Proportionale von a und (a – b).

$a : b = b : (a - b)$

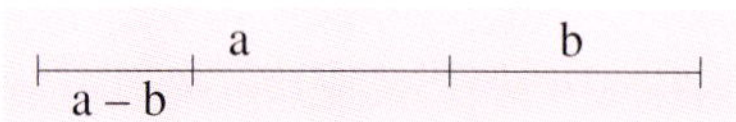

Dieses Verfahren läßt sich beliebig fortsetzen, weshalb der Goldene Schnitt auch **stetige Teilung einer Strecke** heißt.

Durch folgendes Verfahren kann man eine Strecke $\overline{AB}$ durch Konstruktion mit Zirkel und Lineal nach dem Goldenen Schnitt teilen:
Im Endpunkt B erreichtet man eine Senkrechte zu AB mit der Länge $\frac{1}{2}\overline{AB}$. Ihr Endpunkt sei C. Nun verbindet man A mit dem Endpunkt C und schlägt um C einen Kreisbogen durch B. Er teilt $\overline{AC}$ in D. Dann schlägt man um A man einen Kreisbogen durch D und erhält so den Punkt T, der $\overline{AB}$ im Verhältnis des Goldenen Schnittes teilt (siehe Skizze).

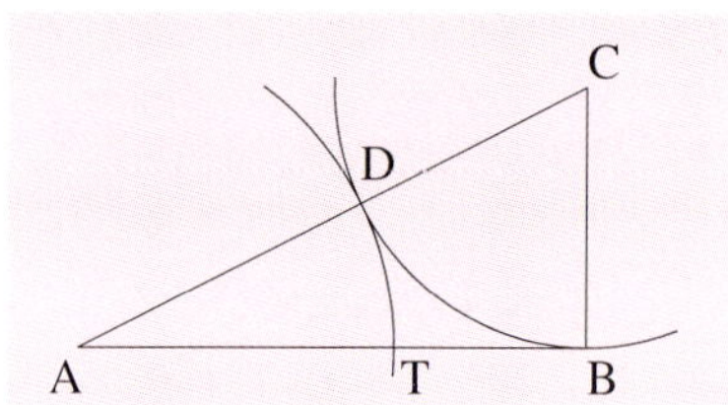

W Der Goldene Schnitt spielt in der Baukunst und im täglichen Leben eine große Rolle. Rechtecke, deren Seitenlängen a und b dem Goldenen Schnitt entsprechen (also der Proportion $a : b = b : (a - b)$ genügen), empfindet man als ästhetisch. Abmessungen von Türen, Fenstern, Tischen, Büchern, Hausfronten u.ä. sind von alters her so gewählt. Der Turm des Leipziger Alten Rathauses teilt beispielsweise die Vorderfront im Verhältnis des Goldenen Schnittes. Bei vielen anderen Bauwerken findet man ähnliche Zusammenhänge.

H Bereits EUKLID kannte den Goldenen Schnitt und verwendete ihn bei der Konstruktion des regelmäßigen Fünfecks sowie des **Dodekaeders** und des **Ikosaeders**, zweier (PLATONischer) Körper, die von regelmäßigen n-Ecken begrenzt sind. Es gibt einige Anhaltspunkte, daß auch den Ägyptern das Verhältnis des Goldenen Schnittes bekannt war. Das Papyrus Rhind spricht von einem „heiligen Verhältnis".
Im Mittelalter spielte der Goldene Schnitt eine große Rolle und wurde von den Künstlern der Renaissance bewußt eingesetzt, wobei man vom „göttlichen Verhältnis" sprach und versuchte, dieses auch in der Natur nachzuweisen, z. B. bei Rispen von Blättern oder beim menschlichen Körper. Hier glaubte man zu erkennen, daß die Gürtellinie diesen im Verhältnis des Goldenen Schnittes teilt.
Im Jahre 1509 veröffentlichte LUCA PACIOLI (1445–1514) sein Buch „De divina proportione", wobei die Illustrationen (PLATONische Körper) von LEONARDO DA VINCI (1452–1519) stammen. Auf ihn geht wahrscheinlich auch die Bezeichnung Goldener Schnitt zurück.
Von dem bedeutenden Astronomen JOHANNES KEPLER (1571–1630) ist der Ausspruch überliefert, daß die Geometrie zwei große Schätze enthalte, nämlich den Satz des PYTHAGORAS und die Teilung einer Strecke im Verhältnis des äußersten und mittleren Verhältnisses, also des Goldenen Schnittes.

2

DIN-Formate

Bei Papierformaten hat der Goldene Schnitt kaum Bedeutung. Hier verlangt man, daß nach einmaligem Falten das entstehende Blatt ähnlich zum Ausgangsblatt ist. Das heißt für die Seitenlängen a und b (a > b) soll die Proportion $a : b = b : \frac{a}{2}$ gelten. Die kürzere Seite ist **mittlere Proportionale** der längeren Seite und ihrer Hälfte.

Aus dieser Proportion folgt $b^2 = \frac{a^2}{2}$ und damit $b = \frac{a}{2}\sqrt{2} \sim b \cdot 0{,}707$.

Außerdem hat man den Flächeninhalt eines A0-Blattes mit 1 m^2 festgesetzt. Damit ergeben sich folgende Abmessungen:

Blatt A0: 1,189 m × 0,841 m	Blatt A1: 0,841 m × 0,594 m
Blatt A2: 0,594 m × 0,420 m	Blatt A3: 0,420 m × 0,297 m
Blatt A4: 0,297 m × 0,210 m	Blatt A5: 0,210 m × 0,149 m
und für das Postkartenformat	Blatt A6: 0,149 m × 0,105 m

2.9.3 Mittelwerte

Arithmetisches Mittel

Für viele Sachverhalte ist es zweckmäßig, mehrere Werte (z. B. Meßwerte) zu verdichten.

■ Von drei Personen wird die Länge einer Strecke s gemessen, wobei folgende Meßergebnisse erzielt werden: $s_1 = 12{,}30$ m; $s_2 = 12{,}26$ m und $s_3 = 12{,}25$ m. (Es ist durchaus nicht ungewöhnlich, daß mehrere Messungen unterschiedliche Ergebnisse erbringen.) Geht man davon aus, daß keine der Personen grobe Meßfehler begangen hat, ist es sinnvoll, die drei Ergebnisse zu verdichten. Dazu kann man sie addieren und das Resultat durch 3 teilen. Man erhält $\bar{s} = 12{,}27$ m.

D Das **arithmetische Mittel** $\bar{x}$ (**Durchschnitt**) einer Menge von Werten $x_1; x_2; x_3; \ldots x_n$ ist gleich der Summe aller Werte geteilt durch deren Anzahl. (vgl. Abschnitt 9.2.2, S. 297)

$$\bar{x} = \frac{x_1 + x_2 + \ldots + x_n}{n}$$

Das arithmetische Mittel zweier Werte ist damit die Hälfte ihrer Summe: $\bar{x} = \frac{x_1 + x_2}{2}$.

Bei Messungen kann man die Genauigkeit dadurch erhöhen, daß man die gleiche Größe mehrmals (5 oder 10 mal) mißt und dann das arithmetische Mittel der Meßwerte berechnet. Dadurch kommt man auch zu Abschätzungen für den Fehler.
Außer dem arithmetischen Mittel sind manchmal noch andere Mittelwerte zweckmäßig. Wenn es um die Ermittlung von durchschnittlichen Beträgen von Veränderungen geht, ist das „geometrische Mittel" angebracht. Wenn es z.B. um Leistungsvergleiche geht, bei denen die verbrauchten Zeiten für gleiche Leistungen gemessen werden, ist das „harmonische Mittel" sinnvoll.

Geometrisches Mittel

D Das **geometrische Mittel** g aus n Werten x_1 bis x_n ist gleich der n-ten Wurzel aus dem Produkt dieser Werte.
$$g = \sqrt[n]{x_1 \cdot x_2 \cdot \ldots \cdot x_n}$$

Das geometrische Mittel g zweier Werte a und b ist demnach gleich der Quadratwurzel aus ihrem Produkt: $g = \sqrt{a \cdot b}$.

■ Das geometrische Mittel von 2 und 8 ist $\sqrt{2 \cdot 8} = \sqrt{16} = 4$.

■ Im rechtwinkligen Dreieck ist die zur Hypotenuse gehörende Höhe das geometrische Mittel der beiden Hypotenusenabschnitte $h = \sqrt{p \cdot q}$ (nach dem **Höhensatz**).

Harmonisches Mittel

D Das **harmonische Mittel** h einer Menge von Werten x_1 bis x_n ist gleich der Anzahl n geteilt durch die Summe der Reziproken der einzelnen Werte.
$$h = \frac{n}{\frac{1}{x_1} + \frac{1}{x_2} + \ldots + \frac{1}{x_n}}$$

Für zwei Werte a und b gilt entsprechend obiger Formel $h = \frac{2}{\frac{1}{a} + \frac{1}{b}} = \frac{2ab}{a+b}$. Dies leitet sich auch aus der **harmonischen Teilung** $\frac{a-h}{h-b} = \frac{a}{b}$ her.

■ Das harmonische Mittel von 2 und 8 ist $\frac{2}{\frac{1}{2} + \frac{1}{8}} = \frac{2}{\frac{5}{8}} = \frac{16}{5} = 3{,}2$

S Für die drei Mittelwerte arithmetisches Mittel $\overline{x}$, geometrisches Mittel g und harmonisches Mittel h gilt die Beziehung $\overline{x} \geq g \geq h$.

■ Für die Zahlen 4, 6 und 9 sind $\overline{x} = \frac{19}{3} = 6{,}\overline{3}$; $g = 6$ und $h = 5{,}68$.

2.9.4 Dreisatz

Einfacher Dreisatz

Der (einfache) **Dreisatz** ist ein Verfahren, mit dem aus drei bekannten Größen eine vierte errechnet werden kann. Dazu werden folgende Schritte ausgeführt:
(1) Ermitteln des Angabesatzes;
(2) Wahl einer zweckmäßigen Einheit und Schluß auf diese;
(3) Schluß von dieser Einheit auf die gesuchte Mehrheit.

Beim Anwenden dieses Verfahrens ist zu unterscheiden, ob die vorkommenden Größen in einem direkten Verhältnis oder einem indirekten Verhältnis zueinander stehen.

(Liegt weder **direkte Proportionalität** noch **indirekte Proportionalität** vor, ist der Dreisatz nicht anwendbar.)

Schritt	direktes Verhältnis	indirektes Verhältnis
Aufgabe:	Wieviel Benzin verbraucht ein PKW auf 600 km, wenn er für 250 km 24 *l* benötigt?	Wieviel Tage brauchen 4 Mitarbeiter für die Entwicklung eines Kataloges, wenn 5 Mitarbeiter dazu 20 Tage benötigen?
(1) Angabesatz	250 km ≙ 24 *l*	5 MA ≙ 20 Tage
(2) Wahl der Einheit Schluß auf die Einheit	50 km 50 km = $\frac{250\,\text{km}}{5} \mathrel{\hat=} \frac{24\ l}{5}$	1 MA 1 MA ≙ 5 · 20 Tage
(3) Schluß auf die gesuchte Mehrheit	600 km = 12 · 50 km $\mathrel{\hat=} \frac{12 \cdot 24}{5}\ l = 57{,}6\ l$	4 MA ≙ $\frac{5 \cdot 20}{4}$ Tage 4 MA ≙ 25 Tage

Man beachte: Im Fall des PKW hätte man als Einheit auch 10 km oder 1 km wählen können. Zweckmäßig ist es, als Einheit den **ggT** von gegebener und gesuchter Mehrheit zu wählen. Am Ende sollten selbstverständlich ein Antwortsatz formuliert und Proben durchgeführt werden.

Kettensatz

Der Kettensatz ist ein Verfahren, das angewandt werden kann, wenn mehrere einfache Dreisätze mit direkter Proportionalität aufeinander folgen.
Dazu wird ausgehend von der gesuchten Mehrheit zuerst eine Kette von Dreisätzen entwickelt und dann ausgerechnet.

Ein PKW verbraucht auf einer Fahrt in den USA 57,6 *l* Benzin. Wieviel DM kostet dies, wenn eine Gallone 1,60 $ kostet und der Kurs 1,40 beträgt. (1 Gal = 3,785 l)

Entwickeln der Kette:

x DM ≙ 57,6 *l*
3,785 l ≙ 1 Gal
1 Gal ≙ 1,60 $
1 $ ≙ 1,40 DM

Die Kette beginnt mit der gesuchten Größe (und deren Einheit) und endet mit der Einheit der gesuchten Größe.

Berechnen der Kette:

$$x = \frac{57{,}6 \cdot 1 \cdot 1{,}60 \cdot 1{,}40}{3{,}785 \cdot 1 \cdot 1}\ \text{DM} = 34{,}09\ \text{DM}$$

Alle rechts stehenden Zahlen erscheinen im Zähler, alle links stehenden (außer dem gesuchten x) im Nenner.

Zusammengesetzter Dreisatz

Bei Aufgaben, in denen direkte und indirekte Verhältnisse vorkommen, kann man – ausgehend vom Angabesatz – die einzelnen Dreisätze nacheinander entwickeln und berechnen. Dabei hält man zunächst nicht benötigte Größen konstant.

■ 5 Arbeiter benötigen zum Beladen eines Waggons 8 Stunden. Wieviel Arbeiter müssen eingesetzt werden, wenn 3 Waggons in 6 Stunden beladen werden sollen?

	Waggons	**Arbeiter**	**Stunden**	**Bemerkungen**
Angabesatz	1	5	8	
1. Dreisatz	$3 \cdot 1$	5	$3 \cdot 8 = 24$	direktes Verhältnis; Anzahl der Arbeiter bleibt konstant
2. Dreisatz	3	$x = \frac{5 \cdot 24}{6} = 20$	6	indirektes Verhältnis; Anzahl der Waggons bleibt konstant

Selbstverständlich sollten ein Antwortsatz formuliert und eine Probe durchgeführt werden.

2.9.5 Mischungsrechnen

Das Mischungsrechnen ist ein Verfahren zur Berechnung des Verhältnisses benötigter Mengen, wenn Ausgangsstoffe mit unterschiedlichen Einzelwerten (Preisen, Konzentrationen u.ä.) so gemischt werden sollen, daß ein feststehender Endwert (Preis, Konzentration u.ä.) erzielt wird.

■ Eine Sorte Kaffee kostet 8,00 DM/kg. Eine andere Sorte Kaffee kostet 12,00 DM/kg. In welchem Verhältnis müssen sie gemischt werden, wenn der Preis 9,50 DM/kg betragen soll?

■ Eine Sole hat einen Salzgehalt von 6 % (60 g/Liter).
Bei einer zweiten Sole beträgt er 10 % (100 g/Liter).
In welchem Verhältnis müssen sie gemischt werden, um eine 9 %ige Sole zu erhalten?

Beim Mischungsrechnen bestimmt man jeweils die Differenz von Endwert W_E und den Anfangswerten W_1 und W_2 und erhält über das Mischungskreuz

$|W_E - W_1|$ ╳ M_1
$|W_E - W_2|$ ╳ M_2

das gesuchte Verhältnis $M_1 : M_2 = |W_E - W_2| : |W_E - W_1|$.

Für die beiden oben angeführten Beispiele ergeben sich folgende Rechnungen:

■ $9{,}50 - 8 = 1{,}50$ ╳ M_1
$12 - 9{,}50 = 2{,}50$ ╳ M_2

$M_1 : M_2 = 2{,}50 : 1{,}50$
$M_1 : M_2 = 5 : 3$
Die Kaffeesorten 1 und 2 sind im Verhältnis 5 : 3 zu mischen.

Probe: 5 kg à 8,00 DM = 40,00 DM
3 kg à 12,00 DM = 36,00 DM
ergibt 8 kg zu 76,00 DM
also: 1 kg zu 9,50 DM

$9 - 6 = 3$ ╳ M_1
$10 - 9 = 1$ ╳ M_2

$M_1 : M_2 = 1 : 3$

Die zwei Ausgangssolen sind im Verhältnis 1 : 3 zu mischen.

Probe: 1 Liter zu 6 % ≙ 60 g Salz
3 Liter zu 10 % ≙ 300 g Salz
ergibt 4 Liter mit 360 g Salz
also: 1 Liter mit 90 g Salz (zu 9 %)

Grundlage der Mischungsrechnung ist die Formel $W_E = \frac{W_1 \cdot M_1 + W_2 \cdot M_2}{M_1 + M_2}$.

2.9.6 Prozentrechnung

Grundbegriffe

Zum Vergleichen und Veranschaulichen von Größen werden häufig Prozentangaben verwendet.

■ Der Preis einer Ware A wird um 80,00 DM gesenkt, der einer Ware B nur um 60,00 DM. Ursprünglich kosteten A 400,00 DM und B 240,00 DM.
Durch Berechnen der Prozentwerte erfährt man, daß bei A die Preissenkung 20 %, bei B aber 25 % beträgt.

■ Deutschland umfaßt eine Fläche von etwa 356 900 km^2, davon sind 87 800 km^2 Natur- und Landschaftsschutzgebiete.
Durch Berechnen des Prozentwertes 24,6 % erhält man eine übersichtliche Angabe.

Bei der Prozentrechnung werden die Angaben auf die Zahl 100 bezogen. (Das lateinische „pro centum" heißt übersetzt „für hundert").

D Ein **Prozent** von G ist ein Hundertstel von G, kurz: 1 % von G ist $\frac{1}{100}$ G.
Die Größe G nennt man in diesem Zusammenhang **Grundwert**. Die vor dem Zeichen „%" stehende Zahl heißt **Prozentsatz**, sie wird meist mit p bezeichnet. Der dem Prozentsatz p entsprechende Anteil von G ist der **Prozentwert**, er wird meist mit W (zuweilen auch mit PW) bezeichnet.

Bei Prozentangaben ist es wichtig, daß man den entsprechenden Grundwert G kennt oder ermitteln kann. Prozentangaben, die keinen Bezug zum Grundwert erkennen lassen, sind sinnlos.

Bequeme Prozentsätze

50 % von G	ist dasselbe wie	die Hälfte von G;
25 % von G	ist dasselbe wie	ein Viertel von G;
75 % von G	ist dasselbe wie	drei Viertel von G;
$33\frac{1}{3}$ % von G	ist dasselbe wie	ein Drittel von G;
12,5 % von G	ist dasselbe wie	ein Achtel von G;
10 % von G	ist dasselbe wie	ein Zehntel von G;
200 % von G	ist dasselbe wie	das Doppelte von G;
300 % von G	ist dasselbe wie	das Dreifache von G;
500 % von G	ist dasselbe wie	das Fünffache von G;
1000 % von G	ist dasselbe wie	das Zehnfache von G;
150 % von G	ist dasselbe wie	das 1,5-fache von G.

Die hier genannten Prozentsätze (50 %, 75 % usw.) heißen „bequeme Prozentsätze", weil mit ihnen bei gegebenen Grundwerten die entsprechenden Prozentwerte bequem (leicht) zu berechnen sind.

■ Von einem Darlehen über 3 000,00 DM wurden 75 % zurückgezahlt:
$\frac{3}{4} \cdot 3000 = 2\,250{,}00$ (Es wurden 2 250,00 DM zurückgezahlt.)

■ Die Menge der an einem Tag produzierten Teile beträgt 500. Die Produktion wird am nächsten Tag auf 150 % gesteigert: $1{,}5 \cdot 500 = 750$ (Es werden 750 Teile gefertigt.)

Grundgleichung der Prozentrechnung

Zwischen dem Grundwert G, dem Prozentsatz p und dem Prozentwert W gilt folgende Beziehung: $p : 100 = W : G$.
Sind in dieser **Verhältnisgleichung** zwei Größen bekannt, kann die dritte berechnet werden.

Berechnen von Prozentwerten

S Es gilt: $W = \frac{p \cdot G}{100}$.

Aufgabe	*Lösungsweg*	*Ergebnis (Prozentwert)*
17,4 % von 2300,00 DM	$\frac{17{,}4 \cdot 2300}{100}$	400,20 DM
113 % von 756 km	$113 \cdot 756 : 100$	854,28 km
0,2 % von 0,5 l	$0{,}2 \cdot 0{,}5 : 100$	0,001 *l* = 1 ml
8 % von 200 kg	$8 \cdot 200 : 100$	16 kg
200 % von 8 kg	$200 \cdot 8 : 100$	16 kg

W 8 % von 200 ist also gleich 200 % von 8. a % von b ist gleich b % von a.

Bei einem Prozentsatz p % größer 100 % ist der Prozentwert W größer als der Grundwert G, aus $p\,\% > 100\,\%$ folgt also $W > G$.
Die Umkehrung gilt natürlich hier auch, d.h. $p\,\% > 100\,\%$ gilt genau dann, wenn $W > G$.

Beim Berechnen von Prozentwerten sollte man sorgfältig unterscheiden zwischen Formulierungen wie „**Steigerung** (Verminderung) **um** p %“ und „**Steigerung** (Verminderung) **auf** p %“.

Der Ausstoß einer Fertigungsanlage beträgt 400 Teile.
a) Eine Steigerung *auf* 120 % heißt, daß 480 Teile gefertigt werden. ($\frac{120 \cdot 400}{100} = 480$)
b) Eine Steigerung *um* 120 % heißt, daß 480 Teile *zusätzlich* gefertigt werden, also insgesamt 880 Teile. Das wäre eine Steigerung *auf* 220 %.

Die Kosten für ein Projekt betragen 8000,– DM.
a) Eine Senkung *auf* 40 % heißt, daß sie nur noch 3200,– DM betragen. ($40 \cdot 8000 : 100 = 3200$).
b) Eine Senkung *um* 40 % heißt, daß 3200,– DM *weniger* Kosten anfallen, sie also noch 4800,– DM betragen. Das wäre eine Senkung *auf* 60 %.

Beim Berechnen von Prozentwerten kann auch der **Dreisatz** hilfreich sein. Man schließt vom Grundwert auf 1 Prozent und weiter auf den Prozentwert.

12 % von 480 kg? 1 % von 480 kg sind 4,8 kg. 12 % sind dann $4{,}8\,\text{kg} \cdot 12 = 57{,}6\,\text{kg}$.

W Bei Prozentangaben (z.B. in den Medien, der Werbung u.ä.) muß man immer genau beachten, wie die Formulierungen lauten und auf welchen Grundwert sich eine Prozentangabe bezieht. Wenn man z.B. weiß, daß von zwei Patienten einer durch das Mittel A genesen ist, so ist die Aussage „Das Mittel hilft in 50 % der Fälle“ mathematisch zwar richtig, praktisch aber wertlos.
Aussagen wie „Der Solidaritätszuschlag beträgt 7,5 %“ oder „Die Kirchensteuer beträgt 5 %“ können irreführend sein, denn es sind nicht 7,5 % (5 %) vom Lohn, sondern 7,5 % (5 %) von der Lohnsteuer.

Berechnen von Prozentsätzen

S Es gilt: $p = \frac{W \cdot 100}{G}$.

Aufgabe	*Lösungsweg*	*Ergebnis (Prozentsatz)*
Wieviel Prozent sind		
300,– DM von 6000,– DM	$\frac{300 \cdot 100}{6000}$	5 %
90 kg von 50 kg	$(90 \cdot 100) : 50$	180 %
0,2 m von 4 km	$0{,}2 \cdot 100 : 4000$	0,005 %
5 *l* von 80 *l*	$5 \cdot 100 : 80$	6,25 %
80 *l* von 5 *l*	$\frac{80}{5} \cdot 100$	1600 %

Man beachte: Prozentwert und Grundwert müssen in der gleichen Einheit eingesetzt werden.

2

Berechnen von Grundwerten

S Es gilt: $G = \frac{W \cdot 100}{p}$.

Aufgabe	*Lösungsweg*	*Ergebnis (Grundwert)*
Man berechne G!		
700,– DM sind 5 %	$\frac{700 \cdot 100}{5}$	14000,– DM
7,8 kg sind 130 %	$7{,}8 \cdot 100 : 130$	6 kg
16,8 l sind 0,7 %	$16{,}8 \cdot 100 : 0{,}7$	2400 l
56 km sind 70 %	$56 \cdot 100 : 70$	80 km
70 km sind 56 %	$70 \cdot 100 : 56$	125 km

Beim Berechnen von Grundwerten kann auch der **Dreisatz** genutzt werden. Man schließt vom Prozentwert auf 1 Prozent und weiter auf 100 Prozent (den Grundwert).

78 kg sind 13 %. Man ermittle den Grundwert.
1 % von 78 kg sind 78 kg : 13 = 6 kg. 100 % (der Grundwert) sind dann 600 kg.

Lösen von Anwendungsaufgaben

Bei Anwendungsaufgaben ist genau zu überlegen, welche Werte gegeben sind. Mitunter sind auch unterschiedliche Lösungswege möglich.

Ein Staubsauger kostet einschließlich 15 % Mehrwertsteuer 489,90 DM. Wie hoch ist der Nettopreis?

489,90 DM ≙ 115 % W = 489,90 DM p = 115

G = (489,90 · 100 : 115) DM = 426,– DM

Der Nettopreis eines PKW ist 24000,– DM. Wie hoch ist der Preis einschließlich 15 % Mehrwertsteuer?

a) G = 24000,– DM; p % = 15 % W_1 = (24000 · 15 : 100) DM = 3600,– DM
Endpreis: 24000,– DM + 3600,– DM = 27600,– DM

b) G = 24000,- DM; p % = (100+15) % W_2 = (24000 · 115 : 100) DM = 27600,– DM

Häufig sind prozentuale Zu- bzw. Abschläge zu berechnen. Auch hierbei gilt es, die Aufgabenstellung genau zu analysieren.

■ Auf einen Preis von 728,00 DM sollen 7 % aufgeschlagen werden.

a) 7 % von 728,00 DM sind (7 · 728 : 100) DM = 50,96 DM.
Neuer Preis: 728,00 DM + 50,96 DM = 778,96 DM.

b) Neuer Preis: 107 % von 728,00 DM sind (107 · 728 : 100) DM = 778,96 DM.

■ Ein Preis von 569,00 DM soll um 18 % reduziert werden.

a) 18 % von 569,00 DM sind (18 · 569 : 100) DM = 102,42 DM.
Neuer Preis: 446,58 DM.

b) Neuer Preis: 100 % – 18 % = 82 % 82 % von 569,– DM sind 446,58 DM.

Nutzung des Taschenrechners zum Lösen von Prozentaufgaben

Fast alle Taschenrechner (TR) haben eine spezielle Prozenttaste [%]. Durch das Betätigen dieser Taste wird die sonst bei Prozentaufgaben notwendige Operation (Multiplikation/Division) mit der Zahl 100 überflüssig. Es gibt aber auch TR – unten als Typ 2 bezeichnet –, bei denen nach der Prozenttaste [%] noch die Ergebnistaste [=] betätigt werden muß. Damit wird meist zugleich eine **Konstantenautomatik** (vgl. Abschnitt 2.7.3, S. 72) nutzbar.

■

Aufgabe	Lösung ohne TR	Ablaufplan TR	Ablaufplan TR Typ 2	Ergebnis
p=9; G=60; W=?	$W = \frac{60 \cdot 9}{100}$	[60] [×] [9] [%]	[60] [×] [9] [%] [=]	W=5,4
p=9; G=700; W=?	$W = \frac{700 \cdot 9}{100}$	[700] [×] [9] [%]	[700] [=]	W= 63
W=28; G=700; p=?	$p = \frac{28 \cdot 100}{700}$	[28] [÷] [700] [%]	[28] [÷] [700] [%] [=]	p=4
W=879,2; G=700; p=?	$p = \frac{879{,}2 \cdot 100}{700}$	[879,2] [÷] [700] [%]	[879,2] [=]	p=125,6
W=86,1; p=15; G=?	$G = \frac{86{,}1 \cdot 100}{15}$	[86,1] [÷] [15] [%]	[86,1] [÷] [15] [%] [=]	G = 574
W=69,3; p=15; G=?	$G = \frac{69{,}3 \cdot 100}{15}$	[69,3] [÷] [15] [%]	[69,3] [=]	G = 462

Prozentuale Zu- bzw. Abschläge lassen sich mit dem TR einfach berechnen. Anstelle der beim Berechnen des Prozentsatzes p üblichen Multiplikationstaste [×] wird die Additionstaste [+] bzw. Subtraktionstaste [–] verwendet.

■ Ein Preis von 826,– DM soll um 16,5 % vermindert werden.
Ablaufplan: [8] [2] [6] [–] [1] [6] [,] [5] [%] ([=]) Ergebnis: 689,71 DM

■ Zu einem Preis von 717,80 DM kommen noch 15 % Mehrwertsteuer.
Ablaufplan: [7] [1] [7] [,] [8] [+] [1] [5] [%] ([=]) Ergebnis: 825,47 DM

Kontrollen und Überschläge bei Prozentaufgaben

Wie beim Lösen von Aufgaben generell ist es auch beim Lösen von Prozentaufgaben sehr nützlich, sich durch einen im Kopf berechneten Überschlag vom zu erwartenden Ergebnis ein Bild zu verschaffen und dies dann zur Kontrolle zu nutzen. Hierzu kann man sehr gut **bequeme Prozentsätze** nutzen.

Aufgabe	Überschlag	Ergebnis
$p\,\% = 27{,}8\,\%$; $G = 627$; $W = ?$	$p\,\% \approx 25\,\%$, also $W \approx \frac{1}{4}G \approx 150$	174,306
$p\,\% = 162\,\%$; $G = 15{,}8$; $W = ?$	$p\,\% \approx 150\,\%$, also $W \approx 1{,}5 \cdot G \approx 24$	25,596
$W = 37{,}2$; $G = 128{,}6$; $p = ?$	$W \approx \frac{1}{3}G$, also $p\,\% \approx 33\,\%$	28,93 %
$W = 4{,}3$; $G = 1{,}9$; $p = ?$	$W \approx 2G$, also $p\,\% \approx 200\,\%$	226,32 %
$W = 48{,}1$; $p = 19{,}3$; $G = ?$	$p\,\% \approx 20\,\%$, also $G \approx 5W \approx 250$	249,22
$W = 48{,}1$; $p = 238$; $G = ?$	$p\,\% \approx 250\,\%$, also $G \approx \frac{W}{2{,}5} \approx 20$	20,21

2

Zur Kontrolle sollte man auch den Satz heranziehen, wonach $p\,\% > 100\,\%$ genau dann gilt, wenn $W > G$ ist (vgl. S. 88). Das heißt:

- Ist der Grundwert G kleiner als der Prozentwert W, muß der Prozentsatz p größer als 100 sein.
- Ist der Prozentsatz p größer als 100, muß der Prozentwert größer als der Grundwert sein.

Promillerechnung

Bei der Promillerechnung werden die Angaben auf die Zahl 1000 bezogen. (Das lateinische „pro mille" heißt übersetzt: „für tausend".)

D Ein **Promille** von G ist ein Tausendstel von G, kurz 1 ‰ von G ist $\frac{1}{1000}$ G.

Die Angabe Promille wird meist dann gewählt, wenn die Prozentsätze sehr klein sind.

0,1 % = 1 ‰ 0,5 % = 5 ‰ 0,08 % = 0,8 ‰

Zwischen dem Grundwert G, dem Promillesatz p_M und dem Promillewert W_M gilt folgende Grundgleichung:

$$p_M : 1000 = W_M : G$$

Bei der Promillerechnung können die Formeln der Prozentrechnung analog verwendet werden, wobei die Zahl 100 durch 1000 zu ersetzen ist.

Für eine Hausratversicherung beträgt der Jahresbeitrag 1,7 ‰ der Versicherungssumme. Es soll ein Wert von 60000,– DM versichert werden.
Lösung: $W_M = \frac{1{,}7 \cdot 60000}{1000} = 102$ Der Jahresbeitrag beträgt 102,– DM.

Wie hoch ist die Devisenprovision einer Bank, wenn bei einer Auslandsüberweisung über 15000,– DM die Provision 75,– DM beträgt.
Lösung: $p_M = \frac{1000 \cdot 75}{15000} = 5$ Die Provision beträgt 5 ‰.

2.9.7 Zinsrechnung

Grundbegriffe

Eine der wichtigsten Anwendungen der Prozentrechnung ist die Zinsrechnung. So entsprechen die Grundbegriffe und die Grundgleichung der Zinsrechnung auch denen der Prozentrechnung:

Prozentrechnung:	Grundwert G	Prozentsatz p	Prozentwert W	W : G = p : 100
Zinsrechnung:	**Kapital** K	**Zinssatz** p	**Zinsen** Z	Z : K = p : 100

Bei der Zinsrechnung spielt außerdem die Zeit eine Rolle. So bezieht sich der Zinssatz im allgemeinen auf ein Jahr, abgekürzt **p.a.** (lateinisch: per annum – pro Jahr). Für die Anzahl der Jahre wird n, für die der Monate m und für die der Tage t benutzt. Im deutschen Bankwesen werden das Jahr mit 360 Tagen und der Monat mit 30 Tagen angesetzt.

Berechnen von Zinsen

Die nach einem Jahr anfallenden Zinsen werden berechnet nach der (aus der Grundgleichung folgenden) Formel $Z = K \cdot p : 100$.

- Ein Kapital von 3000,– DM wird zu 4,2 % verzinst.
  $Z = (3000 \cdot 4{,}2 : 100)$ DM = 126,– DM.

Will man die Zinsen über einen Zeitraum von mehreren Jahren (**Jahreszinsen**) berechnen, gilt $Z = \frac{K \cdot p}{100} \cdot n$.

Man beachte: Hierbei werden die anfallenden Zinsen selbst nicht mitverzinst. Will man dies berechnen, muß man die **Zinseszinsrechnung** anwenden.

- Ein Kapital von 415,50 DM wird zu 3,7 % verzinst. Wieviel Zinsen fallen in 6 Jahren an? Lösung: $Z = \frac{415{,}50 \cdot 3{,}7}{100} \cdot 6$ DM = 92,24 DM

Man beachte: Dieser durch formale Rechnung erhaltene Wert (genau 92,241) entspricht nicht dem bei Banken üblichen Vorgehen. Dort werden nämlich Pfennigbeträge nicht verzinst und Zinsen stets abgerundet. Dadurch ergeben sich Zinsen in Höhe von 92,13 DM.

Zur Berechnung von Monats- und Tageszinsen kann man folgende Formeln anwenden:

Monatszinsen: $Z_M = \frac{K \cdot p \cdot m}{100 \cdot 12}$ **Tageszinsen**: $Z_T = \frac{K \cdot p \cdot t}{100 \cdot 360}$

- Ein Darlehen von 8700,– DM wird auf 5 Monate bei 11,3 % Zinsen p.a. gewährt. Wie hoch ist der Rückzahlungsbetrag?
  $Z_M = \frac{K \cdot p \cdot m}{100 \cdot 12} = \frac{8700 \cdot 11{,}3 \cdot 5}{100 \cdot 12}$ DM = 409,63 DM.
  Es sind 9109,63 DM (8700,00 DM + 409,63 DM) zurückzuzahlen.

- Ein Guthaben von 7250,– DM wird bei einem Zinssatz von 2,7 % p.a. für 130 Tage verzinst. Wieviel Zinsen fallen an?
  $Z_T = \frac{K \cdot p \cdot t}{100 \cdot 360} = \frac{7250 \cdot 2{,}7 \cdot 130}{100 \cdot 360}$ DM = 70,68 DM.

Berechnen von Zinssätzen

Kennt man das Kapital und die (jährlich, monatlich oder täglich) anfallenden Zinsen, kann man den Zinssatz p.a. nach folgenden Formeln berechnen:

Jahreszinsen $p = \frac{Z \cdot 100}{K \cdot n}$ **Monatszinsen** $p = \frac{Z_M \cdot 100 \cdot 12}{K \cdot m}$ **Tageszinsen** $p = \frac{Z_T \cdot 100 \cdot 360}{K \cdot t}$

- Für ein Guthaben von 2 800,00 DM erhält man nach einem Jahr 95,20 DM Zinsen.
  Jahreszinsen: $p = \frac{95{,}20 \cdot 100}{2800} = 3{,}4$ Zinssatz: 3,4 % p.a.

- Für ein Guthaben von 800,– DM erhält man nach 4 Monaten 10,40 DM Zinsen.
  Monatszinsen: $p = \frac{10{,}40 \cdot 100 \cdot 12}{800 \cdot 4} = 3{,}9$ Zinssatz: 3,9 % p.a.

- Für ein Darlehen von 1 200,- DM zahlt man täglich 0,32 DM Zinsen.
  Tageszinsen: $p = \frac{0{,}32 \cdot 100 \cdot 360}{1200 \cdot 1} = 9{,}6$ Zinssatz: 9,6 % p.a.

Berechnen von Kapitalwerten

Kennt man Zinssatz und die (jährlich, monatlich oder täglich) anfallenden Zinsen, kann man das Kapital nach folgenden Formeln berechnen:

2

Jahreszinsen

$$K = \frac{Z \cdot 100}{p \cdot n}$$

Monatszinsen

$$K = \frac{Z_M \cdot 100 \cdot 12}{p \cdot m}$$

Tageszinsen

$$K = \frac{Z_T \cdot 100 \cdot 360}{p \cdot t}$$

- Jahreszinsen:
  $Z = 12{,}60$ DM
  $p\,\% = 4{,}2\,\%$ (p.a.)
  $n = 3$
  $K = \frac{12{,}60 \cdot 100}{4{,}2 \cdot 3}$ DM
  $K = 100{,}–$ DM

  Monatszinsen:
  $Z_M = 5{,}25$ DM
  $p\,\% = 4{,}2\,\%$ (p.a.)
  $m = 1$
  $K = \frac{5{,}25 \cdot 100 \cdot 12}{4{,}2 \cdot 1}$ DM
  $K = 1500{,}–$ DM

  Tageszinsen:
  $Z_T = 3{,}15$ DM
  $p\,\% = 4{,}2\,\%$ (p.a.)
  $t = 3$
  $K = \frac{3{,}15 \cdot 100 \cdot 360}{4{,}2 \cdot 3}$ DM
  $K = 9000{,}–$ DM

Ermitteln von Zeitspannen

Jahreszinsen

$$n = \frac{Z \cdot 100}{K \cdot p}$$

Monatszinsen

$$m = \frac{Z_M \cdot 100 \cdot 12}{K \cdot p}$$

Tageszinsen

$$t = \frac{Z_T \cdot 100 \cdot 360}{K \cdot p}$$

- Nach wieviel Jahren erhält man bei 5 %iger Verzinsung von 1000,– DM einen Zinsertrag von 500,– DM? (Zinseszinsen sollen außer acht bleiben.)
  $$n = \frac{Z \cdot 100}{K \cdot p} = \frac{500 \cdot 100}{1000 \cdot 5} = 10$$

- Für ein Darlehen von 2000,– DM wurde ein Zinssatz von 8 % p.a. und monatliche Zinszahlung vereinbart. Es werden 120,– DM gezahlt. Wieviel Monatsraten sind damit bestritten?
  $$m = \frac{Z_M \cdot 100 \cdot 12}{K \cdot p} = \frac{120 \cdot 100 \cdot 12}{2000 \cdot 8} = 9 \text{ (Monatsraten)}$$

- Für das Überziehen einer Rechnung von 600,– DM wurden 8,10 DM Verzugszinsen bei 9 % p.a. in Rechnung gestellt. Um wieviel Tage wurde die Rechnung überzogen?
  $$t = \frac{Z_T \cdot 100 \cdot 360}{K \cdot p} = \frac{8{,}10 \cdot 100 \cdot 360}{600 \cdot 9} = 54 \text{ (Tage)}$$

Zinszahlen, Zinsteiler

Bei der Kaufmännischen Zinsrechnung wird die allgemeine Formel zur Berechnung von Tageszinsen $Z_T = \frac{K \cdot p \cdot t}{100 \cdot 360}$ vereinfacht, indem man für $\frac{K \cdot t}{100}$ die **Zinszahl** # und für $\frac{360}{p}$ den **Zinsteiler** (**Zinsdivisor**) D einsetzt. Die Formel lautet dann $Z_T = \frac{\text{Zinszahl}}{\text{Zinsteiler}} = \frac{\#}{D}$.

Die Zinsteiler entnimmt man einer Tabelle.

Für gängige Zinssätze p (in % p.a.) ist diese Tabelle hier angegeben:

p	D	p	D	p	D	p	D	p	D	p	D
$\frac{1}{2}$	720	$2\frac{2}{3}$	135	4	90	7	51,43	10	36	13	27,69
1	360	3	120	$4\frac{1}{2}$	80	$7\frac{1}{2}$	48	$10\frac{1}{2}$	34,29	$13\frac{1}{2}$	26,67
$1\frac{1}{2}$	240	$3\frac{1}{4}$	110,77	5	72	8	45	11	32,73	14	25,71
$1\frac{2}{3}$	216	$3\frac{1}{3}$	108	$5\frac{1}{2}$	65,45	$8\frac{1}{2}$	42,35	$11\frac{1}{2}$	31,30	$14\frac{1}{2}$	24,83
2	180	$3\frac{1}{2}$	102,86	6	60	9	40	12	30	15	24
$2\frac{1}{2}$	144	$3\frac{3}{4}$	96	$6\frac{1}{2}$	55,38	$9\frac{1}{2}$	37,89	$12\frac{1}{2}$	28,80	16	22,50

In der täglichen Praxis werden auch die Zinszahlen entsprechenden Tabellen entnommen (soweit nicht alles über Computer berechnet wird). Dabei haben Zinszahlen niemals Kommastellen. Bei Berechnung einer Zinszahl ist daher nach den üblichen Rundungsregeln auf natürliche Zahlen zu runden. Bei der Berechnung von Zeitspannen (Tagen) zählt *entweder nur* der erste Tag *oder nur* der letzte Tag mit, nie beide.

■ Eine am 31.12. fällige Rechnung über 950,– DM ist am 1.3. des Folgejahres noch offen. Wie hoch ist die Forderung am 1.3. bei 9 % Verzugszinsen?

1. Ermittlung der Tage: 31.12. bis 1.3. sind 2 Monate zu 30 Tagen + 1 Tag (31.12.)
   $t = 61$
2. Zinszahl: $9{,}50 \cdot 61 = 579{,}5 \approx 580$
3. Verzugszinsen: $Z_T = \frac{\#}{D} = \frac{580}{40} = 14{,}50$
4. Forderung: (950,00 + 14,50) DM = 964,50 DM

Summarische Zinsen

Die summarischen Zinsen kann man berechnen, wenn für unterschiedliche Kapitalien und unterschiedliche Zeiten der gleiche Zinssatz gilt. Dann rechnet man

summarische Zinsen $= \frac{\text{Summe der Zinszahlen}}{\text{Zinsteiler}}$.

■ *Aufgabe*

Wieviel Zinsen erhält man am Jahresende, wenn man auf ein Sparbuch 3 % Zinsen p.a. erhält und folgende Einzahlungen (in D-Mark) vornimmt?

12. 2.	200,–
13. 3.	500,–
25. 5.	120,–
1. 9.	410,–
24. 10.	80,–

Lösungsweg

Man ermittelt zunächst die Tage und Zinszahlen.

Tage	Zinszahlen
318	636
287	1435
215	258
119	488
66	53
	2870

Zinsteiler: 120

Zinsen: 2850 : 120 = 23,91

Lösung: Die summarischen Zinsen betragen 23,91 DM.

Zinsstaffel

Für Abrechnungen zwischen Bank und Kontoinhaber wird die **Kontokorrentrechnung** (Rechnung mit **Soll** und **Haben**) verwendet. Die Kontenseiten werden dabei aus der Sicht der Bank bezeichnet. Habenposten sind also Gutschriften, Überweisungseingänge, Einzahlungen usw., Sollposten sind Abhebungen, Lastschriften, Überweisungsausgänge, Einlösungen eigener Schecks u.ä.
Für die Berechnung der Zinsen wird eine **Zinsstaffel** verwendet. Dazu wird nach jeder Kontoveränderung der Betrag ermittelt, der bis zur nächsten Veränderung verzinst wird.
Für die Einordnung der Posten ist nicht das Buchungsdatum, sondern das Wertstellungsdatum maßgebend. Nach § 355 HGB müssen Kontokorrentkonten mindestens einmal jährlich abgeschlossen werden. Heute geschieht das meist vierteljährlich.
Die Abrechnung eines Kontokorrentkontos mit Zinsstaffel zeigt folgendes Beispiel:

■ Für ein Konto wurden 6 % Sollzinsen und 1,5 % Habenzinsen vereinbart.

Wertstellung	Soll / Haben	Betrag	Tage	Soll-#	Haben-#
31. 12.	Bestand	3000,00 H	17		510
17. 1.	5000,00 S	2000,00 S	21	420	
8. 2.	1500,00 H	500,00 S	2	10	
10. 2.	500,50 S	1000,50 S	34	340	
14. 3.	1000,00 H	0,50 S	14	0	
28. 3.	1000,00 H	999,50 H	2		20
31. 3.	Rohsaldo	999,50 H			
	Saldo Abschluß	10,63 S	90	770	530
		988,87			

Sollzinsen: 770 : 60 = 12,83 S
Habenzinsen: 530 : 240 = 2,20 H
Saldo: 10,63 S

Man beachte: Im Kontenabschluß werden im allgemeinen auch noch Porto- und sonstige Gebühren und u.U. auch Umsatzprovisionen in Rechnung gestellt.

Zinseszins

Wenn ein Kapital über längere Zeiträume verzinst wird, werden im allgemeinen jeweils am Jahresende die Zinsen dem Kapital zugeschlagen und im folgenden Jahr mitverzinst. Die hierauf basierende Rechnung heißt **Zinseszinsrechnung**. Dabei wächst ein Anfangskapital K_0 bei einem Prozentsatz p % nach n Jahren auf ein Endkapital K_n nach folgender Formel:

$$K_n = K_0\left(\frac{100 + p}{100}\right)^n.$$

Man setzt $\frac{100 + p}{100} = 1 + \frac{p}{100} = q$ und nennt q den Zinsfaktor. Dann gilt: $K_n = K_0 \cdot q^n$.

■ Ein Betrag von 250,– DM wird mit 4 % verzinst. Wie hoch ist das Guthaben nach 8 Jahren?
$K_8 = 250{,}00 \cdot 1{,}04^8 = 342{,}14$ Das Guthaben beträgt 342,14 DM.

Man beachte: Da Banken jährlich abrechnen, Zinsen immer abrunden und Pfennigbeträge nicht verzinsen, erhält man dort nach 8 Jahren nur 339,04 DM.

- Vom Jahre 0 u. Z. an sei 1 Pfennig mit 3 % verzinst worden. Auf welchen Betrag ist dieses „Guthaben" im Jahr 2000 angewachsen?
  $K_{2000} = 0{,}01 \cdot 1{,}03^{2000}$ DM $\approx 4{,}7255 \cdot 10^{23}$ DM= 472550000000000000000000 DM
  (472 Quintillionen Mark, soviel Geld gibt es auf der ganzen Welt nicht.)

Kennt man in der Formel $K_n = K_0 \cdot p^n$ drei Größen, kann man die vierte berechnen:

- Welchen Betrag muß man anlegen, wenn man bei einem Zinssatz von 5 % nach 10 Jahren eine Summe von 20000,– DM haben will?
  $K_0 = \frac{K_n}{p^n} = \frac{20000}{1{,}05^{10}}$ DM = $\underline{\underline{12278{,}30 \text{ DM}}}$
- Wie hoch ist der Zinssatz, wenn man aus 100,– DM nach 5 Jahren 140,– DM Guthaben hat?
  $q = \sqrt[n]{\frac{K_n}{K_0}} = \sqrt[5]{\frac{140}{100}} = 1{,}06961$ $\quad p = (q-1) \cdot 100 = 6{,}961 \approx 7$
  Der Zinssatz beträgt 7 %.
- Nach welcher Zeit hat sich ein Kapital bei einem Zinssatz von 5 % verdoppelt?
  $n = \frac{\lg\left(\frac{K_n}{K_0}\right)}{\lg q} = \frac{\lg 2}{\lg 1{,}05} = 14{,}21$ Nach 15 Jahren (genau 14 Jahre und 76 Tage).

Ratenzahlungen

Wird am Jahresanfang regelmäßig der gleiche Betrag R eingezahlt und mit p % p.a. verzinst, beträgt das Kapital K_n nach n Jahren $K_n = \frac{R\,(q^n - 1)}{q - 1} \cdot q$.
Man nennt K_n den **vorschüssigen Zahlungsendwert**.

- Man zahlt zu Beginn jedes Jahres 100,– DM ein und erhält 7 % Zinsen, dann hat man nach 15 Jahren $K_{15} = \frac{100\,(1{,}07^{15} - 1)}{0{,}07} \cdot 1{,}07$ DM = 2688,80 DM.

Wird der gleiche Betrag R regelmäßig erst am Jahresende eingezahlt, lautet die Formel für das Kapital nach n Jahren $K_n = \frac{R\,(q^n - 1)}{q - 1}$.
Man nennt K_n dann den **nachschüssigen Zahlungsendwert**.

- Man zahlt am Ende jedes Jahres 100,– DM ein und erhält 7 % Zinsen. Nach 15 Jahren hat man $K_{15} = \frac{100\,(1{,}07^{15} - 1)}{0{,}07}$ DM = 2 512,90 DM.

Wird ein vorhandenes Anfangskapital am Anfang jedes Jahres um den gleichen Betrag R vermehrt (vermindert), so beträgt bei p % p.a. Zinsen das Kapital K_n nach n Jahren
$K_n = K_0 \cdot q^n \underset{(-)}{+} \frac{R\,(q^n - 1)}{q - 1} \cdot q$.

- Ein Anfangskapital beträgt 1000,– DM. Es wird mit 4 % verzinst. Wieviel hat man noch nach 10 Jahren, wenn am Anfang jedes Jahres 100,– DM abhebt?
  $K_{10} = 1000 \cdot 1{,}04^{10} - \frac{100\,(1{,}04^{10} - 1)}{0{,}04} \cdot 1{,}04 = 231{,}62$ (DM)

Wird ein vorhandenes Anfangskapital am Ende jedes Jahres um den gleichen Betrag R vermehrt (vermindert), so beträgt bei p % p.a. Zinsen das Kapital K_n nach n Jahren
$K_n = K_0 \cdot q^n \underset{(-)}{+} \frac{R\,(q^n - 1)}{q - 1}$.

■ Zu 1000,– DM werden am Ende eines Jahres 100,– DM eingezahlt. Man erhält 4 % Zinsen. Nach 10 Jahren beträgt das Guthaben $K_{10} = 1000 \cdot 1{,}04^{10} + \frac{100\,(1{,}04^{10} - 1)}{0{,}04} =$ 2680,85 (DM).

Tilgung einer Schuld

Soll eine Schuld S in n Jahren bei einem Zinssatz von p % p.a. durch regelmäßige Ratenzahlung am Jahresende vollständig getilgt werden, so errechnet sich die zu zahlende Rate R nach der Formel $R = \frac{S \cdot q^n (q-1)}{q^n - 1}$.

2

■ Eine **Hypothek** (im Grundbuch eingetragene Schuld) beträgt 15000,– DM. Der Zinssatz ist 8,5 %. Sie soll in 12 Jahren getilgt sein.

$R = \frac{15000 \cdot 1{,}085^{12} \cdot 0{,}085}{1{,}085^{12} - 1} = 2042{,}30.$ Es sind jährlich 2042,30 DM zu zahlen.

Nominal- und Effektivzins

Der **Nominalzins** entspricht dem in einem Vertrag oder einem Wertpapier (z.B. Bundesanleihe) angegebenen Zinssatz. Durch verschiedene Bedingungen können aber die tatsächlich erzielten (zu zahlenden) Zinsen davon abweichen (z.B. durch zusätzliche Bearbeitungsgebühren, durch verminderte Auszahlung eines Darlehens; durch Ausgabe von Wertpapieren zu einem niedrigeren oder höheren Kurs). In diesem Fall muß der tatsächliche Zinssatz (der **Effektivzins**, die **Rendite**) berechnet werden, indem man in die Formel

$p_E = \frac{Z_T \cdot 100 \cdot 360}{K \cdot t}$ für Z_T und K die tatsächlichen Werte einsetzt.

■ Es wird ein Darlehen von 10000,– DM für 9 Monate bei einem Zinssatz von nominal 8 % und einer einmaligen Gebühr von 1 % gewährt. Wie hoch ist der Effektivzins?

1. *Berechnung der gesamten Belastung:*

Zinsen (8 %):	$Z_T = \frac{10000 \cdot 8 \cdot 270}{100 \cdot 360}$ DM =	600,– DM
Gebühr (1 %):	(10 000 · 1 : 100) DM =	100,– DM
Belastung:		700,– DM

2. *Berechnung des Effektivzinssatzes:*

$p_E = \frac{700 \cdot 100 \cdot 360}{10000 \cdot 270} = 9{,}\overline{3}$ Der Effektivzins beträgt $9\frac{1}{3}$ %.

2.9.8 Verteilungsrechnen (Gesellschaftsrechnen)

Oftmals sind Gewinne, Kosten, Erbschaften u.ä. nach bestimmten Verhältnissen, die durch Kapitalanteile, Verträge, Personenzahlen, Testamente u.ä. vorgegeben sind, aufzuschlüsseln. Hierbei gilt es, zunächst die Verteilungsverhältnisse zu bestimmen und dann auf die Ausgangsgrößen anzuwenden (vgl. auch **fortlaufende Proportionen**, S. 81).

■ An einer GmbH sind die Gesellschafter A mit 50000,– DM, B mit 30000,– DM und C mit 20000,– DM beteiligt. Ein ausschüttbarer Jahresgewinn von 18000,– DM soll entsprechend der Kapitalanteile verteilt werden. Wieviel erhält jeder Gesellschafter?

1. *Ermittlung des Verteilungsverhältnisses:*

A : B : C = 50000 : 30000 : 10000 = 5 : 3 : 2

2. *Anwenden des Verhältnisses:*
   Es sind $5 + 3 + 2$ Teile = 10 Teile auszuzahlen.
   10 Teile $\mathrel{\widehat{=}}$ 18000 DM; 1 Teil $\mathrel{\widehat{=}}$ 1800 DM
   A erhält $5 \cdot 1800$ DM = 9000 DM; B erhält $3 \cdot 1800$ DM = 5400 DM;
   C erhält $2 \cdot 1800$ DM = 3600 DM.

Probe: $9000 + 5400 + 3600 = 18000$

■ Eine Firma mußte Konkurs anmelden, das vorhandene Vermögen beträgt 40700,– DM. Gläubiger A meldet 4300,– DM bevorrechtigte Forderungen an. Nicht bevorrechtigte Forderungen bestehen in folgender Höhe:
B: 27300,– DM; C: 31200,– DM; D: 42900,– DM.
Wieviel erhalten die Gläubiger A, B, C und D aus der Konkursmasse?

1. *Ermittlung des Verteilungsverhältnisses:*
   B : C : D = 273 : 312 : 429 = 21 : 24 : 33 = 7 : 8 : 11
2. *Anwenden des Verteilungsverhältnisses:*
   A = 4 300 DM, weil Forderung bevorrechtigt.
   Noch zu verteilen: 40700 DM – 4300 DM = 36400 DM.
   26 Teile = 36400 DM; 1 Teil = 1400 DM.
   Es erhalten: B 9800 DM; C 11200 DM; D 15400 DM.

2.10 Arbeiten mit Variablen

2.10.1 Begriff der Variablen

Ein Wesenszug der Mathematik ist das Streben nach Verallgemeinerungen, ist das Erforschen von Gesetzmäßigkeiten, die nicht nur für einzelne Objekte, sondern für ganze Klassen von Objekten gelten.

■ Aus der Tatsache, daß $3^2 + 4^2 = 5^2$ gilt, folgt die mathematische Fragestellung, für welche natürliche Zahlen die Beziehung $a^2 + b^2 = c^2$ noch gilt. Daran schließt sich sofort die Fragestellung an, wie dies für allgemeine Exponenten n aussieht.

Zum Beschreiben allgemeiner Zusammenhänge benötigt man Zeichen, die für ein Objekt aus einer bestimmten Menge stehen. Solche Zeichen heißen **Variable** (zu deutsch: Veränderliche).

D Eine **Variable** ist ein Zeichen für ein Objekt aus einer Menge gleichartiger Objekte. Diese Menge heißt der **Variablengrundbereich** (vgl. auch S. 6, 7).

Variable werden meist durch Buchstaben (x, y, t, a, b, g, α, β, γ, A, M, ...) dargestellt.

■ $n \in \mathbb{N}$ bedeutet, die Variable n steht für eine Zahl aus dem Variablengrundbereich $\mathbb{N}$, also aus der Menge der natürlichen Zahlen.

Variable werden nicht nur für Zahlen, sondern auch für andere mathematische Objekte verwendet. Für Geraden verwendet man g, h, usw.; für Funktionen f, g, usw.; für Aussagen H_1, H_2 usw., wobei aus dem Kontext klar sein muß, um welche Objekte es sich handelt und welches der jeweilige Variablengrundbereich ist.

Im weiteren Verlauf dieses Abschnittes werden Variable – falls nicht ausdrücklich anders angegeben – nur als Zeichen für Zahlen verwendet. Wird dabei der Variablengrundbereich nicht extra genannt, ist dieser die Menge ℝ der reellen Zahlen.

H Die Mathematiker der Antike verwendeten – von wenigen Ausnahmen abgesehen – keine Variablen. Auch die arabische Mathematik oder die spanischen mathematischen Zentren, die in der ersten Hälfte unseres Jahrtausend die Erkenntnisse besonders der griechischen Mathematiker wachhielten und partiell weiterentwickelten, kannten keine Variablen.
Selbst die Algebraiker des 16. Jahrhunderts, die sogenannten Cossisten, verwandten noch ziemlich komplizierte textliche Beschreibungen.
Als einer der ersten verwendete JORDANUS NEMORATIS um 1237 Buchstabengrößen, allerdings ohne verbindende Rechenzeichen. Wesentlich zur Nutzung von Variablen haben die beiden französischen Mathematiker FRANCOIS VIÈTE (1540–1603) und RENÉ DESCARTES (1596–1650) beigetragen. In seinem 1591 erschienenen Buch „In artem analyticam isagoge" hat VIÈTE (er wurde latinisiert auch VIETA genannt) Zahlen mit Hilfe von Buchstaben dargestellt und in seiner „logistica speciosa" dann auch die Zeichen „+" und „–" sowie „A quadratum" für A^2 verwendet.
Die konsequente und folgerichtige Verwendung von Variablen geschah jedoch erst im 17. Jahrhundert. Bis dahin wurden Aufgaben, insbesondere auch Gleichungen, Sätze und Lösungsalgorithmen durch umständliche, meist schwer verständliche Satzkonstruktionen langsprachlich ausgedrückt. Später wurden dann Variable eingeführt, ohne daß diese gleich so benannt wurden. Man sprach von allgemeinen Zahlen, Buchstabengrößen u.ä. und bezeichnete das Arbeiten mit Variablen als Buchstabenrechnen.

Wenn man Variable verwendet, muß man oft auch zwischen freien und gebundenen Variablen unterscheiden.

D Eine Variable heißt **freie Variable**, wenn für sie alle Elemente des Variablengrundbereichs eingesetzt werden dürfen (vgl. S. 8).

D Eine Variable heißt **gebundene Variable**, wenn durch eine direkte oder indirekte Bedingung vorgeschrieben wird, welche Elemente der Grundbereiche eingesetzt werden dürfen (vgl. S. 8). (Diese Bedingung kann auch lauten, daß – zumindest gedanklich – alle Elemente des Grundbereichs eingesetzt werden müssen.)

■ Der Term $3a + 4b$ enthält die freien Variablen a und b.
Die Forderung „Setze in $3a + 4b$ für a und b Werte so ein, daß der Wert des Terms 24 beträgt", führt zur Bindung der Variablen a und b. Man kann z. B. einsetzen $a = 0, b = 6$ oder $a = 8,\ b = 0$ oder $a = 4,\ b = 3$ oder $a = 2,\ b = 4{,}5$ usw., aber beliebige Elemente sind nicht möglich.

Durch Formulierungen „für alle x" oder „es gibt ein x" wird die Variable x gebunden.

2.10.2 Rechnen mit Variablen (Termumformungen)

Zusammenfassen

Kommen in Termen die gleichen Variablen mehrfach vor, so kann man sie zusammenfassen und als Produkt von Zahl und Variable schreiben.

■ $a + a + a = 3 \cdot a = 3a$ $\qquad ab + ab + ab + ab = 4 \cdot ab = 4ab$

Die Zahl, die vor einer Variablen steht, heißt **Koeffizient**. Es sind auch reelle Zahlen als Koeffizienten möglich. Der Koeffizient 1 wird nicht geschrieben.
Treten in algebraischen Summen gleiche Variable mit unterschiedlichen Koeffizienten auf, so werden sie zusammengefaßt, indem die Koeffizienten addiert (subtrahiert) werden.

■ $3a + 2b + a - 4b = (3 + 1)a + (2 - 4)b = 4a - 2b$

Man beachte: Es dürfen nur gleiche Potenzen (also Werte mit gleicher Basis und gleichem Exponenten) zusammengefaßt werden.

■ $3x^2 + x + 2x^2 - 4x + x^3 = x^3 + (3 + 2)x^2 + (1 - 4)x = x^3 + 5x^2 - 3x$

Das Zusammenfassen von Variablen in Termen beruht auf den im Bereich der reellen Zahlen gültigen Gesetze (**Kommutativgesetze, Assoziativgesetze** und **Distributivgesetz**).

Addition und Subtraktion von Termen, Verwenden von Klammern

Sollen zwei Summen oder Differenzen addiert (subtrahiert) werden, so setzt man jeden Term in Klammern und zwischen beide das entsprechende Operationszeichen.

■ $T_1 = 2x + 3y;\quad T_2 = 4x - 2y$
$T_1 + T_2 = (2x + 3y) + (4x - 2y)$ $\qquad T_1 - T_2 = (2x + 3y) - (4x - 2y)$

Kommen in einer algebraischen Summe Klammern vor, so kann man diese auflösen, indem man bei einem

- positiven Vorzeichen vor der Klammer diese einfach wegläßt;
- negativen Vorzeichen vor der Klammer diese wegläßt und zugleich bei allen Gliedern in der Klammer die Vorzeichen umkehrt.

Man beachte: Steht vor einer Klammer oder einem Glied in der Klammer kein Vorzeichen, heißt dies, daß das Vorzeichen „+" zu setzen oder zu denken ist.

■ $(2x + 3y) + (4x - 2y) = 2x + 3y + 4x - 2y = 6x + y$
$(2x + 3y) - (4x - 2y) = 2x + 3y - 4x + 2y = -2x + 5y$

Die Addition von Termen kann analog zur Addition reeller Zahlen auf mehr als zwei Terme erweitert werden. Es gelten das Kommutativ- und das Assoziativgesetz.

■ $(2a + 3b - 4) - (-a + 2b + 6) + (4a - 5b + d) =$
$2a + 3b - 4 + a - 2b - 6 + 4a - 5b + d = 7a - 4b + d - 10$

Multiplikation eines Polynoms mit einer Variablen

Ein zweigliedriger Term heißt auch **Binom**, ein dreigliedriger Term **Trinom**, ein mehrgliedriger Term **Polynom**.

■ Binome sind $a + b$, $7x^2 - 8y$, $\frac{3}{6}a + \frac{1}{d}$, □ + ○. (In die „Figuren" □ bzw. ○ kann man beliebige Zahlen, Variablen oder Terme einsetzen.)

Ein Polynom wird mit einer Variablen (oder einer Zahl) multipliziert, indem jedes Glied mit dieser Variablen (Zahl) multipliziert wird. Man nennt dies auch **Ausmultiplizieren**:

△ · (□ + ○) = △ · □ + △ · ○

■ $2(x^2 + 3ax - 7) = 2x^2 + 6ax - 14$ $\qquad a(x^2 + 3ax - 7) = ax^2 + 3a^2x - 7a$

Die Umkehrung des Ausmultiplizierens ist das **Ausklammern**.
Aus einem Polynom kann man eine Variable (Zahl) ausklammern, indem man die Variable (Zahl) als Faktor vor das Polynom setzt und jedes Glied des Polynoms durch diese Variable

(Zahl) dividiert bzw. mit dem Reziproken der Variable (Zahl) multipliziert:

$$(\square + \bigcirc) = \triangle \cdot \left(\frac{1}{\triangle} \cdot \square + \frac{1}{\triangle} \cdot \bigcirc\right)$$

Man beachte: Die auszuklammernde Variable darf nicht den Wert null annehmen.

■ $5x + 2x^2 - x^3 = x \cdot \left(\frac{5x}{x} + \frac{2x^2}{x} - \frac{x^3}{x}\right) = x(5 + 2x - x^2); \qquad (x \neq 0)$

$4a^2 + 3a - 6a^3 = 2a \cdot (2a + \frac{3}{2} - 3a^2)$

$3ax - 4bx + 6a - 8b = x(3a - 4b) + 2(3a - 4b) = (3a - 4b)(x + 2)$

(Der auszuklammernde Faktor kann auch ein Klammerausdruck sein.)

Beim Ausklammern ist es meist nur sinnvoll, solche Faktoren auszuklammern, durch die alle Glieder des Polynoms teilbar sind. Als Probe empfiehlt es sich, mit den ausgeklammerten Faktoren auszumultiplizieren. Dadurch muß der ursprüngliche Term entstehen.

Multiplikation und Division von Polynomen

Zwei Polynome werden multipliziert, indem man jedes Glied des einen mit jedem Glied des anderen multipliziert und die so entstehenden Produkte addiert.
Hat das erste Polynom m Glieder und das zweite n Glieder, entstehen $m \cdot n$ Produkte, die man ggf. zusammenfassen kann.

■ $(2a - 3b + 6)(5a + 3b + 2c - 7) =$

$10a^2 + 6ab + 4ac - 14a - 15ab - 9b^2 - 6bc - 21b + 30a + 18b + 12c - 42 =$

$10a^2 - 9b^2 - 9ab + 4ac - 6bc + 16a - 3b + 12c - 42$

Analog zur Multiplikation kann auch die Multiplikation von Polynomen auf mehrere Faktoren ausgedehnt werden. Dabei gelten das Kommutativ- und das Assoziativgesetz.

■ $(2x - 3y)(x + y)(4a - 3b) = (2x^2 - 3xy + 2xy - 3y^2)(4a - 3b) =$

$(2x^2 - xy - 3y^2)(4a - 3b) = 8ax^2 - 4axy - 12ay^2 - 6bx^2 + 3bxy + 9by^2$

Bei der Division von Polynomen versucht man i. allg., korrekt zu kürzen:

■ $\frac{10ab - 5b}{15bc} = \frac{5b \cdot (2a - 1)}{5b \cdot 3c} = \frac{2a - 1}{3c} \qquad \frac{4xy}{(a + b)} : \frac{8xz}{2a + 2b} = \frac{4xy}{(a + b)} \cdot \frac{2(a + b)}{8xz} = \frac{y}{z}$

Man beachte: Auch hier gilt: „Punktrechnung geht vor Strichrechnung."

■ $10ab - 5b : 15bc = 10ab - \frac{5b}{15bc} = 10ab - \frac{1}{3c}$

Es ist unter Umständen auch möglich, Polynome durch Polynome zu dividieren (vgl. hierzu Abschnitt 3.9.3, S. 133).

Binomische Formeln

Aus der oben beschriebenen Multiplikation von Polynomen folgen unmittelbar die nachstehenden Formeln für Binome, die wegen ihres relativ häufigen Auftretens eine gewisse Sonderstellung einnehmen.

1. Binomische Formel: $(a + b)^2 = a^2 + 2ab + b^2 \qquad (\square + \bigcirc)^2 = \square^2 + 2 \cdot \square \cdot \bigcirc + \bigcirc^2$

■ $(4x + 3y)^2 = 16x^2 + 24xy + 9y^2$

Man beachte: Es gilt: $a = 4x$. Es ist also $(4x)^2 = 16x^2$.
Analoges gilt für b, das für (3y) steht.

2. Binomische Formel: $(a - b)^2 = a^2 - 2ab + b^2$ $\quad (\square - \bigcirc)^2 = \square^2 - 2 \cdot \square \cdot \bigcirc + \bigcirc^2$

■ $(4x - 3y)^2 = 16x^2 - 24xy + 9y^2$

Da in der ersten Binomischen Formel für b auch negative Werte stehen können, ist die zweite Binomische Formel eigentlich überflüssig.

3. Binomische Formel: $(a + b) \cdot (a - b) = a^2 - b^2$ $\quad (\square + \bigcirc)(\square - \bigcirc) = \square^2 - \bigcirc^2$

■ $(4x - 3y)(4x + 3y) = 16x^2 - 9y^2$

Vielfach ist es notwendig bzw. zweckmäßig, die Binomischen Formeln in beiden Richtungen zu nutzen. So können entsprechende Summen in Produkte umgeformt werden.

■ $36a^2 + 60ab + 25b^2 = (6a + 5b)^2$ $\qquad 49x^2 - 14xy + y^2 = (7x - y)^2$

$4z^2 - \frac{1}{9} = (2z + \frac{1}{3}) \cdot (2z - \frac{1}{3})$

Durch Anwenden der entsprechenden Binomischen Formel auf das Ergebnis kann man sich von der Richtigkeit der Umformung überzeugen.

Höhere Potenzen von Binomen, PASCALsches Dreieck

S Es gilt:

$$(a + b)^3 = a^3 + 3a^2b + 3ab^2 + b^3$$
$$(a + b)^4 = a^4 + 4a^3b + 6a^2b^2 + 4ab^3 + b^4$$
$$(a + b)^5 = a^5 + 5a^4b + 10a^3b^2 + 10a^2b^3 + 5ab^4 + b^5$$

Durch Anwenden der Polynommultiplikation kann man diese Beziehungen und weitere für höhere Exponenten herleiten. Man erkennt, daß folgendes gilt:

$$(a + b)^n = a^n + x_1 a^{n-1} b + x_2\, a^{n-2} b^2 + \ldots x_{n-1} a b^{n-1} + b^n$$

Das erste Glied heißt a^n, dann nehmen die Exponenten von a um 1 ab und die von b um 1 zu bis das letzte Glied b^n erscheint. Die Koeffizienten x_i sind offensichtlich symmetrisch. Man erhält sie durch folgende Anordnung:

An der Spitze (0. Zeile) steht eine 1, die erste Zeile heißt „1 1", in jeder neuen Zeile beginnt und endet man mit 1 und schreibt in die Lücken die Summe der beiden darüber stehenden Zahlen.

Diese Anordnung heißt nach dem französischen Mathematiker, Naturforscher und Theologen BLAISE PASCAL (1623–1662) **PASCALsches Dreieck**.

```
            1
          1   1
        1   2   1
      1   3   3   1
    1   4   6   4   1
  1   5  10  10   5   1
1   6  15  20  15   6   1
- - - - - - - - - - - - - -
```

W Für jede Zeile n gilt: Die Summe der Zahlen ergibt 2^n.
Beispiel: Die 5. Zeile lautet 1, 5, 10, 10, 5, 1, die Summe ist $32 = 2^5$.

H B. PASCAL ist keineswegs der „Erfinder" dieser nach ihm benannten Anordnung von Zahlen. Der chinesische Mathematiker CHU SHIH-CHIEM beschrieb 1303 in seinem Buch „Kostbarer Spiegel der vier Elemente" eine pyramidenartige Anordnung von Zahlen, die mit dem PASCALschen Dreieck identisch ist.
In Europa tauchte das PASCALsche Dreieck erstmals 1529 auf. Es findet sich in verschiedenen Formen bei MICHAEL STIFEL (1487–1567), bei NICCOLÒ TARTAGLIA (um 1500–1557) und GERONIMO CARDANO (1501–1576) und wurde u.a. zum Berechnen von höheren Potenzen verwandt:

$$(1{,}01)^4 = (1 + \tfrac{1}{100})^4 = 1 + 4 \cdot \frac{1}{100} + 6 \cdot \frac{1}{100^2} + 4 \cdot \frac{1}{100^3} + 1 \cdot \frac{1}{100^4}$$
$$= 1 + 0{,}04 + 0{,}0006 + 0{,}000004 + 0{,}00000001$$
$$= 1{,}04060401$$

2.10.3 Verwendung von Variablen in der Mathematik

Variable werden in der Mathematik häufig und vielfältig verwendet, und auch im vorliegenden Buch kommen Variable an vielen Stellen vor. Auf drei wichtige Anwendungsbereiche sei eingegangen:

Verwenden von Variablen zur mathematischen Modellierung

Soll ein praktischer (oder naturwissenschaftlicher) Sachverhalt mathematisch bearbeitet werden, muß man eine geeignete mathematische Theorie finden und den Sachverhalt auf diese abbilden. Dazu haben sich Variable als sehr zweckmäßig erwiesen. Zum Beispiel lassen sich viele praktische Sachverhalte durch Gleichungen darstellen.

2

■ Die Kosten für einen Mietwagen betragen pro Tag 60,– DM und 0,58 DM für jeden gefahrenen Kilometer.
Durch Verwenden von Variablen (K für Kosten, d für die Anzahl der Tage und s für die Anzahl der Kilometer) erhält man die Gleichung $K = 60\,\text{DM} \cdot d + 0{,}58\,\text{DM} \cdot s$. Damit lassen sich bei gegebenen Werten für d und s die Kosten leicht berechnen.

Verwenden von Variablen zum Formulieren allgemeiner Aussagen

Beziehungen oder allgemeine Zusammenhänge lassen sich durch Variable leicht und übersichtlich darstellen:

■ Das Kommutativgesetz für die Addition natürlicher Zahlen besagt, daß man Summanden vertauschen darf. Mit Variablen: $a, b \in \mathbb{N}$; $a + b = b + a$.

■ Den Flächeninhalt eines Dreiecks erhält man, indem man die Länge einer Seite mit der Hälfte der Länge der zugehörigen Höhe multipliziert. Kürzer schreibt man $A = \frac{g \cdot h}{2}$ (wobei man die Variablen vereinbart hat).

Verwenden von Variablen zum Führen und Notieren von Beweisen

Zum Führen eines mathematischen Beweises und besonders zum Aufschreiben des Beweisganges sind Variable sehr zweckmäßig, wovon man sich anhand der zahlreichen Beweise in diesem Buch überzeugen kann.

■ Beweis des Innenwinkelsatzes von Dreiecken (vgl. Abschnitt 5.5.3, S. 202)

Insbesondere auch für zahlentheoretische Beweise ist die Verwendung von Variablen nützlich. Bestimmte Mengen von Zahlen lassen sich hierbei durch bestimmte Terme darstellen:

■ – Gerade Zahlen: $2n$ – Ungerade Zahlen: $2n + 1$
– Quadratzahlen: n^2 – Nachfolger einer Zahl n: $n + 1$
– Zahlen, die bei der Division durch 7 den Rest 3 lassen: $7n + 3$
In den Beispielen gilt jeweils, daß n Element der natürlichen Zahlen ist.

■ Es ist zu beweisen, daß die Summe dreier aufeinanderfolgender natürlicher Zahlen stets durch 3 teilbar ist.
Ansatz: Die mittlere Zahl sei n $(n \geq 1)$. Dann heißen die Zahlen $n - 1$, n, $n + 1$ und ihre Summe ist $s = 3n$. Da 3n durch 3 teilbar ist, gilt dies auch für s. (vgl. auch S. 17)

3 Gleichungen und Ungleichungen

3.1 Begriffe

3.1.1 Begriffe „Gleichung“ und „Ungleichung“

D Eine **Gleichung** ist ein Ausdruck, bestehend aus zwei Termen, die durch das Gleichheitszeichen („=“) verbunden sind.

D Eine **Ungleichung** ist ein Ausdruck, bestehend aus zwei Termen, die durch eines der Zeichen „≠“, „<“ „>“; „≤“, „≥“ verbunden sind.
Die beiden Terme heißen **rechte und linke Seite der Ungleichung**

H Der Begriff „Gleichung“ geht auf LEONARDO FIBONACCI (auch LEONARDO VON PISA; 1180–um 1250) zurück, der ihn in seinen Schriften in der italienischen Form „equatio“ benutzte.
Die Gleichheit zweier Terme wurde lange verbal ausgedrückt, z. B. durch das lateinische „aequatur“ d. h. „gleicht“. Das heutige Gleichheitszeichen stammt von dem englischen Mathematiker ROBERT RECORDE (1510–1558), der wie folgt kommentierte: „Nichts Gleicheres kann man sich vorstellen als zwei parallele Geraden.“

3

Die Begriffe „Gleichung“ und „Ungleichung“ werden nach äußerlichen Merkmalen definiert, nämlich nach dem Auftreten zweier Terme und eines Relationszeichens. Dagegen spielt es keine Rolle, ob eine möglicherweise wahre oder falsche Aussage vorliegt. So ist z. B. $3 \cdot 4 = 100$ eine Gleichung, obwohl $3 \cdot 4$ ungleich 100 ist.

Gleichungen	*Ungleichungen*
$3x - 6 = 25$	$18 < 17+2$
$19 - 7 = 12$	$4x - 5 > 12$
$a + a = 2a$	$3a + 5a \neq 3a$
$3x - 4y = 5z$	$17 \leq 23$
$12x^3 - 6x = 0$	$2y \geq x^3$

Gleichungen und Ungleichungen, in denen keine Variablen auftreten, sind wahre oder falsche Aussagen.

$4 \cdot 25 = 100$	wahre Gleichheitsaussage
$4 \cdot 25 = 17$	falsche Gleichheitsaussage
$4 \cdot 25 < 10^3$	wahre Ungleichheitsaussage
$4 \cdot 25 > 100$	falsche Ungleichheitsaussage

3.1.2 Arten von Gleichungen mit Variablen

Die folgenden Bemerkungen werden jeweils nur auf Gleichungen bezogen. Sie lassen sich entsprechend auf Ungleichungen übertragen. Gleichungen, in denen eine oder mehrere Variablen auftreten, können in verschiedene Arten oder Typen eingeteilt werden:

Gleichungen mit gebundenen Variablen

Auch wenn in einer Gleichung Variable auftreten, kann es sich um eine Aussage handeln, und zwar dann, wenn sie in Verbindung mit solchen Wendungen stehen, wie z. B. „für alle ... gilt“ oder „es gibt ein ...“ oder „es gibt keine ...“. Man spricht in solchen Fällen von **Gleichungen mit gebundenen Variablen** (vgl. auch S. 8).

- a) Für alle natürlichen Zahlen a und b gilt $a + b = b + a$.
  (wahre Aussage, Kommutativgesetz der Addition)
  b) Es gibt genau eine Zahl a, für die gilt $a^2 = a$.
  (falsche Aussage, denn die Zahlen 0 und 1 erfüllen diese Bedingung)
  c) Es gibt keine natürlichen Zahlen a und b, für die gilt $a^b = b^a$.
  (falsche Aussage, denn es gilt z. B. $2^4 = 4^2$)

Bestimmungsgleichungen

Sind in einer Gleichung die Variablen (man spricht auch von „Unbekannten") nicht gebunden, so liegt keine Aussage vor. Eine solche entsteht erst, wenn man die Variablen durch Zahlen ersetzt. Solche Gleichungen sind oft mit der Aufgabenstellung verbunden, alle die Werte zu finden, die beim Einsetzen für die Variable eine wahre Aussage ergeben. In solchen Fällen spricht man von einer **Bestimmungsgleichung**, die zu lösen ist (s. Abschnitt 3.1.3). Bestimmungsgleichungen kann man einteilen nach der Anzahl der Unbekannten und nach dem „Grad der Gleichung", der i. allg. vom höchsten Exponenten der Variablen bestimmt wird.

- a) $3x + 4 = 7$ lineare Gleichung (Gleichung ersten Grades) mit einer Unbekannten
  b) $x^2 + y = 26$ quadratische Gleichung (Gleichung zweiten Grades) mit zwei Unbekannten
  c) $x^3 = -27$ kubische Gleichung (Gleichung dritten Grades) mit einer Unbekannten

Weitere Arten von Gleichungen (z. B. Exponentialgleichungen oder Wurzelgleichungen) werden in späteren Abschnitten dieses Kapitels behandelt.

Parametergleichungen

Es gibt ferner Gleichungen mit mehreren Variablen, von denen eine oder mehrere für bekannte Größen (**Parameter**) und eine oder mehrere andere für gesuchte Größen (Unbekannte) stehen. Das ist z. B. bei Formeln der Fall.

- a) Rechteck mit den Seiten a und b und dem Umfang u:
  gegeben a und b, gesucht u; Gleichung: $u = 2(a + b)$
  gegeben a und u, gesucht b; umgestellte Gleichung: $b = \frac{u}{2} - a$

  b) Kugel mit dem Durchmesser d und dem Volumen V:
  gegeben d, gesucht V; Gleichung: $V = \frac{\pi}{6} d^3$
  gegeben V, gesucht d; umgestellte Gleichung: $d = \sqrt[3]{\frac{6V}{\pi}}$

Man nennt solche Gleichungen **Gleichungen mit Parametern**. Der Fall tritt auch auf, wenn man mehrere einzelne Gleichungen gleicher Struktur, aber mit verschiedenen Zahlen gewissermaßen auf „einen Schlag" lösen will. (vgl. auch Abschnitt 3.4.1, S. 116)

- Die Gleichungen $\frac{x + 2}{x \cdot 2} = 2$; $\frac{x + 5}{x \cdot 5} = 5$; $\frac{x + 100}{x \cdot 100} = 100$ lassen sich durch die Parametergleichung $\frac{x + a}{x \cdot a} = a$ verallgemeinern. Darin ist x die gesuchte Größe, a dagegen wird als bekannt (als Parameter) angenommen. Mit der Lösung der Parametergleichung erhält man hier den Wert $x = \frac{a}{a^2 - 1}$, und wenn man hierin a nacheinander durch die speziellen Werte ersetzt, das jeweilige Ergebnis, z. B. für $a = 2$ den Wert $\frac{2}{3}$.

H Die bevorzugte Verwendung der Buchstaben x, y und z für gesuchte Größen geht auf RENÉ DESCARTES (1596–1650) zurück. Im alten Ägypten benutzte man für die gesuchte Größe das Wort „Haufe", bei den Griechen wurde vielfach der Buchstabe τ (tau) genutzt, die Inder verwendeten Farben, und FRANCOIS VIÈTE (1540–1603) benutzte konsequent kleine lateinische Buchstaben.

3.1.3 Lösen einer Gleichung bzw. Ungleichung

Außer bei Gleichungen, die schon Aussagen sind, geht es bei Gleichungen mit Variablen, insbesondere bei den Bestimmungsgleichungen, darum, sie zu lösen. Eine Gleichung bzw. Ungleichung lösen heißt, alle diejenigen Zahlen oder Größen eines vorgegebenen Bereichs (Grundbereich) zu finden, die, für die Variablen eingesetzt, eine wahre Aussage ergeben. Man sagt auch, diese Zahlen oder Größen **erfüllen** die Gleichung bzw. Ungleichung. Alle zusammen bilden die Lösungsmenge. Die **Lösungsmenge** einer Gleichung oder Ungleichung kann aus genau einer Zahl, aus endlich vielen oder aus unendlich vielen Zahlen bestehen, oder sie kann leer sein, wenn keine Zahl die Gleichung bzw. Ungleichung erfüllt. Bei Gleichungen mit mehreren Unbekannten kann die Lösungsmenge auch aus Zahlenpaaren oder Zahlentripeln usw. bestehen.

3

■ a) Gegeben ist eine Gleichung $3x - 16 = 2$.

Für x	*entsteht die Aussage*	*sie ist*
0	$-16 = 2$	falsch
4	$-4 = 2$	falsch
6	$2 = 2$	wahr
10	$14 = 2$	falsch

Die Zahl 6 erfüllt die Gleichung. Sie gehört zur Lösungsmenge, die anderen hier gewählten dagegen nicht.

b) Gegeben ist die Ungleichung $x - 7 < 3$.

Für x	*entsteht die Aussage*	*sie ist*
2	$-5 < 3$	wahr
8	$1 < 3$	wahr
10	$3 < 3$	falsch
13	$6 < 3$	falsch

Die Zahlen 3 und 7 (und viele andere auch) erfüllen die Ungleichung. Sie gehören zur Lösungsmenge; die Zahlen 10 und 13 dagegen nicht.

Bei linearen Gleichungen mit einer Unbekannten besteht die Lösungsmenge entweder aus genau einer Zahl, aus unendlich vielen Zahlen, oder sie ist leer.

■

$7x - 5 = 3x + 3$	$L = \{2\}$
$7x - 5 = 7x + 3$	$L = \emptyset$
$7x - 5 = 7x - 5$	L enthält alle Zahlen des gegebenen Grundbereichs.

Treten in einer Gleichung zwei gesuchte Größen auf, so besteht die Lösungsmenge aus einer Menge geordneter Paare.

■ Gegeben ist die Gleichung $x - y = 5$.
Zur Lösungsmenge gehören die Paare (5; 0), (8; 3), (1; –4), (10,5; 5,5) und (unendlich viele) weitere Paare.

Zu jeder Gleichung bzw. Ungleichung gehört ein **Variablengrundbereich** (kurz: **Grundbereich**). Er gibt die Menge von Zahlen an, aus der die gesuchten Zahlen stammen dürfen. Bei Textaufgaben ergibt sich der Grundbereich häufig aus dem entsprechenden Sachverhalt.

■ In einer Reisegruppe, die aus 31 Personen besteht, ist die Zahl der Erwachsenen um 6 größer als die Zahl der Kinder. Wie viele Kinder sind in der Gruppe?

Zur Lösung dieser Aufgabe bezeichnet jemand die Zahl der Kinder mit x, erhält für die Zahl der Erwachsenen somit $(x + 6)$ und stellt die folgende Gleichung auf:
$x + (x + 6) = 31$.
Diese Gleichung hat eine Lösung, nämlich $x = 12{,}5$. Doch sie kommt für den untersuchten Sachverhalt nicht in Betracht. Also spiegelt die aufgestellte Gleichung den Sachverhalt nicht korrekt wider. Sie hätte zusätzlich der Angabe des Grundbereichs bedurft, also z. B. $x + (x + 6) = 31$; (x natürlich) oder $x + (x + 6) = 31$; $(x \in \mathbb{N})$.
Und über diesem Grundbereich hat die Gleichung keine Lösung.
Die Angaben über die Reisegruppe müssen also falsch sein.

Wird kein Grundbereich angegeben, so wird stillschweigend angenommen, daß der größte bekannte Zahlenbereich benutzt werden darf. Besonders bei Ungleichungen führen verschiedene Grundbereiche zu ganz unterschiedlichen Lösungsmengen.

■ Gegeben ist eine Ungleichung $3x + 8 \leq 17$.
Die Lösungsmengen für verschiedene Grundbereichen sind an der Zahlengerade dargestellt.

a) natürliche Zahlen

b) gebrochene Zahlen

c) ganze Zahlen

d) rationale Zahlen

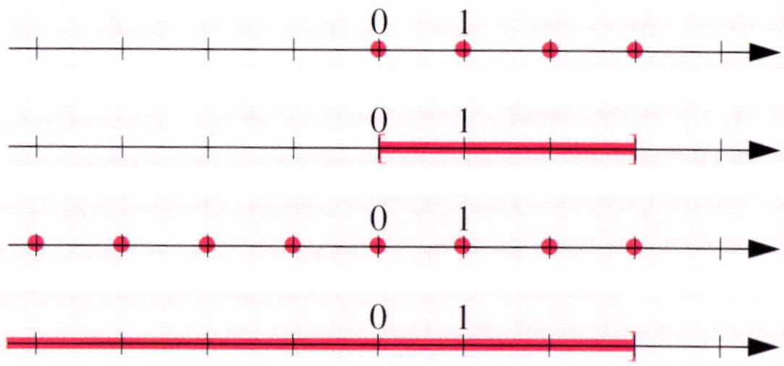

3.1.4 Proben bei Gleichungen und Ungleichungen

Nach Auffinden der Lösung überzeugt man sich von ihrer Richtigkeit, indem man alle gefundenen Werte für die Variablen einsetzt und feststellt, ob sie jeweils zu wahren Aussagen führen. Zum Einsetzen ist stets die Ausgangsgleichung zu benutzen.
Diesen Vorgang nennt man **Probe**.
Sind beim Lösen nur **äquivalente Umformungen** vorgenommen worden, ist eine Probe streng genommen überflüssig, man führt sie indes trotzdem durch, um eventuelle Rechenfehler aufzudecken. Sind auch **nicht-äquivalente Umformungen** erfolgt, ist die Probe unbedingt erforderlich, weil dann (etwa durch Quadrieren) auch Scheinlösungen auftreten können.
Zur Probe setzt man jede gefundene Lösung ein und formt dann jede der beiden Seiten für sich so weit um, bis erkennbar ist, daß links und rechts der gleiche Wert steht. Die folgenden beiden Beispiele zeigen zwei dabei mögliche Formen der Darstellung.

a) $15x + 26 = 18x + 41$

$x = -5$

Probe:

linke Seite: $15 \cdot (-5) + 26 = -75 + 26 = -49$

rechte Seite: $18 \cdot (-5) + 41 = -90 + 41 = -49$

b) $x^2 + (x+7)^2 = 169$

$x_1 = 5; \quad x_2 = -12$

Probe:

I. $5^2 + 12^2 = 169$

$25 + 144 = 169$ (wahr)

II. $(-12)^2 + (-5)^2 = 169$

$144 + 25 = 169$ (wahr)

Stellt sich bei der Probe heraus, daß der gefundene Wert nicht zu einer wahren Gleichheitsaussage führt, so sind die Rechnungen (Lösung und Probe) zu überprüfen. Ein erneutes Nachrechnen führt dabei bisweilen nicht zum Ziel, da man den Fehler erneut begeht. Dann kann man ihn lokalisieren, indem man die einzelnen Zeilen der Lösung mit eingesetztem Wert in umgekehrter Richtung durchgeht.

3

Jemand löst eine Gleichung wie folgt:

Zeile 1: $(x + 4)^2 - (x + 2)^2 = 44$ | Auflösen der Klammern

Zeile 2: $x^2 + 8x + 16 - x^2 + 4x + 4 = 44$ | Zusammenfassen

Zeile 3: $12x + 20 = 44$ | -20

Zeile 4: $12x = 24$ | $: 12$

$\underline{\underline{x = 2}}$

Die Probe an Zeile 1 zeigt, daß dieser Wert die Gleichung nicht erfüllt:

$(4 + 2)^2 - (2 + 2)^2 = 36 - 16 = 20 \neq 44$

Fehlersuche:

Zeile 4: $12 \cdot 2 = 24$ (wahr)

Zeile 3: $12 \cdot 2 + 20 = 44$ (wahr)

Zeile 2: $4 + 16 + 16 - 4 + 8 + 4 = 44$ (wahr)

Der Fehler ist somit beim Übertrag von Zeile 1 nach Zeile 2 eingetreten. Tatsächlich ist beim Auflösen der zweiten Klammer nur das erste Zeichen umgekehrt worden.

Richtig wäre gewesen:

Zeile 2: $x^2 + 8x + 16 - x^2 - 4x - 4 = 44$

$\underline{\underline{x = 8}}$

Probe: $(8 + 4)^2 - (8 + 2)^2 = 44$

$144 - 100 = 44$

Die Durchführung von Proben bei Ungleichungen, Gleichungssystemen, quadratischen Gleichungen usw. wird in den jeweiligen Abschnitten gezeigt und erläutert.

3.2 Inhaltliches Lösen von Gleichungen und Ungleichungen

Eine Gleichung (Ungleichung) lösen heißt alle Elemente des Grundbereichs finden, die, setzt man sie in die Gleichung (Ungleichung) ein, eine wahre Aussage ergeben.

Oft gelingt dieses Lösen durch einfache Überlegungen. Man spricht in solchen Fällen von inhaltlichem Lösen einer Gleichung bzw. Ungleichung.

3.2.1 Einsetzen; systematisches Probieren

Man setzt nacheinander verschiedene Zahlen aus dem Grundbereich ein und prüft, ob man eine wahre Aussage erhält.

- Gegeben ist die Gleichung $9x - 10 = 7x + 4$.
  Beim Einsetzen von $x = 1$ erhält man $-1 = 11$, eine offensichtlich falsche Aussage. Für $x = 3$ erhält man $17 = 25$, wieder eine falsche Aussage, doch haben sich die Werte beider Seiten einander angenähert. Fährt man fort, etwa mit $x = 5$ usw., erhält man für $x = 7$ die wahre Aussage $53 = 53$. Damit ist 7 eine Lösung der Gleichung. Dieses Verfahren setzt keine größeren Kenntnisse voraus, es kann aber sehr zeitaufwendig sein und garantiert zudem nicht, daß die so gefundene Lösung die einzige ist.

- Gegeben ist die Ungleichung $4x - 6 < 18$; $(x \in \mathbb{N})$.

Annahme x	*entstehende Aussage*	*wahr/falsch*
0	$-6 < 18$	wahr
1	$-2 < 18$	wahr
4	$10 < 18$	wahr
6	$18 < 18$	falsch
5	$14 < 18$	wahr

  Daraus folgt, daß die natürlichen Zahlen bis 5 die Ungleichung erfüllen. Bei einem anderen Grundbereich (z. B. gebrochene Zahlen oder ganze Zahlen) wäre die Lösung allerdings nicht so einfach.

- Gegeben ist die (quadratische) Gleichung $x^2 - 12x + 32 = 0$. Kennt man kein formales Verfahren zur Lösung solcher Gleichungen, kann wie folgt vorgegangen werden:
  Beim Einsetzen von 0 für x erhält man für die linke Seite 32, eine positive, von 0 verschiedene Zahl. Beim Einsetzen von 2 für x erhält man 12, wiederum eine positive, aber vergleichsweise kleinere Zahl. Für $x = 5$ erhält man eine negative Zahl, nämlich –3. Es ist nun zu erwarten, daß zwischen 2 und 5 eine Lösung liegt, das heißt eine Zahl, für die man 0 erhält. Tatsächlich ist das für $x = 4$ der Fall, denn $16 - 48 + 32 = 0$. Somit hat man eine Lösung gefunden. Auf die zweite Lösung $x = 8$ ist man möglicherweise nicht gekommen. Wenn man weiß, daß eine Gleichung n-ten Grades höchstens n reelle Lösungen besitzt, kann gezielt weitergesucht werden.

3.2.2 Rückwärtsschließen

Oft ist ein Vorgehen günstiger, bei dem man die Gleichung gewissermaßen von rückwärts her aufrollt.

- Gegeben ist die Gleichung $12x + 6 = 30$. Man überlegt: Wenn man das Zwölffache einer Zahl um 6 vermehrt, erhält man 30. Ohne die Vermehrung um 6 muß man demnach 24 erhalten, das heißt, das Zwölffache einer Zahl ist 24. Dann kann es sich nur um die Zahl 2 handeln. Tatsächlich ist $12 \cdot 2 + 6 = 30$, und aus dem Weg folgt hier auch, daß es die einzige Lösung ist.

- Gegeben ist die Gleichung $|x| - 5 = 2$.
  Man überlegt: Der Betrag einer Zahl soll um 5 vermindert werden und dann 2 ergeben. Ohne die Verminderung müßte man also 7 erhalten. Nun gibt es genau zwei Zahlen, deren Betrag 7 ist, nämlich 7 und –7. Diese beiden Zahlen sind also Lösung der Gleichung, und zwar die einzigen.

3.2.3 Schließen unter Benutzung von Veranschaulichungen

Die bildmäßige Darstellung von Sachverhalten kann bei bestimmten Aufgaben eine wertvolle Lösungshilfe sein.

■ Gegeben ist die Gleichung $6x + 1 = 3x + 13$.
Wir setzen in Gedanken für die Unbekannte x ein Päckchen mit unbekanntem Gewicht und für die Zahlen Wägestücke zu je 1 g. Auf einer Waage, die im Gleichgewicht ist, sähe das folgendermaßen aus:

Nun würde sich an der Gleichheit (dem Gleichgewicht) auf beiden Seiten nichts ändern, wenn man auf beiden Seiten je 3 Päckchen und je 1 g herunternähme. Dann entstünde folgendes Bild:

Da die 3 Päckchen dem Gewicht von 12 g entsprechen, läßt sich schließen, daß ein Päckchen 4 g wiegt. Tatsächlich haben anfangs auf jeder Seite 25 g gelegen.

■ In einer alten chinesischen Aufgabensammlung findet sich folgendes Rätsel:
In einem Käfig sind Kaninchen und Fasane eingesperrt. Sie haben zusammen 10 Köpfe und 28 Beine. Wie viele Kaninchen und wie viele Fasane sind es? Diese Aufgabe würde man formal mit einem **Gleichungssystem** (s. Abschnitt 3.6) lösen. Mit Hilfe einer Veranschaulichung ergibt sich jedoch folgender einfacher Gedankengang:

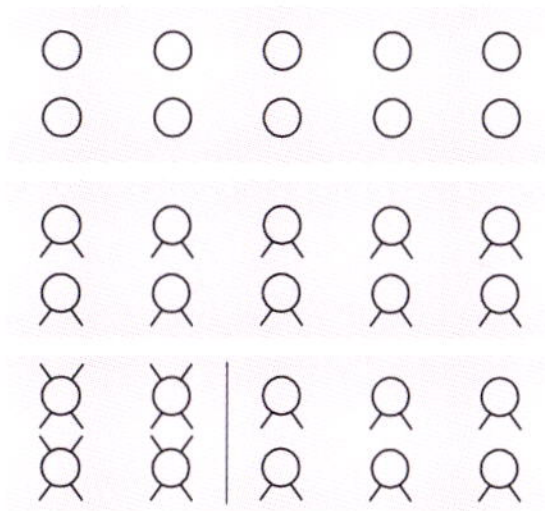

- Man stellt die 10 Köpfe durch 10 Kreise dar.
- Gleichgültig, ob Kaninchen oder Fasan, das Tier hat jedenfalls (mindestens) 2 Beine.
- Es bleiben 8 Beine zum Verteilen übrig. Damit kann man aus 4 der Tiere Kaninchen „machen".
- Es sind also 4 Kaninchen und 6 Fasane in dem Käfig.

3.3 Äquivalentes Umformen

3.3.1 Begriff der Äquivalenz von Gleichungen und Ungleichungen

Die Gleichungen $5x - 3 = x + 7$ und $x + 0{,}5 = 3$ haben, obwohl sie verschieden aussehen, die gleiche Lösungsmenge. Jede von beiden wird nur von der Zahl $x = 2{,}5$ erfüllt.

D Gleichungen und Ungleichungen mit demselben Grundbereich, die die gleiche Lösungsmenge haben, heißen **zueinander äquivalent**. (equivalent – engl.: gleichwertig)

■ Die Gleichungen $\frac{x}{3} = -2$ $(x \in \mathbb{R})$ und $2x - 13 = 5x + 5$ $(x \in \mathbb{R})$ haben die gleiche Lösungsmenge $L = \{-6\}$ und sind damit zueinander äquivalent.

■ Die Ungleichungen $x + 5 < 8$ $(x \in \mathbb{N})$ und $7x < 20$ $(x \in \mathbb{N})$ haben die gleiche Lösungsmenge $L = \{0; 1; 2\}$ und sind damit zueinander äquivalent.

Dagegen sind Gleichungen, die einander ähneln, oft nicht äquivalent zueinander:

■ $x^2 = 49$ $(x \in \mathbb{R})$ und $x = \sqrt{49}$ $(x \in \mathbb{R})$. Die erste dieser Gleichungen wird von den Zahlen 7 und –7 erfüllt, die zweite nur von der Zahl 7.

■ $2x = 2x$ $(x \in \mathbb{R})$ und $\frac{2}{x} = \frac{2}{x}$ $(x \in \mathbb{R})$. Die erste dieser Gleichungen wird von allen reellen Zahlen erfüllt, die zweite von allen reellen Zahlen außer 0.

Ungleichungen sind gewöhnlich nicht äquivalent zueinander, wenn sie sich im Grundbereich unterscheiden.

■ $x - 1 < 2$ $(x \in \mathbb{N})$ und $x - 1 < 2$ $(x \in \mathbb{R})$
Die erste dieser Ungleichungen wird von den Zahlen 0; 1 und 2 erfüllt und keinen anderen, die zweite von 0; 1 und 2, jedoch von unendlich vielen weiteren, u. a. von allen negativen Zahlen.

3.3.2 Äquivalentes Umformen von Gleichungen

Beim formalen (kalkülmäßigen) Lösen einer Gleichung wird die Gleichung durch geeignete Operationen immer weiter vereinfacht, bis die gesuchte Größe isoliert ist. Bei diesen Operationen muß natürlich die Lösungsmenge nach Möglichkeit unverändert bleiben. Eine Operation, mit der man von einer Gleichung zu einer (zu dieser) äquivalenten Gleichung gelangt, heißt **äquivalente Umformung**. Im folgenden werden die äquivalenten Umformungen für Gleichungen (**Umformungsregeln für Gleichungen**) genannt:

Kurzform	Beschreibung der Regel	Beispiel
Seiten vertauschen	Die Seiten der Gleichung dürfen vertauscht werden.	$45 = x$ ist äquivalent zu $x = 45$.
Addition der gleichen Zahl auf beiden Seiten	Auf beiden Seiten der Gleichung darf die gleiche Zahl oder der gleiche (im gegebenen Grundbereich definierte) Term addiert werden. Hier wie bei den weiterhin genannten Umformungen wird oft bei einer schriftlichen Lösung hinter einem Querstrich angegeben, welche Operation auf beiden Seiten vorgenommen wird, um die nächste Zeile zu erhalten.	$5x - 2 = 37$ $\quad | +2$ ist äquivalent zu $5x = 39$ $4 - 2x = x$ $\quad | +2x$ ist äquivalent zu $4 = 3x$
Subtraktion der gleichen Zahl auf beiden Seiten	Auf beiden Seiten der Gleichung darf die gleiche Zahl oder der gleiche (im gegebenen Variablengrundbereich definierte) Term subtrahiert werden. (Im Grunde ist diese Regel überflüssig, da die Subtraktion einer Zahl durch die Addition schon als zugelassen erläutert wurde.)	$x + 76 = 100$ $\quad | -76$ ist äquivalent zu $x = 24$ $x^2 + 7x = x^2 + 21$ $\quad | -x^2$ ist äquivalent zu $7x = 21$

Kurzform	Beschreibung der Regel	Beispiel
Multiplikation mit der gleichen Zahl außer 0 auf beiden Seiten	Beide Seiten einer Gleichung dürfen mit der gleichen Zahl außer 0 oder mit dem gleichen Term multipliziert werden, wenn dieser Term im Grundbereich definiert ist und gesichert ist, daß er von 0 verschieden ist.	$\frac{x}{4} = 1{,}5 \quad \vert\cdot 4$ ist äquivalent zu $x = 6$ $\frac{5}{x} = 10 \ (x \neq 0) \quad \vert\cdot x$ ist äquivalent zu $5 = 10x$
Division durch die gleiche Zahl außer 0 auf beiden Seiten	Beide Seiten einer Gleichung dürfen durch die gleiche Zahl außer 0 oder durch den gleichen Term dividiert werden, wenn dieser Term von 0 verschieden und im Grundbereich definiert ist. (Im Grunde ist diese Regel überflüssig, da man die Division durch eine Zahl durch die Multiplikation mit ihrem Reziproken ersetzen kann und die Multiplikation schon als zugelassen erklärt ist.)	$19x = 57 \quad \vert:19$ ist äquivalent zu $x = 3$ $-x = 15 \quad \vert:(-1)$ ist äquivalent zu $x = -15$

Man beachte: Die Gleichung $2x = x + 11$ wird von der Zahl $x = 11$ und keiner anderen Zahl erfüllt. Würde man diese Gleichung mit x multiplizieren, erhielte man die Gleichung $2x^2 = x^2 + 11x$, und diese wird außer von 11 auch von der Zahl 0 erfüllt. Beide Gleichungen sind also nicht äquivalent, und die Multiplikation mit x ist hier keine äquivalente Umformung.

Gegeben ist die Gleichung $7x - 35 = 6x - 30$. Sie wird von der Zahl 5 und keiner andern erfüllt. Würde man jedoch auf beiden Seiten ausklammern und dadurch $7(x - 5) = 6(x - 5)$ erhalten und beide Seiten durch $(x - 5)$ dividieren, erhielte man $7 = 6$, damit einen Widerspruch, und die Lösungsmenge wäre leer. Der Fehler entsteht daraus, daß man, ohne daß das sofort sichtbar wäre, durch einen Term dividiert hat, der den Wert 0 hat.

Das Quadrieren bzw. allgemein das Potenzieren sind ebenso wie das Radizieren auf beiden Seiten **nicht-äquivalente Umformungen**.

■ $x + 7 = 8$ ($L = \{1\}$) ist nicht äquivalent zu $(x + 7)^2 = 64$ ($L = \{1; -15\}$)

■ $x^2 = 9$ ($L = \{3; -3\}$) ist nicht äquivalent zu $x = \sqrt{9} = 3$ ($L = \{3\}$)

Wenn daher beim Lösen einer Gleichung Quadrieren oder Radizieren unumgänglich sind, muß stets durch die Probe gesichert werden, daß die gefundenen Werte wirklich Lösungen sind, und auch, daß keine weiteren Lösungen existieren.

■ Die Gleichung $\sqrt{x + 42} = x$ wird durch Quadrieren umgeformt zu $x + 42 = x^2$. Die quadratische Gleichung $x^2 - x - 42 = 0$ hat die Lösungen 7 und –6, doch nur die Zahl 7 erfüllt, wie die Probe zeigt, die Ausgangsgleichung.

H Die Umformungsregeln für Addition und Subtraktion wurden bereits von dem griechischen Mathematiker DIOPHANT (um 250 u. Z.) angegeben und genutzt. Die Gesamtheit der Regeln zur rein formalen Lösung von Gleichungen findet sich bei dem arabischen Mathematiker MUHAMMAD IBN MUSA AL-

CHWARIZMI (787–um 850). Er legt sie in seinem um 820 erschienenen Buch mit dem Titel „Hisab al´dschabr wal mukábala“ („das Buch vom Hinüberschaffen und vom Zusammenfassen“) dar. Es bildete für lange Zeit die Grundlage der Gleichungslehre. Aus dem Wort „al´dschabr“ entwickelte sich die Bezeichnung „Algebra“, und aus der lateinischen Form „Algoritmi“ des Namens entstand der Begriff „Algorithmus“ für eine Handlungsvorschrift.

3.3.3 Äquivalentes Umformen von Ungleichungen

So wie für Gleichungen gibt es auch für Ungleichungen eine Reihe von Regeln für äquivalente Umformungen. Sie ähneln denen für Gleichungen, unterscheiden sich jedoch davon in einigen Punkten. Es sind folgende **Umformungsregeln für Ungleichungen**:

Kurzform	Beschreibung der Regel	Beispiel
Seiten vertauschen, jeweils mit Austausch des Relationszeichens	Die Seiten einer Ungleichung dürfen vertauscht werden. Dabei muß jedoch auf das Relationszeichen geachtet werden. Hinweis: Statt eines Zeichens ist jeweils das im Bild neben ihm stehende zu setzen. $<$ $>$ $\leq$ $\geq$ $\neq$ $\neq$	$16 < x$ ist äquivalent zu $x > 16$. $x \geq -5$ ist äquivalent zu $-5 \leq x$.
Addition der gleichen Zahl auf beiden Seiten	Auf beiden Seiten der Ungleichung darf die gleiche Zahl oder der gleiche (im Grundbereich definierte) Term addiert werden.	$5x - 7 < -1 \quad \vert +7$ ist äquivalent zu $5x < 6$
Subtraktion der gleichen Zahl auf beiden Seiten	Auf beiden Seiten der Ungleichung darf die gleiche Zahl oder der gleiche (im Grundbereich definierte) Term subtrahiert werden. Hinweis: Die Regeln für die Addition und Subtraktion entsprechen völlig den Regeln für Gleichungen.	$x + 8 \geq 3x \quad \vert -x$ ist äquivalent zu $8 \geq 2x$
Multiplikation mit der gleichen Zahl auf beiden Seiten, außer 0; bei Multiplikation mit negativer Zahl; Relationszeichen tauschen	Beide Seiten der Ungleichung dürfen mit derselben Zahl außer 0 oder mit dem gleichen (im Grundbereich definierten) Term multipliziert werden. Wird mit einer negativen Zahl multipliziert, ist das Relationszeichen auszuwechseln. Bei Multiplikation mit einem Term ist zu unterscheiden, ob dieser Term positiv oder negativ ist (vgl. Abschnitt 3.5.1).	$\frac{x}{5} < -4 \quad \vert \cdot 5$ ist äquivalent zu $x < -20$ $\frac{x}{-8} \geq -11 \quad \vert \cdot (-8)$ ist äquivalent zu $x \leq 88$
Division durch gleiche Zahl außer 0; bei Division mit negativer Zahl Relationszeichen tauschen	Beide Seiten der Ungleichung dürfen durch die gleichen Zahl außer 0 oder durch den gleichen (im Grundbereich definierten) Term dividiert werden. Erfolgt die Division durch eine negative Zahl, ist das Relationszeichen auszutauschen. Bei Division durch einen Term ist evtl. eine Fallunterscheidung vorzunehmen (vgl. Abschnitt 3.5.1).	$5x < 20 \quad \vert :5$ ist äquivalent zu $x = 4$ $-3x \geq 18 \quad \vert :(-3)$ ist äquivalent zu $x \leq -6$

Man beachte: Auch bei Ungleichungen sind Quadrieren bzw. Potenzieren und Radizieren keine äquivalenten Umformungen.

3.4 Lösen von linearen Gleichungen

D Gleichungen, die die Form $ax + b = 0$ $(a \neq 0)$ haben oder durch äquivalentes Umformen in diese Form überführt werden können, heißen **lineare Gleichungen mit einer Unbekannten**.

3.4.1 Lösen von Gleichungen mit einer Unbekannten

Kalkülmäßiges Lösen

Beim kalkülmäßgen Lösen von Gleichungen versucht man, die Gleichung mit Hilfe **äquivalenter Umformungen** (s. Abschnitt 3.3.2) immer weiter zu vereinfachen, bis schließlich die gesuchte Größe isoliert ist. Das Verfahren wird im folgenden an einigen Beispielen dargestellt und soweit nötig erklärt.

3

■ $$\frac{x}{7} + 4 = 10$$

Variante I:

$$\begin{aligned} \frac{x}{7} + 4 &= 10 & &|-4 \\ \frac{x}{7} &= 6 & &|\cdot 7 \\ \underline{\underline{x}} &\underline{\underline{= 42}} \end{aligned}$$

Variante II:

$$\begin{aligned} \frac{x}{7} + 4 &= 10 & &|\cdot 7 \\ x + 28 &= 70 & &|-28 \\ \underline{\underline{x}} &\underline{\underline{= 42}} \end{aligned}$$

Probe: $$\frac{42}{7} + 4 = 6 + 4 = 10$$

Die erste Variante ist meist günstiger, weil man es mit kleineren Zahlen zu tun hat; bei Variante II wird oft nicht bedacht, daß auch die Zahl 4 mit 7 zu multiplizieren ist.

■ $$3x + 19 = 7x - 3$$

Variante I:

$$\begin{aligned} 3x + 19 &= 7x - 3 & &|-7x \\ -4x + 19 &= -3 & &|-19 \\ -4x &= -22 & &|:(-4) \\ \underline{\underline{x}} &\underline{\underline{= 5{,}5}} \end{aligned}$$

Variante II:

$$\begin{aligned} 3x + 19 &= 7x - 3 & &|-3x \\ 19 &= 4x - 3 & &|+3 \\ 22 &= 4x & &|:4 \quad |\text{Seitentausch} \\ \underline{\underline{x}} &\underline{\underline{= 5{,}5}} \end{aligned}$$

Probe:

$$\begin{aligned} 16{,}5 + 19 &= 38{,}5 - 3 \\ 35{,}5 &= 35{,}5 \end{aligned}$$

Die zweite Variante hat den Vorteil, daß man das Rechnen mit negativen Zahlen vermeidet.

■ $x \cdot (x + 3) = (x + 6) \cdot (x - 5)$

Bei solchen Gleichungen wie der in diesem Beispiel angegebenen, löst man zunächst vorhandene Klammern auf und faßt gleichartige Glieder zusammen, so daß man zu einer Gleichung der Form $ax + b = cx + d$ (wie im vorhergehenden Beispiel) gelangt.

$$\begin{aligned} x \cdot (x + 3) &= (x + 6) \cdot (x - 5) & &|\text{Ausmultiplizieren} \\ x^2 + 3x &= x^2 + 6x - 5x - 30 & &|\text{Zusammenfassen} \\ x^2 + 3x &= x^2 + x - 30 & &|-x^2 \\ 3x &= x - 30 & &|-x \\ 2x &= -30 & &|:2 \\ \underline{\underline{x}} &\underline{\underline{= -15}} \end{aligned}$$

Probe:

$$\begin{aligned} (-15) \cdot (-12) &= (-9) \cdot (-20) \\ 180 &= 180 \end{aligned}$$

■ $\frac{x}{4} - \frac{x}{5} + \frac{x}{6} = 26$

Falls gebrochene Koeffizienten vorkommen, ist es zweckmäßig, entweder alle Glieder auf den gleichen Nenner zu bringen oder besser die gesamte Gleichung mit dem Hauptnenner zu multiplizieren.

$$\frac{x}{4} - \frac{x}{5} + \frac{x}{6} = 26 \qquad | \cdot 60$$
$$15x - 12x + 10x = 26 \cdot 60 \qquad |\text{Zusammenfassen}$$
$$13x = 26 \cdot 60 \qquad |:13$$
$$x = \frac{26 \cdot 60}{13} \qquad |\text{Kürzen}$$
$$\underline{\underline{x = 120}}$$

Probe:
$$30 - 24 + 20 = 26$$
$$26 = 26$$

Es ist bisweilen sinnvoll, das Produkt auf der rechten Seite nicht auszurechnen, weil sich die Möglichkeit des Kürzens ergibt.

■ **Parametergleichungen** (s. Abschnitt 3.1.2, S. 106)

$\frac{x + a}{x - a} = a \quad (x \neq a)$

Die Variable a steht hier für eine bekannte, im bestimmten Fall durch eine Zahl ersetzbaren Größe; x ist die gesuchte Größe.

$$\frac{x + a}{x - a} = a \qquad | \cdot (x - a)$$
$$x + a = a(x - a) \qquad |\text{Ausmultiplizieren}$$
$$x + a = ax - a^2 \qquad | + a^2 - x$$
$$a^2 + a = ax - x \qquad |\text{Ausklammern}$$
$$a(a + 1) = x(a - 1)$$

Fallunterscheidung:

- Für $(a - 1) \neq 0$, also $a \neq 1$ folgt bei Division durch $(a - 1)$: $x = \frac{(a + 1)\,a}{a - 1}$
- Für $a = 1$ erhält man $1 \cdot 2 = x \cdot 0$, also $2 = 0$ und damit keine Lösung.

Man erhält z. B. für $a = 2$ das Ergebnis $x = 6$, für $a = 4$ das Ergebnis $x = \frac{20}{3}$, und kann beispielsweise erkennen, für welche Werte von a die Lösung ganzzahlig ist.

■
$$ax + b = cx + d \qquad | - cx - b$$
$$ax - cx = d - b \qquad |\text{Ausklammern}$$
$$x(a - c) = d - b$$

Fallunterscheidung:

- Für $(a - c) \neq 0$, also $a \neq c$ folgt bei Division durch $(a - c)$: $x = \frac{d - b}{a - c}$
- Für $a = c$ folgt $0 = d - b$, d.h., bei $d = b$ ist jede Zahl Lösung, bei $d \neq b$ keine.

Umstellen von Formeln: Auch Formeln sind Gleichungen mit Parametern. Obwohl mehrere Variable darin auftreten, ist gewöhnlich nur eine von diesen Größen gesucht, und die übrigen werden im speziellen Fall durch bekannte Größen bzw. Zahlen ersetzt. Ist die Formel nicht nach der gesuchten Größe aufgelöst, muß die Formel umgestellt werden.

■ Rechteck mit den Seiten a und b und dem Umfang u

- gegeben a und b, gesucht u; Formel: $u = 2(a+b)$
- gegeben a und u, gesucht b; Formel: $u = 2(a+b) \quad |:2$

$$\frac{u}{2} = a + b \qquad |-a \qquad |\text{Seitentausch}$$
$$b = \frac{u}{2} - a$$

Graphisches Lösen

So wie man die Nullstelle einer linearen Funktion mit Hilfe einer linearen Gleichung berechnet, wobei man $y = 0$ setzt, kann man umgekehrt eine lineare Gleichung mit einer Unbekannten der Form $ax + b = 0$ in eine Funktionsgleichung $y = ax + b$ umwandeln, diese graphisch darstellen und am Schnittpunkt mit der x-Achse die Nullstelle und damit die Lösung der linearen Gleichung ablesen. Zu beachten ist, daß Ablese-Ungenauigkeiten auftreten können.

	I	II
Gleichung:	$2x - 5 = 0$	$\frac{x}{3} + 1 = 0$
Funktion:	$y = 2x - 5$	$y = \frac{x}{3} + 1$
Lösung:	$x = 2{,}5$	$x = -3$

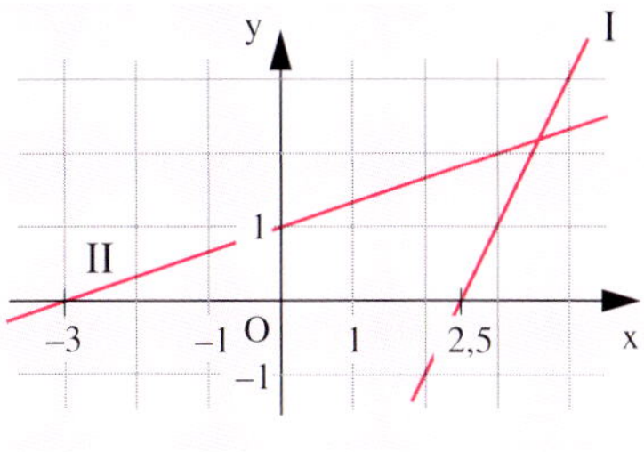

3.4.2 Lösen von Gleichungen mit zwei Unbekannten

Lineare Gleichungen mit zwei Unbekannten haben als Lösung eine Menge von Zahlenpaaren. Gewöhnlich werden solche Gleichungen von unendlich vielen Paaren erfüllt.

Zur Lösungsmenge der Gleichung $2x + 3y = 100$ gehören die Paare (2; 32), (0,5; 33), (–22; 48) und viele weitere.

Eine solche Gleichung lösen heißt, sie nach einer Unbekannten auflösen, so daß man relativ leicht durch Einsetzen von Zahlen für die eine Variable jeweils die andere erhält.

(1)
$$\begin{aligned} 2x + 5y &= 10 && \mid -2x \\ 5y &= 10 - 2x && \mid :5 \\ y &= -\tfrac{2}{5}x + 2 \end{aligned}$$

(2)
$$\begin{aligned} 8x - 4y &= 12 && \mid +4y - 12 \\ 8x - 12 &= 4y && \mid :4 \\ 2x - 3 &= y \end{aligned}$$

Durch Einsetzen von Zahlen für x erhält man zum Beispiel:

x	0	5	–10	4
y	2	0	6	0,4

x	0	1	–4	0,5
y	–3	–1	–11	–2

So aufgelöste Gleichungen kann man auch als Gleichung einer linearen Funktion auffassen. Der Graph einer solchen Funktion ist eine Menge von Punkten, deren Koordinaten die Zahlenpaare der Lösung sind.

Die Abbildung zeigt die Graphen der beiden als Beispiele benutzten Funktionen.

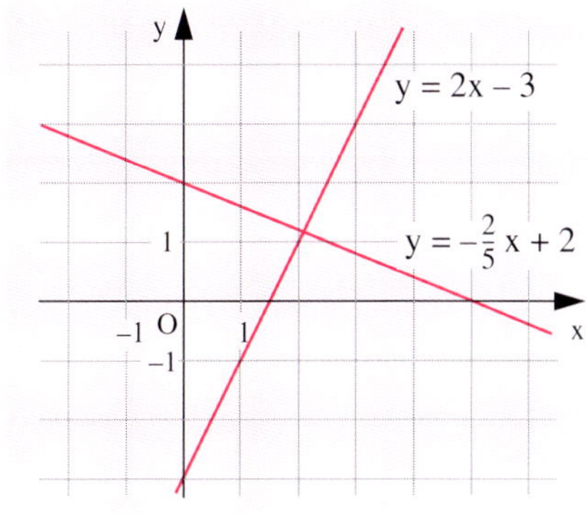

■ Auch die Gleichung $80x + 100y = 700$ hat als Lösung eine unendliche Menge von Zahlenpaaren. Sie könnte aber auch zur Lösung folgender Textaufgabe entstanden sein: Jemand kauft eine Reihe von Briefmarken, solche zu 80 Pf und solche zu 100 Pf und bezahlt dafür genau 7 DM. Wie viele Marken von jeder Sorte hat er gekauft?

Bezeichnet man die gesuchten Anzahlen für 80 Pf und 100 Pf (in dieser Reihenfolge) mit x und y, erhält man die oben angegebene Gleichung, allerdings mit dem Variablengrundbereich $x, y \in \mathbb{N}$. In diesem Fall ist das Paar (5; 3) die einzige Lösung. 5 Marken zu je 80 Pf kosten 4 DM, und 3 Marken zu je 1 DM kosten 3 DM, zusammen also 7 DM.

W Gleichungen und Gleichungssysteme, bei denen die Anzahl der Unbekannten größer ist als die Anzahl der Gleichungen, bei denen aber durch Nebenbedingungen (z. B. Lösungen ganzzahlig) die Anzahl der Lösungen begrenzt ist, nennt man nach dem griechischen Mathematiker DIOPHANT (um 250 u. Z.) **diophantische Gleichungen**.

3.5 Lösen von linearen Ungleichungen

3.5.1 Lineare Ungleichungen mit einer Unbekannten

Solche Ungleichungen werden gelöst, indem man die Variable mittels der **Umformungsregeln für Ungleichungen** (s. Abschnitt 3.3.3) isoliert.

■ Gegeben ist die Ungleichung $12x - 5 < 9x + 7$.

Umformung:

$$12x - 5 < 9x + 7 \quad | -9x + 5$$
$$3x < 12 \quad | :3$$
$$\underline{\underline{x < 4}}$$

Je nach dem Grundbereich, der zu dieser Ungleichung gehört, hat die Lösungsmenge unterschiedliches Aussehen:

a) natürliche Zahlen

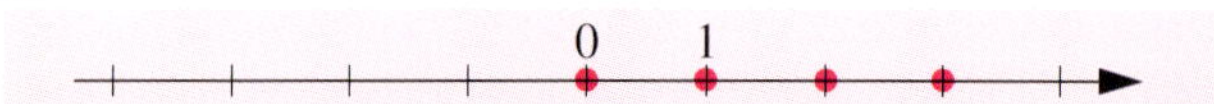

b) ganze Zahlen

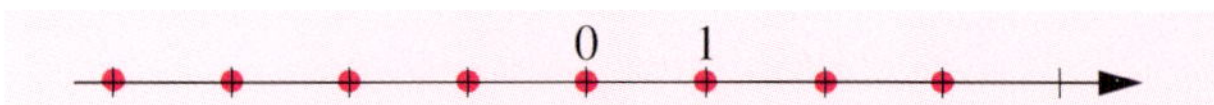

c) gebrochene Zahlen

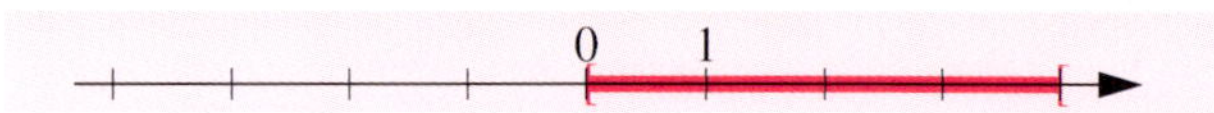

d) reelle Zahlen

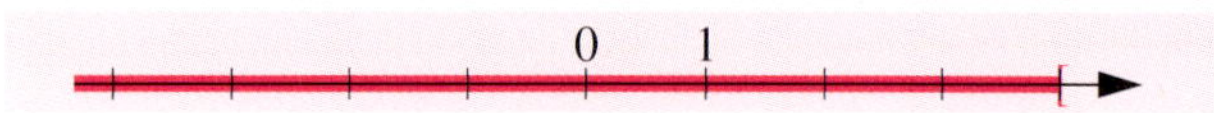

Für die *Probe* drückt man die Menge aller Zahlen, die kleiner als 4 sind, durch den Term $(4 - p)$ aus, wobei p eine positive Zahl ist. Durch Einsetzen und Umformen erhält man:

$$12(4 - p) - 5 < 9(4 - p) + 7$$
$$48 - 12p - 5 < 36 - 9p + 7$$
$$43 - 12p < 43 - 9p$$

Da p eine positive Zahl ist, ist 12p größer als 9p, d. h., auf der linken Seite wird von 43 mehr subtrahiert als auf der rechten Seite, und die erhaltene Aussage ist wahr.
Damit ist die Lösung bestätigt.

■ Gegeben ist die Ungleichung $-\frac{x}{4} + 1 \le 2$.

Umformung:

$$-\frac{x}{4} + 1 \le 2 \quad | -1$$
$$-\frac{x}{4} \le 1 \quad | \cdot (-4) \quad \text{Achtung! Relationszeichen vertauschen.}$$
$$\underline{\underline{x \ge -4}}$$

Darstellung der Lösungsmenge in den verschiedenen Bereichen:

a) natürliche Zahlen

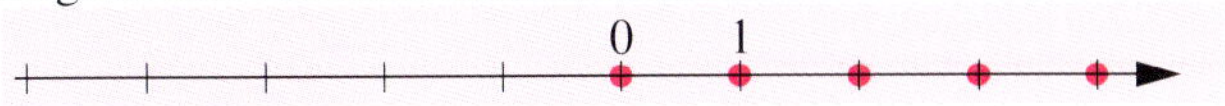

b) ganze Zahlen

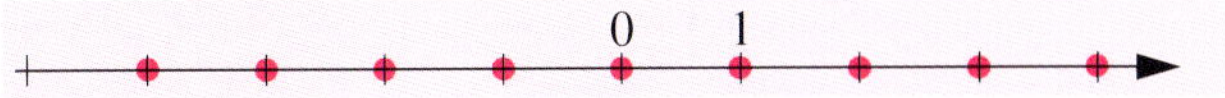

c) gebrochene Zahlen

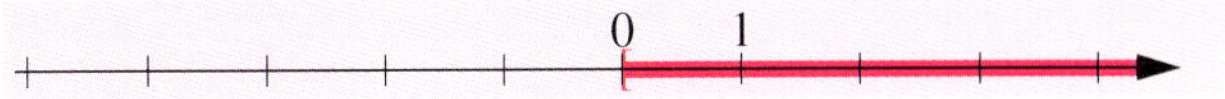

d) reelle Zahlen

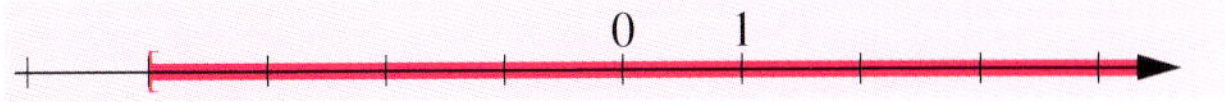

Für die Probe drückt man die Menge aller Zahlen, die größer oder gleich –4 sind, durch Term $(-4 + p)$ aus, wobei p eine nicht-negative Zahl (also größer oder gleich 0 ist). Durch Einsetzen und Umformen erhält man:

$-(\frac{-4+p}{4}) + 1 \leq 2 \quad \Rightarrow \quad 1 - \frac{p}{4} + 1 \leq 2 \quad \Rightarrow \quad 2 - \frac{p}{4} \leq 2;$ und da p größer oder gleich 0 ist, eine wahre Aussage, womit die Richtigkeit der Lösung bestätigt ist.

Die hier dargestellte Form der Probe ist mitunter recht aufwendig. Man benutzt daher auch andere Verfahren, um Fehler im Lösungsweg aufzudecken:

- Man setzt ein beliebiges Element aus der Lösungsmenge in die Ausgangszeile ein und prüft, ob es die Ungleichung erfüllt. Auf diese Weise werden z. B. Vorzeichenfehler sichtbar gemacht.
  Man wählt z. B. $x = -2$ und erhält $-(\frac{-2}{4}) + 1 \leq 2$, also $1\frac{1}{2} \leq 2$, mithin eine wahre Aussage.
- Man ersetzt in der Ausgangszeile wie in der Lösung das Ungleichheitszeichen durch das Gleichheitszeichen und führt die Probe wie an einer Gleichung durch.
  $-\frac{x}{4} + 1 = 2; \quad x = -4; \quad$ Probe: $1 + 1 = 2$

Besondere Probleme treten bei Ungleichungen auf, bei denen die Unbekannte im Nenner vorkommt. Dann ist gewöhnlich nicht erkennbar, ob der Term, mit dem man multipliziert, positiv oder negativ ist, ob man also das Relationszeichen umzukehren hat oder nicht. In solchen Fällen wird eine Fallunterscheidung notwendig.

■ Gegeben ist die Ungleichung $\frac{10}{x} + 3 < 5 \quad (x \in \mathbb{R};\ x \neq 0)$.

Fall I:

Annahme: x ist positiv

$\frac{10}{x} + 3 < 5 \qquad |-3$

$\frac{10}{x} < 2 \qquad |\cdot x$

$10 < 2x$

$\underline{\underline{x > 5}}$

Zum ersten Teil der Lösungsmenge gehören alle positiven Zahlen, die größer als 5 sind.

Fall II:

Annahme: x ist negativ

$\frac{10}{x} + 3 < 5 \qquad |-3$

$\frac{10}{x} < 2 \qquad |\cdot x$

$10 > 2x$

$\underline{\underline{x < 5}}$

Zum zweiten Teil der Lösungsmenge gehören alle negativen Zahlen, die kleiner als 5 sind, d. h. alle negativen Zahlen.

Auf eine Probe wird hier verzichtet.

Darstellung der Lösungsmenge an der Zahlengeraden:

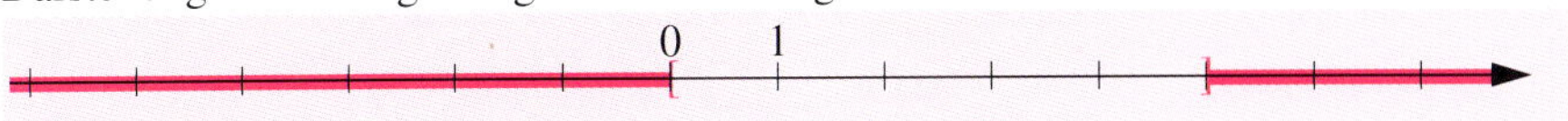

■ Gegeben ist die Ungleichung $\frac{6}{x+2} > 4$ $(x \in \mathbb{R};\ x \neq -2)$.

Fall I:

Annahme: $x + 2 > 0$, also $x > -2$

$$\frac{6}{x+2} > 4 \quad |\cdot (x+2)$$
$$6 > 4x + 8 \quad |-8$$
$$-2 > 4x \quad |:4$$
$$\underline{\underline{x < -0{,}5}}$$

Zusammen mit der Annahme gilt also: $-2 < x < -0{,}5$.

Fall II:

Annahme: $x + 2 < 0$, also $x < -2$

$$\frac{6}{x+2} > 4 \quad |\cdot (x+2)$$
$$6 < 4x + 8 \quad |-8$$
$$-2 < 4x \quad |:4$$
$$\underline{\underline{x > -0{,}5}}$$

Da in diesem Fall angenommen wurde, daß $x < -2$ gilt, gibt es keine Werte, die das erfüllen.

Auf eine Probe wird hier verzichtet.

Darstellung der Lösungsmenge an der Zahlengeraden:

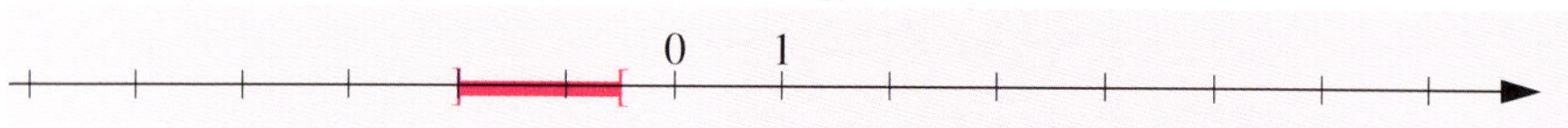

3.5.2 Lineare Ungleichungen mit zwei Unbekannten

Lineare Ungleichungen mit zwei Unbekannten haben als Lösung eine Menge geordneter Zahlenpaare.

■ Die Ungleichung $2x + y \leq 3$ $(x, y \in \mathbb{N})$ hat als Lösung die Menge $L = \{(0; 0), (0; 1), (0; 2), (0; 3), (1; 0), (1; 1)\}$.

Meist lassen sich die Paare jedoch nicht durch eine Aufzählung angeben. In solchen Fällen löst man die Ungleichung nach einer der beiden Variablen auf.

■ Gegeben ist die Ungleichung $4x - 2y < 6$ $(x \in \mathbb{R})$.

Umformung:
$$4x - 2y < 6 \quad |-4x$$
$$-2y < -4x + 6 \quad |:(-2) \text{ Achtung! Relationszeichen.}$$
$$y > 2x - 3$$

Durch Einsetzen von Zahlen für x lassen sich hieraus Paare leicht berechnen.

Die Lösungsmenge kann auch graphisch veranschaulicht werden.

Die Darstellung der Funktion $y = 2x - 3$ im Koordinatensystem ergibt eine Gerade. Die oberhalb dieser Geraden liegenden Punkte haben Koordinaten, die als Paare die Ungleichung $y > 2x - 3$ erfüllen.

Somit stellt diese durch die Gerade gebildete Halbebene (ohne die Punkte der Geraden selbst) die Lösungsmenge der Ungleichung dar.

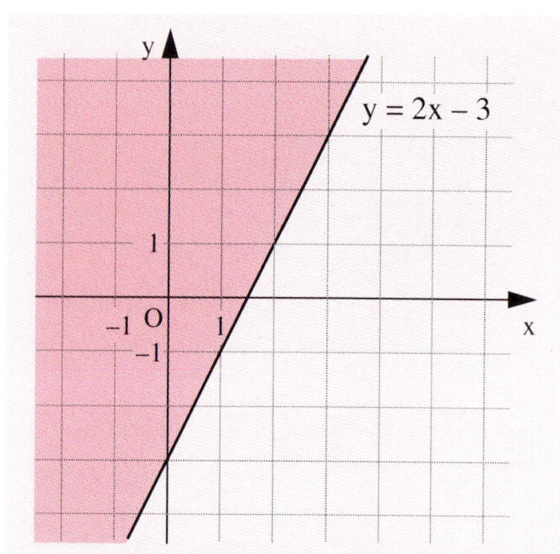

3.6 Lösen linearer Gleichungssysteme

Jede der beiden Gleichungen I. $y = 5x - 6$ und II. $y = -2x + 8$ hat für sich betrachtet als Lösung eine (unendliche) Menge geordneter Paare. Beide Gleichungen gemeinsam bilden ein **Gleichungssystem** (von zwei Gleichungen mit zwei Unbekannten). Lösungsmenge dieses Systems ist die Menge aller Paare (x; y), die sowohl die erste als auch die zweite Gleichung erfüllen.

Zur Lösung solcher Gleichungssysteme gibt es verschiedene Verfahren, die im folgenden an Beispielen beschrieben werden. Den rechnerischen Verfahren gemeinsam ist das Bestreben, durch Beseitigen (Eliminieren) einer der beiden Unbekannten das System aus zwei Gleichungen mit zwei Unbekannten auf eine Gleichung mit einer Unbekannten zurückzuführen.

3

3.6.1 Gleichsetzungsverfahren

■ Gegeben sei das System: I. $y = 5x - 6$
II. $y = -2x + 8$

Da nach Paaren (x; y) gesucht wird, die beide Gleichungen erfüllen, muß das y in beiden Gleichungen den gleichen Wert haben. Also müssen auch die rechten Seiten der beiden Gleichungen gleich sein und werden einander gleichgesetzt. Man erhält $5x - 6 = -2x + 8$, also eine Gleichung mit einer Unbekannten und mit der Lösung $x = 2$.

Setzt man in eine der beiden Gleichungen I./II. für x die Zahl 2 ein, erhält man $y = 4$.

Das Zahlenpaar (2; 4) erfüllt als einziges beide Gleichungen. Die Probe, ausgeführt an beiden Gleichungen, bestätigt das:

I. $4 = 10 - 6$; II. $4 = -4 + 8$

Das **Gleichsetzungsverfahren** ist immer dann zweckmäßig, wenn beide Gleichungen in expliziter Form bzw. aufgelöst nach der gleichen Größe vorliegen.

■ I. $3x = 10 - 5y$
II. $3x = -2y + 13$

Gleichsetzung:	$10 - 5y = -2y + 13$	$\mid +2y - 10$
Umformung:	$-3y = 3$	$\mid : (-1)$
	$y = -1$	
Einsetzen in I.:	$3x = 15$	
	$x = 5$	
Lösung:	$\{(x; y)\} = \{(5; -1)\}$	

3.6.2 Einsetzungsverfahren

■ Gegeben sei das System: I. $y = -x + 2$
II. $4x + 3y = 2$

Wollte man das Gleichsetzungsverfahren anwenden, müßte man etwa Gleichung II. nach y oder beide Gleichungen nach x auflösen, wobei als Koeffizienten Brüche auftreten würden. Statt dessen setzt man den Wert, den y in Gleichung I. hat, also $(-x + 2)$ für y in Gleichung II. ein. Man erhält so

$4x + 3(-x + 2) = 2$ und nach Auslösen der Klammer
$4x - 3x + 6 = 2$ sowie als Lösung dieser Gleichung
$x = -4.$

Setzt man diesen Wert in Gleichung I. ein, folgt $y = -(-4) + 2 = 6$.
Lösung des genannten Gleichungssystems ist also das Paar $(-4; 6)$.
Die (an beiden Gleichungen auszuführende) Probe bestätigt das:

I.	$6 = -(-4) + 2$	II.	$4 \cdot (-4) + 3 \cdot 6 = 2$
	$6 = 6$		$-16 + 18 = 2$

Das hier beschriebene Verfahren heißt **Einsetzungsverfahren** oder **Substitutionsverfahren**. Es ist besonders dann vorteilhaft, wenn (wenigstens) eine der beiden Gleichungen nach einer der beiden Variablen aufgelöst ist. Es ist aber auch häufig das günstigste Verfahren, wenn zwei Gleichungen vorliegen, die nicht linear sind.

■ Der Flächeninhalt eines Rechtecks, dessen Seiten sich um 6 unterscheiden, beträgt 16. Wie lang sind die Seiten? Die Aufgabe führt auf folgendes Gleichungssystem:
I. $b = a + 6$ II. $a \cdot b = 16$
Durch Einsetzen erhält man $a(a + 6) = 16$ und daraus die **quadratische Gleichung** $a^2 + 6a - 16 = 0$. Sie hat die (positive) Lösung $a = 2$, woraus dann sogleich $b = 8$ folgt.

Im Grunde ist das in Abschnitt 3.6.1 beschriebene Gleichsetzungsverfahren nur ein Sonderfall des Einsetzungsverfahrens.

3.6.3 Additionsverfahren

■ Gegeben sei das System: I. $8x + 5y = 51$ II. $3x - 5y = 26$
Zur Anwendung des Einsetzungsverfahrens müßte wenigstens eine der beiden Gleichungen zunächst umgeformt werden. Hier bietet sich hingegen ein anderer Weg an. Nach dem alten Prinzip „Gleiches zu Gleichem addiert ergibt Gleiches" führt man auf beiden Seiten die Addition durch und erhält:

$$\begin{array}{ll} \text{I.} & 8x + 5y = 51 \\ \text{II.} & \underline{3x - 5y = 26} \\ & 11x \quad\quad = 77, \end{array}$$

und daraus sofort $x = 7$. Den Wert von y berechnet man, indem man in eine der beiden Gleichungen diese Zahl einsetzt: I. $8 \cdot 7 + 5y = 51$, woraus folgt: $y = -1$. Die Lösung dieses Gleichungssystems ist also das Paar $(7; -1)$, was durch die Probe bestätigt wird: I. $56 - 5 = 51$ und II. $21 + 5 = 26$.

Dieses Verfahren wird **Additionsverfahren** genannt.
In dem gewählten Beispiel war dieses Verfahren besonders leicht anzuwenden, weil die Koeffizienten von y in beiden Gleichungen zwei einander entgegengesetzte Zahlen waren, so daß beim Addieren y wegfiel. Das ist normalerweise nicht der Fall, doch läßt es sich bei geeigneter Multiplikation der Gleichungen erreichen.

■ Gegeben sei das System: I. $3x + 4y = 29$ II. $5x - 6y = 42$
Es soll zunächst y eliminiert werden. Das kgV der beiden Koeffizienten 4 und 6 ist 12. Man multipliziert die Gleichungen so, daß man dort 12 und –12 erhält:

$$\begin{array}{lll} \text{I.} \; 3x + 4y = 29 & |\cdot 3 & \text{I'.} \;\; 9x + 12y = 87 \\ \text{II.} \; 5x - 6y = 42 & |\cdot 2 & \text{II'.} \; \underline{10x - 12y = 84} \\ & & \quad 19x \quad\quad = 171 \\ & & \quad\quad\quad\quad \underline{\underline{x = 9}} \end{array}$$

Nun kann y durch Einsetzen von $x = 9$ z. B. in I. berechnet werden.

Man könnte jedoch auch x eliminieren:

$$\begin{array}{llr} \text{I.} & 3x + 4y = 29 & |\cdot 5 \\ \text{II.} & 5x - 6y = 42 & |\cdot (-3) \end{array} \qquad \begin{array}{lrcr} \text{I}'. & 15x + 20y & = & 145 \\ \text{II}'. & -15x + 18y & = & -126 \\ \hline & 38y & = & 19 \\ & y & = & 0{,}5 \end{array}$$

Probe: I. $27 + 2 = 29$ II. $45 - 3 = 42$

Lösung ist das Paar (9; 0,5).

Gleichungssysteme sind nicht auf zwei Gleichungen mit zwei Unbekannten beschränkt. Die Zahl g der Gleichungen und die Zahl u der Unbekannten können beliebige natürliche Zahlen sein, und es ist nicht nötig, daß g und u gleich sind.

Liegt ein System von n Gleichungen mit n Unbekannten vor, so führt man es durch Eliminieren einer Unbekannten in allen Gleichungen auf ein System von $(n - 1)$ Gleichungen mit $(n - 1)$ Unbekannten zurück usw. Dazu eignet sich vor allem das Additionsverfahren.

Das Vorgehen wird am Beispiel eines **Systems von drei Gleichungen mit drei Unbekannten** gezeigt:

$$\begin{array}{llr} \text{I.} & 2x - 3y + 4z = 20 & |\cdot 3 \\ \text{II.} & x + 4y - 3z = -16 & |\cdot 4 \\ \text{III.} & 3x - y + 2z = 11 & \end{array} \qquad \begin{array}{llr} \text{I.} & 2x - 3y + 4z = 20 & \\ \text{II.} & x + 4y - 3z = -16 & |\cdot 2 \\ \text{III.} & 3x - y + 2z = 11 & |\cdot 3 \end{array}$$

$$\begin{array}{llr} \text{I}'. & 6x - 9y + 12z = 60 & \\ \text{II}'. & 4x + 16y - 12z = -64 & \\ \hline \text{IV.} & 10x + 7y = -4 & |\cdot (-5) \end{array} \qquad \begin{array}{llr} \text{I}''. & 2x + 8y - 6z = -32 & \\ \text{II}''. & 9x - 3y + 6z = 33 & \\ \hline \text{V.} & 11x + 5y = 1 & |\cdot 7 \end{array}$$

$$\begin{array}{ll} \text{VI}'. & -50x - 35y = 20 \\ \text{V}'. & 77x + 35y = 7 \\ \hline & 27x = 27 \end{array}$$

Daraus folgt $x = 1$; $y = -2$ und $z = 3$.

3.6.4 Graphisches Lösen

Um den Schnittpunkt zweier Graphen (z. B. **linearer Funktionen**) zu berechnen, faßt man die beiden Funktionsgleichungen als Gleichungen eines Systems auf und löst es.

Umgekehrt kann man in einfachen Fällen die Gleichungen eines Systems auch als Gleichungen zweier Funktionen auffassen, sie graphisch darstellen und an den Koordinaten des Schnittpunktes die Lösung ablesen.

Gegeben sei das System: I. $y = 2x - 5$
II. $y = -x + 1$

Die graphische Darstellung zeigt, daß sich beide Graphen in S(2; −1) schneiden. Dieses Zahlenpaar ist somit Lösung des genannten Gleichungssystems.

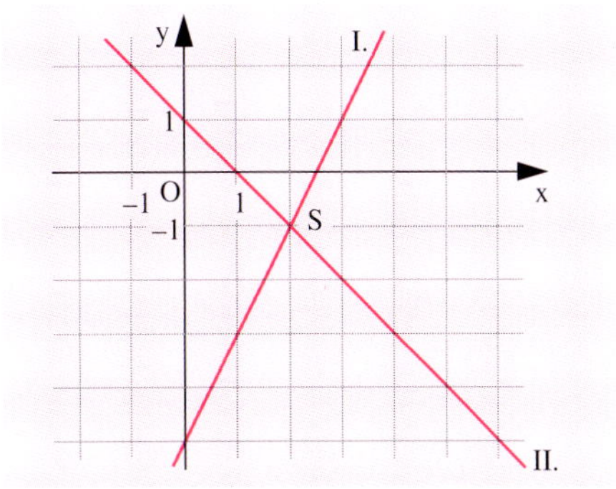

Dieses Verfahren ist bei einfachen Gleichungen leicht durchzuführen. Sind jedoch die Lösungen nicht ganzzahlig, kann man dem Bild die gesuchten Werte kaum entnehmen. In jedem Fall ist eine rechnerische Probe anzuraten.

3.6.5 Lösbarkeitsbedingungen

Die in diesem Abschnitt verwendeten Beispiele von Gleichungssystemen von zwei Gleichungen mit zwei Unbekannten hatten jeweils als Lösung genau ein Zahlenpaar. Es sind auch Fälle mit unendlich vielen Paaren oder mit keinem Paar als Lösung möglich.
An den Gleichungen bzw. der graphischen Lösung kann man die Fälle wie folgt erkennen:

Gegeben sei das System: I. $a_1x + b_1y = c_1$
II. $a_2x + b_2y = c_2$

genau eine Lösung	unendlich viele Lösungen	keine Lösung
Wenn gilt: $\frac{a_1}{a_2} \neq \frac{b_1}{b_2}$.	Wenn gilt: $\frac{a_1}{a_2} = \frac{b_1}{b_2} = \frac{c_1}{c_2}$.	Wenn gilt: $\frac{a_1}{a_2} = \frac{b_1}{b_2} \neq \frac{c_1}{c_2}$.
■ I. $2x + 4y = 20$ II. $3x - 4y = 50$ Es gilt: $\frac{2}{3} \neq \frac{4}{-4}$	■ I. $2x + 4y = 20$ II. $3x + 6y = 30$ Es gilt: $\frac{2}{3} = \frac{4}{6} = \frac{20}{30}$	■ I. $2x + 4y = 20$ II. $3x + 6y = 40$ Es gilt: $\frac{2}{3} = \frac{4}{6} \neq \frac{20}{40}$
	Man sagt auch: Die Gleichungen sind voneinander abhängig.	Man sagt auch: Die Gleichungen widersprechen einander.
Beide Geraden schneiden einander.	Beide Geraden fallen zusammen.	Beide Geraden sind parallel zueinander.

3.7 Lösen von Verhältnisgleichungen

Viele Probleme, bei denen mit drei gegebenen Größen eine vierte berechnet wird, führen auf Verhältnisgleichungen (Proportionen). Nach dem entsprechenden praktischen Sachverhalt unterscheidet man **direkte** und **indirekte Proportionalität**. Verhältnisgleichungen haben eine herausragende Bedeutung beim kaufmännischen Rechnen, insbesondere bei der **Prozentrechnung**, aber auch bei den **Strahlensätzen** und bei **linearen Funktionen** der Form $y = mx$.
Verhältnisgleichungen lassen sich mittels **Umformungsregeln** lösen (vgl. S. 112, 113). Es existieren allerdings auch ganz spezielle Regeln für das Lösen von Verhältnisgleichungen, die in diesem Kapitel dargestellt werden.

3.7.1 Rechenregeln für Verhältnisgleichungen

D Eine Gleichung der Form $\frac{a}{b} = \frac{c}{d}$ (a, b, c, d $\neq 0$) heißt **Verhältnisgleichung** oder **Proportion**.
Eine Verhältnisgleichung läßt sich auch in der Form $a : b = c : d$ schreiben.
Dabei heißen a und d **Außenglieder**, b und c **Innenglieder**, a und c **Vorderglieder**, b und d **Hinterglieder** der Proportion.

Wird $a : b = c : d$ mit $b \cdot d$ multipliziert, erhält man die Gleichung $a \cdot d = b \cdot c$. Sie heißt **Produktgleichung** der gegebenen Proportion.

S In jeder Proportion $a : b = c : d$ ist das Produkt der Innenglieder gleich dem Produkt der Außenglieder, $a \cdot d = b \cdot c$.

Mit Hilfe der Produktgleichung lassen sich folgende **Vertauschungssätze für Proportionen** herleiten:

S In jeder Proportion kann man vertauschen: die beiden Innenglieder; die beiden Außenglieder; die Innen- gegen die Außenglieder (die Hinter- gegen die Vorderglieder); die Seiten.

Regel: vertauschbar	**Verhältnisgleichung** $a : b = c : d$	**Beispiel** $2 : 5 = 4 : 10$	**Produktgleichung** $a \cdot d = b \cdot c$
Innenglieder	$a : c = b : d$	$2 : 4 = 5 : 10$	$a \cdot d = c \cdot b$
Außenglieder	$d : b = c : a$	$10 : 5 = 4 : 2$	$d \cdot a = b \cdot c$
Innen- gegen Außenglieder	$b : a = d : c$	$5 : 2 = 10 : 4$	$b \cdot c = a \cdot d$
Seiten	$c : d = a : b$	$4 : 10 = 2 : 5$	$c \cdot b = d \cdot a$

Die Gleichung $27 : x – 21 : 14$ $(x \neq 0)$ ist zu lösen:

Methode a

$27 : x = 21 : 14$	Produktgleichung bilden
$27 \cdot 14 = x \cdot 21$	Seiten vertauschen
$x \cdot 21 = 27 \cdot 14$	$: 21$
$x = \frac{27 \cdot 14}{21} = 18$	

Methode b

$27 : x = 21 : 14$	Innen- gegen Außenglieder
$x : 27 = 14 : 21$	$\cdot 27$
$x = \frac{14 \cdot 27}{21} = 18$	

3.7.2 Korrespondierende Addition und Subtraktion

Aus der Proportion $a : b = c : d$ lassen sich durch Addieren bzw. Subtrahieren von 1 oder einer anderen beliebigen Zahl auf beiden Seiten weitere Proportionen gewinnen:

S Aus $a : b = c : d$ und beliebigen p, q folgt:

korrespondierende Addition	*korrespondierende Subtraktion*
$(a + b) : b = (c + d) : d$	$(a - b) : b = (c - d) : d$
$(a + b) : a = (c + d) : c$	$(a - b) : a = (c - d) : c$
$(a + qb) : b = (c + qd) : d$	$(a - qb) : b = (c - qd) : d$
$(pa + b) : a = (pc + d) : c$	$(pa - b) : a = (pc - d) : c$

Dividiert man z.B. die ersten beiden nebeneinanderstehenden Gleichungen durcheinander, so erhält man $(a + b) : (a - b) = (c + d) : (c - d)$. Alle aufgeführten Proportionen sind wichtige Sonderfälle des allgemeinen Satzes der korrespondierenden Addition und Subtraktion:

S Aus $a : b = c : d$ und beliebigen p, q, r, s (Nenner $\neq 0$) folgt:

$$(pa \pm qb) : (ra \pm sb) = (pc \pm qd) : (rc \pm sd)$$

Die aufgeführten Regeln der korrespondierenden Addition und Subtraktion können zur Vereinfachung relativ komplizierter Verhältnisgleichungen genutzt werden.

■ Die Gleichung $(x + 6) : (x - 3) = (x + 1) : (x + 4)$ $(x \neq -4;\ x \neq 3)$ ist zu lösen:

$$\frac{x+6}{x-3} = \frac{x+1}{x+4} \quad \Big| \text{ Anwendung der Regel } \frac{a-b}{b} = \frac{c-d}{d}$$

$$\frac{x+6-(x-3)}{x-3} = \frac{x+1-(x+4)}{x+4} \quad \Big| \text{ Zähler vereinfachen}$$

$$\frac{9}{x-3} = \frac{-3}{x+4} \quad \Big| \text{ Bilden der Produktgleichung}$$

$$9x + 36 = -3x + 9 \quad \Big| +3x - 36$$

$$12x = -27 \quad \Big| : 12$$

$$x = -\frac{27}{12} = -\frac{9}{4}$$

3.8 Lösen quadratischer Gleichungen

3.8.1 Begriffe

D Eine Gleichung mit der Unbekannten x heißt **quadratische Gleichung**, wenn sie die Form $ax^2 + bx + c = 0$ $(a \neq 0)$ hat (**allgemeine Form der quadratischen Gleichung**) oder durch äquivalente Umformungen auf diese Form gebracht werden kann. Man nennt ax^2 das **quadratische Glied**, bx das **lineare** und c das **absolute Glied**.

■ $6x^2 - 13x + 7 = 0$; $9x^2 = 0$; $-\frac{1}{2}x^2 = -8$; $5x^2 - 5x = 0$

Mitunter sieht man einer Gleichung nicht sofort an, ob sie quadratisch ist oder nicht.

■ $\frac{2}{x} + 3x - 4 = 0 \quad (x \neq 0) \quad | \cdot x$

$2 + 3x^2 - 4x = 0$

$3x^2 - 4x + 2 = 0$

ist eine quadratische Gleichung

$(x - 4)(x + 6) = x^2$

$x^2 + 2x - 24 = x^2 \quad | -x^2$

$2x - 24 = 0$

ist keine quadratische Gleichung

Jede quadratische Gleichung läßt sich in einer Form angeben, bei der das quadratische Glied den Koeffizienten 1 hat. Dazu dividiert man die allgemeine Form durch a und erhält
$x^2 + \frac{b}{a}x + \frac{c}{a} = 0$.

Üblicherweise ersetzt man $\frac{b}{a}$ durch p und $\frac{c}{a}$ durch q und erhält $x^2 + px + q = 0$.

D $x^2 + px + q = 0$ heißt **Normalform der quadratischen Gleichung**.

■ allgemeine Form: $6x^2 - 12x + 7 = 0$ Normalform: $x^2 - 2x + \frac{7}{6} = 0$

allgemeine Form: $9x^2 = 0$ Normalform: $x^2 = 0$

allgemeine Form: $\frac{x^2}{4} + 2x - 1 = 0$ Normalform: $x^2 + 8x - 4 = 0$

3.8.2 Spezialfälle und spezielle Lösungsverfahren

Während a von 0 verschieden sein muß (sonst läge keine quadratische Gleichung vor), können die übrigen Koeffizienten den Wert 0 annehmen. In der Normalform können also p und q gleich 0 sein, d.h., daß die entsprechenden Glieder gar nicht auftreten. Für diese Fälle einer quadratischen Gleichung gibt es vereinfachte Lösungsverfahren.

Fall (1): $p = 0$ und $q = 0$

Es entsteht die Gleichung $x^2 = 0$. Sie wird von der Zahl 0 und keiner anderen erfüllt. (Auch die Gleichungen der Form $ax^2 = 0$, also z.B. $9x^2 = 0$ haben diese Lösung.)

Fall (2): $p = 0$ und $q \neq 0$

Es entsteht die Gleichung $x^2 + q = 0$.

■ $x^2 - 16 = 0$
Man addiert auf beiden Seiten 16 und erhält $x^2 = 16$. Diese Gleichung wird von den Zahlen 4 und -4 erfüllt.

Man beachte: Die Gleichung $x^2 = q$ ist nicht äquivalent zu der Gleichung $x = \sqrt{q}$, sondern zu der Gleichung $|x| = \sqrt{q}$, was gleichbedeutend ist mit $x = \pm\sqrt{q}$.

■ $x^2 - \frac{1}{9} = 0;\ x^2 = \frac{1}{9};$ Lösungen: $x_1 = \frac{1}{3};\ x_2 = -\frac{1}{3}$
$x^2 - 2 = 0;\ x^2 = 2;$ Lösungen: $x_1 = \sqrt{2};\ x_2 = -\sqrt{2}$
$x^2 + 1 = 0;\ x^2 = -1;$ keine Lösung

Die Gleichungen der Form $x^2 + q = 0$ haben zwei Lösungen, wenn q negativ ist, eine Lösung, wenn $q = 0$ ist, und keine Lösung, wenn q positiv ist. Gibt es zwei Lösungen, so sind das zwei entgegengesetzte Zahlen.

Fall (3): $p \neq 0$ und $q = 0$

Es entsteht die Gleichung $x^2 + px = 0$.
Durch Ausklammern von x erhält man daraus $x(x + p) = 0$. Ein Produkt ist genau dann gleich 0, wenn (mindestens) einer der Faktoren gleich 0 ist. Das ist hier der Fall für $x = 0$ und für $x + p = 0$, was äquivalent zu $x = -p$ ist.
Somit hat jede Gleichung der Form $x^2 + px = 0$ genau zwei Lösungen, nämlich $x_1 = 0$ und $x_2 = -p$.

■ $x^2 - 11x = 0;$ Lösungen: $x_1 = 0;\ x_2 = 11$
$x^2 + \frac{2}{3}x = 0;$ Lösungen: $x_1 = 0;\ x_2 = -\frac{2}{3}$

3.8.3 Lösen mit Hilfe der quadratischen Ergänzung

Sind in der Normalform der quadratischen Gleichung p und q von 0 verschieden, helfen weder ein „Hinüberschaffen" eines Gliedes auf die andere Seite noch ein Dividieren durch x weiter. Günstig ist für die Lösung allerdings der Fall, daß die linke Seite Quadrat einer Summe ist.

■ $x^2 + 10x + 25 = 0$ läßt sich schreiben als
$(x + 5)^2 = 0$ und daraus folgt
$x + 5 = 0,$ also die Lösung $x = -5$.

Liegt ein solcher Fall nicht vor, so versucht man durch Addition einer geeigneten Zahl auf beiden Seiten zu erreichen, daß man auf der linken Seite das volle Quadrat einer Summe erhält.

■

$x^2 - 12x + 32 = 0$	$\vert -32$
$x^2 - 12x = -32$	$\vert +36$
$x^2 - 12x + 36 = 36 - 32$	| Zusammenfassen
$(x-6)^2 = 4$	| Radizieren
$\vert x - 6 \vert = \sqrt{4}$	| Die zwei Lösungen der Betragsgleichung werden durch unterschiedliche Wurzelvorzeichen gekennzeichnet.
$x - 6 = \pm\sqrt{4}$	
$x_1 = 6 + 2 = 8$	
$x_2 = 6 - 2 = 4$	

Tatsächlich gilt: $8^2 - 12 \cdot 8 + 32 = 64 - 96 + 32 = 0$ und $4^2 - 12 \cdot 4 + 32 = 0$.

Die Zahl, die man der Summe $x^2 + px$ hinzufügen muß (im Beispiel: 36), um das vollständige Quadrat einer Summe zu erhalten, wird als **quadratische Ergänzung** bezeichnet. Man findet sie, indem man die Hälfte von $|p|$ ins Quadrat erhebt.

■

$x^2 + px$	quadratische Ergänzung	vollständiges Quadrat
$x^2 - 18x$	$9^2 = 81$	$(x-9)^2$
$x^2 + 5x$	$(\frac{5}{2})^2 = \frac{25}{4}$	$(x + \frac{5}{2})^2$
$x^2 - x$	$0{,}5^2 = 0{,}25$	$(x - 0{,}25)^2$

W Der arabische Mathematiker AL-CHWARIZMI (787 – um 850) gab in seinen Schriften bereits Lösungen für quadratische Gleichungen an. Da man damals keine negativen Glieder (und auch keine negativen Lösungen) akzeptierte, wurden die quadratischen Gleichungen in Typen eingeteilt (z.B. $x^2 + ax = b$; $x^2 + b = ax$; $ax + b = x^2$). Für jeden Typ gab es ein spezielles Lösungsverfahren, das auf der quadratischen Ergänzung in graphischen Darstellungen beruhte.

■ Lösung zu $x^2 + 10x = 39$

x^2 wird dargestellt als ein Quadrat mit der Seite x.

Durch Ansetzen von zwei Rechtecken mit den Seiten x und 5 wird $x^2 + 10x$ dargestellt. diese Fläche ist laut Gleichung gleich 39.

Man ergänzt die Figur zu einem Quadrat durch Hinzufügen eines Quadrates mit der Seitenlänge 5, also dem Inhalt 25.

Die gesamte Fläche stellt $39 + 25 = 64$ dar, hat also eine Seitenlänge 8. Demnach ist x = 3.

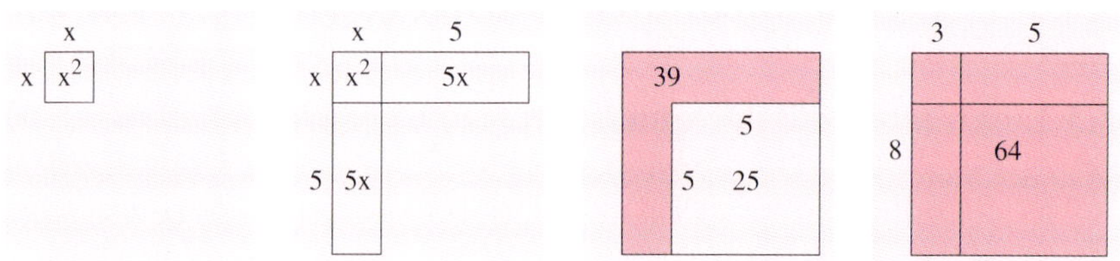

3.8.4 Lösungsformel für quadratische Gleichungen

Das in 3.8.3 beschriebene Verfahren wird jetzt auf die Normalform allgemein angewendet. Man erhält schrittweise

$x^2 + px + q = 0$	| Subtraktion von q auf beiden Seiten
$x^2 + px = -q$	| Addition der quadratischen Ergänzung

$$x^2 + px + (\tfrac{p}{2})^2 = (\tfrac{p}{2})^2 - q \quad |\text{Umformen in das Quadrat einer Summe}$$

$$(x + \tfrac{p}{2})^2 = (\tfrac{p}{2})^2 - q \quad |\text{Ziehen der Wurzel}$$

$$x + \tfrac{p}{2} = \pm\sqrt{\left(\tfrac{p}{2}\right)^2 - q} \quad |\text{Subtraktion von } \tfrac{p}{2}$$

$$x_1 = -\tfrac{p}{2} + \sqrt{\left(\tfrac{p}{2}\right)^2 - q}$$

$$x_2 = -\tfrac{p}{2} - \sqrt{\left(\tfrac{p}{2}\right)^2 - q} \qquad \text{Zusammengefaßt:} \quad x_{1,2} = -\tfrac{p}{2} \pm \sqrt{\left(\tfrac{p}{2}\right)^2 - q}$$

Dieses ist die **Lösungsformel für quadratische Gleichungen**. Sie erspart das in 3.8.3 beschriebene Verfahren der quadratischen Ergänzung und ist auch für die in 3.8.2 genannten Spezialfälle anwendbar.

3

■ $x^2 - 12x + 32 = 0$
$p = -12;\ q = 32$
$x_{1,2} = 6 \pm \sqrt{36 - 32}$
$x_{1,2} = 6 \pm 2$
$x_1 = 8;\ x_2 = 4$

$x^2 - 11x = 0$
$p = -11;\ q = 0$
$x_{1,2} = 5{,}5 \pm \sqrt{5{,}5^2}$
$x_{1,2} = 5{,}5 \pm 5{,}5$
$x_1 = 11;\ x_2 = 0$

Man beachte: Bei der Benutzung der Lösungsformel kommt es vor allem zu folgenden Fehlern und Problemen:

- Die Formel wird unzulässig auf die allgemeine Form der Gleichung angewendet, obwohl sie sich auf die Normalform bezieht.
- Ist p ein Bruch, wird die Hälfte davon falsch angegeben.
- Sind p oder q negativ, wird nicht bedacht, daß dann –p und –q positiv sind.

Die richtige Vorgehensweise wird am folgenden Beispiel gezeigt:

■ $6x^2 - x - 1 = 0 \quad |:6$ (zuerst Normalform herstellen)

$x^2 - \frac{1}{6}x - \frac{1}{6} = 0 \qquad p = -\frac{1}{6}$, dann also $-\frac{p}{2} = \frac{1}{12}$; $\quad q = -\frac{1}{6}$, dann also $-q = \frac{1}{6}$

Es folgt $\quad x_{1,2} = \frac{1}{12} \pm \sqrt{\frac{1}{144} + \frac{1}{6}} = \frac{1}{12} \pm \sqrt{\frac{25}{144}}$

$x_1 = \frac{1}{12} + \frac{5}{12} = \frac{6}{12} = \frac{1}{2} \qquad x_2 = \frac{1}{12} - \frac{5}{12} = -\frac{4}{12} = -\frac{1}{3}$

Tatsächlich gilt:
$6 \cdot (\frac{1}{2})^2 - \frac{1}{2} - 1 = \frac{3}{2} - \frac{1}{2} - 1 = 0$ und $6 \cdot (-\frac{1}{3})^2 - (-\frac{1}{3}) - 1 = \frac{2}{3} + \frac{1}{3} - 1 = 0$

Quadratische Gleichungen können zwei Lösungen, eine Lösung oder keine Lösung haben. Welcher dieser Fälle eintritt, hängt vom Wert des Radikanden $(\frac{p}{2})^2 - q$ in der Lösungsformel ab.
Dieser Term heißt **Diskriminante** und wird gewöhnlich mit **D** bezeichnet.
Es ist also $D = (\frac{p}{2})^2 - q$.

- Ist $D > 0$, so gibt es zwei Lösungen, nämlich $-\frac{p}{2} + \sqrt{D}$ und $-\frac{p}{2} - \sqrt{D}$.
- Ist $D = 0$, so gibt es genau eine Lösung, nämlich $-\frac{p}{2}$.
- Ist $D < 0$, so gibt es keine Lösung, da $\sqrt{D}$ keine reelle Zahl ist.

Eine grobe Näherungslösung einer kubischen Gleichung erhält man dadurch, daß man die Gleichung in der Form $x^3 = q - px$ betrachtet. Die x-Koordinate der Schnittstelle der Graphen $y = x^3$ und $y = q - px$ in kartesischen Koordinaten entspricht der Lösung.

■ Graphische Bestimmung der reellen Lösung der kubischen Gleichung $x^3 = 1 - \frac{1}{2}x$.

x_0 kann als Näherungswert verwendet werden.

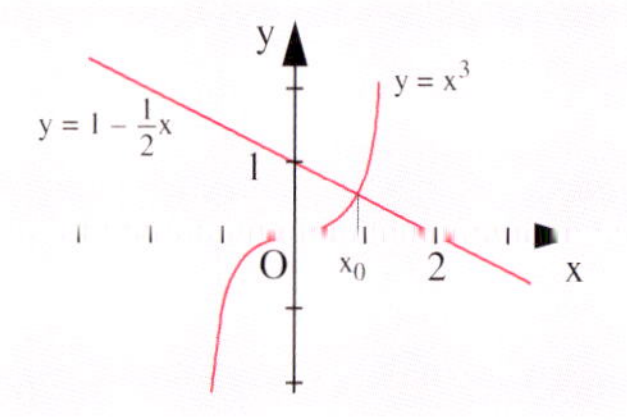

3.9.2 Gleichungen 4. Grades

Für die allgemeine Gleichung 4. Grades ist zwar auch im 16. Jahrhundert eine Lösungsmethode angegeben worden, für praktische Anwendungen werden heute aber stets mit Methoden der höheren Mathematik entwickelte **Näherungsverfahren** benutzt. Lediglich die sogenannte **biquadratische Gleichung** $x^4 + px^2 + q = 0$ kann durch die Substitution $x^2 = t$ einfach auf eine **quadratische Gleichung** zurückgeführt werden, die für t die Lösungen $t_{1,2} = -\frac{p}{2} \pm \sqrt{\frac{p^2}{4} - q}$ hat, woraus für die ursprüngliche Gleichung folgt: $x_{1,2} = \pm\sqrt{t_1}$, $x_{3,4} = \pm\sqrt{t_2}$.

Es können folgende Fälle auftreten:

- alle vier Lösungen reell,
- zwei Lösungen reell, zwei Lösungen nicht reell (komplex),
- alle Lösungen nicht reell.

■ Die Gleichung $x^4 - 5x^2 + 4 = 0$ hat die Lösungen $x_1 = 2$, $x_2 = -2$, $x_3 = 1$, $x_4 = -1$.
Die Gleichung $x^4 - x^2 - 6 = 0$ hat die Lösungen $x_1 = \sqrt{3}$, $x_2 = -\sqrt{3}$,
die beiden anderen Lösungen sind nicht reell.
Die Gleichung $x^4 - 5x^2 + 6 = 0$ hat keine reellen Lösungen.

3.9.3 Gleichungen n-ten Grades

Fundamentalsatz der Algebra

H Der Norweger NIELS HENRIK ABEL (1802–1829) konnte 1826 den Beweis führen, daß eine Gleichung 5. Grades prinzipiell nicht durch einen geschlossenen Formelausdruck gelöst werden kann. Die theoretische Grundlage für die Aussage, daß das für alle Gleichungen vom Grade $n \geq 5$ gilt, wurde durch die Gruppentheorie geliefert, die EVARISTE GALOIS (1811–1832) formulierte. GALOIS fiel in einem Duell. Veröffentlicht wurden seine Arbeiten erst in der Mitte des 19. Jahrhunderts.

D Der Term n-ten Grades $a_n x^n + a_{n-1} x^{n-1} + \ldots + a_1 x + a_0 = P_n(x)$ heißt **Polynom n-ten Grades** ($a_n \neq 0$). Die Lösungen der algebraischen Gleichung $P_n(x) = 0$ heißen **Wurzeln (Nullstellen) des Polynoms**.

S Eine Gleichung n-ten Grades hat in der Menge der komplexen Zahlen *genau* n Wurzeln (Lösungen), in der Menge ℝ der reellen Zahlen *höchstens* n Wurzeln.
(**Fundamentalsatz der Algebra**)

Ohne Beweis sei mitgeteilt, daß das Polynom $P_n(x)$ als Produkt von Linearfaktoren geschrieben werden kann: $P_n(x) = a_n(x - x_1)(x - x_2) \ldots (x - x_n)$.

Das bedeutet aber, daß das Polynom durch $(x - x_i)$ ohne Rest geteilt werden kann, wenn x_i eine Wurzel (Nullstelle) ist. Ist also eine Wurzel eines Polynoms n-ten Grades bekannt, so kann durch Polynomdivision eine Zerlegung erzielt werden, die die Berechnung weiterer Wurzeln auf ein Polynom (n–1)-ten Grades zurückführt.
Für den Fall eines Polynoms dritten Grades mit den Nullstellen x_1, x_2 und x_3 heißt das, daß $x^3 + ax^2 + bx + c = (x - x_1)(x - x_2)(x - x_3)$ ist.

Anders notiert: $\frac{x^3 + ax^2 + bx + c}{x - x_1} = (x - x_2)(x - x_3)$.

Das Polynom dritten Grades kann als bei Kenntnis einer Nullstelle x_1 durch $(x - x_1)$ ohne Rest geteilt werden. Man erhält als Quotient ein Polynom zweiten Grades (allgemein ein Polynom, dessen Grad um 1 kleiner ist). Das Bestimmen weiterer Nullstellen erfolgt dann mit diesem reduzierten Polynom.

3

Polynomdivision

■ Eine Nullstelle des Polynoms $x^3 + 4x^2 - 17x - 60$ ist $x_1 = -3$.
Demnach muß die Division durch $(x - x_1) = (x + 3)$ ohne Rest möglich sein.
Man kann dabei analog zur **schriftlichen Division** von Zahlen vorgehen:

$$
\begin{array}{l}
(x^3 + 4x^2 - 17x - 60) : (x + 3) = x^2 + x - 20 \\
\underline{-(x^3 + 3x^2)} \\
\quad\quad x^2 - 17x \\
\quad\ \underline{-(x^2 + \ \ 3x)} \\
\quad\quad\quad -20x - 60 \\
\quad\quad\ \underline{-(-20x - 60)} \\
\quad\quad\quad\quad\quad 0
\end{array}
$$

x_2 und x_3 ermittelt man dann über die **Lösungsformel für quadratische Gleichungen**.

Noch ein Trick für den Schulgebrauch: Wenn die Koeffizienten der kubischen Gleichung ganzzahlig sind, dann muß eine Lösung der Gleichung Teiler des konstanten Gliedes sein. Man kann also versuchen, eine Lösung durch Probieren zu finden. Im obigen Beispiel ist das konstante Glied –60. Die Nullstelle muß also in der Menge {±1; ±2; ±3; ±4; ±5; ±6; ±10; ±12; ±15; ±20; ±30; ±60} liegen. Man findet beim Probieren –3. Die restlichen Nullstellen sind dann aus dem quadratischen Polynom zu bestimmen.

■ Eine Nullstelle des Polynoms $x^5 - 4x^3 - x^2 + 4$ ist $x_1 = -2$.

$$
\begin{array}{l}
(x^5 + 0x^4 - 4x^3 - x^2 + 0x + 4) : (x + 2) = x^4 - 2x^3 - x + 2 \\
\underline{-(x^5 + 2x^4)} \\
\quad\quad - 2x^4 - 4x^3 \\
\quad \underline{-(-2x^4 - 4x^3)} \\
\quad\quad\quad\quad 0 \ - x^2 \\
\quad\quad\quad \underline{-(\quad - x^2 - 2x)} \\
\quad\quad\quad\quad\quad\quad 2x + 4 \\
\quad\quad\quad\quad\quad \underline{-(2x + 4)} \\
\quad\quad\quad\quad\quad\quad\quad 0
\end{array}
$$

Also: $x^5 - 4x^3 - x^2 + 4 = (x^4 - 2x^3 - x + 2)(x + 2)$.

VIETAscher Wurzelsatz

Die Koeffizienten des Polynoms lassen sich als Summen von Produkten der Wurzeln darstellen. Für den Fall der quadratischen Polynome ist das im Abschnitt 3.8.5 (vgl. S. 130) gezeigt worden. Hier sei noch die Erweiterung des VIETAschen Wurzelsatzes auf Polynome dritten Grades angegeben:

Hat die Gleichung $x^3 + ax^2 + bx + c = 0$ die Wurzeln x_1, x_2 und x_3, so folgt aus

$$x^3 + ax^2 + bx + c = (x - x_1)(x - x_2)(x - x_3) =$$
$$x^3 - (x_1 + x_2 + x_3)x^2 + (x_1x_2 + x_1x_3 + x_2x_3)x - x_1x_2x_3$$

durch Vergleich der Koeffizienten der linken und rechten Seite:

$$x_1 + x_2 + x_3 = -a$$
$$x_1x_2 + x_1x_3 + x_2x_3 = b$$
$$x_1x_2x_3 = -c$$

Diese Gleichungen lassen sich zur Probe benutzen, können aber auch in einfachen Fällen durch überlegtes Probieren zur Lösung führen.

- Für die Gleichung $x^3 - 8x^2 + 5x + 14 = 0$ wurden die Wurzeln $x_1 = -1$, $x_2 = 2$, $x_3 = 7$ gefunden. Eine Probe mittels VIETAschen Wurzelsatz bestätigt deren Richtigkeit:

  $$x_1 + x_2 + x_3 = 8 = -a$$
  $$x_1x_2 + x_1x_3 + x_2x_3 = 5 = b$$
  $$x_1x_2x_3 = -14 = -c$$

- $x^3 - 1{,}5x^2 - 1{,}5x + 1 = 0$

  Das Produkt der drei Wurzeln muß −1 ergeben. Der Gedanke liegt nahe, daß eine der Wurzeln 1 oder −1 ist und die beiden anderen eine Zahl und ihren Kehrwert ergeben. Da die Summe der drei Wurzeln 1,5 sein muß, kann man versuchen, ob man mit 2 und $\frac{1}{2}$ als zweite und dritte Wurzel zurechtkommt. Es zeigt sich in diesem Fall, daß die Zahlen −1; 2 und 0,5 alle Bedingungen und damit auch die gegebene Gleichung erfüllen.

3.10 Wurzelgleichungen, Exponentialgleichungen, Logarithmengleichungen

3.10.1 Wurzelgleichungen

Eine Gleichung heißt **Wurzelgleichung**, wenn die Unbekannte x im Radikanden auftritt. Im allgemeinen sind die Lösungen von Wurzelgleichungen nicht direkt zu bestimmen, es müssen dann **Näherungsverfahren** herangezogen werden.

Rechnerisches Lösen einfacher Wurzelgleichungen

Bei einfachen Wurzelgleichungen lassen sich die Wurzeln durch Quadrieren beseitigen.

Man beachte: Das Quadrieren ist keine äquivalente Umformung einer Gleichung. Was man aus der umgeformten Gleichung als Lösung erhält, muß unbedingt überprüft werden, um sicherzustellen, daß die ursprüngliche Wurzelgleichung erfüllt ist.

■ $2\sqrt{x+4} = x+4$ | Quadrieren

$4(x+4) = x^2 + 8x + 16$ | $-4x-16$; Seiten der Gleichung vertauschen

$x^2 + 4x = 0$ | Ausklammern

$x(x+4) = 0$

Ist ein Faktor 0, so ist die Gleichung erfüllt, also $x_1 = 0$; $x_2 = -4$.

Probe für $x_1 = 0$: $2\sqrt{0+4} = 0+4$

Probe für $x_2 = -4$: $2\sqrt{-4+4} = -4+4$

Beide Lösungen erfüllen die Gleichung.

■ $\sqrt{2x+4} = 5-x$ | Quadrieren

$2x+4 = (5-x)^2$ | Ausmultiplizieren

$2x+4 = 25 - 10x + x^2$ | $-2x-4$

$0 = x^2 - 12x + 21$ | Lösungsformel für quadratische Gleichungen

$x_{1,2} = 6 \pm \sqrt{15}$ also $x_1 \approx 9{,}87$; $x_2 \approx 2{,}13$

Probe für x_1: $\sqrt{2 \cdot 9{,}87 + 4} = 5 - 9{,}87$ Diese Lösung entfällt.

Probe für x_2: $\sqrt{2 \cdot 2{,}13 + 4} = 5 - 2{,}13$ Diese Lösung erfüllt die Gleichung.

■ $\sqrt{x+4} - \sqrt{x-1} = 1$ | Quadrieren und zusammenfassen

$2x + 3 - 2\sqrt{(x+4)\,(x-1)} = 1$ | $-2x-3$ | $\cdot(-1)$

$2\sqrt{(x+4)\,(x-1)} = 2x+2$ | $:2$

$\sqrt{(x+4)\,(x-1)} = x+1$ | nochmaliges Quadrieren

$x^2 + 3x - 4 = x^2 + 2x + 1$ | $-x^2 - 2x + 4$

$x = 5$

Probe: $\sqrt{5+4} - \sqrt{5-1} = 1$ $x = 5$ erfüllt die Gleichung.

Graphisches Lösen von Wurzelgleichungen

In einigen Fällen lassen sich Wurzelgleichungen graphisch lösen. Ein Beispiel (bezogen auf das letzte Beispiel des vorigen Abschnitts) soll das Vorgehen hierbei verdeutlichen:

■ Die Gleichung $\sqrt{x+4} - \sqrt{x-1} = 1$ wird umgeformt in $\sqrt{x+4} = \sqrt{x-1} + 1$. Betrachtet werden nun die beiden Funktionen $f_1(x) = \sqrt{x+4}$ und $f_2(x) = \sqrt{x-1} + 1$. Die Abszissen der Schnittpunkte der Graphen dieser Funktionen sind Lösungen der Gleichung. Vorbetrachtung: $f_1(x)$ ist definiert für $x \geq -4$; $f_1(x)$ ist definiert für $x \geq 1$.

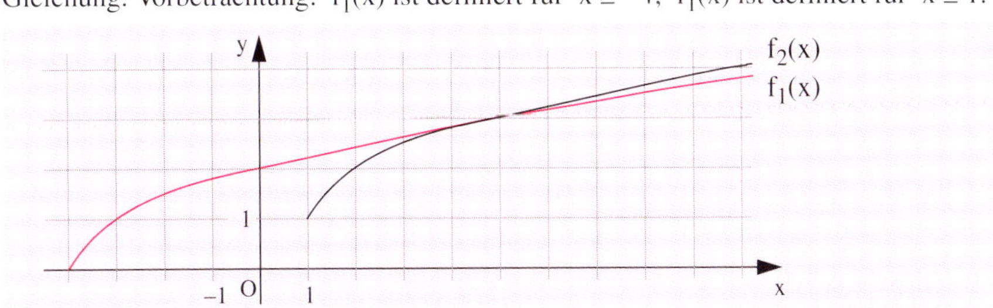

Dem Bild entnimmt man die Koordinaten des Schnittpunktes: $x = 5$; $y = 3$. Die Probe für den x-Wert an der Ausgangsgleichung zeigt die Korrektheit der Lösung.

3.11 Näherungsverfahren zum Lösen von Gleichungen mit einer Unbekannten

Um die Lösung(en) einer Gleichung zu bestimmen, gibt es nur in Sonderfällen exakte Verfahren. In allen anderen Fällen muß man sich Näherungsverfahren bedienen, deren Begründung sich häufig aus Verfahren der höheren Mathematik ergibt. Die praktische Mathematik kennt verschiedene Arten von Näherungsmethoden, sie hängen im allgemeinen vom Problem ab, welches zu bearbeiten ist.

Der Grundgedanke dieser **Näherungsverfahren** besteht darin, die Gleichung in eine Funktion umzuwandeln – so daß die Unbekannte der Gleichung als Veränderliche der Funktion erscheint – und dann die Nullstelle dieser Funktion zu suchen, also statt der Gleichung $p(x) = 0$ die Funktion $f(x) = p(x)$ zu betrachten. Dieses „Suchen“ besteht darin, daß man eine (z.B. durch Schätzen gefundene) Näherungslösung schrittweise verbessert oder ein Intervall, in dem die Lösung liegt, systematisch verkleinert. Man nennt dieses Vorgehen **Iteration**.

D Von einem **Iterationsverfahren** spricht man, wenn es zur Lösung eines Problems möglich ist, aus einer irgendwie gewonnenen Näherungslösung durch Anwendung eines **Algorithmus** zu einer besseren Näherungslösung zu kommen, und man letztlich prinzipiell die Näherung beliebig gut an die exakte Lösung heranführen kann.

Intuitiv ist verständlich, daß bei ständiger Verkleinerung eines eine Nullstelle einschließenden Intervalls, also durch eine **Intervallschachtelung**, letztlich die Nullstelle errechnet werden kann. Aber auch unmittelbar aus der Anwendung des Strahlensatzes ergibt sich ein Näherungsverfahren, das Sekantennäherungsverfahren oder „Regula falsi“ genannt wird.

3.11.1 Sekantennäherungsverfahren (Regula falsi)

Um die Lösungen der Gleichung $p(x) = 0$ zu bestimmen, wird die Funktion $f(x) = p(x)$ betrachtet. In dem Intervall $[x_1; x_2]$ existiert dann mindestens eine Nullstelle, wenn die Funktion in dem Intervall stetig ist (anschaulich heißt das, daß sie in „einem Zug“ gezeichnet werden kann) und an den Stellen x_1 und x_2 unterschiedliche Vorzeichen hat:

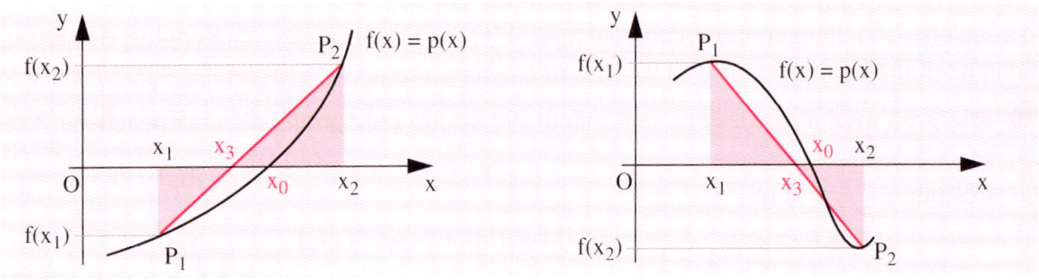

Verbindet man in dem Graphen der Funktion die Punkte $P_1(x_1; f(x_1))$ und $P_2(x_2; f(x_2))$, so erhält man die im obigen Bild hervorgehobene Strahlensatzfigur mit dem Scheitelpunkt an der Stelle x_3. Aus der Strahlensatzfigur des Bildes folgt unmittelbar:

$$\frac{x_3 - x_1}{f(x_1)} = -\frac{x_3 - x_2}{f(x_2)},$$

wobei das Minuszeichen den Vorzeichenwechsel von $f(x)$ korrigiert. Die Schnittstelle x_3 der Verbindungsstrecke der Punkte P_1 und P_2 mit der x-Achse ist geeignet, das die Nullstelle einschließende Intervall zu verkleinern. Der Wert von x_3 ergibt sich als

$$x_3 = x_1 - f(x_1)\frac{x_2 - x_1}{f(x_2) - f(x_1)} .$$

Dieses Vorgehen wird mit dem verkleinerten Intervall wiederholt, wobei derjenige der Punkte P_1 oder P_2 durch den Punkt $P_3(x_3; f(x_3))$ ersetzt wird, dessen y-Koordinate das Vorzeichen von $f(x_3)$ hat. Die völlig gleichartige Rechnung liefert dann einen Wert x_4, die iterative Fortsetzung weitere Werte $x_5, ..., x_n$. Man beendet diese Iteration, wenn weiteres Rechnen keine wesentlichen Änderungen mehr bringt. Der Anwender des Verfahrens muß allerdings selbst entscheiden, wann er meint, daß die erreichte Genauigkeit genügt.

Nebenstehend ist die algorithmische Darstellung der Nullstellenbestimmung für $f(x) = p(x)$ angegeben.
Zum Verständnis des **Algorithmus** muß noch gesagt werden, daß für die Iteration jeweils nur die beiden letzten Intervallgrenzen benötigt werden, frühere Werte sind belanglos und können verworfen werden. Da in Algorithmen eine Schreibweise f(x) immer als Aufruf einer Funktion betrachtet wird, in dem Algorithmus aber nur die einmal berechneten Funktionswerte eine Rolle spielen, ist in dem Algorithmus f(x1) durch y1 (eine einfache Variable) ersetzt, entsprechend sind y2 und y3 zu verstehen.

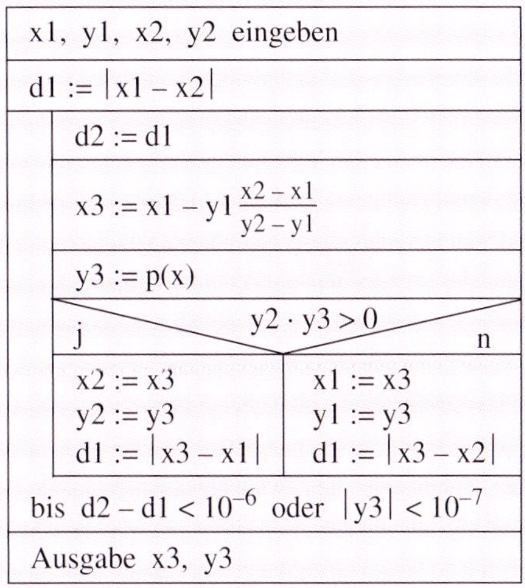

■ Die Funktion $y = f(x) = x^3 - x^2 - 6$ hat für $x1 = 0$ den Wert $y1 = -6$ und für $x2 = 3$ den Wert $y2 = 12$. Da y1 und y2 verschiedene Vorzeichen haben, muß es in dem Intervall [x1; x2] eine Nullstelle geben. Testet man nun den Algorithmus mit den Anfangswerten $x1 = 0$; $y1 = -6$; $x2 = 3$; $y2 = 12$, so erhält man nach 17 Iterationsschritten $x3 = 2{,}218776$ und $y3 = -3{,}83268 \cdot 10^{-7}$.

3.11.2 Allgemeines Iterationsverfahren

In einer in der praktischen Mathematik als „**allgemeines Iterationsverfahren**" bezeichneten Methode wird folgendermaßen vorgegangen:

Bestimmt werden sollen die Lösungen der Gleichung $G(x) = 0$. Man stellt nun diese Gleichung um in die Form $x = g(x)$. Eine solche Umstellung ist immer auf verschiedene Art möglich. So kann z.B. $x^3 - 5x^2 + 10 = 0$ in

$x = x^3 - 5x^2 + x + 10$ oder $x = \sqrt[3]{5x^2 - 10}$ oder $x = \sqrt{0{,}2\ (x^3 + 10)}$ umgestellt werden.

Es liegt jetzt also eine Form $x = g(x)$ vor. Nun faßt man diese umgestellte Form als zwei Funktionen auf, nämlich $f_1(x) = x$ und $f_2(x) = g(x)$ und fragt, ob es Schnittpunkte der zugehörigen Graphen gibt. Die Abszissen der Schnittpunkte wären dann Lösungen der ursprünglichen Gleichung. Zwei Fälle sind für diese Vorgehensweise interessant:

1. Fall: Es ist eine Umstellung gelungen, so daß $f_2(x) = g(x)$ die Gerade $f_1(x) = x$ unter einem Winkel α schneidet, der der Bedingung $0 < \alpha < \frac{\pi}{4}$ genügt (Bild a).
Eine Näherung sei x_1. Es ist dann $g(x_1) = x_2$ und $g(x_2) = x_3$. Die Zeichnung zeigt, wie eine Annäherung an die Schnittstelle erfolgt.

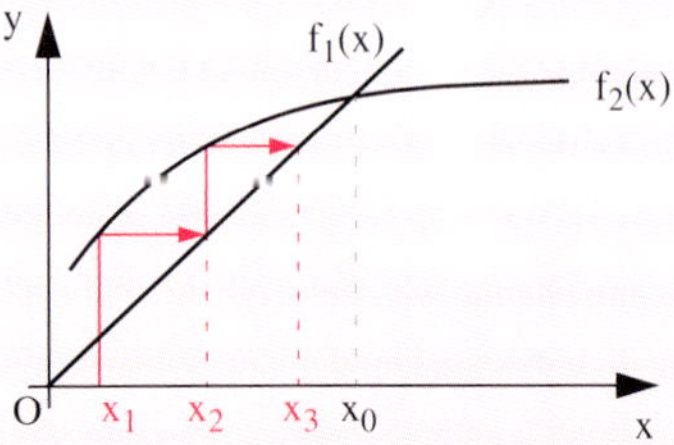

Bild a

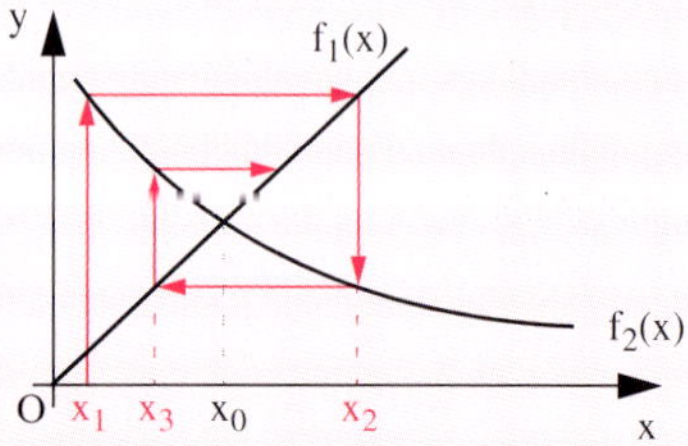

Bild b

2. Fall: Es sei eine Umstellung gelungen, so daß $f_2(x) = g(x)$ die Gerade $f_1(x) = x$ unter einem Winkel α schneidet, der der Bedingung $-\frac{\pi}{4} < \alpha < 0$ genügt (Bild b).
Wiederum erhält man aus x_1 die bessere Näherung $x_2 = g(x_1)$, daraus $x_3 = g(x_2)$ usw.

Wenn, wie oben gesagt, eine solche Umstellung der Gleichung gelingt, führt das Verfahren zum Ziel.

■ Gegeben sei $0{,}8x - \sqrt[3]{x} = 10$. Daraus folgt $x = 10 + 0{,}2x + \sqrt[3]{x}$.
Anfangsnäherung: $x_1 = 10$

$$x_2 = 10 + 0{,}2x_1 + \sqrt[3]{x_1} = 14{,}1544$$
$$x_3 = 10 + 0{,}2x_2 + \sqrt[3]{x_2} = 14{,}2660$$
$$x_4 = 10 + 0{,}2x_3 + \sqrt[3]{x_3} = 14{,}2703$$
$$x_5 = 10 + 0{,}2x_4 + \sqrt[3]{x_4} = 14{,}2705$$
$$x_6 = 10 + 0{,}2x_5 + \sqrt[3]{x_5} = 14{,}2705$$

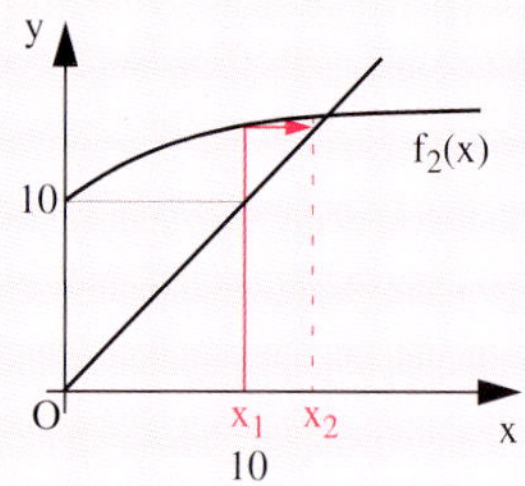

3.11.3 Intervallhalbierungsmethode

Mit **Intervallhalbierungsmethode** wird ein einfaches, sicheres Iterationsverfahren bezeichnet. Man kann mit diesem Verfahren eine Nullstelle einer Funktion bestimmen. Vorausgesetzt wird dabei eine über einem Intervall [a; b] stetige Funktion (d.h., der Graph der Funktion kann in dem Intervall zusammenhängend gezeichnet werden), die in dem Intervall eine Nullstelle hat (d.h. Vorzeichenwechsel des Funktionswertes).

Das Verfahren besteht dann darin, daß man das Intervall halbiert und entscheidet, in welchem Teilintervall sich die Nullstelle befindet.
Mit diesem Teilintervall wiederholt man das Vorgehen. x_1 und x_2 sind die Ausgangswerte, $x_3, x_4, \ldots$ ist die Folge der berechneten Intervallmitten. Das Verfahren wird abgebrochen, wenn die Intervallänge $x_n - x_{n-1}$ so klein ist, daß es der geforderten Rechengenauigkeit genügt. Die Mitte dieses Intervalls wird dann als Näherung für die Nullstelle angenommen.

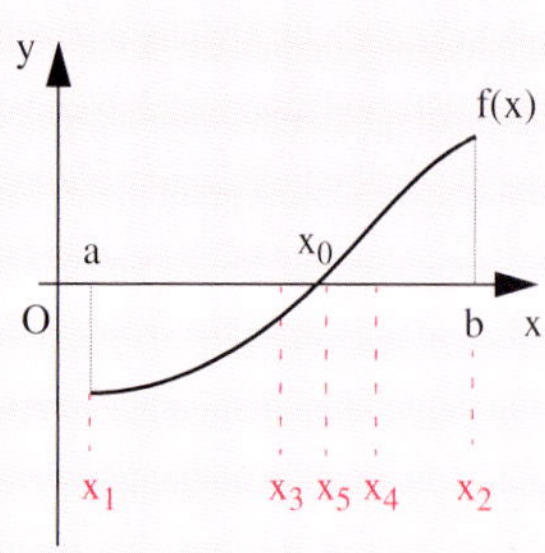

Algorithmische Darstellung des Verfahrens:

Es sei vorausgesetzt, daß die Funktion f(x) im Intervall $[a; b] = [x_1; x_2]$ eine Nullstelle hat, d.h., daß $f(a) \cdot f(b) < 0$ ist. Es werde weiter vorausgesetzt, daß (beispielsweise durch Rundungsfehler) diese Nullstelle nicht exakt gefunden werden kann.

Den Algorithmus verdeutlicht nebenstehendes Struktogramm.

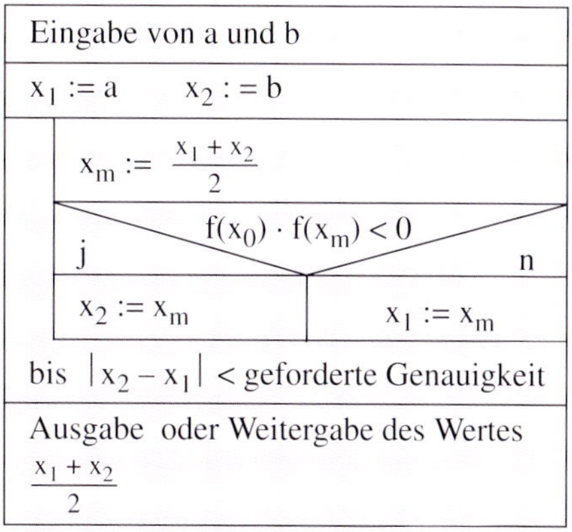

Bemerkung: Der Algorithmus zeigt, daß es genügt, jeweils nur die Intervallgrenzen festzuhalten, das Merken der Folge der Intervallmitten ist nicht erforderlich.

3

- $f(x) = x + \sqrt[3]{x} - 3$

  Die Folge der Intervallmitten ist:

  1,50000 1,75000 1,87500 1,81250 1,78125 1,79688 1,78906 1,78516
  1,78711 1,78613 1,78662 1,78638 1,78650 1,78656 ...

  Mit der Abbruchbedingung $|x_2 - x_1| < 10^{-4}$ erhält man als Ergebnis:

  Nullstelle: 1,78659; Funktionswert: $2{,}745815 \cdot 10^{-6}$.

- $f(x) = \sin x - 0{,}5\,x + 0{,}1$ in $[-\frac{\pi}{2}; 0]$

  Die Folge der Intervallmitten ist:

  –0,78540 –0,39270 –0,19635 –0,29452 –0,24544 –0,22089 –0,20862 –0,20249
  0,20555 –0,20402 –0,20325 –0,20278 –0,20268 –0,20277 ...

  Mit der Abbruchbedingung $|x_2 - x_1| < 10^{-4}$ erhält man als Ergebnis:

  Nullstelle: –0,20282; Funktionswert: –0,00002.

4 Funktionen

Dem Funktionsbegriff kommt in der Mathematik eine zentrale Bedeutung zu, da sich mit ihm vielfältige inner- und außermathematische Zusammenhänge beschreiben lassen.

H Viele bedeutende Mathematiker, wie LEIBNIZ (1646–1716), BERNOULLI (1667–1748), EULER (1707–1783), FOURIER (1768–1830) oder DIRICHLET (1805–1859) präzisierten diesen Begriff.
Leonhard EULER erklärte im Jahre 1749 eine Funktion als *veränderliche Größe, die von einer anderen veränderlichen Größe abhängt*. Im Laufe der Entwicklung der Mathematik wurde dem Funktionsbegriff ein allgemeinerer Inhalt gegeben: Nicht die Abhängigkeit von Größen ist der wesentliche Inhalt des Funktionsbegriffs, sondern die Zuordnung selbst. Heute unterlegt man den Begriff „Funktion" deshalb mengentheoretisch.

Im ersten Abschnitt dieses Kapitels wird der Funktionsbegriff präzisiert, einiges zur Darstellung von Funktionen ausgesagt, und es werden wesentliche Eigenschaften von Funktionen erläutert. In den folgenden Abschnitten werden alle wichtigen, in der Schule bis Klasse 10 behandelten Funktionsarten vorgestellt.

4.1 Grundbegriffe

4.1.1 Funktionsbegriff

Sind nichtleere Mengen X und Y gegeben, so können geordnete Paare gebildet werden, bei denen an erster Stelle ein Element von X, an zweiter Stelle ein Element von Y steht. Die Menge F solcher Paare nennt man **Abbildung**.

■

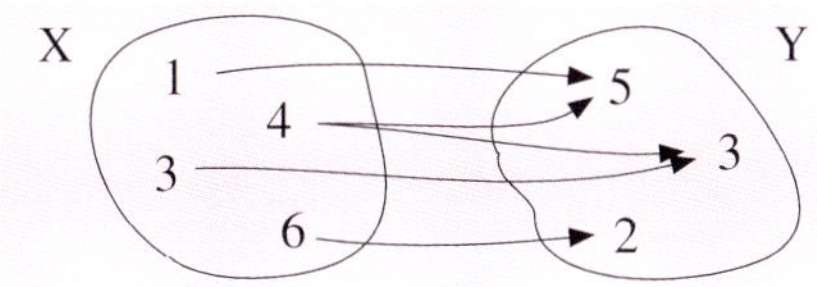

$F = \{(1; 5), (3; 3), (4; 3), (4; 5), (6; 2)\}$

Im folgenden werden spezielle Abbildungen, die i. allg. von/aus Zahlenmengen auf/in Zahlenmengen erfolgen, betrachtet. In der Mathematik werden auch Abbildungen zwischen Punktmengen, also geometrische Abbildungen, untersucht (vgl. insbesondere Abschnitte 5.4.1, 5.4.5 und 5.10.4).

D Eine **Funktion** ist eine Abbildung f, die jedem Element x aus der Menge D eindeutig ein Element y aus der Menge W zuordnet. Es entsteht eine Menge geordneter Paare.
D heißt **Definitionsbereich**, W **Wertebereich** der Funktion, x nennt man **Argument**, das zugeordnete Element $y = f(x)$ aus W heißt **Funktionswert**.

Funktionen werden i. allg. mit kleinen Buchstaben wie $f, g, h, \ldots, \varphi, \ldots$ bezeichnet.
Für die Zuordnungsvorschrift benutzt man verschiedene Schreibweisen:
$f\colon x \longmapsto y$ oder $f\colon x \longmapsto f(x)$ oder als Funktionsgleichung $y = f(x)$.
In diesem Buch wird i. allg. die dritte Form genutzt.
Durch die Angabe der Zuordnungsvorschrift (meist in Form einer Gleichung), des Definitions- und des Wertebereichs wird jede Funktion vollständig und korrekt beschrieben.

■ Jeder reellen Zahl soll ihr Quadrat zugeordnet werden. Es gilt also:
$D = \mathbb{R}$; $W = [0, +\infty[$; $f\colon x \longmapsto x^2$, also $y = x^2$.

Dies ist eine eindeutige Abbildung (jedem x wird genau *ein* Quadrat zugeordnet), also eine Funktion.

25 Schüler haben eine Klassenarbeit geschrieben. Wieviel Schüler die Note 1, 2, 3, 4, 5 bzw. 6 erhalten haben, ist aus einem Zensurenspiegel erkennbar:

Note	1	2	3	4	5	6
Anzahl	4	7	6	7	0	1

Die Zuordnung der Noten zur Anzahl der Schüler mit der jeweiligen Note ist eine Funktion. Es gilt: D = {1; 2; 3; 4; 5; 6}; W = {0; 1; 4; 6; 7}.
Die Zuordnungsvorschrift ist der Zensurenspiegel.
Würde man die Anzahl der Schüler mit bestimmten Noten den verschiedenen Noten zuordnen wollen, also Definitions- und Wertebereich vertauschen, hat man *keine* Funktion, denn eine solche Abbildung ist *nicht* eindeutig. Der Anzahl 7 kann man nämlich sowohl die Note 2 als auch die Note 4 zuordnen.

4.1.2 Darstellung von Funktionen

Da eine Funktion eine Menge geordneter Paare ist, könnte man alle diese Paare angeben und hätte die Funktion dargestellt, bei unendlich vielen geordneten Paaren – dem Regelfall – allerdings ein unmögliches Unterfangen. Es geht einfacher und auch anschaulicher:
Definitions- und Wertebereich einer Funktion müssen eigentlich immer angegeben werden. Oft wird in der Mathematik darauf verzichtet, da als Definitionsbereich i. allg. die Menge der reellen Zahlen vorausgesetzt wird und sich der Wertebereich aus der Zuordnungsvorschrift ergibt.
Die gebräuchlichsten Darstellungsarten einer Zuordnungsvorschrift sind anhand der beiden unter 4.1.1 aufgeführten Beispiele in der folgenden Übersicht angegeben:

<table>
<tr><td>Darstellung der Zuordnungsvorschrift</td><td>Beispiel 1
D = $\mathbb{R}$;
W = [0, +∞[</td><td>Beispiel 2
D = {1; 2; 3; 4; 5; 6};
W = {0; 1; 4; 6; 7}</td></tr>
<tr><td>Wortvorschrift</td><td>Jedem Element x wird sein Quadrat zugeordnet.</td><td>Jeder Note wird die Anzahl der Schüler zugeordnet, die in der Arbeit diese Note erhalten haben.</td></tr>
<tr><td>Funktionsgleichung</td><td>$f(x) = x^2$</td><td>hier nicht möglich</td></tr>
<tr><td>Wertetabelle</td><td>x: –2 | –1 | 0 | 1 | 1,5 | ...
y: 4 | 1 | 0 | 1 | 2,25 | ...</td><td>x: 1 | 2 | 3 | 4 | 5 | 6
y: 4 | 7 | 6 | 7 | 0 | 1</td></tr>
<tr><td>Graphische Darstellung</td><td>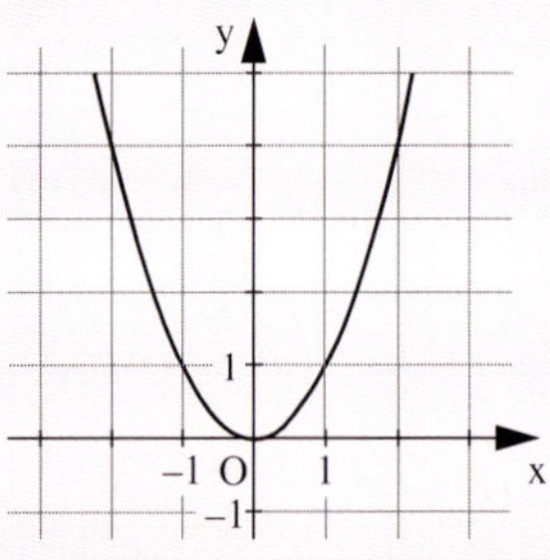
</td><td>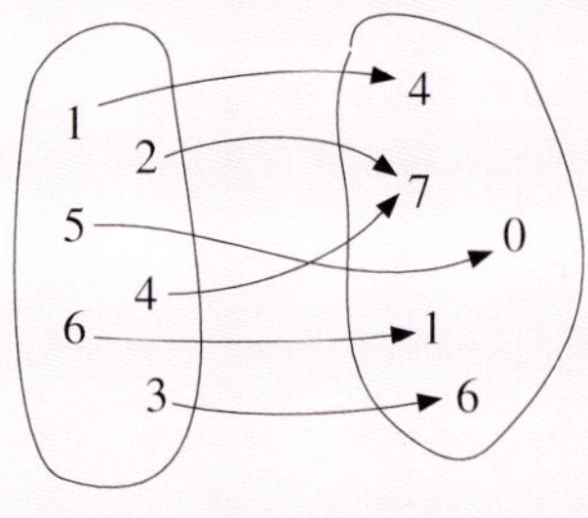
</td></tr>
</table>

Da für die meisten in der Mathematik betrachteten Funktionen der Definitionsbereich die Menge der reellen Zahlen und auch der Wertebereich oft ein Teilbereich von ℝ ist, also unendlich viele Elemente enthält, ist die Funktionsgleichung die kürzeste und am häufigsten verwendete Darstellungsart. Dies drückt sich auch in der Verwendung des Funktionsbegriffs aus. Eigentlich müßte man für die Funktion des ersten Beispiels korrekt sagen „die Funktion f mit der Gleichung $f(x) = x^2$“. Oft sagt man allerdings nur „die Funktion $f(x) = x^2$“. Auch in diesem Buch wird im folgenden der verkürzte Ausdruck genutzt.
Ein Funktionsgraph im **kartesischen Koordinatensystem** gibt eine ideale Veranschaulichung des funktionalen Zusammenhangs.
Aber auch Wertetabellen sind nützlich, denn sie helfen, aus einer Funktionsgleichung den Funktionsgraphen in groben Zügen zu ermitteln.

4.1.3 Kartesisches Koordinatensystem

Als überaus nützlich hat es sich erwiesen, funktionale Zusammenhänge in Koordinatensystemen zu veranschaulichen, vor allem dann, wenn Definitions- und Wertebereich **dichte Zahlenmengen** sind (z.B. ℚ oder ℝ).

RENÉ DESCARTES (lat. CARTESIUS, 1596–1650) führte zur Beschreibung von Punkten in der Ebene ein System von zwei rechtwinklig zueinander liegenden Achsen (Zahlengeraden) und Koordinaten ein, welches nach ihm **kartesisches Koordinatensystem** benannt wurde (s. Abbildungen).
Ein Punkt ist durch seine **Koordinaten**, d.h. den Abständen von den Achsen, eindeutig festgelegt.
Die Abstände heißen **Abszisse** (x-Wert) und **Ordinate** (y-Wert).
Die Achsen bezeichnet man als **x-Achse** (**Abszissen-Achse**, **Rechtsachse**) bzw. **y-Achse** (**Ordinaten-Achse**, **Hochachse**).
Die Achsen schneiden sich im **Koordinatenursprung O** (O ist die Abkürzung für „Origo“ (lat.), d. h. „Ursprung“), welcher die Koordinaten (0; 0) besitzt.
Jedem geordneten Paar (x; y) reeller Zahlen wird durch das Koordinatensystem genau ein Punkt der Ebene zugeordnet. Umgekehrt gehört zu jedem Punkt der Ebene genau ein geordnetes Zahlenpaar.
Die Koordinaten der Punkte gibt man in runden Klammern (getrennt durch Semikolon oder senkrechten Strich) an. Der Punkt P_1 hat beispielsweise den x-Wert (die Abszisse) 2 und den y-Wert (die Ordinate) 4.
Die Achsen zerlegen die Ebene in 4 Teile, in **Quadranten**, die entgegen dem Uhrzeigersinn mit römischen Ziffern bezeichnet werden. So liegt z. B. der Punkt P_2 der oberen Abbildung im III. Quadranten.

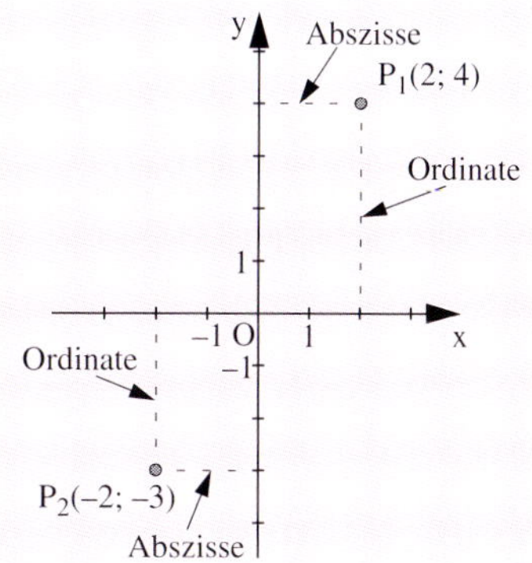

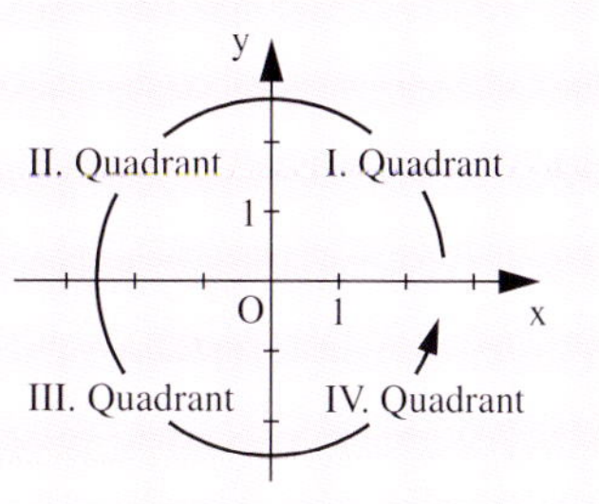

Da eine Funktion eine Menge geordneter Paare ist, kann man diese geordneten Paare als Punkte auffassen, die in das Koordinatensystem eingetragen werden.

Sind Definitions- und Wertebereich dichte Zahlenmengen, dürfen die Punkte miteinander verbunden werden, wodurch eine gute Veranschaulichung der Funktion erreicht wird (z.B. Temperaturkurven oder eben über $\mathbb{R}$ definierte spezielle mathematische Funktionen).

4.1.4 Eigenschaften von Funktionen

Umkehrbarkeit

D Eine Funktion $y = f(x)$ heißt **umkehrbar eindeutige Funktion** (**eineindeutige Funktion**), wenn nicht nur jedem Argument eindeutig ein Funktionswert zugeordnet ist, sondern auch umgekehrt zu jedem Funktionswert genau ein Argument gehört.

■ Die Funktion $y = x^2$ ist nicht umkehrbar eindeutig, denn zu jedem Funktionswert (außer $y = 0$) gehören zwei Argumente x_1 und x_2 mit $x_1 = -x_2$ (vgl. Beispiel 1 in 4.1.2).

■ Ein Auto fährt in gleichförmiger Bewegung bei einer Geschwindigkeit von $80\,\text{km} \cdot \text{h}^{-1}$ eine Strecke von 60 km. Die Zuordnung „zurückgelegter Weg $\longmapsto$ benötigte Zeit" ist eindeutig, also eine Funktion. Sie ist sogar umkehrbar eindeutig, weil jeder seit dem Start verflossenen Zeit genau eine Wegstrecke zugeordnet werden kann.

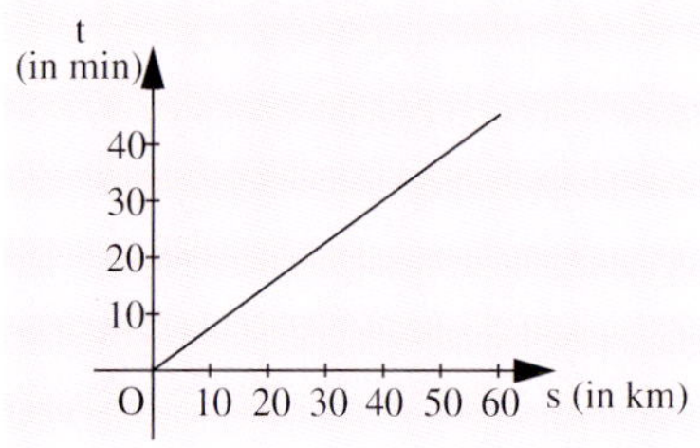

Vertauscht man bei einer umkehrbar eindeutigen Funktion Definitions- und Wertebereich, so entsteht eine neue Funktion.

D Durch Vertauschen der Elemente in allen Paaren (x; y) einer eineindeutigen Funktion f entsteht wieder eine Funktion. Diese Funktion heißt **Umkehrfunktion** (**inverse Funktion**) von f und wird mit $\mathbf{f^{-1}}$ bezeichnet.

Man erhält die Funktionsgleichung von f^{-1}, indem man $y = f(x)$ nach x auflöst und danach x und y vertauscht. Der letzte Schritt wird deshalb durchgeführt, weil es üblich ist, die Elemente des Definitionsbereiches mit x, die Elemente des Wertebereiches mit y zu bezeichnen und auch die Achsenbenennung in einem kartesischen Koordinatensystem beizubehalten.

■ Die Funktion $y = x^2$ $(D = \mathbb{R};\ W = [0, +\infty[)$ ist nicht eineindeutig. Verwendet man aber als Definitionsbereich die Menge der nichtnegativen reellen Zahlen, gilt also $D = [0, +\infty[$, so hat man eine eineindeutige Funktion.

Bilden der Umkehrfunktion: $y = x^2$ wird nach x aufgelöst: $x = \sqrt{y}$

x und y werden vertauscht: $y = \sqrt{x}$

$f^{-1}(x) = \sqrt{x}$ ist also die Umkehrfunktion zu $f(x) = x^2$.

Zeichnet man beide Funktionen in ein und dasselbe Koordinatensystem, erkennt man, daß beide Funktionen axialsymmetrisch zur Winkelhalbierenden des I. und III. Quadranten, der Funktion g mit $g(x) = x$, liegen. Diese Eigenschaft besitzen alle zueinander inversen Funktionen.

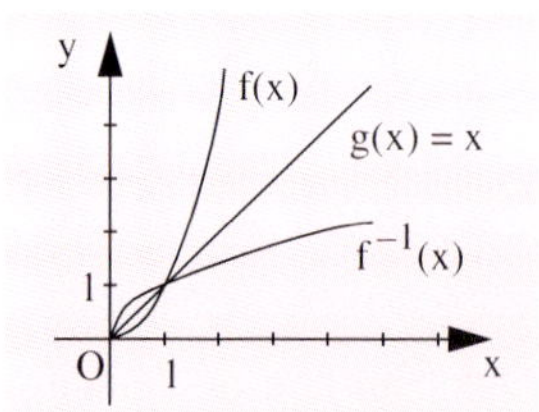

S Zweimalige Umkehrung einer umkehrbaren Funktion liefert wieder die Ausgangsfunktion: $(f^{-1})^{-1}(x) = f(x)$.

S Jede streng monotone Funktion ist umkehrbar.

Monotonie

Unter Monotonie versteht man in der Mathematik, daß eine Eigenschaft bei Änderung von Werten nicht verlorengeht. Es gibt eine Reihe von Monotoniegesetzen für das Rechnen mit Zahlen. Aber auch bei Funktionen kann man von Monotonie sprechen.

D Eine Funktion f heißt in einem Intervall ihres Definitionsbereichs

- **monoton wachsend** (**steigend**), wenn für alle x_1 und x_2 aus dem Intervall gilt:
  Aus $x_1 < x_2$ folgt immer $f(x_1) \leq f(x_2)$.
  Gilt dabei sogar $f(x_1) < f(x_2)$, so spricht man von **streng monoton wachsend** (**steigend**).
- **monoton fallend**, wenn für alle x_1 und x_2 aus dem Intervall gilt:
  Aus $x_1 < x_2$ folgt immer $f(x_1) \geq f(x_2)$.
  Gilt dabei sogar $f(x_1) > f(x_2)$, so spricht man von **streng monoton fallend**.

Besonders deutlich erkennt man das Monotonieverhalten bei Betrachtung von Funktionsgraphen

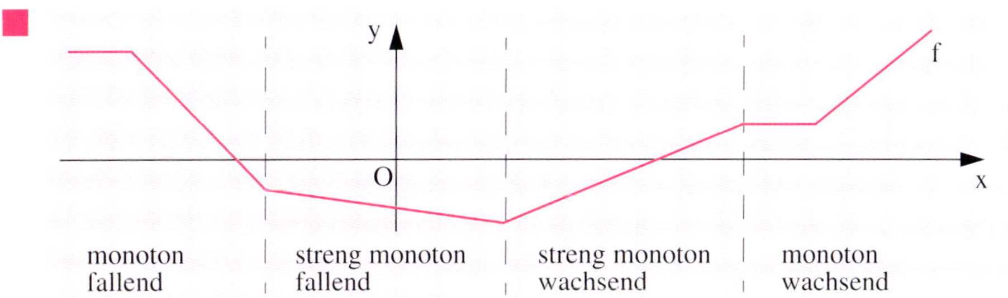

Stauchung, Streckung, Spiegelung

Aus einer Funktion f(x) lassen sich durch Multiplikation mit konstanten Faktoren a ($a \in \mathbb{R}$) neue Funktionen $a \cdot f(x)$ gewinnen.
Der Übergang von f(x) nach $a \cdot f(x)$ bedeutet, daß für jedes Argument x der zugehörige Funktionswert mit a multipliziert wird.
Dadurch wird der Graph der Funktion f(x) folgendermaßen verändert (s. auch Abb.):

$1 < a$	**Streckung** in Richtung der y-Achse
$0 < a < 1$	**Stauchung** in Richtung der y-Achse
$a < 0$	**Spiegelung** des gestauchten bzw. gestreckten Graphen an der x-Achse

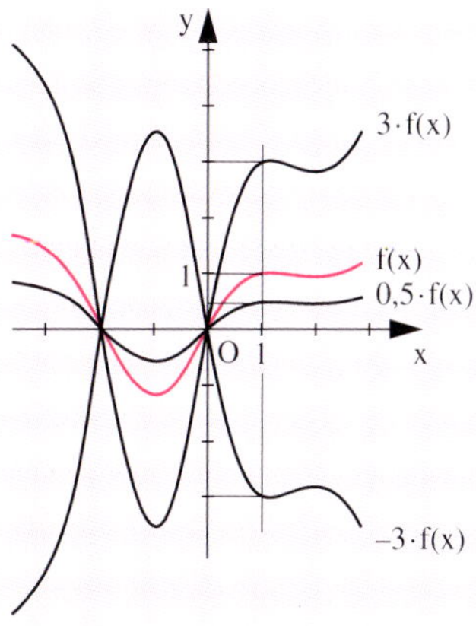

Verschiebung

Aus einer Funktion f(x) lassen sich durch Addition von konstanten Zahlen c neue Funktionen f(x) + c gewinnen.
Dies bedeutet: Für jedes Argument x erhält man den Funktionswert von f(x) + c, indem zum entsprechenden Funktionswert von f(x) die Zahl c addiert wird.
Vergleicht man die Graphen der Funktionen, so erkennt man, daß die Funktion f(x) + c gegenüber der Funktion f(x) um c in Richtung der y-Achse verschoben wurde.

$c > 0$	Verschiebung in Richtung der positiven y-Achse
$c < 0$	Verschiebung in Richtung der negativen y-Achse

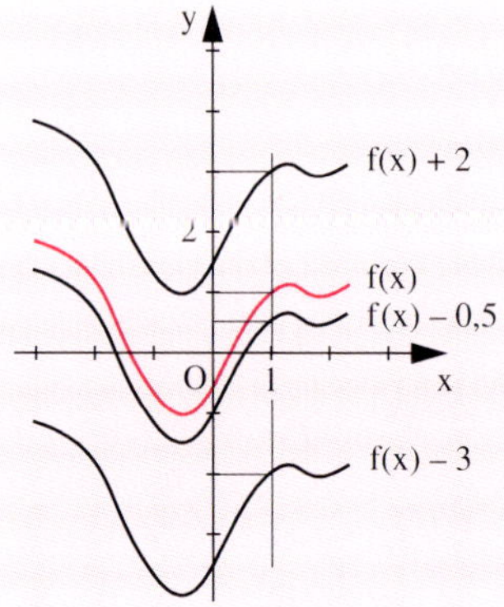

Periodizität

D Eine Funktion f heißt **periodische Funktion**, wenn es eine Zahl $b > 0$ gibt, so daß für jedes x gilt:
$f(x) = f(x + b)$.
Die Zahl b wird **Periode** genannt.

Insbesondere **Winkelfunktionen** (s. Abschnitt 4.8.3) sind periodisch.

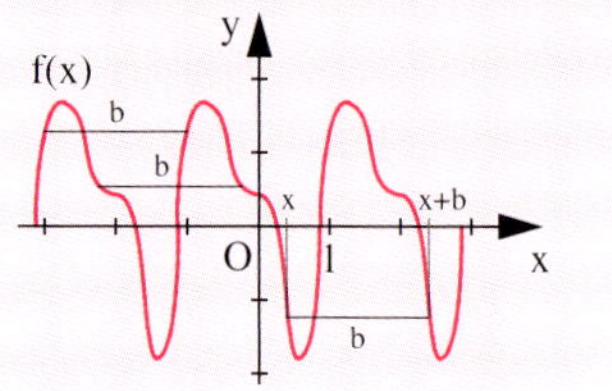

Gerade und ungerade Funktionen

D Eine Funktion f heißt **gerade Funktion**, wenn für alle Argumente x gilt: $f(-x) = f(x)$.

Unterscheiden sich zwei Zahlen nur im Vorzeichen, so sind deren Funktionswerte gleich.

Die Graphen gerader Funktionen sind axialsymmetrisch zur y-Achse.

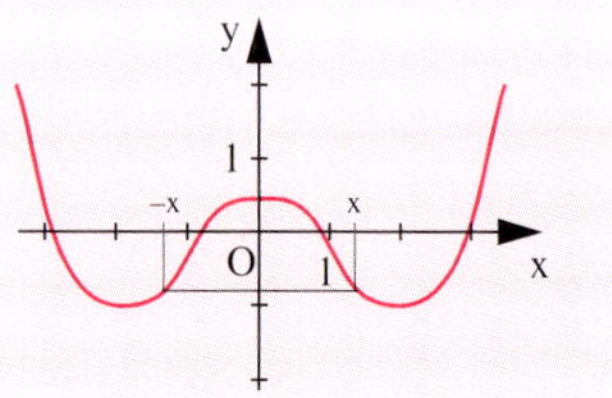

D Eine Funktion f heißt **ungerade Funktion**, wenn für alle Argumente x gilt: $-f(-x) = f(x)$.

Die Funktionswerte entgegengesetzt liegender Argumente unterscheiden sich nur im Vorzeichen.

Die Graphen ungerader Funktionen sind zentralsymmetrisch zum Koordinatenursprung O.

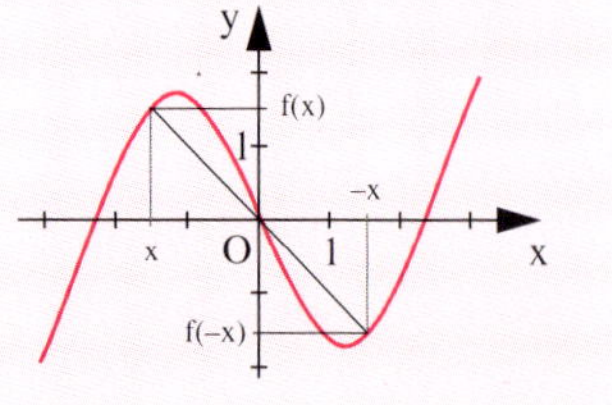

4.1.5 Schnittpunkte von Funktionsgraphen mit den Achsen

Zum Skizzieren von Funktionsgraphen sind markante Punkte – insbesondere die Schnittpunkte der Graphen mit den Achsen im **kartesischen Koordinatensystem** – hilfreich. Diese Schnittpunkte lassen sich i. allg. sehr leicht ermitteln.

Schnittpunkt mit der y-Achse

Den Schnittpunkt eines Funktionsgraphen mit der y-Achse, also das geordnete Paar $(0; y_0)$, erhält man, indem für x in der Funktionsgleichung 0 eingesetzt wird. Die Ordinate des Schnittpunktes mit der y-Achse (y_0) nennt man auch **y-Achsenabschnitt**.

■ Gegeben ist die Funktion mit der Gleichung $y = f(x) = x^2 + 3x + 4$, gesucht der Schnittpunkt S ihres Graphen mit der y-Achse.
Lösung: $y_0 = f(0) = 0^2 + 3 \cdot 0 + 4 = 4 \quad \Rightarrow \quad S(0; 4)$

Da Funktionen *eindeutige* Abbildungen sind, dem Wert $x = 0$ also auch nur genau ein y-Achsenabschnitt y_0 zugeordnet wird, existiert für ein und dieselbe Funktion höchstens ein Schnittpunkt ihres Graphen mit der y-Achse.

4

Nullstellen von Funktionen und Schnittpunkte mit der x-Achse

Für eine große Anzahl von Funktionsgraphen existieren ein oder mehrere Schnitt- bzw. Berührungspunkte mit der x-Achse. Es gibt also Funktionen, bei denen für gewisse Argumente x der zugehörige Funktionswert $y = f(x)$ gleich 0 ist.

D Die Argumente x einer Funktion, denen der Funktionswert $y = 0$ zugeordnet wird, heißen **Nullstellen** dieser Funktion.
Nullstellen kennzeichnet man durch Indizes: x_0 bei einer Nullstelle; $x_1, x_2, \ldots$ oder $x_{01}, x_{02}, \ldots$ bei mehreren Nullstellen.

Bezogen auf den Funktionsgraphen kann man den Begriff „Nullstelle" auch folgendermaßen definieren:

D Die **Abszissen** derjenigen Punkte, in denen der Funktionsgraph die x-Achse schneidet oder berührt, heißen **Nullstellen** dieser Funktion.

Zur rechnerischen Bestimmung der Nullstellen einer Funktion $y = f(x)$ setzt man y gleich 0, wodurch man eine Gleichung $f(x) = 0$ mit einer Unbekannten erhält. Die Lösungen dieser Gleichung sind die gesuchten Nullstellen.

■ Gesucht sind die Schnittpunkte des Graphen der Funktion $y = 4x - 2$ mit der x-Achse.
Es ist also die **lineare Gleichung** $0 = 4x - 2$ zu lösen. Man erhält nach wenigen Umformungen bzw. durch Überlegen $x_0 = 0{,}5$. Es existiert nur diese eine Lösung der Gleichung. Damit gibt es auch nur eine Nullstelle und einen Schnittpunkt $S_x(0{,}5; 0)$ des Graphen mit der x-Achse.

■ Gesucht sind die Nullstellen der Funktion $y = x^2 - x - 6$.
Es ist also die **quadratische Gleichung** $0 = x^2 - x - 6$ zu lösen.
Mit Hilfe der Lösungsformel für quadratische Gleichungen (s. Abschnitt 3.8.4, S. 129) ermittelt man $x_{1,2} = 0{,}5 \pm \sqrt{0{,}25 + 6} = 0{,}5 \pm 2{,}5$.
Es gibt also zwei Nullstellen, nämlich $x_1 = 3$ und $x_2 = -2$.

4.2 Lineare Funktionen

D Eine Funktion mit einer Gleichung, die entweder die Form $y = mx + n$ hat oder durch äquivalentes Umformen in diese Form überführt werden kann, heißt **lineare Funktion**.

Für lineare Funktionen ist der Definitionsbereich i. allg. die Menge der reellen Zahlen, was dann auch für den Wertebereich gilt.

■ Die Funktionen mit den Gleichungen $y = 2x$, $y = \frac{1}{2}x + 1$, $y = x$, $y = -4x$, $x + y = 3$ sind lineare Funktionen.
Die Funktion mit der Gleichung $y = 3$, bei der also $m = 0$ gilt, ist eine **konstante Funktion**, deren Wertebereich nur die Zahl 3 ist.

4.2.1 Funktionen mit der Gleichung $f(x) = mx$

Proportionale Funktionen

In der Praxis treten vielfältige proportionale Zusammenhänge – Zusammenhänge, die sich durch Gleichungen der Form $y = k \cdot x$ beschreiben lassen (vgl. Abschnitt 2.9.2) – auf.

■

Zusammenhang	y	Proportionalitätsfaktor k	x
$F_G = g \cdot m$	Gewichtskraft F_G	Fallbeschleunigung $g \approx 9{,}81\ m \cdot s^{-2}$	Masse m
$W = F \cdot s$	mech. Arbeit W	Kraft F	Weg s
$s = v \cdot t$	Weg s	Geschwindigkeit v bei gleichförmiger Bewegung	Zeit t

Diese Zusammenhänge können durch spezielle lineare Funktionen beschrieben werden, und zwar durch Funktionen mit Gleichungen der Form $y = mx$, die man auch als **proportionale Funktionen** bezeichnet.

Anstieg m

Die Graphen der Funktionen $y = mx$ sind Geraden, die durch den Koordinatenursprung verlaufen.
Entscheidend für den Verlauf dieser Graphen ist die reelle Zahl **m** (**Anstieg**, **Steigung**):

Für $m > 0$ steigt die Gerade.
Für $m < 0$ fällt die Gerade.

Durchläuft m alle reellen Zahlen, so ist durch die Gleichung $y = mx$ eine **Schar von Funktionen** gegeben.

Die Graphen der Funktionen $y = mx$ und $y = -mx$ sind symmetrisch sowohl zur x-Achse als auch zur y-Achse.

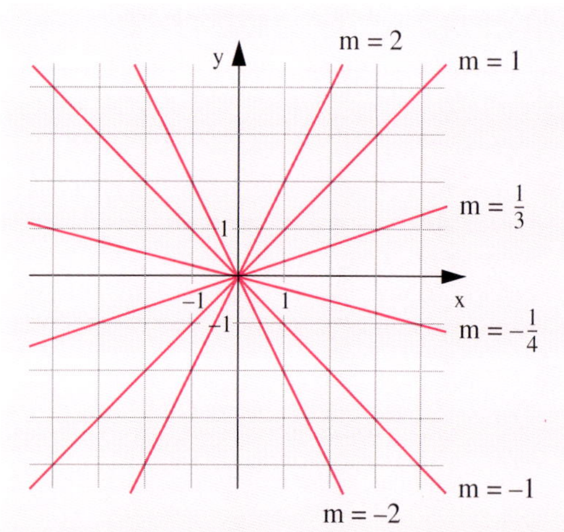

Steigungsdreieck

Für die Festlegung des Graphen einer Funktion $y = mx$ werden nur zwei Punkte benötigt, da der Graph eine Gerade ist. Leicht erkennt man, daß die Wertepaare (0; 0) und (1; m) die Funktionsgleichung erfüllen. Für bestimmte m (z. B. für $m = 0{,}3$) würde aber ein Eintrag des Punktes ins Koordinatensystem zu relativ großen Ungenauigkeiten führen. Hilfreich ist daher die Überlegung, daß auch der Punkt (r; rm) mit $r \in \mathbb{R}$ zum Funktionsgraphen gehört. Für die Funktion $y = 0{,}3 \cdot x$ würde man mit $r = 10$ den Punkt (10; 3) finden, der recht genau ins Koordinatensystem eingetragen werden kann.

Ist m eine rationale Zahl und damit als Bruch darstellbar, so kann der zweite Punkt neben dem Koordinatenursprung durch Antragen eines rechtwinkligen Dreiecks, des **Steigungsdreiecks**, an (0; 0) ermittelt werden.

Wenn $m = \frac{p}{q}$ mit $p, q \in \mathbb{Z}$ gilt, beträgt die eine Kathete (mit dem Anfangspunkt im Ursprung) q Längeneinheiten, die andere Kathete p Längeneinheiten. Ist $p > 0$, so wird die zweite Kathete in Richtung der positiven y-Achse abgetragen, sonst in Richtung der negativen y-Achse.

- Der Graph der Funktion $y = \frac{3}{4}x$ ist zu zeichnen. Vom Koordinatenursprung aus werden 4 Längeneinheiten nach rechts, vom so erreichten Punkt 3 Längeneinheiten nach oben abgetragen. Man erhält den Punkt P(4; 3). Durch O(0; 0) und P(4; 3) wird die Gerade gezeichnet, die den gesuchten Funktionsgraphen darstellt (vgl. Abb.).

- Der Graph der Funktion $y = -2x$ ist zu zeichnen. 2 läßt sich auch als $\frac{2}{1}$ oder $\frac{4}{2}$ darstellen. Vom Koordinatenursprung aus werden 1 Längeneinheit (oder 2 Einheiten) nach rechts, vom so erreichten Punkt 2 (bzw. 4) Längeneinheiten nach unten abgetragen, da $m < 0$ ist. Man erhält den Punkt Q(1; –2) bzw. Q(2; –4). Durch O(0; 0) und Q(2; –4) wird eine Gerade gezeichnet (diese Variante ist nebenstehend darstellt).

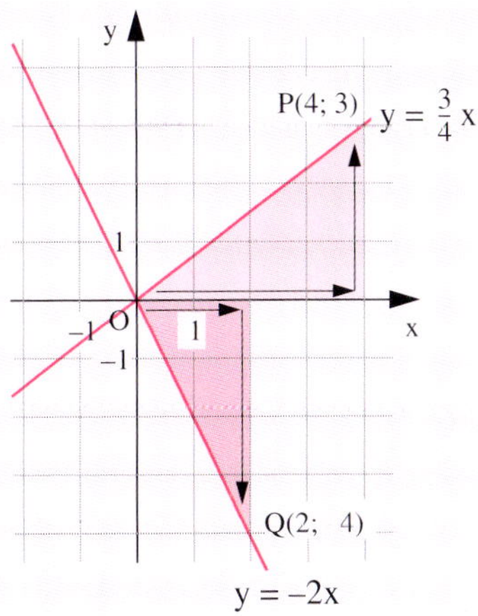

W Formt man die Funktionsgleichung $y = mx$ nach m um, so erhält man $m = \frac{y}{x}$ $(m \neq 0)$. Hiermit und wegen der Tatsache, daß für den Anstieg $m = \frac{y}{x} = \frac{p}{q} = \tan\alpha$ gilt, hat man letztlich einen Nachweis für die Korrektheit des obigen Vorgehens. (α ist der Winkel zwischen x-Achse und Funktionsgraph.)

4.2.2 Funktionen mit der Gleichung f(x) = mx + n

Einfluß von n auf den Funktionsgraphen

Den Graphen der Funktion $y = mx + n$ erhält man aus dem Funktionsgraphen von $y = mx$ durch Verschiebung um n Längeneinheiten in Richtung der y-Achse (vgl. S. 148). Damit erhält man als Schnittpunkt mit der y-Achse den Punkt (0; n).

Ist m konstant und n variabel, so bilden die Graphen der Funktion $y = mx + n$ eine **Parallelenschar**

Zeichnen von Funktionsgraphen

Die naheliegendste Möglichkeit, den Graphen einer linearen Funktion zu zeichnen, ist das Aufstellen von Wertetabellen. Dabei sollte man günstige, d. h. leicht errechenbare Werte nutzen.

■ Der Graph von $y = \frac{1}{2}x + 1$ ist zu zeichnen.

Wertetabelle:

x	2	4
y	2	3

(vgl. nebenstehende Abbildung, Graph I)

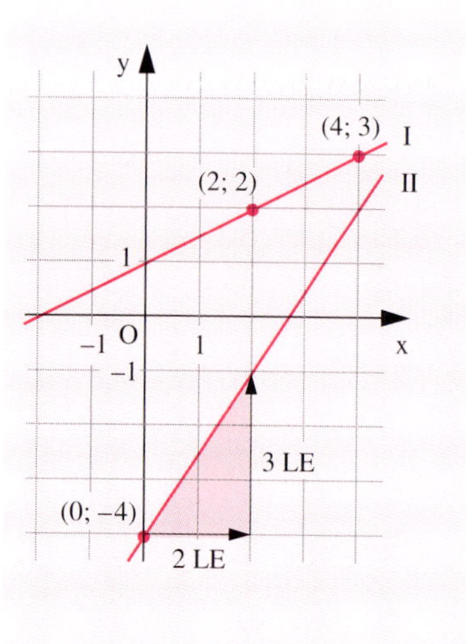

Man kann auch ein Steigungsdreieck und die Tatsache nutzen, daß der Schnittpunkt mit der y-Achse (0; n) ist. Das Steigungsdreieck kann an jedem Punkt des Graphen angetragen werden, so auch an (0; n).

■ Der Graph von $y = \frac{3}{2}x - 4$ ist zu zeichnen.
Als Schnittpunkt mit der y-Achse erhält man den Punkt (0; −4). Von diesem Punkt aus wird das Steigungsdreieck (2 Längeneinheiten nach rechts, 3 Längeneinheiten nach oben) angetragen.
(vgl. nebenstehende Abbildung, Graph II)

Nullstellenermittlung

Um die Nullstelle einer linearen Funktion zu ermitteln, wird in die Funktionsgleichung für y null eingesetzt und die Gleichung nach x aufgelöst.

■ Gesucht sei die Nullstelle der Funktion $y = \frac{2}{5}x + 7$.
Für $y = 0$ erhält man $\frac{2}{5}x + 7 = 0$ und nach einigen Umformungen $x = -\frac{35}{2} = -17{,}5$.

Ermitteln der Funktionsgleichung aus zwei Punkten des Graphen

Eine lineare Funktion ist durch zwei Punkte ihres Graphen eindeutig bestimmt. Es muß also möglich sein, aus zwei bekannten Punkten die Gleichung zu ermitteln.
Die dazu notwendigen Schritte, die letztlich auf das Lösen eines **Gleichungssystems** hinauslaufen, seien an folgendem Beispiel verdeutlicht:

■ *Gegeben:* $P_1(2; 5)$; $P_2(-2; -1)$ als Punkte des Graphen einer Funktion $y = mx + n$
Gesucht: konkrete Funktionsgleichung
Lösung: $P_1(2; 5)$ in $y = mx + n$ eingesetzt liefert $5 = 2m + n$ (I).
$P_2(-2; -1)$ in $y = mx + n$ eingesetzt liefert $-1 = -2m + n$ (II).
Löst man (I) z.B. nach n auf, ergibt sich $n = 5 - 2m$. In (II) eingesetzt erhält man $-1 = -2m + (5 - 2m)$ und nach einigen Umformungen $m = \frac{3}{2}$.
Damit ist $n = 5 - 2m = 5 - 2 \cdot \frac{3}{2} = 5 - 3 = 2$.
Die konkreten Werte für m und n werden in die allgemeine Gleichung eingesetzt: $y = mx + n = \frac{3}{2}x + 2$.

Das im Beispiel dargestellte Verfahren, allgemein auf zwei Punkte $P_1(x_1; y_1)$ und $P_2(x_2; y_2)$ angewandt, liefert die Gleichungen (I) $y_1 = mx_1 + n$ bzw. (II) $y_2 = mx_2 + n$.
Subtrahiert man die zweite Gleichung von der ersten, um n zu eliminieren, erhält man
$y_1 - y_2 = mx_1 - mx_2 = m(x_1 - x_2)$.
Damit ist die Korrektheit des folgenden Satzes ersichtlich.

S Ist f eine lineare Funktion mit dem Anstieg m, so gilt für $x_1 \neq x_2$ immer

$$m = \frac{y_1 - y_2}{x_1 - x_2} = \frac{f(x_1) - f(x_2)}{x_1 - x_2}.$$

Mit diesem Satz kann der Anstieg einer Funktion sofort formelmäßig ermittelt werden, und wenn man m hat, läßt sich auch n errechnen.

Gegeben: $P_1(3; 5)$; $P_2(6; 7)$ als Punkte des Graphen einer linearen Funktion
Gesucht: konkrete Funktionsgleichung
Lösung: $m = \frac{5-7}{3-6} = \frac{-2}{-3} = \frac{2}{3} \quad \Rightarrow \quad y = \frac{2}{3}x + n$
Setzt man die Werte z.B von P_1 in die Gleichung $y = \frac{2}{3}x + n$ ein, erhält man $5 = \frac{2}{3} \cdot 3 + n$ und damit $n = 3$.
Die gesuchte Gleichung lautet also $y = \frac{2}{3}x + 3$.

Explizite und implizite Form der Funktionsgleichung

Ist eine Funktionsgleichung nach der abhängigen Variablen aufgelöst, spricht man von der **expliziten Form** der Gleichung. Für lineare Funktionen ist dies die Form $y = mx + n$. In allen anderen Fällen liegt eine **implizite** Form vor.

implizite Form	*explizite Form*
$ax + by = c \quad (b \neq 0)$	$y = -\frac{a}{b}x + \frac{c}{b} = mx + n$
$2x - 5y = -6$	$y = -\frac{2}{-5}x + \frac{-6}{-5} = \frac{2}{5}x + \frac{6}{5}$

4.3 Quadratische Funktionen

D Eine Funktion der Form $f(x) = ax^2 + bx + c$, $a \neq 0$, heißt **quadratische Funktion**.
Darin bezeichnen a, b und c reelle Konstanten.
Man nennt ax^2 **quadratisches Glied**,
bx **lineares Glied** und
c **absolutes Glied** der Funktionsgleichung.

Im weiteren werden zuerst spezielle quadratische Funktionen diskutiert, zum Schluß wird auf die allgemeine Form genauer eingegangen.

4.3.1 Die Funktion $f(x) = x^2$

Der Graph der Funktion $f(x) = x^2$ heißt **Normalparabel**. Die y-Achse ist die Symmetrieachse oder Parabelachse des Funktionsgraphen. Der Punkt S(0; 0) heißt **Scheitelpunkt** der Parabel.

Die Funktion ist nicht umkehrbar eindeutig, da es zu jedem Funktionswert (außer 0) zwei Werte aus dem Definitionsbereich gibt, die den Funktionswert liefern.

Die Graphen von $f_1(x) = x^2, \ x \geq 0$, und
$f_2(x) = x^2, \ x \leq 0$,
bilden die beiden **Äste** der Parabel.

Definitionsbereich: $-\infty < x < \infty$
Wertebereich: $0 \leq y < \infty$

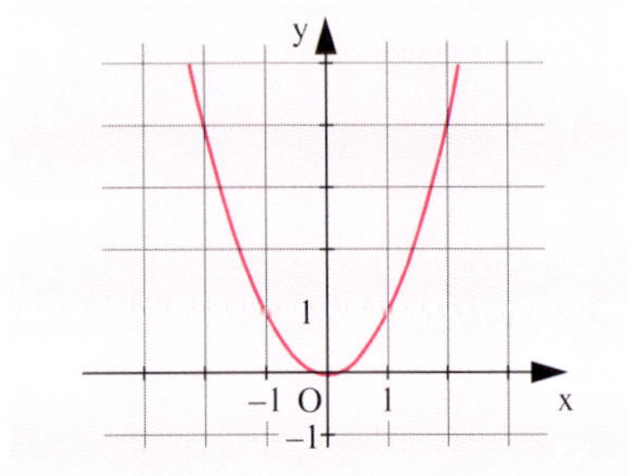

4.3.2 Die Funktionen $f(x) = ax^2 + c$

Die Graphen dieser Funktionen haben als Symmetrieachse ebenfalls die y-Achse, weil $ax^2 + c = a(-x)^2 + c$ ist.

Der Parameter a bewirkt eine Stauchung oder Streckung der Parabel, und zwar wird für $0 < a < 1$ die Parabel flacher, für $a > 1$ steiler.
Für negative Werte von a ist die Parabel nach unten geöffnet. Der Graph entsteht durch Spiegelung an der Geraden $f(x) = c$.

$f(x) = ax^2$

Definitionsbereich: $-\infty < x < \infty$
Wertebereich für $a > 0$: $0 \leq y < \infty$
Wertebereich für $a < 0$: $-\infty < y \leq 0$

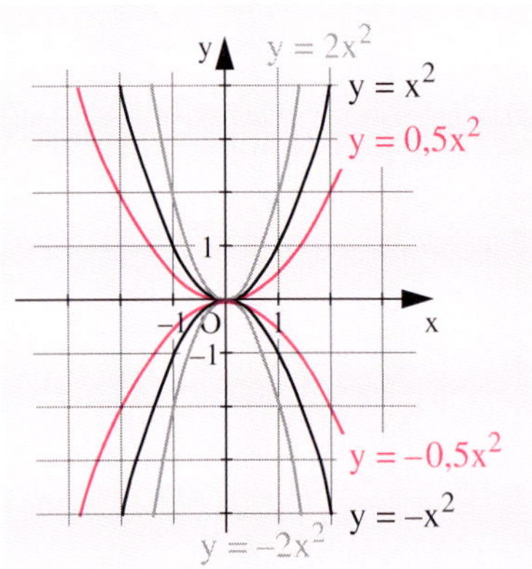

Der Parameter c bewirkt eine Verschiebung der Parabel in Richtung der y-Achse. Die Koordinaten des Scheitelpunktes sind S(0; c).

$f(x) = ax^2 + c \quad (c \neq 0)$

Definitionsbereich: $-\infty < x < \infty$
Wertebereich für $a > 0$: $c \leq y < \infty$
Wertebereich für $a < 0$: $-\infty < y \leq c$

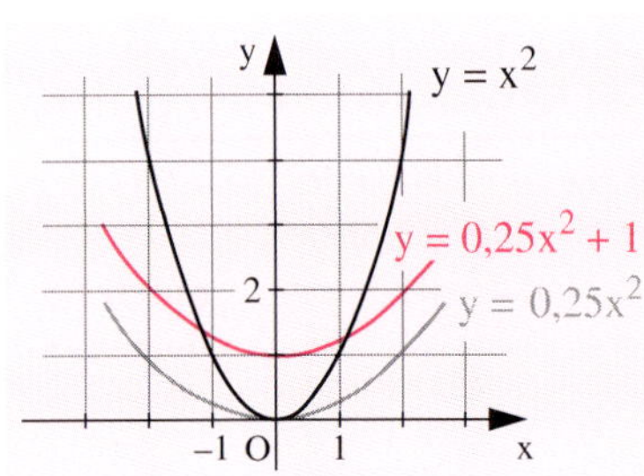

4.3.3 Scheitelpunktgleichung $f(x) = (x + d)^2 + e$

Wird die Normalparabel $f(x) = x^2$ in Richtung der negativen x-Achse um den Wert d verschoben, so hat der Scheitelpunkt die Koordinaten $S(-d; 0)$ und die Parabel die Gleichung $f(x) = (x + d)^2$. Die Parabelachse ist dann eine Parallele zur y-Achse durch $(-d; 0)$. Dies entspricht der Geradengleichung $x = -d$ (s. S. 155, Bild a).

Wird die Normalparabel in Richtung der y-Achse um den Wert e verschoben, so hat die Parabel die Gleichung $f(x) = x^2 + e$ und der Scheitelpunkt die Koordinaten S(0; e). Die Parabelachse ist dann die Gerade $x = 0$, also die y-Achse (s. Bild b).
Werden beide Verschiebungen ausgeführt, so hat die Parabel die Gleichung $f(x) = (x+d)^2 + e$ (s. Bild c). Die Koordinaten des Scheitelpunktes sind dann S(–d; e). Das ist also eine Verschiebung $\overrightarrow{OS}$ mit S(–d; e) der Normalparabel (s. Bild c).

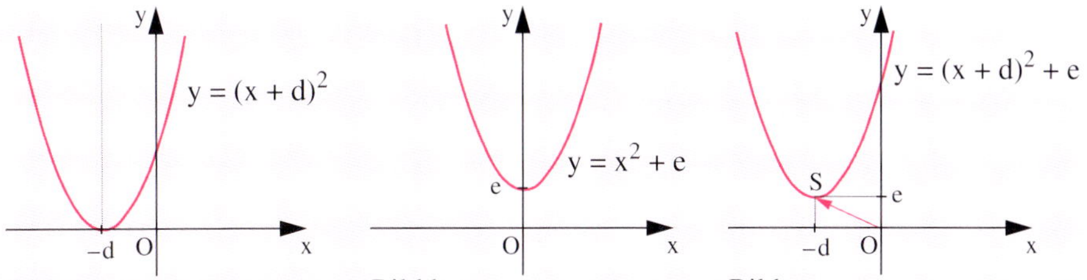

Bild a Bild b Bild c

Der Graph einer Parabel kann also sehr einfach dargestellt werden, wenn die Parabel durch diese Scheitelpunktgleichung gegeben ist. Oft nutzt man eine Schablone für die Normalparabel, mit der bequemer (als über Wertetabellen) gezeichnet werden kann.

Meist liegt die Gleichung einer quadratischen Funktion in der **Normalform** $y = x^2 + px + q$ vor. Diese läßt sich aus der **Scheitelpunktgleichung** der Parabel $f(x) = (x+d)^2 + e$ folgendermaßen ermitteln:
Löst man in $f(x) = (x+d)^2 + e$ die Klammern auf, so erhält man $f(x) = x^2 + 2dx + (d^2 + e)$.
Es ist üblich, den Koeffizienten des linearen Gliedes mit p und das absolute Glied mit q zu bezeichnen, dann hat eine Parabel die Gleichung $f(x) = x^2 + px + q$.

■ Aus $f(x) = (x-2)^2 - 1$ mit dem Scheitelpunkt S(2; –1) erhält man $f(x) = x^2 - 4x + 3$.

Umgekehrt läßt sich die Darstellung der Form $f(x) = x^2 + px + q$ in die Scheitelpunktform durch **quadratische Ergänzung** (vgl. S. 127, 128) überführen, nämlich
$f(x) = x^2 + px + q = x^2 + px + (\frac{p}{2})^2 + q - (\frac{p}{2})^2 = (x + \frac{p}{2})^2 + (q - (\frac{p}{2})^2)$ und, wenn man $\frac{p}{2}$ durch d ersetzt und $(q - (\frac{p}{2})^2)$ durch e, ergibt sich die Scheitelpunktgleichung der Parabel $f(x) = (x + d)^2 + e$.

■ $f(x) = x^2 + 8x + 15 = x^2 + 8x + 4^2 + 15 - 4^2 = (x + 4)^2 - 1$

Bezogen auf die Normalform gilt für den Scheitelpunkt also $S(-\frac{p}{2}; -(\frac{p}{2})^2 + q)$.

4.3.4 Nullstellen der Funktionen $f(x) = x^2 + px + q$

Neben dem Scheitelpunkt sind ausgezeichnete Punkte der Parabel auch die Schnitt- bzw. Berührungspunkte mit der x-Achse. Da dort die Ordinate den Wert 0 hat, heißen die Abszissen auch **Nullstellen**.
Unmittelbar aus der Anschauung ergibt sich, daß eine Funktion $f(x) = ax^2 + bx + c$ zwei Nullstellen, eine Nullstelle oder keine Nullstelle haben kann.
Näherungsweise kann man die Nullstellen dem Funktionsgraphen entnehmen. Um die Nullstellen zu berechnen, hat man die quadratische Gleichung $ax^2 + bx + c = 0$ zu lösen.

Bei der Berechnung der Nullstellen quadratischer Funktionen ist der Fall $a = 1$ besonders häufig. Die quadratische Funktion hat dann die Gestalt $f(x) = x^2 + px + q$.

Die Koordinaten des Scheitelpunktes sind $S(x_S; y_S) = S(-\frac{p}{2}; -(\frac{p}{2})^2 + q)$.
Die Entscheidung darüber, ob eine quadratische Funktion zwei, eine oder keine Nullstellen hat, hängt von der Ordinate des Scheitelpunktes ab. Wenn nämlich

$y_S = -(\frac{p}{2})^2 + q < 0$ ist, so liegt der Scheitelpunkt unterhalb der x-Achse,

$y_S = -(\frac{p}{2})^2 + q = 0$ ist, so liegt der Scheitelpunkt auf der x-Achse,

$y_S = -(\frac{p}{2})^2 + q > 0$ ist, so liegt der Scheitelpunkt oberhalb der x-Achse.

Der Term $(\frac{p}{2})^2 - q$ wird als **Diskriminante D** bezeichnet. Dann gilt:
Wenn $D > 0$ ist, so besitzt $f(x) = x^2 + px + q$ zwei Nullstellen,
wenn $D = 0$ ist, so besitzt $f(x) = x^2 + px + q$ eine Nullstelle,
wenn $D < 0$ ist, so besitzt $f(x) = x^2 + px + q$ keine Nullstelle.

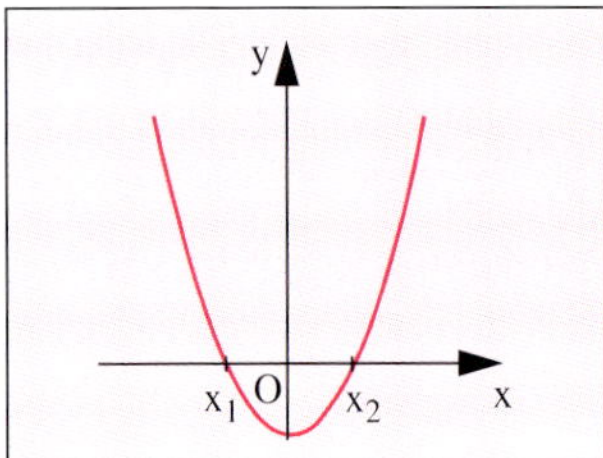	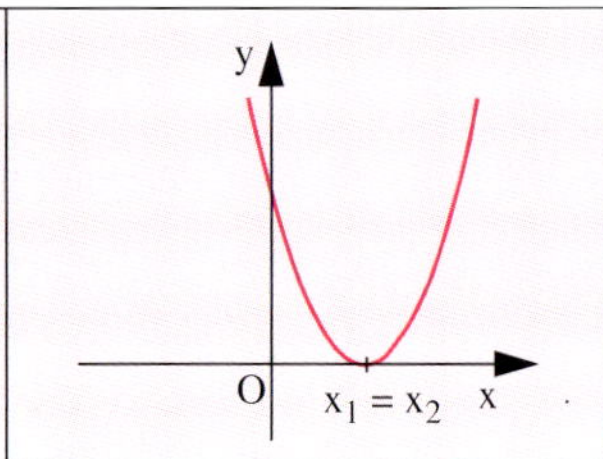	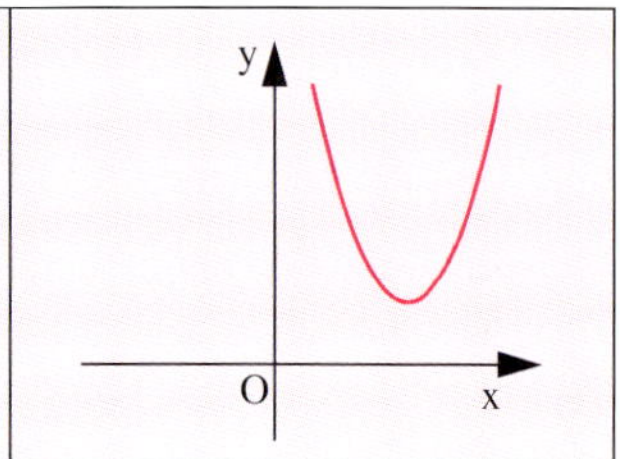
2 Nullstellen	eine (doppelt zählende) Nullstelle	keine Nullstelle
$D > 0$	$D = 0$	$D < 0$

■ $S(1; -2)$ $f(x) = x^2 - 2x - 3$ $D = 4 \Rightarrow$ zwei Nullstellen ($x_1 = 3$; $x_2 = -1$)
$S(1; 0)$ $f(x) = x^2 - 2x + 1 = (x - 1)^2$ $D = 0 \Rightarrow$ eine Nullstellen ($x_1 = 1$)
$S(1; 2)$ $f(x) = x^2 - 2x + 3$ $D = -2 \Rightarrow$ keine Nullstelle

4.3.5 Die Funktionen $f(x) = ax^2 + bx + c$

Für die allgemeine Form $f(x) = ax^2 + bx + c$ einer quadratischen Funktion gilt:

Definitionsbereich: $-\infty < x < \infty$

Nullstellen: $x_{1,2} = \frac{1}{2a}(-b \pm \sqrt{b^2 - 4ac})$

Scheitelpunkt der Parabel: $S(-\frac{b}{2a}; \frac{4ac - b^2}{4a})$

Symmetrieachse: Gerade $x = -\frac{b}{2a}$

Wertebereich: $\frac{4ac - b^2}{4a} \leq y < \infty$ für $a > 0$; $-\infty < y \leq \frac{4ac - b^2}{4a}$ für $a < 0$

■ Für die Funktion $y = 2x^2 + 8x - 4$ gilt:
$-\infty < x < \infty$; $-12 \leq y < \infty$; $S(-2; -12)$;
$x_{1,2} = \frac{1}{4}(-8 \pm \sqrt{64 + 32}) = -2 \pm \frac{1}{4}\sqrt{96} \Rightarrow x_1 \approx 0{,}45$; $x_2 \approx -4{,}45$

4.4 Potenzfunktionen

D Funktionen mit Gleichungen der Form $f(x) = x^n$, $x \in \mathbb{R}$, $n \in \mathbb{Z}$, heißen **Potenzfunktionen**.

Es ist zweckmäßig, eine Einteilung der Funktionen in Abhängigkeit vom Exponenten n vorzunehmen.

4.4.1 Potenzfunktionen mit geraden Exponenten

Für den Fall, daß der Exponent in $f(x) = x^n$ eine gerade Zahl ist, also $n = 2k$ mit $k \in \mathbb{Z}$ gilt, liegen **gerade Funktionen** vor. Es gilt nämlich $f(x) = x^{2k} = (-x)^{2k} = f(-x)$ (vgl. S. 148). Die y-Achse ist die Symmetrieachse für alle Funktionsgraphen.
Man kann folgende **Potenzfunktionen mit geraden Exponenten** unterscheiden:

Fall (1): $f(x) = x^{2k}$ mit $k > 0$

Definitionsbereich: $-\infty < x < \infty$
Wertebereich: $0 \le y < \infty$
Nullstelle: $x_0 = 0$
gemeinsame Punkte aller Graphen: (–1; 1), (0; 0), (1; 1)

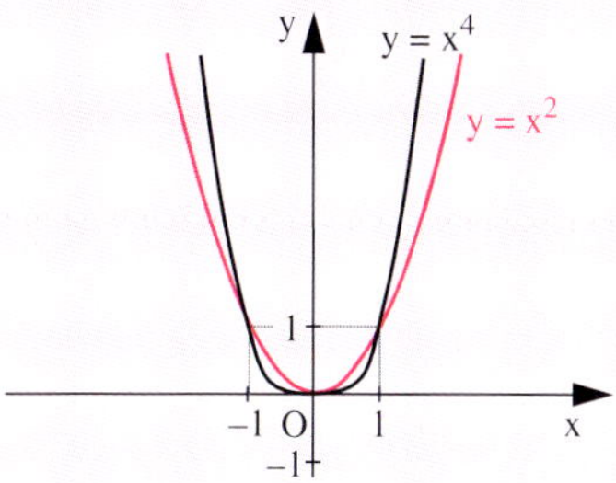

Die quadratische Funktion $f(x) = x^2$ (vgl. S. 153, 154) ist ein Spezialfall dieser Potenzfunktionen. Ihr Graph heißt **Normalparabel**.

Fall (2): $f(x) = x^{2k}$ mit $k = 0$, d. h. $f(x) = x^0$

Definitionsbereich: $-\infty < x < \infty$; $x \neq 0$, da 0^0 nicht erklärt (vgl. S. 63)
Wertebereich: $y = 1$
Nullstelle: keine

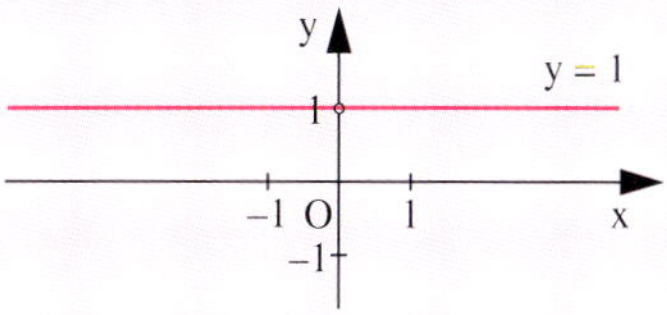

Dieser Spezialfall ist eine **lineare Funktion** mit dem Anstieg $m = 0$ (vgl. Abschnitt 4.2, S. 150)

Fall (3): $f(x) = x^{2k}$ mit $k < 0$

Definitionsbereich: $-\infty < x < \infty$; $x \neq 0$
Wertebereich: $0 < y < \infty$
Nullstelle: keine
gemeinsame Punkte aller Graphen: (–1; 1), (1; 1)

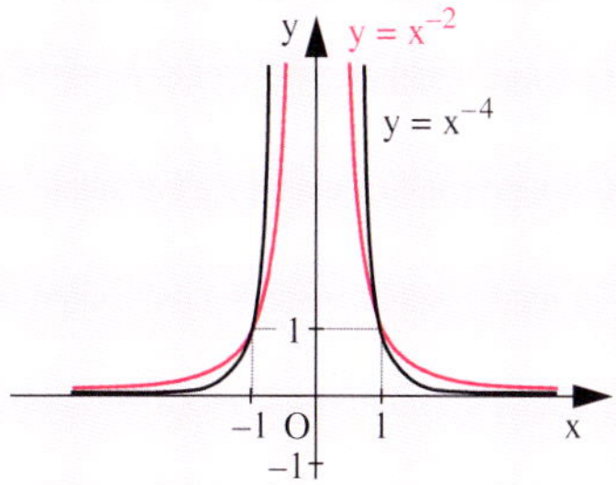

Die Graphen schmiegen sich mit steigendem oder fallendem x immer enger an die x-Achse an, erreichen diese aber nie. Nähert sich x dem Wert 0, schmiegen sich die Funktionsäste an die y-Achse an.

4.4.2 Potenzfunktionen mit ungeraden Exponenten

Ist der Exponent in $f(x) = x^n$ eine ungerade Zahl, gilt also $n = 2k + 1$ mit $k \in \mathbb{Z}$, liegen **ungerade Funktionen** vor. Es gilt nämlich $f(x) = x^{2k+1} = -(-x)^{2k+1} = -f(-x)$ (vgl. S. 148).
Die Funktionsgraphen sind zentralsymmetrisch zum Koordinatenursprung O.
Man kann folgende **Potenzfunktionen mit ungeraden Exponenten** unterscheiden:

Fall (1): $f(x) = x^{2k+1}$ mit $k > 0$

Definitionsbereich:	$-\infty < x < \infty$
Wertebereich:	$-\infty < y < \infty$
Nullstelle:	$x_0 = 0$
gemeinsame Punkte aller Graphen:	(–1; –1), (0; 0), (1; 1)

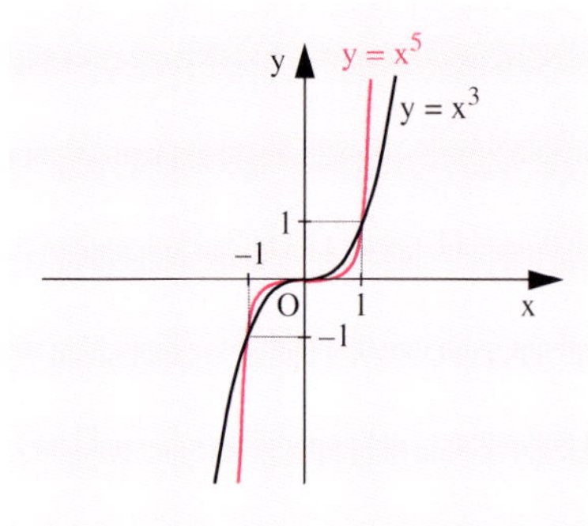

Fall (2): $f(x) = x^{2k+1}$ mit $k = 0$

Definitionsbereich:	$-\infty < x < \infty$
Wertebereich:	$-\infty < y < \infty$
Nullstelle:	$x_0 = 0$

Dieser Spezialfall ist eine **lineare Funktion** mit dem Anstieg $m = 1$ (vgl. Abschnitt 4.2).

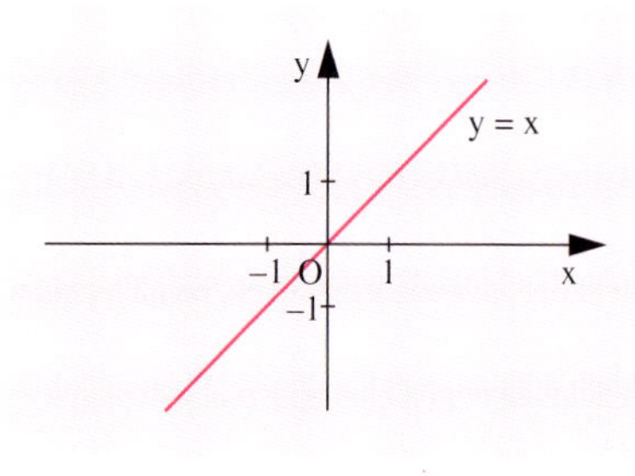

Fall (3): $f(x) = x^{2k+1}$ mit $k < 0$

Definitionsbereich:	$-\infty < x < \infty;\ x \neq 0$
Wertebereich:	$-\infty < y < \infty;\ y \neq 0$
Nullstelle:	keine
gemeinsame Punkte aller Graphen:	(–1; –1), (1; 1)

Die Funktion $f(x) = x^{-1} = \frac{1}{x}$ beschreibt einen **umgekehrt proportionalen Zusammenhang** (vgl. S. 80). Ihr Graph heißt **Hyperbel**.

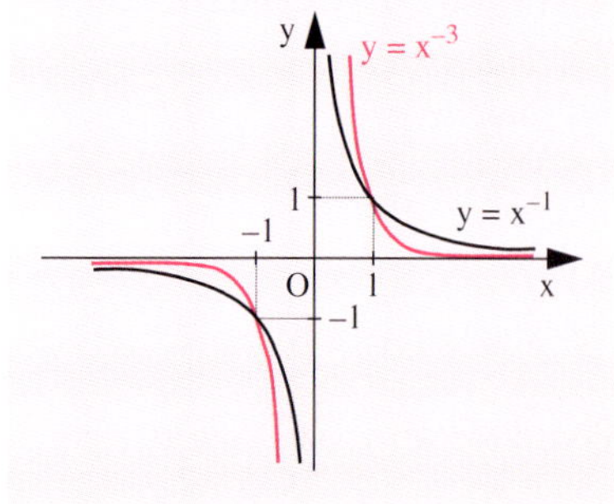

4.5 Wurzelfunktionen

D Die durch Funktionsgleichungen $f(x) = \sqrt[n]{x^m}$ $(x \geq 0;\ m, n \in \mathbb{N};\ m \geq 1;\ n \geq 2)$ definierten Mengen geordneter Wertepaare heißen **Wurzelfunktionen**.

Man kann Wurzelfunktionen als spezielle Potenzfunktionen auffassen, wenn für die Exponenten nicht nur ganze, sondern auch gebrochene Exponenten zugelassen werden, da $\sqrt[n]{x^m}$ eine andere Notationsform für $x^{\frac{m}{n}}$ ist (vgl S. 67).

Auch Funktionen wie f mit $f(x) = \sqrt[3]{x+8}$ oder g mit $g(x) = \sqrt{16 - x^2}$ werden oft als Wurzelfunktionen bezeichnet.

4.5.1 Die Funktion $f(x) = \sqrt{x}$

Die Funktion $f(x) = \sqrt{x}$ ist die Umkehrfunktion zu $g(x) = x^2$, jedoch nur für den Bereich nichtnegativer x-Werte, da $f(x) = x^2$ nicht eineindeutig ist (vgl. S. 146).

Gemeinsame Punkte der beiden Funktionen sind (0; 0) und (1; 1).

Da $g(x) = x^2$ für $x \geq 0$ monoton steigend ist, ist es auch $f(x) = \sqrt{x}$.

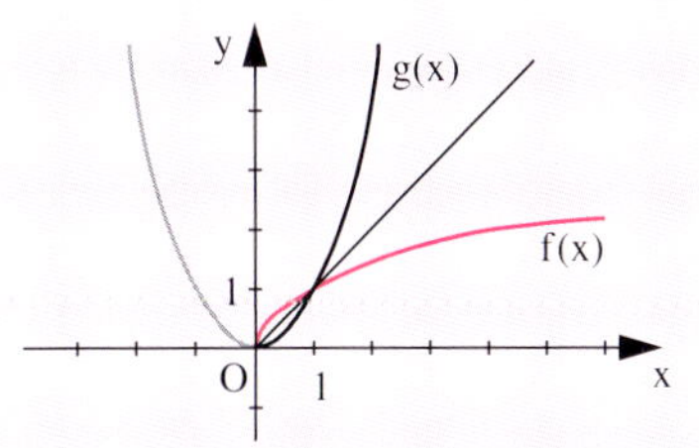

Quadrieren ist keine äquivalente Umformung. Also ist $f(x) = \sqrt{x}$ nicht äquivalent zu $[f(x)]^2 = x$.

Zieht man nämlich wieder auf beiden Seiten die Wurzeln, dann erhält man nach Quadratwurzeldefinition $|f(x)| = \sqrt{x}$ (vgl. S. 67) mit der Fallunterscheidung

(1) $f(x) \geq 0 \Rightarrow f_1(x) = \sqrt{x}$ und

(2) $f(x) < 0 \Rightarrow f_2(x) = -\sqrt{x}$.

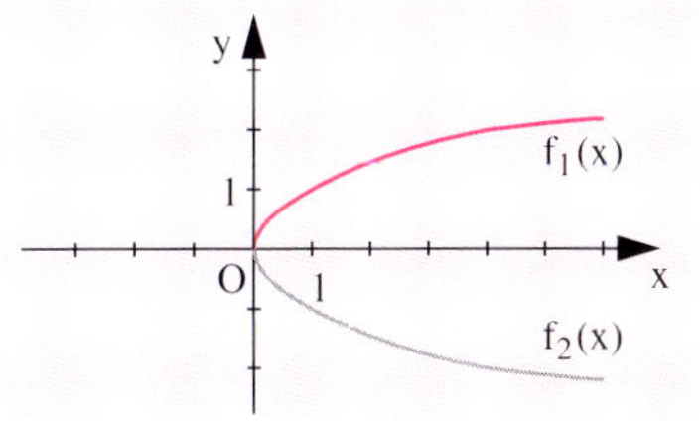

4.5.2 Die Funktionen $f(x) = \sqrt[n]{x}$

Der Zusammenhang zwischen $f(x) = x^2$ und $f^{-1}(x) = \sqrt{x}$ – zueinander inverse Funktionen zu sein – gilt entsprechend für $f(x) = x^n$ $(n \in \mathbb{N};\ n \geq 2)$ und $f^{-1}(x) = \sqrt[n]{x}$, allerdings auch hier wieder nur für $x \geq 0$.

Definitionsbereich:	$0 \leq x < \infty$
Wertebereich:	$0 \leq y < \infty$
Nullstelle:	$x_0 = 0$
gemeinsame Punkte aller Graphen:	(0; 0), (1; 1)
Monotonie:	monoton steigend

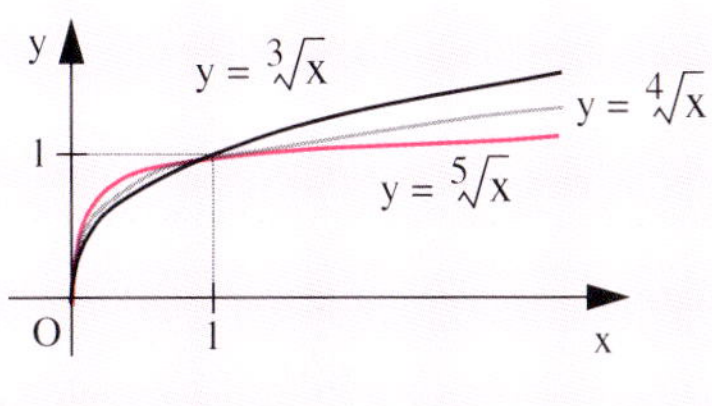

4.6 Exponentialfunktionen

4.6.1 Die Funktionen $f(x) = a^x$

D Die Menge der geordneten Wertepaare, die durch eine Gleichung der Form $f(x) = a^x$ festgelegt wird, heißt **Exponentialfunktion**, wobei a eine positive reelle Konstante ist.

Man beachte: Es gibt einen Unterschied zwischen $g(x) = x^n$ und $f(x) = a^x$. Im ersten Fall werden mit einem festen Exponenten Potenzen der Variablen x gebildet, im zweiten Fall ist der Exponent die Variable, die Basis ist die Konstante.

Eigenschaften der Funktion:

- Definitionsbereich: Die Funktion ist für alle reellen Werte von x definiert.
- Wertebereich: Es ist $a^x > 0$ für alle Werte von x.
- Die Funktionsgraphen von $f(x) = a^x$ und $g(x) = (\frac{1}{a})^x$ gehen durch Spiegelung an der y-Achse ineinander über, da $a^x = (\frac{1}{a})^{-x}$ gilt.
- Die Graphen aller Exponentialfunktionen haben den Punkt (0; 1) gemeinsam.
- $f(x) = a^x$ ist für $a > 1$ monoton steigend, für $0 < a < 1$ monoton fallend.
- Wegen der Monotonie ist $f(x) = a^x$ eineindeutig (umkehrbar eindeutig).

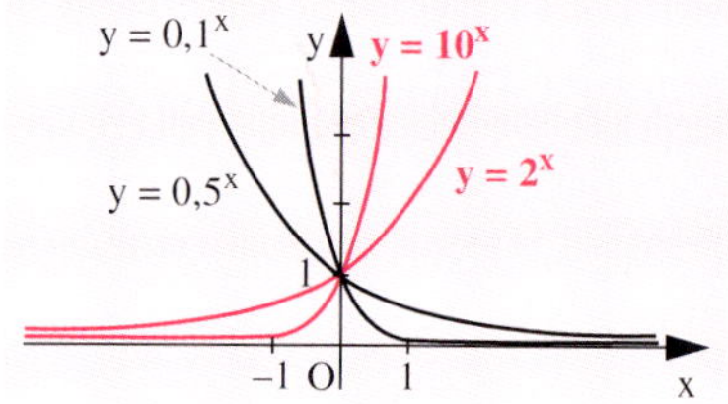

Insbesondere die Funktion $f(x) = 10^x$ ist neben $f(x) = e^x$ praktisch bedeutsam.

4.6.2 Die Funktion $f(x) = e^x$

Bei Wachstums- oder Zerfallsprozessen spielt eine Zahl eine besondere Rolle, die durch den Buchstaben **e** symbolisiert wird und um deren Untersuchung sich EULER (1707–1783) verdient gemacht hat. Der „genaue" Wert der Zahl e ist 2.7182818... (auf dem Taschenrechner durch Eingabe von 1 und Betätigung der Taste $\boxed{e^x}$ abrufbar).

W Die Zahl e erhält man z. B. als Grenzwert der Folgen $a_n = (1 + \frac{1}{n})^n$ oder $a_n = (1 + \frac{1}{n})^{n+1}$.
Den in der Mathematik üblichen Begriff „Grenzwert einer Folge a_n" muß man folgendermaßen verstehen: Setzt man für n nacheinander die Werte 1, 2, 3, 4, ... ein, so erhält man Zahlenfolgen, die von dem speziellen Term abhängen. In unserem Fall sind das die Zahlenfolgen (gerundete Werte):

	n = 1	n = 2	n = 3	n = 4	n = 5	...	n = 10	...	n = 100	...
$a_n = (1 + \frac{1}{n})^n$	2,0	2,25	2,37	2,44	2,48		2,5937		2,7048	
$a_n = (1 + \frac{1}{n})^{n+1}$	4,0	3,375	3,16	3,05	2,98		2,8531		2,7319	

Wenn es genau eine (reelle) Zahl gibt, der sich eine solche Zahlenfolge beliebig genau annähert und in deren „Umgebung" von einem gewissen n an alle weiteren Glieder der Zahlenfolge liegen, so heißt diese Zahl **Grenzwert der Zahlenfolge**.

Die Zahl e spielt bei natürlichen Vorgängen und zur Beschreibung physikalischer Sachverhalte eine überaus wichtige Rolle, so daß für wissenschaftliche Zwecke die Funktionsgleichung $f(x) = e^x$ neben $f(x) = 10^x$ verwendet wird.

4.7 Logarithmusfunktionen

4.7.1 Die Funktionen $f(x) = \log_a x$

D Funktionen mit Gleichungen der Form $f(x) = \log_a x$ $(a, x \in \mathbb{R};\ a, x > 0;\ a \neq 1)$ heißen **Logarithmusfunktionen**.

Den Logarithmus einer Zahl zu berechnen erfordert Hilfsmittel der höheren Mathematik. Man entnimmt in der Praxis die Werte von Logarithmen entweder Tabellen oder ruft sie auf dem Taschenrechner ab.

Eigenschaften der Funktionen:

- Die Logarithmusfunktionen $f(x) = \log_a x$ sind die Umkehrfunktionen der Exponentialfunktionen $g(x) = a^x$ (vgl. Abschnitt 4.6). Es gilt also $f(x) = g^{-1}(x)$.
- Der Definitionsbereich ist das Intervall $D =]0; \infty[$, der Wertebereich ist das Intervall $W =]-\infty; \infty[$.
- Der Punkt (1; 0) ist allen Logarithmenfunktionen gemeinsam, was sich aus der Betrachtung der Exponentialfunktionen ergibt.
- Die Logarithmusfunktionen $f(x) = \log_a x$ sind für $a > 1$ streng monoton steigend, für $0 < a < 1$ streng monoton fallend und damit eineindeutig.

Graphen von Logarithmen- und Exponentialfunktionen:

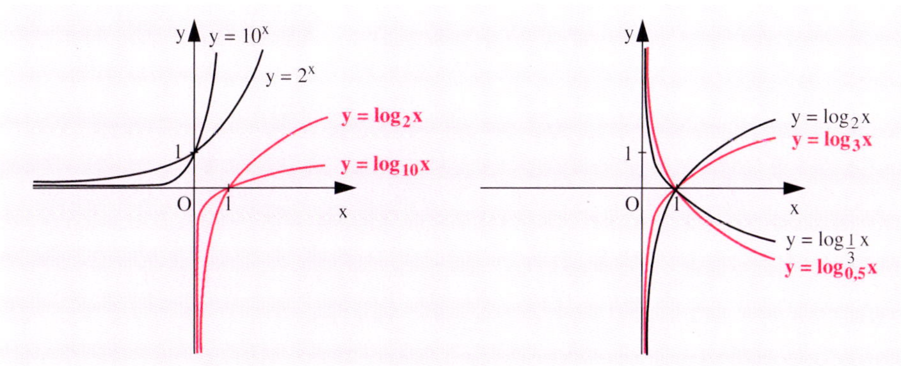

4.7.2 Die Funktionen $f(x) = \lg x$ und $f(x) = \ln x$

Seit dem 17. Jahrhundert sind Werte von Logarithmusfunktionen tabelliert. Durchgesetzt haben sich in der Praxis (d. h. in Technik und Wissenschaft) zwei Basiskonstanten, nämlich die Basis 10 (dekadische oder **gemeine Logarithmen**, auch **BRIGGSsche Logarithmen** genannt) und die Basis e (**natürliche Logarithmen** oder **NEPERsche Logarithmen**, nach JOHN NAPIER). Der Bezug auf Logarithmen zur Basis 10 wird durch das Symbol lg, der Bezug auf die Basis e durch das Symbol ln angegeben. (vgl. auch Abschnitt 2.6.3, S. 69)
In der Technik wird i.allg. mit der Funktion $f(x) = \lg x$ gearbeitet, in der Wissenschaft dominiert der natürliche Logarithmus. Prinzipiell spielt es keine Rolle, welche Basis zugrunde gelegt wird, weil zwischen dem gemeinen Logarithmus und dem natürlichen Log-

arithmus einer Zahl folgende Beziehungen bestehen:

- $10^{\lg x} = e^{\ln x} = x$
- $\lg x \cdot \lg 10 = \ln x \cdot \lg e$ $\qquad$ $\lg x \cdot \ln 10 = \ln x \cdot \ln e$
- $\ln x = \frac{\lg x}{\lg e} = 2{,}30258 \lg x$ $\qquad$ $\lg x = \frac{\ln x}{\ln 10} = 0{,}43429 \ln x$

Es ist üblich, die Konstante $\lg e = 0{,}43429...$ als Modul **M** zu bezeichnen.

Mit der zunehmenden Kenntnis des Umgangs mit Taschenrechnern ist zu erwarten, daß die Verwendung natürlicher Logarithmen die BRIGGSschen Logarithmen ablöst.

W Es gibt einen interessanten Zusammenhang zwischen der Maßzahl der Fläche unter der Kurve $f(x) = \frac{1}{x}$ und den natürlichen Logarithmen. Es ist nämlich die Maßzahl der Fläche von 1 bis zu einer Stelle x (x > 1) gleich ln x.

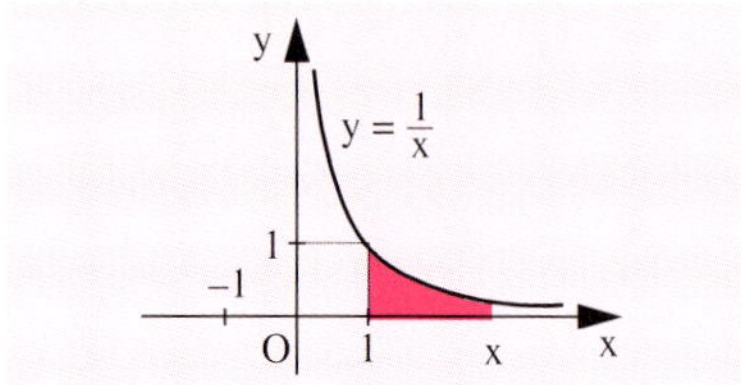

4.7.3 Anwendung der Logarithmusfunktionen

Die Logarithmen wurden im Zusammenhang mit angewandten Aufgaben aus den Ingenieurwissenschaften, der Astronomie und der Vermessungstechnik entdeckt. Sie waren ein wertvolles Hilfsmittel bei der Benutzung **trigonometrischer Funktionen**, weil aufwendige Multiplikations- und Divisionsaufgaben auf Addition und Subtraktion zurückgeführt werden konnten, das Potenzieren und Radizieren entsprechend auf Multiplikation und Division. Es wurden deshalb auch schon sehr früh Wertetafeln für die Logarithmen der trigonometrischen Funktionen errechnet und auch die Differenzen der Logarithmen von Sinus- und Kosinuswerten tabelliert, also Logarithmen für die Tangensfunktion entwickelt.
Der Rückgriff auf diese Funktionstafeln hat aber durch den Einsatz von Taschenrechnern an Bedeutung verloren, da in den Rechnern gespeicherte Algorithmen die Funktionswerte schneller berechnen, als es durch Nachschlagen in Tabellen möglich ist. Das heißt letztlich, daß dem Anwender von Logarithmen diese Funktionswerte in Tabellenform, über Tasten auf einem Taschenrechner oder als Standardfunktionen in Programmiersprachen begegnen.

Die zentrale Anwendung des Logarithmierens ist es, Gleichungen, die schwierig zu handhabende Exponentialausdrücke enthalten, auf einfache Formen zurückzuführen. Ein Beispiel dafür ist die **Zinseszins**rechnung (vgl. Beispiel S. 96).

4.8 Winkelfunktionen (trigonometrische Funktionen)

H Im Altertum zählte die Astronomie zu den hervorragenden Wissenschaften. In diesem wissenschaftlichen Umfeld wurde der Zusammenhang zwischen der Länge der Kreissehnen und dem Zentriwinkel untersucht und tabelliert. In der Zeit des Hellenismus – Eckdaten sind die Regierung Alexanders des Großen (356–323 v.u.Z.) und die Eroberung Ägyptens durch die Römer um 30 v.u.Z., kulturelles Zentrum war Alexandria – wurde das Zahlensystem der Babylonier übernommen. Dieses System war ein Positionssystem mit der Basis 60, das sogenannte **Sexagesimalsystem**. Das Sexagesimalsystem hatte im weiteren das Unterteilen des Vollwinkels in 360 Grad zur Folge und die Einteilung eines Grades in 60 Minuten mit je 60 Sekunden.

In Alexandria wirkte um 100 u.Z. der Mathematiker und Geograph MENELAOS, der trigonometrische Untersuchungen in seinem Buch „Sphärik" niederlegte. Das Standardwerk zur Astronomie wurde aber das Werk „Almagest" (Titel der arabischen Übersetzung) von PTOLEMAIOS, der ebenfalls im 2. Jahrhundert in Alexandria lebte und forschte. Der Almagest enthielt Sehnentafeln. Die zu einem Mittelpunktswinkel in einem Kreis mit dem Radius 1 gehörenden Sehnen waren tabelliert, und zwar für Winkelgrößen zwischen 0° und 180° mit der Schrittweite von 0,5°. Das entspricht den heutigen Sinustafeln für Winkel von 0° bis 90°.

Das Werk des PTOLEMAIOS wurde um 900 ins Arabische übersetzt und hatte wesentlichen Einfluß auf die Entwicklung der arabischen Mathematik. Der arabische Mathematiker AL-BIRUNI (973–1048) verfaßte bereits Sinustafeln, die auf 8 Dezimalstellen genau waren. Auch Tangens- und Kotangenstafeln wurden von den Arabern entwickelt. Im 10. Jahrhundert war bereits der **Sinussatz** bekannt, der **Kosinussatz** im 13. Jahrhundert. Im 15. Jahrhundert wurden von REGIOMONTANUS (1436–1476, eigentlicher Name JOHANNES MÜLLER), einem Drucker, Instrumentenmacher und Rechenmeister, eine vollständige Einführung in die Trigonometrie verfaßt.

Die heute in der Trigonometrie üblichen Bezeichnungen stammen aber erst aus dem 18. Jahrhundert von dem schweizer Mathematiker LEONHARD EULER (1707–1783).

4.8.1 Winkelfunktionen am rechtwinkligen Dreieck

In „klassischer" Auffassung versteht man unter den **Winkelfunktionen** oder **trigonometrischen Funktionen** die mathematische Formulierung von Zusammenhängen zwischen Seiten eines rechtwinkligen Dreiecks und einem der Hypotenuse anliegenden Winkel.

Da alle rechtwinkligen Dreiecke, die auch in einem weiteren Winkel übereinstimmen, ähnlich sind (**Hauptähnlichkeitssatz**), sind für einen festen Winkel durch die Quotienten

$\frac{\text{Gegenkathete}}{\text{Hypotenuse}}, \frac{\text{Ankathete}}{\text{Hypotenuse}}, \frac{\text{Gegenkathete}}{\text{Ankathete}}, \frac{\text{Ankathete}}{\text{Gegenkathete}}$ vier Zahlen eindeutig bestimmt.

Diese vier Längenverhältnisse nennt man **Sinus** (kurz: sin), **Kosinus** (kurz: cos), **Tangens** (kurz: tan) bzw. **Kotangens** (kurz: cot) eines Winkels.

Mit den Bezeichnungen des nebenstehenden Bildes sind für jeden Winkel zwischen 0° und 90° diese Längenverhältnisse folgendermaßen definiert:

$\sin\alpha = \frac{a}{c} \quad \cos\alpha = \frac{b}{c} \quad \tan\alpha = \frac{a}{b} \quad \cot\alpha = \frac{b}{a}$

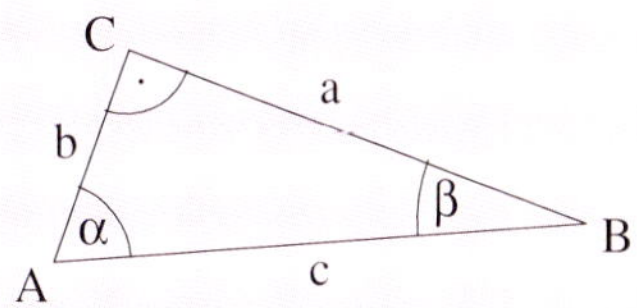

Überall, wo rechtwinklige Dreiecke auftreten, kann man diese Beziehungen für Berechnungen nutzen (vgl. Abschnitt 5.7.1, S. 217, 218).

Für das rechtwinklige Dreieck sind die Winkelfunktionen wie folgt definiert:

Die Menge geordneter Paare $(\alpha; \sin\alpha)$ wird als **Sinusfunktion**, die Menge geordneter Paare $(\alpha; \cos\alpha)$ als **Kosinusfunktion**, die Menge geordneter Paare $(\alpha; \tan\alpha)$ als **Tangensfunktion**, und die Menge geordneter Paare $(\alpha; \cot\alpha)$ als **Kotangensfunktion** bezeichnet.

4.8.2 Winkelfunktionen am Kreis

Die am rechtwinkligen Dreieck erklärten Winkelfunktionen werden nun so erweitert, daß sie auch für Winkel bis 360° gelten, indem man am Kreis einen veränderlichen Winkel betrachtet, wobei der eine Schenkel der x-Achse zugeordnet ist, der andere Schenkel in mathematisch positivem Sinn (also entgegen dem Uhrzeigersinn) beweglich ist.

Die dabei geltenden Entsprechungen – oft auch **Quadrantenbeziehungen** genannt – sind in der folgenden Tafel zusammengestellt:

	90° ± x	**180° ± x**	**270° ± x**	**360° ± x**
sin	$\cos x$	$\mp\sin x$	$-\cos x$	$\pm\sin x$
cos	$\mp\sin x$	$-\cos x$	$\pm\sin x$	$\cos x$
tan	$\mp\cot x$	$+\tan x$	$\mp\cot x$	$\pm\tan x$
cot	$\mp\tan x$	$\pm\cot x$	$\mp\tan x$	$\pm\cot x$

Im nebenstehenden Bild sind Beziehungen zwischen den Winkelfunktionen für Winkel zwischen 0° und 90° am Einheitskreis dargestellt.

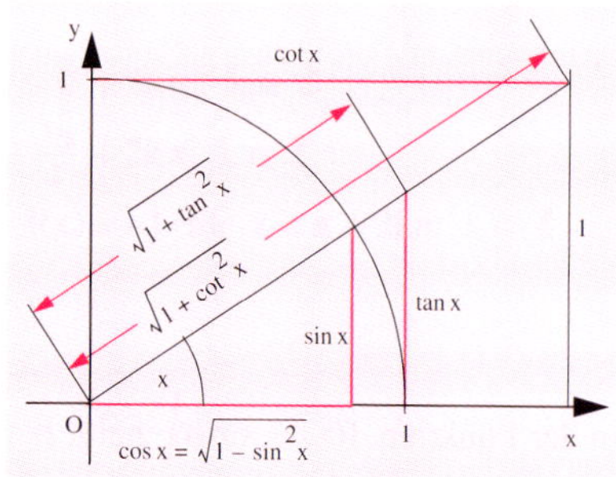

Beziehungen zwischen den Winkelfunktionen ergeben sich unmittelbar aus Anwendung des **Satzes von Pythagoras**. So kann man z. B. direkt ablesen:

$$\sin^2 x + \cos^2 x = 1 \qquad \tan x = \frac{1}{\cot x} = \frac{\sin x}{\cos x}$$

In der Tabelle sind alle für den 1. Quadranten gültigen Beziehungen zusammengestellt:

Funktion \ **dargestellt durch**	**sin x**	**cos x**	**tan x**	**cot x**
sin x	–	$\sqrt{1 - \cos^2 x}$	$\frac{\tan x}{\sqrt{1 + \tan^2 x}}$	$\frac{1}{\sqrt{1 + \cot^2 x}}$
cos x	$\sqrt{1 - \sin^2 x}$	–	$\frac{1}{\sqrt{1 + \tan^2 x}}$	$\frac{\cot x}{\sqrt{1 + \cot^2 x}}$
tan x	$\frac{\sin x}{\sqrt{1 - \sin^2 x}}$	$\frac{\sqrt{1 - \cos^2 x}}{\cos x}$	–	$\frac{1}{\cot x}$
cot x	$\frac{\sqrt{1 - \sin^2 x}}{\sin x}$	$\frac{\cos x}{\sqrt{1 - \cos^2 x}}$	$\frac{1}{\tan x}$	–

Liegt der Winkel nicht im 1. Quadranten, so muß das Vorzeichen der Koordinaten berücksichtigt werden. Es gilt z. B. für einen Winkel x im 2. Quadranten: $\cos x = -\sqrt{1 - \sin^2 x}$.

4.8.5 Werte von Winkelfunktionen

Funktionstafeln und Taschenrechner

Für die exakte Berechnung der Werte von Winkelfunktionen benötigt man die Hilfsmittel der höheren Mathematik. Seit Jahrhunderten sind aber die Funktionswerte mit in der Praxis hinreichender Genauigkeit tabelliert.

Die folgende Tabelle gibt einen Abschnitt aus der sin/cos-Tafel wieder.
Da $\sin\alpha = \cos(90° - \alpha)$, können sowohl die Werte der Sinus- als auch der Kosinusfunktion in *einer* Tafel zusammengefaßt werden. Die Unterteilung beträgt $0{,}1° = 6'$.

Grad	,0	,1	,1	,3	,4	,5	,6	,7	,8	,9	1,0	
Sinus ↓ ...												...
28	4695	4710	4726	4741	4756	4772	4787	4802	4818	4833	4848	61
29	4848	4863	4879	4894	4909	4924	4939	4955	4970	4985	5000	**60**
30	0,5000	5015	5030	5045	5060	5075	5090	5105	5120	5135	5150	59
31	0,5150	5165	5180	5195	5210	5225	5240	5255	5270	5284	5299	58
...												... Kosinus ↑
	1,0	,9	,8	,7	,6	,5	,4	,3	,2	,1	,0	Grad

Für Winkel, die nicht zwischen 0° und 90° liegen, muß man auf Grund der Periodizität und der Reduktionsformeln in dieses Intervall transformieren (vgl. S. 168), wobei dann selbstverständlich das im Originalquadranten gültige Vorzeichen zu berücksichtigen ist.

■ $\sin 571° = \sin(360° + 211°) = \sin 211° = \sin(180° + 31°) = -\sin 31° = -0{,}5150$

Das Benutzen von Funktionstafeln wird heute weitestgehend durch Taschenrechner ersetzt. Dabei ist nur darauf zu achten, daß eine richtige Einstellung für die Winkelangabe gewählt wurde. Es gibt i. allg. drei Möglichkeiten für die Angabe des Winkels, nämlich **Gradmaß**, **Bogenmaß** und Neugrad (vgl. Abschnitt 5.2.2). Die Einstellung **deg** verlangt Winkelangaben in Grad, die Einstellung **rad** Winkelangaben im Bogenmaß und die Einstellung **grd** Winkelangaben in Neugrad. **Neugrad** heißt, daß der Vollwinkel in 400 Neugrad unterteilt ist (was sich nicht durchgesetzt hat). Der Funktionswert ist dann durch die Betätigung der entsprechend gekennzeichneten Tasten aufzurufen. Häufig fehlt auf Taschenrechnern die cot-Funktion. Da aber $\cot x = \frac{1}{\tan x}$ ist, bedeutet das, daß man die tan-Taste betätigt und danach die Taste [1/x] (reziproker Wert).

Spezielle Werte von Winkelfunktionen

(1) $\sphericalangle A_1OB_1 = 30°$:
$\overline{A_1B_1}$ ist halbe Grundseite eines gleichseitigen Dreiecks mit der Seitenlänge 1.

(2) $\sphericalangle A_2OB_2 = 45°$:
$\overline{A_2B_2}$ ist Seite eines Quadrats mit der Diagonalenlänge 1.

(3) $\sphericalangle A_3OB_3 = 60°$:
$\overline{A_3B_3}$ ist Höhe eines gleichseitigen Dreiecks mit der Seitenlänge 1.

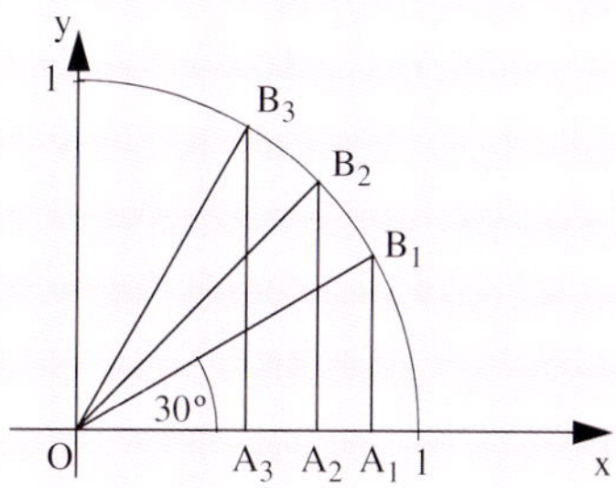

Hieraus folgt z. B. für (2):
Für die Länge der Diagonale eines Quadrates mit der Seitenlänge a gilt $d = a\sqrt{2}$. Ist $d = 1$, so folgt für a: $a = \frac{1}{2}\sqrt{2}$.
Die Maßzahl von a ist der Sinus von 45°.

Weitere spezielle Werte sind in der folgenden Tabelle zusammengestellt.

	0° 0	**30°** $\frac{\pi}{6}$	**45°** $\frac{\pi}{4}$	**60°** $\frac{\pi}{3}$	**90°** $\frac{\pi}{2}$	**120°** $\frac{2\pi}{3}$	**135°** $\frac{\pi}{4}$	**150°** $\frac{\pi}{6}$	**0°** 0
y = sin x	0	$\frac{1}{2}$	$\frac{1}{2}\sqrt{2}$	$\frac{1}{2}\sqrt{3}$	1	$\frac{1}{2}\sqrt{3}$	$\frac{1}{2}\sqrt{2}$	$\frac{1}{2}$	0
y = cos x	1	$\frac{1}{2}\sqrt{3}$	$\frac{1}{2}\sqrt{2}$	$\frac{1}{2}$	0	$-\frac{1}{2}$	$-\frac{1}{2}\sqrt{2}$	$-\frac{1}{2}\sqrt{3}$	-1
y = tan x	0	$\frac{1}{3}\sqrt{3}$	1	$\sqrt{3}$	n. d.	$-\sqrt{3}$	-1	$-\frac{1}{3}\sqrt{3}$	0
y = cot x	n. d.	$\sqrt{3}$	1	$\frac{1}{3}\sqrt{3}$	0	$-\frac{1}{3}\sqrt{3}$	-1	$-\sqrt{3}$	n. d.

4.8.6 Bestimmen von Argumenten zu vorgegebenen Funktionswerten

Für die Bestimmung der Winkel zu einem Funktionswert bedient man sich in der Praxis der Tafeln für Winkelfunktionen oder des Taschenrechners. Bei der Verwendung von Funktionstafeln findet man das Argument im Gradmaß, bei der Verwendung von Taschenrechnern ist i. allg. einstellbar, ob das Argument im Gradmaß oder Bogenmaß berechnet werden soll.

Bestimmen des Winkels mit Hilfe von Funktionstafeln

■ Die folgende Tabelle zeigt Zeilen aus einer Tafel mit tan- und cot-Werten.

Tangens ↓

Grad	,0	,1	,1	,3	,4	,5	,6	,7	,8	,9	1,0	
...												...
28	5317	5340	5362	5384	5407	5430	5452	5475	5498	5520	5543	61
29	5543	5566	5589	5612	5635	5658	5681	5704	5727	5750	5774	**60**
30	0,5774	5797	5820	5844	5867	5890	5914	5938	5961	5985	6009	59
31	0,6009	6032	6056	6080	6104	6128	6152	6176	6200	6224	6249	58
...												...
	1,0	,9	,8	,7	,6	,5	,4	,3	,2	,1	,0	Grad

↑ Kotangens

Ist $\tan\alpha = 0{,}5612$, so kann man unmittelbar den Winkel ablesen, nämlich $\alpha = 29{,}3°$. Für $\tan\alpha = 0{,}5620$ ist der Wert in der Tafel nicht enthalten. Es muß dann die Zwischenstelle durch Interpolieren berechnet oder, wenn das genügt, geschätzt werden.

Interpolation:
Der Unterschied zwischen den Tabellenwerten 0,5612 und 0,5635 beträgt 23 Tabelleneinheiten. Diesem Unterschied entspricht ein Unterschied zwischen den Winkeln 29,3° und 29,4°, also $\frac{10}{100}$. Da direkte Proportionalität angenommen werden kann, folgt die Proportionalitätsgleichung $23 : 8 = 10 : x$. Daraus ergibt sich $x \approx 4$, also $\alpha = 29{,}34°$.

Bestimmen des Winkels mit Hilfe eines Taschenrechners

Man wählt durch entsprechende Einstellung, ob der Winkel im Gradmaß (deg) oder im Bogenmaß (rad) oder in Neugrad (grd) berechnet werden soll. Nach dem Eingeben des Funktionswertes erhält man nach Betätigung der entsprechenden Funktionstaste einen Winkel in der eingestellten Maßeinheit (Hauptwert).

Man beachte: Da die Winkelfunktionen periodisch sind (vgl. Abschnitt 4.8.3), gibt es weitere Winkel, die den gegebenen Funktionswert haben.

Beim Bestimmen der zu einem Funktionswert gehörenden Argumentwerte muß deshalb wie folgt vorgegangen werden:

1. Schritt: Argumentwert (Hauptwert) in der Tabelle oder auf dem Taschenrechner ablesen.
2. Schritt: Weiteren Winkel über die Quadrantenbeziehungen bestimmen.
3. Schritt: Weitere Winkel über die Periodizität bestimmen.

■ Gesucht sind die Winkel, für die $\sin x = 0{,}5045$ gilt.

1. Schritt:

Für $\sin x = 0{,}5045$ erhält man aus der Sinustabelle $x = 30{,}3°$ (vgl. S. 169). Der Taschenrechner liefert im Gradmaß den Wert $x = 30{,}298°$, im Bogenmaß $x = 0{,}5288$. Diese Werte liegen im 1. Quadranten.

Die Sinustabelle liefert den Argumentwert mit einer Genauigkeit von 0,1°. Für praktische Anwendungen genügt das im allgemeinen. Den Taschenrechnerwert sollte man deshalb ebenfalls auf eine Dezimalstelle runden, in unserem Beispiel auf 30,3°.

2. Schritt:

Wegen der Quadrantenbeziehung $\sin x = \sin(180° - x)$ folgt aus $x = 30{,}3°$ als zweiter Wert $x = 180° - 30{,}3° = 149{,}7°$ oder im Bogenmaß $x = 2{,}612579 \approx 2{,}61$.

3. Schritt:

Wegen der Periodizität folgen aus dem ersten Wert im Gradmaß $x = 30{,}3°$ die Lösungen $x_k = 30{,}3° + k \cdot 360°,\ k \in \mathbb{Z}$,

also $x_1 = 390{,}3°$, $x_2 = 750{,}3°$, $x_{-1} = -329{,}7°$, $x_{-2} \triangleq -689{,}7°$ usw., bzw. ausgehend vom 2. Wert $x_m = 149{,}7° + m \cdot 360°,\ m \in \mathbb{Z}$,

also $x_1 = 509{,}7°$, $x_2 = 869{,}7°$, $x_{-1} = -210{,}3°$, $x_{-2} = -570{,}3°$ usw.

Ausgehend vom Bogenmaß der Argumente erhält man entsprechend aus $x_k = 0{,}5288 + 2k\pi,\ k \in \mathbb{Z}$, die Argumentwerte

$x_1 = 6{,}812$, $x_2 = 13{,}095$, $x_{-1} = -5{,}754$, $x_{-2} = -12{,}04$ usw., bzw., ausgehend vom zweiten Wert $x_1 = 8{,}896$, $x_2 = 15{,}179$, $x_{-1} = -3{,}670$, $x_{-2} = -9{,}953$ usw.

Wenn, durch die Aufgabe bedingt, ein Lösungsintervall vorgegeben ist, sind aus den Lösungen die auszuwählen, die in diesem Intervall liegen.

■ Gesucht sind die Winkel, die die Gleichung $\cos x = -0{,}5135;\ 0° \le x \le 720°$; erfüllen.

Für die Kosinusfunktion gilt

(1) Quadrantenbeziehung: $\cos x = \cos(2\pi - x)$ und $\cos x = -\cos(\pi + x)$.

(2) Periodizität: $\cos x = \cos(x + 2k\pi)$.

Dann führt $\cos x = -0{,}5135$ über $-\cos x = 0{,}5135$ nach Kosinustabelle (vgl. S. 169) zu $x_1 = 120{,}9°$ und wegen der Quadrantenbeziehung ferner zu $x_2 = 239{,}1°$.

Wegen der Periodizität folgen aus x_1 der weitere Wert $x_3 = 120{,}9° + 360° = 480{,}9°$, aus x_2 der Wert $x_4 = 239{,}1° + 360° = 599{,}1°$.

Dies sind alle Argumente, die die Gleichung $\cos x = -0{,}5135$ im Intervall $[0°; 720°]$ erfüllen.

Goniometrische Bestimmungsgleichungen

Als **goniometrische Gleichungen** bezeichnet man solche Gleichungen, in denen die Unbekannte im Argument von Winkelfunktionen vorkommt. Einfache goniometrische Gleichungen wie $\cos x = -0{,}5135$ oder $\tan x = 0{,}5612$ wurden in diesem Abschnitt schon vorgestellt.

4

Komplizierte goniometrische Gleichungen lassen sich nur in einigen Spezialfällen nach der Unbekannten auflösen. Im allgemeinen müssen **Näherungsverfahren** eingesetzt werden.

Im folgenden werden einige Hinweise für das Lösen von speziellen goniometrischen Gleichungen gegeben.
Gleichungen, in denen eine Winkelfunktion des gleichen Arguments in unterschiedlichen Potenzen vorkommt, führen, nachdem man für die erste Potenz eine Variable substituiert hat, auf eine **Gleichung höheren Grades**. Lassen sich reelle Lösungen dieser Gleichung bestimmen, so erhält man Gleichungen für die Substitutionen. Dabei kann es durchaus vorkommen, daß es keine reellen Lösungen gibt.

- $3\cos x = 0{,}7$ liefert mit $\cos x = 0{,}2333$ die Lösung $x_1 = 76{,}51°$.
  Weil $\cos x = \cos(360° - x)$ gilt, erhält man die Lösung $x_2 = 283{,}39°$.
  Wegen der Peridizität der Kosinusfunktion gilt außerdem
  $x_n = 76{,}51° + 360° \cdot n$ sowie $x_n = 283{,}39° + 360° \cdot n \quad (n \in \mathbb{Z})$.

- $2\sin^2 x + \sin x - 1 = 0$ liefert für $s = \sin x$
  $2s^2 + s - 1 = 0$ mit den Lösungen $s_1 = \frac{1}{2}$ und $s_2 = -1$, woraus folgt:
  (1) $\sin x = 0{,}5 \quad \Rightarrow \quad x_1 = \frac{\pi}{6} + 2k\pi,\ x_2 = \frac{5}{6}\pi + 2k\pi;$
  (2) $\sin x = -1 \quad \Rightarrow \quad x_3 = \frac{3}{2}\pi + 2k\pi.$

- $\tan^2 x - 5\tan x + 6 = 0$ liefert für $s = \tan x$
  $s^2 - 5s + 6 = 0$ mit den Lösungen $s_1 = 3$ und $s_2 = 2$, woraus folgt:
  (1) $\tan x = 3 \quad \Rightarrow \quad x_1 = 71°\,30'\,4'' + k \cdot 180°;$
  (2) $\tan x = 2 \quad \Rightarrow \quad x_2 = 63°\,20'\,35'' + k \cdot 180°.$

- $\sin^2 x - 5\sin x + 6 = 0$ liefert für $z = \sin x$ die Lösungen $z_1 = 3$ und $z_2 = 2$.
  In beiden Fällen ist die Gleichung $z = \sin x$ nicht zu erfüllen.

5 Planimetrie

5.1 Grundbegriffe

H Mit dem arbeitsteiligen Leben der Menschen in einer Gemeinschaft wurden mathematische Tätigkeiten notwendig. Beim Planen von Arbeiten schätzte man Umfang und Ergebnis der Arbeit ab, mußte man sich in Raum und Zeit orientieren. Wegepläne, Karten und Kalender wurden geschaffen. Beim Tauschhandel waren größenmäßiges Erfassen (beispielsweise durch Zählen, Wiegen, Längenmessung) sowie Rechnen wichtige Tätigkeiten. Auf dem Gebiet der Geometrie (grch., Erdmessung) wurden Körper und ebene Figuren sowie deren Eigenschaften durch die Anforderungen der Arbeit bereits frühzeitig erfaßt. Beispiele dafür gibt es viele: Zum Herstellen von Rädern mit oder ohne Speichen waren Kenntnisse über den Kreis und die Lage seines Mittelpunktes erforderlich. Wenn alljährlich der Nil oder der Gelbe Fluß über die Ufer traten, brachte das Hochwasser nicht nur fruchtbaren Schlamm auf die Felder, sondern auch die Notwendigkeit, dieses Land immer wieder neu zu vermessen und in Felder aufzuteilen.
Ornamente beispielsweise an Gebäuden, auf Gefäßen, Waffen oder Kultgegenständen zeigen, daß geometrische Figuren vielfach auch zu Schmuckzwecken verwendet wurden.
Welch beachtlichen Umfang die Kenntnisse bereits frühzeitig hatten, zeigt das von EUKLID VON ALEXANDRIA etwa 325 v.u.Z. verfaßte, 13 Bücher umfassende Werk „Elemente". Systematisch stellt EUKLID darin das mathematische Wissen seiner Zeit zusammen. Dabei nehmen geometrische Betrachtungen großen Raum ein. Betrachtungen zum Messen von Streckenlängen, Winkelgrößen, Flächeninhalten und Volumina verbinden Arithmetik und Geometrie. EUKLID bemühte sich um logische Strenge beim Begründen und den Verzicht auf rein anschauliche Argumente. Er entnahm nur sehr wenige Eigenschaften der Anschauung. So findet man bei ihm Definitionsversuche selbst für die Begriffe Punkt und Linie (vgl. Abschnitt 1.1.5).

Als Teildisziplinen der Geometrie untersuchen die **Planimetrie** ebene Figuren und die **Stereometrie** räumliche Figuren.

5.1.1 Punkte und Geraden in der Ebene

Punkt, Gerade, Ebene

Verwendet man die Begriffe Punkt, Gerade und Ebene im Sinne der Anschauung, sind lediglich Vereinbarungen über Kennzeichnung und Bezeichnungen erforderlich:

- Die **Ebene** (in der Geometrie der Ebene gibt es nur eine Ebene) ist die nach allen Richtungen unbegrenzte ebene Fläche unserer Anschauung. Sie wird häufig mit dem griechischen Buchstaben ε (Epsilon) bezeichnet. Die Ebene ist eine unendliche Punktmenge.
- **Linien** in der Ebene sind anschaulich gegeben. Jede Linie ist eine unendliche Punktmenge. Zugleich ist jede Linie eine echte Teilmenge der Ebene. Linien werden mit kleinen Buchstaben bezeichnet.
  Unbegrenzte gerade Linien werden als **Geraden** hervorgehoben.
- Wo sich zwei Linien schneiden, legen sie einen **Schnittpunkt** fest. Darum werden **Punkte** meist mit einem Kreuz gekennzeichnet. Punkte werden mit großen Buchstaben bezeichnet.

Zwischen diesen Begriffen bestehen Beziehungen (**Grundrelationen**). Grundlegende Aussagen (**Axiome**) werden als wahr vorausgesetzt und im folgenden anstatt mit „S" mit „A" gekennzeichnet.

Folgende Lagebeziehungen zwischen Punkt und Gerade sind möglich:

- P liegt auf der Geraden g.
  Die Gerade g geht durch P.
  $P \in g$
- Q liegt nicht auf der Geraden g
  Die Gerade g geht nicht durch Q.
  $Q \notin g$

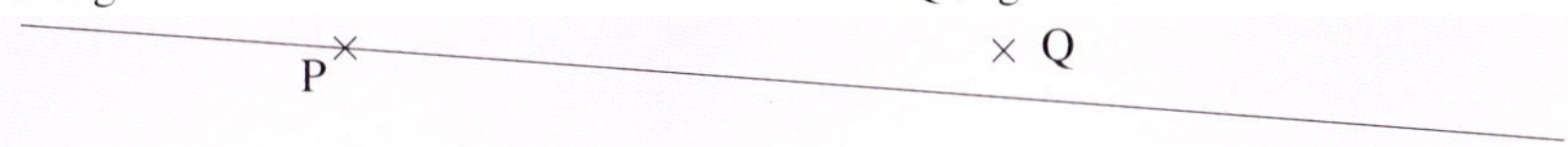

A Zu jedem Punkt P gibt es unendlich viele Geraden, die durch P gehen.

Mit einem Lineal können also beliebig viele Geraden durch P gezeichnet werden.

D Alle Geraden, die durch einen gemeinsamen Punkt gehen, bilden ein **Geradenbüschel**.

Wird noch ein zweiter, von P verschiedener Punkt Q angegeben, durch den eine bereits durch P verlaufende Gerade ebenfalls gehen soll, dann wird aus allen Geraden des Büschels eindeutig genau eine Gerade ausgewählt.

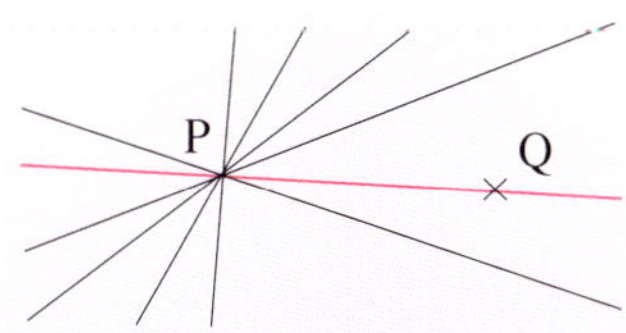

A Zu zwei verschiedenen Punkten P und Q gibt es stets eine und nur eine Gerade, die durch beide Punkte geht. Diese Gerade heißt **Verbindungsgerade** der Punkte P und Q.

Die Verbindungsgerade zweier Punkte P und Q ($P \neq Q$) kann also immer gezeichnet werden. Durch die Angabe zweier verschiedener Punkte P und Q ist eine Gerade eindeutig bestimmt. Das wird zur Bezeichnung genutzt: Für $P \neq Q$ ist $g_{PQ} = PQ$ die Gerade durch P und Q.

Lagebeziehungen von Geraden in der Ebene

Für zwei Geraden g und h sind folgende Lagebeziehungen möglich:

g und h haben genau einen Punkt gemeinsam	g und h haben keinen Punkt gemeinsam	g und h sind identisch
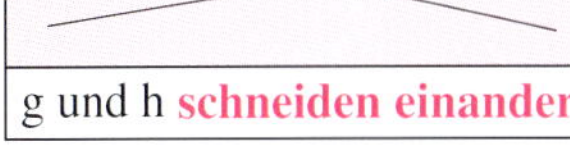	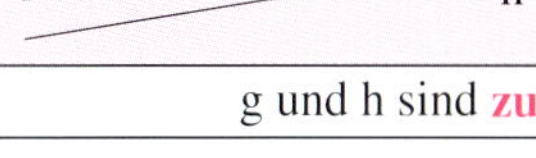	
g und h **schneiden einander**	g und h sind **zueinander parallel**	

D Zwei Geraden g und h heißen **parallel zueinander** genau dann, wenn sie keinen Punkt gemeinsam haben oder wenn sie identisch sind. Zeichen: $g \parallel h$.

Zu jeder Geraden g gibt es beliebig viele Parallelen. Beispielsweise durch **Parallelverschiebung** (vgl. Abschnitt 5.3.2, S. 191) können sie gezeichnet werden. Durch Angabe eines Punktes P, der auf der Geraden liegen soll, wird aus allen diesen Parallelen eindeutig genau eine ausgewählt.

A **EUKLIDisches Parallelenaxiom**
Zu jeder Geraden g und jedem Punkt P gibt es genau eine Gerade h, die zu g parallel ist und durch P geht.

W In dieser Fassung stammt das Axiom nicht von EUKLID, auch wenn es nach ihm benannt wurde. EUKLID forderte folgende Axiome:

„1. Daß man von jedem Punkt nach jedem Punkt die Strecke ziehen kann.
2. Daß man eine begrenzte gerade Linie zusammenhängend verlängern kann.
3. Daß man mit jedem Mittelpunkt und Abstand den Kreis zeichnen kann.
4. Daß alle rechten Winkel einander gleich sind.
5. Und daß, wenn eine gerade Linie beim Schnitt mit zwei geraden Linien bewirkt, daß innen auf derselben Seite entstehende Winkel zusammen kleiner als zwei Rechte werden, dann die zwei geraden Linien bei Verlängerung ins Unendliche sich treffen auf der Seite, auf der die Winkel liegen, die zusammen kleiner als zwei Rechte sind." (Die Elemente, I.Teil, S.2 f.)

Die ersten drei Axiome erlauben uns die bekannten Konstruktionen mit Zirkel und Lineal.
Das letzte Axiom nahm EUKLID im Einklang mit der Anschauung in sein Axiomensystem auf. Mit Hilfe dieses Axioms konnte er beweisen, daß die Parallele zu g durch P eindeutig bestimmt ist.

Lange waren sich die Mathematiker nicht sicher, ob das Parallelenaxiom wirklich als Axiom anzusehen ist, oder ob es eventuell aus den anderen Axiomen abgeleitet werden könnte. So wurde immer wieder versucht, das Parallelenaxiom mit den anderen Axiomen zu beweisen.
Erst C. F. GAUSS (1777–1855) sowie J. BOLYAI (1802–1860) und N. I. LOBATSCHEWSKY (1793–1856) konnten beweisen, daß das fünfte Axiom unabhängig von den anderen ist.
Soll das EUKLIDische Parallelenaxiom gelten, wird mit den daraus ableitbaren Sätzen eine **euklidische Geometrie** (wie die Schulgeometrie) gewonnen. Gilt das EUKLIDische Parallelenaxiom nicht, führt das zu sogenannten **nichteuklidischen Geometrien**.

Für die Relation „…ist parallel zu …" gilt:

- Jede Gerade g ist zu sich selbst parallel, d. h., stets gilt $g \parallel g$.
- Wenn g parallel zu h ist, dann ist stets auch h parallel zu g.
- Wenn $g \parallel h$ und $h \parallel k$, so ist stets auch $g \parallel k$.

Alle Geraden der Ebene können hinsichtlich der Relation „… ist parallel zu …" miteinander verglichen werden. Dabei wird die Menge aller Geraden in Teilmengen (sogenannte Klassen) zerlegt. Zueinander parallele Geraden kommen in die gleiche Teilmenge. Das gemeinsame Merkmal aller Geraden einer Klasse ist ihre gleiche (Aus-)Richtung in der Ebene.

Richtung einer Geraden

D Die Richtung einer Geraden g ist die Menge aller zu g parallelen Geraden.
$R(g) = \{h: h \parallel g\}$

Haben zwei Geraden die gleiche Richtung, sind sie folglich parallel. Haben zwei Geraden verschiedene Richtungen, schneiden sie einander.

Zueinander senkrechte Geraden

Ein Sonderfall für Geraden verschiedener Richtung sind zueinander senkrechte Geraden.

D Zwei Geraden g und h heißen **zueinander senkrecht** (**orthogonal**) genau dann, wenn sie sich unter einem rechten Winkel schneiden. Zeichen: $g \perp h$.

W Die Relation „…ist senkrecht zu …“ wird hier auf den rechten Winkel zurückgeführt. Es ist ebenso möglich, diese Relation mit Hilfe der Geradenspiegelung zu erklären: Zwei Geraden sind zueinander senkrecht genau dann, wenn sie einander schneiden und eine Gerade bei Spiegelung an der anderen Geraden auf sich selbst abgebildet wird.

Für die Relation „…ist senkrecht zu …“ gilt:

- Wenn g senkrecht zu h ist, dann ist stets auch h senkrecht zu g.
- Wenn $g \perp h$ und $h \perp k$, so ist stets $g \parallel k$.

Zu jeder Geraden g gibt es beliebig viele senkrechte Geraden. Sie können mit Zirkel und Lineal konstruiert oder mit einem rechten Winkel (**Zeichendreieck**, **Geodreieck**) gezeichnet werden. Durch Angabe eines Punktes P, der auf der zu g senkrechten Geraden liegen soll, wird aus allen diesen Senkrechten eindeutig genau eine ausgewählt.

5

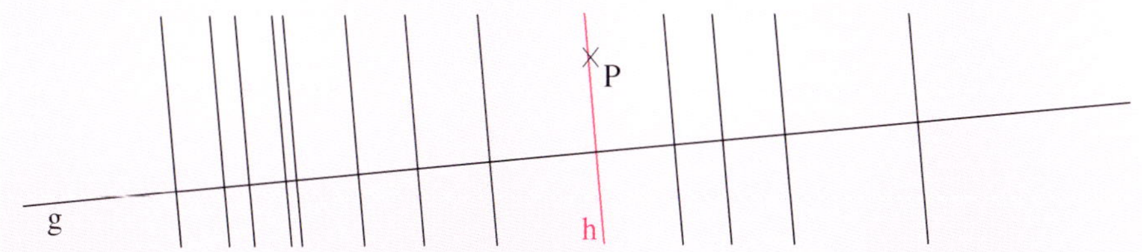

S Zu jeder Geraden g und jedem Punkt P gibt es genau eine Gerade h, die zu g senkrecht ist und durch P geht.

Die Konstruktion der Senkrechten zu g durch P ist stets eindeutig möglich.

Lot

D Die Strecke $\overline{PL}$, die auf der Senkrechten zu g durch den Punkt P liegt, heißt das **Lot** von P auf g.
L heißt **Lotfußpunkt**.
Die Länge des Lotes $\overline{PL}$ ist der Abstand des Punktes P von g.

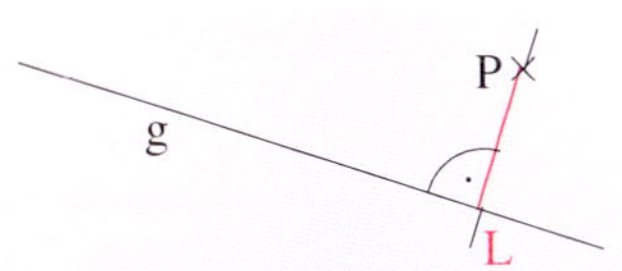

Lagebeziehungen mehrerer Punkte

D Drei und mehr Punkte heißen **kollinear** genau dann, wenn sie auf ein und derselben Geraden liegen.

Lagebeziehungen mehrerer Punkte auf einer Geraden werden mit der Relation „… liegt zwischen … und …“ (**Zwischenrelation**) näher charakterisiert. Diese Relation wird als Grundrelation entsprechend unserer Anschauung benutzt, also nicht definiert.
Folgende Eigenschaften dieser Relation werden vorausgesetzt (als Axiome angesehen):

A Von drei verschiedenen Punkten einer Geraden liegt genau ein Punkt zwischen den beiden anderen.

A Zwischen zwei Punkten A und B einer Geraden gibt es stets mindestens einen weiteren Punkt X der Geraden. Außerdem gibt es Punkte Y und Z auf der Geraden so,
- daß A zwischen Y und B liegt und
- daß B zwischen A und Z liegt.

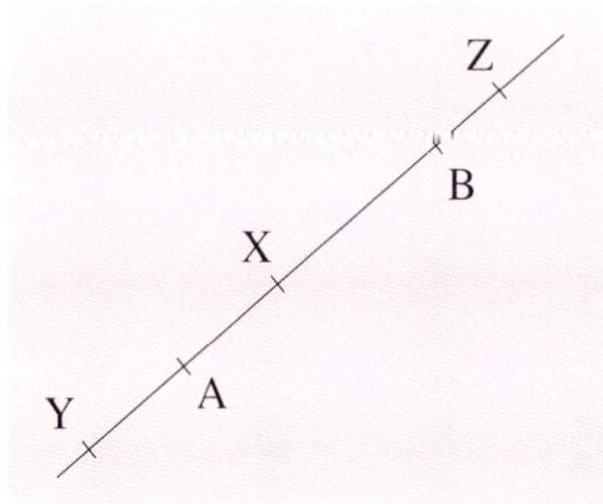

5.1.2 Strahl und Strecke

Ein beliebiger Punkt P einer Geraden zerlegt diese Gerade in zwei **Strahlen** (**Halbgeraden**) mit dem gemeinsamen **Anfangspunkt** P.
Durch seinen Anfangspunkt und einen zweiten Punkt kann ein Strahl gekennzeichnet werden:

■ Es ist PQ ein Strahl mit dem Anfangspunkt P, der durch Q geht. Der Strahl PR hat den Anfangspunkt P und enthält R.

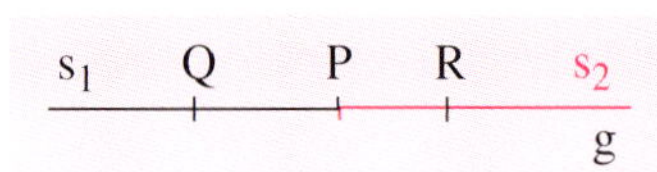

D Alle Strahlen mit gemeinsamem Anfangspunkt bilden ein Strahlenbüschel.

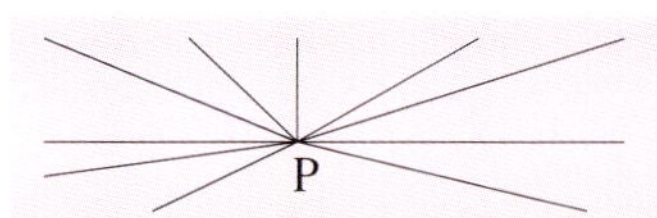

Ein Strahl ist ein Teil einer Geraden mit genau einem Begrenzungspunkt, dem Anfangspunkt. Auch die Strecke ist ein Teil einer Geraden.

D Eine **Strecke** AB (symbolisiert durch $\overline{AB}$) enthält die Punkte A und B sowie alle Punkte zwischen A und B.
A und B sind die **Randpunkte** von $\overline{AB}$.

Die Punkte A und B sind gleichberechtigte Randpunkte der Strecke. Es ist deshalb nicht gerechtfertigt, einen der Punkte als Anfangspunkt und den anderen als Endpunkt zu bezeichnen.

5.1.3 Länge einer Strecke

Streckenmessung

■ Werden Dinge wie z. B. Nägel nach ihrer Länge verglichen, so können sie unmittelbar nebeneinandergelegt werden. So könnten Nägel nach ihrer Länge sortiert werden. Zwei Nägel gehören dann und nur dann zur gleichen Sorte, wenn sie gleichlang sind. Die Länge ist ein gemeinsames Merkmal aller Nägel einer Sorte.

Ähnlich können auch Strecken hinsichtlich ihrer Länge verglichen werden. Gleichlange Strecken können mit einer Bewegung aufeinander abgebildet werden, sind also deckungsgleich. Damit können alle Strecken in Klassen eingeteilt werden. Zwei Strecken gehören dann und nur dann zur gleichen Klasse, wenn sie deckungsgleich sind. Die Länge ist das gemeinsame Merkmal aller Strecken einer Klasse.

D Die **Länge** einer Strecke ist die Menge (Klasse) aller zu dieser Strecke deckungsgleichen Strecken.

D Beim **Messen der Länge einer Strecke** wird ermittelt, wie oft man eine **Einheitsstrecke** (**Einheit**) auf der zu messenden Strecke lückenlos hintereinander legen kann.
Der zu messenden Strecke wird entsprechend der gewählten Einheitsstrecke eine **Maßzahl** zugeordnet. Maßzahlen sind positive reelle Zahlen, deren Angabe sich immer auf die verwendete Einheit bezieht.

Als Einheitsstrecke können verschiedene Strecken gewählt werden:

■ (1) Die Breite des Tisches wird mit Handspannen gemessen.
(2) Länge und Breite eines Zimmers werden abgeschritten, also in Schrittlängen gemessen.
(3) Länge und Breite des Zimmers werden in Meter gemessen.
(4) Die Länge eines Nagels wird in Millimeter gemessen.

In den Beispielen (1) und (2) werden willkürliche Einheiten benutzt. Sie haben den Nachteil, daß der ermittelte Wert von der messenden Person abhängt („5 Schritte lang", …).
In den Beispielen 3 und 4 werden normierte, gesetzlich festgelegte Einheitsstrecken benutzt. Dadurch wird das Meßergebnis unabhängig von der messenden Person.

H Ursprünglich wurde mit willkürlichen körpereigenen Maßen gemessen, die z.B. den Vorteil haben, immer zur Verfügung zu stehen. Wegen der Nachteile durch unterschiedliche individuelle Maße wurden diese Maße zunächst regional, später national vereinheitlicht. So wurde beispielsweise noch im 19. Jahrhundert auch in Deutschland mit den Einheiten Elle, Schritt, Fuß und Meile gemessen. Deren Länge war zwar mittlerweile vereinheitlicht, aber diese einheitliche Größe galt oft nur für einen der damaligen Kleinstaaten.
Das änderte sich erst 1872, als in Deutschland und den meisten anderen Ländern das Meter (1 m) eingeführt wurde. Es ist heute das grundlegende und gesetzliche Längenmaß. Andere Einheiten (z.B. 1 km; 1 mm) sind als Vielfache und Teile des Meters vom Meter abgeleitet: 1 km = 1000 m; 1 mm = 0,001 m.
Vom Meter abweichende Einheiten der Länge sind in den USA und in Großbritannien verbreitet:
in (Inch; Zoll), ft (foot; Fuß), yd (yard; Elle) mile (Festlandsmeile). Dabei gelten folgende Beziehungen:
1 in = 25,4 mm; 1 ft = 30,48 cm; 1 yd = 91,44 cm; 11 m ≈ 12 yd.

Die Maßzahl einer Strecke hängt von der gewählten Einheit ab. Je kleiner die gewählte Einheit ist, desto größer ist die Maßzahl. Nicht immer ist die Maßzahl eine natürliche Zahl. Es ist auch möglich, mit Bruchteilen der Einheit zu messen.

■ Wenn $\overline{BD}$ als Einheit verwendet wird, ist in der Abbildung $\overline{BM} = \frac{1}{2}\ \overline{BD}$. Dagegen kann beispielsweise die Länge der Diagonalen des Quadrates nicht als rationales Vielfaches der Seitenlänge dieses Quadrates angegeben werden. Ist nämlich a die Länge der Seiten des Quadrates, dann ist nach dem **Satz des Pythagoras** $a \cdot \sqrt{2}$ die Länge der Diagonalen, also ein irrationales Vielfaches von a. Selbst mit noch so kleinen Bruchtei-

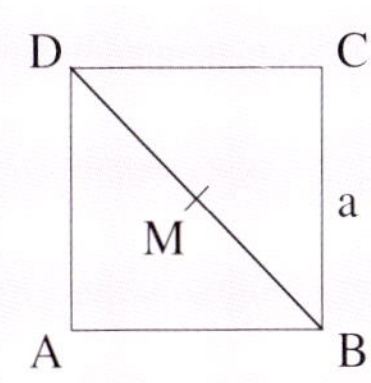

len der Seite des Quadrates kann folglich die Diagonale nie ganz exakt ausgelegt werden. Wird als Maßeinheit hingegen $\overline{BM}$ benutzt, ist die Diagonale $\overline{BD}$ zwei Einheiten lang.

D Zwei Strecken heißen zueinander **kommensurabel** genau dann, wenn die Länge der einen Strecke ein rationales Vielfaches der Länge der anderen Strecke ist. Andernfalls sind die Strecken zueinander **inkommensurabel**.

■ In der letzten Abbildung sind $\overline{CD}$ und $\overline{BD}$ zueinander inkommensurabel.
$\overline{AB}$ und $\overline{AM}$ sind zueinander inkommensurabel.
$\overline{BM}$ und $\overline{BD}$ sind zueinander kommensurabel.

Abstand eines Punktes von einer Geraden

D Als **Abstand eines Punktes P von einer Geraden g** wird die Länge der kürzesten Verbindungsstrecke von P und g bezeichnet.

■ $\overline{PL}$ (das Lot vom P auf g) ist die kürzeste Verbindungsstrecke von P und g. Der Abstand des Punktes P von der Geraden g beträgt $\overline{PL} = 7{,}5$ mm.

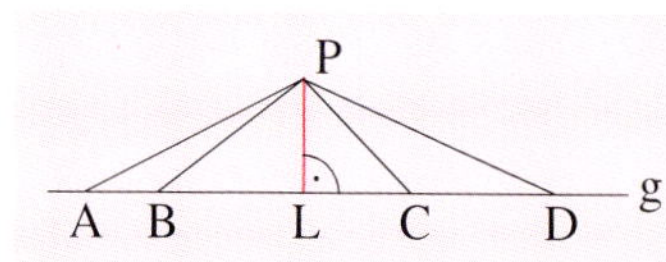

Abstand zweier zueinander paralleler Geraden

D Seien g und h zwei parallele Geraden sowie k eine zu g (und damit auch zu h senkrechte Gerade). Ist A der Schnittpunkt von g und k sowie B der Schnittpunkt von h und k, dann ist die Länge von $\overline{AB}$ der **Abstand der Geraden g und h**.

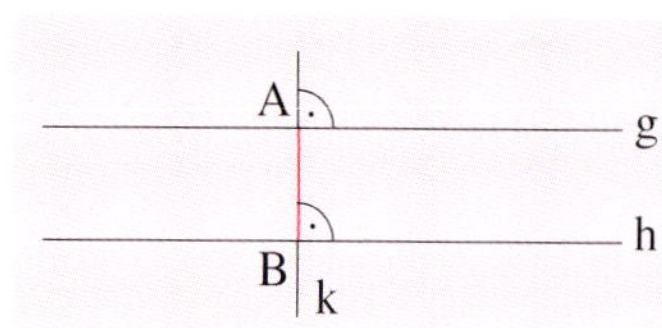

5.1.4 Fläche und Flächenmessung

Fläche

Jede geschlossene Linie (z.B. Kreislinie, Rechteckslinie, ...) zerlegt die Ebene in Teilmengen.

D Die **Fläche** einer ebenen Figur umfaßt alle die Punkte, die sich im Inneren oder auf dem Rand der Figur befinden.

■

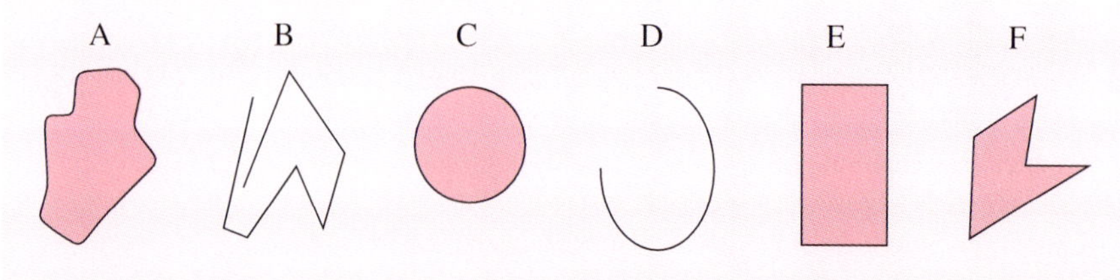

Die Linien A, C, E und F erzeugen ebene Figuren. Sie besitzen eine Fläche.

Flächengleichheit – Flächeninhalt

D Zwei Figuren sind **flächengleich** (die Flächen sind gleich groß, die Figuren haben den gleichen **Flächeninhalt**), wenn sie so in Teilflächen zerlegt werden können, daß jede der Teilflächen in jeder Figur enthalten ist.

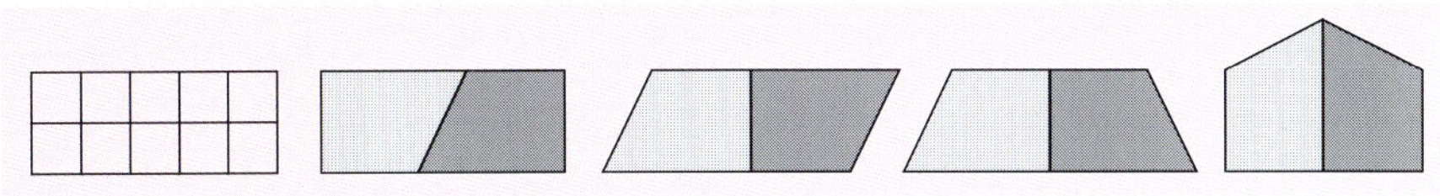

Die Fläche des Rechtecks umfaßt 10 Kästchen. Das Rechteck kann in das helle und das dunkle Viereck zerlegt werden. Auch das Parallelogramm, das Trapez und das Fünfeck können in das helle und das dunkle Viereck zerlegt werden. Also haben auch sie einen Flächeninhalt von 10 Kästchen.

Flächenmessung

Zum Bestimmen des Flächeninhalts einer Figur kann diese mit **Einheitsflächen**, z. B. Quadraten, ausgelegt werden. Die Maßzahl (im folgenden Beispiel im Kreis unter der Figur) gibt dann die Anzahl der Einheitsquadrate an, die zum Auslegen der Figur benötigt werden.

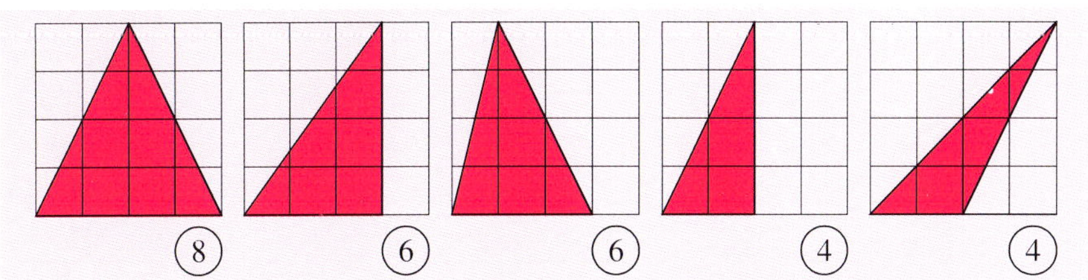

Der Flächeninhalt eines Rechtecks kann als Produkt der Seitenlängen berechnet werden. Ebenso kann auch der Flächeninhalt von Dreieck, Parallelogramm, Trapez usw. berechnet werden, indem zu diesen Figuren flächengleiche Rechtecke gesucht werden.

Flächeninhalt unregelmäßiger, krummlinig begrenzter Figuren

Der Flächeninhalt krummlinig begrenzter Figuren kann durch Annäherung (**Approximation**) beim Auslegen ermittelt werden: Über die Figur wird ein quadratisches Raster gelegt. Der Flächeninhalt A der Figur muß dann größer als die Anzahl der vollständig von der Figur eingeschlossenen Quadrate und kleiner als die Anzahl aller von der Figur berührten Quadrate sein. Durch Verkleinerung der Quadrate wird die Genauigkeit des Ergebnisses vergrößert.

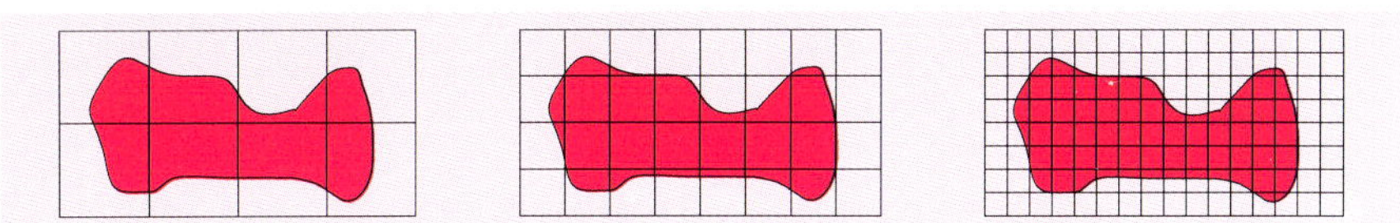

$0 < A < 8$ $8 < A < 23$ $40 < A < 68$

Der Flächeninhalt wird mit kleineren Einheiten immer genauer angegeben. Das wird noch deutlicher, wenn man alle Angaben in die Einheit „kleines Quadrat" umrechnet:

$0 < A < 128$ $32 < A < 92$ $40 < A < 68$

5.2 Winkel

5.2.1 Winkelbegriff

W Wie viele andere mathematische Begriffe bildete sich auch der Begriff „Winkel" zur Beschreibung von Dingen oder Prozessen der Wirklichkeit heraus. Die Vielfalt der praktischen Anforderungen führte zur Entwicklung verschiedener Winkelbegriffe, welche jeweils unterschiedliche Seiten der Wirklichkeit betonen:

Kommt es (etwa beim Neigungswinkel einer Böschung) auf die Beschreibung der Form oder der gegenseitigen Lage an, kann das durch zwei Strahlen mit gemeinsamen Anfangspunkt geschehen. Das führt zum Elementarwinkel, oft auch nur Winkel genannt.

Wird eine Drehbewegung beschrieben, ist es sinnvoll, einen Strahl als den Anfangsstrahl und den anderen Strahl als den Endstrahl anzusehen und den Drehsinn der Bewegung zu beachten. Das führt zum Begriff des orientierten Winkels.

Stehen dagegen vor allem die Aufteilung der Ebene in zwei Teilmengen oder die vom Strahl bei der Bewegung überstrichene Fläche im Mittelpunkt, führt das zum Begriff der Winkelfläche.

D Zwei Strahlen mit gemeinsamem Anfangspunkt bilden einen **Winkel**. Der gemeinsamen Anfangspunkt ist der **Scheitelpunkt** des Winkels. Die zwei Strahlen sind die **Schenkel** des Winkels.

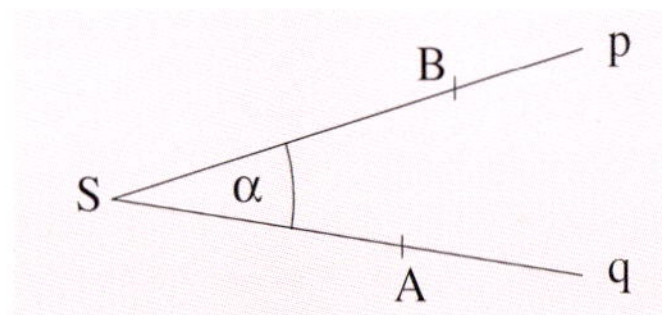

Bezeichnungsweise:

Angabe der Schenkel: $\sphericalangle(p,q)$ ist der durch die Strahlen p und q gebildete Winkel.

Angabe dreier Punkte: $\sphericalangle ASB$ ist der Winkel mit dem Scheitelpunkt S und den Strahlen SA und SB als Schenkel.

griechischer Buchstabe: α

Nach dieser Definition ist keiner der beiden Strahlen bevorzugt. Der Winkel ist die Vereinigungsmenge aller Punkte, die auf p oder auf q liegen. Es ist $\sphericalangle(p,q) = \sphericalangle(q,p) = p \cup q$.

Sonderfälle liegen vor, falls A, B und C auf einer Geraden liegen (kollinear sind):

Gestreckter Winkel

Die Strahlen p und q liegen auf ein und derselben Geraden und haben nur S gemeinsam.

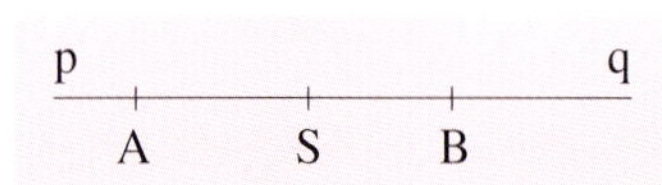

Nullwinkel

Die Strahlen p und q sind identisch.

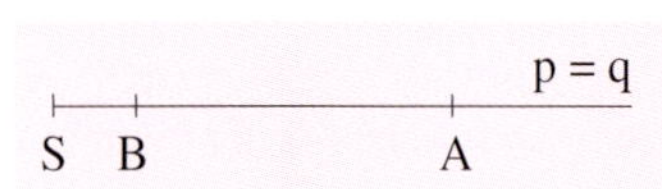

Es ist ebenso möglich, die Flächen hervorzuheben:

D Strahlen p und q mit gemeinsamem Anfangspunkt S teilen die Ebene in zwei Teilmengen. Diese Teilmengen werden **Winkelflächen** (**Winkelfelder**) genannt und mit $\sphericalangle(p,q)$ und $\sphericalangle(q,p)$ bezeichnet.
Die Bezeichnung erfolgt dabei entgegen dem Uhrzeigersinn (vgl. Pfeilrichtung).

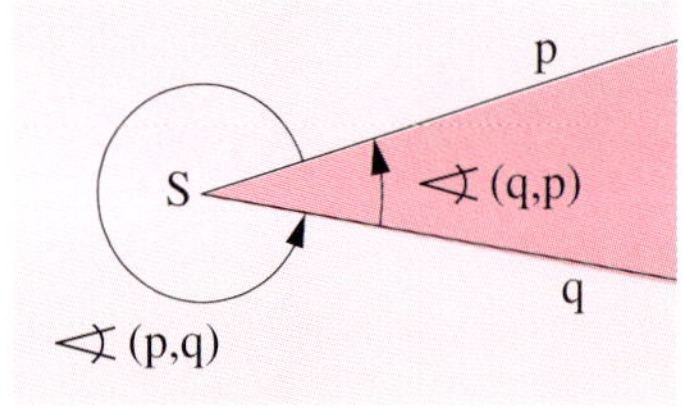

Bei der Angabe von Winkelflächen ist zu beachten, daß $\sphericalangle(p,q) \neq \sphericalangle(q,p)$.

Die Schenkel eines Winkels können auch als Original und Bild eines Strahls bei einer Drehung des Strahls um seinen Anfangspunkt angesehen werden:

D Wird ein Strahl um seinen Anfangspunkt S gedreht, so entsteht ein **orientierter Winkel**. Der Drehpunkt S heißt **Scheitelpunkt** des Winkels .
Erfolgt die Drehung entgegen dem Uhrzeigersinn, so ist der Winkel **positiv orientiert**

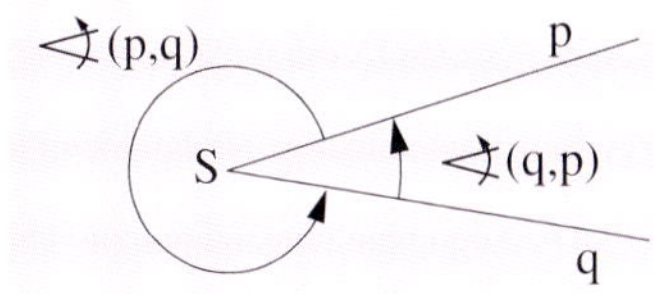

Der orientierte Winkel kann somit als geordnetes Paar zweier Strahlen mit gemeinsamem Anfangspunkt angesehen werden. Dabei ist, im Gegensatz zum (Elementar-)Winkel, einer der Strahlen als Anfangsstrahl hervorgehoben. Der Anfangsstrahl ist das Original bei der Drehung, der andere Strahl ist das Bild. Es ist folglich im allgemeinen $\sphericalangle(p,q) \neq \sphericalangle(q,p)$.

5.2.2 Winkelgröße, Winkelmaße und Winkelmessung

Winkel können hinsichtlich ihrer Größe miteinander verglichen werden.

D Die **Größe eines Winkels** ist die Klasse aller zueinander deckungsgleichen (kongruenten) Winkel. Zwei Winkel haben die gleiche Größe, wenn sie durch eine Kongruenzabbildung aufeinander abgebildet werden können.

■ Ob zwei Winkel gleichgroß sind, kann man prüfen, indem man einen der Winkel auf Transparentpapier paust und das Bild auf den anderen Winkel legt. Man legt die Scheitelpunkte und einen der Schenkel aufeinander und versucht, nun auch das andere Paar Schenkel zur Deckung zu bringen. Gelingt das, sind beide Winkel gleichgroß.

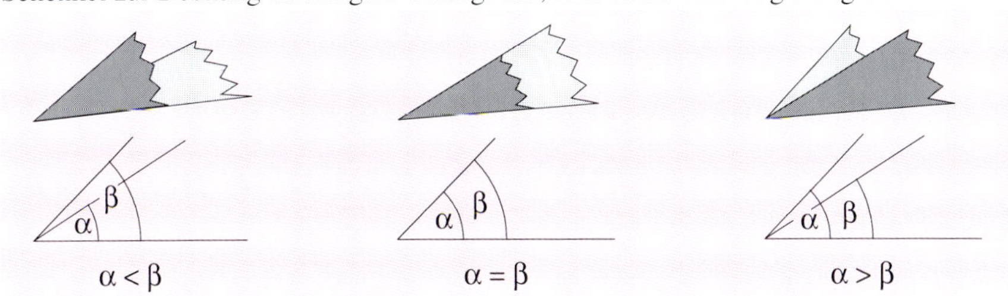

In der Praxis vergleicht man Winkel mit einem Meßgerät (Winkelmesser) und gibt ihre Größe in einer Einheit an. Alle Winkelmaße beruhen auf Teilungen des Kreises.
Eine Möglichkeit, eine Einheit zum Messen von Winkeln zu erhalten, ist die Teilung eines Kreises durch Radien in deckungsgleiche Teile (Kreissektoren). Dies führt zum **Gradmaß**

H Die Sumerer, die im 4. Jahrtausend v. u. Z. im Zweistromland lebten, hatten ein Zahlensystem mit der Basis 60. Sie führten die Einteilung des Kreises in 360 Teile ein. Diese Maßeinheit ist bis heute gebräuchlich. Dabei hat die Einteilung in 360 Teile wesentliche Vorteile gegenüber der Einteilung in 100 oder 400 Teile: Nimmt man den Vollwinkel mit 360° an, dann kann die Größe vieler uns gebräuchlicher Winkel bequem ausgedrückt werden, weil 360 eine große Anzahl Teiler besitzt. Insbesondere sind auch Drittelungen usw. gut möglich.

D Winkel der Größe 1 **Grad** (**Altgrad**) erhält man, indem ein Kreis durch Radien in 360 deckungsgleiche Teile (Kreissektoren) zerlegt wird.
Jedes Teil hat die Größe 1° (1 Grad). Kleinere Einheiten sind 1' (1 Minute) und 1'' (1 Sekunde). Es ist $1° = 60'$ sowie $1' = 60''$.

D Winkel der Größe ein **Neugrad** (1 **Gon**) erhält man, indem man einen Kreis durch Radien in 400 deckungsgleiche Teile zerlegt. Jedes Teil hat die Größe 1 g (1 Gon). Kleinere Einheiten sind 1c (1 Neuminute) und 1 cc (1 Neusekunde).
Es ist 1 g = 100 c sowie 1 c = 100 cc.

Das Bogenmaß als weitere Einheit zum Messen von Winkeln, ergibt sich folgendermaßen: In jedem Kreissektor ist die Länge des Kreisbogens b proportional zum Winkel α des Kreissektors (Zentriwinkel) und zum Radius r des Kreises. Ist b die Länge des Bogens und α die Größe des zugehörigen Zentriwinkels, so ist ausgehend vom Umfang des Kreises $\frac{b}{2\pi r} = \frac{\alpha}{360^\circ}$ bzw. $\frac{b}{r} = \frac{\alpha}{180^\circ} \cdot \pi$.
Wählt man den Radius 1 (also den Einheitskreis), kann zu jedem Winkel α die Länge des Kreisbogens b angegeben werden.

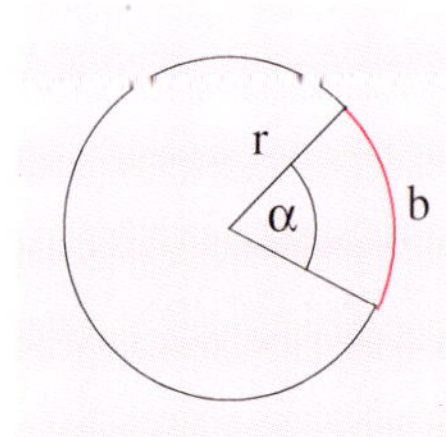

D Das **Bogenmaß** b eines Winkels α ist die Maßzahl der Länge des zugehörigen Kreisbogens auf dem Einheitskreis: $b = \frac{\alpha}{180^\circ} \cdot \pi$.

Die Einheit beim Messen des Winkels mit dem Bogenmaß ist der **Radiant** (1 **rad**). 1 rad ist der Winkel, für den der Bogen auf dem Einheitskreis die Länge 1 hat.
$1\text{ rad} = \frac{180^\circ}{\pi} = 57^\circ\,17'\,45''$ $\qquad 1^\circ = \frac{\pi}{180}\text{ rad} = 0{,}017453\text{ rad}$

Bei der Angabe von Winkelgrößen im Bogenmaß wird auf die Einheit rad meist verzichtet:

■ $360^\circ = 2\pi \qquad 180^\circ = \pi \qquad 90^\circ = \frac{\pi}{2} \qquad 60^\circ = \frac{\pi}{3}$

Winkelmessung
Die Größe eines Winkels kann mit einem Winkelmesser gemessen werden:

Ist der Winkel nicht größer als ein gestreckter, kann er direkt abgelesen werden.	Ist der Winkel größer als ein gestreckter, muß mit dem abgelesenen Wert noch gerechnet werden.	
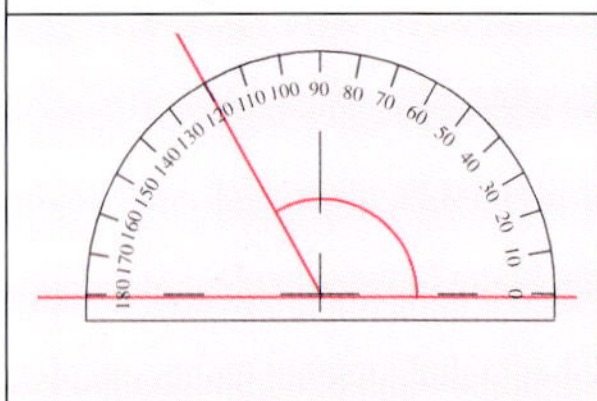	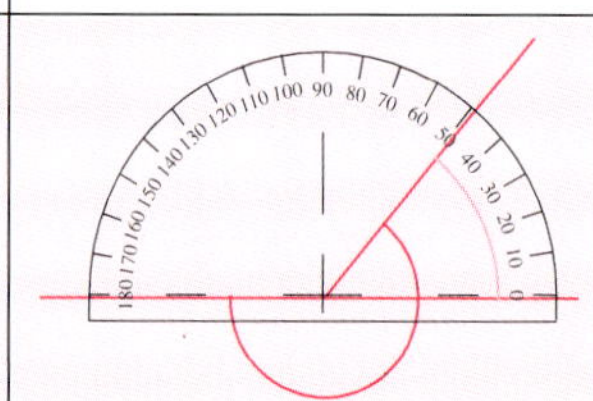	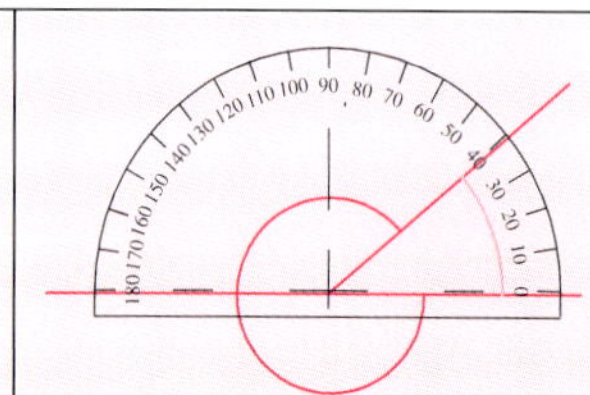
	Zum abgelesenen Wert wird 180° addiert.	Der abgelesene Wert wird von 360° subtrahiert.

In diesem Buch wird der Unterschied zwischen einem Winkel und seiner Größe nicht durch unterschiedliche Symbole ausgedrückt, weil jeweils aus dem Zusammenhang hervorgeht, ob ein Winkel oder seine Größe gemeint ist.
Die Schreibweise $\alpha = 60^\circ$ bedeutet, daß der Winkel α eine Größe von 60 Grad hat.

Bei der Angabe der Größe orientierter Winkel ist es erforderlich, auch die Orientierung des Winkels zu beachten. ∢(p,q) und ∢(q,p) sind betragsmäßig gleich, aber **entgegengesetzt orientiert**.

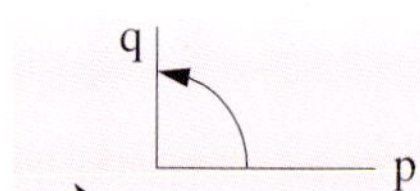

∢(p,q) = +90°

Drehungen entgegen dem Uhrzeigersinn entspricht die positive Orientierung. Das entsprechende Winkelmaß hat ein positives Vorzeichen. Drehungen mit dem Uhrzeigersinn entspricht die negative Orientierung. Das entsprechende Winkelmaß hat ein negatives Vorzeichen.

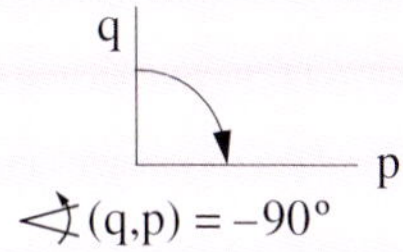

5.2.3 Winkelarten

Winkel werden nach ihrer Größe unterschieden:

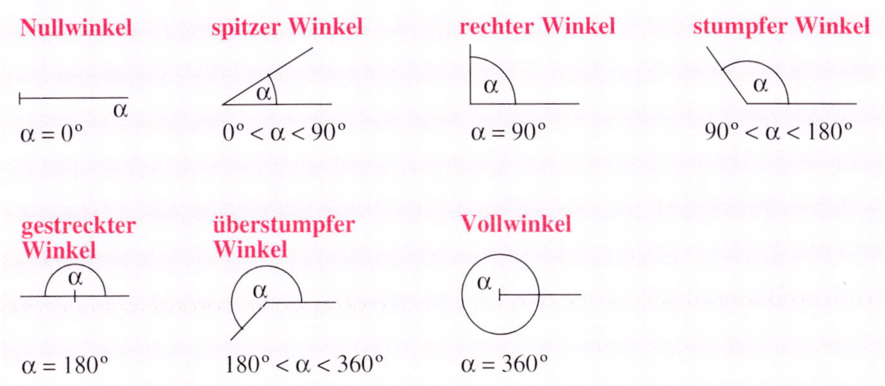

5.2.4 Winkel an einander schneidenden Geraden

Winkel an zwei einander schneidenden Geraden

D Schneiden zwei Geraden einander, so heißen die gegenüberliegenden Winkel **Scheitelwinkel**.

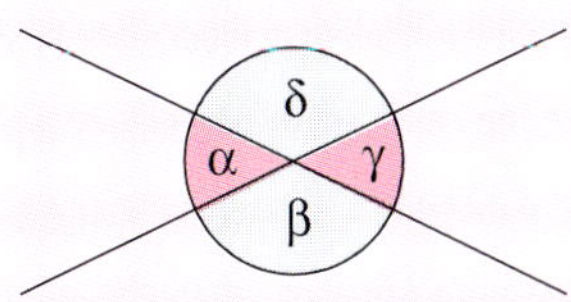

S Scheitelwinkel sind immer gleich groß. (**Scheitelwinkelsatz**)

■ In der Abbildung gilt $\alpha = \gamma$ und $\beta = \delta$.

D Schneiden zwei Geraden einander, so heißen zwei nebeneinanderliegende Winkel **Nebenwinkel**.

Nebenwinkel haben einen gemeinsamen Schenkel. Die beiden anderen Schenkel liegen auf einer Geraden und haben genau den Scheitelpunkt gemeinsam.

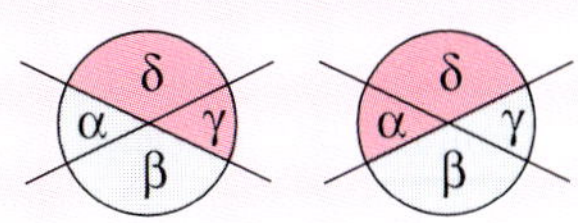

S Nebenwinkel haben zusammen eine Größe von 180°.

D Ergänzen sich zwei Winkel zu 180°, heißen sie **Supplementwinkel**.
Ergänzen sich zwei Winkel zu 90°, heißen sie **Komplementwinkel**.

Nebenwinkel sind ein Beispiel für Supplementwinkel, Supplementwinkel müssen aber nicht unbedingt Nebenwinkel sein.

Winkel an geschnittenen Parallelen

Schneiden zwei verschiedene parallele Geraden eine dritte Gerade, so entstehen acht Winkel. Von Interesse sind Beziehungen zwischen je zwei dieser Winkel, die keinen gemeinsamen Scheitelpunkt haben.

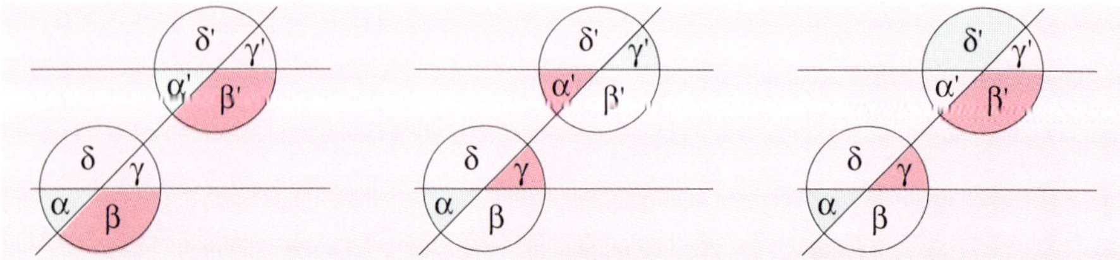

α und α', β und β', γ und γ', δ und δ' sind **Stufenwinkel**

α und γ', β und δ', γ und α', δ und β' sind **Wechselwinkel**

α und δ', β und γ', γ und β', δ und α' sind **entgegengesetzt liegende Winkel**

S Stufenwinkel sind gleich groß genau dann, wenn sie an parallelen Geraden liegen.

Dieser Satz in der „genau dann, wenn"-Formulierung enthält zwei Teile. Er sagt einerseits aus, daß an geschnittenen Parallelen die Stufenwinkel gleich groß sind. Andererseits – und das ist die andere Richtung des Satzes – liefert er ein Kriterium, mit dem entschieden werden kann, ob zwei Geraden parallel sind: Sind die entsprechenden Stufenwinkel gleich, dann handelt es sich um parallele Geraden.
Jeder der beiden Teile muß getrennt bewiesen werden.

Beweis des Stufenwinkelsatzes:

Voraussetzung:

α und α' sind Stufenwinkel an den Geraden g und h, die beide von der Geraden k geschnitten werden.

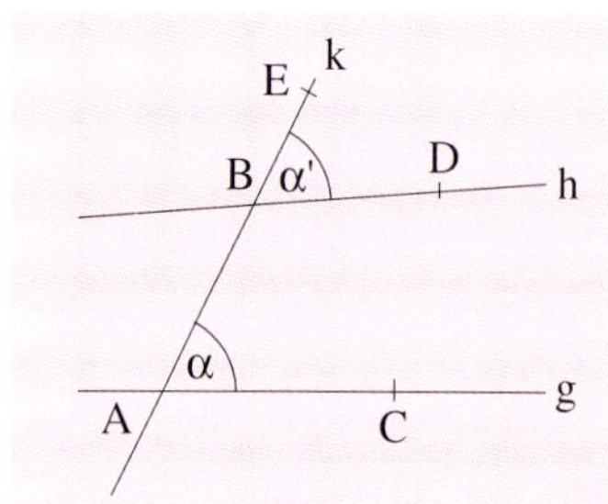

Behauptung:

Teil 1 Wenn $g \parallel h$, so $\alpha = \alpha'$.
Teil 2 Wenn $\alpha = \alpha'$, so $g \parallel h$.

Beweis zu Teil 1: Wenn $g \parallel h$, so $\alpha = \alpha'$.

Wenn $g \parallel h$, gilt bei der Verschiebung $\overrightarrow{AB}$
- das Bild von A ist B,
- das Bild von g ist h, (weil $g \parallel h$),
- das Bild von k ist k, (weil Verschiebung längs k),
- das Bild des Strahls AC ist der Strahl BD, das Bild des Strahls AB ist der Strahl BE.

Damit ist klar, daß bei der Verschiebung $\sphericalangle CAB$ auf $\sphericalangle DBE$ abgebildet wird. Folglich gilt $\alpha = \alpha'$.

Beweis zu Teil 2: Wenn $\alpha = \alpha'$, so $g \parallel h$.

Wenn $\alpha = \alpha'$ gilt, muß es eine Bewegung geben, die $\sphericalangle CAB$ auf $\sphericalangle DBE$ abbildet. Weil die Strahlen AB und BE auf der gleichen Geraden k liegen und aufeinander abgebildet werden, muß k bei der Bewegung auf sich abgebildet werden, wobei insbesondere das Bild von A der Punkt B ($A \neq B$) sein muß. Diese Forderung erfüllt nur die Verschiebung $\overrightarrow{AB}$. Da jede Verschiebung Geraden parallel zu sich abbildet und nach Voraussetzung AC auf BD abgebildet wird, sind die Geraden g und h parallel.

S Wechselwinkel sind gleich groß genau dann, wenn sie an parallelen Geraden liegen.

Beweisgedanken:

Der Wechselwinkelsatz kann auf den Stufenwinkelsatz zurückgeführt werden, indem noch der Satz über die Scheitelwinkel benutzt wird. (Der zu einem Winkel gehörige Wechselwinkel ist der Stufenwinkel seines Scheitelwinkels.)

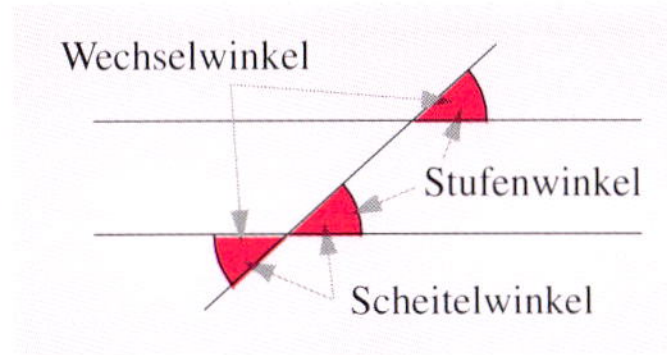

S Entgegengesetzt liegende Winkel ergänzen sich zu 180° genau dann, wenn sie an parallelen Geraden liegen.

Beweisgedanken:

Dieser Satz kann auf den Stufenwinkelsatz zurückgeführt werden, indem noch der Satz über die Nebenwinkel benutzt wird. (Der zu einem Winkel entgegengesetzt liegende Winkel ist Stufenwinkel eines seiner Nebenwinkel.)

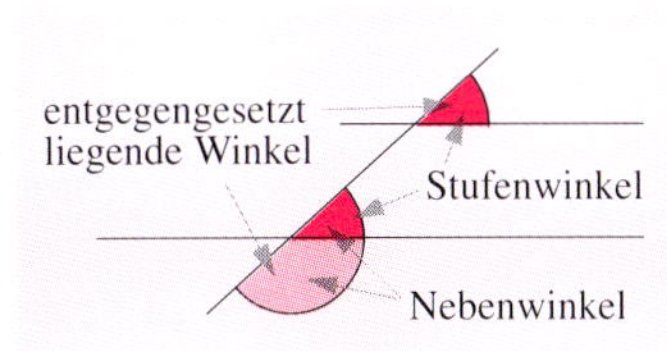

Winkel mit paarweise senkrecht aufeinanderstehenden Schenkeln

S Zwei Winkel, deren Schenkel paarweise senkrecht aufeinanderstehen, sind gleich groß, falls der Scheitel des einen Winkels nicht im Inneren oder auf einem Schenkel des anderen Winkels liegt.

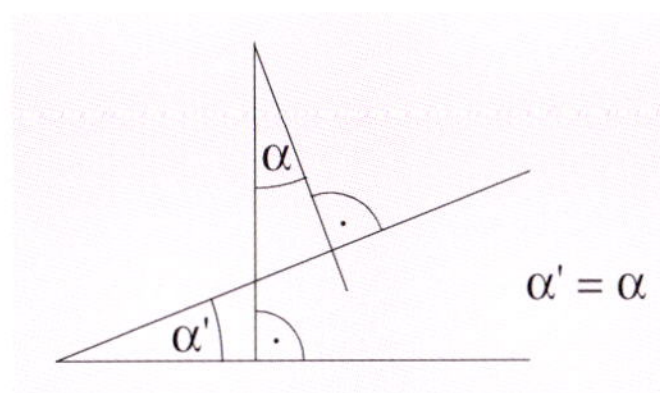

5

5.3 Konstruktionen

5.3.1 Konstruktionen mit Zirkel und Lineal

Zirkel und Lineal

Folgende Konstruktionen sind nach den Axiomen des Euklid eindeutig ausführbar:

(1) Zeichnen des Kreises mit gegebenem Radius um einen Punkt mit dem **Zirkel**;

(2) Zeichnen der Verbindungsgerade zweier verschiedener Punkte mit dem **Lineal**.

Damit ist beschrieben, welche Eigenschaften Zirkel und Lineal haben:
Ein Zirkel soll unabhängig von der konkreten technischen Ausführung das Zeichnen von Kreisen ermöglichen. Diese Bedingung erfüllt beispielsweise auch eine straff gespannte Schnur mit zwei Ösen, deren eine Öse über einen Pflock gelegt ist. Die andere Öse beschreibt einen Kreis. (vgl. S. 242)
Ein Lineal soll sich zum Zeichnen von Geraden eignen. Das heißt zugleich auch, daß beim Konstruieren mit dem Lineal nicht gemessen werden muß. Jede geometrische Konstruktion läßt sich prinzipiell auch mit einem Lineal ohne Meßkante ausführen.

D Als **geometrische Konstruktion mit Zirkel und Lineal** bezeichnet man das Bestimmen von Punkten und Punktmengen allein unter Verwendung von Zirkel und Lineal.

Abtragen einer Strecke

Auf einer gegebenen Geraden soll von einem gegebenen Punkt aus eine Strecke vorgegebener Länge abgetragen werden.

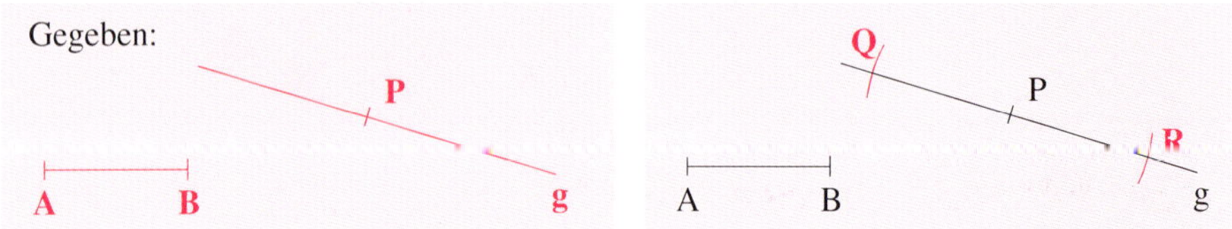

Konstruktionsbeschreibung:

- Um P wird ein Kreis mit Radius $\overline{AB}$ gezeichnet. Schnittpunkte des Kreises mit der Geraden g seien die Punkte Q und R.
- Die Strecken $\overline{PQ}$ und $\overline{PR}$ haben die gleiche Länge wie $\overline{AB}$, liegen auf g und haben den Punkt P als Begrenzungspunkt.
  In der Praxis ist ausgehend vom Problem zu entscheiden, ob beide Lösungen oder nur eine von ihnen in Frage kommt.

Antragen eines Winkels an einen Strahl

Ein Winkel ist gegeben. Konstruiert werden soll ein Winkel gleicher Größe, dessen einer Schenkel ein gegebener Strahl ist.

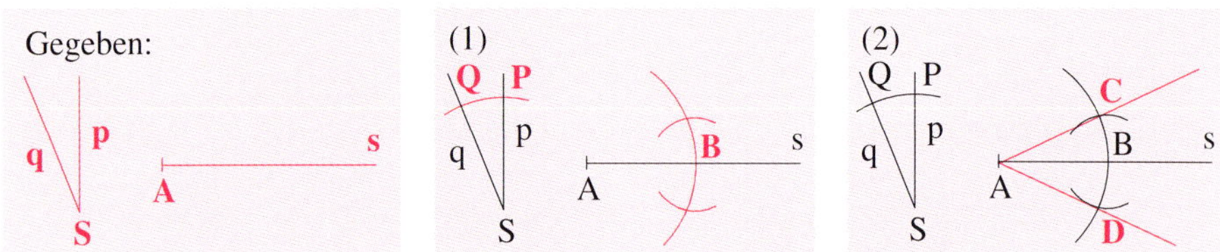

Konstruktionsbeschreibung:

(1) Um S wird ein Kreis gezeichnet. Er schneidet die Schenkel des Winkels in P und Q.
Ein Kreis um A mit Radius $r = \overline{SP}$ wird gezeichnet. Er schneidet den Strahl s in B.
Ein Kreis um B mit $r = \overline{PQ}$ wird gezeichnet.

(2) Die Schnittpunkte der Kreise um A und um B sind C und D. Die Strahlen AD und AC werden gezeichnet. Die Winkel BAD und BAC sind die Lösungen der Aufgabe.

Eine Strecke halbieren – die Mittelsenkrechte einer Strecke konstruieren

Der Mittelpunkt einer Strecke ist gesucht; es ist eine Gerade gesucht, die senkrecht zur Strecke ist und durch den Mittelpunkt der Strecke geht.

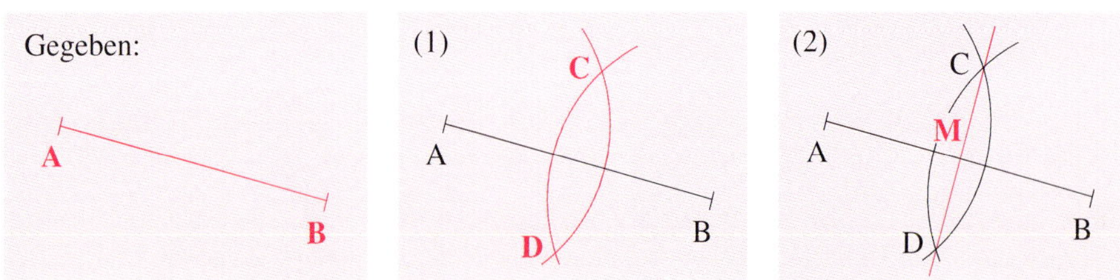

Konstruktionsbeschreibung:

(1) Kreise um A und B mit gleichem Radius $r > \frac{\overline{AB}}{2}$ werden gezeichnet. Die Schnittpunkte dieser Kreise sind C und D.

(2) Die Gerade CD wird gezeichnet. CD ist die **Mittelsenkrechte** von $\overline{AB}$.
Der Schnittpunkt der Geraden CD mit $\overline{AB}$ sei M. M halbiert $\overline{AB}$.

Einen Winkel halbieren – die Winkelhalbierende eines Winkels konstruieren

Zu einem gegebenen Winkel $\sphericalangle(h,k)$ ist jene Gerade zu konstruieren, die den Winkel in zwei kongruente Teilwinkel zerlegt.

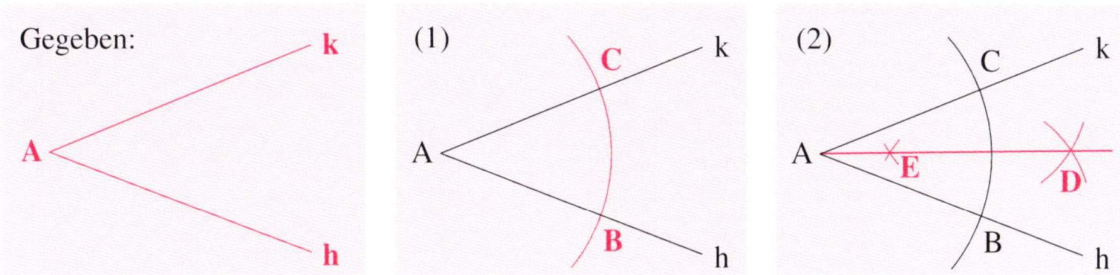

Konstruktionsbeschreibung:

(1) Um den Scheitelpunkt A wird ein Kreis gezeichnet. Er schneidet die Schenkel des Winkels $\sphericalangle(h,k)$ in den Punkten B und C.

(2) Um B und C werden Kreise mit konstantem Radius ($r > \frac{\overline{BC}}{2}$) gezeichnet. D und E seien die Schnittpunkte der beiden Kreise.
Der Strahl mit dem Anfangspunkt A durch D und E wird gezeichnet. Er ist die **Winkelhalbierende** des Winkels $\sphericalangle(h,k)$. (Es reicht aus, z.B. nur den Punkt D zu konstruieren. Mit dem zweiten Punkt E kann die Genauigkeit der Konstruktion überprüft werden.)

W Winkelteilungen wurden bereits in der altgriechischen Mathematik untersucht. So wurde nach einem Verfahren ähnlich dem zur Konstruktion der Winkelhalbierenden gesucht, welches die **Dreiteilung des Winkels** (**Trisektion**) ermöglicht. Heute ist bewiesen, daß diese Trisektion nur in einigen Ausnahmefällen, nicht aber für beliebige Winkel möglich ist.

Die Senkrechte zu einer Geraden in einem Punkt errichten

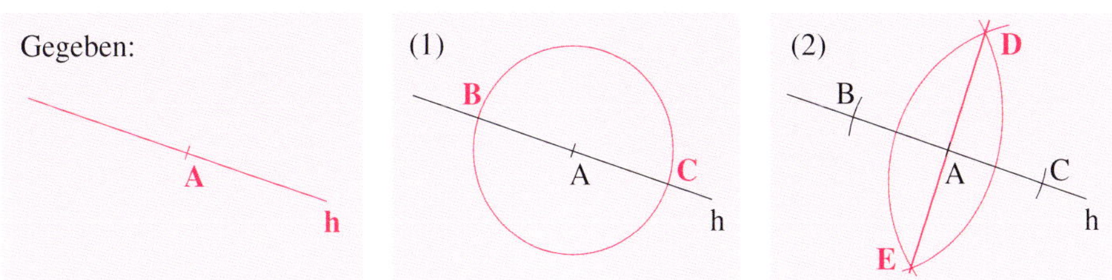

Konstruktionsbeschreibung:

(1) Ein Kreis wird um A gezeichnet. Er schneidet die Gerade h in den Punkten B und C.

(2) Um B und C werden Kreise mit gleichem Radius $r > \overline{AB}$ gezeichnet. Die Kreise schneiden einander in D und E. Die Gerade durch A, D und E wird gezeichnet. Sie ist die **Senkrechte** zu h in A. (Es reicht aus, z.B. nur den Punkt D zu konstruieren. Mit dem zweiten Punkt E kann die Genauigkeit der Konstruktion überprüft werden.)

Das Lot von einem Punkt auf eine Gerade fällen

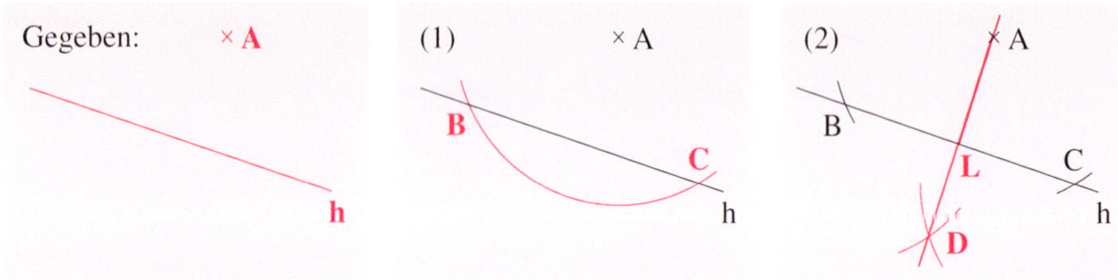

Konstruktionsbeschreibung:

(1) Ein Kreis um A wird mit genügend großem Radius gezeichnet, so daß er h in B und C schneidet.

(2) Um B und C wird je ein Kreis mit gleichem Radius $r > \frac{\overline{BC}}{2}$ gezeichnet. D sei ein Schnittpunkt beider Kreise. Die Gerade AD wird gezeichnet. L sei der Schnittpunkt von AD mit h. Die Strecke $\overline{AL}$ ist das **Lot** von A auf die Gerade h.

Mit den zuletzt dargestellten vier Konstruktionen sowie dem Abtragen von Strecken und dem Antragen von Winkeln lassen sich fast alle Konstruktionsaufgaben ausführen. Man nennt sie deshalb **Grundkonstruktionen**.

W Bei alleiniger Verwendung von Zirkel und Lineal muß die Genauigkeit durchaus nicht höher sein, als bei Nutzung anderer Zeichenhilfsmittel wie etwa dem Zeichendreieck (vgl. Abschnitt 5.3.2, S. 191)
Die Forderung nach Konstruktionen allein unter Nutzung von Zirkel und Lineal ergibt sich vielmehr aus historischen Wurzeln. In der Mathematik des antiken Griechenland wurden viele Probleme mit geometrischen Mitteln in Angriff genommen, weil die Geometrie gegenüber der Arithmetik höher entwickelt war. Die Lösung von Problemen durch geometrische Konstruktionen mit Zirkel und Lineal war verbreitet. Grenzen dieser Methode zeigten sich, als Probleme nicht gelöst, aber auch nicht als unlösbar bewiesen werden konnten. Drei der berühmten Probleme sind:

a) die Dreiteilung eines beliebigen Winkels (**Trisektion des Winkels**),
b) die Konstruktion eines Quadrates, welches den gleichen Flächeninhalt wie ein vorgegebener Kreis hat (**Quadratur des Kreises**),
c) die Konstruktion eines Würfels, der das doppelte Volumen eines gegebenen Würfels hat (**Verdopplung des Würfels**, **Delisches Problem**).

Die Unlösbarkeit dieser Probleme wurde erst durch die Nutzung algebraischer Methoden gezeigt.

Anwendung der Grundkonstruktionen

Komplexere Konstruktionsaufgaben können häufig auf die Grundkonstruktionen zurückgeführt werden. Das Prinzip, neue Aufgaben auf bereits bekannte und gelöste Aufgaben zurückzuführen, ist für das mathematische Arbeiten nicht nur hier typisch.

■ Gegeben ist eine Gerade g und ein nicht auf ihr liegender Punkt P. Konstruiert werden soll die eindeutig bestimmte Gerade, die zu g parallel ist und durch P geht.

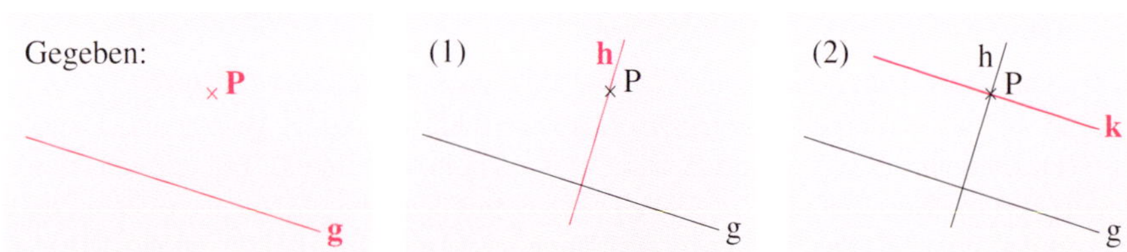

Konstruktionsbeschreibung:

(1) Das Lot h von P auf g wird gefällt.

(2) Die Senkrechte zu h in P wird konstruiert. Diese Senkrechte ist die Gerade k. Es ist k die gesuchte Parallele zu g durch den Punkt P.

Weitere Anwendung der Grundkonstruktionen sind z.B. Konstruktionen von Dreiecken (vgl. Abschnitt 5.5.6, S. 205 ff.).

5.3.2 Konstruktionen mit Zeichendreieck und Lineal

Die Verwendung eines Zeichendreiecks kann die Ausführung von Konstruktionsaufgaben dadurch erleichtern, daß zu einer vorgegebenen Geraden g und einem Punkt P

- die Parallele zu g durch P   und
- die Senkrechte zu g durch P

in wenigen Teilschritten gezeichnet werden können.
In den folgenden Konstruktionen könnte anstelle des Lineals auch ein zweites Zeichendreieck verwendet werden. Zur eindeutigen sprachlichen Kennzeichnung wird von der langen und den kurzen Seiten des Zeichendreiecks gesprochen. Eine der kurzen Seiten wird – nur zur Unterscheidung von der anderen kurzen Seite – als Meßkante bezeichnet.

Konstruktion der Parallelen zu g durch P (Parallelverschiebung)

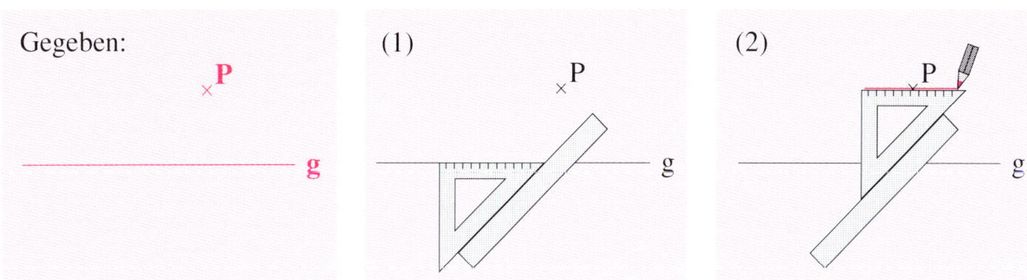

Konstruktionsbeschreibung:

(1) Das Zeichendreieck wird mit der Meßkante an g angelegt. Das Lineal wird an die lange Seite des Zeichendreiecks angelegt.

(2) Das Zeichendreieck wird längs des Lineals verschoben, bis die Meßkante durch den Punkt P geht. Längs der Meßkante wird eine Gerade h gezeichnet. Sie ist parallel zu g und geht durch P.

Konstruktion der Senkrechten zu g durch P

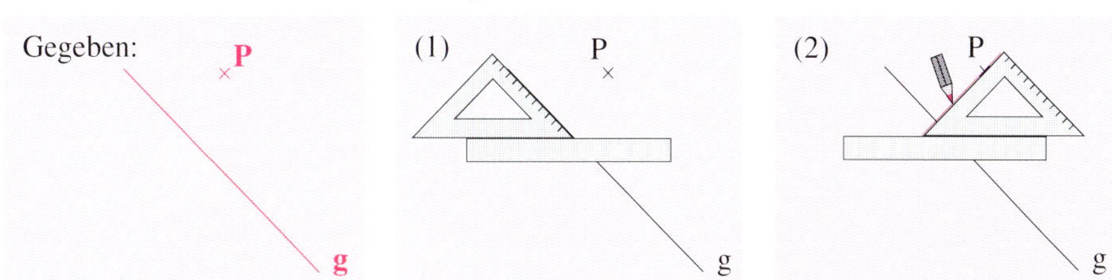

Konstruktionsbeschreibung:

(1) Das Zeichendreieck wird mit der Meßkante an g angelegt. Das Lineal wird an die lange Seite des Zeichendreiecks angelegt.

(2) Das Zeichendreieck wird längs des Lineals verschoben, bis die andere kurze Kante des Zeichendreiecks durch den Punkt P geht. Längs dieser Kante wird eine Gerade k gezeichnet. Sie ist senkrecht zu g und geht durch P.

5.4 Bewegungen, Kongruenz und Symmetrie

5.4.1 Bewegung

Bewegungen sind besondere eineindeutige Abbildungen der Ebene auf sich selbst. Jedem Punkt P der Ebene wird eineindeutig ein Bildpunkt P' zugeordnet.
Es wird gefordert, daß Bewegungen alle die Eigenschaften besitzen, um der Vorstellung von *mechanischen* Bewegungen zu entsprechen, bei denen die Ebene starr bleibt. Als Veranschaulichung einer solchen Bewegung können zwei aufeinanderliegende Papierbögen dienen, bei denen übereinanderliegende Punkte gleich bezeichnet sind. Hebt man den oberen Papierbogen hoch und legt ihn dann nach einer beliebigen starren mechanischen Bewegung, (bei der der Bogen Papier sogar gewendet, nicht aber gebogen oder zusammengedrückt und verzerrt werden darf) wieder ab, wird jedem Originalpunkt des oberen Bogens eineindeutig ein Bildpunkt auf dem unteren Bogen zugeordnet.
In Einklang mit der Anschauung werden unter anderem folgende Eigenschaften über Bewegungen vorausgesetzt:

- Jede Bewegung überträgt bestehende Zwischenrelationen auf die Bildpunkte:
  Stets gilt: Wenn A zwischen B und C liegt, so liegt auch A' zwischen B' und C'.
- Zu zwei beliebigen Punkten A und B, gibt es immer mindestens eine Bewegung φ, für die $\varphi(A) = B$ und $\varphi(B) = A$.
- Die Nacheinanderausführung zweier beliebiger Bewegungen ist stets wieder eine Bewegung.
- Auch die identische Abbildung, die jeden Punkt der Ebene auf sich selbst abbildet, ist eine Bewegung.
- Zu jeder Bewegung gibt es eine entgegengesetzte Bewegung so, daß bei Nacheinanderausführung von Bewegung und entgegengesetzter Bewegung das Resultat die identische Abbildung ist.

Insbesondere gilt:

- Das Bild einer Geraden ist stets wieder eine Gerade. (**Geradentreue**)
- Sind zwei Geraden zueinander parallel, so sind es auch ihre Bilder. (**Parallelentreue**)
- Das Bild einer Strecke ist stets eine Strecke gleicher Länge. (**Längentreue**)
- Das Bild eines Winkels ist stets ein Winkel der gleichen Größe. (**Winkeltreue**)
- Das Bild eines Kreises ist stets ein Kreis mit gleichem Radius. (**Kreisverwandtschaft**)

D Jeder Punkt P, der bei einer Bewegung φ *auf sich selbst* abgebildet wird, heißt **Fixpunkt** bezüglich φ: $\varphi(P) = P$.

D Jede Gerade g, die bei einer Bewegung φ auf sich selbst abgebildet wird, heißt **Fixgerade** bezüglich φ: $\varphi(g) = g$. Wird die Gerade g sogar Punkt für Punkt auf sich selbst abgebildet, d. h., jeder Punkt der Geraden wird auf sich selbst abgebildet, heißt die Gerade **Fixpunktgerade** bezüglich φ: Für alle $P \in g$ gilt $\varphi(P) = P$.

5.4.2 Spezielle Bewegungen

Verschiebung

D Als **Verschiebung** $\overrightarrow{AB}$ wird die eineindeutige Abbildung der Ebene auf sich selbst bezeichnet, bei der für das Bild P' jedes Punktes P gilt:
$\overrightarrow{PP'} \parallel \overrightarrow{AB}$ und $\overrightarrow{AP} \parallel \overrightarrow{BP'}$.
$\overrightarrow{AB}$ wird auch **Verschiebungspfeil** genannt.

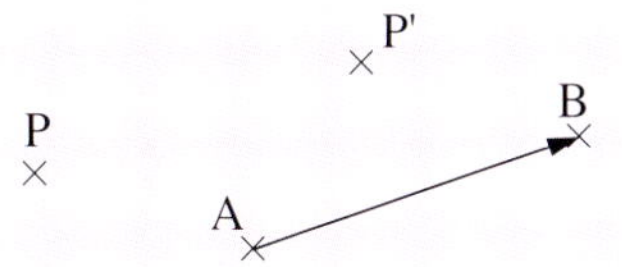

$\overrightarrow{PP'}$ hat stets die gleiche Länge und Richtung sowie den gleichen Richtungssinn wie $\overrightarrow{AB}$.

■ Konstruktion des Bildes einer Figur bei einer Verschiebung $\overrightarrow{AB}$:

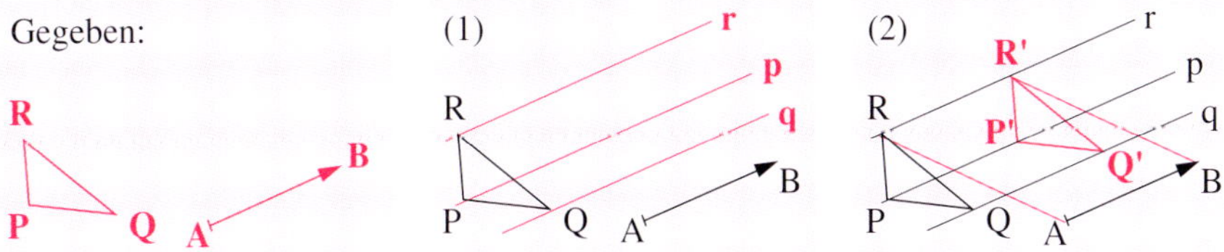

Konstruktionsbeschreibung:

(1) Es werden Parallelen p, q, r zu $\overrightarrow{AB}$ durch die Punkte P, Q und R gezeichnet.

(2) R' liegt auf der Parallelen zu AR durch B und zugleich auf r.
P' liegt auf der Parallelen zu AP durch B und zugleich auf p.
Q' liegt auf der Parallelen zu AQ durch B und zugleich auf q.
(Es wäre auch möglich, von den Punkten P, Q und R aus auf den Geraden p, q und r Strecken der Länge $\overline{AB}$ unter Beachtung der Orientierung von $\overline{AB}$ abzutragen.)

Jede Verschiebung ist mit der Angabe des Verschiebungspfeiles eindeutig gekennzeichnet. Der Verschiebungspfeil gibt Betrag, Richtung und Richtungssinn der Verschiebung an.
Neben den für jede Bewegung gültigen Eigenschaften (vgl. S. 192) gibt es spezielle *Eigenschaften der Verschiebung*:

- Jede zu einem Verschiebungspfeil parallele Gerade wird auf sich selbst abgebildet. Sie ist Fixgerade bei der Verschiebung.
- Die Verschiebung mit der Verschiebungsweite Null ist die identische Abbildung.
- Bei keiner Verschiebung (außer der Identität) gibt es einen Fixpunkt.

Geradenspiegelung

D Als **Spiegelung an g** wird die eineindeutige Abbildung der Ebene auf sich selbst bezeichnet, bei der für das Bild P' jedes Punktes P gilt:
- P' liegt auf der Senkrechten zu g durch P.
- g halbiert $\overline{PP'}$.

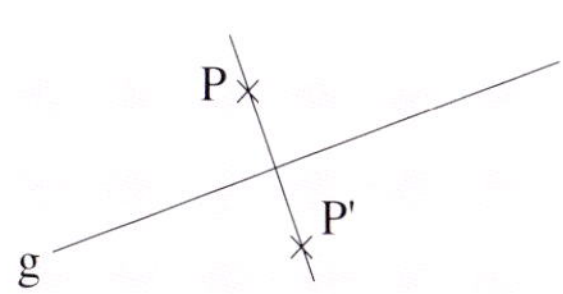

■ Konstruktion des Bildes einer Figur bei einer Geradenspiegelung:

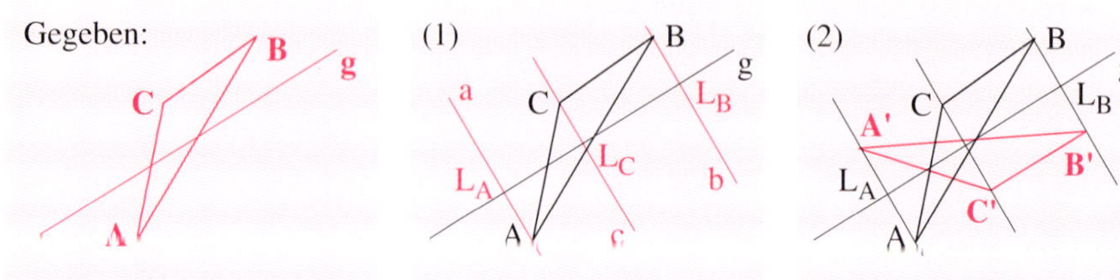

Konstruktionsbeschreibung:

(1) Die Senkrechten zu g durch A, B und C werden gezeichnet. Diese Geraden a, b und c schneiden g in den Punkten L_A, L_B und L_C.

(2) A' liegt auf dem Kreis um L_A durch A und zugleich auf a.
B' liegt auf dem Kreis um L_B durch B und zugleich auf b.
C' liegt auf dem Kreis um L_C durch C und zugleich auf c.

Jede Geradenspiegelung ist durch die Angabe der Geraden als der **Spiegelachse** eindeutig festgelegt. Da die Gerade durch zwei Punkte eindeutig bestimmt ist, genügt zur eindeutigen Charakterisierung der Spiegelung die Angabe zweier ihrer Fixpunkte.
Neben den für jede Bewegung gültigen Eigenschaften (vgl. S. 192) gibt es spezielle *Eigenschaften der Spiegelung*:

- Bei der Spiegelung an einer Geraden haben Original und Bild unterschiedlichen Umlaufsinn: Ist das Dreieck ABC beispielsweise im positiven Umlaufsinn bezeichnet, so erfolgt die Bezeichnung beim Dreieck A'B'C' im negativen Umlaufsinn. Die Spiegelung ist also eine **ungleichsinnige Abbildung**.
- **Fixpunkte** bei der Spiegelung an der Geraden g sind alle Punkte von g und nur diese.
- **Fixgeraden** bei Spiegelung an g ist die Gerade g und alle zu g senkrechten Geraden.
- Die Gerade g ist sogar **Fixpunktgerade** bei Spiegelung an g.

Drehung um einen Punkt

D Als **Drehung** um den Punkt Z mit dem Drehwinkel α wird die eineindeutige Abbildung der Ebene auf sich selbst bezeichnet, bei der für das Bild P' jedes Punktes P gilt:

- P' liegt auf dem Kreis um Z durch P.
- $\sphericalangle$ PZP' = α.

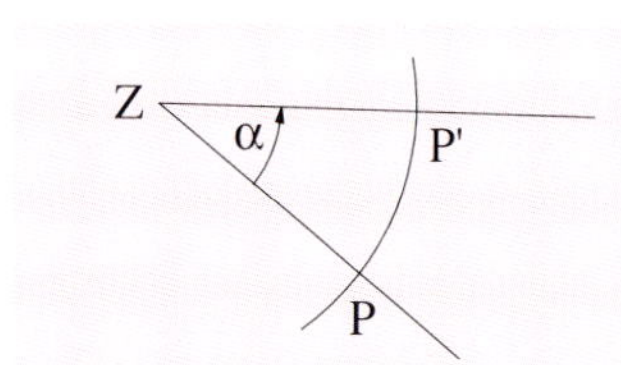

■ Konstruktion des Bildes einer Figur bei einer Drehung um Z mit dem Drehwinkel α:

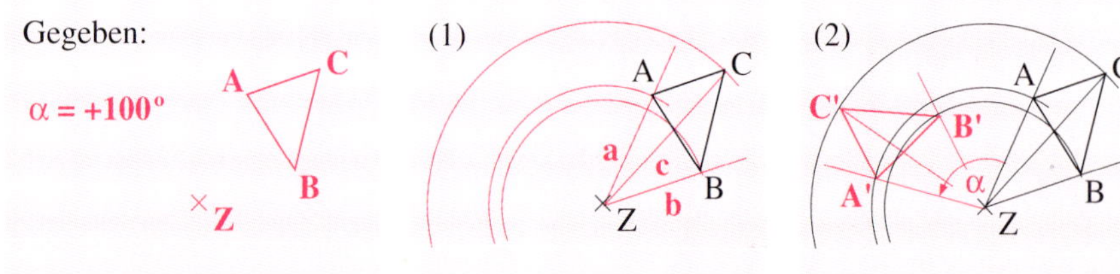

Konstruktionsbeschreibung:

(1) Es werden Strahlen a, b und c mit Anfangspunkt Z durch A, B und C gezeichnet. Kreise mit Mittelpunkt Z durch A, B und C werden gezeichnet.

(2) Im Punkt Z wird an jeden der Strahlen a, b und c der Winkel α unter Berücksichtigung seiner Orientierung angetragen.
A' liegt auf dem Kreis um Z durch A sowie auf dem zweiten Schenkel des Winkels mit Schenkel a. Entsprechend werden B' und C' konstruiert.

- **Fixpunkt** bei der Drehung um Z ist nur der Punkt Z, falls $\alpha \neq 0°$.
- **Fixgeraden** gibt es nur für den Spezialfall, daß $\alpha = 180°$. Dann ist jede Gerade durch Z Fixgerade.

Punktspiegelung

Für den Fall, daß $\alpha = 180°$ ist, vereinfacht sich die Konstruktion beträchtlich, weil das Antragen des gestreckten Winkels lediglich das Zeichnen der Geraden durch Z erfordert.
Häufig wird die Drehung um Z mit $\alpha = 180°$ deshalb auch gesondert betrachtet und als Punktspiegelung an Z bezeichnet. Punktspiegelung an Z und Drehung um 180° sind dennoch ein und dieselbe Bewegung, denn sie bestehen aus den gleichen geordneten Paaren [Originalpunkt; Bildpunkt].

D Als **Punktspiegelung** am Punkt Z wird die eineindeutige Abbildung der Ebene auf sich selbst bezeichnet, bei der für das Bild P' jedes Punktes P gilt:
- P' liegt auf dem Kreis um Z durch P.
- P' liegt auf der Geraden durch P und Z.

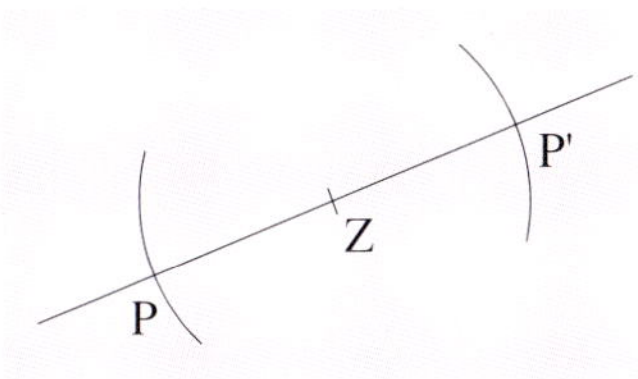

5

■ Konstruktion des Bildes einer Figur bei Spiegelung an einem Punkt Z:

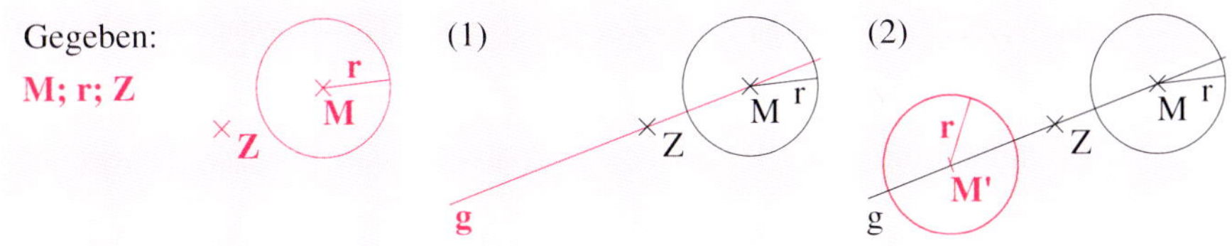

Konstruktionsbeschreibung:

Vorbemerkung: Soll das Bild einer Figur, die kein n-Eck ist, bestimmt werden, dann kann das Bild der Figur entweder punktweise oder mit Hilfe ausgewählter markanter, die Figur charakterisierender Punkte konstruiert werden. Der Kreis ist durch seinen Mittelpunkt und einen weiteren Punkt auf dem Kreis (und damit durch den Mittelpunkt und den Radius des Kreises) eindeutig bestimmt.

(1) Die Gerade g durch M und Z wird gezeichnet.

(2) Der Kreis um Z durch M wird gezeichnet. Er schneidet die Gerade g in M und M'. Der Kreis um M' mit Radius r ist das Bild des Kreises um M bei Spiegelung an Z.

- **Fixpunkt** bei der Punktspiegelung an Z ist der Punkt Z.
- **Fixgerade** bei der Punktspiegelung an Z ist jede Gerade durch Z.

5.4.3 Nacheinanderausführung von Bewegungen

Die Nacheinanderausführung zweier Bewegungen ist wieder eine Bewegung.
Im folgenden wird immer die Abbildung eines Dreiecks dargestellt, da die Ebene durch drei nicht auf einer Geraden liegende Punkte eindeutig bestimmt ist.

Nacheinanderausführung zweier Verschiebungen $\overrightarrow{AB}$ und $\overrightarrow{CD}$

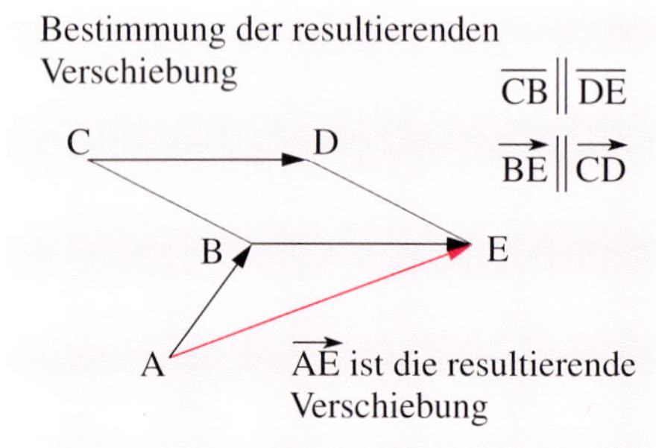

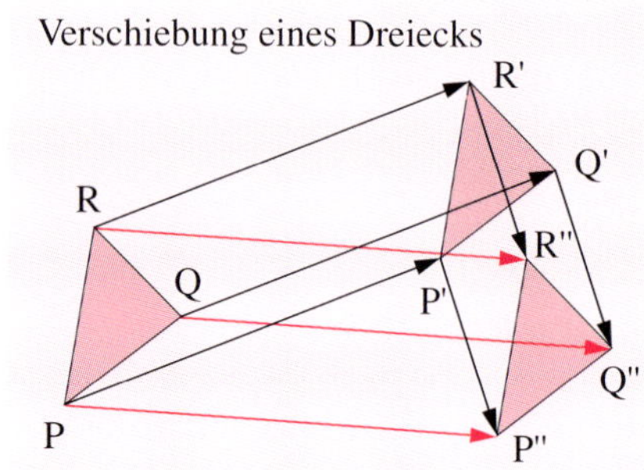

S Die resultierende Bewegung der Nacheinanderausführung zweier Verschiebungen ist wieder eine Verschiebung. Der zugehörige Verschiebungspfeil ergibt sich durch aneinander Abtragen aus den beiden Verschiebungspfeilen.

Nacheinanderausführung zweier Geradenspiegelungen an den Geraden g und h

Die Geraden g und h schneiden einander im Punkt S.

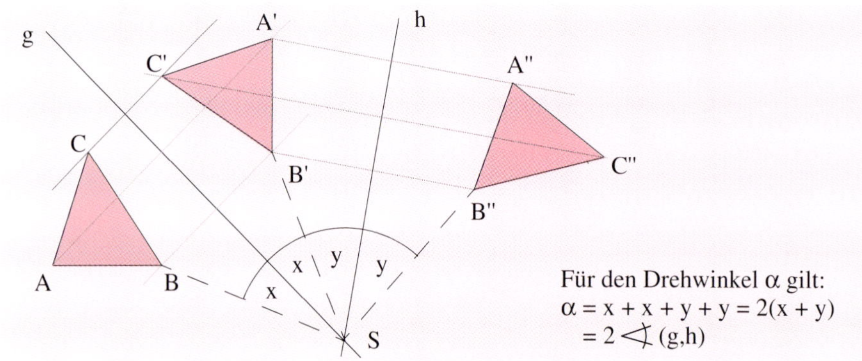

S Die resultierende Bewegung bei Nacheinanderausführung zweier Spiegelungen an einander im Punkt S schneidenden Geraden g und h ist eine Drehung um S. Der Drehwinkel beträgt das Doppelte des Winkels, mit dem beide Geraden einander schneiden.

Andererseits kann auf diese Weise jede Drehung um einen Punkt S mit dem Drehwinkel α als Nacheinanderausführung zweier Geradenspiegelungen an Geraden g und h dargestellt werden. Die Geraden g und h müssen dazu so gewählt werden, daß sie einander in S schneiden und daß $\alpha = 2 \cdot \sphericalangle(g;h)$.
Falls die Geraden g und h zueinander senkrecht sind, ergibt sich bei Spiegelung erst an g und anschließend an h als resultierende Bewegung eine Drehung um S mit einem Drehwinkel von 180°. Dies ist die Punktspiegelung im Schnittpunkt S der beiden Geraden.

Damit kann jede Punktspiegelung an einem Punkt S als Nacheinanderausführung zweier Geradenspiegelungen an zueinander senkrechten Geraden durch S dargestellt werden.

■ Die Geraden g und h sind zueinander parallel. Es wird an g, dann an h gespiegelt.

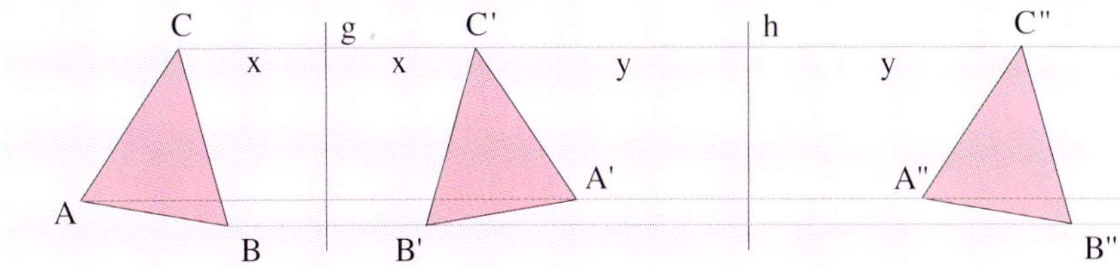

Für die Verschiebungsweite $w = \overline{CC''}$ gilt: $w = x + x + y + y = 2(x + y)$.

S Die resultierende Bewegung der Nacheinanderausführung zweier Spiegelungen an zueinander parallelen Geraden ist eine Verschiebung senkrecht zu den beiden Geraden. Die Verschiebungsweite beträgt das Doppelte des Abstandes der beiden Geraden.

Andererseits kann damit jede Verschiebung $\overrightarrow{PQ}$ als Nacheinanderausführung zweier Geradenspiegelungen dargestellt werden: Die beiden Geraden müssen senkrecht zu g_{PQ} sein, und ihr Abstand muß die Hälfte der Verschiebungsweite betragen.

Zusammenfassend wird deutlich:

S Jede Verschiebung, jede Drehung und jede Punktspiegelung kann als resultierende Bewegung zweier geeignet gewählter nacheinander ausgeführter Geradenspiegelungen dargestellt werden.

5

Nacheinanderausführung zweier Drehungen

S Die resultierende Bewegung der Nacheinanderausführung zweier Drehungen D_1 und D_2 um das gleiche Drehzentrum Z ist wieder eine Drehung um Z. Der Drehwinkel der resultierenden Drehung ist dabei gleich der Summe der Drehwinkel von D_1 und D_2.

Zusammenfassung

Allgemein kann jede Bewegung als eine beliebige Nacheinanderausführung von Drehungen, Spiegelungen und Verschiebungen angesehen werden.
Weil jede Verschiebung und jede Drehung auf die Nacheinanderausführung zweier Geradenspiegelungen zurückgeführt werden kann, ist es möglich, jede Bewegung als Nacheinanderausführung mehrerer Geradenspiegelungen darzustellen. Es gilt sogar:

S Jede Bewegung läßt sich als Nacheinanderausführung von höchstens drei Geradenspiegelungen darstellen.

■ Seien [A; A'], [B; B'] und [C; C'] beliebige Punktepaare, wobei A, B und C nicht auf einer Geraden liegen. Mit welcher Folge von Spiegelungen können Original und Bildpunkte ineinander überführt werden?
Man geht Punkt für Punkt vor:
Als 1. Spiegelung wird die Spiegelung an der Mittelsenkrechten von $\overline{AA'}$ gewählt. Diese Spiegelung ist geeignet, weil sie A auf A' abbildet.

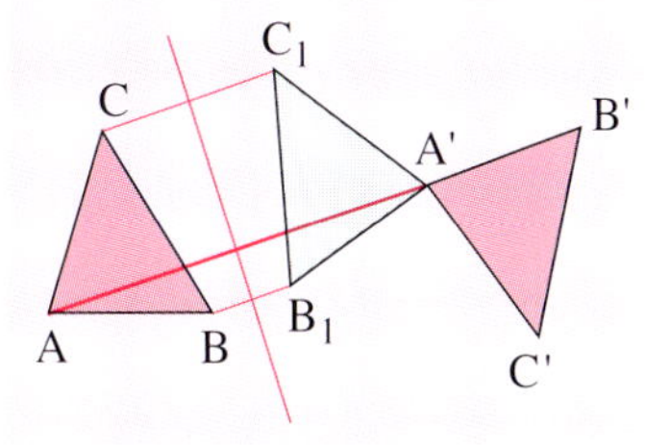

Als 2. Spiegelung sollte eine Spiegelung ausgewählt werden, die den Punkt A' als Fixpunkt enthält und die den Punkt B_1 auf B' abbildet. Dafür kommt nur die Spiegelung an der Geraden in Frage, die durch A' geht und die Strecke B_1B' halbiert.
Diese Gerade ist zugleich Mittelsenkrechte der Strecke B_1B'. Damit ist sichergestellt, daß B_1 auf B' abgebildet wird.

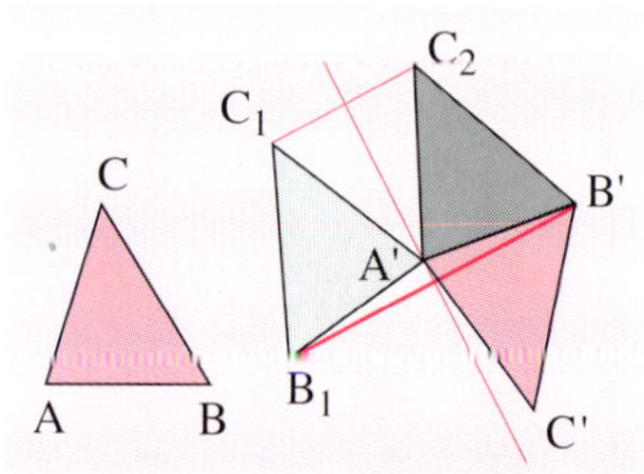

Als 3. Spiegelung sollte eine Spiegelung gewählt werden, die die Punkte A' und B' als Fixpunkte enthält und die zugleich den Punkt C_2 auf C' abbildet.
Diese Spiegelung ist die Spiegelung an der Geraden durch A' und B'.

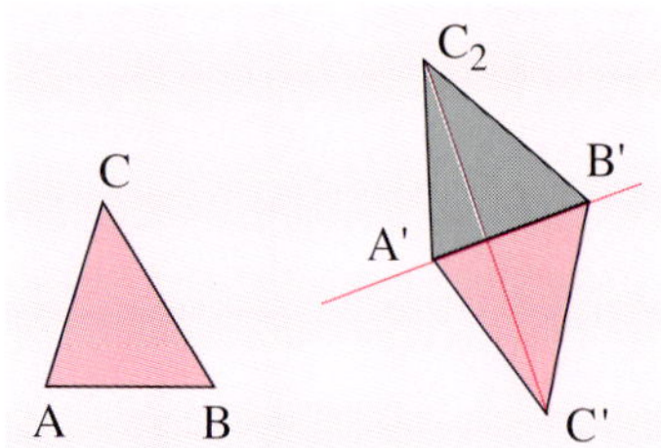

So wie in diesem Beispiel könnte zu vorgegebenen Original- und Bilddreiecken ABC und A'B'C' stets die zugehörige Bewegung φ gesucht werden, für die $\varphi(ABC) = A'B'C'$ gilt. Praktisch kann die Suche vereinfacht werden, indem Original und Bilddreieck miteinander verglichen werden:

- Haben sie unterschiedlichen Umlaufsinn, ist die gesuchte Bewegung eine Spiegelung oder eine Verknüpfung einer Spiegelung mit einer Drehung oder einer Verschiebung.
- Haben Original- und Bilddreieck den gleichen Umlaufsinn, dann handelt es sich bei der gesuchten Bewegung um eine Verschiebung oder eine Drehung.
  In diesem Falle werden zusammengehörige Original- und Bildstrecken betrachtet. Sind sie nicht zueinander parallel, handelt es sich bei der Bewegung um eine Drehung.
  Sind Original- und Bildstrecken zueinander parallel, handelt es sich um eine Verschiebung oder um eine Punktspiegelung.

■ Welche Bewegung überführt ABC in A'B'C'?

Lösungsbeschreibung:

ABC und A'B'C' haben den gleichen Umlaufsinn.
$AB \parallel A'B'$ gilt nicht. Falls eine Bewegung ABC in A'B'C' überführt, so ist es eine Drehung.
Zu ermitteln sind das Drehzentrum Z und der Drehwinkel α.

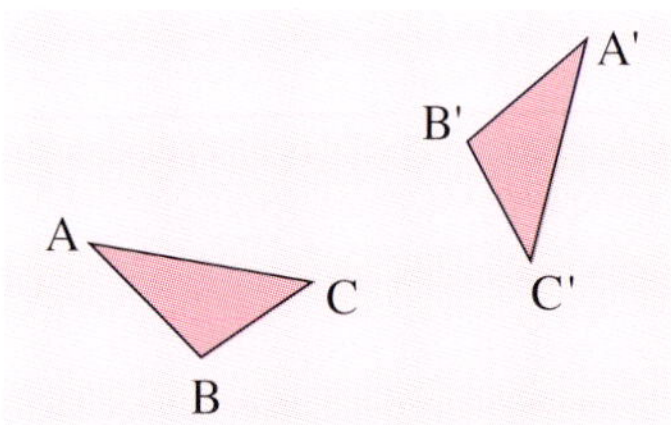

Ermittlung des Drehzentrums Z:

Wenn A'B'C' das Bild von ABC bei einer Drehung um Z ist, dann müssen A und A', B und B', C und C' auf Kreisen um Z liegen. $\overline{AA'}$, $\overline{BB'}$ und $\overline{CC'}$ sind Sehnen von Kreisen um Z.
Weil die Mittelsenkrechte der Sehne eines Kreise immer durch den Kreismittelpunkt geht, liegt hier Z auf den Mittelsenkrechten von $\overline{AA'}$, $\overline{BB'}$ und $\overline{CC'}$.
Z ist der Schnittpunkt dieser Mittelsenkrechten.

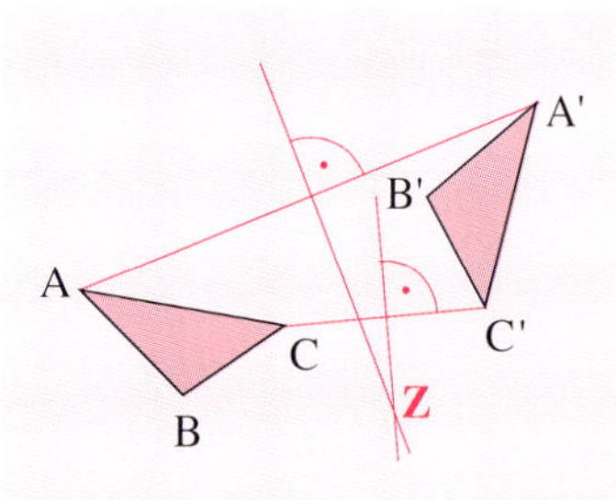

Ermittlung des Drehwinkels α:

Der orientierte Winkel ∢AZA' charakterisiert den Drehwinkel.

$\alpha = ∢AZA' = ∢CZC' = -95°$

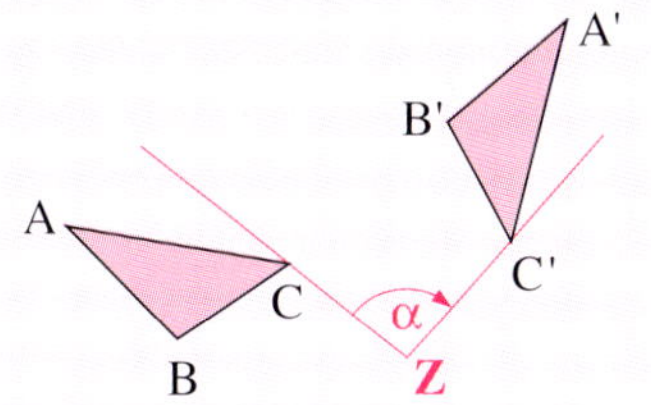

5.4.4 Kongruenz

Begriff

D Zwei Figuren F_1 und F_2 heißen **zueinander kongruent** genau dann, wenn es eine **Bewegung** gibt, die F_1 auf F_2 abbildet: $F_1 \cong F_2 \Leftrightarrow \varphi(F_1) = F_2$

Bewegungen nennt man deshalb auch **Kongruenzabbildungen**.

Kann φ durch eine gerade Anzahl Geradenspiegelungen ersetzt werden, heißen F_1 und F_2 **zueinander gleichsinnig kongruent**. In diesem Fall haben F_1 und F_2 den gleichen Umlaufsinn. Kann φ durch eine ungerade Anzahl Geradenspiegelungen ersetzt werden, heißen F_1 und F_2 zueinander ungleichsinnig kongruent.

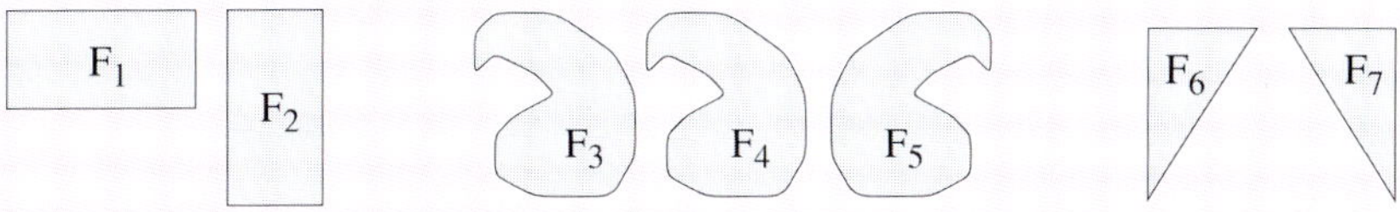

$F_1 \cong F_2$ $F_3 \cong F_4$ $F_3 \cong F_5$ $F_4 \cong F_5$ $F_6 \cong F_7$

F_1 und F_2 sowie F_3 und F_4 sind gleichsinnig kongruent. Sie können durch Drehung oder Verschiebung ineinander überführt werden.

F_3 und F_5, F_4 und F_5 sowie F_6 und F_7 sind ungleichsinnig kongruent. Jeweils eine Geradenspiegelung bildet F_3 auf F_5, F_4 auf F_5 und F_6 auf F_7 ab.

Kongruenz läßt sich auch folgendermaßen definieren:

D Zwei Figuren F_1 und F_2 heißen **zueinander kongruent** genau dann, wenn sie in Form und Größe übereinstimmen, wenn sie also **deckungsgleich** sind.

Für kongruente Figuren gelten folgende Beziehungen:

- Jede Figur ist zu sich selbst kongruent: $F_1 \cong F_1$.
- Aus $F_1 \cong F_2$ folgt $F_2 \cong F_1$.
- Aus $F_1 \cong F_2$ und $F_2 \cong F_3$ folgt $F_1 \cong F_3$.

Kongruenzbeweise

Der Zusammenhang von Bewegung und Kongruenz kann für Kongruenzbeweise genutzt werden. Soll die Kongruenz zweier Figuren nachgewiesen werden, reicht es zu zeigen, daß es eine Bewegung gibt, die die eine Figur auf die andere abbildet.

■ Satz: Im gleichschenkligen Dreieck sind die Basiswinkel kongruent zueinander.

Voraussetzung:

ABC sei ein gleichschenkliges Dreieck, CA und CB seien seine kongruenten Schenkel

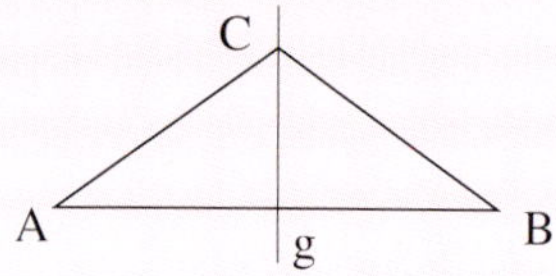

Behauptung: $\sphericalangle CAB \cong \sphericalangle CBA$

Beweis:

Sei g die Mittelsenkrechte von $\overline{AB}$. C muß auf g liegen, denn g ist als Mittelsenkrechte von $\overline{AB}$ der geometrische Ort aller Punkte, die von A und B den gleichen Abstand haben, und es gilt nach Voraussetzung $\overline{CA} \cong \overline{CB}$.

Bei der Spiegelung S an g gilt: $S_g(A) = B$, weil g Mittelsenkrechte von $\overline{AB}$ ist.
$S_g(C) = C$, weil C auf g liegt.
$S_g(\overline{AB}) = \overline{BA}$ sowie $S_g(\overline{AC}) = \overline{BC}$.

Zusammenfassung: $S_g(\sphericalangle CAB) = \sphericalangle CBA$.

Damit gibt es eine Bewegung, nämlich die Spiegelung an g, die $\sphericalangle CAB$ auf $\sphericalangle CBA$ abbildet. Also gilt $\sphericalangle CAB \cong \sphericalangle CBA$.

Oft lassen sich Kongruenzbeweise einfacher über **Kongruenzsätze für Dreiecke** (vgl. Abschnitt 5.5.5, S. 204, 205) führen. Beispiel:

- Satz über die Gegenseiten und Gegenwinkel im Parallelogramm (vgl. S. 225).

5.4.5 Symmetrie

D Eine Figur heißt **symmetrisch** genau dann, wenn sie bei einer von der identischen Abbildung verschiedenen Bewegung auf sich selbst abgebildet werden kann.

Die Symmetrie ist also eine Eigenschaft bestimmter Figuren.

Möglichkeiten der Abbildung einer Figur auf sich selbst:

Bei einer Geradenspiegelung an g wird die Figur auf sich selbst abgebildet.	Bei einer Drehung um Z mit Drehwinkel α wird die Figur auf sich selbst abgebildet.	
	$\alpha \neq 180°$	$\alpha = 180°$
	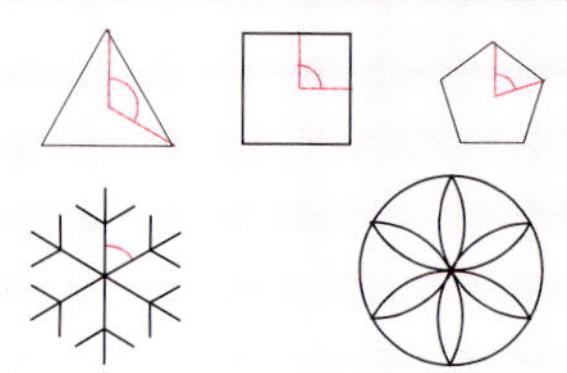	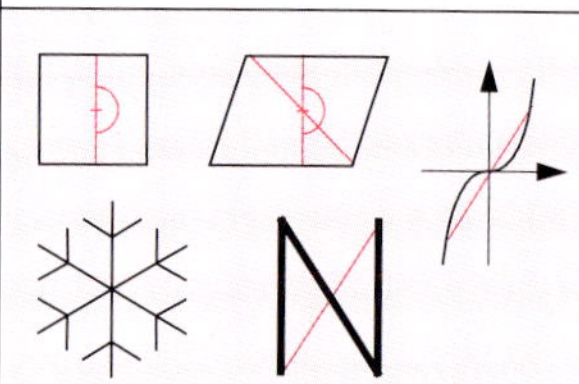
Die Schneeflocke ist axialsymmetrisch. Sie hat sogar sechs Spiegelachsen.	Die Schneeflocke ist radialsymmetrisch, denn sie wird bei Drehung z. B. um 60° auf sich selbst abgebildet.	Die Schneeflocke ist zentralsymmetrisch, denn sie wird bei Drehung um 180° auf sich selbst abgebildet.
Axialsymmetrie	**Radialsymmetrie** (**Drehsymmetrie**)	**Zentralsymmetrie** (**Punktsymmetrie**)
Die Gerade g heißt **Symmetrieachse** oder auch **Spiegelachse** der Figur.		Der Punkt Z heißt **Symmetriezentrum** der Figur.

Figuren können unter Nutzung ihrer Symmetrieeigenschaften systematisiert werden. Ist eine Figur ein Spezialfall einer anderen Figur, so kann erwartet werden, daß die speziellere Figur alle Symmetrieeigenschaften der allgemeineren Figur aufweist und möglicherweise darüber hinaus noch weitere Symmetrieeigenschaften besitzt.
Insbesondere weisen Figuren, die sowohl Spezialfälle der einen wie auch der anderen Figur sind, die Symmetrieeigenschaften beider Figuren auf.

■ Quadrate sind sowohl spezielle Rechtecke als auch spezielle Rhomben. Jedes Quadrat besitzt demzufolge – wie jedes Rechteck – die Seitenhalbierenden und zugleich – wie jeder Rhombus – die Diagonalen als Symmetrieachsen. Als spezielles Parallelogramm besitzt jedes Quadrat ein Symmetriezentrum.

5.5 Dreieck

5.5.1 Begriffe

Abgeschlossene Streckenzüge aus drei Strecken werden **Dreiecke** genannt. Die drei Strecken sind die Seiten des Dreiecks. Je zwei Seiten des Dreiecks haben einen **Eckpunkt** gemeinsam. Zur **Dreiecksfläche** gehören alle Punkte auf dem Streckenzug (der Dreieckslinie) sowie alle Punkte im Innern des Dreiecks.

Es ist üblich, die Seiten eines Dreiecks mit den Buchstaben a, b und c, die diesen Seiten gegenüberliegenden Ecken und Winkel mit A, B, C bzw. mit α, β, γ im mathematisch positiven Sinn zu bezeichnen, wenn nicht aus dem Kontext andere Bezeichnungen erforderlich sind.

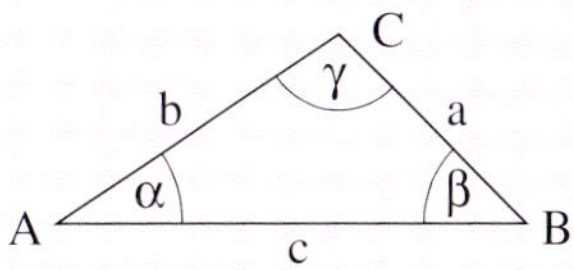

D Die Winkel zwischen je zwei Dreiecksseiten heißen **Innenwinkel**. Die Nebenwinkel der Innenwinkel sind die **Außenwinkel** des Dreiecks.

■ α, β und γ sind Innenwinkel im Dreieck ABC,
α_1, α_2, β_1, β_2, γ_1, γ_2 sind Außenwinkel.

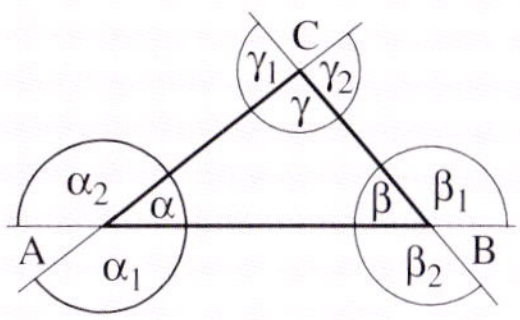

5.5.2 Dreiecksarten

Einteilung der Dreiecke nach den Längen ihrer Seiten

unregelmäßiges Dreieck (**ungleichseitiges Dreieck**)	**gleichschenkliges Dreieck**	
Alle Seiten haben unterschiedliche Längen.	Zwei Seiten, die **Schenkel**, haben die gleiche Länge. Die dritte Seite ist die **Basis**. Die **Basiswinkel** sind gleich groß.	
	Nicht alle Seiten sind gleichlang.	Alle Seiten sind gleichlang. **gleichseitiges Dreieck**
$a \neq b$ $b \neq c$ $a \neq c$ 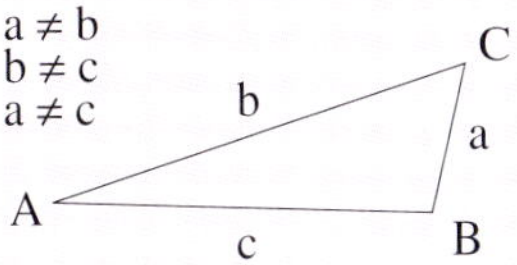	$a = b$ 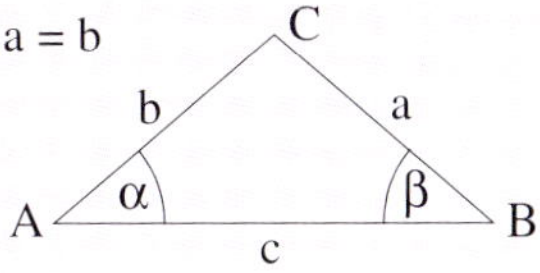	$a = b = c$ 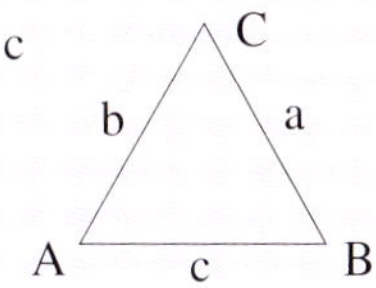

Einteilung der Dreiecke nach der Größe ihrer Innenwinkel

stumpfwinkliges Dreieck	rechtwinkliges Dreieck	spitzwinkliges Dreieck
$\gamma > 90°$ 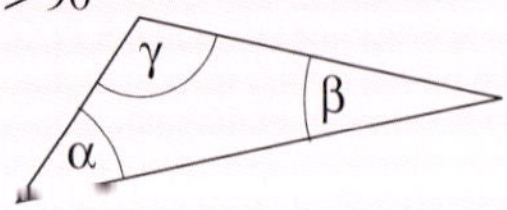	$\gamma = 90°$ 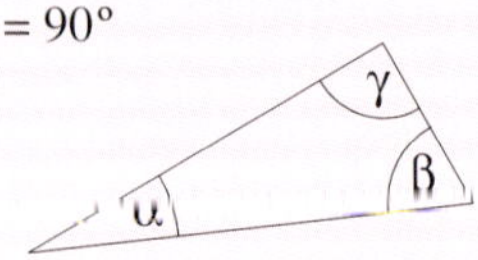	$\alpha < 90°$ $\beta < 90°$ $\gamma < 90°$ 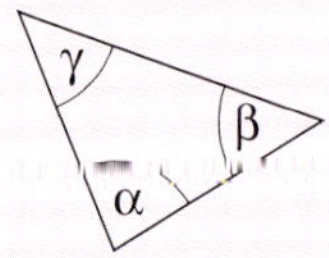
Ein Innenwinkel ist ein stumpfer Winkel.	Ein Innenwinkel ist ein rechter Winkel.	Alle Innenwinkel sind spitze Winkel.

Im rechtwinkligen Dreieck wird die längste Seite, die dem rechten Winkel gegenüberliegt, **Hypotenuse** genannt.
Die Seiten auf den Schenkeln des rechten Winkels sind die **Katheten** des rechtwinkligen Dreiecks. Die Kathete a liegt dem Winkel α gegenüber. Deshalb heißt a **Gegenkathete** des Winkels α. Zugleich liegt a auf einem Schenkel des Winkels β und heißt deshalb **Ankathete** des Winkels β.
Ebenso ist b Gegenkathete des Winkels β und zugleich Ankathete des Winkels α.

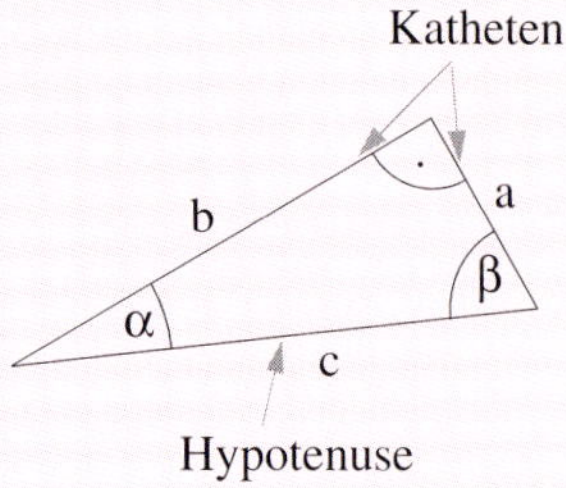

5.5.3 Sätze über das Dreieck

Sätze über die Winkel am Dreieck

S **Innenwinkelsatz**: Die Summe der Innenwinkel eines Dreiecks beträgt stets 180°.

Die Gültigkeit dieses Satzes wird ersichtlich, wenn von einem Dreieck zwei Ecken abgerissen und neben die dritte Ecke gelegt werden. Das führt auch zum Beweisgedanken.

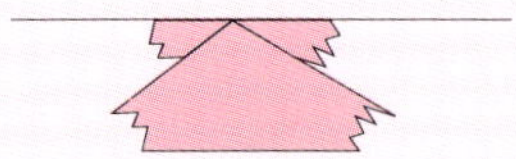

Beweis des Innenwinkelsatzes:

Voraussetzung:
Dreieck ABC ist ein beliebiges Dreieck mit den Innenwinkeln α, β und γ.

Behauptung: $\alpha + \beta + \gamma = 180°$.

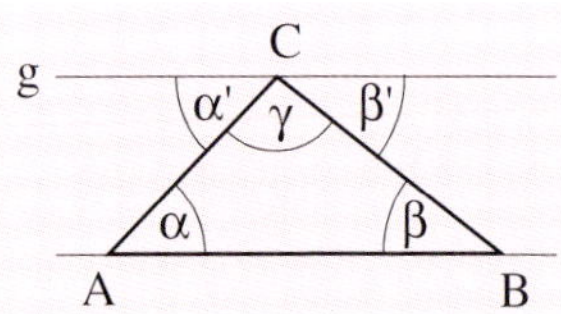

Beweis:
Zur Geraden AB gibt es eine Parallele g durch den Punkt C.
Es ist $\alpha' + \beta' + \gamma = 180°$ (gestreckter Winkel).
Es gilt $\alpha = \alpha'$ und $\beta = \beta'$, da α und α' bzw. β und β' Wechselwinkel an geschnittenen Parallelen sind. Also ist auch $\alpha + \beta + \gamma = 180°$, was zu beweisen war.

S **Außenwinkelsatz**: Jeder Außenwinkel eines Dreiecks ist so groß wie die Summe der beiden nichtanliegenden Innenwinkel.

In der nebenstehenden Abbildung gilt beispielsweise $\alpha_1 = \beta + \gamma$.

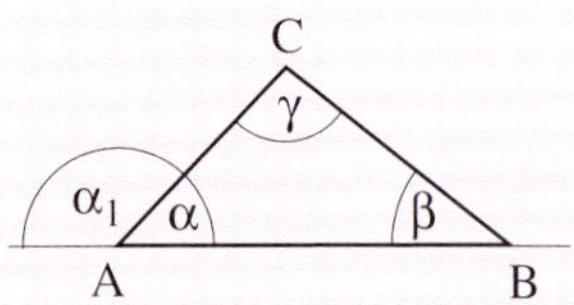

Sätze über die Seiten des Dreiecks

Für die Seitenlängen jedes Dreiecks gelten die **Dreiecksungleichungen**:

S In jedem Dreieck sind zwei Seiten zusammen immer länger als die dritte Seite.

$a + b > c$
$a + c > b$
$b + c > a$

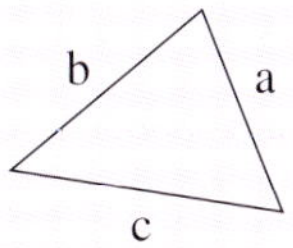

$a + b < c$

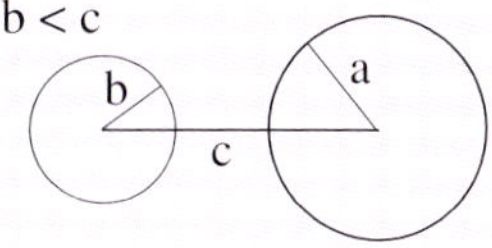

S Der längeren von zwei Seiten liegt stets auch der größere Winkel gegenüber.

5.5.4 Besondere Linien und Punkte des Dreiecks

Mittelsenkrechten der Dreiecksseiten

S Die **Mittelsenkrechten** der drei Dreiecksseiten schneiden einander stets in einem Punkt. Dieser Punkt ist der Mittelpunkt M des **Umkreises** des Dreiecks.

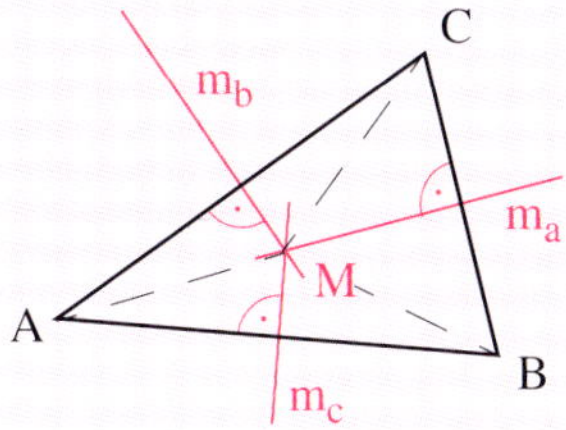

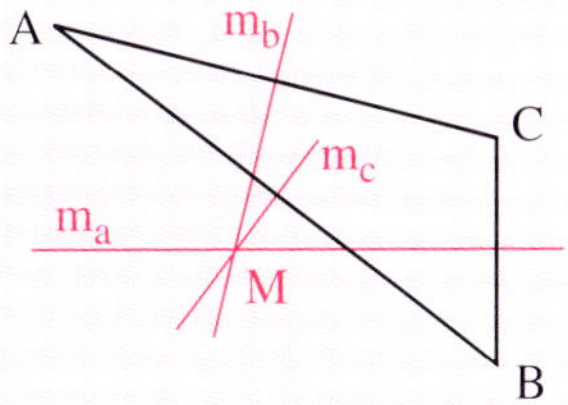

Beweis:

Voraussetzung: ABC ist ein beliebiges Dreieck, m_a, m_b und m_c sind die Mittelsenkrechten der Seiten a, b und c. M sei der Schnittpunkt von m_a und m_b.

Behauptung: M liegt auch auf m_c.

Beweisschritte:

- Alle Punkte, die auf m_a liegen, sind von B und C gleich weit entfernt.
  M liegt auf m_a, also gilt $\overline{BM} \cong \overline{CM}$.
- Alle Punkte, die auf m_b liegen, sind von C und A gleich weit entfernt.
  M liegt auf m_b, also gilt $\overline{CM} \cong \overline{AM}$.
- Damit gilt auch $\overline{BM} \cong \overline{AM}$, d. h. M ist von A und B gleich weit entfernt.
  (Hiermit ist bereits klar, daß es zu jedem Dreieck einen Kreis durch alle drei Eckpunkte des Dreiecks gibt.)
- Alle Punkte, die von A und B gleich weit entfernt sind, liegen auf m_c.
  M liegt folglich auch auf m_c, was zu beweisen war.

Winkelhalbierenden der Innenwinkel des Dreiecks

S Die drei **Winkelhalbierenden** der Innenwinkel des Dreiecks schneiden einander stets in genau einem Punkt W. Dieser Punkt ist Mittelpunkt des **Inkreises**.

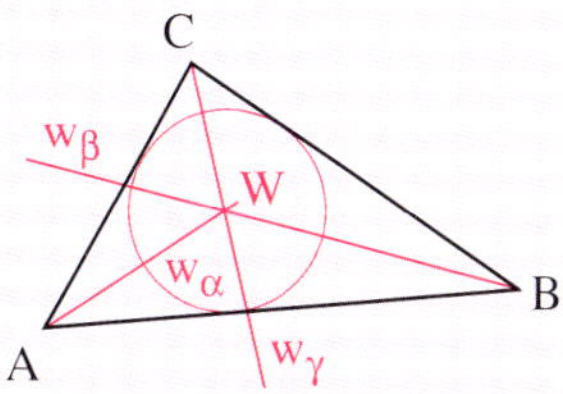

Seitenhalbierenden der Dreiecksseiten

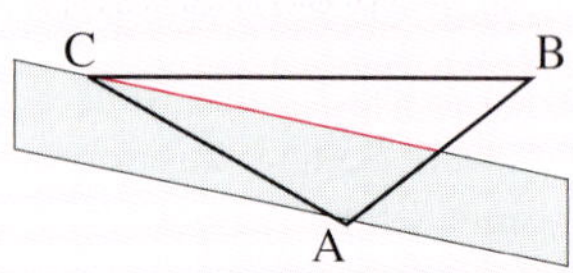

D Die durch einen Eckpunkt und den Mittelpunkt der gegenüberliegenden Seite eines Dreiecks bestimmten Strecken heißen **Seitenhalbierenden**.

In der Abbildung liegt ein Pappdreieck ausbalanciert auf einem Lineal.

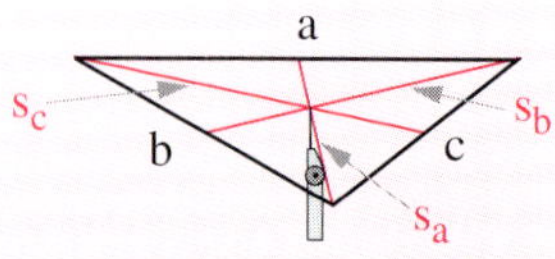

S Die Seitenhalbierenden der drei Dreiecksseiten schneiden einander stets in einem Punkt.

D Der Schnittpunkt der Seitenhalbierenden heißt **Schwerpunkt** S des Dreiecks.

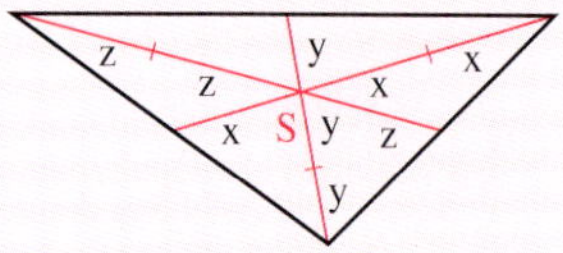

S Der Schwerpunkt teilt jede Seitenhalbierende vom Eckpunkt aus im Verhältnis 2 : 1.

Höhen des Dreiecks

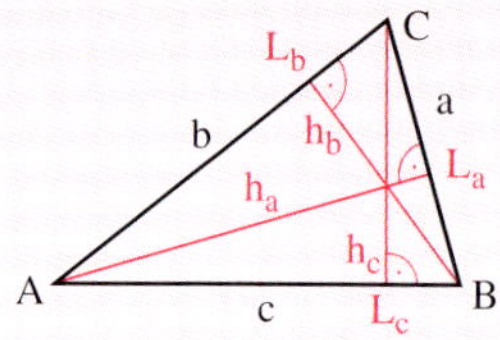

D Von jedem Eckpunkt eines Dreiecks kann das Lot auf die gegenüberliegende Seite des Dreiecks bzw. deren Verlängerung gefällt werden. L_a, L_b und L_c sind die Fußpunkte der Lote von A auf a, B auf b und C auf c. Dann heißen die Strecken $h_a = \overline{AL_a}$, $h_b = \overline{BL_b}$ und $h_c = \overline{CL_c}$ **Höhen** des Dreiecks ABC.

S In jedem Dreieck schneiden die Geraden, auf denen die Höhen liegen, einander stets in einem Punkt, dem **Höhenschnittpunkt** H.

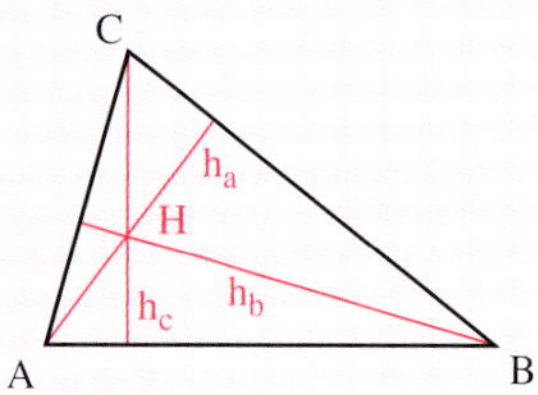

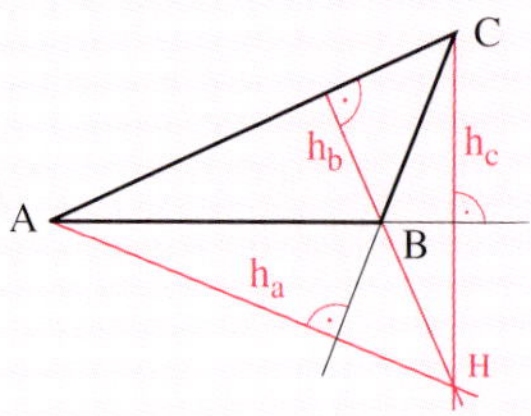

W In jedem Dreieck liegen der Schnittpunkt der Mittelsenkrechten M (Umkreismittelpunkt), der Höhenschnittpunkt H und der Schnittpunkt der Seitenhalbierenden S (Schwerpunkt des Dreiecks) auf einer Geraden. Diese Gerade wird nach den schweizer Mathematiker LEONARD EULER (1707–1783) **EULERsche Gerade** genannt.

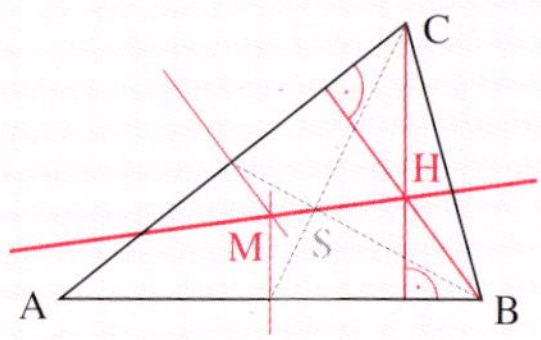

5.5.5 Kongruenz von Dreiecken

Die Kongruenz von Figuren wurde im Abschnitt 5.4.4 allgemein betrachtet. Speziell zwei Dreiecke sind demzufolge zueinander kongruent, wenn es eine Bewegung gibt, die ein Dreieck auf das andere abbildet. Indem so wie im Abschnitt 5.4.3 gezeigt, jeweils die Bewegung angegeben wird, die ein Dreieck in das andere überführt, können folgende Kongruenzsätze für Dreiecke bewiesen werden.

S **Kongruenzsatz sss**
Zwei Dreiecke sind kongruent zueinander, wenn sie in allen drei Seiten übereinstimmen.

$\overline{AB} \cong \overline{DE}$, $\overline{BC} \cong \overline{FD}$, $\overline{CA} \cong \overline{EF}$, also $\triangle ABC \cong \triangle DEF$

S **Kongruenzsatz sws**
Zwei Dreiecke sind kongruent zueinander, wenn sie in zwei Seiten und dem eingeschlossenen Winkel übereinstimmen.

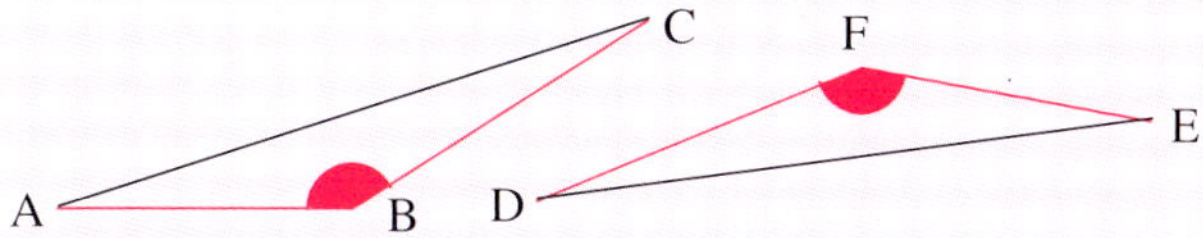

$\overline{AB} \cong \overline{EF}$, $\overline{BC} \cong \overline{FD}$, $\sphericalangle ABC \cong \sphericalangle EFD$,
also $\triangle ABC \cong \triangle DEF$

S **Kongruenzsatz wsw**
Zwei Dreiecke sind kongruent zueinander, wenn sie in zwei Winkeln und der eingeschlossenen Seite übereinstimmen.

$\overline{AB} \cong \overline{FD}$, $\sphericalangle CAB \cong \sphericalangle FDE$, $\sphericalangle ABC \cong \sphericalangle EFD$,
also $\triangle ABC \cong \triangle DEF$

S **Kongruenzsatz SsW**
Zwei Dreiecke sind kongruent zueinander, wenn sie in zwei Seiten und dem der größeren Seite gegenüberliegenden Winkel übereinstimmen.

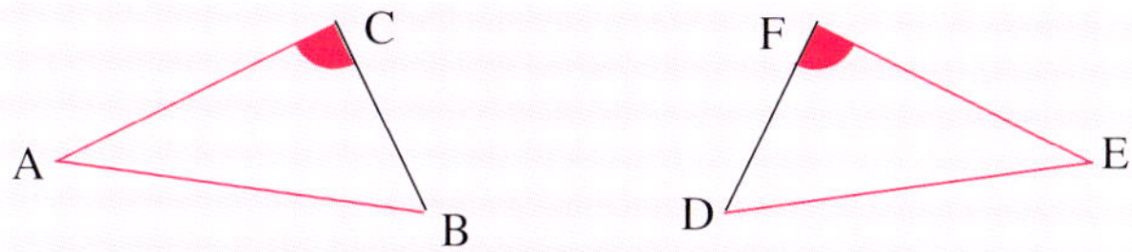

$\overline{AB} \cong \overline{DE}$, $\overline{CA} \cong \overline{EF}$, $\sphericalangle BCA \cong \sphericalangle EFD$,
$\sphericalangle BCA$ und $\sphericalangle EFD$ liegen jeweils der größeren Seite gegenüber, also $\triangle ABC \cong \triangle DEF$

■ Warum beim Kongruenzsatz SsW der Winkel der größeren Seite gegenüberliegen muß, zeigt nebenstehendes Beispiel.
Hier stimmen zwei Dreiecke in einem Winkel und zwei Seiten überein. Allerdings liegt der Winkel der kleineren Seite gegenüber.

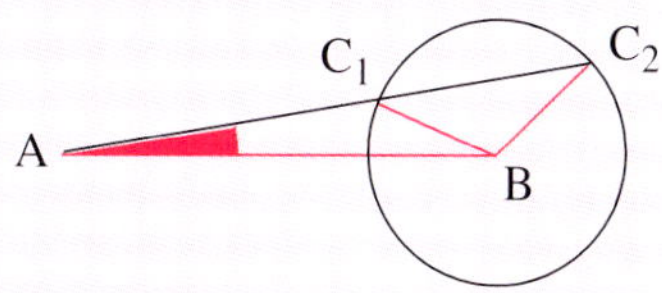

$\overline{AB} \cong \overline{AB}$,
$\overline{BC_1} \cong \overline{BC_2}$,
$\sphericalangle C_1AB \cong \sphericalangle C_2AB$,
aber $\triangle ABC_1$ ist nicht kongruent zu $\triangle ABC_2$.

5.5.6 Konstruktion von Dreiecken

Untersucht wird, mit welchen gegebenen Stücken ein Dreieck bis auf Kongruenz eindeutig konstruierbar ist und wie die Konstruktion mit Zirkel und Lineal auszuführen ist.
Bis auf Kongruenz eindeutig heißt, daß zwar verschieden Dreiecke an verschiedenen Orten und in verschiedenen Lagen gezeichnet werden können, daß aber alle diese Dreiecke zueinander kongruent sind.

Beispielsweise können mit vorgegebenen Winkeln α, β und γ Dreiecke gezeichnet werden, wenn $\alpha + \beta + \gamma = 180°$ ist (**Innenwinkelsatz**). Die entstehenden Dreiecke haben zwar alle die gleiche Form, aber nicht immer die gleiche Größe (**Ähnlichkeit**), sind also nicht immer zueinander kongruent.
Auch das Gegenbeispiel zum Kongruenzsatz SsW im Abschnitt 5.5.5 (vgl. S. 205) zeigt eine Vorgabe, aus der sich das Dreieck nicht eindeutig konstruieren läßt (vgl. S. 316, 317).

Konstruktion nach den Kongruenzsätzen

Alle die Konstruktionen, bei denen die in den Kongruenzsätzen genannten Stücke vorgegeben sind, sind eindeutig ausführbar, falls die Vorgaben den **Dreiecksungleichungen**, dem **Innenwinkelsatz** und der Beziehung zwischen Seiten und Innenwinkeln des Dreiecks (vgl. Abschnitt 5.5.2, S. 203) genügen.

■ Konstruktion nach dem Kongruenzsatz sss

Geg.: Drei Seiten a, b, c eines Dreiecks ABC, die die Dreiecksungleichungen erfüllen

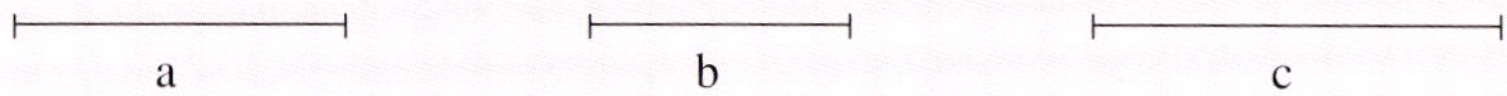

Planfigur:

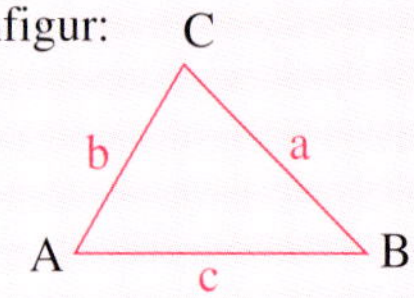

Analyse:
A und B werden durch c auf einer beliebigen Geraden bestimmt.
C liegt auf dem Kreis um A mit Radius b.
C liegt auf dem Kreis um B mit Radius a.
C ist also Schnittpunkt dieser Kreise um A und um B.

(1)

(2)

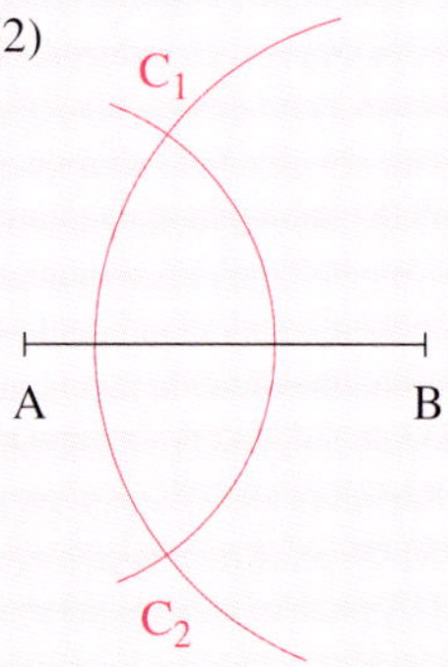

(3)

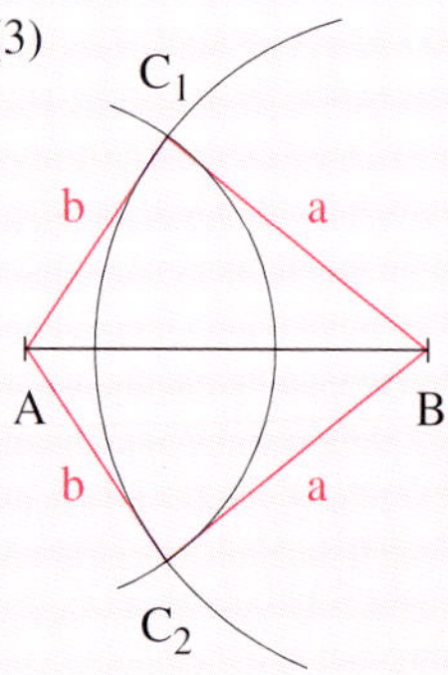

Konstruktionsbeschreibung:

(1) Auf einer Geraden wird die Strecke $\overline{AB} = c$ abgetragen.

(2) Um A wird ein Kreis mit Radius b gezeichnet.
Um B wird ein Kreis mit Radius a gezeichnet.
Die Kreise schneiden einander in den Punkten C_1 und C_2.

(3) Die Dreiecke ABC_1 und ABC_2 werden gezeichnet. Sie sind Lösungen der Konstruktionsaufgabe.
Beide Dreiecke sind nach sss zueinander kongruent (bei Spiegelung an der Geraden AB wird ABC_1 auf ABC_2 abgebildet).

Konstruktion nach anderen vorgegebenen Stücken

- Konstruktion bei vorgegebener Höhe

Hier besteht die Lösungsidee darin, daß mit der Angabe der Höhe h_c des Dreiecks eine Gerade bekannt ist, auf der der Punkt C liegt: C liegt auf einer Parallelen zu c im Abstand h_c.

Gegeben sind eine Seite c, die Höhe h_c auf dieser Seite und ein Innenwinkel α.

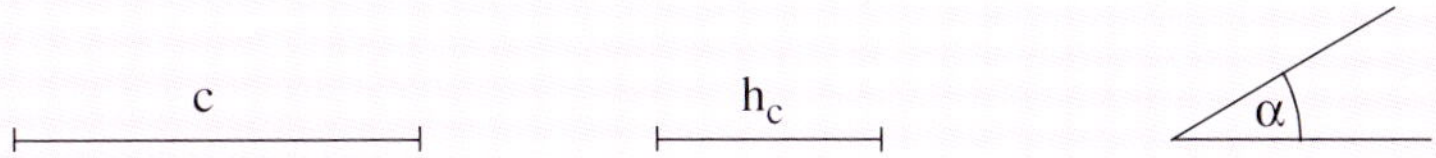

Planfigur:

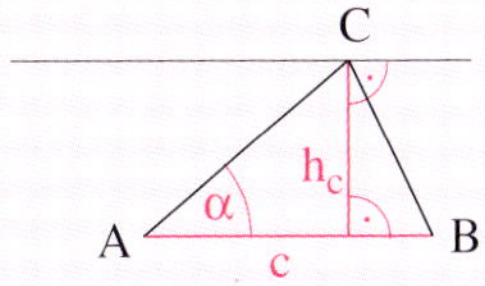

Analyse:
A und B werden durch c auf einer Geraden bestimmt.
Der Scheitel des Winkels α ist A.
$\overline{AB}$ liegt auf einem Schenkel des Winkels α.
C liegt auf dem freien Schenkel des Winkels α.
C liegt auf einer Parallelen zu $\overline{AB}$ im Abstand h_c.
C ist also Schnittpunkt des freien Schenkels von α mit der Parallelen.

(1)

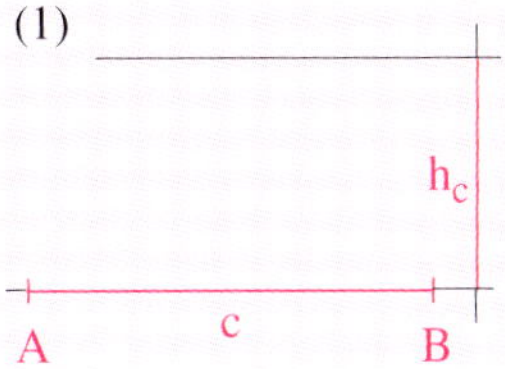

(2)

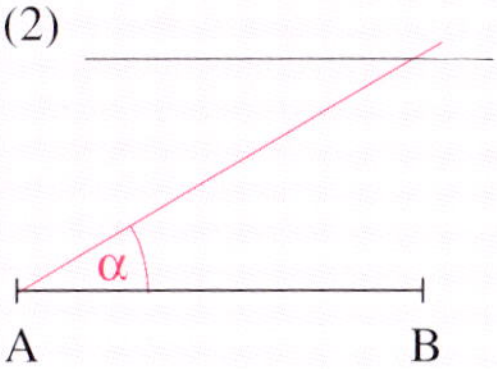

(3)

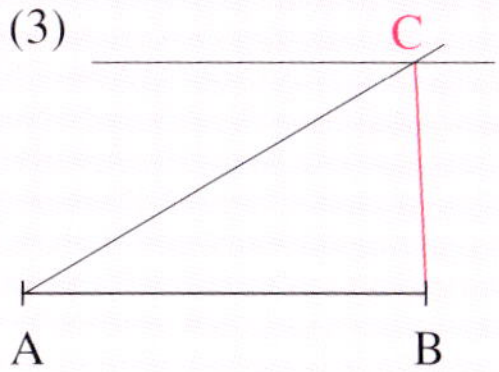

- Ähnlich erfolgt die Konstruktion bei gegebener Höhe h_c und gegebenen Seitenlängen b und c:

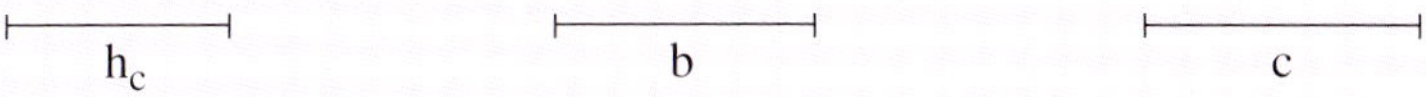

Planfigur:

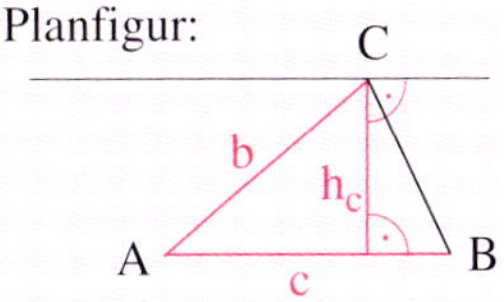

Analyse:
A und B werden durch c auf einer Geraden bestimmt.
C liegt auf einer Parallelen zu c im Abstand h_c.
C liegt auf einem Kreis um A mit Radius b.
C ist damit Schnittpunkt des Kreises um A mit der Parallelen zu c.

(1)

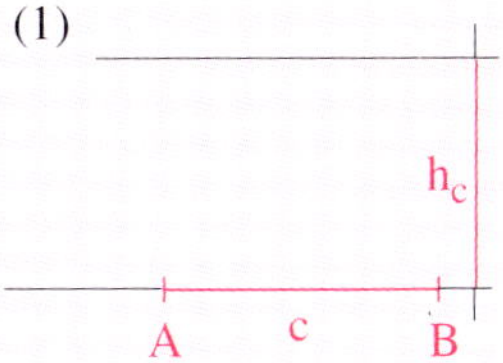

(2)

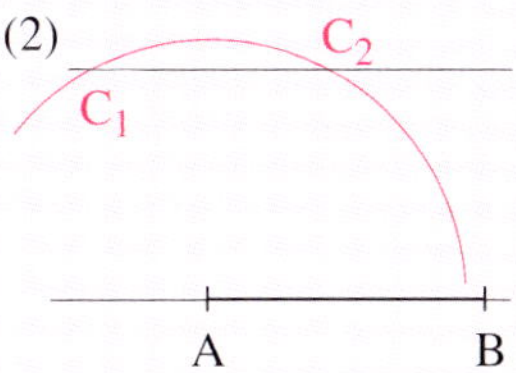

(3)

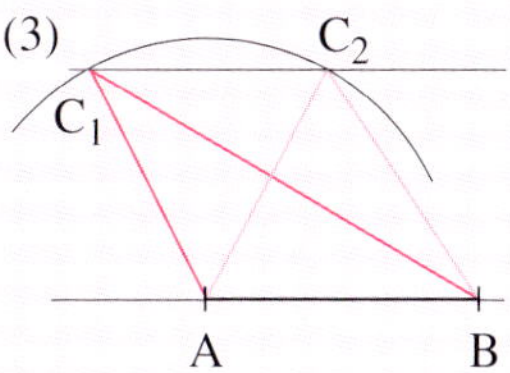

Man beachte: Beide Dreiecke ABC_1 und ABC_2 erfüllen die Bedingungen der Konstruktionsaufgabe. Sie sind dennoch nicht kongruent zueinander, weshalb das Dreieck nicht eindeutig konstruiert werden kann.

Konstruktion bei gegebener Winkelhalbierenden

Hier kann zunächst ein Teildreieck des gesuchten Dreiecks konstruiert werden.

Gegeben: c; w_α; α.

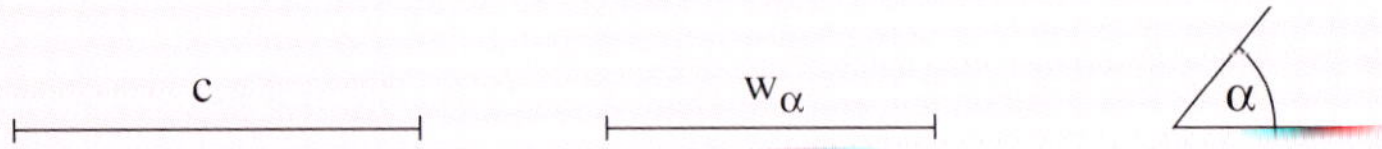

Planfigur:

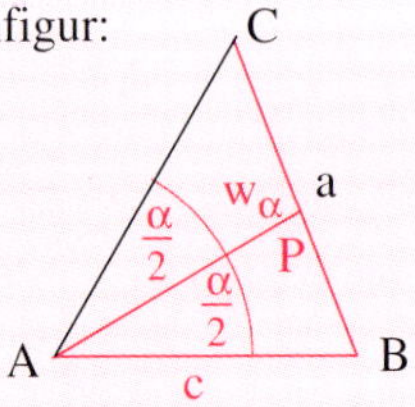

Analyse:

A und B werden durch c auf einer beliebigen Geraden bestimmt. Der Scheitel des Winkels α ist A.

$\overline{AB}$ liegt auf einem Schenkel des Winkels α. C liegt auf dem freien Schenkel des Winkels α und zugleich auf dem Strahl BP. Der Punkt P kann konstruiert werden, weil das Dreieck ABP nach Kongruenzsatz sws eindeutig bestimmt ist (die gegebenen Stücke sind w_α, $\frac{\alpha}{2}$ und c).

(1)

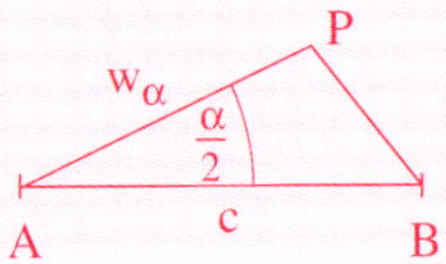

(2)

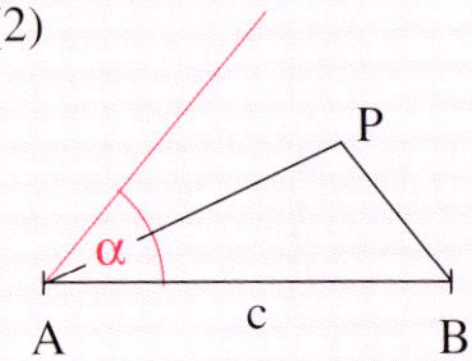

(3)

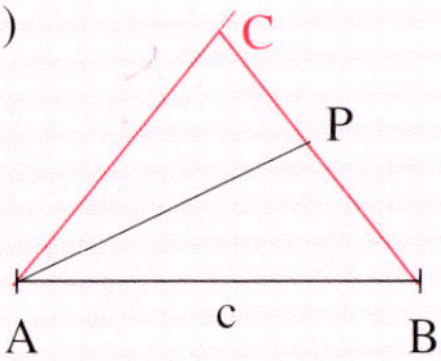

Konstruktionsbeschreibung:

(1) Nach dem Kongruenzsatz sws wird ein Dreieck ABP gezeichnet. Dabei beträgt $\sphericalangle BAP = \frac{\alpha}{2}$ und kann aus α durch Winkelhalbierung konstruiert werden.

(2) In A wird an den Strahl AB der Winkel α angetragen.

(3) $\overline{BP}$ wird über P hinaus verlängert. Der Schnittpunkt der Geraden BP mit dem freien Schenkel des Winkels ist der Punkt C.

Konstruktion bei gegebener Seitenhalbierenden

Gegeben: c; s_a; a.

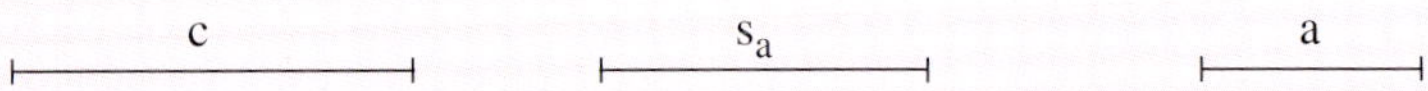

Planfigur:

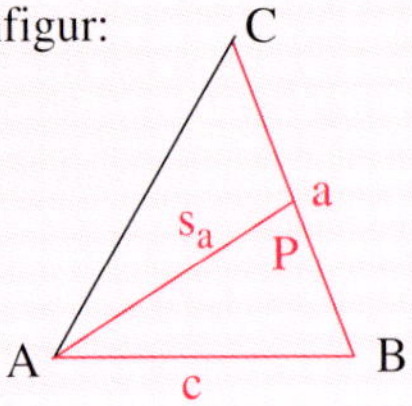

Analyse:

A und B werden durch c auf einer beliebigen Geraden bestimmt. C liegt auf einem Kreis um B mit Radius a und zugleich auf dem Strahl BP.

Der Punkt P ist eindeutig bestimmt, falls das Dreieck ABP konstruiert werden kann. Das ist nach sss immer dann eindeutig möglich, wenn von w_α, c und $\frac{a}{2}$ die Dreiecksungleichungen erfüllt werden.

(1)

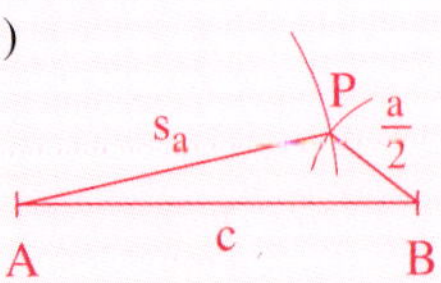

(2)

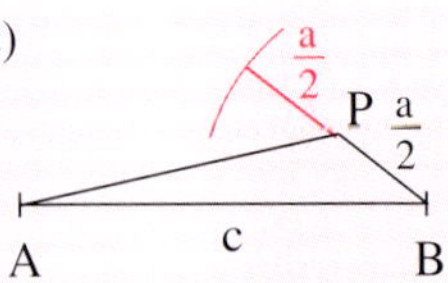

(3)

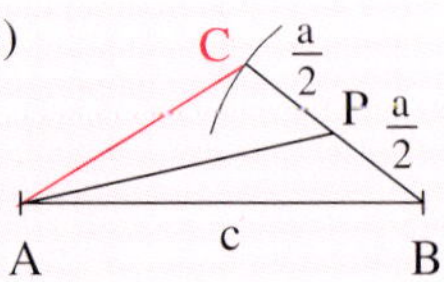

5.5.7 Flächenberechnung von Dreiecken

Allgemeines Dreieck

Zwei kongruente Dreiecke lassen sich zu einem Parallelogramm zusammenfügen.
Der Flächeninhalt des Dreiecks ist demnach gleich der halben Fläche des Parallelogramms.
Es gilt also:

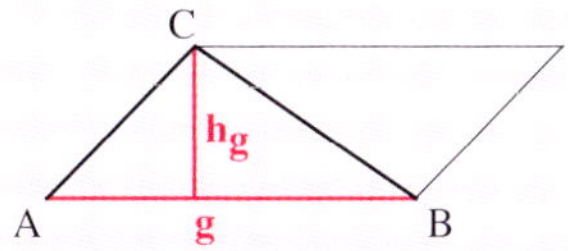

S Für alle Dreiecke gilt: Der Flächeninhalt ist das halbe Produkt aus einer (Grund-)Seite und der dazugehörigen Höhe.
Als Formel ausgedrückt: $A = \frac{1}{2} \cdot g \cdot h_g$.

Da diese Formel für jede Seite und die zugehörige Höhe gilt, ist $A = \frac{1}{2} ah_a = \frac{1}{2} bh_b = \frac{1}{2} ch_c$.

Aus dieser Formel geht hervor, daß alle Dreiecke mit gleichlanger Grundseite und gleichlangen Höhen flächengleich sind.
So haben die Dreiecke ABC_1, ABC_2, ABC_3 und ABC_4 trotz unterschiedlicher Formen den gleichen Flächeninhalt. Er beträgt in diesem Fall
$A = \frac{1}{2} \cdot 2{,}0\,\text{cm} \cdot 1{,}5\,\text{cm} = 1{,}5\,\text{cm}^2$.

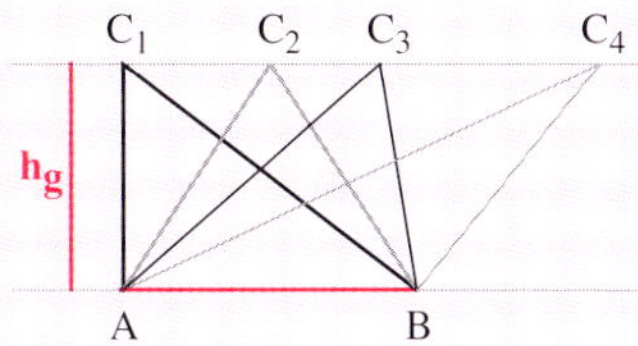

$h_g = 1{,}5\,\text{cm}$; $\overline{AB} = 2{,}0\,\text{cm}$; $C_1C_4 \parallel AB$

5

Die Berechnung einer Dreiecksfläche mit diesen Formeln setzt also voraus, daß eine Seite und die zugehörige Höhe bekannt sind. Das ist im allgemeinen nicht der Fall.

Sind zwei Seiten und der von diesen Seiten eingeschlossene Winkel bekannt, kann folgende Formel genutzt werden (Herleitung und Beispiel vgl. Abschnitt 5.7.2, S. 222):

- $A = \frac{1}{2} ab \sin\gamma = \frac{1}{2} bc \sin\alpha = \frac{1}{2} ac \sin\beta$

Auf HERON (um 100 v.u.Z.) geht die folgende Formel für die Berechnung des Flächeninhalts eines Dreiecks aus dessen Seitenlängen zurück (**HERONische Dreiecksformel**):

S Seien a, b und c die Seitenlängen eines Dreicks und ist s der halbe Dreiecksumfang ($s = \frac{a+b+c}{2}$), so gilt für die Dreiecksfläche: $A = \sqrt{s\,(s-a)\,(s-b)\,(s-c)}$.

W Diese Formel leitete HERON durch zweimalige Anwendung des **Satzes von PYTHAGORAS** und unter Verwendung der **binomischen Formeln** her.

■ Gegeben: $a = 12\,\text{m}$; $b = 15\,\text{m}$; $c = 17\,\text{m}$.
Dann ist $s = \frac{1}{2}(12\,\text{m} + 15\,\text{m} + 17\,\text{m}) = 22\,\text{m}$.

Daraus ergibt sich für die Dreiecksfläche:
$A = \sqrt{22\,(22-12)\,(22-15)\,(22-17)}\ \text{m}^2 \approx 87{,}75\,\text{m}^2$.

Ferner gelten folgende Beziehungen:

- $A = \rho \cdot s$ — ρ Inkreisradius; $s = \frac{u}{2} = \frac{a+b+c}{2}$
- $A = \frac{abc}{4r}$ — r Umkreisradius

Rechtwinkliges Dreieck

Die Fläche des rechtwinkligen Dreiecks ABC ist die Hälfte der Fläche des Rechtecks AC'BC.
Also ist $A = \frac{1}{2} a h_a = \frac{1}{2} ab$.

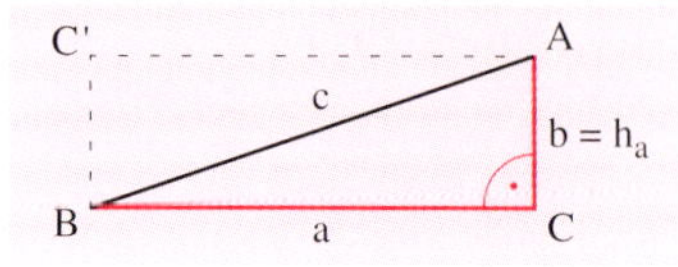

Sind nicht beide Katheten, sondern eine Kathete und die Hypotenuse gegeben, so kann man mit Hilfe des Satzes von PYTHAGORAS die andere Kathete berechnen.

■ Gegeben: $a = 40\,cm$; $c = 41\,cm$; $\gamma = 90°$. Gesucht: A.
$b = \sqrt{41^2 - 40^2}\,cm = 9\,cm \quad \Rightarrow \quad A = \frac{40 \cdot 9}{2}\,cm^2 = 180\,cm^2$

Die Kenntnis der drei Seiten erlaubt auch, die Höhe h_c zu berechnen. Aus $\frac{1}{2} c h_c = \frac{1}{2} ab$ folgt $c h_c = ab$ und $h_c = \frac{a \cdot b}{c}$.

■ Gegeben: $a = 3{,}3\,cm$; $b = 4{,}4\,cm$; $\gamma = 90°$. Gesucht: A, c und h_c.
$A = \frac{1}{2} \cdot 3{,}3\,cm \cdot 4{,}4\,cm = 7{,}26\,cm^2$
$c = \sqrt{3,3^2 + 4,4^2}\,cm = 5{,}5\,cm \qquad h_c = \frac{3,3 \cdot 4,4}{5,5}\,cm = 2{,}64\,cm$

Gleichseitiges Dreieck

Der Flächeninhalt eines gleichseitigen Dreicks wird nur von der Seitenlänge bestimmt. Sei diese a, so erhält man mit Hilfe des Satzes von PYTHAGORAS für die Höhe h:
$h^2 = a^2 - (\frac{a}{2})^2 = a^2 - \frac{1}{4} a^2$ und daraus $h = \frac{a}{2}\sqrt{3}$.
Setzt man diesen Wert in die allgemeine Formel für die Fläche des Dreiecks ein, so ergibt sich
$A = \frac{1}{2} \cdot a \cdot \frac{a}{2}\sqrt{3}$, also $A = \frac{a^2}{4}\sqrt{3}$.

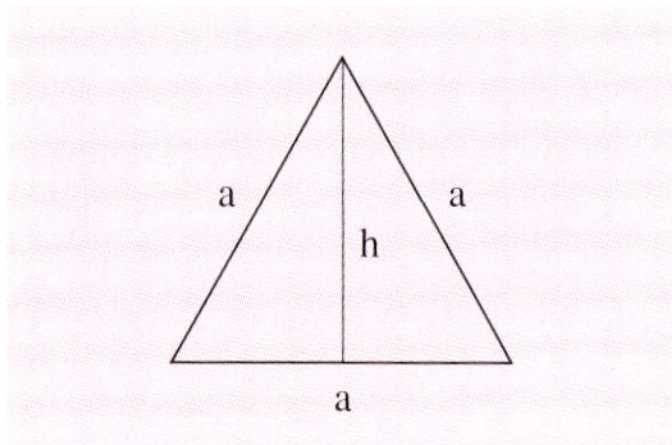

■ Gegeben: $a = 12\,cm$ für ein gleichseitiges Dreieck. Gesucht: h und A.
$h = 6\sqrt{3}\,cm \approx 10{,}39\,cm \qquad A = \frac{144}{4}\sqrt{3}\,cm^2 \approx 62{,}35\,cm^2$

Man beachte: Der Flächeninhalt läßt sich berechnen, ohne daß man zuvor den Wert für die Höhe ermittelt. Tut man dies doch (weil z. B. auch die Länge der Höhe erfragt ist), sollte man darauf achten, daß man nicht mit einem grob gerundeten Wert (im Beispiel 10,4 cm) weiterrechnet, weil sich durch die folgende Multiplikation die Abweichung vergrößert.

W Weil die Winkelhalbierenden, die Seitenhalbierenden, die Höhen und die Mittelsenkrechten im gleichseitigen Dreieck zusammenfallen, und weil sich die Seitenhalbierenden im Verhältnis 2 : 1 schneiden, ist der Radius des Inkreises $\rho = \frac{1}{3} h = \frac{a}{6}\sqrt{3}$, der Radius des Umkreises $r = 2\rho = \frac{a}{3}\sqrt{3}$.

5.6 Satzgruppe des PYTHAGORAS

H PYTHAGORAS wurde um 560 v. u. Z. in Samos geboren, ließ sich nach Reisen in Nachbarländer (Ägypten, Babylon?) in Unteritalien nieder, wo er auch um 496 v. u. Z. gestorben ist.
PYTHAGORAS' Wirken war das eines idealistischen Philosophen jener Zeit. Die Mathematik diente zum Beleg philosophischer Lehren: Er erhärtete philosophische Lehrsätze durch Zahlenmystik. PYTHAGORAS

gründete in Unteritalien einen politisch-religiösen Bund, einen Orden mit dem Pentagramm (regelmäßiges Sternfünfeck) als Ordenszeichen, heute würde man das wohl eine Sekte nennen. Er soll gottähnlich verehrt worden sein.
Von den Pythagoreern wurden ursprünglich religiöse Ziele verfolgt, die Mathematik war dabei ein Nebenergebnis. Die Schule der Pythagoreer existierte etwa bis 400 v.u.Z., sie kann als Zentrum der mathematischen Forschung jener Zeit angesehen werden. Da die Quellen und Überlieferungen nur Bruchstücke des Schaffens dieser Schule wiedergeben, ist nicht genau bestimmbar, was die Leistungen von PYTHAGORAS und was die Leistungen seiner Schüler sind. Sicher ist aber, daß der nach PYTHAGORAS benannte Satz lange vor ihm in Mesopotamien, Ägypten und Indien bekannt war.

5.6.1 Satz des PYTHAGORAS

Die wichtigste Beziehung zwischen den Seiten eines rechtwinkligen Dreiecks ist in folgendem Satz festgelegt:

S In jedem rechtwinkligen Dreieck ist das Quadrat über der **Hypotenuse** gleich der Summe der Quadrate über den **Katheten**:

$c^2 = a^2 + b^2$

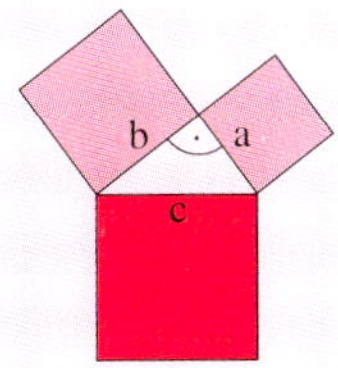

Für diesen Satz sind im Laufe der Jahrhunderte zahlreiche Beweise angegeben worden.

1. Beweis (durch Flächenzerlegung):
Die vier grauen Dreiecke der nebenstehenden Abbildung sind kongruent, denn sie stimmen beispielsweise in der Seite c und den beiden anliegenden Winkeln überein (wsw). Für ihren Flächeninhalt A_Δ gilt: $A_\Delta = \frac{a \cdot b}{2}$.
Dann folgt:

$$c^2 = (a+b)^2 - 4\frac{a \cdot b}{2} = a^2 + 2ab + b^2 - 2ab = a^2 + b^2 .$$

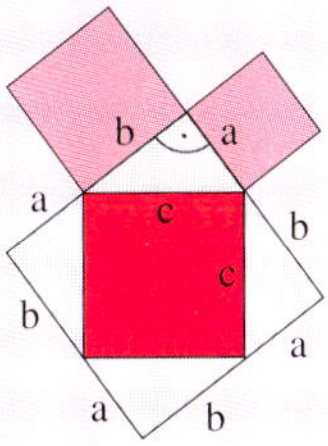

2. Beweis (über Ähnlichkeit):
Das rechtwinklige Dreieck ABC wird durch die Höhe h in zwei rechtwinklige Dreiecke (CAH und BCH) zerlegt. Alle Dreiecke sind zueinander ähnlich, denn sie stimmen in zwei Winkeln überein (**Hauptähnlichkeitssatz**). Dann gilt:

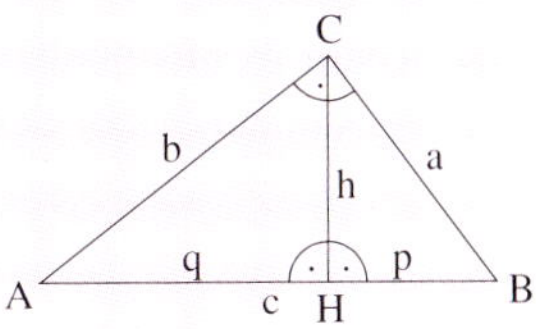

$\frac{q+p}{a} = \frac{a}{p}$, also $a^2 = p(q+p)$, bzw. $\frac{q+p}{b} = \frac{b}{q}$, also $b^2 = q(q+p)$. Hieraus folgt:
$a^2 + b^2 = (q+p)(q+p) = c \cdot c = c^2$.

Mit Hilfe des Satzes von PYTHAGORAS lassen sich Längenberechnungen am rechtwinkligen Dreieck durchführen: Sind zwei Seiten bekannt, so kann die dritte bestimmt werden.

■ Gegeben: Kathete a = 4,8 cm, Hypotenuse c = 5,6 cm. Gesucht: Länge von b.
$a^2 + b^2 = c^2 \quad \Rightarrow \quad b = \sqrt{c^2 - a^2} = \sqrt{(5{,}6\,\text{cm})^2 - (4{,}8\,\text{cm})^2} = \sqrt{8{,}32\,\text{cm}^2} \approx 2{,}9\,\text{cm}$

Eine gewisse praktische Bedeutung besitzt auch die **Umkehrung des Satzes des PYTHAGORAS**:

S Gilt zwischen den Seiten a, b, c eines Dreiecks die Beziehung $c^2 = a^2 + b^2$, dann ist das Dreieck rechtwinklig und hat die Hypotenuse c.

5.6.4 Einige Anwendungen des Satzes des PYTHAGORAS

Abstand zweier Punkte

Der Satz des PYTHAGORAS ist ein geeignetes Hilfsmittel für Abstandsbestimmungen von Punkten. Um den Abstand zweier Punkte in der Ebene anzugeben, betrachte man ein **kartesisches Koordinatensystem**, in dem die Punkte P_1 und P_2 die Koordinaten $(x_1; y_1)$ bzw. $(x_2; y_2)$ haben.

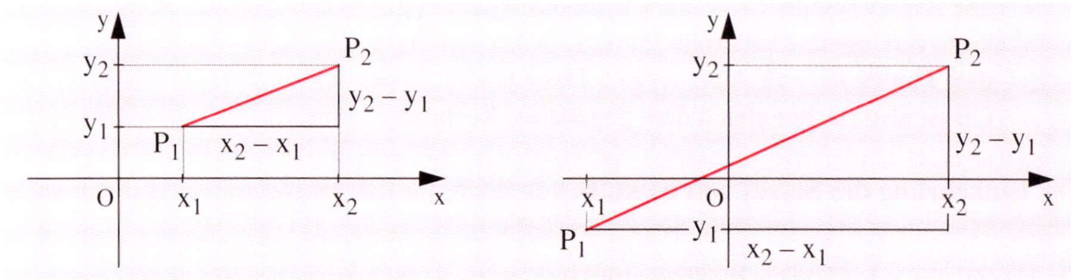

In dem rechtwinkligen Dreieck, das aus den Parallelen durch die Punkte zu den Koordinatenachsen gebildet wird, ist der Abstand der Punkte gleich der Länge der Hypotenuse. Mit dem Satz des PYTHAGORAS läßt sich das schreiben als: $\overline{P_1P_2} = \sqrt{(x_2 - x_1)^2 + (y_2 - y_1)^2}$.

Man beachte: In der rechten Zeichnung sind die Werte von x_1 und y_1 negativ. Durch $x_2 - x_1$ bzw. $y_2 - y_1$ wird also die Summe der Strecken gebildet.

W Der Abstand zweier Punkte $P_1(x_1; y_1; z_1)$ und $P_2(x_2; y_2; z_2)$ im dreidimensionalen Raum (hier kommt noch eine z-Achse hinzu) läßt sich ebenfalls über den Satz des PYTHAGORAS herleiten und läßt sich durch folgende Gleichung darstellen: $\overline{P_1P_2} = \sqrt{(x_2 - x_1)^2 + (y_2 - y_1)^2 + (z_2 - z_1)^2}$.

Länge der Raumdiagonale eines Quaders

Die Länge der Raumdiagonale $\overline{AG}$ ergibt sich aus den Seitenlängen durch zweimalige Anwendung des Satzes von PYTHAGORAS:

$\overline{AC}^2 = a^2 + b^2$

$\overline{AG}^2 = \overline{AC}^2 + c^2 = a^2 + b^2 + c^2$

$\overline{AG} = \sqrt{a^2 + b^2 + c^2}$

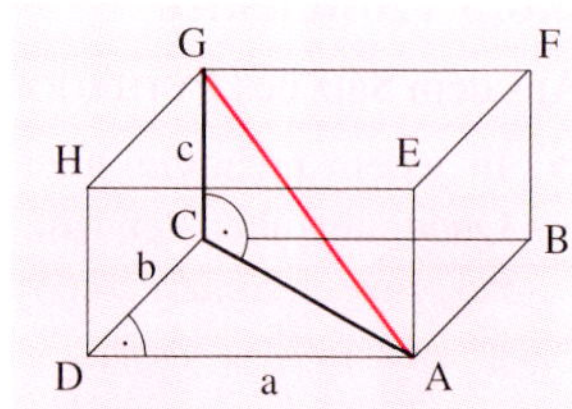

Seitenlänge von regelmäßigen n-Ecken

Aus der Seitenlänge eines regelmäßigen n-Ecks läßt sich die Seitenlänge des regelmäßigen 2n-Ecks durch Anwendung des Satzes von PYTHAGORAS berechnen. Mit den Bezeichnungen des nebenstehenden Bildes gilt:

$$(s_{2n})^2 = \left(\frac{s_n}{2}\right)^2 + (r - \rho_n)^2 = \left(\frac{s_n}{2}\right)^2 + \left(r - \sqrt{r^2 - \left(\frac{s_n}{2}\right)^2}\right)^2 =$$

$$= 2r^2 - 2r\sqrt{r^2 - \left(\frac{s_n}{2}\right)^2},$$

$$s_{2n} = \sqrt{2r^2 - r\sqrt{4r^2 - s_n^2}} \quad \text{und} \quad u = 2n \cdot s_{2n}.$$

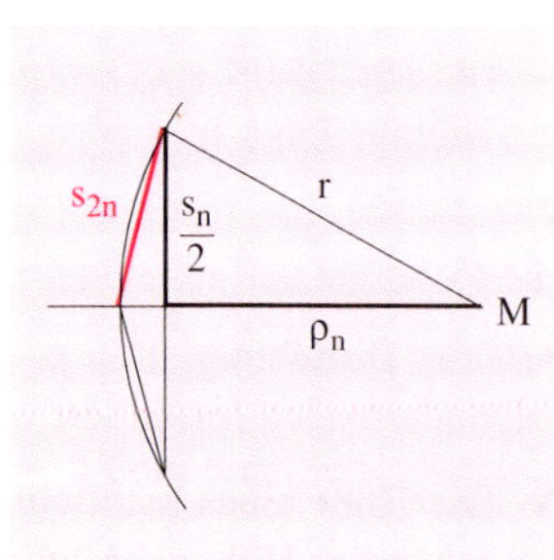

$s_4 = r\sqrt{2} \quad \Rightarrow \quad s_8 = \sqrt{2r^2 - r^2\sqrt{2}} = r\sqrt{2-\sqrt{2}}$

$s_3 = r\sqrt{3} \quad \Rightarrow \quad s_6 = r \quad \Rightarrow \quad s_{12} = \sqrt{2r^2 - r\sqrt{3}}$

Näherungsweise Rektifikation (Abwicklung) des Kreises

W Seit dem Altertum gibt es Versuche, konstruktiv die Kreislinie durch eine Gerade (**Rektifikation des Kreises**) bzw. die Kreisfläche durch ein Quadrat (**Quadratur des Kreises**) wiederzugeben. Dabei bediente man sich der Kenntnisse über das Dreieck. Da alle Versuche, exakte Lösungen anzugeben, scheiterten (und scheitern mußten, wie man heute weiß), blieb bis in die neuere Zeit das Problem, gute Näherungen zu finden, bestehen.

Eine Näherung für die Rektifikation des Kreisbogens gab 1685 KOCHANSKY an. Durch mehrfache Anwendung des Satzes von PYTHAGORAS ergibt sich die Genauigkeit dieser Näherung.

Konstruktionsbeschreibung:
Man betrachtet einen Kreis mit dem Durchmesser d um den Mittelpunkt M, der im Punkt P von einer Geraden berührt wird. Q wird auf dem Kreisbogen so festgelegt, daß M, P und Q die Ecken eines gleichseitigen Dreiecks sind. Das Lot von M auf $\overline{QP}$ schneidet die berührende Gerade in T. Von T wird in Richtung des Punktes P der Radius dreimal abgetragen, es ist also $\overline{TA} = 3r$. Die Strecke $\overline{AS}$ entspricht dann näherungsweise dem halben Kreisumfang.

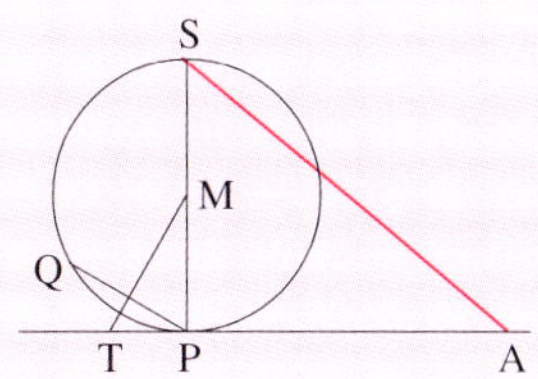

Begründung: Setzt man den Radius $r = 1$, so ergibt sich mit den Bezeichnungen des Bildes:

$\overline{PM}$ ist Höhe eines gleichseitigen Dreiecks, da $\sphericalangle TMP = 30°$ ist.

$\overline{MT} = \frac{2}{3}\sqrt{3}$; $\overline{TP} = \frac{1}{3}\sqrt{3}$; $\overline{PA} = 3 - \frac{1}{3}\sqrt{3}$; $\overline{AS} = \sqrt{\left(3 - \frac{1}{3}\sqrt{3}\right)^2 + 2^2} \approx 3{,}141533339 \approx \pi$.

5.6.5 Verallgemeinerungen des Satzes von PYTHAGORAS

Ähnliche Figuren über den Seiten eines rechtwinkligen Dreiecks

S Die Summe der Flächen der Halbkreise über den Katheten eines rechtwinkligen Dreiecks ist gleich der Fläche des Halbkreises über der Hypotenuse.

Beweis:
Nach Voraussetzung (rechtwinkliges Dreieck) gilt:
$a^2 + b^2 = c^2$. Wird diese Gleichung mit $\frac{\pi}{2}$ multipliziert, ergibt sich $a^2\frac{\pi}{2} + b^2\frac{\pi}{2} = c^2\frac{\pi}{2}$.
Dies ist die Behauptung, da $A_a = a^2\frac{\pi}{2}$, $A_b = b^2\frac{\pi}{2}$ und $A_c = c^2\frac{\pi}{2}$ gilt.

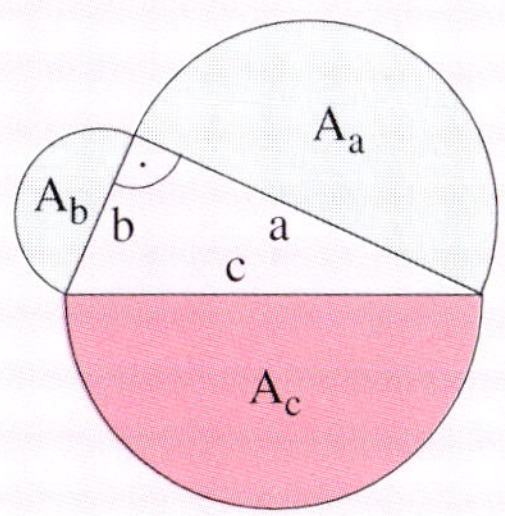

S Bezeichnet man mit Δa, Δb und Δc drei zueinander ähnliche Dreiecke über den Seiten eines rechtwinkligen Dreiecks, so gilt $A_{\Delta a} + A_{\Delta b} = A_{\Delta c}$.
Beweis:
Voraussetzung: Rechtwinkliges Dreieck gegeben, es gilt also $a^2 + b^2 = c^2$.
Behauptung: $A_{\Delta a} + A_{\Delta b} = A_{\Delta c}$

Beweisschritte:
Es ist sinnvoll, in diesem Fall die Methode des **Rückwärtsarbeitens** anzuwenden, d. h., die Behauptung so lange umzuformen, bis die Voraussetzung erreicht ist (vgl. S. 17):

$$A_{\Delta a} + A_{\Delta b} = A_{\Delta c} \quad \Rightarrow \quad \frac{a \cdot h_a}{2} + \frac{b \cdot h_b}{2} = \frac{c \cdot h_c}{2} \quad \Rightarrow$$

$$\frac{a \cdot d_1 \cdot \sin\delta}{2} + \frac{b \cdot d_2 \cdot \sin\delta}{2} = \frac{c \cdot d_3 \cdot \sin\delta}{2}. \quad (*)$$

Außerdem gilt $d_1 : a = d_2 : b = d_3 : c = k$ bzw.
$d_1 = ka$, $d_2 = kb$ und $d_3 = kc$, da Δa, Δb und Δc als ähnlich vorausgesetzt wurden. In (*) eingesetzt folgt
$a^2 + b^2 = c^2$.

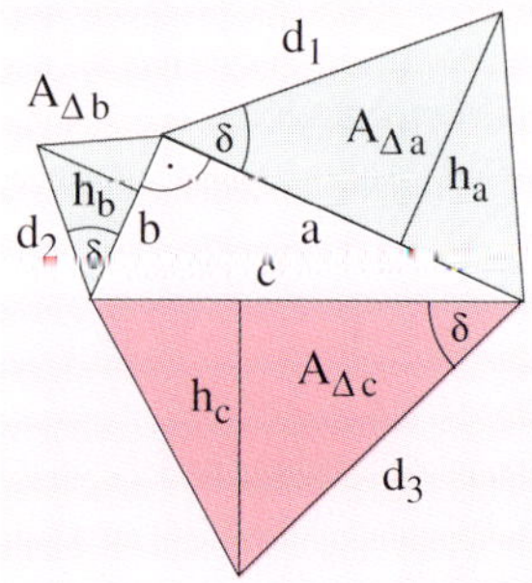

Alle Umformungen waren äquivalente Umformungen, auch der umgekehrte Weg (zur Behauptung) ist logisch korrekt.
Es gilt also $A_{\Delta a} + A_{\Delta b} = A_{\Delta c}$.

Es läßt sich für beliebige zueinander ähnliche Figuren folgern:

S Sind Fa, Fb und Fc zueinander ähnliche Figuren über den Seiten a, b und c eines rechtwinkligen Dreiecks mit c als Hypotenuse, so gilt für ihre Flächeninhalte:
$A_{Fa} + A_{Fb} = A_{Fc}$.

Satz des PYTHAGORAS für spitzwinklige und stumpfwinklige Dreiecke

Es sei $\sphericalangle ACB = \gamma < 90°$. Mit den Bezeichnungen des Bildes gilt für die Flächen: I = I', II = II', III = III'.
Für die Flächen I und I' folgt diese Gleichheit aus der Drehung des Dreiecks CAD um den Punkt A in die Lage EAB (kongruente Dreiecke wegen wsw). Entsprechend zeigt man die anderen Gleichheitsbeziehungen.
Es gilt also der Satz:

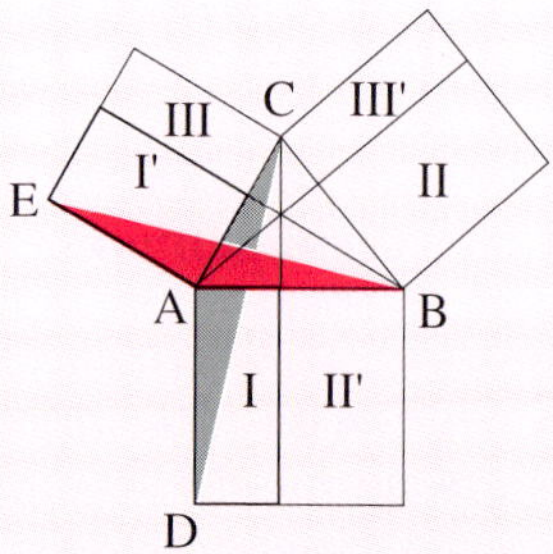

S Die Fläche des Quadrats über einer Seite eines spitzwinkligen Dreiecks ist gleich der Summe der Flächen der Quadrate über den anderen Seiten, vermindert um das doppelte Rechteck, das aus einer dieser Seiten und der Projektion der anderen auf sie gebildet wird.

Für stumpfwinklige Dreiecke ergibt sich bei entsprechender Betrachtung der Satz in der folgenden Form:

S Die Fläche des Quadrates über einer Seite eines stumpfwinkligen Dreiecks ist gleich der Summe der Flächen der Quadrate über den anderen Seiten, vermehrt um das doppelte Rechteck, das aus einer dieser Seiten und der Projektion der anderen auf sie gebildet wird.

Auch diese Verallgemeinerung des pythagoreischen Satzes war in der Antike bekannt. Heute werden beide Sätze in dem **Kosinussatz** der ebenen Trigonometrie zusammengefaßt (vgl. S. 220).

5.7 Anwendung von Winkelfunktionen

5.7.1 Berechnungen am rechtwinkligen Dreieck

Wichtige Hilfen für Berechnungen bieten die Beziehungen zwischen Seitenverhältnissen und Winkeln an rechtwinkligen Dreiecken, also der Sinus, der Kosinus und der Tangens eines Winkels (vgl. Abschnitt 4.8.1, S. 163).

Man kann hiermit bei der Kenntnis von Winkeln und einer Seite weitere Seitenlängen berechnen. Umgekehrt kann man auch aus der Kenntnis von Kathetenlängen oder der Kenntnis einer Kathete und der Hypotenuse Winkel berechnen. Dabei sind vier Fälle zu unterscheiden:

(1) Kathete und Hypotenuse gegeben

■ Es ist der Winkel α zu berechnen, der in einem Kreis mit dem Radius 1 LE zu einer Sehne der Länge 0,347 LE gehört.

Lösung:

Es ist $\frac{s}{2} = 0{,}1735$ LE. Für das rechtwinklige Dreiecke mit der Kathete $\frac{s}{2}$ und der Hypotenuse $r = 1$ LE gilt:

$\sin\frac{\alpha}{2} = \frac{s}{2} : 1 = 0{,}1735.$

Daraus folgt $\frac{\alpha}{2} = 9{,}99°$ bzw. $a \approx \underline{\underline{20°}}$.

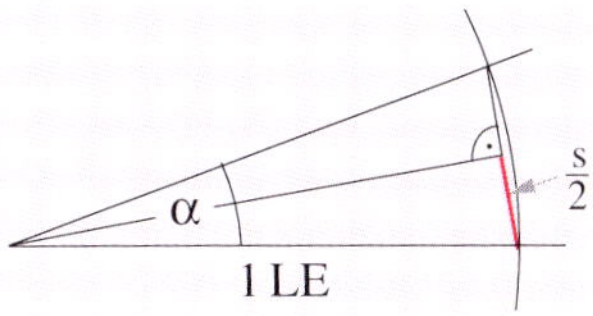

(2) Kathete und spitzer Winkel gegeben

■ Wie lang ist der Schatten, den ein drei Meter langer Pfahl wirft, wenn die Sonnenstrahlen die Erde unter einem Winkel von 72° treffen?

Lösung:

Entsprechend der Zeichnung gilt:

$\frac{3\,\text{m}}{s} = \tan 72°$

$\Rightarrow \quad s = \frac{3\,\text{m}}{\tan 72°} \approx 3\,\text{m} : 3{,}078 \approx \underline{\underline{0{,}97\,\text{m}}}$

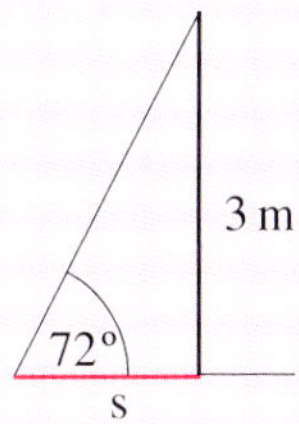

(3) Hypotenuse und spitzer Winkel gegeben

■ Von einem Dreieck sind bekannt $a = 13{,}2$ cm; $b = 9{,}2$ cm, $a = 65°$.
Man berechne die Projektionen von b auf c (p_1) und von a auf c (p_2)!

Lösung:

Entsprechend der Zeichnung gilt:

$\frac{p_1}{b} = \cos 65° \quad \Rightarrow \quad p_1 = 9{,}2\,\text{cm} \cdot \cos 65° \approx \underline{\underline{3{,}89\,\text{cm}}}$

$\frac{h_c}{b} = \sin 65° \quad \Rightarrow \quad h_c = 9{,}2\,\text{cm} \cdot \sin 65° \approx 8{,}34\,\text{cm}$

$\sin\beta = \frac{h_c}{a} = \frac{8{,}34}{13{,}2} \approx 0{,}63 \quad \Rightarrow \quad \beta = 39{,}17°$

$\frac{p_2}{a} = \cos\beta \quad \Rightarrow \quad p_2 = a \cdot \cos\beta$

$\Rightarrow \quad p_2 = 13{,}2\,\text{cm} \cdot \cos 39{,}17° \approx \underline{\underline{10{,}23\,\text{cm}}}$

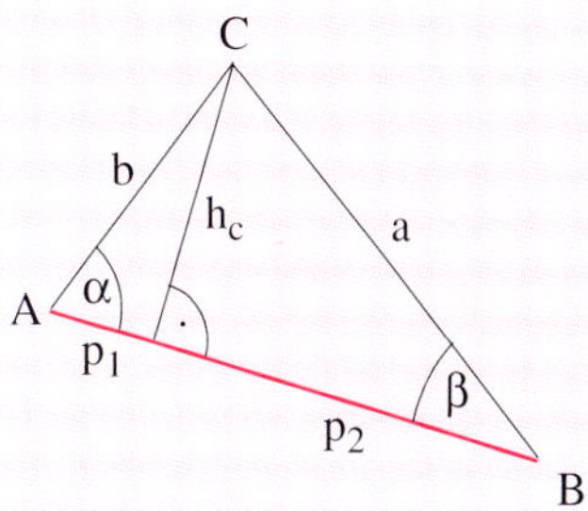

(4) zwei Katheten gegeben

Ein Dachbinder hat die im Bild dargestellten Abmessungen.
Welche Neigung hat das Dach?

Lösung:

Den Neigungswinkel erhält man aus

$\tan\alpha = \frac{192}{260} \approx 0{,}738$. Daraus folgt: $\underline{\underline{\alpha = 36{,}4^\circ}}$.

Wird α auf 36° gerundet, so verkürzt sich die Firsthöhe auf 189 cm.

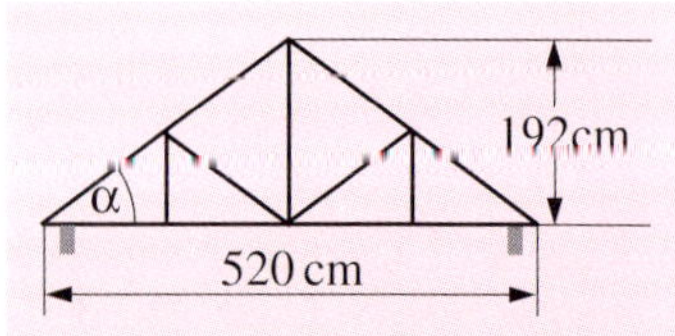

Im folgenden ist eine tabellarische Zusammenstellung über mögliche Berechnungen aller wesentlichen Stücke am rechtwinkligen Dreieck gegeben.
Dabei bezieht sich die Tabelle auf die Bezeichnungen des nebenstehenden Bildes.

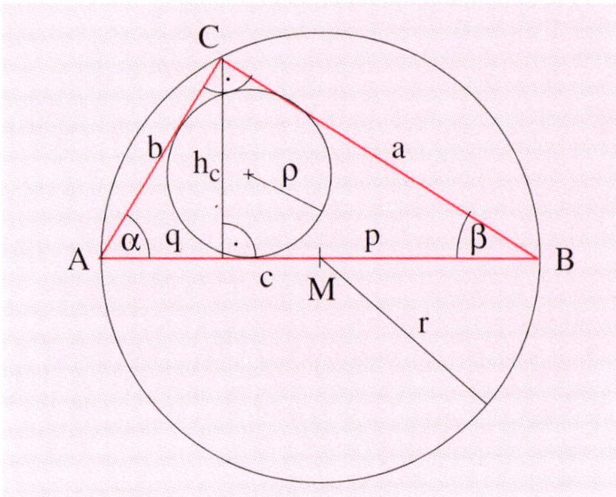

gegeben	dann ist		
a, b	$A = \frac{1}{2}ab$		
	$c = \sqrt{a^2 + b^2}$	$h_c = \frac{ab}{\sqrt{a^2 + b^2}}$	
	$p = \frac{a^2}{\sqrt{a^2 + b^2}}$	$q = \frac{b^2}{\sqrt{a^2 + b^2}}$	
	$r = \frac{1}{2}\sqrt{a^2 + b^2}$	$\rho = \frac{ab}{a + b + \sqrt{a^2 + b^2}}$	
	$\sin\alpha = \frac{a}{\sqrt{a^2 + b^2}}$	$\tan\alpha = \frac{a}{b}$	$\cot\alpha = \frac{b}{a}$
	$\sin\beta = \frac{b}{\sqrt{a^2 + b^2}}$	$\tan\beta = \frac{b}{a}$	$\cot\beta = \frac{a}{b}$
a, α	$A = \frac{1}{2}a^2\cot\alpha$	$\beta = 90^\circ - \alpha$	
	$b = a\cot\alpha$	$c = \frac{a}{\sin\alpha}$	$h_c = a\sin(90^\circ - \alpha)$
	$r = \frac{a}{2\sin\alpha}$	$\rho = (s - a)\tan\frac{\alpha}{2}$; $s = \frac{a}{2}(1 + \cot\alpha + \frac{1}{\sin\alpha}) = \frac{u}{2}$	
a, β	Da $\beta = 90^\circ - \alpha$ ist, entspricht das der obigen Zusammenstellung.		
a, c	$\sin\alpha = \cos\beta = \frac{a}{c}$	$b = \sqrt{c^2 - a^2}$	

5.7.2 Berechnungen am allgemeinen Dreieck

Sinussatz

S In jedem Dreieck verhalten sich die Längen zweier Seiten zueinander wie die Sinuswerte der gegenüberliegenden Winkel:

$a : b : c = \sin\alpha : \sin\beta : \sin\gamma$ bzw. $\frac{a}{\sin\alpha} = \frac{b}{\sin\beta} = \frac{c}{\sin\gamma}$.

Beweis:

1. Fall (spitzwinkliges Dreieck):

Mit den Bezeichnungen des Bildes gilt:
$h_c = a \cdot \sin\beta$ und $h_c = b \cdot \sin\alpha$.
Daraus folgt
$a \cdot \sin\beta = b \cdot \sin\alpha$ bzw. $a : b = \sin\alpha : \sin\beta$.

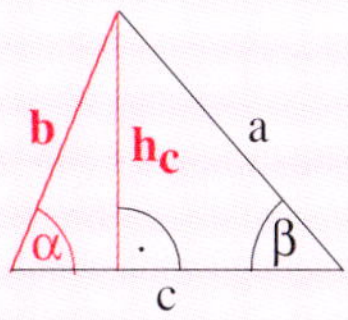

2. Fall (rechtwinkliges Dreieck):

Mit den Bezeichnungen des Bildes gilt:
$h_c = a \cdot \sin\beta$ und $h_c = b$.
Da $\sin\alpha = 1$, kann $h_c = b \cdot \sin\alpha$ geschrieben werden. Damit gilt ebenfalls
$a \cdot \sin\beta = b \cdot \sin\alpha$ bzw. $a : b = \sin\alpha : \sin\beta$.

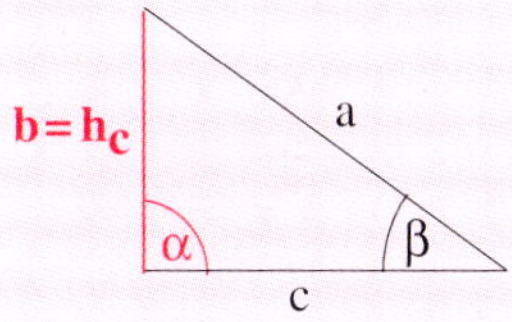

3. Fall (stumpfwinkliges Dreieck):

Es ist
$\sin\delta = \sin(180° - \alpha) = \sin\alpha = \frac{h_c}{b}$ und $\sin\beta = \frac{h_c}{a}$.

Daraus folgt $\frac{\sin\alpha}{\sin\beta} = \frac{a}{b}$ bzw. $a : b = \sin\alpha : \sin\beta$.

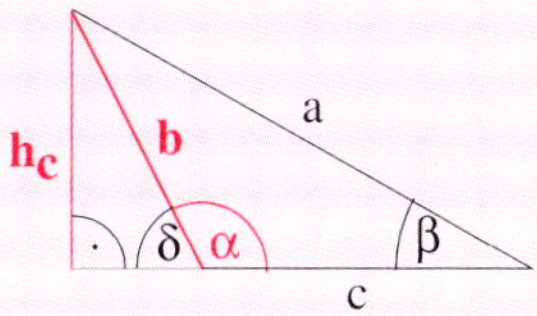

Durch zyklische Vertauschung erhält man $a : c = \sin\alpha : \sin\gamma$ und $b : c = \sin\beta : \sin\gamma$.

Der Sinussatz stellt eine Beziehung zwischen zwei Seiten eines Dreiecks und den gegenüberliegenden Winkeln her. Es ist also möglich, aus der Kenntnis zweier Winkel und einer Seite die andere Seite zu berechnen.

■ Gegeben: $\alpha = 43°$, $\beta = 81°$, $c = 8$ km. Gesucht: a.
Dann folgt: $\gamma = 180° - \alpha - \beta = 56°$. $\frac{a}{c} = \frac{\sin\alpha}{\sin\gamma}$ nach a umgeformt ergibt $a = \frac{c \sin\alpha}{\sin\gamma}$.
Nach dem Einsetzen der Werte ergibt sich $a = 6{,}581$ km.

Es ist auch möglich, bei Kenntnis zweier Seiten und eines Winkels, der einer dieser Seiten gegenüberliegt, einen zweiten Winkel zu berechnen (und damit alle Winkel zu kennen).

■ Gegeben: $a = 16$ LE, $b = 5$ LE, $\beta = 17°$. Gesucht: α.
Aus $\frac{\sin\alpha}{\sin\beta} = \frac{a}{b}$ ergibt sich $\sin\alpha = \frac{a}{b}\sin\beta$.
Nach dem Einsetzen der Werte erhält man $\sin\alpha = 0{,}9356$. Da in einem Dreieck α zwischen 0° und 180° liegen kann, sind $\alpha_1 = 69{,}32°$ und $\alpha_2 = 110{,}68°$ möglich.
Um welchen Winkel es sich in einem konkreten Fall handelt, ist ohne weitere Information nicht entscheidbar.
Fall 1: Wenn $\alpha = \alpha_1$, so $\gamma = \gamma_1 = 93{,}68°$.
Fall 2: Wenn $\alpha = \alpha_2$, so $\gamma = \gamma_2 = 52{,}32°$.

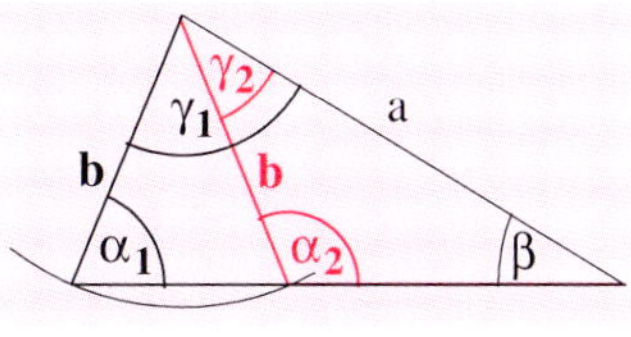

Das ist die Situation des **Kongruenzsatzes** SsW, daß ein Dreieck nur dann durch zwei Seiten und einen nicht eingeschlossenen eindeutig Winkel bestimmt ist, wenn dieser Winkel der größeren Seite gegenüberliegt.

■ Gegeben: $a = 16$ LE, $b = 5$ LE, $\alpha = 85°$. Gesucht: β.
Es ist $\sin\beta = \frac{b}{a}\sin\alpha = \frac{5}{16}\sin 85° = 0{,}3113$.
Daraus folgt $\beta_1 = 18{,}14°$ und $\beta_2 = 161{,}86°$.
β_2 entfällt, da die Innenwinkelsumme nicht größer als 180° sein kann.

Kosinussatz

Der **Kosinussatz** ist inhaltlich die Erweiterung des **Satzes von Pythagoras** auf beliebige Dreiecke (vgl. Abschnitt 5.6.5, S. 216).

S In jedem Dreieck ist das Quadrat über einer Dreiecksseite gleich der Summe der Quadrate über den beiden anderen Seiten, vermindert um das doppelte Produkt aus den Längen dieser beiden Seiten und dem Kosinus des von beiden Seiten eingeschlossenen Winkels:
$a^2 = b^2 + c^2 - 2bc\cos\alpha$ $\quad b^2 = a^2 + c^2 - 2ac\cos\beta$ $\quad c^2 = a^2 + b^2 - 2ab\cos\gamma$.

Beweis:
Ohne Beschränkung der Allgemeinheit wird der Beweis für die Beziehung $a^2 = b^2 + c^2 - 2bc\cos\alpha$ geführt.
Für $\alpha = 90°$ erhält man den Satz des Pythagoras.
Die Situation an spitzwinkligen bzw. stumpfwinkligen Dreiecken zeigt folgendes Bild

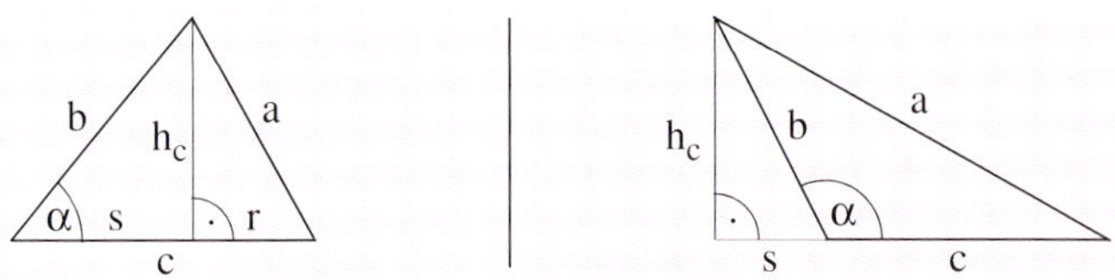

Mit den Bezeichnungen des Bildes gilt:

$\alpha < 90°$
$a^2 = h_c^2 + (c - s)^2$
$a^2 = (b^2 - s^2) + (c - s)^2$
$a^2 = b^2 + c^2 - 2cs$
Es ist $\cos\alpha = \frac{s}{b}$,
also $s = b\cos\alpha$.

$\alpha > 90°$
$a^2 = h_c^2 + (c + s)^2$
$a^2 = (b^2 - s^2) + (c + s)^2$
$a^2 = b^2 + c^2 + 2cs$
Es ist $\cos(180° - \alpha) = -\cos\alpha = \frac{s}{b}$,
also $s = -b\cos\alpha$.

Eingesetzt folgt $a^2 = b^2 + c^2 - 2bc\cos\alpha$.

Der Kosinussatz drückt eine Beziehung zwischen den drei Seiten eines Dreiecks und einem Winkel aus. Es ist also möglich, aus der Kenntnis der drei Seiten die Winkel zu berechnen oder aus zwei Seiten und dem eingeschlossenen Winkel die dritte Seite zu ermitteln.

- Fall 1: Drei Seiten sind gegeben.
$\cos\alpha = \frac{b^2 + c^2 - a^2}{2bc}$ $\quad \cos\beta = \frac{a^2 + c^2 - b^2}{2ac}$ $\quad \cos\gamma = \frac{a^2 + b^2 - c^2}{2ab}$

■ Gegeben: $a = 4$, $b = 6$, $c = 9$. Gesucht: α.
$\cos\alpha = \frac{36 + 81 - 16}{2 \cdot 6 \cdot 9} = 0{,}9352 \quad \Rightarrow \quad \alpha = 20{,}74°$

- Fall 2: Zwei Seiten und der eingeschlossenen Winkel sind gegeben.
  $a = \sqrt{b^2 + c^2 - 2bc\ \cos\alpha}$ $\quad b = \sqrt{a^2 + c^2 - 2ac\ \cos\beta}$ $\quad c = \sqrt{a^2 + b^2 - 2ab\ \cos\gamma}$

Gegeben: $a = 4,\ b = 6,\ \gamma = 127{,}2°$. Gesucht: c.
$c = \sqrt{16 + 36 - 2 \cdot 4 \cdot 6 \cdot \cos 127{,}2°} \quad \Rightarrow \quad c = 9$

Anwendungen des Sinus- und des Kosinussatzes

In der folgenden Tabelle sind Formeln zusammengestellt, um mit Hilfe des Sinus- bzw. des Kosinussatzes fehlende Dreiecksstücke zu berechnen:

gegeben	gesucht	allgemeines Vorgehen	Beispiel
sss	Winkel	$\cos\alpha = \frac{b^2 + c^2 - a^2}{2bc}$ $\cos\beta = \frac{a^2 + c^2 - b^2}{2ac}$ $\cos\gamma = \frac{a^2 + b^2 - c^2}{2ab}$	$a = 12;\ b = 10;\ c = 14$ $\Rightarrow \quad \alpha = 57{,}12°$ $\Rightarrow \quad \beta = 44{,}42°$ $\Rightarrow \quad \gamma = 78{,}46°$
sws	Seite	$a = \sqrt{b^2 + c^2 - 2bc\ \cos\alpha}$	$b = 10;\ c = 14;\ \alpha = 57{,}12°$ $\Rightarrow \quad a \approx 12$
SsW	Seite	Zuerst Winkel mit Sinussatz berechnen: $\sin\beta = \frac{b}{c}\sin\gamma$. Dann Kosinussatz $b = \sqrt{a^2 + c^2 - 2ac\ \cos\beta}$ oder Sinussatz $b = c \cdot \frac{\sin\beta}{\sin\gamma}$.	$b = 10,\ c = 14,\ \gamma = 78{,}46°$ $\Rightarrow \quad \beta = 44{,}42°$ $\Rightarrow \quad b \approx 10$ $\Rightarrow \quad b \approx 10$
wsw	Seiten	Dritten Winkel berechnen: $\gamma = 180° - \alpha - \beta$. Zweite Seite nach Sinussatz: $b = a \cdot \frac{\sin\beta}{\sin\alpha}$. Dritte Seite nach Kosinussatz $c = \sqrt{a^2 + b^2 - 2ab\ \cos\gamma}$ oder ebenfalls nach dem Sinussatz $c = a \cdot \frac{\sin\gamma}{\sin\alpha}$.	$a = 12;\ \alpha = 57{,}12°;\ \beta = 44{,}42°$ $\Rightarrow \quad \gamma = 78{,}46°$ $\Rightarrow \quad b \approx 10$ $\Rightarrow \quad c \approx 14$ $\Rightarrow \quad c \approx 14$

In einem Punkt P greifen drei Kräfte F_1, F_2 und F_3 an. Diese Kräfte verhalten sich wie 7 : 10 : 13. Welche Winkel müssen die Wirkungslinien der Kräfte bilden, damit Gleichgewicht herrscht?

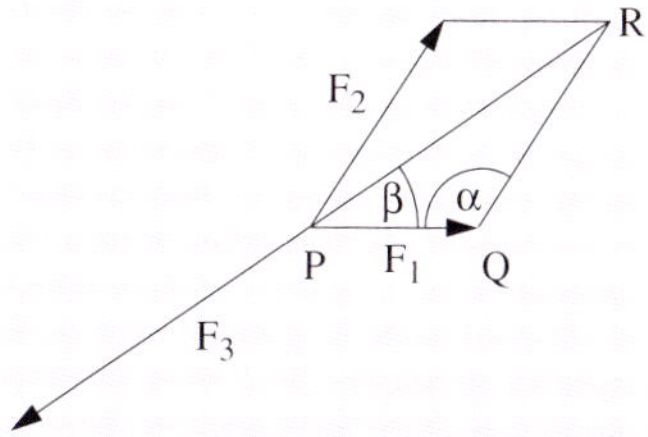

Lösung:
Der Betrag der Kraft F_3 entspricht der Länge der Diagonalen des (Kräfte-)Parallelogramms. Es sind also 3 Seiten des Dreiecks PQR gegeben (sss).

5

Nach dem Kosinussatz gilt dann $\cos\alpha = \frac{F_1^2 + F_2^2 - F_3^2}{2F_1F_2}$, woraus $\alpha = 98{,}2°$ folgt.

Für β ergibt sich mit dem Sinussatz $\sin\beta = \frac{F_2}{F_3}\sin\alpha = 0{,}7614$, also $\beta = 49{,}6°$.

Anwendung von Winkelfunktionen für die Berechnung der Dreiecksfläche

S Der Flächeninhalt eines jeden Dreiecks ist gleich dem halben Produkt aus zwei Seiten und dem Sinus des von ihnen eingeschlossenen Winkels:

$A = \frac{1}{2}ab\sin\gamma = \frac{1}{2}bc\sin\alpha = \frac{1}{2}ac\sin\beta$

Beweis:

Ohne Beschränkung der Allgemeinheit wird der Beweis für die Beziehung $A = \frac{1}{2}bc\sin\alpha$ geführt.

Für $\alpha = 90°$ erhält man die Flächenformel für rechtwinklige Dreiecke $A = \frac{1}{2}bc$.

Die Situation an spitzwinkligen bzw. stumpfwinkligen Dreiecken zeigt folgendes Bild:

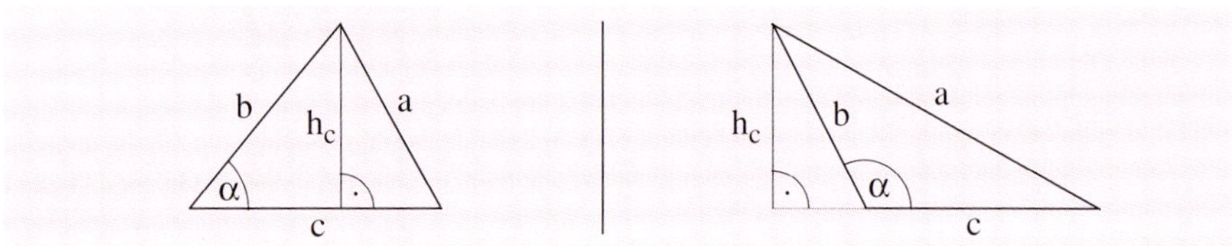

Mit den Bezeichnungen des Bildes gilt:

$\alpha < 90°$	$\alpha > 90°$
$A = \frac{1}{2}c\,h_c$	$A = \frac{1}{2}c\,h_c$
Weil $h_c = b\sin\alpha$, so	Weil $h_c = b\sin(180° - \alpha) = b\sin\alpha$, so

$$A = \frac{1}{2}bc\sin\alpha.$$

■ Gegeben: $b = 14{,}5\,\text{m}$, $c = 31{,}2\,\text{m}$, $\alpha = 98°$. Gesucht: A.

$A = \frac{1}{2}bc\sin\alpha = \frac{1}{2}\cdot 14{,}5\,\text{m}\cdot 31{,}2\,\text{m}\cdot\sin 98° \approx 224\,\text{m}^2$

5.8 Vierecke

5.8.1 Definition und Eigenschaften des allgemeinen Vierecks

D Ein **Viereck** ABCD ist die Menge aller Punkte, die auf den Strecken $\overline{AB}$, $\overline{BC}$, $\overline{CD}$ und $\overline{DA}$ liegen. Dabei liegen jeweils drei der Punkte A, B, C und D nicht auf einer Geraden.

Oft werden auch die Punkte im Innern des Streckenzugs ABCD zum Viereck gezählt:

D Eine ebene, von vier Strecken eingeschlossene Figur, heißt **Viereck**.

D Ein Viereck heißt **konvex**, wenn jede Verbindungslinie zweier Punkte des Randes völlig im Inneren der Fläche oder auf dem Rand verläuft, sonst heißt es **konkav**.

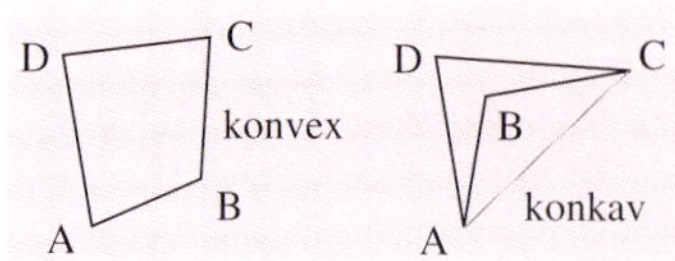

Es ist üblich, die Ecken eines Vierecks mit den Buchstaben A, B, C und D, die Seiten mit a, b, c und d, die Innenwinkel mit α, β, γ und δ im mathematisch positiven Sinn zu bezeichnen, wenn nicht aus dem Kontext andere Bezeichnungen erforderlich sind.

D Die Strecken $\overline{AC} = e$ und $\overline{BD} = f$ werden **Diagonalen** genannt.
a und c bzw. b und d heißen **Gegenseiten**.
a und b, b und c, c und d bzw. d und a heißen **benachbarte Seiten**.
α und γ bzw. β und δ heißen **Gegenwinkel**.
α und β, β und γ, γ und δ bzw. δ und α heißen **benachbarte Winkel**.

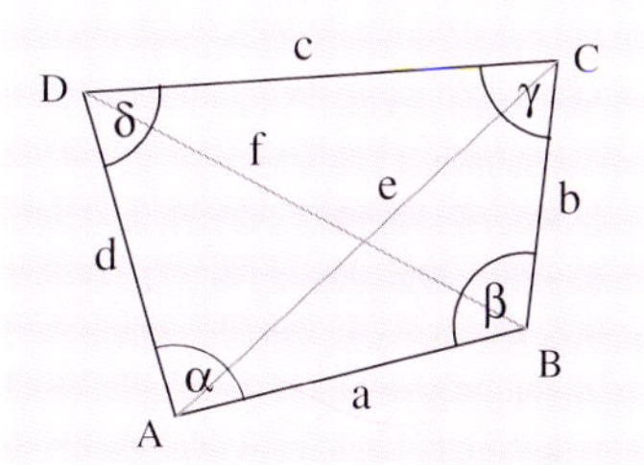

Folgende Eigenschaften gelten für jedes Viereck:

- Zu jedem Viereck gehört ein Umfang. Der **Umfang** eines Vierecks ist die Summe der Maßzahlen der Strecken $\overline{AB}$, $\overline{BC}$, $\overline{CD}$ und $\overline{DA}$: $u = a + b + c + d$.
- Ein Viereck hat genau zwei Diagonalen.
- Die Summe der Innenwinkel eines Vierecks beträgt 360°: $\alpha + \beta + \gamma + \delta = 360°$.
  Das ergibt sich unmittelbar aus der Möglichkeit der Zerlegung des Vierecks (durch eine Diagonale) in zwei Dreiecke.
- Zu jedem Viereck gehört ein Flächeninhalt. Dieser läßt sich als Summe der Flächeninhalte zweier Dreiecke berechnen.

5

5.8.2 Klassifizierung der Vierecke

Durch die Forderung nach zusätzlichen Eigenschaften entstehen spezielle Vierecke. Diese Teilmengen der Menge aller Vierecke haben eigene Bezeichnungen:

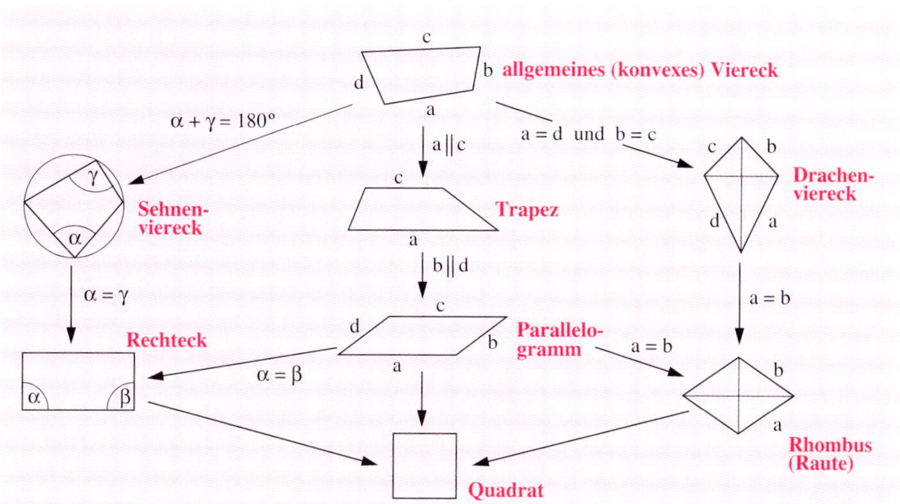

Die Darstellung ist als Illustration des Zusammenhangs zwischen Mengen zu verstehen. Die Menge der Trapeze ist eine Teilmenge allgemeiner Vierecke, die Menge aller Parallelogramme eine Teilmenge der Menge aller Trapeze usw. Jedes Parallelogramm ist also auch ein Trapez, jedes Rechteck ist ein Parallelogramm und deshalb auch ein Trapez. Was also für ein Trapez gilt, gilt insbesondere für ein Rechteck.

5.8.3 Spezielle Vierecke

Im folgenden werden ausschließlich konvexe Vierecke betrachtet.

Trapez

D Jedes Viereck mit einem Paar zueinander paralleler Seiten heißt **Trapez**.
Die parallelen Seiten a und c heißen **Grundseiten**, b und d heißen **Schenkel** des Trapezes.
Die Verbindungslinie der Mitten der Schenkel heißt **Mittellinie** m. Die **Höhe** h des Trapezes ist der Abstand der Seiten a und c.

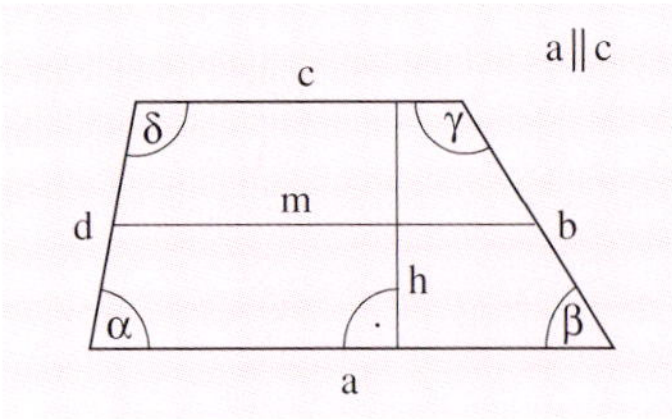

S Die Summe der einem Schenkel anliegenden Innenwinkel beträgt 180°:
$\alpha + \delta = \beta + \gamma = 180°$.

Dieser Satz folgt sofort daraus, daß z.B. α und δ entgegengesetzt liegende Winkel an geschnittenen Parallelen sind, die sich zu 180° ergänzen.

S In jedem Trapez ist die Mittellinie parallel zu den Grundseiten und halb so lang wie die Summe der Grundseiten $(m = \frac{a+c}{2})$.

Legt man zwei kongruente Trapeze wie in der nebenstehenden Abbildung nebeneinander, so besitzen sie zusammen den doppelten Flächeninhalt wie das Dreieck mit der Grundseite (a + c) und der Höhe h.
Für den Flächeninhalt dieses Dreiecks gilt: $A = \frac{a+c}{2}h$.
Das ist dann auch der Flächeninhalt für *ein* Trapez.

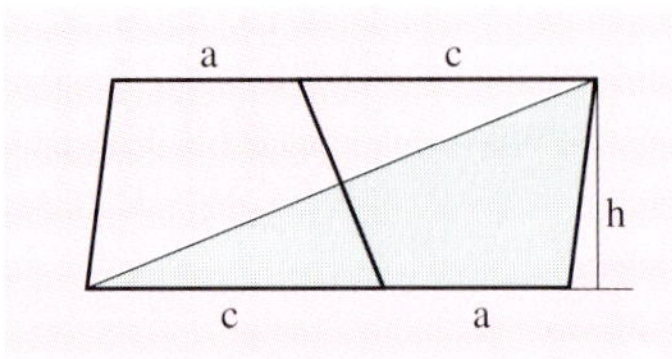

Damit gilt für den Flächeninhalt eines jeden Trapezes: $A = \frac{a+c}{2} \cdot h = m \cdot h$.

Ein Sonderfall sind **gleichschenklige Trapeze**, d.h. Trapeze, bei denen die Winkel, die ein und derselben Grundseite anliegen, kongruent sind ($\alpha = \beta$, $\gamma = \delta$). Sie sind axialsymmetrisch und gleichzeitig Sehnenvierecke.

Drachenviereck

D Jedes Viereck mit zwei Paaren benachbarter gleichlanger Seiten heißt **Drachenviereck**

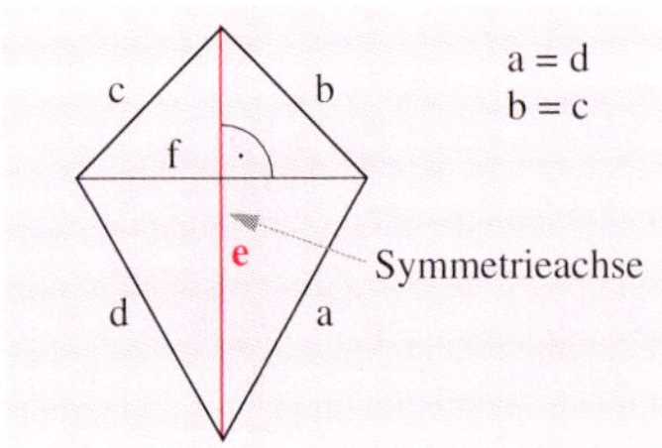

Die Diagonalen eines Drachenvierecks stehen senkrecht aufeinander, weil es eine Diagonale gibt, die Symmetrieachse ist. Bei Kenntnis der Diagonalen lassen sich Fläche und Umfang deshalb folgendermaßen berechnen:

$A = \frac{1}{2}ef$ $\qquad u = 2(a + b)$

Sehnenviereck

D Jedes Viereck, dessen Seiten Sehnen eines Kreises sind, heißt **Sehnenviereck**.

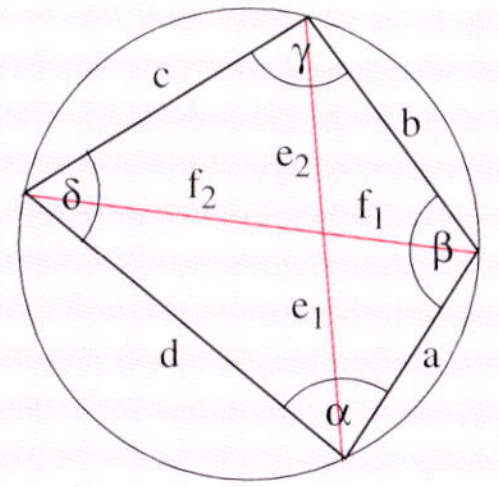

Für die Gegenwinkel gilt: $\alpha + \gamma = \beta + \delta = 180°$ (vgl. auch Beweis S. 248).
Die Diagonalen eines Sehnenvierecks schneiden sich so, daß das Produkt der Abschnitte einer Diagonalen gleich dem Produkt der Abschnitte der anderen ist:
$e_1 \cdot e_2 = f_1 \cdot f_2$ (**Sehnensatz**, vgl. S. 245).

Parallelogramm

D Jedes Viereck mit zwei Paaren zueinander paralleler Gegenseiten heißt **Parallelogramm**.
Der Schnittpunkt der Diagonalen heißt **Mittelpunkt** M des Parallelogramms.
Die **Höhe** h_a des Parallelogramms ist der Abstand der Seiten a und c.

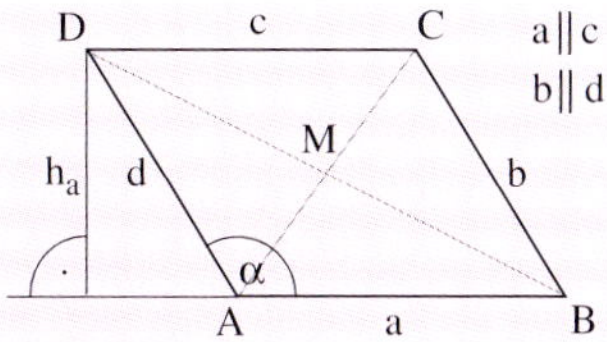

Die Dreiecke ABD und CDB sind kongruent, da sie in der Seite $\overline{DB}$ und den beiden anliegenden Winkeln übereinstimmen (wsw). Damit gilt folgender Satz:

S In jedem Parallelogramm sind die Gegenseiten gleich lang und Gegenwinkel gleich groß: $a = c$ und $b = d$, $\alpha = \gamma$ und $\beta = \delta$.

Mit den Bezeichnungen des Bildes gilt: $\triangle ABM \cong \triangle CDM$, da $\overline{AB} \cong \overline{CD}$ und $\sphericalangle MAB \cong \sphericalangle MCD$ sowie $\sphericalangle MBA \cong \sphericalangle MDC$ (wsw). Daraus folgt der Satz:

S Die Diagonalen eines Parallelogramms halbieren einander.

Alle aufgeführten Sätze lassen sich auch als Äquivalenzaussagen formulieren, wodurch man verschiedene Möglichkeiten zum Nachweis hat, ob ein Viereck ein Parallelogramm ist:

S Ein Viereck ist ein Parallelogramm genau dann, wenn jeweils die Gegenseiten gleich lang oder die Gegenwinkel jeweils gleich groß sind.

S Ein Viereck ist ein Parallelogramm genau dann, wenn die Diagonalen einander halbieren.

Aus der Kongruenz der Dreiecke ABD und CDB folgen auch die Formeln für Flächeninhalt und Umfang eines Parallelogramms:

$A = a \cdot h_a = a \cdot b \cdot \sin\alpha$ $\qquad u = 2(a + b)$.

Rhombus (Raute)

D Jedes Parallelogramm mit einem Paar benachbarter gleich langer Seiten heißt **Rhombus** oder **Raute**.

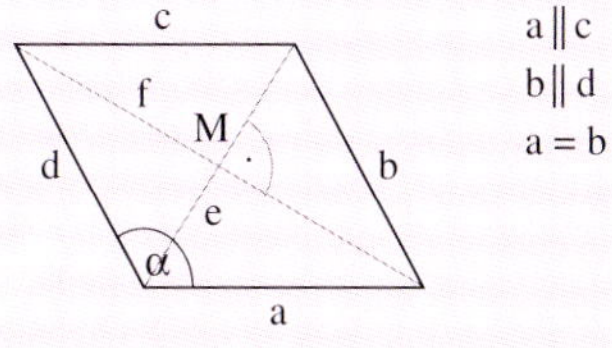

Aus dieser Definition folgt, daß ein Rhombus ein Viereck mit vier gleich langen Seiten ist. Beide Diagonalen sind Symmetrieachsen des Rhombus, es gilt also: e und f schneiden einander unter einem rechten Winkel.
Für die Fläche gilt deshalb $A = \frac{1}{2} ef = a^2 \sin\alpha$. Der Umfang des Rhombus ist $u = 4a$.

5

Rechteck

D Jedes Parallelogramm mit einem rechten Winkel heißt **Rechteck**.

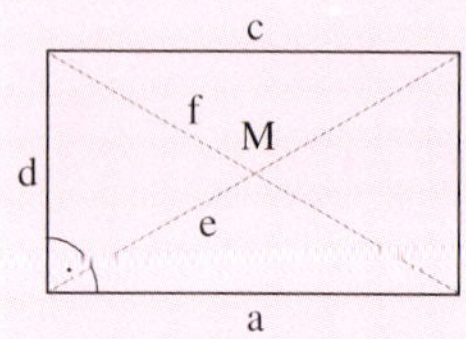

Es ist auch allgemein gebräuchlich, ein Rechteck als Viereck mit vier rechten Winkeln zu definieren.

Die Diagonalen haben gleiche Länge, für die nach dem **Satz des Pythagoras** gilt: $e = \sqrt{a^2 + b^2}$.

Die Fläche des Rechtecks ergibt sich als $A = ab$. Der Umfang ist $u = 2(a + b)$.

Quadrat

D Jedes Parallelogramm mit einem Paar gleich langer benachbarter Seiten und einem rechten Winkel heißt **Quadrat**.

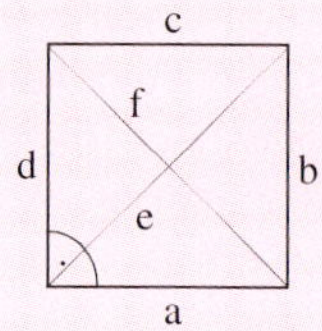

Das Quadrat ist sowohl ein spezielles Rechteck als auch ein spezieller Rhombus. Es gelten also für das Quadrat alle Aussagen die für diese beiden Vierecke gültig sind:

$a = b = c = d$; $e = f$; $e \perp f$; $\alpha = \beta = \gamma = \delta = 90°$; $e = a\sqrt{2}$; $A = a^2 = \frac{1}{2}e^2$; $u = 4a$.

5.9 Vielecke (Polygone)

Ein abgeschlossener Streckenzug aus n Strecken wird **n-Eck** oder **Vieleck** (oder mit der aus dem Griechischen kommende Bezeichnung **Polygon**) genannt.
Zum n-Eck gehören ein Umfang und ein Flächeninhalt. Der Umfang ist die Summe der Maßzahlen der n Strecken.

Ein n-Eck heißt **regelmäßig**, wenn alle Winkel und alle Seiten gleich sind; andernfalls **unregelmäßig**.

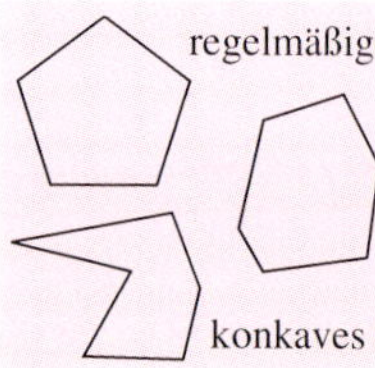

Ein n-Eck ist **konvex**, wenn die Verbindungsstrecke zweier beliebiger im Innern oder auf dem Rand liegender Punkte vollständig im Innern oder auf dem Rand verläuft; anderenfalls ist das n-Eck **konkav**.

5.9.1 Berechnungen am unregelmäßigen n-Eck

Winkelsumme

Ein n-Eck kann in (n – 2) Dreiecke zerlegt werden. Daraus ergibt sich die Winkelsumme des n-Ecks als $(n - 2) \cdot 180°$.

Anzahl der Diagonalen

Jede Ecke des (konvexen) n-Ecks kann mit (n – 3) anderen Ecken verbunden werden (nicht mit sich selbst und nicht mit den beiden benachbarten Ecken, zu denen ja Seiten verlaufen). Man erhält somit $n(n - 3)$ Verbindungsstrecken, wobei allerdings jede Strecke doppelt auftritt. Demnach ist die Anzahl der Diagonalen $D = \frac{1}{2}n(n - 3)$.

■ Ein Fünfeck hat $\frac{1}{2} \cdot 5 \cdot 2 = 5$ Diagonalen.

Flächeninhalt

Die Fläche eines allgemeinen n-Ecks läßt sich nach Zerlegung in (n – 2) Dreiecke als Summe dieser Dreiecke berechnen. Dafür ist dann allerdings für jedes Dreieck die Kenntnis von Seiten und Winkeln erforderlich, die die einzelnen Flächen bestimmen.

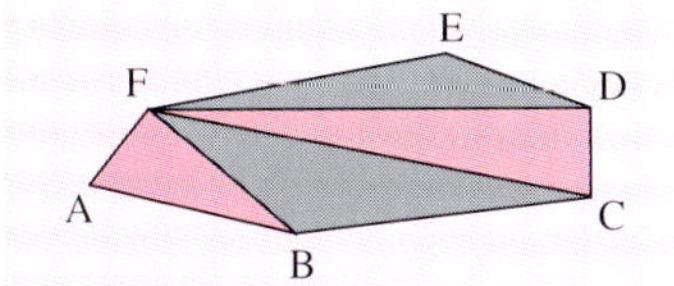

Liegen die Eckpunkte durch Koordinatenangaben in einem kartesischen Koordinatensystem vor, so läßt sich die Fläche aus Summen und Differenzen von Trapezen berechnen.

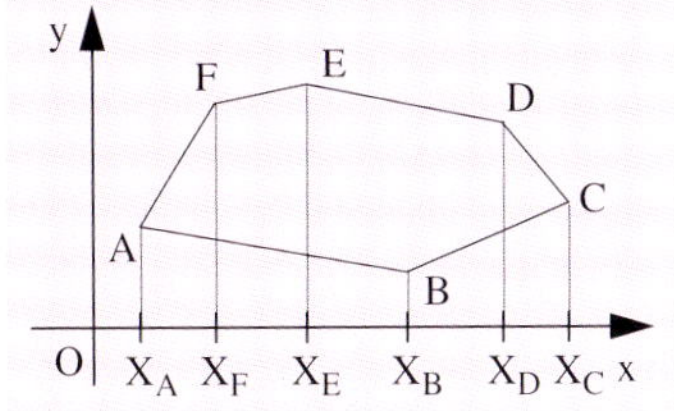

■ Für den Flächeninhalt des abgebildeten n-Ecks gilt:

$A = A_{X_AX_FFA} + A_{X_FX_EEF} + A_{X_EX_DDE} + A_{X_DX_CCD} - A_{X_AX_BBA} - A_{X_BX_CCB}.$

5.9.2 Regelmäßige n-Ecke

Eigenschaften

Umkreis und Inkreis

Alle Eckpunkte eines regelmäßigen n-Ecks liegen auf einem Kreis, dem Umkreis. Für alle Seiten gibt es einen Berührungskreis, den Inkreis. (vgl. Abschnitt 5.11.7)

Winkelgrößen

Verbindet man den gemeinsamen Mittelpunkt dieser Kreise mit den Ecken, so erhält man n gleichschenklige Dreiecke.

Die den Seiten zugeordneten Zentriwinkel haben die Größe $\alpha = \frac{360°}{n}$, für einen Basiswinkel gilt

$\beta = \frac{1}{2}(180° - \frac{360°}{n}) = 90°(1 - \frac{2}{n})$.

Der Winkel zwischen zwei Seiten des n-Ecks ist 2β.

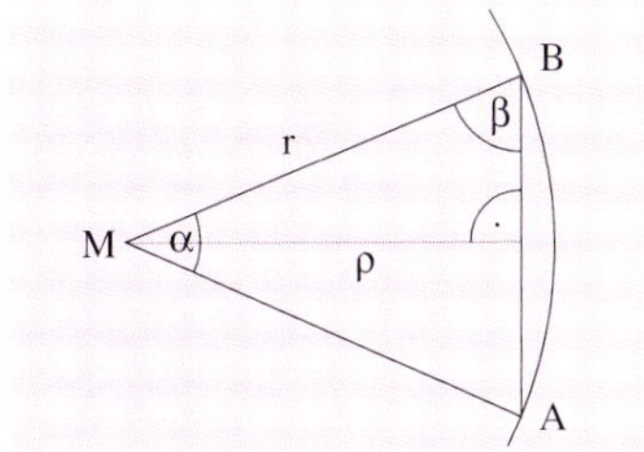

Länge der Seite des regelmäßigen n-Ecks

Aus der obigen Abbildung entnimmt man für die Länge einer Seite $\overline{AB} = s_n = 2r\sin\frac{\alpha}{2}$. (Zum Zusammenhang zwischen der Seite des n-Ecks und des 2n-Ecks vgl. Abschnitt 5.6.4, S. 214.)

Flächeninhalt

Auf Grundlage der Zerlegung des n-Ecks in n gleichschenklige Dreiecke folgt für den Flächeninhalt $A = n\frac{r^2}{2}\sin\alpha$ mit $\alpha = \frac{360°}{n}$.

Inkreisradius

Nach obiger Abbildung gilt für den Inkreisradius $\rho = r\cos\frac{\alpha}{2} = r\cos\frac{180°}{n}$.

Spezielle regelmäßige n-Ecke

Für die folgenden Formeln ist ein Umkreis mit dem Radius r zugrundegelegt. ρ bezeichnet den Inkreisradius.

gleichseitiges Dreieck: $s_3 = 2r \sin 60° = r\sqrt{3}$

$\rho = r \cos 60° = \frac{r}{2}$

$A_3 = \frac{3}{4} r^2 \sqrt{3}$

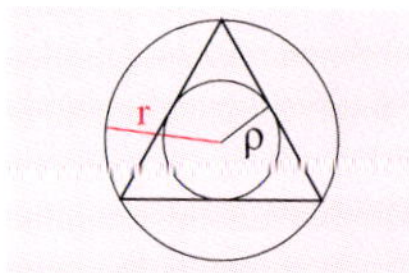

regelmäßiges Sechseck: $s_6 = r$

$\rho = \frac{r}{2} \sqrt{3}$

$A_6 = \frac{3}{2} r^2 \sqrt{3}$

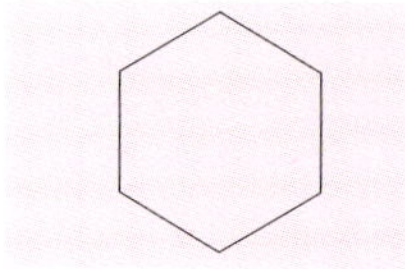

Quadrat: $s_4 = r\sqrt{2}$

$\rho = \frac{r}{2} \sqrt{2}$ $\qquad A_4 = 2r^2$

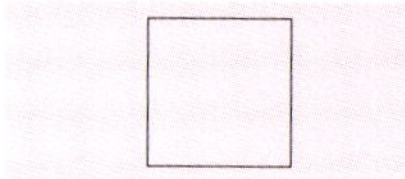

regelmäßiges Achteck: $s_8 = 2r \sin 22{,}5° \approx 0{,}765\,r$

$\rho = r \cos 22{,}5° \approx 0{,}924\,r$

$A_8 = 2r^2 \sqrt{2}$

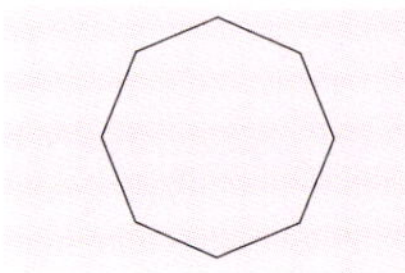

regelmäßiges Fünfeck: $s_5 = 2r \sin 36° \approx 1{,}176\,r$

$\rho = r \cos 36° \approx 0{,}809\,r$

$A_5 = \frac{5}{2} r^2 \sin 72° \approx 2{,}378\,r^2$

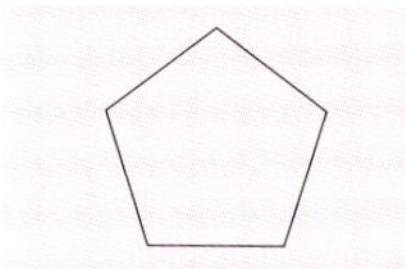

regelmäßiges Zehneck: $s_{10} = 2r \sin 18° \approx 0{,}618\,r$

$\rho = r \cos 18° \approx 0{,}951\,r$

$A_{10} = 5r^2 \sin 36° \approx 2{,}939\,r^2$

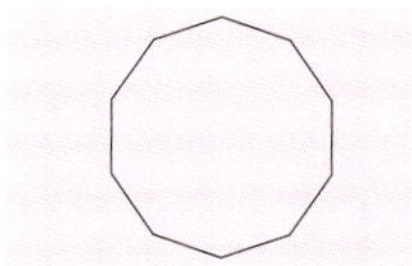

Betrachtet man Umfang und Fläche eines einem Kreis mit dem Radius r einbeschriebenen n-Ecks, so kann man verfolgen, wie der Faktor für r bzw. r^2 sich der Zahl π bzw. 2π nähert. Folgende Tabelle erläutert das:

Eckenanzahl	Umfang	Flächeninhalt	Eckenanzahl	Umfang	Flächeninhalt
3	5,196 r	1,299 r^2	8	6,123 r	2,828 r^2
4	5,657 r	2,000 r^2	10	6,180 r	2,939 r^2
5	5,878 r	2,378 r^2	100	6,282 r	3,1395 r^2
6	6,000 r	2,598 r^2	200	6,2829 r	3,1411 r^2

W *Beziehungen zwischen Fünfeck und Zehneck:*

Mit den Bezeichnungen aus dem Bild sind die Dreiecke ABM und BKA einander ähnlich (**Hauptähnlichkeitssatz**).

Daraus ergibt sich $\overline{KB} : s_{10} = s_{10} : r$.

Die Seite des regelmäßigen Zehnecks erhält man also konstruktiv, indem man den Radius des Umkreises nach dem **Goldenen Schnitt** teilt.

Damit ist auch das regelmäßige Fünfeck konstruierbar.

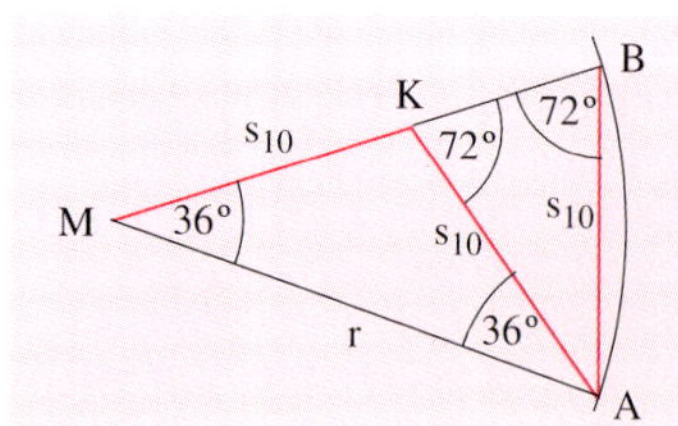

5.10 Strahlensatz und Ähnlichkeit

5.10.1 Strahlensätze

Wird ein **Strahlenbüschel** (d.h. mehrere Strahlen mit einem gemeinsamen Anfangspunkt) oder ein **Geradenbüschel** von einer **Parallelenschar** geschnitten, so entstehen **Strahlenabschnitte** und **Parallelenabschnitte**.

■ Strahlenabschnitte: $\overline{SA}$, $\overline{SB}$, $\overline{AB}$, $\overline{SC}$, $\overline{SD}$, ...

Parallelenabschnitte: $\overline{AC}$, $\overline{CE}$, $\overline{AE}$, $\overline{BD}$, $\overline{BF}$, $\overline{DF}$

gleichliegende Strahlenabschnitte: $\overline{SA}$ und $\overline{SC}$, $\overline{CD}$ und $\overline{EF}$, ...

einander zugehörige Strahlen- und Parallelenabschnitte: $\overline{SA}$ und $\overline{AC}$, $\overline{SB}$ und $\overline{BD}$, $\overline{SD}$ und $\overline{DF}$, $\overline{SB}$ und $\overline{BF}$, ...

gleichliegende Parallelenabschnitte: $\overline{AC}$ und $\overline{BD}$, $\overline{CE}$ und $\overline{DF}$, $\overline{AE}$ und $\overline{BF}$

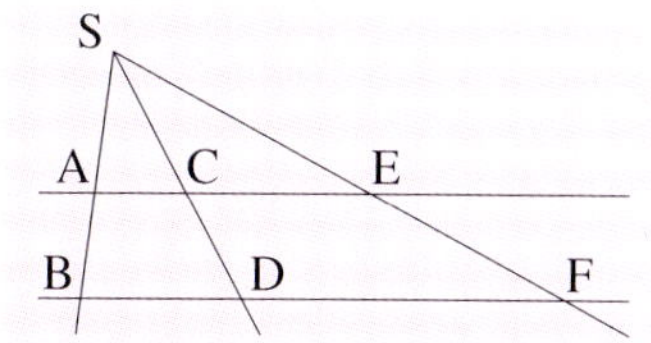

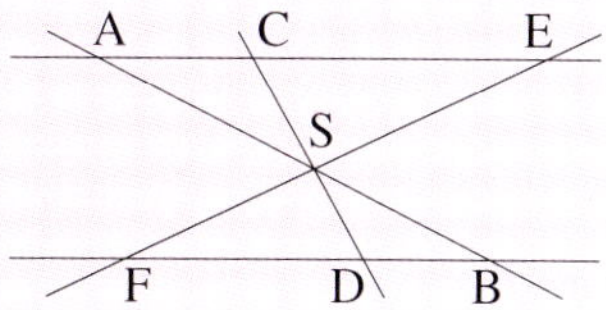

S Werden zwei Strahlen mit einem gemeinsamen Anfangspunkt von zwei Parallelen gegeschnitten, so verhalten sich die Abschnitte auf dem einen Strahl wie die gleichliegenden Abschnitte auf dem anderen Strahl. (**1. Strahlensatz**)

Mit den Stücken der nebenstehenden Figur gilt:

(1) $\frac{\overline{SA}}{\overline{AB}} = \frac{\overline{SC}}{\overline{CD}}$ (2) $\frac{\overline{SA}}{\overline{SB}} = \frac{\overline{SC}}{\overline{SD}}$ (3) $\frac{\overline{SB}}{\overline{AB}} = \frac{\overline{SD}}{\overline{CD}}$

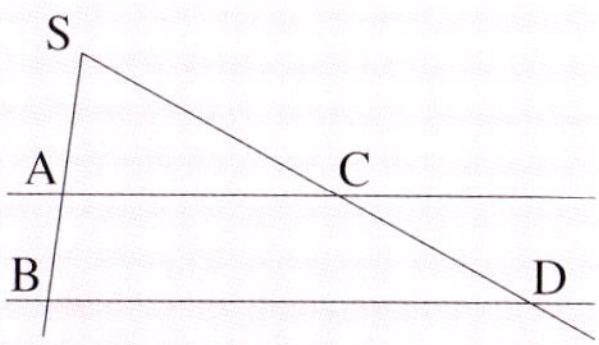

Beweis für (1):

Voraussetzung: AC || BD, Stücke der nebenstehenden Figur

Behauptung: $\overline{SA} : \overline{AB} = \overline{SC} : \overline{CD}$

Beweisgedanken:

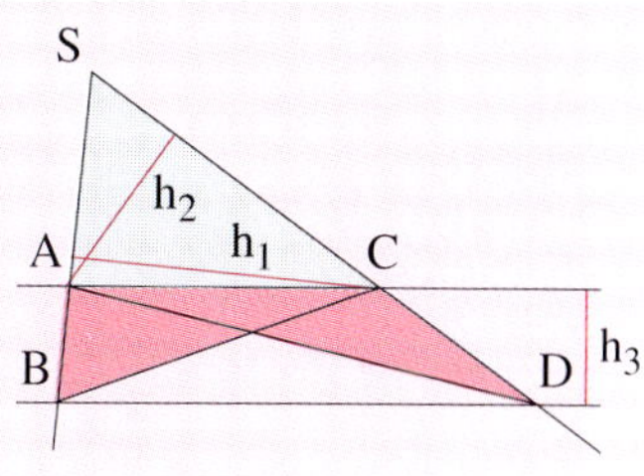

- Der Flächeninhalt des Dreiecks SAC läßt sich sowohl über $\overline{SA}$ und h_1 als auch über $\overline{SC}$ und h_2 ermitteln.
  Es gilt also $\frac{\overline{SA} \cdot h_1}{2} = \frac{\overline{SC} \cdot h_2}{2}$ (*).
- Der Flächeninhalt der Dreiecke ABC und ADC ist gleich, denn sie haben dieselbe Grundseite $\overline{AC}$ und die gleiche Höhe h_3. Übrigens wird hier mit der Voraussetzung (AC || BD) argumentiert (gleicher Abstand, also gleiche Höhe).
- Der Flächeninhalt der Dreiecke ABC und ADC läßt sich auch mittels h_1 bzw. h_2 berechnen, denn h_1 ist auch Höhe auf $\overline{AB}$ und h_2 Höhe auf $\overline{CD}$.
  Es gilt also $\frac{\overline{AB} \cdot h_1}{2} = \frac{\overline{CD} \cdot h_2}{2}$ (**).
- Dividiert man nun (*) durch (**), erhält man sofort die Behauptung.

Ähnlich wie Beziehung (1) lassen sich auch die beiden anderen Beziehungen beweisen.

Die Beziehungen des 1. Strahlensatzes gelten auch dann, wenn S Schnittpunkt zweier Geraden ist und *zwischen* den Parallelen liegt.

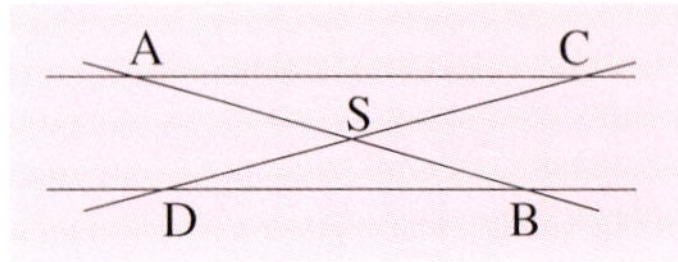

Oft ist die Frage angebracht, ob auch die Umkehrung eines Satzes, die man erreicht, indem Vorraussetzung und Behauptung vertauscht werden, richtig ist:

S Gegeben seien zwei Strahlen mit einem gemeinsamen Anfangspunkt, die von zwei Geraden geschnitten werden.
Wenn gilt $\overline{SA} : \overline{AB} = \overline{SC} : \overline{CD}$, dann sind die Geraden AC und BD parallel zueinander.
(**Umkehrung des 1. Strahlensatzes**)

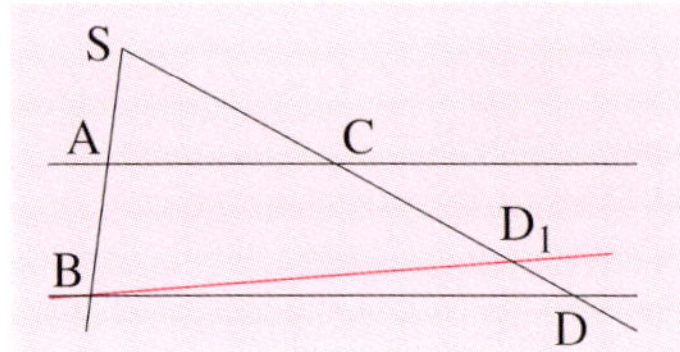

Beweis:

Voraussetzung: $\overline{SA} : \overline{AB} = \overline{SC} : \overline{CD}$

Behauptung: $AC \parallel BD$

Beweisgedanken:

- Hier ist es sinnvoll, anzunehmen, die Behauptung wäre falsch, den Beweis also **indirekt** zu führen. Man nimmt dazu an, daß AC und BD keine Parallelen sind. Dann würde die Gerade durch B den Strahl SC z.B. in einem Punkt $D_1 \neq D$ schneiden.
- Demnach gilt $\overline{SA} : \overline{AB} = \overline{SC} : \overline{CD_1}$. Wegen $\overline{CD} \neq \overline{CD_1}$ entsteht ein Widerspruch zur Voraussetzung, nach der $\overline{SA} : \overline{AB} = \overline{SC} : \overline{CD}$ gilt. Das heißt die Annahme (AC nicht parallel zu BD) ist falsch, und es gilt die Behauptung ($AC \parallel BD$).

S Werden zwei Strahlen mit einem gemeinsamen Anfangspunkt von zwei Parallelen gegeschnitten, so verhalten sich die Parallelenabschnitte zueinander wie die zugehörigen Strahlenabschnitte ein und desselben Strahls. (**2. Strahlensatz**)

Mit den Stücken der nebenstehenden Figur gilt also:

(1) $\dfrac{\overline{SA}}{\overline{SB}} = \dfrac{\overline{AC}}{\overline{BD}}$ (2) $\dfrac{\overline{SC}}{\overline{SD}} = \dfrac{\overline{AC}}{\overline{BD}}$

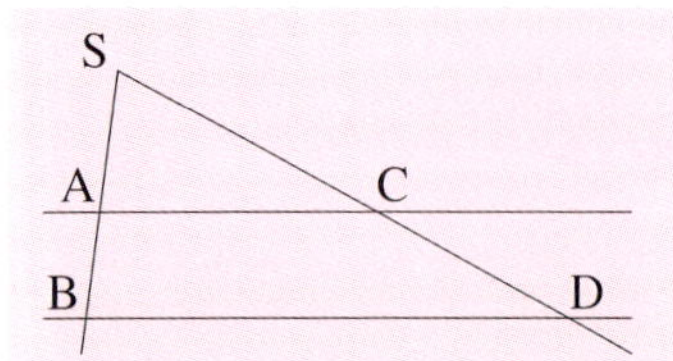

Zeichnet man durch A eine Parallele zu SD, hat damit also auch den Punkt B als Strahlenanfangspunkt, so läßt sich der 2. Strahlensatz aus dem 1. herleiten.

S Werden drei (oder mehr) Strahlen mit einem gemeinsamen Anfangspunkt von zwei Parallelen geschnitten, so verhalten sich gleichliegende Parallelenabschnitte zwischen zwei Strahlen zueinander wie gleichliegende Parallelenabschnitte zwischen zwei anderen Strahlen. (**3. Strahlensatz**)

Mit den Stücken der nebenstehenden Figur gilt also:

(1) $\dfrac{\overline{AC}}{\overline{BD}} = \dfrac{\overline{CE}}{\overline{DF}}$ (2) $\dfrac{\overline{AC}}{\overline{BD}} = \dfrac{\overline{AE}}{\overline{BF}}$ (3) $\dfrac{\overline{CE}}{\overline{DF}} = \dfrac{\overline{AE}}{\overline{BF}}$

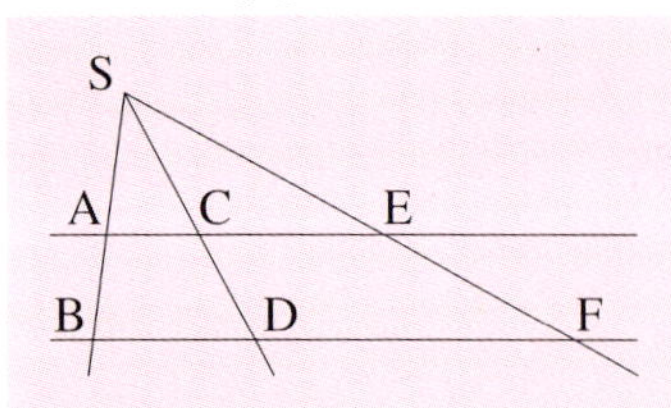

Der zweite und der dritte Strahlensatz gilt auch dann, wenn S Schnittpunkt zweier Geraden ist und *zwischen* den Parallelen liegt.

5.10.2 Anwendungen der Strahlensätze

Die Anwendungen der Strahlensätze sind äußerst vielfältig. Innermathematisch sind sie bei Beweisen, Konstruktionen und Berechnungen hilfreich. Außermathematisch fußen vor allem Messungen von Strecken, die mit normalen Meßinstrumenten schwer zugänglich sind, auf den Strahlensätzen.

Bestimmung von Längen

- Die Länge der Strecke $\overline{BD}$ ist zu ermitteln.
  Mit geeigneten, d.h. sichtbaren und zugänglichen Meßpunkten wird eine Strahlensatzfigur aufgebaut. Die Längen $\overline{SA}$, $\overline{AB}$, $\overline{SC}$, $\overline{CD}$ und $\overline{AC}$ werden gemessen.
  Es gilt: $\overline{BD} = \dfrac{\overline{AC} \cdot \overline{SD}}{\overline{SC}} = \dfrac{\overline{AC} \cdot \overline{SB}}{\overline{SA}}$.
  Damit hat man gleichzeitig durch zwei Rechnungen noch eine Kontrolle.

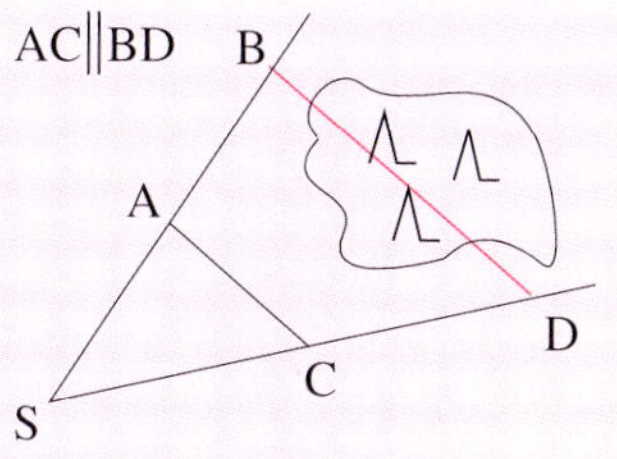

Im obigen Beispiel waren alle Meßpunkte zugänglich. Selbst wenn ein Meßpunkt (z.B. durch einen Fluß) nicht erreichbar ist, können die Strahlensätze genutzt werden:

- Nach dem 2. Strahlensatz gilt in der nebenstehenden Figur:
  $\dfrac{\overline{SB}}{\overline{SA}} = \dfrac{\overline{BD}}{\overline{AC}}$ bzw. $\dfrac{\overline{SA} + \overline{AB}}{\overline{SA}} = \dfrac{\overline{BE} + \overline{ED}}{\overline{AC}}$.
  Da $\overline{BE} = \overline{AC}$ gilt, folgt hieraus
  $1 + \dfrac{\overline{AB}}{\overline{SA}} = 1 + \dfrac{\overline{ED}}{\overline{AC}}$ bzw. $\dfrac{\overline{AB}}{\overline{SA}} = \dfrac{\overline{ED}}{\overline{AC}}$.
  Nach der gesuchten Streckenlänge umgestellt ergibt sich $\overline{SA} = \overline{AB} \cdot \overline{AC} : \overline{ED}$, womit $\overline{SA}$ durch meßbare Strecken berechnet werden kann.

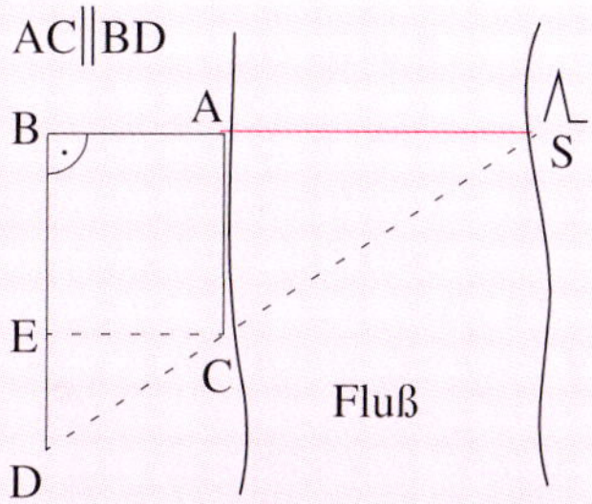

- Besteht die Möglichkeit, die Meßpunkte wie in der nebenstehenden Figur festzulegen, vereinfacht sich die Rechnung (und ihre Begründung):
  Nach dem 2. Stahlensatz gilt hier nämlich sofort
  $\dfrac{\overline{BD}}{\overline{SB}} = \dfrac{\overline{AC}}{\overline{SA}}$, also $\overline{BD} = \dfrac{\overline{AC} \cdot \overline{SB}}{\overline{SA}}$.

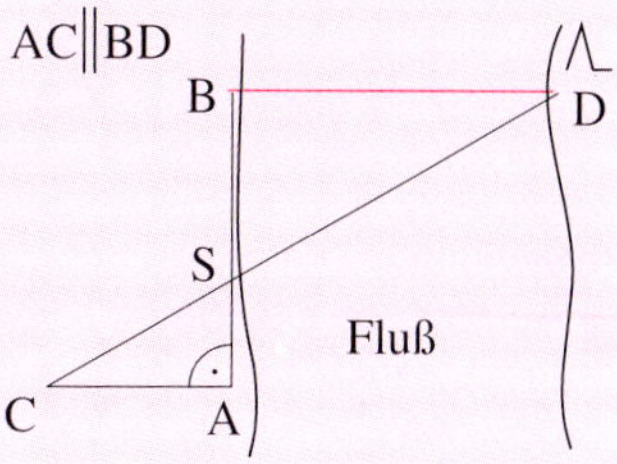

Selbst Höhenmessungen lassen sich über die Strahlensätze einfach durchführen:

- Forstarbeiter benutzen zur Ermittlung von Baumhöhen ein einfaches Instrument, das „Försterdreieck", welches aus zwei rechtwinklig zueinander verschiebbaren Stäben besteht.
  Nach dem 2. Strahlensatz gilt $\frac{d}{e} = \frac{b}{c}$. Zur berechneten Länge d muß nur noch die Augenhöhe a addiert werden, um die Baumhöhe zu erhalten.

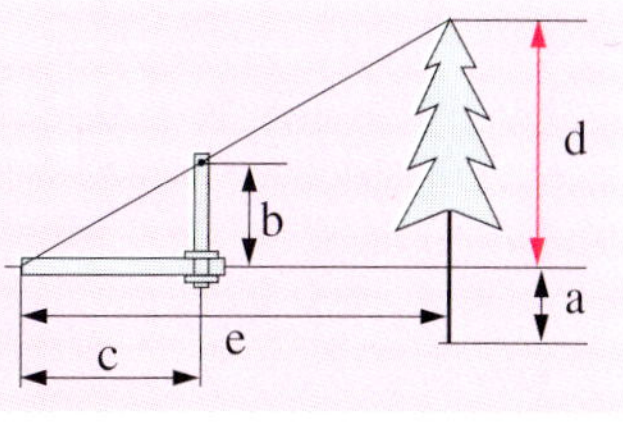

Auch die Messung sehr kleiner Streckenlängen kann durch Strahlensatzanwendung äußerst genau erfolgen:

- Innendurchmesser von Rohren lassen sich mittels eines **Meßkeils** bestimmen.
  Der Innendurchmesser kann bei dem nebenstehend dargestellten Meßkeil sofort auf der eingetragenen Skala abgelesen werden. Er beträgt 5,8 mm, da
  $x : 1\,\text{cm} = 5{,}8\,\text{cm} : 10\,\text{cm}$ gilt.

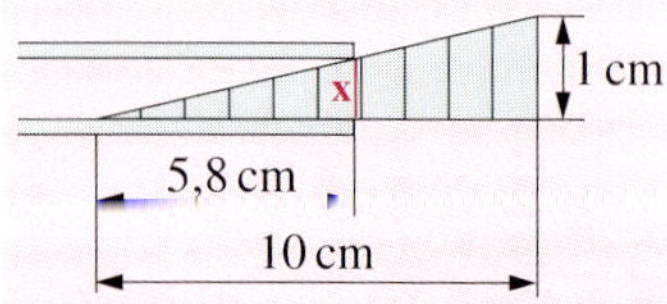

- Mit einer **Meßlehre** kann der Durchmesser dünner Drähte ermittelt werden.
  Ist der Einschnitt 4 cm tief und vorn 2 mm breit, läßt sich der Durchmesser d des nebenstehend dargestellten Drahtes folgendermaßen berechnen:
  $$\frac{d}{2\,\text{mm}} = \frac{25\,\text{mm}}{40\,\text{mm}} \quad \Rightarrow \quad d = \frac{50}{40}\,\text{mm} = 1{,}25\,\text{mm}$$

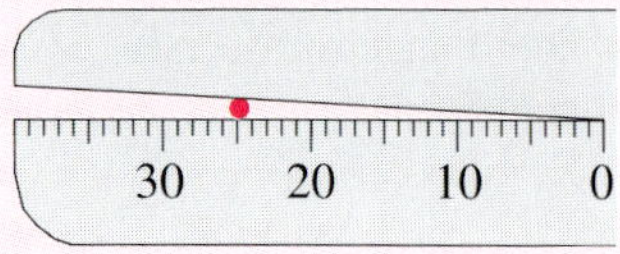

Teilen einer Strecke

Mit Hilfe der Strahlensätze ist es möglich, jede gegebene Strecke $\overline{AB}$ in einem beliebigen rationalen **Teilverhältnis** $t = m : n = \overline{AT} : \overline{BT}$ zu teilen.

Dabei spricht man von **innerer Teilung einer Strecke**, wenn der Teilpunkt T zwischen den Endpunkten A und B liegt und definiert $t > 0$.

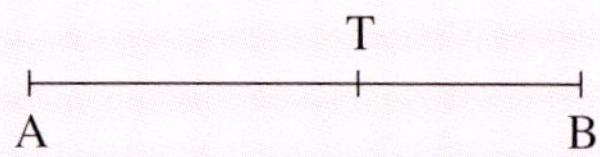

Man spricht von **äußerer Teilung einer Strecke**, wenn der Teilpunkt T außerhalb von $\overline{AB}$, aber auf der Geraden AB liegt, und definiert $t < 0$.

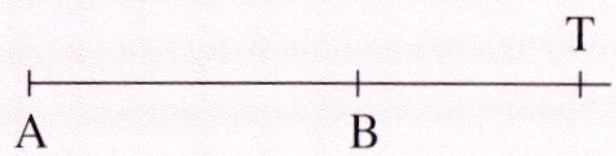

W Ist T so gewählt, daß $\overline{AB} : \overline{AT} = \overline{AT} : \overline{BT}$ gilt, so heißt $\overline{AB}$ durch T **stetig geteilt** oder nach dem **Goldenen Schnitt** geteilt (vgl. S. 82).
Dies ist allerdings *kein rationales* Teilverhältnis.

Die folgenden Beispiele sollen verdeutlichen, wie eine Strecke mit Hilfe der Strahlensätze innen und außen konstruktiv geteilt werden kann:

- *Teilung einer Strecke innen im Verhältnis 3 : 2*
  An A wird ein Strahl angetragen und auf dem Strahl 5 mal eine beliebige feste Strecke mit dem Zirkel abgetragen.
  Man erhält eine in 5 gleiche Teile zerlegte Strecke $\overline{AB'}$, deren Endpunkt B' mit B verbunden wird.
  Parallel zu B'B wird durch den 3. Teilpunkt von $\overline{AB'}$ eine Strecke gezeichnet, die $\overline{AB}$ in T im Verhältnis 3 : 2 (nach dem 1. Strahlensatz) teilt.

  Auf ähnliche Weise kann $\overline{AB}$ auch in 5 gleiche Teile zerlegt werden.

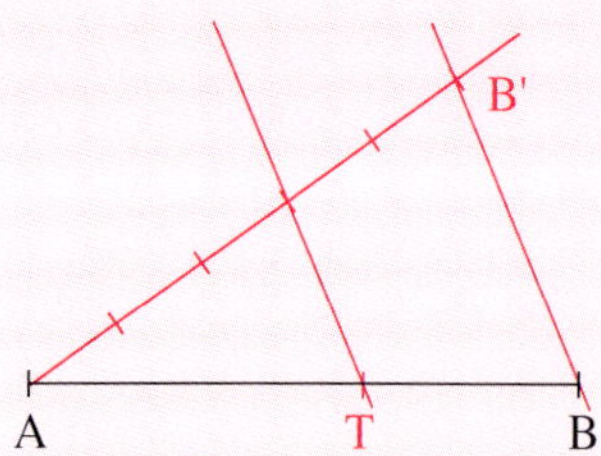

■ *Teilung einer Strecke außen im Verhältnis* $-5 : 3$

Sowohl an A als auch an B werden (zueinander parallele) Strahlen s_A und s_B angetragen.
Auf s_A wird eine gleichlange Strecke 5 mal, auf s_B die gleiche Strecke 3 mal abgetragen.
Durch die erzeugten Endpunkte wird eine Gerade gezeichnet, die AB in T schneidet.
Nach dem 2. Strahlensatz gilt $\overline{AT} : \overline{BT} = 5 : 3$.
Das Minuszeichen wird entsprechend der Definition der äußeren Teilung gesetzt.

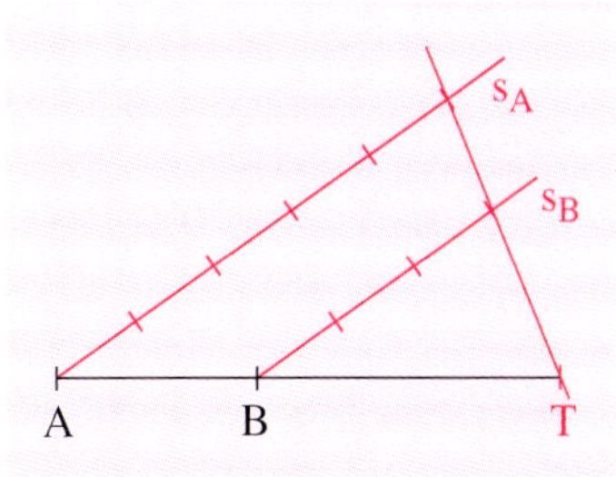

■ *Teilung einer Strecke innen (T_1) und außen (T_2) im Verhältnis* $3 : 2$ *bzw.* $-3 : 2$

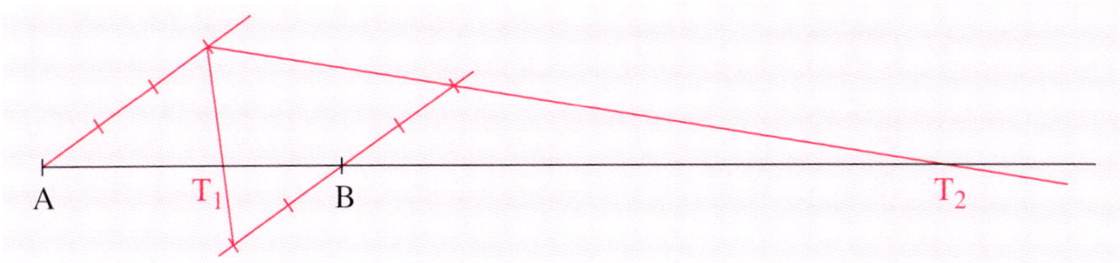

5.10.3 Zentrische Streckung

Streckenverhältnis

In der Praxis spielen Vergrößerungen bzw. Verkleinerungen von Figuren und Körpern eine große Rolle. Dabei ist eine wesentliche Forderung, daß Streckenverhältnisse konstant bleiben.

D Wenn zwei Strecken s_1 und s_2 bei gleicher Längeneinheit die **Maßzahlen** m_1 und m_2 haben, so nennt man den Quotienten $m_1 : m_2$ das **Streckenverhältnis** von s_1 und s_2.

■ $s_1 = 8\,cm$ $\quad s_2 = 5\,cm$ $\quad$ Streckenverhältnis $m_1 : m_2 = 8 : 5 = 1{,}6$
$s_1 = 5\,dm$ $\quad s_2 = 8\,dm$ $\quad$ Streckenverhältnis $m_1 : m_2 = 5 : 8 = 0{,}625$

Ist s_1 ein Bild von s_2, das durch Streckung (Vergrößerung oder Verkleinerung) von s_2 entstanden ist, heißt der Quotient $k = m_1 : m_2$ auch **Streckungsfaktor**.

Zentrische Streckung

D Eine **zentrische Streckung** ist eine Abbildung der Ebene auf sich nach folgender Vorschrift:

- Ein Punkt S wird als **Streckungszentrum** festgelegt.
- Eine Zahl k $(k > 0)$ wird als **Streckungsfaktor** festgelegt.
- Jedem Originalpunkt P $(P \neq S)$ wird ein Bildpunkt P' folgendermaßen zugeordnet:
  P' liegt auf dem Strahl SP und es gilt $\overline{SP'} = k \cdot \overline{SP}$.
  S hat sich selbst als Bildpunkt $(S' = S)$.

Eine zentrische Streckung mit dem Streckungszentrum S und dem Streckungsfaktor k wird im folgenden verkürzt mit $Z_{S;k}$ bezeichnet.

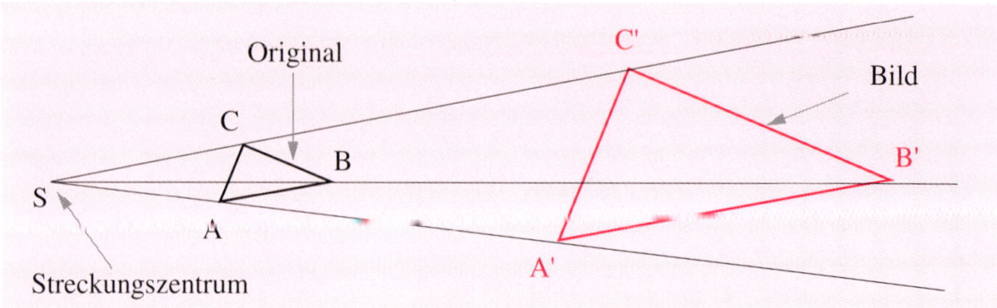

Streckung $Z_{S;3}$

$\frac{\overline{SA'}}{\overline{SA}} = \frac{60\,mm}{20\,mm} = \mathbf{3}$ $\frac{\overline{SB'}}{\overline{SB}} = \frac{99\,mm}{33\,mm} = \mathbf{3}$ $\frac{\overline{SC'}}{\overline{SC}} = \frac{69\,mm}{23\,mm} = \mathbf{3}$

Zur Festlegung einer konkreten Streckung benötigt man ein Streckungszentrum und einen Streckungsfaktor oder ein Streckungszentrum und ein Punktepaar (P, P').

Konstruktion des Bildpunktes von B, wenn eine zentrische Streckung durch das Streckungszentrum S und ein Punktepaar (A, A') vorgegeben ist:

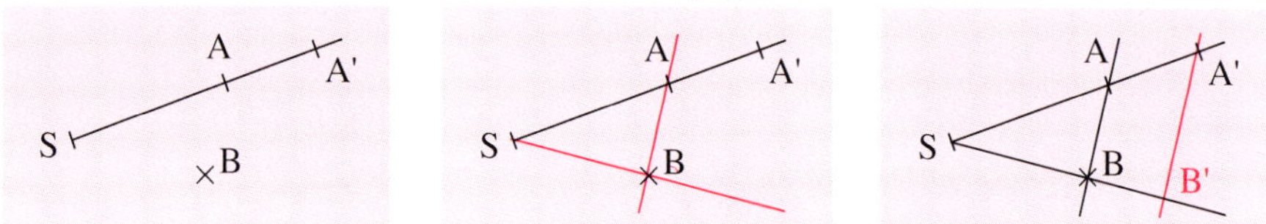

Man zeichnet den Strahl SB und die Gerade AB. Durch A' wird nun die Parallele zu AB konstruiert. Diese schneidet SB im Punkt B', dem gesuchten Bildpunkt von B.
Daß diese Konstruktion korrekt ist, läßt sich mit dem 1. Strahlensatz begründen. Es gilt nämlich $\overline{SA'} : \overline{SA} = \overline{SB'} : \overline{SB} = k$.

Eigenschaften zentrischer Streckungen

Es gibt Eigenschaften, die für jede zentrische Streckung $Z_{S;k}$ gelten:

- Für eine Gerade AB und ihr Bild gilt: A'B' || AB.
  (Parallelität von Original- und Bildgerade)

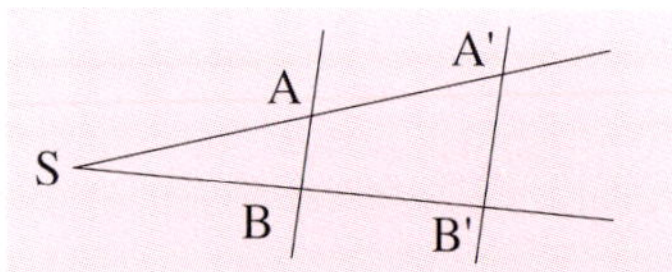

- Die Bilder paralleler Geraden sind wieder parallele Geraden.
  (**Parallelentreue**)

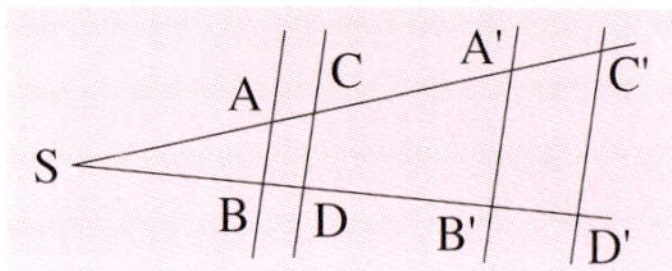

- Jeder Winkel α hat als Bild einen Winkel α', und es gilt: α' = α
  (Kongruenz von Original- und Bildwinkel, **Winkeltreue**)

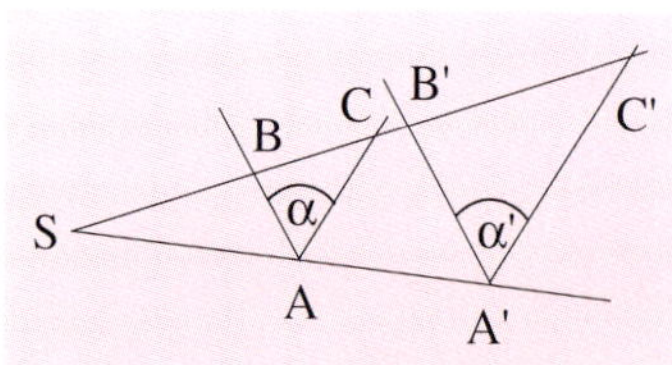

- Liegen zwei Geraden senkrecht zueinander, so gilt dies auch für ihre Bildgeraden.
- Für alle Strecken ist das Verhältnis $\frac{\text{Länge der Bildstrecke}}{\text{Länge der Originalstrecke}}$ gleich, nämlich gleich dem Streckungsfaktor k.
- Die Bilder zweier Strecken stehen im gleichen Verhältnis wie ihre Originalbilder.
- Das Bild eines n-Ecks ist wieder ein n-Eck, und es gilt: $A_{n\text{-Eck}'} = k^2 \cdot A_{n\text{-Eck}}$, d. h., den Flächeninhalt des Bildes erhält man, indem der Flächeninhalt des Originals mit dem Quadrat des Streckungsfaktors k multipliziert wird.
- Das Bild eines Kreises mit dem Radius r ist wieder ein Kreis mit dem Radius $r' = k \cdot r$ (**Kreisverwandtschaft**)

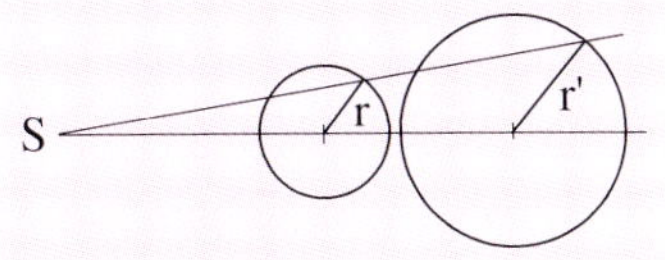

Alle genannten Eigenschaften zentrischer Streckungen lassen sich mit Hilfe der **Strahlensätze** und der **Umkehrung des 1. Strahlensatzes** beweisen bzw. aufeinander zurückführen. Diese Eigenschaften können bei der Konstruktion zentrischer Streckungen benutzt werden:

■ Das Bild des Dreiecks PQR ist bei der zentrischen Streckung $Z_{S;\,0,5}$ zu konstruieren.
Konstruktionsbeschreibung:
- Man zeichnet die Strahlen SP, SQ und SR.
- Man konstruiert einen Bildpunkt (z.B. P'), indem man $\overline{SP}$ halbiert (z.B. über die Konstruktion der **Mittelsenkrechten**).
- Die Seiten des Bilddreiecks $\overline{P'Q'}$, $\overline{Q'R'}$ und $\overline{R'P'}$ erhält man nun durch Parallelverschiebung von PQ, QR und RP (entsprechend der ersten auf der Seite 234 genannten Eigenschaft).

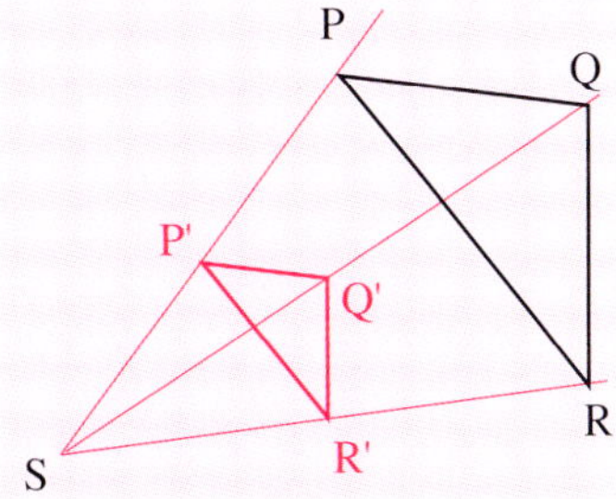

Auch bei Berechnungen an durch zentrische Streckung entstandenen Figuren lassen sich die Eigenschaften zentrischer Streckungen verwenden:

■ Vom Dreieck PQR (vgl. letztes Beispiel) sei bekannt: $\overline{QR} = 2\,\text{cm}$; $A = 1{,}8\,\text{cm}^2$.
Damit läßt sich sofort für die zentrische Streckung $Z_{S;\,0,5}$ auf P'Q'R' schließen:
$\overline{Q'R'} = k \cdot \overline{QR} = \frac{1}{2} \cdot 2\,\text{cm} = 1\,\text{cm}$ und $A_{\Delta P'Q'R'} = k^2 \cdot A_{\Delta PQR} = (\frac{1}{2})^2 \cdot 1{,}8\,\text{cm}^2 = 0{,}45\,\text{cm}^2$.

Übrigens erkennt man an diesem Beispiel auch, daß die Länge von Strecken bzw. der Flächeninhalt des Bildes bezüglich des Originals ausschließlich vom Streckungsfaktor k abhängt. Die Lage von S hat hierauf keinen Einfluß.

Nacheinanderausführung von zentrischen Streckungen

S Werden zwei zentrische Streckungen $Z_{S1;k1}$ und $Z_{S2;\,k2}$ nacheinander ausgeführt, so erhält man wieder eine zentrische Streckung $Z_{S;k}$ mit $k = k_1 \cdot k_2$.

Je nach Lage der Streckungszentren und der Größe des Produkts $k_1 \cdot k_2$ sind verschiedene Fälle zu unterscheiden:
Gilt $S_1 = S_2$, ist es gleichgültig, welche der Streckungen $Z_{S1;\,k1}$ oder $Z_{S2;\,k2}$ zuerst vorgenommen wird – S wird ebenfalls mit S_1 und S_2 zusammenfallen und auch die Lage der Bilder bei $Z_{S;k}$ wird dieselbe sein.

5

Gilt neben $S_1 = S_2 = S$ außerdem noch $k_1 \cdot k_2 = 1$, ist das Ergebnis der Nacheinanderausführung von $Z_{S;k_1}$ und $Z_{S;k_2}$ die **identische Abbildung**, d.h., das Bild einer Figur fällt mit dem Original zusammen. $Z_{S;k_2}$ macht die Streckung $Z_{S;k_1}$ rückgängig und wird deshalb auch **Umkehrabbildung** von $Z_{S;k_1}$ genannt.

■ Werden die zentrischen Streckungen $Z_{S;2}$ und $Z_{S;3}$ nacheinander ausgeführt, erhält man $Z_{S;6}$. Es ist gleichgültig, welche der Streckungen $Z_{S;2}$ oder $Z_{S;3}$ zuerst vorgenommen wird.

■ Die zentrischen Streckungen $Z_{S;2}$ und $Z_{S;0,5}$ liefern nacheinander ausgeführt mit $Z_{S;1}$ die identische Abbildung für jede Figur.

Gilt $S_1 \neq S_2$ und $k_1 \cdot k_2 \neq 1$ für die Streckungen $Z_{S1;k1}$ und $Z_{S2;k2}$, so liegt nach deren Nacheinanderausführung S auf der Geraden S_1S_2. (Bild a)
Gilt $S_1 \neq S_2$ und $k_1 \cdot k_2 = 1$ für die Streckungen $Z_{S1;k1}$ und $Z_{S2;k2}$, so erhält man mit deren Nacheinanderausführung eine **Verschiebung**. (Bild b)

■

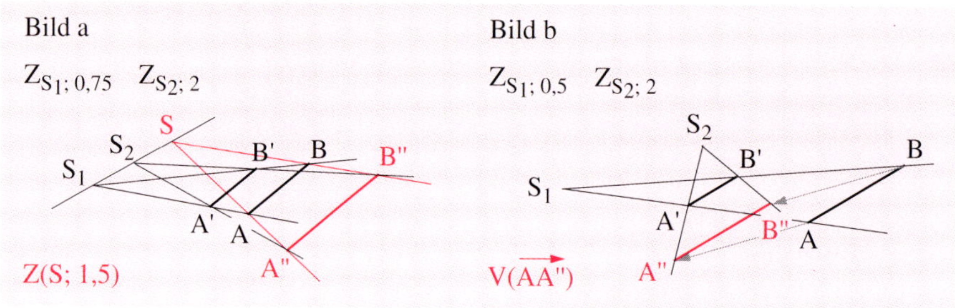

5.10.4 Ähnlichkeitsabbildungen

Begriffsbildung

Wird eine Figur zentrisch gestreckt, so sehen Original und Bild **ähnlich** aus. Insbesondere bleiben Streckenverhältnisse konstant und Winkelgrößen zwischen Strecken gleich. Dies gilt auch, wenn eine Originalfigur in eine Bildfigur durch eine **Bewegung** (Spiegelung, Drehung oder Verschiebung; vgl. Abschnitt 5.4) überführt wird. In diesen Fällen entsprechen die Streckenverhältnisse nicht nur einer Konstanten k, sondern es gilt sogar $k = 1$.

D Jede zentrische Streckung oder jede Bewegung oder auch jede Nacheinanderausführung einer zentrischen Streckung und einer Bewegung heißt **Ähnlichkeitsabbildung**
Den dabei genutzten Streckungsfaktor nennt man auch **Ähnlichkeitsfaktor** k.
Eine Figur F_1 heißt **ähnlich zu einer Figur** F_2, wenn es eine Ähnlichkeitsabbildung gibt, bei der F_1 auf F_2 abgebildet wird.
Man schreibt: $F_1 \sim F_2$. Man liest: F_1 ist ähnlich zu F_2.

Aus der Definition folgt, daß die Nacheinanderausführung zweier Ähnlichkeitsabbildungen wieder eine Ähnlichkeitsabbildung ist. Es können letztlich beliebig viele Bewegungen und zentrische Streckungen zu einer Ähnlichkeitsabbildung verknüpft werden.
Ähnlichkeitsabbildung ist der Oberbegriff für **Kongruenzabbildungen** (Bewegungen wie Geradenspiegelung, Verschiebung oder Drehung) und zentrische Streckungen.

Einteilung der Ähnlichkeitsabbildungen

Je nachdem, ob Bild und Original den gleichen Umlaufsinn besitzen oder nicht, spricht man von **gleichsinnigen** bzw. **ungleichsinnigen Abbildungen**. Dies ist auch eine Unterteilung der Ähnlichkeitsabbildungen.

Gleichsinnige Ähnlichkeitsabbildungen:

- Zentrische Streckung bzw. Nacheinanderausführung von zentrischen Streckungen

  (In der Abbildung ist die Nacheinanderausführung von zwei zentrischen Streckungen mit gleichem Streckungszentrum dargestellt.)

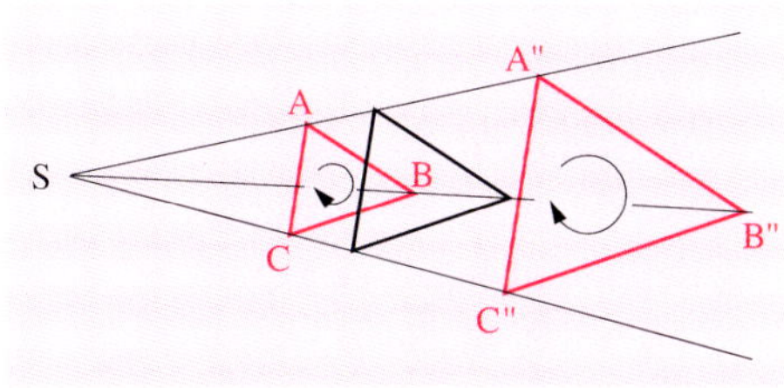

- **Drehstreckung**
  (Nacheinanderausführung einer zentrischen Streckung und einer Drehung)

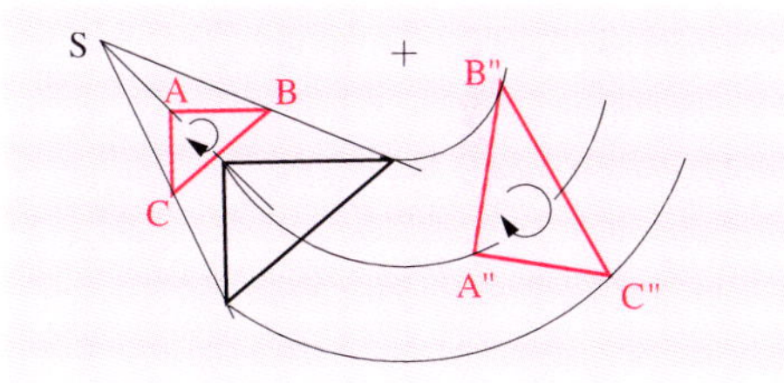

- Verschiebung und Drehung (vgl. Abschnitt 5.4.2, S. 193, 194)

Ungleichsinnige Ähnlichkeitsabbildungen:

- **Klappstreckung** oder
  Streckspiegelung
  (Nacheinanderausführung einer zentrischen Streckung und einer Geradenspiegelung)

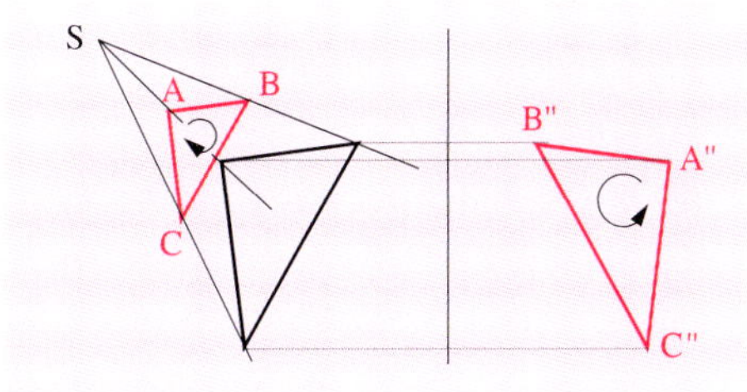

- **Schubspiegelung**
  (Verknüpfung einer Verschiebung mit einer Geradenspiegelung)

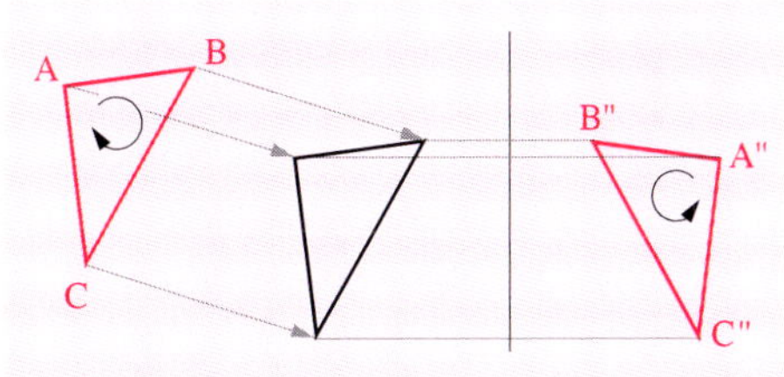

Eigenschaften von zueinander ähnlichen Figuren

S Jede Figur ist zu sich selbst ähnlich: $F_1 \sim F_1$.
Aus $F_1 \sim F_2$ folgt $F_2 \sim F_1$.
Aus $F_1 \sim F_2$ und $F_2 \sim F_3$ folgt $F_1 \sim F_3$.

5.10.5 Ähnlichkeitssätze für Dreiecke

Zwei Dreiecke sind zueinander ähnlich, wenn es eine Ähnlichkeitsabbildung gibt, bei der das eine Dreieck Bild des anderen ist. Die Ähnlichkeit von *Dreiecken* kann aber – wie die Kongruenz – leichter nachgewiesen werden:

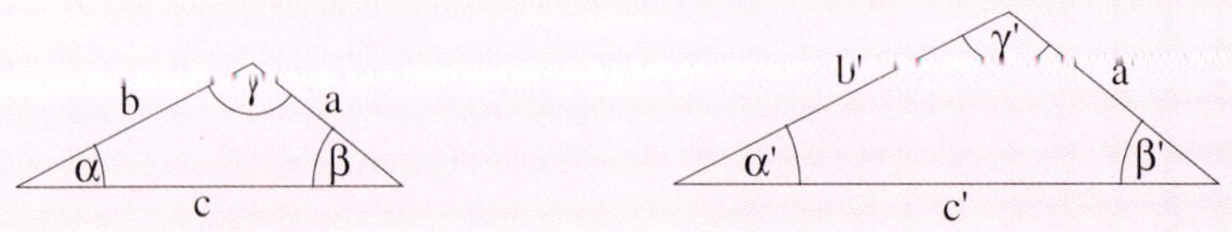

S Zwei Dreiecke sind zueinander ähnlich, wenn sie in zwei Winkeln übereinstimmen. (**Hauptähnlichkeitssatz**, ww)
Beispiel: $\beta' = \beta$ und $\gamma' = \gamma$ (entspricht dem Kongruenzsatz „wsw" für $k = 1$)

S Zwei Dreiecke sind zueinander ähnlich, wenn sie in einem Winkel übereinstimmen und die dem Winkel anliegenden Seiten gleiche Verhältnisse bilden.
Beispiel: $\gamma' = \gamma$; $a' : a = k$; $b' : b = k$ (entspricht dem Kongruenzsatz „sws" für $k = 1$)

S Zwei Dreiecke sind zueinander ähnlich, wenn jede Seite des einen Dreiecks mit je einer Seite des anderen Dreiecks das gleiche Verhältnis bildet.
$a' : a = k$; $b' : b = k$; $c' : c = k$ (entspricht dem Kongruenzsatz „sss" für $k = 1$)

S Zwei Dreiecke sind zueinander ähnlich, wenn zwei Seiten des einen Dreiecks mit je einer Seite des anderen Dreiecks gleiche Verhältnisse bilden und wenn die beiden Dreiecke in dem Winkel übereinstimmen, der jeweils der größeren der beiden Seiten gegenüberliegt.
Beispiel: $a' : a = k$; $b' : b = k$; $\beta' = \beta$; $(b > a)$
(entspricht dem Kongruenzsatz „SsW" für $k = 1$)

5.10.6 Anwendungen von Ähnlichkeitsabbildungen

Konstruktionen

Bei Konstruktionsaufgaben mit Hilfe der Ähnlichkeit geht man folgendermaßen vor:

1. Es wird eine Hilfsfigur konstruiert, die einem Teil der gestellten Bedingungen genügt.
2. Die gesuchte Figur wird konstruiert, indem man die Hilfsfigur geeignet vergrößert oder verkleinert.

■ Einem gegebenen Dreieck ABC ist ein Quadrat STUV so einzubeschreiben, daß $\overline{ST}$ auf $\overline{AB}$, U auf $\overline{BC}$ und V auf $\overline{AC}$ liegt.

Konstruktionshinweise:
Es wird ein beliebiges Quadrat $S_1T_1U_1V_1$ konstruiert, das zwei der gestellten Bedingungen (V_1 liegt auf $\overline{AC}$, S_1 und T_1 liegen auf $\overline{AB}$) erfüllt.
Durch eine zentrische Streckung mit dem Streckungszentrum A ist auch die 3. Bedingung (U liegt auf $\overline{BC}$) erfüllt.

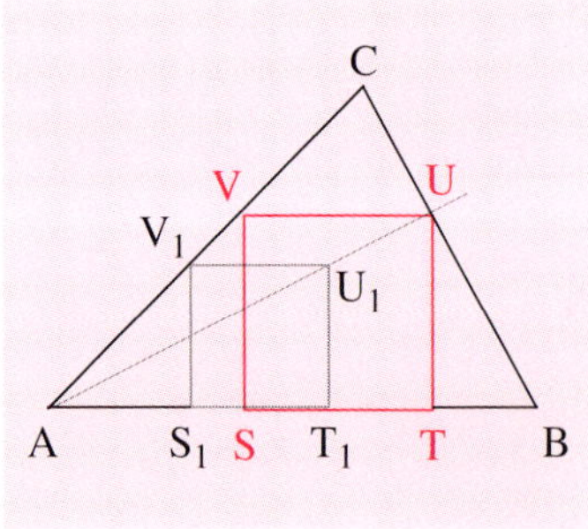

Es gibt auch Zeichengeräte zur Erzeugung von zueinander ähnlichen Figuren:

B Beispielsweise lassen sich mit dem **Storchschnabel** (**Pantograph**) Zeichnungen vergrößern bzw. verkleinern oder Gravuren ausführen.
Punkt S liegt fest. F markiert den entsprechenden Originalpunkt. Der Farbstift befindet sich auf dem Bildpunkt F'. In A, B, C und F' befinden sich Gelenke. Wird nun die abzubildende Figur umfahren, erhält man ein ähnliches Bild.
Durch Versetzen der Gelenkschrauben A und B können andere Ähnlichkeitsfaktoren eingestellt werden.

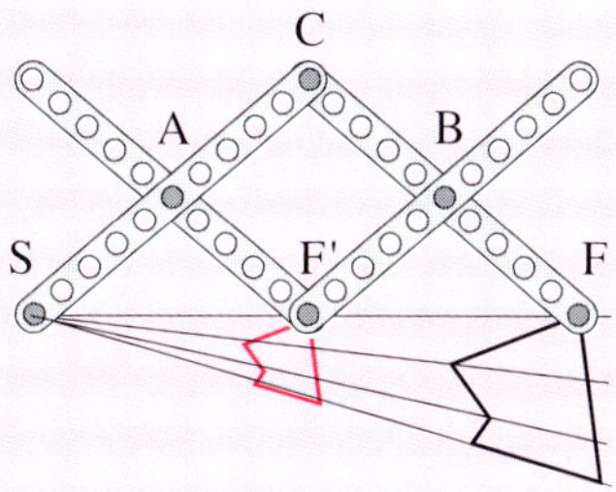

Beweise

Zahlreiche Beweise für fundamentale Sätze der Planimetrie und Stereometrie fußen auf den Ähnlichkeitssätzen für Dreiecke. Beispiele:

- Satz des PYTHAGORAS (vgl. S. 211)
- Kathetensatz (vgl. S. 212)
- Sehnensatz (vgl. S. 245)
- Sekantensatz (vgl. S. 245)

Auch Ähnlichkeitsabbildungen lassen sich beim Beweisen nutzen:

■ Man beweise: Die Mittelpunkte der Seiten eines beliebigen Vierecks bilden die Eckpunkte eines Parallelogramms. (vgl. Beweis im Abschnitt 8.4, S. 284)

Beweisgedanken:

Die Strecke $\overline{AC}$ in der nebenstehenden Figur erhält man sowohl aus $\overline{EF}$ durch die zentrische Streckung $Z_1(B; 2)$ als auch aus $\overline{GH}$ durch $Z_2(D; 2)$.

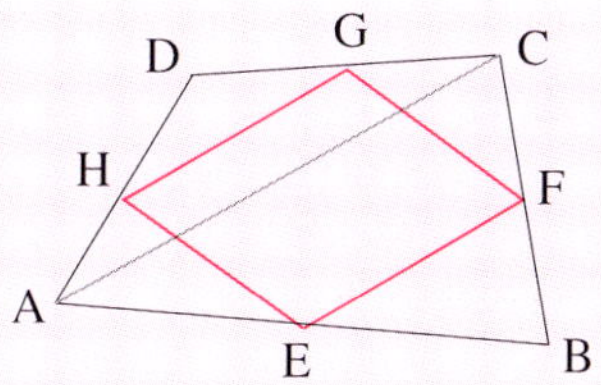

Es gilt also $\overline{EF} \parallel \overline{AC}$ und $\overline{GH} \parallel \overline{AC}$, woraus $\overline{EF} \parallel \overline{GH}$ folgt. Aus $\overline{AC} = 2\overline{EF} = 2\overline{GH}$ folgt $\overline{EF} = \overline{GH}$. $\overline{EF}$ und $\overline{GH}$ sind also parallel und gleich lang.

Maßstäbliche Vergrößerungen und Verkleinerungen

Man erhält zu einer (ebenen oder räumlichen) Figur eine ähnliche, wenn sie maßstäblich dargestellt wird. Dabei ist der **Maßstab** k das Verhältnis der Länge einer beliebigen Bildstrecke $\overline{A'B'}$ zur Länge der zugehörigen Originalstrecke $\overline{AB}$.
Gilt $k > 1$, so heißt die Bildfigur F' eine **maßstäbliche Vergrößerung**, gilt $0 < k < 1$, so heißt F' eine **maßstäbliche Verkleinerung** der Originalfigur F.

■ Oft werden maßstäbliche Modelle von Autos oder Eisenbahnen angefertigt. Es gibt z. B. Modelleisenbahnen in den Maßstäben 1 : 87 (H0), 1 : 120 (TT) oder 1 : 160 (N).
Der Maßstab 1 : 120 bedeutet: 1 cm am Modell entspricht 1,20 m am Original. Der Maßstab k beträgt $k = \frac{1\,\text{cm}}{1{,}20\,\text{m}} = \frac{1\,\text{cm}}{120\,\text{cm}} = \frac{1}{120}$. Da $k < 1$ ist, liegt eine maßstäbliche Verkleinerung vor.

■ Nebenstehend ist ein Schnitt durch ein Pantoffeltierchen vergrößert im Maßstab 200 : 1 dargestellt.
Im Bild beträgt die längste Ausdehnung des Einzellers 4 cm. Das echte Pantoffeltierchen ist demnach 4 cm : 200 = 40 mm : 200 = 0,2 mm lang.

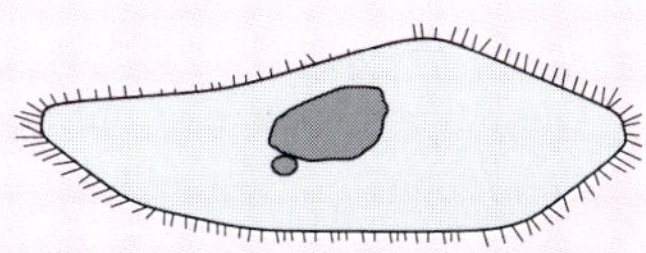

5

■ Meßtischblätter oder Stadtpläne haben im allgemeinen einen Maßstab von 1 : 25000. Das heißt, 1 cm auf der Karte entspricht 25000 cm = 250 m in der Natur. Dies ist ein größerer Maßstab als z. B. der Maßstab 1 : 1000000 bei Karten in Schulatlanten (1 cm auf der Karte entspricht 1000000 cm = 10000 m = 10 km in der Natur). Beides sind maßstäbliche Verkleinerungen. Exakte Ähnlichkeitsabbildungen sind Landkarten nicht, da die Höhe von geographischen Objekten vernachlässigt wird.

Ähnliche Körper

Ähnlichkeitsabbildungen kann man auch im Raum betrachten. So wurde die nebenstehend abgebildete Pyramide ABCDS durch die zentrische Streckung Z(S; 2) in die Pyramide A'B'C'D'S' überführt.

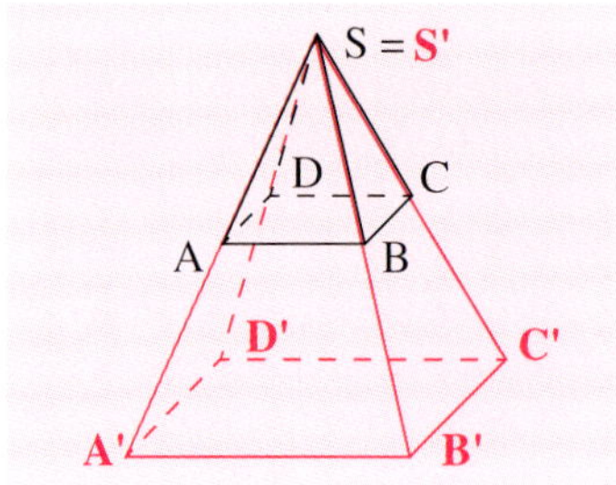

Alle Eigenschaften von zentrischen Streckungen (bzw. allgemein von Ähnlichkeitsabbildungen) sind ebenfalls im Raum gültig. Darüber hinaus gilt für Oberflächeninhalte und Volumina folgender Satz:

S Besitzen zwei ähnliche Körper K und K' mit dem Ähnlichkeitsfaktor k die Oberflächeninhalte A_{O_K} und $A_{O_{K'}}$ bzw. die Volumina V_K und $V_{K'}$, so gilt:
$A_{O_{K'}} = k^2 \cdot A_{O_K}$ und $V_{K'} = k^3 \cdot V_K$.

■ Hat die Pyramide ABCDS in der obigen Abbildung einen Oberflächeninhalt von $4\,\text{dm}^2$ und ein Volumen von $0{,}47\,\text{dm}^3$, so besitzt ihr Bild bei Z(S; 2) einen Oberflächeninhalt
$A_{O_{K'}} = 2^2 \cdot A_{O_K} = 4 \cdot A_{O_K} = 4 \cdot 4\,\text{dm}^2 = 16\,\text{dm}^2$ und ein Volumen
$V_{K'} = 2^3 \cdot V_K = 8 \cdot V_K = 8 \cdot 0{,}47\,\text{dm}^3 = 3{,}76\,\text{dm}^3$.

Berechnungen von Schnittfiguren

■ Wenn eine dreiseitige Pyramide mit der Höhe $h = 8\,\text{cm}$ und der Grundfläche A_G, einem rechtwinkligen Dreieck mit den Seiten $a = 3\,\text{cm}$, $b = 4\,\text{cm}$ und $c = 5\,\text{cm}$, durch eine zur Grundfläche parallele Ebene geschnitten wird, entsteht ein Pyramidenstumpf. Die Schnittebene habe einen Abstand von $d = 3\,\text{cm}$ zur Grundfläche. Wie groß ist die Deckfläche A_D des Stumpfes? Wie lang sind ihre Seiten?

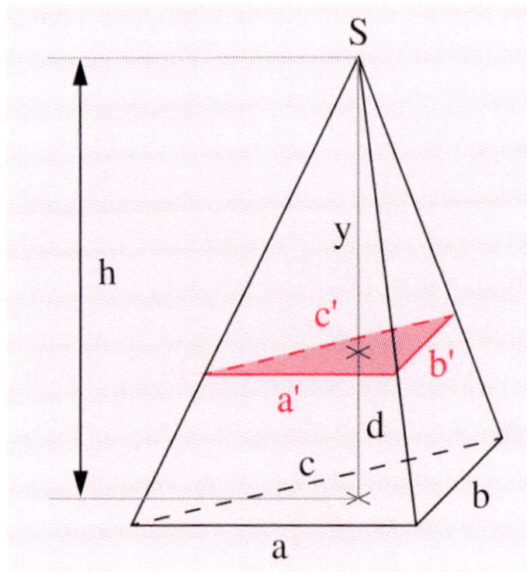

Es ist aus der Aufgabenstellung nicht ersichtlich, wo der Höhenfußpunkt der Pyramide liegt. Es kann durchaus eine schiefe Pyramide vorliegen, der **Satz des PYTHAGORAS** ist nur bedingt anwendbar.

Ähnlichkeitseigenschaften helfen weiter: Die gesuchte Fläche A_D erhält man durch die zentrische Streckung $Z(S;\ x = \frac{y}{h} = \frac{h-d}{h} = \frac{5}{8})$. Damit gilt $A_D = (\frac{5}{8})^2 \cdot A_G$. Da die Grundfläche $A_G = \frac{3 \cdot 4}{2}\,\text{cm}^2 = 6\,\text{cm}^2$ groß ist, folgt für $A_D = \frac{25}{64} \cdot 6\,\text{cm}^2 \approx 2{,}34\,\text{cm}^2$.
Die Seitenkanten sind mit dem Ähnlichkeitsfaktor $\frac{5}{8}$ zu multiplizieren und man erhält $a' = \frac{5}{8} \cdot a = \frac{5}{8} \cdot 3\,\text{cm} = 1{,}875\,\text{cm} \approx 1{,}9\,\text{cm}$, $b' = 2{,}5\,\text{cm}$ und $c' = 3{,}125\,\text{cm} \approx 3{,}1\,\text{cm}$.
Zur Probe kann man A_D mit den ermittelten Seiten a' und b' berechnen.

5.11 Kreis und Berechnungen am Kreis

5.11.1 Definition und Teile des Kreises

Definition

D Der **Kreis** ist die Menge aller Punkte einer Ebene, die von einem festen Punkt dieser Ebene, dem **Mittelpunkt** oder **Zentrum**, den gleichen Abstand haben. Dieser Abstand heißt **Radius** oder **Halbmesser** und wird meist mit dem Buchstaben r bezeichnet.

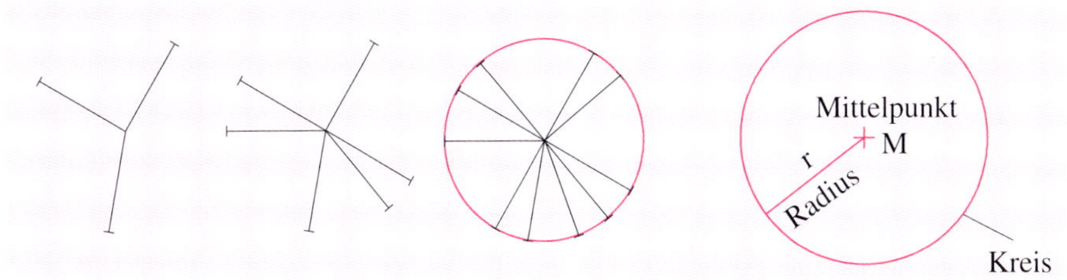

Nach dieser Definition ist der Kreis eine Linie. Der Mittelpunkt ist zum Beispiel kein Punkt dieser Linie, also kein Punkt des Kreises.

Oft versteht man jedoch unter einem „Kreis" sowohl diese Linie als auch die von ihr eingeschlossene Fläche. Dann müßte man den Begriff etwa so definieren:

D Der **Kreis** ist die Menge aller Punkte einer Ebene, die von einem festen Punkt dieser Ebene höchstens den Abstand r haben (oder: einen Abstand haben, der kleiner oder gleich r ist).

5

Im Zweifelsfalle spricht man häufig von einer „Kreislinie" oder einer „Kreisfläche". Ist die Kreisfläche gemeint, so bezeichnet man die Kreislinie als deren **Umfang** oder **Peripherie**.

H Die Definition des Kreises geht auf den griechischen Mathematiker EUKLID (um 365 – um 300 v. u. Z.) zurück. Er begründete in seinem Werk „Elemente" die Mathematik als Wissenschaft.

Teile des Kreises

Zwei verschiedene Radien schneiden aus der Kreislinie einen Teil heraus, der **Kreisbogen**, und aus der Kreisfläche einen Teil heraus, der **Kreisausschnitt** oder **Kreissektor** genannt wird.

Ein Teil der Kreisfläche, der von einer Sehne und einem Kreisbogen begrenzt wird, heißt **Kreisabschnitt** oder **Kreissegment**.

Ein Halbkreis ist sowohl ein Kreissektor als auch ein Kreissegment.

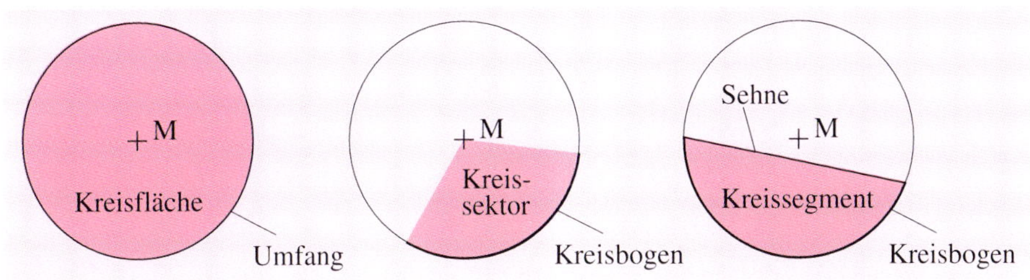

5.11.2 Zeichnen von Kreisen und Ellipsen

Wegen der Regelmäßigkeit ihrer Formen werden Kreise und Teile von Kreisen häufig in Ornamenten verwendet. Beispiele:

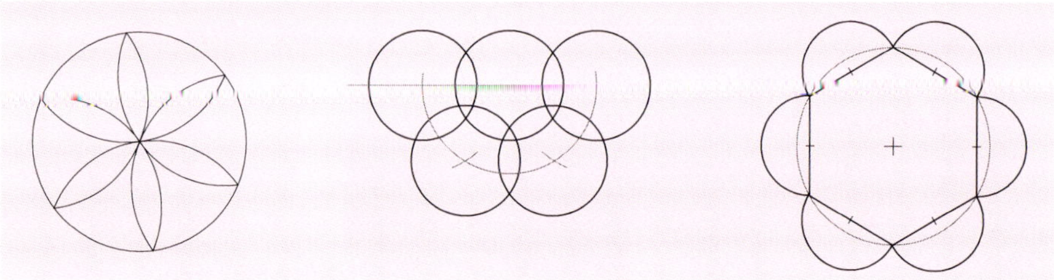

Zeichnen von Kreisen mit dem Zirkel

Man markiert zuerst den Mittelpunkt und stellt dann, falls ein bestimmter Radius vorgeschrieben ist, die Zirkelspanne auf einer Skala (z. B. eines Lineals) ein, setzt die Zirkelspitze auf den Mittelpunkt und zeichnet die Kreislinie.

Gärtnerkonstruktion von Kreis und Ellipse

Um ein kreisrundes Beet abzustecken, benutzt der Gärtner eine Schnur, an deren beiden Enden Pflöcke befestigt sind. Der eine wird fest in die Erde gesteckt und dient als Mittelpunkt. Der andere wird mit der Spitze am Ende der gestrafften Schnur über den Erdboden gezogen, auf dem er eine Spur in Form eines Kreises hinterläßt. Die Größe des Beetes läßt sich durch die Länge der Schnur festlegen.
Vor allem dann, wenn es nicht auf die Größe des Kreises ankommt, kann man Kreise auch durch Umfahren eines runden Gegenstandes oder unter Benutzung von Schablonen (z.B. auf manchen Winkelmessern) zeichnen. Allerdings kennt man in diesen Fällen dann den Kreismittelpunkt nicht.

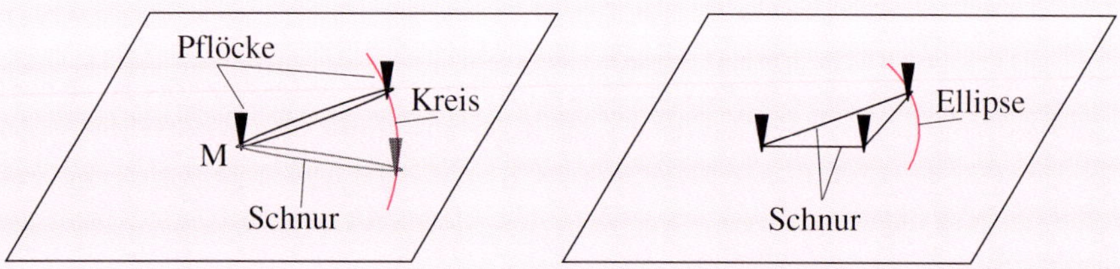

„Gärtnerkonstruktionen“ von Kreis und Ellipse

Mit dem Kreis „verwandt“ ist die **Ellipse,** gewissermaßen ein in die Länge gezogener Kreis. Sie tritt z.B. beim Schrägschnitt eines kreisrunden Gegenstandes (Wurst) oder als Schatten einer kreisförmigen Fläche auf.

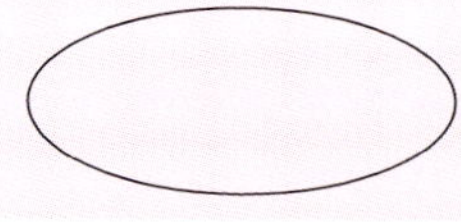

Um ein ellipsenförmiges Beet zu erhalten, steckt man zwei Pflöcke im gewünschten Abstand voneinander fest in den Boden und legt um beide eine Schnur herum, die länger sein muß als der doppelte Abstand beider Pflöcke voneinander.

In die „Schlaufe“ steckt man einen dritten spitzen Pflock, zieht ihn so weit ab, daß die Schnur gestrafft ist, und fährt um die Pflöcke herum, wobei man eine Spur in der Erde zieht. Auf diese Weise erhält man eine Ellipse.
Es gibt allerdings auch Ellipsenzirkel, man kann Schablonen benutzen oder Ellipsen punktweise (z. B. mit Mitteln der Darstellenden Geometrie; vgl. Abschnitt 7.3.2) konstruieren.

5.11.3 Kreis und Punkte

Für die gegenseitige Lage eines Kreises und eines Punktes P der gleichen Ebene gibt es drei verschiedene Möglichkeiten:

(1) Ist der Abstand des Punktes P vom Mittelpunkt M des Kreises kleiner als der Radius, so liegt P innerhalb des Kreises. Man nennt solche Punkte **innere Punkte** (des Kreises).

(2) Ist der Abstand des Punktes P vom Mittelpunkt des Kreises so groß wie der Radius, so liegt P auf dem Kreis (der Kreislinie).

(3) Ist der Abstand des Punktes P vom Mittelpunkt des Kreises größer als der Radius, so liegt P außerhalb des Kreises. Man nennt solche Punkte **äußere Punkte** (des Kreises).

In der Abbildung sind A und B (und M) innere Punkte, E und F äußere Punkte des Kreises, und C und D liegen auf dem Kreis.

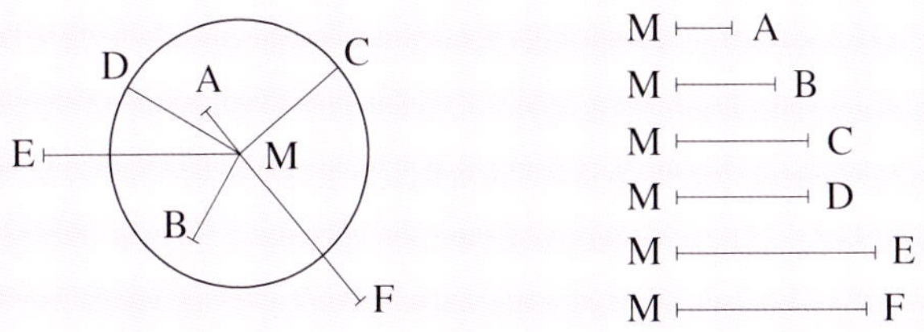

$|\overline{MA}| < r$
$|\overline{MB}| < r$
$|\overline{MC}| = r$
$|\overline{MD}| = r$
$|\overline{ME}| > r$
$|\overline{MF}| > r$

5.11.4 Kreis und Geraden

Linien am Kreis

Ein Kreis und eine Gerade in der gleichen Ebene können (in Abhängigkeit vom Abstand a der Geraden zum Mittelpunkt des Kreises) zwei Punkte oder einen Punkt oder keinen Punkt gemeinsam haben.

D Eine Gerade, die einen Kreis in zwei Punkten schneidet, heißt **Sekante**.
Der Teil der Sekante, der innerhalb des Kreises (einschließlich der Randpunkte) liegt, heißt **Sehne.** Die längste Sehne eines Kreises ist die durch den Mittelpunkt des Kreises. Sie wird der **Durchmesser** des Kreises genannt und gewöhnlich mit d bezeichnet.

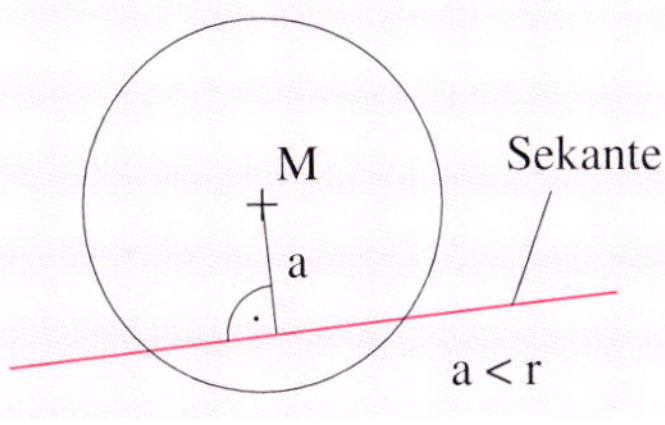

S Jeder Durchmesser eines Kreises ist doppelt so lang wie der Radius dieses Kreises. Es gilt $d = 2r$.

D Eine Gerade, die den Kreis in einem Punkt berührt, heißt **Tangente**. Der Punkt, den sie mit dem Kreis gemeinsam hat, heißt **Berührungspunkt**, den Radius zum Berührungspunkt nennt man **Berührungsradius**.

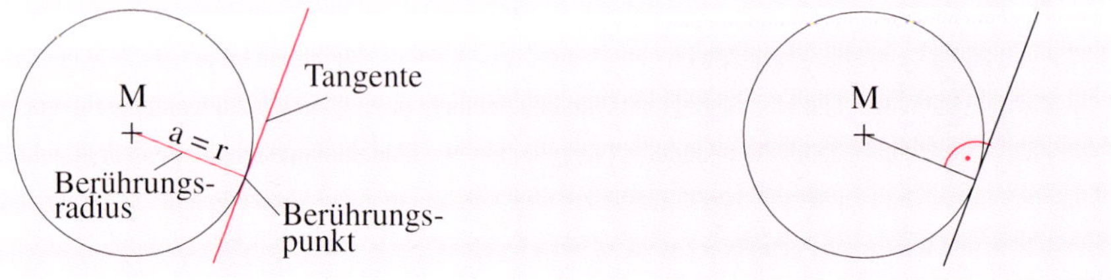

S Kreistangente und Berührungsradius stehen senkrecht aufeinander.

D Eine Gerade, die den Kreis weder schneidet noch berührt, wird **Passante** genannt.

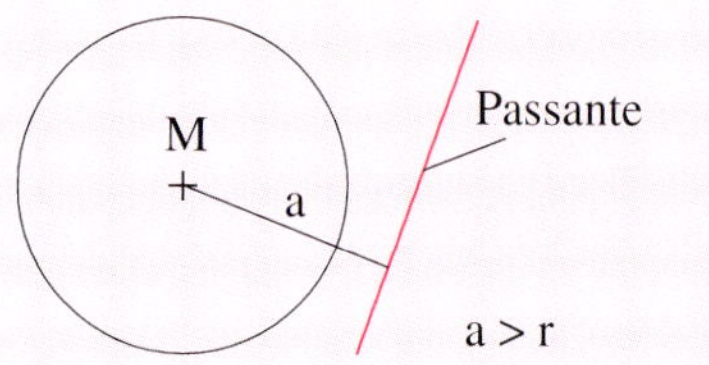

Konstruktion von Tangenten

(1) Gegeben seien ein Kreis k um M und ein Punkt P auf dem Kreis. Es soll die Tangente an den Kreis in P konstruiert werden.

Man benutzt den Satz über das Senkrechtstehen (die Orthogonalität) von Tangente und Berührungsradius. Man zeichnet den Berührungsradius $\overline{MP}$ und konstruiert die Senkrechte dazu in P. Sie ist die gesuchte Tangente.

(2) Gegeben seien ein Kreis k um M und ein Punkt P außerhalb des Kreises. Gesucht sind die Tangenten an k, die durch P verlaufen.

Die Konstruktion verläuft in folgenden Schritten:

- Man verbindet P mit dem Mittelpunkt M des Kreises.
- Man konstruiert (z.B. mit Hilfe der Mittelsenkrechten) den Mittelpunkt S von $\overline{MP}$.
- Man zeichnet den Kreis mit dem Radius $\overline{SM} = \overline{SP}$ um S. Er schneidet den Kreis k in zwei Punkten, die T_1 und T_2 genannt sein mögen.
- Man zeichnet die Geraden durch P und T_1 sowie durch P und T_2. Sie sind die gesuchten Tangenten.

Diese Konstruktion beruht auf dem **Satz von Thales** bzw. der Umkehrung dieses Satzes.
(Übrigens sind die Tangentenabschnitte $\overline{PT_1}$ und $\overline{PT_2}$ gleich lang, und $\overline{MP}$ halbiert den Winkel T_2PT_1 .)

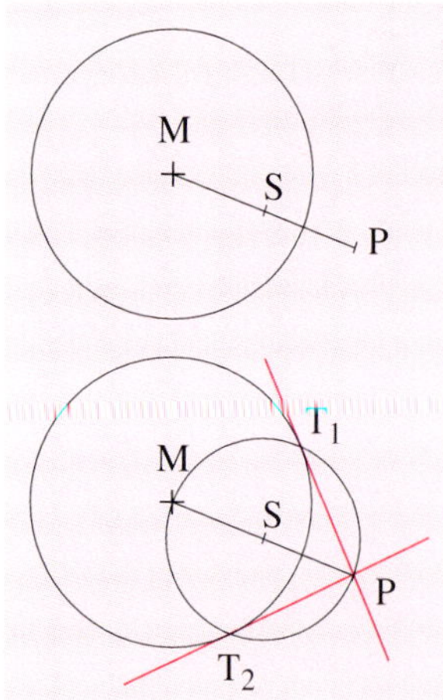

Sehnensatz

S Schneiden in einem Kreis zwei Sehnen einander, so ist das Produkt aus den beiden Abschnitten der einen Sehne gleich dem Produkt aus den beiden Abschnitten der anderen Sehne.

Beweis:

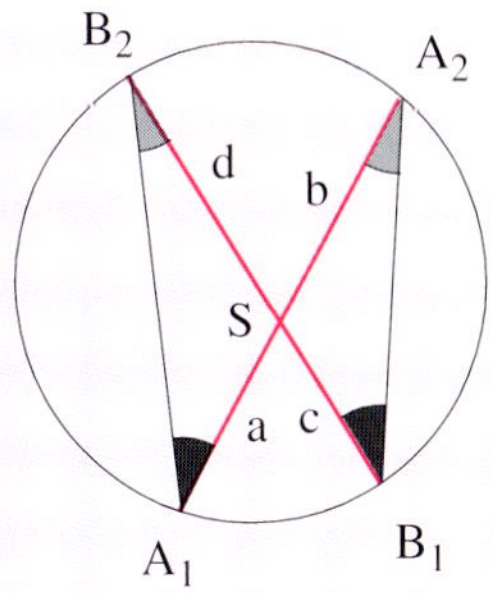

Voraussetzung:
A_1, A_2, B_1 und B_2 liegen auf einem Kreis.

Behauptung:
$\overline{A_1S} \cdot \overline{A_2S} = \overline{B_1S} \cdot \overline{B_2S}$ bzw. $a \cdot b = c \cdot d$

Beweisschritte:

(1) Man zeichnet die Strecken $\overline{A_1B_2}$ und $\overline{B_1A_2}$ ein.

(2) $\sphericalangle B_1B_2A_1 = \sphericalangle B_1A_2A_1$ (als Peripheriewinkel über dem gleichen Bogen A_1B_1)

(3) $\sphericalangle B_2A_1A_2 = \sphericalangle B_2B_1A_2$ (als Peripheriewinkel über dem gleichen Bogen A_2B_2)

(4) $\triangle A_1SB_2 \sim \triangle A_2SB_1$ (nach dem Hauptähnlichkeitssatz)

(5) $\frac{a}{d} = \frac{c}{b}$ (als entsprechende Stücke zueinander ähnlicher Dreiecke)

(6) $a \cdot b = c \cdot d$

Der Sehnensatz gilt natürlich auch für den besonderen Fall, daß die eine Sehne ein Durchmesser ist und die andere darauf senkrecht steht.
In diesem Fall erhält man gewissermaßen als Spezialfall des Sehnensatzes den **Höhensatz** (vgl. Abschnitt 5.6.3, S. 213): $h \cdot h = p \cdot q$.

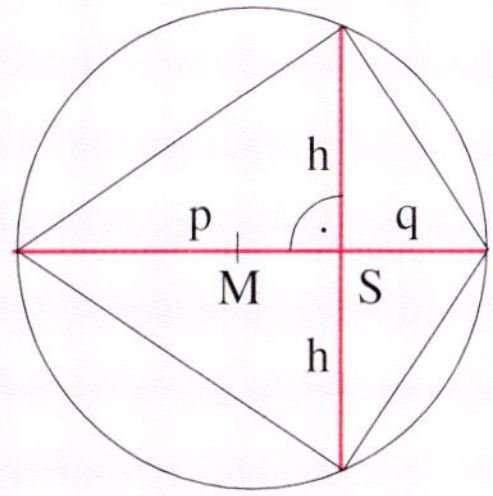

Sekantensatz

S Schneiden zwei Sekanten eines Kreises einander außerhalb des Kreises, so ist das Produkt der Abschnitte vom Sekantenschnittpunkt bis zu den Schnittpunkten mit den Kreisen bei beiden Sekanten gleich groß.

Behauptung (bezogen auf die Abbildung):
$\overline{A_1S} \cdot \overline{A_2S} = \overline{B_1S} \cdot \overline{B_2S}$

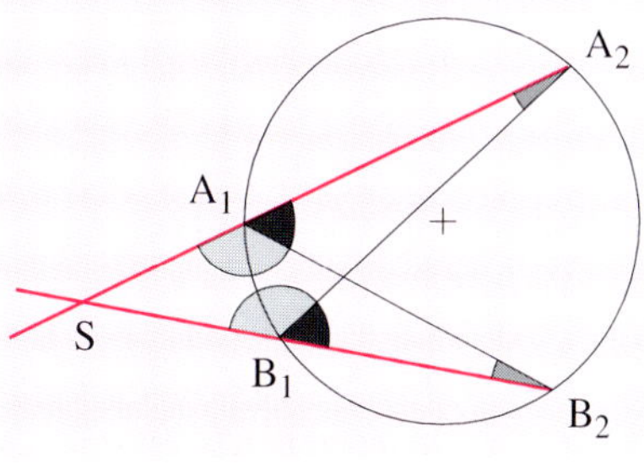

Beweisgedanken:
Mit Hilfe des Peripheriewinkelsatzes läßt sich die Gleichheit der in der Skizze entsprechend gekennzeichneten Winkel und damit die Ähnlichkeit der Dreiecke SB_2A_1 und SB_1A_2 nachweisen.

5.11.5 Zwei Kreise

Zwei verschiedene Kreis in der gleichen Ebene können zwei Punkte oder einen Punkt oder keinen gemeinsam haben. Welcher dieser Fälle eintritt, hängt davon ab, in welcher Beziehung ihre Radien zum Abstand ihrer Mittelpunkte stehen.

(1) Zwei gemeinsame Punkte (Schnittpunkte)

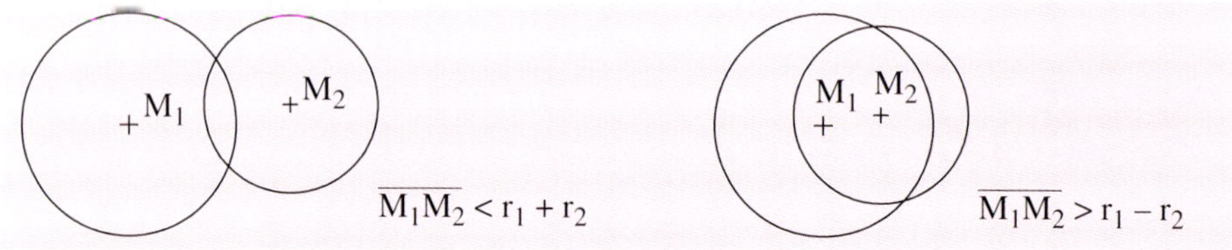

(2) Ein gemeinsamer Punkt (Berührungspunkt)

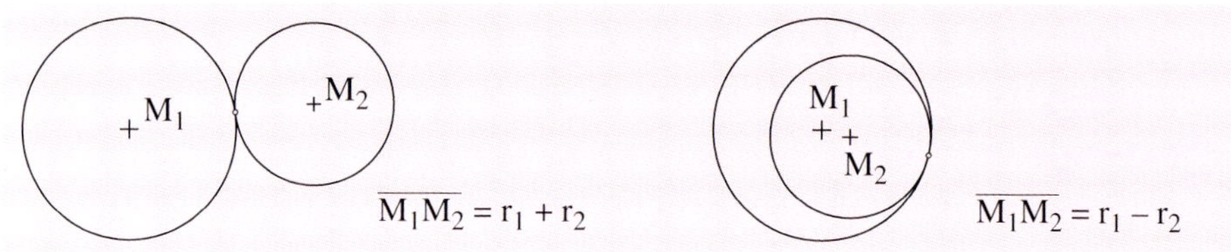

(3) Kein gemeinsamer Punkt

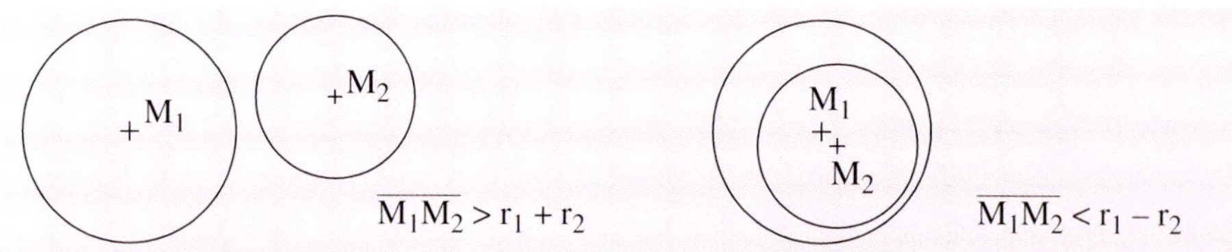

Ein besonderer Fall liegt vor, wenn zwei Kreise den gleichen Mittelpunkt, aber verschiedene Radien haben.
Solche Kreise nennt man **konzentrische Kreise.**
Die Fläche, die zwischen ihnen liegt, wird **Kreisring** genannt.

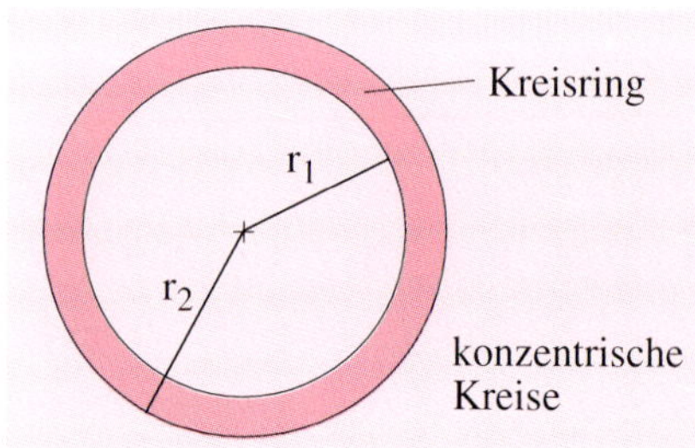

5.11.6 Symmetrieeigenschaften des Kreises

Jeder Kreis ist **zentralsymmetrisch** (drehsymmetrisch, punktsymmetrisch) mit seinem Mittelpunkt als Drehzentrum. Er geht bei jeder Drehung um diesen Punkt in sich selbst über.

Jeder Kreis ist auch **axialsymmetrisch**, und jede Gerade durch den Mittelpunkt des Kreises, also jeder zu einer Geraden verlängerte Durchmesser ist Symmetrieachse des Kreises. Der Kreis hat mithin unendlich viele Symmetrieachsen.

Im Zusammenhang damit steht folgende Überlegung: Da die Endpunkte einer jeden Sehne als Punkte der Kreislinie den gleichen Abstand vom Mittelpunkt des Kreises haben, muß die Symmetrieachse der Sehne, d.h. ihre Mittelsenkrechte, den Mittelpunkt des Kreises enthalten.

S Die Mittelsenkrechte einer Kreissehne geht durch den Mittelpunkt des Kreises.

Auf diesem Satz beruht die Lösung der Aufgabe, zu einem gegebenen Kreis, dessen Mittelpunkt nicht bekannt ist (der z.B. durch Umfahren eines runden Gegenstandes erzeugt worden ist), den Mittelpunkt zu konstruieren. Man kann dabei wie folgt verfahren:
Man zeichnet in den Kreis zwei geeignete Sehnen (s_1 und s_2) ein und konstruiert deren Mittelsenkrechten (m_1 und m_2). Der Schnittpunkt der Mittelsenkrechten ist der gesuchte Mittelpunkt des Kreises.

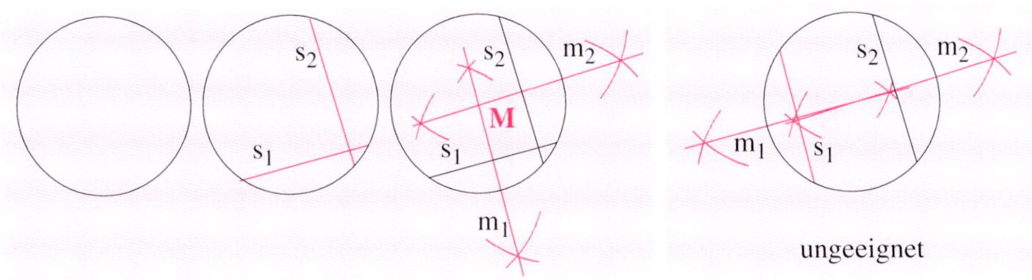

Bemerkung: „Geeignet" heißt hier, daß man zwei Sehnen wählt, die möglichst annähernd senkrecht zueinander sind, damit ihre Mittelsenkrechten einen gut zu erkennenden Schnittpunkt haben.

Das gleiche Verfahren kann auch benutzt werden, wenn z. B. nur ein Kreisbogen vorliegt, der zu einem vollen Kreis ergänzt werden soll.
Da ein Kreis durch drei Punkte festgelegt ist, genügen im Grunde drei Punkte einer Ebene, ihn zu konstruieren.
Daraus ergeben sich in jedem Falle (mindestens) zwei Sehnen, die für die Konstruktion ausreichen. Faßt man die drei Punkte als Eckpunkte eines Dreiecks auf, so entspricht die Konstruktion der des Umkreises eines Dreiecks (vgl. S. 203).

5

5.11.7 Umkreis und Inkreis; Sehnenvierecke

D Unter dem **Umkreis eines n-Ecks** versteht man den Kreis, der durch alle Eckpunkte des n-Ecks geht. Die Seiten des n-Ecks sind dabei sämtlich Sehnen dieses Kreises.

Jedes Dreieck hat genau einen Umkreis. Sein Mittelpunkt ist der Schnittpunkt der Mittelsenkrechten der drei Seiten (s. Abschnitt 5.5.4, S. 203).
Dagegen hat nicht jedes Viereck einen Umkreis. Doch gibt es Vierecke, die einen Umkreis besitzen. Man nennt sie **Sehnenvierecke**.

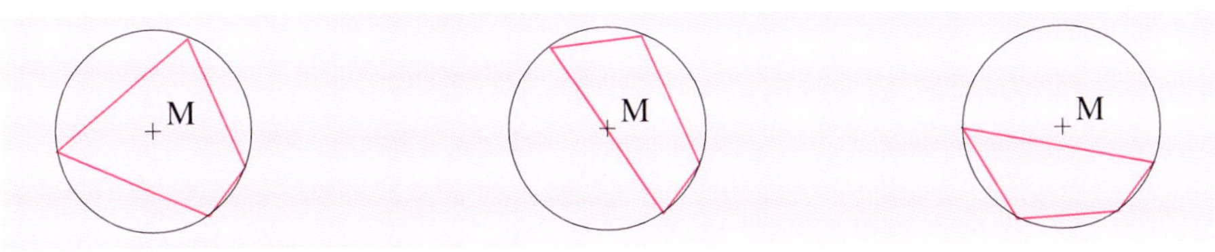

Einige Vierecksarten gehören zu den Sehnenvierecken. Alle Rechtecke (und demzufolge alle Quadrate) sowie alle gleichschenkligen Trapeze haben einen Umkreis.

Für alle Sehnenvierecke gilt folgender Satz:

S Die Summe der gegenüberliegenden Winkel eines Sehnenvierecks beträgt 180°

Der Beweis sei hier für den Fall geführt, daß der Mittelpunkt des Umkreises innerhalb des Sehnenvierecks liegt.

Behauptung:
$\sphericalangle DAB + \sphericalangle BCD = \sphericalangle ABC + \sphericalangle CDA = 180°$

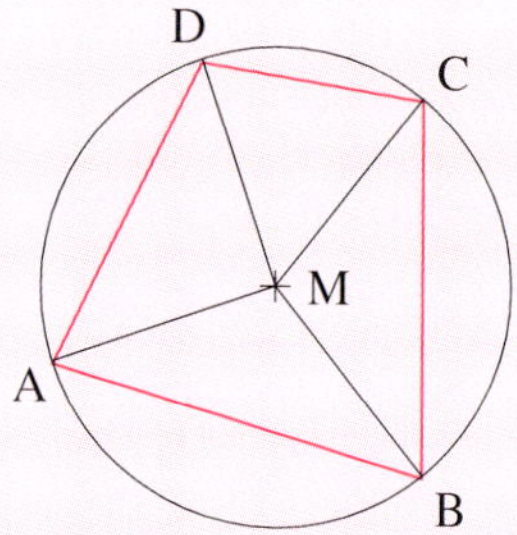

Voraussetzung:
A, B, C und D liegen auf einem Kreis um M, d.h., es gilt
$\overline{MA} = \overline{MB} = \overline{MC} = \overline{MD}$.

Beweisschritte:
Die Voraussetzung legt nahe, die Strecken $\overline{MA}$, $\overline{MB}$, $\overline{MC}$ und $\overline{MD}$ einzuzeichnen. Dadurch entstehen die gleichschenkligen Dreiecke ABM, BCM, CDM und DAM. In ihnen sind die an der Seite des Vierecks liegenden Winkel als Basiswinkel jeweils einander gleich. Sie sind in der Abbildung mit dem gleichen Buchstaben (α, β, γ bzw. δ) bezeichnet.

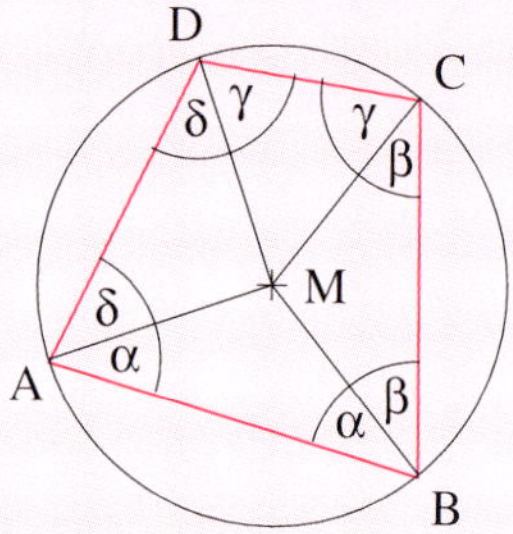

Somit gilt: $\sphericalangle DAB + \sphericalangle BCD = \alpha + \beta + \gamma + \delta = s$
und $\sphericalangle ABC + \sphericalangle CDA = \alpha + \beta + \gamma + \delta = s$.
Da die Summe aller vier Innenwinkel des Vierecks 360° beträgt, folgt aus $2s = 360°$ sofort $s = 180°$.
Damit ist die Behauptung für diesen Fall bewiesen.

Für die anderen beiden Fälle (M auf einer Seite des Vierecks oder M außerhalb des Vierecks) verläuft der Beweis analog.

Auch alle regelmäßigen Vielecke (vgl. Abschnitt 5.9.2) besitzen einen Umkreis. Er wird häufig zur Konstruktion solcher Vielecke benutzt.
Aus der Anzahl der Eckpunkte folgt unmittelbar die Größe des zu einem der Teildreiecke gehörigen Zentriwinkels. Man nennt solche in den Umkreis hinein gezeichneten Vielecke **einbeschriebene Vielecke**

Einbeschriebene Vielecke

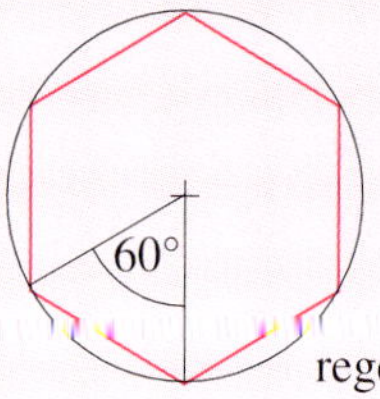

regelmäßiges Sechseck

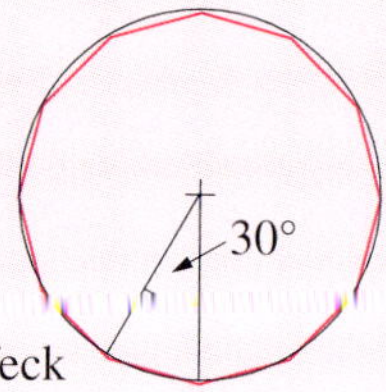

regelmäßiges Zwölfeck

D Unter dem **Inkreis eines Vielecks** versteht man den Kreis, der alle Seiten des Vielecks (von innen) berührt.
Die Seiten des Vielecks sind dann Tangenten des Inkreises. Man benutzt dafür auch die Formulierung **umbeschriebenes Vieleck**

Alle Dreiecke und alle regelmäßigen n-Ecke besitzen einen Inkreis. Als Beispiel sind die Inkreise eines Dreiecks und eines regelmäßigen Fünfecks dargestellt.

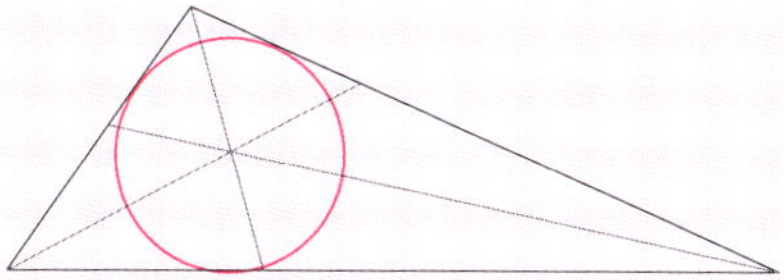

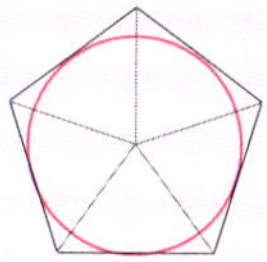

5.11.8 Winkel am Kreis

Zentriwinkel; Peripheriewinkel

D Ein Winkel, dessen Scheitelpunkt der Mittelpunkt eines Kreises ist und dessen Schenkel auf zwei verschiedenen Radien liegen, heißt **Zentriwinkel**. Zu jedem Zentriwinkel gehören eine bestimmte Sehne und ein bestimmter Bogen.

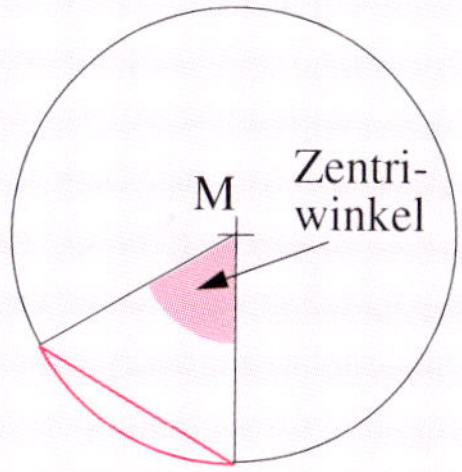

■ Zu einem Zentriwinkel von 60° gehört zum Beispiel ein Bogen, der ein Sechstel des Umfangs beträgt, und eine Sehne, die so lang ist wie der Radius des Kreises.

D Ein Winkel, dessen Scheitelpunkt auf der Kreislinie (dem Kreisumfang oder der Peripherie) liegt und dessen Schenkel auf zwei verschiedenen Sehnen dieses Kreises liegen, heißt **Peripheriewinkel**.
Zu jedem Peripheriewinkel gehören ein bestimmter Kreisbogen und eine bestimmte Sehne des Kreises.

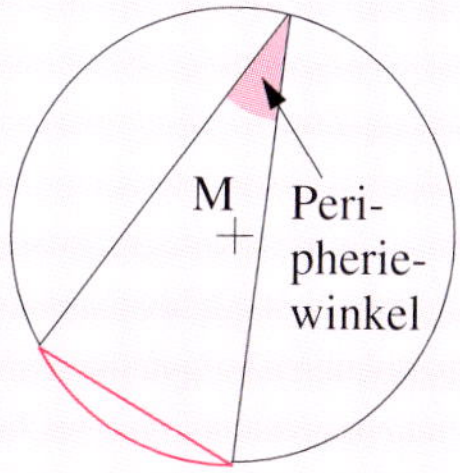

Satz von THALES

S Jeder Peripheriewinkel über dem Halbkreis bzw. Durchmesser ist ein rechter Winkel.

Für den Satz von THALES gibt es zahlreiche verschiedene Beweise. Beim folgenden ist die in der Abbildung benutzte Bezeichnung zugrunde gelegt.

Voraussetzung:
A, B und C liegen auf dem Kreis um M, $\overline{AB}$ ist ein Durchmesser dieses Kreises.

Behauptung: $\gamma = 90°$

Beweisschritte:

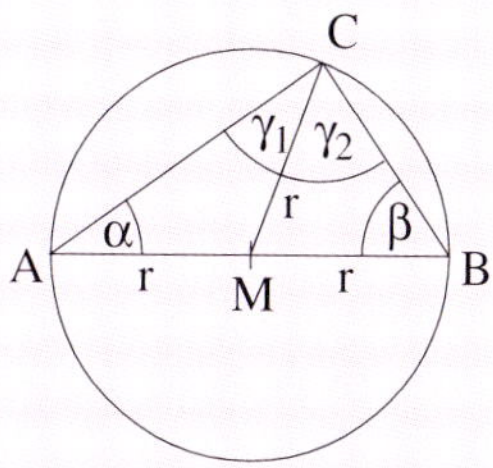

(1) $\alpha = \gamma_1$ (als Basiswinkel im gleichschenkligen Dreieck AMC)
(2) $\beta = \gamma_2$ (als Basiswinkel im gleichschenkligen Dreieck MBC)
(3) $\alpha + \beta = \gamma_1 + \gamma_2 = \gamma$ (aus (1) und (2))
(4) $\alpha + \beta + \gamma = 180°$ (Winkelsumme im Dreieck ABC)
(5) $2\gamma = 180°$ (aus (3) und (4)) $\Rightarrow$ (6) $\gamma = 90°$ (Was zu beweisen war.)

Ein anderer Beweis ergibt sich aus folgendem Gedankengang:

(1) Man spiegelt das Dreieck ABC an der Geraden AB.
Gemäß den Symmetrieeigenschaften des Kreises liegt auch der Bildpunkt C' von C auf dem Kreis.
AC'BC ist damit ein Sehnenviereck.

(2) Die Innenwinkel bei C und C' ergeben daher zusammen 180°. Da sie aber – durch eine Spiegelung entstanden – auch gleich sind, ist jeder 90° groß.

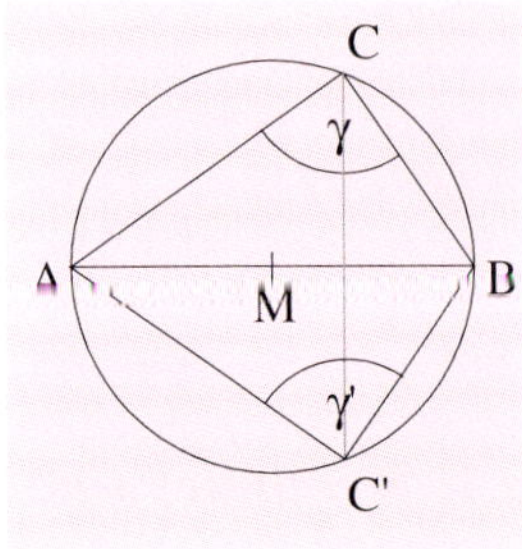

H THALES VON MILET (um 630 – um 547 v. u. Z.) war ein griechischer Philosoph und Mathematiker, der wohl als erster mathematische Sätze mit Beweisen aussprach, so u. a. den Satz über die Winkelsumme im Dreieck, den Satz über Basiswinkel im gleichschenkligen Dreieck und den nach ihm benannten Satz, der allerdings schon den Babyloniern bekannt gewesen sein soll. THALES soll mit Hilfe mathematischer Sätze die Entfernung von Schiffen vor der Küste und bei einem Aufenthalt im Ägypten die Höhe der Pyramiden ermittelt haben. Er galt als einer der „Sieben Weisen" Griechenlands.

Zum Satz von THALES läßt sich folgende Umkehrung bilden:

S Die Scheitelpunkte aller rechten Winkel, deren Schenkel durch A und B gehen, liegen auf einem der beiden Halbkreise *über* $\overline{AB}$ (mit dem Durchmesser $\overline{AB}$).

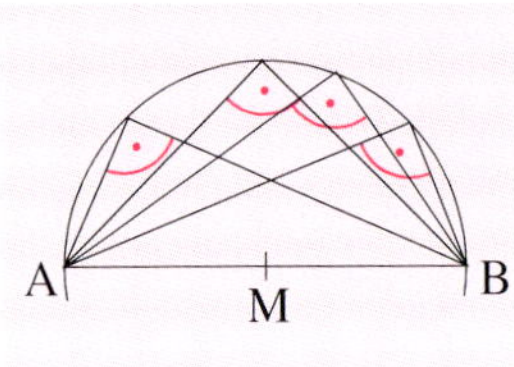

Diese Umkehrung ist ebenfalls ein richtiger Satz. Auf ihm beruht z. B. die Konstruktion von Tangenten an einen Kreis von einem Punkt außerhalb des Kreises (vgl. S. 244).

Wie dieser Satz besagt und die Abbildung zeigt, haben alle Winkel über dem Durchmesser (bzw. dem Halbkreis) die gleiche Größe. Das trifft nicht nur für den Halbkreis zu. Allgemein gilt der folgende Satz:

Peripheriewinkelsatz

S Alle Peripheriewinkel über dem gleichen Bogen eines Kreises sind gleich groß.

Bemerkung: Statt „über dem gleichen Bogen" benutzt man bei diesem Satz oft auch die Formulierung „über der gleichen Sehne". Dann muß jedoch bedacht werden, daß zu einer Sehne zwei verschiedene Kreisbögen gehören und somit auch zwei unterschiedlich große Arten von Peripheriewinkeln (die sich übrigens nach dem Satz über gegenüberliegende Winkel im Sehnenviereck – vgl. S. 248 – zu 180° ergänzen).

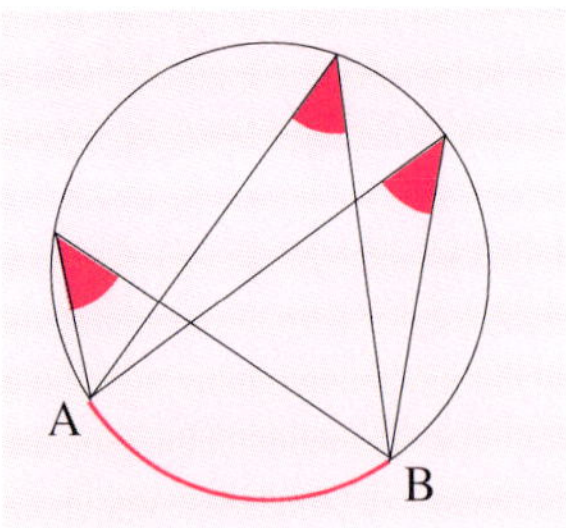

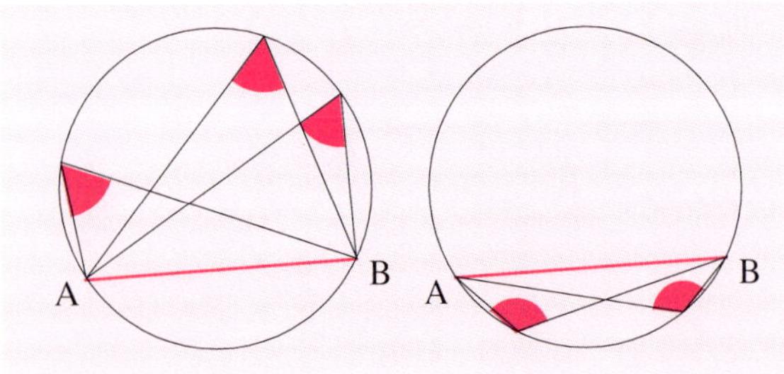

Peripherie-Zentriwinkel-Satz

Da zu allen Peripheriewinkeln über demselben Bogen der gleiche Zentriwinkel gehört, liegt es nahe, auch hier eine Beziehung zu suchen. Tatsächlich gilt folgender Satz:

S Jeder Peripheriewinkel ist halb so groß wie der Zentriwinkel über dem gleichen Bogen.

Der Beweis für diesen Satz wird hier nur für den Fall gezeigt, daß der Mittelpunkt M des Kreises im Innern des Peripheriewinkels liegt. Für die anderen beiden Fälle (M auf einem der Schenkel oder M außerhalb des Peripheriewinkels) verläuft der Beweis ähnlich und beruht auf der Benutzung der gleichen Sätze.

Voraussetzung:
A, B und C liegen auf dem Kreis um M; M liegt im Innern des Winkels BCA.

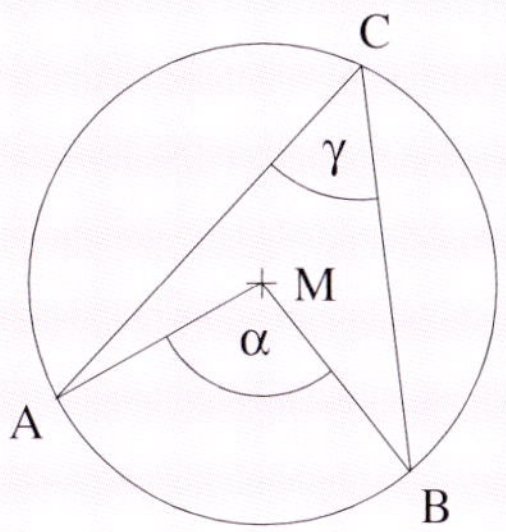

Behauptung:
$\alpha = 2\gamma$

Beweisschritte:

(1) Man zeichnet den Strahl von C durch M. Er teilt den Winkel α in die Winkel α_1 und α_2 und entsprechend den Winkel γ in die Winkel γ_1 und γ_2.

(2) $\sphericalangle$ MAC = γ_1 (als Basiswinkel im gleichschenkligen Dreieck AMC)

(3) $\sphericalangle$ MBC = γ_2 (als Basiswinkel im gleichschenkligen Dreieck MBC)

(4) $\alpha_1 = 2\gamma_1$ (nach dem Außenwinkelsatz)

(5) $\alpha_2 = 2\gamma_2$ (nach dem Außenwinkelsatz)

(6) $\alpha_1 + \alpha_2 = 2(\gamma_1 + \gamma_2)$ (folgt aus (4) und (5))

(7) $\alpha = 2\gamma$ (folgt aus (6))

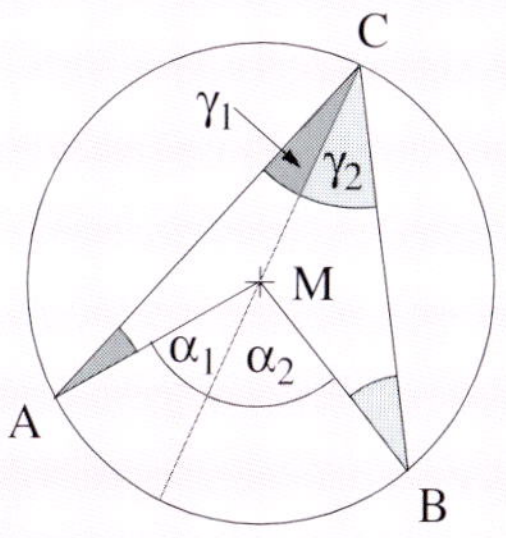

Der Peripherie-Zentriwinkel-Satz trifft auch für einen Zentriwinkel von 180° zu. In diesem Falle beträgt der Peripheriewinkel 90°. Somit ist der **Satz von Thales** ein Sonderfall des Peripherie-Zentriwinkel-Satzes.

Sehnen-Tangenten-Winkel-Satz

Zeichnet man in einem der Endpunkte einer Kreissehne die Tangente, so bildet diese mit der Sehne einen Winkel β, der **Sehnen-Tangenten-Winkel** heißt.

S Jeder Sehnen-Tangenten-Winkel ist so groß wie der Peripheriewinkel über dem gleichen Kreisbogen.

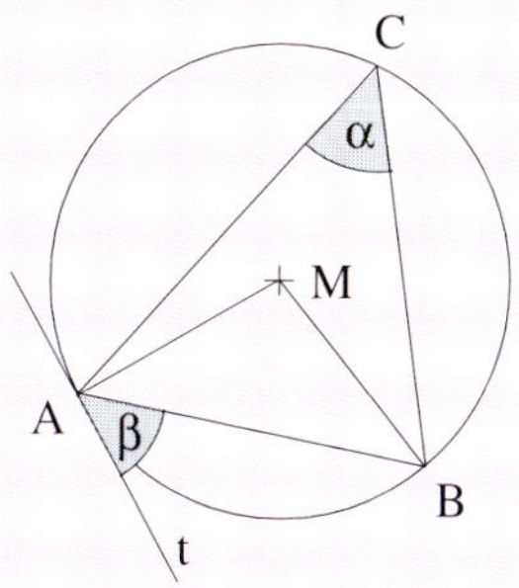

5.11.9 Berechnung von Kreisumfang und Kreisbogen

Kreisumfang

Der Umfang eines Kreises hängt von der Größe des Durchmessers ab und ist offensichtlich länger als dieser. Ein Vergleich mit den Umfängen des einbeschriebenen regelmäßigen Sechsecks und des umbeschriebenen regelmäßigen Vierecks (Quadrats) zeigt, daß der Kreisumfang größer als das Dreifache, aber kleiner als das Vierfache des Durchmessers ist.

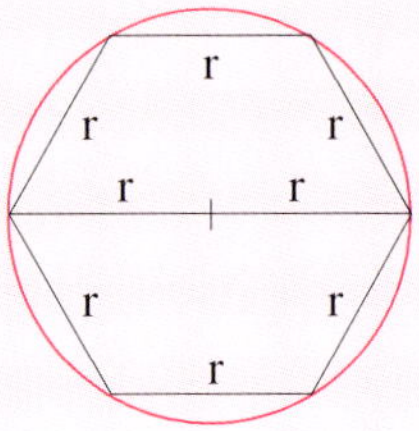

$u > u_6$
$u_6 = 6r = 3d$
$u > 3d$

$u < u_Q$
$u_Q = 4d$
$u < 4d$

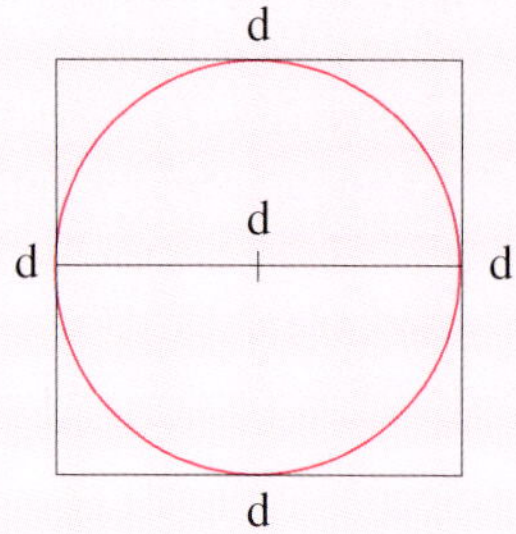

$3d < u < 4d$

Die zwischen 3 und 4 liegende Zahl, mit der man den Durchmesser multiplizieren muß, um den Umfang zu erhalten, wird π (**Pi**) genannt.

H Der griechische Buchstabe π wurde als Abkürzung des Wortes „Peripherie" von englischen Mathematikern benutzt (1667 OUGHTRED; 1706 WILLIAM JONES). Doch erst nachdem LEONHARD EULER (schweizer Mathematiker; 1707–1783) in seinen Schriften durchgängig dieses Symbol benutzte, setzte es sich überall durch.

Das Bemühen, die später π genannte Zahl möglichst genau angeben zu können, durchzieht die gesamte Geschichte der Mathematik.

Ursprünglich benutzte man einfach das Dreifache des Durchmessers, wie eine Stelle aus der Bibel belegt (1. Buch von den Königen 7;23):

> „Und er machte ein Meer, gegossen von einem Rand zum anderen 10 Ellen weit, und umher und fünf Ellen hoch, und eine Schnur 30 Ellen lang war das Maß rings um."

ARCHIMEDES VON SYRAKUS (287–212 v. u. Z.) schachtelte den Kreisumfang zwischen den Umfängen von ein- und umbeschriebenen regelmäßigen Vielecken ein. Aus dem 96-eck errechnete er, daß π zwischen $3\frac{1}{7}$ und $3\frac{10}{71}$ liegen müsse, also zwischen 3,1428 … und 3,1408 …

In der Folgezeit wurden von arabischen und indischen Mathematikern immer genauere Werte nach diesem Verfahren ermittelt.

In Europa gelang es im Jahre 1596 dem Mathematiker LUDOLF VAN CEULEN, die Zahl π aus dem 2^{62}-eck auf 32, später sogar auf 35 Stellen zu berechnen. Diese Genauigkeit wurde lange Zeit nicht übertroffen, und die „Kreiszahl" wurde in der Folgezeit als „**LUDOLFsche Zahl**" bezeichnet.

Der französische Mathematiker FRANCOIS VIÈTE (VIETA, 1540–1603) begründete ein anderes Verfahren, bei dem π aus unendlichen Produkten oder Reihen berechnet wird.

Heute läßt sich π auf dieser Grundlage mit Computern beliebig genau ermitteln.

Die Zahl π ist eine **irrationale Zahl**, also ein unendlicher nichtperiodischer Dezimalbruch. Näherungsweise wird π mit 3,14 angegeben. Tafelwerke und Taschenrechner enthalten genauere rationale Näherungswerte für diese Zahl, z. B. $\pi = 3{,}141\,592\,653\,589\,793\,238\ \ldots$

Damit gilt für den Umfang u eines Kreises:

$$u = \pi d \qquad \text{bzw.} \qquad u = 2\pi r$$

Kreisbogen

Die Länge eines Kreisbogens b hängt vom Durchmesser und von der Größe des zugehörigen Zentriwinkels ab. Zu seiner Berechnung führt folgende Überlegung:

Zum gesamten Kreis gehört ein Zentriwinkel von 360° und der gesamte Umfang als Bogenlänge, also $b_{360} = \pi d$.

Zu einem Zentriwinkel von 1° gehört der 360. Teil davon, also $b_1 = \frac{\pi d}{360}$. Zu einem Zentriwinkel von α° schließlich gehört ein Bogen, der α mal so groß ist, also $b = \alpha \cdot \frac{\pi d}{360}$.

Daraus ergeben sich folgende Formeln für die Größe des Kreisbogens:

$$b = \pi \cdot d \cdot \frac{\alpha}{360} \qquad \text{bzw.} \qquad b = \pi \cdot r \cdot \frac{\alpha}{180}$$

■ Es sei die Länge eines Bogens zu berechnen, der in einem Kreis mit dem Durchmesser d = 15 cm zu einem Zentriwinkel von 108° gehört.

Lösung: Es ist $b = (\pi \cdot 15 \cdot \frac{108}{360})\,\text{cm} \approx 14{,}137\,\text{cm} \approx 14{,}1\,\text{cm}$

■ *Gegeben:* $r = 2{,}5\,\text{m}$; $\alpha° = 72°$

Lösung: Es ist $b = (\pi \cdot 2{,}5 \cdot \frac{72}{180})\,\text{m} \approx 3{,}14\,\text{m}$

5

5.11.10 Berechnung von Kreisflächeninhalt und Kreissektor

Kreisflächeninhalt

Um den Flächeninhalt eines Vielecks zu berechnen, um Formeln zu seiner Berechnung zu gewinnen, versucht man, das jeweilige Vieleck durch Zerlegung und andersartige Zusammensetzung seiner Teile in eine Figur gleicher Größe (in eine „flächengleiche" Figur) zu verwandeln, deren Inhalt man schon zu berechnen weiß. Im Grunde führt man so jede Flächeninhaltsberechnung auf die Berechnung eines Rechtecks bzw. Quadrats zurück. Dieser Prozeß wird „Quadratur" genannt.

Die „Quadratur" des Kreises bereitet Probleme, weil notwendig krummlinig begrenzte Flächen auftreten, die nicht nahtlos aneinander passen, oder weiterhin Bögen als Begrenzungslinien haben. Dennoch ist ein solches Vorgehen hilfreich.

Die Abbildungen zeigen, wie eine Kreisfläche in gleiche Sektoren zerlegt ist und diese Teile andersartig zusammengesetzt werden:

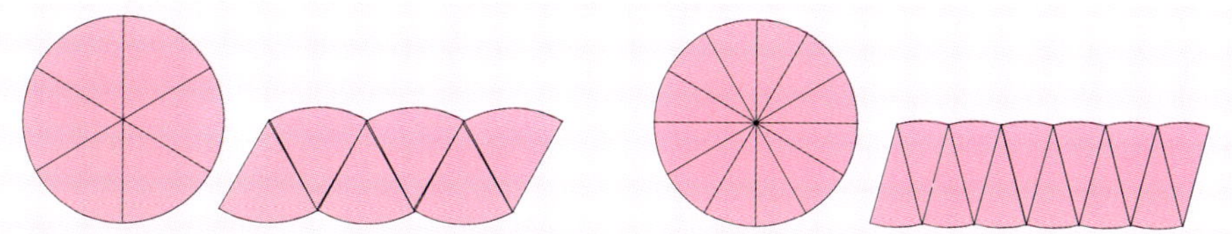

Ein Vergleich beider Figuren läßt erkennen: Je größer die Anzahl der Sektoren ist, um so mehr nähert sich die Figur einem Rechteck an, dessen eine Seite so lang wie der Radius und dessen andere Seite so lang wie der halbe Umfang ist. Der Unterschied, der zwischen beiden

Flächen besteht, kann durch eine immer höhere Anzahl von Sektoren immer mehr verringert und unter jede beliebige Grenze gedrückt werden. Somit kann man den Flächeninhalt des Kreises dem des Rechtecks gleichsetzen.
Der Flächeninhalt des Rechtecks ergibt sich als Produkt beider Seitenlängen, also
$r \cdot \frac{u}{2} = r \cdot \pi r = \pi r^2$.
Damit erhält man folgende Formeln für den Flächeninhalt eines Kreises:

$$A = \pi r^2 \qquad \text{bzw.} \qquad A = \frac{\pi}{4} d^2$$

Flächeninhalt eines Kreissektors

Die Fläche eines Kreissektors hängt vom Radius (Durchmesser) und der Größe des zugehörigen Zentriwinkels ab.
Zum gesamten Kreis gehören ein Zentriwinkel von 360° und die Fläche $A = \pi r^2$. Zu einem Zentriwinkel von 1° gehört der 360. Teil davon, also $A_1 = \frac{\pi r^2}{360}$. Zu einem Zentriwinkel von $\alpha°$ schließlich gehört ein Kreissektor, der α mal so groß ist.
Daraus ergeben sich folgende Formeln für die Fläche eines Kreissektors:

$$A = \pi r^2 \cdot \frac{\alpha}{360} \qquad \text{bzw.} \qquad A = \frac{\pi}{4} d^2 \cdot \frac{\alpha}{360}$$

Die erste dieser beiden Formeln ließe sich auch in der Form schreiben: $A = (\pi r \cdot \frac{\alpha}{180}) \cdot \frac{r}{2}$.

Der in Klammern gesetzte Teil ist die Größe des entsprechenden Kreisbogens und läßt sich demzufolge durch b ersetzen. Damit erhält man eine weitere Formel für die Fläche des Kreissektors, die eine deutliche Ähnlichkeit zur Formel für die Fläche eines Dreiecks aufweist.

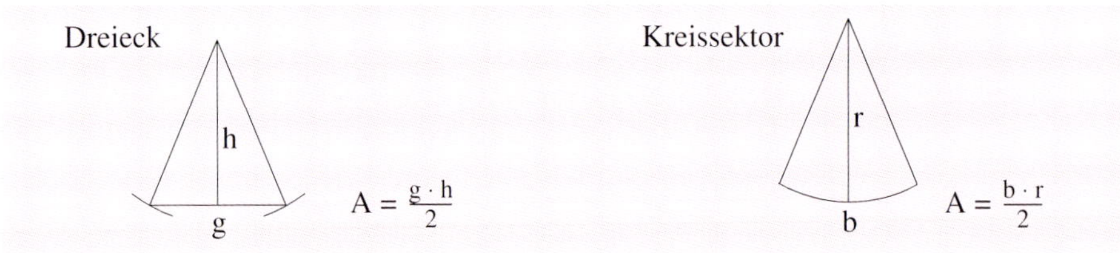

- Es sei die Fläche eines Kreissektors zu berechnen, der in einem Kreis mit dem Durchmesser d = 15 cm zu einem Zentriwinkel von 108° gehört.
  Lösung: Es ist $A = (\frac{\pi}{4} \cdot 15^2 \cdot \frac{108}{360})\,\text{cm}^2 \approx 53{,}0\,\text{cm}^2$

- Gegeben: $r = 2{,}5\,\text{m}$; $\alpha° = 72°$
  Lösung: Es ist $A = (\pi \cdot 2{,}5^2 \cdot \frac{72}{360})\,\text{m}^2 \approx 3{,}9\,\text{m}^2$

- Bei der Lösung der beiden letzten Aufgaben werden jetzt die in Abschnitt 5.11.9 mit den gleichen Ausgangswerten berechneten Bogenlängen benutzt und die Formel $A = \frac{b \cdot r}{2}$ angewendet. Man erhält für

  (1) $A = \frac{14{,}137 \cdot 7{,}5}{2}\,\text{cm}^2 \approx 53{,}0\,\text{cm}^2$;

  (2) $A = \frac{3{,}14 \cdot 2{,}5}{2}\,\text{m}^2 \approx 3{,}9\,\text{m}^2$.

5.11.11 Berechnung von Kreisringen

Die Fläche eines Kreisrings ergibt sich als Differenz der Flächen der beiden diesen Ring begrenzenden Kreise. Sei der Radius des inneren Kreises r_1 und der des äußeren Kreises r_2, so erhält man für die Fläche A des Kreisrings

$$A = \pi r_2^2 - \pi r_1^2 = \pi(r_2^2 - r_1^2) = \pi(r_2 + r_1)(r_2 - r_1)$$

Hinweis: Die zweite dieser Formeln ergibt sich aus der ersten durch Ausklammern von π, die dritte aus der zweiten durch eine Zerlegung nach einer binomischen Formel.

■ $r_2 = 5{,}5\text{ cm}$; $r_1 = 4{,}5\text{ cm}$

(1) $A = \pi r_2^2 - \pi r_1^2 = \pi \cdot 5{,}5^2\text{ cm}^2 - \pi \cdot 4{,}5^2\text{ cm}^2 \approx 95{,}033\text{ cm}^2 - 63{,}62\text{ cm}^2 \approx 31{,}4\text{ cm}^2$

(2) $A = \pi(5{,}5^2 - 4{,}5^2)\text{ cm}^2 = \pi(30{,}25 - 20{,}25)\text{ cm}^2 \approx 31{,}4\text{ cm}^2$

(3) $A = \pi(5{,}5 + 4{,}5)(5{,}5 - 4{,}5)\text{ cm}^2 = \pi \cdot 10\text{ cm}^2 \approx 31{,}4\text{ cm}^2$

Im dritten Fall erlaubt die Benutzung der entsprechenden Formel die Berechnung sogar ohne Rechenhilfsmittel.

5.11.12 Möndchen des HIPPOKRATES

Als alle Versuche der „**Quadratur des Kreises**" gescheitert waren, hoffte man, diesem Ziel näher zu kommen, wenn es gelang, wenigstens von Kreisbögen begrenzte Flächen in flächengleiche Vielecke zu verwandeln.

Ein bekanntes Beispiel dafür sind die „**Möndchen des HIPPOKRATES**" (HIPPOKRATES VON CHIOS, griechischer Mathematiker, um 440 v.u.Z.).

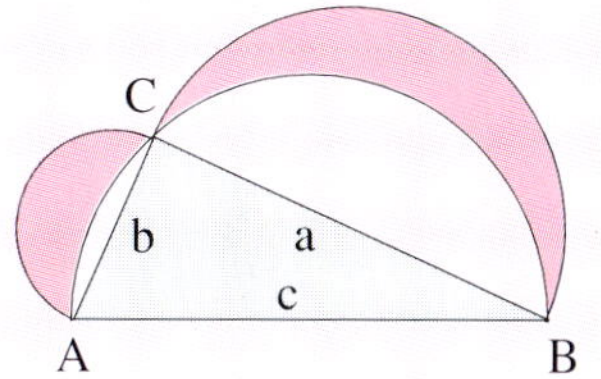

Über den Seiten eines rechtwinkligen Dreiecks ABC werden, wie es die Abbildung zeigt, Halbkreise gezeichnet. Dadurch entstehen zwei sichelförmige Flächen, die genannten „Möndchen".

Beide zusammen haben den gleichen Flächeninhalt wie das Dreieck ABC:

W A Flächeninhalt des Dreiecks ABC $\quad A_M$ Flächeninhalt der beiden Möndchen (zusammen)

$A_a = \frac{\pi}{8} a^2$ Flächeninhalt des Halbkreises über der Seite a

$A_b = \frac{\pi}{8} b^2$ Flächeninhalt des Halbkreises über der Seite b

$A_c = \frac{\pi}{8} c^2$ Flächeninhalt des Halbkreises über der Seite c

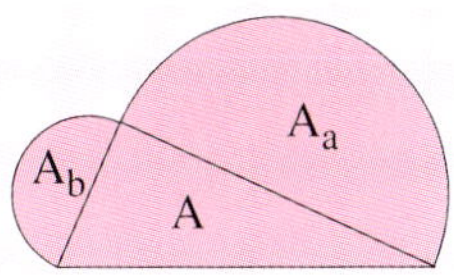

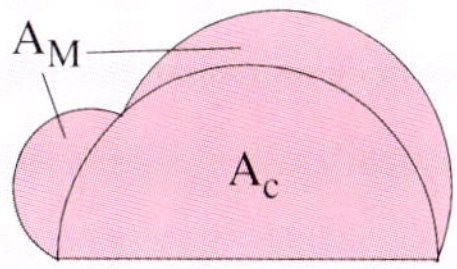

Es gilt: $A + A_a + A_b = A_M + A_c$. Hieraus folgt $A + \frac{\pi}{8} a^2 + \frac{\pi}{8} b^2 = A + \frac{\pi}{8}(a^2 + b^2) = A_M + \frac{\pi}{8} c^2$. Da nun für das rechtwinklige Dreieck nach dem Satz von PYTHAGORAS $a^2 + b^2 = c^2$ gilt, folgt unmittelbar $A = A_M$.

W Erst 1882 lieferte der deutsche Mathematiker FERDINAND LINDEMANN (1852–1939) den Beweis, daß die „Quadratur des Kreises" nicht möglich ist. Der Begriff „Quadratur des Kreises" wird heutzutage oft als geflügeltes Wort für eine unlösbare Aufgabe benutzt.

6 Stereometrie

6.1 Grundbegriffe

6.1.1 Geometrische Körper

Ein geometrischer **Körper** ist ein räumliches Gebilde, das von allen Seiten durch endlich viele Flächen begrenzt wird.
Man unterscheidet zwischen

- Körpern, die nur von ebenen Vielecken (Polygonen) begrenzt sind und **Polyeder** (**Vielflächner**) heißen, und
- krummflächig begrenzten Körpern, die teilweise oder ganz von gekrümmten Flächen begrenzt sind.

W Analog zu den ebenen Figuren (vgl. S. 222, 226) werden konvexe und konkave Körper unterschieden. Ein Körper ist **konvex**, wenn mit je zwei Punkten auch deren Verbindungsstrecke zum Körper gehört. Die übrigen heißen **konkav**.

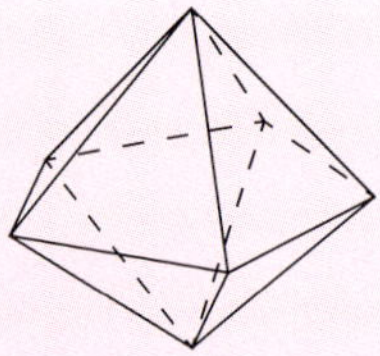
konvexes Polyeder

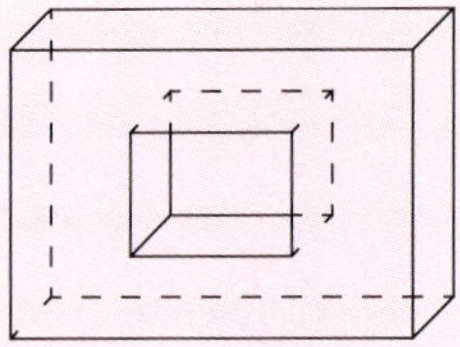
konkaves Polyeder

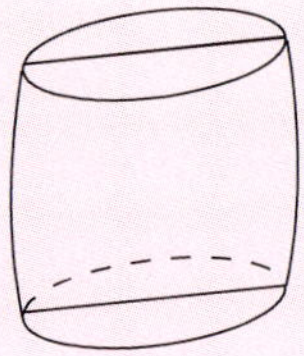
Faß (konvex)

Die **Oberfläche** eines Körpers ist die Gesamtheit seiner Begrenzungsflächen. Der **Oberflächeninhalt** eines Körpers ist die Summe der Flächeninhalte aller Begrenzungsflächen.

Bei einigen Körpern wird eine Begrenzungsfläche als **Grundfläche** bezeichnet. Es gibt Körper (z.B. Quader, Tetraeder), bei denen jede Begrenzungsfläche Grundfläche sein kann. Gibt es eine zur Grundfläche parallele Fläche, heißt sie **Deckfläche**

Bezeichnet man eine Fläche als Grundfläche, nennt man die übrigen Flächen außer der Deckfläche **Seitenflächen**. Alle Seitenflächen zusammen bezeichnet man als **Mantelfläche** (**Mantel**) des Körpers.
Bei ebenflächig begrenzten Körpern heißen Strecken, die zu zwei Begrenzungsflächen gehören, **Kanten** des Körpers. Die Endpunkte der Kanten heißen **Eckpunkte** (**Ecken**) des Körpers. Liegt eine Kante in der Grund- oder Deckfläche, heißt sie **Grundkante**, gehört sie zu zwei Seitenflächen, heißt sie **Seitenkante**.

6.1.2 Volumenmessung

Alle Körper haben einen **Rauminhalt** (**Volumen**). Das Volumen ist eine Größe, die in folgenden Einheiten mit den angegebenen Umrechnungszahlen gemessen werden kann:

a) Kubikkilometer (km^3), Kubikmeter (m^3), Kubikdezimeter (dm^3), Kubikzentimeter (cm^3), Kubikmillimeter (mm^3)
$1\,km^3 = 10^9\,m^3$ $\quad 1\,m^3 = 1\,000\,dm^3$ $\quad 1\,dm^3 = 1\,000\,cm^3$ $\quad 1\,cm^3 = 1\,000\,mm^3$

b) Hektoliter (hl), Liter (l), Deziliter (dl), Zentiliter (cl), Milliliter (ml)
1 hl = 100 l $\quad$ 1 l = 10 dl $\quad$ 1 dl = 10 cl $\quad$ 1 cl = 10 ml

Die Einheiten unter b) heißen auch **Hohlmaße**. Zwischen den beiden Einheitenketten gibt es folgende Beziehungen: $1\,l = 1\,dm^3$; $\quad 1\,ml = 1\,cm^3$.
Das Volumen von Flüssigkeiten kann mit Meßbechern oder Meßzylindern gemessen werden. Eine Messung des Volumens fester Körper ist indirekt über die Messung der verdrängten Flüssigkeitsmenge möglich.

S **Satz des CAVALIERI (CAVALIERIsches Prinzip)**
Liegen zwei Körper zwischen parallelen Ebenen und haben sie sowohl in diesen als auch in allen dazu parallelen Zwischenebenen inhaltsgleiche Schnittfiguren, so sind ihre Rauminhalte gleich.

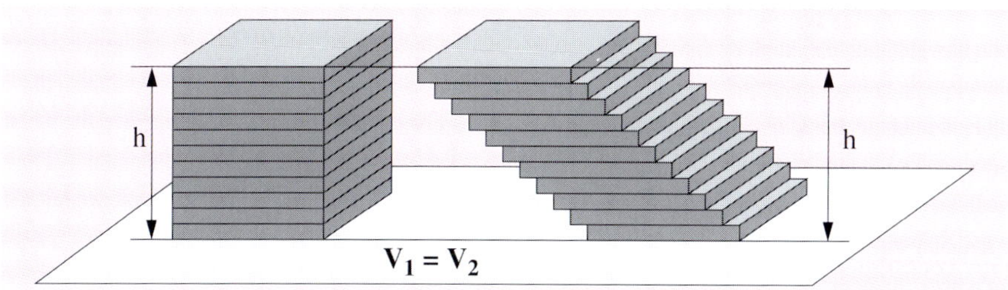

Mit dem Satz des CAVALIERI kann man die Rauminhalte zweier Körper vergleichen. Er wird bei der Herleitung vieler Volumenformeln verwendet, indem man das neue Problem auf Bekanntes zurückführt.

H FRANCESCO BONAVENTURA CAVALIERI (etwa 1598–1647), ein Schüler GALILEIs, führte die Gedanken von ARCHIMEDES und KEPLER zur Inhaltsbestimmung weiter und schuf eine Theorie der „Indivisiblen", die er sich als unendlich kleine, unteilbare Schichten eines Körpers oder einer Fläche vorstellte. Sein theoretischer Ansatz führte zu zahlreichen richtigen Erkenntnissen und hatte starken Einfluß auf die Erarbeitung von Methoden zur näherungsweisen Bestimmung von Flächen- und Rauminhalten. Bei der weiteren Entwicklung der Mathematik zeigte sich aber, daß diese anschauliche Vorstellung von unendlich kleinen Größen zu zahlreichen logischen Widersprüchen führt. Deshalb mußte man sich wieder davon lösen.

6

6.2 Würfel und Quader

D Ein **Würfel** (**Hexaeder**) ist ein geometrischer Körper, der von sechs kongruenten Quadraten begrenzt wird.

D Ein **Quader** ist ein geometrischer Körper, der von sechs Rechtecken begrenzt wird, von denen jeweils zwei in zueinander parallelen Ebenen liegen.

Wird ein Würfel oder Quader auf eine Ebene gestellt, an genügend vielen Kanten aufgeschnitten und werden die Seitenflächen in die Ebene geklappt, erhält man ein **Netz** (Abwicklung) des Körpers.
Soll umgekehrt überprüft werden, ob eine ebene Anordnung aus Quadraten oder Rechtecken ein Netz eines Körpers ist, wird eine Fläche in der Ebene fixiert und die übrigen Flächen werden (in Gedanken) nacheinander nach vorn geklappt.

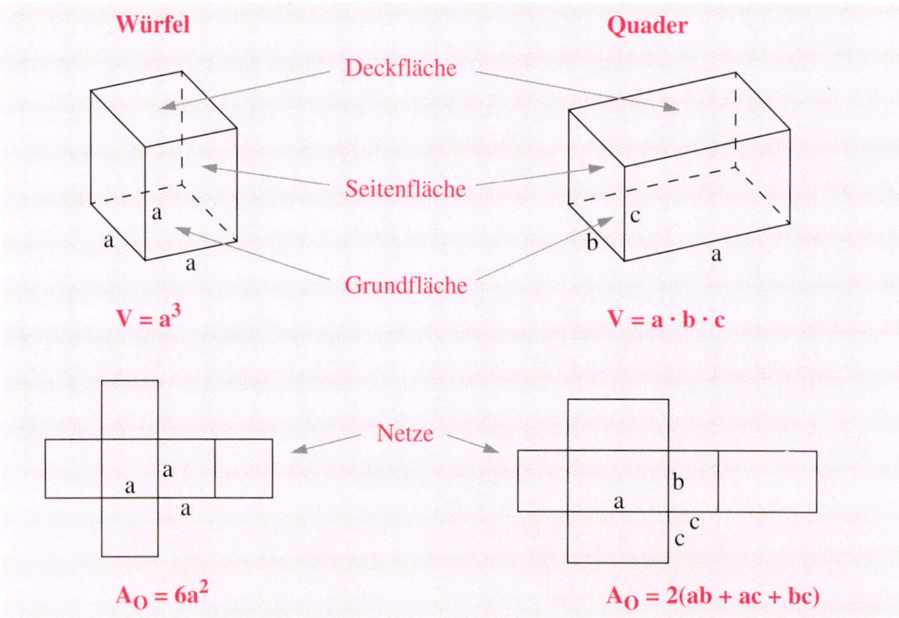

Der Rauminhalt eines Würfels oder Quaders kann durch Auslegen mit Einheitswürfeln bestimmt oder aus den Längen der Kanten berechnet werden.

6.3 Prismen und Kreiszylinder

D Ein **gerades n-seitiges Prisma** ist ein geometrischer Körper, der begrenzt wird

(1) von zwei zueinander kongruenten n-Ecken, die in zueinander parallelen Ebenen liegen (Grund- und Deckfläche) und

(2) von n Rechtecken (Seitenflächen).

Ein Prisma heißt **regelmäßig** (**regulär**), wenn die Grundfläche ein regelmäßiges n-Eck ist. Würfel und Quader sind gerade Prismen.

D Ein **gerader Kreiszylinder** ist ein geometrischer Körper, der begrenzt wird

(1) von zwei zueinander kongruenten Kreisflächen, die in zueinander parallelen Ebenen liegen (Grund- und Deckfläche) und

(2) von einer gekrümmten Fläche (**Mantel**), die bei einer Abwicklung in eine Ebene ein Rechteck ergibt.

Jede Strecke auf der Mantelfläche, die Punkte der Begrenzungslinien der Grund- und Deckfläche verbindet, heißt **Mantellinie**. Ein gerader Kreiszylinder entsteht, wenn eine Rechteckfläche um eine Seite rotiert. Deshalb nennt man die Gerade durch die Mittelpunkte der Grund- und Deckfläche auch **Achse** des Kreiszylinders.
Der Abstand zwischen Grund- und Deckfläche eines Prismas bzw. eines Zylinders heißt **Höhe**.

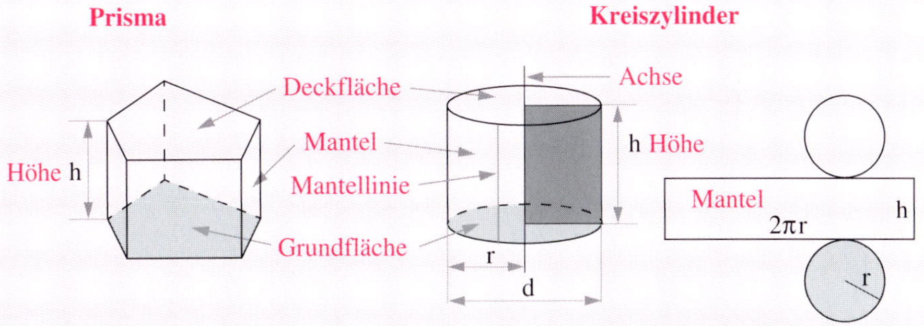

$V = A_G \cdot h$
$A_O = 2A_G + A_M$

$V = A_G \cdot h = \pi r^2 h$
$A_O = 2A_G + A_M = 2\pi r(r + h)$

Man beachte: Meist sagt man anstelle von „Kreiszylinder" nur „Zylinder".

Die Berechnung des Volumens für ein beliebiges Prisma bzw. einen Kreiszylinder läßt sich mit Hilfe des **Satzes des Cavalieri** auf die Volumenberechnung eines Quaders zurückführen. Da jedes Prisma durch Zerlegung der Grundfläche in dreiseitige Prismen zerlegt werden kann, braucht die Überlegung nur für dreiseitige Prismen durchgeführt zu werden.

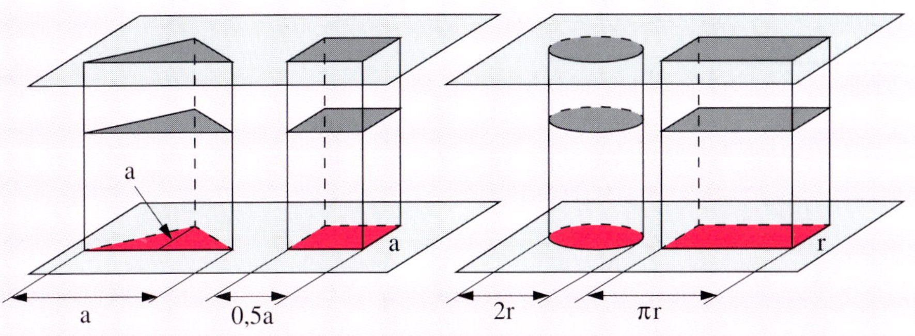

$A_G = \frac{1}{2}a \cdot h_a$ $\qquad$ $A_G = \pi r^2$

$V = A_G \cdot h$

■ Der Dachraum eines Reihenhauses mit einem Satteldach hat die in der Zeichnung angegebenen Maße. Es ist das Volumen des Dachraumes zu berechnen.

Das Dach kann als dreiseitiges Prisma, das auf einer Seitenfläche liegt, angesehen werden. Dann gilt:

$V = A_G \cdot h = (\frac{1}{2} \cdot 718 \cdot 535 \cdot 956)\ cm^3$
$= 183614140\ cm^3 = 183{,}614140\ m^3 \approx 184\ m^3.$

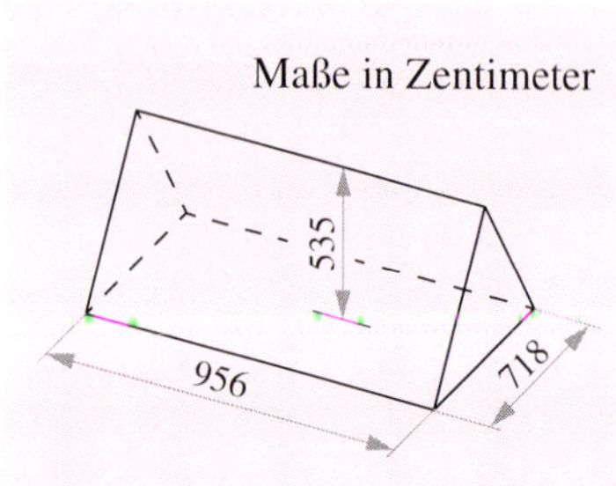

Nach dem Satz des CAVALIERI ändert sich das Volumen eines Prismas oder eines Kreiszylinders nicht, wenn ihre Deckflächen in einer zur Grundfläche parallelen Ebene bewegt werden. Wenn in dieser Ebene die Deckfläche eines Prismas in Richtung einer Grundkante oder die Deckfläche eines Kreiszylinders in beliebiger Richtung verschoben werden, heißen die dabei entstehenden Körper **schiefes Prisma** bzw. **schiefer Kreiszylinder**
Bei einem schiefen Prisma sind die Seitenflächen Parallelogramme.

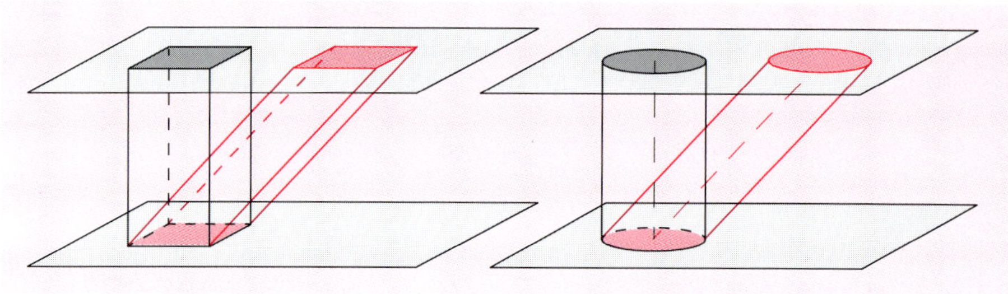

Man beachte: Wird nur von einem „Prisma“ bzw. einem „Zylinder“ gesprochen so ist in der Regel ein gerades Prisma bzw. ein gerader Kreiszylinder gemeint.

W Ein schiefes vierseitiges Prisma mit einem Parallelogramm als Grundfläche heißt **Spat** oder **Parallelepiped**.

Es sind auch andere Bewegungen möglich, die zu Körpern mit gleichen Rauminhalten führen, z.B. Drehungen der Deckfläche in der betreffenden Ebene.

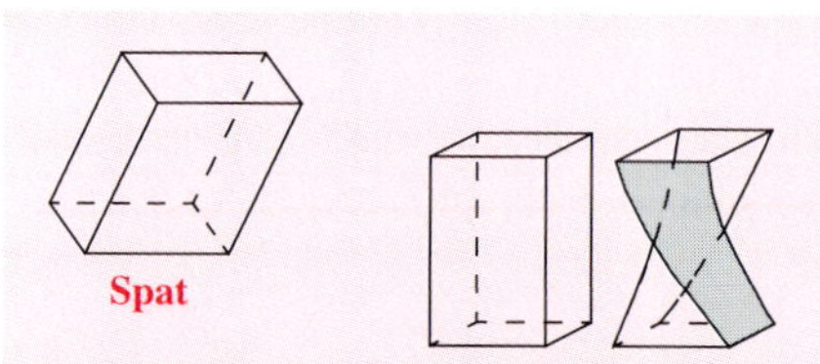

Ein **Hohlzylinder** ist ein Restkörper, der entsteht, wenn aus einem geraden Kreiszylinder ein Kreiszylinder mit einem kleineren Radius, aber mit der gleichen Achse entfernt wird.

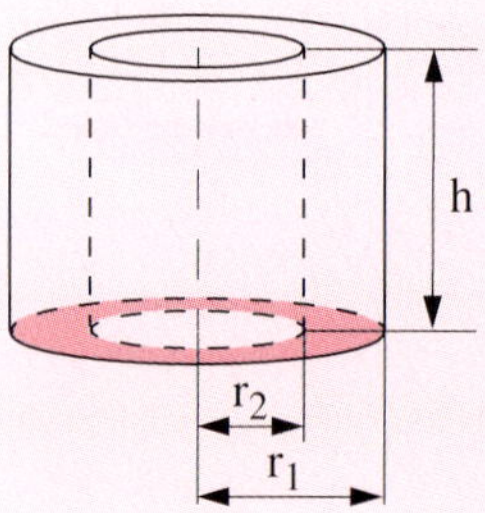

$$V = V_1 - V_2 = \pi r_1{}^2 h - \pi r_2{}^2 h$$

$$V = \pi(r_1{}^2 - r_2{}^2)h$$

$$A_O = 2A_G + A_{M_1} + A_{M_2}$$

$$A_O = 2\pi(r_1{}^2 - r_2{}^2 + r_1 h + r_2 h)$$

6.4 Pyramide und Kreiskegel

D Eine **Pyramide** ist ein geometrischer Körper, der begrenzt wird

(1) von einem n-Eck (Grundfläche) und

(2) von n Dreiecken, die einen Punkt S (**Spitze**) gemeinsam haben.

Der Abstand der Spitze der Pyramide von der Grundfläche heißt **Höhe** der Pyramide.
Man unterscheidet gerade und schiefe Pyramiden. Liegt die Spitze der Pyramide senkrecht über dem Mittelpunkt der Grundfläche, heißt die Pyramide **gerade**, ansonsten heißt sie **schief** (vgl. Abb. S. 262).
Eine gerade Pyramide mit einem regelmäßigen n-Eck als Grundfläche heißt **regelmäßige** (**reguläre**) Pyramide.

D Ein **gerader Kreiskegel** ist ein geometrischer Körper, der begrenzt wird

(1) von einer Kreisfläche (Grundfläche) und

(2) von einer gekrümmten Fläche (Mantelfläche), die bei einer Abwicklung in eine Ebene einen Kreissektor ergibt.

D Ein **gerader Kreiskegel** entsteht, wenn ein rechtwinkliges Dreieck um eine seiner Katheten rotiert.

Der Mittelpunkt S des Kreissektors heißt **Spitze** des Kreiskegels. Der Abstand der Spitze von der Grundfläche heißt **Höhe** des Kreiskegels.
Jede Strecke, die die Spitze des Kreiskegels mit der Grundkante verbindet, heißt **Mantellinie** des Kreiskegels.

Pyramide **Kreiskegel**

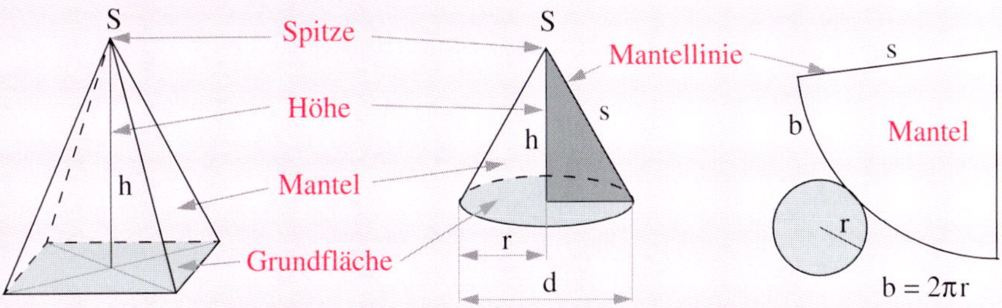

$$V = \frac{1}{3} A_G \cdot h$$

$$A_O = A_G + A_M$$

$$V = \frac{1}{3} A_G \cdot h = \frac{1}{3}\pi r^2 h = \frac{1}{12}\pi d^2 h$$

$$A_M = \pi r s \qquad s = \sqrt{r^2 + s^2}$$

$$A_O = \pi r(r + s)$$

Man beachte: Wenn keine Verwechslungen möglich sind, wird oft zur Verkürzung anstelle von „Kreiskegel" nur von einem „Kegel" gesprochen.

Ein Kreiskegel heißt **gerade**, wenn die Spitze senkrecht über dem Mittelpunkt der Grundfläche liegt, ansonsten heißt er **schief**.

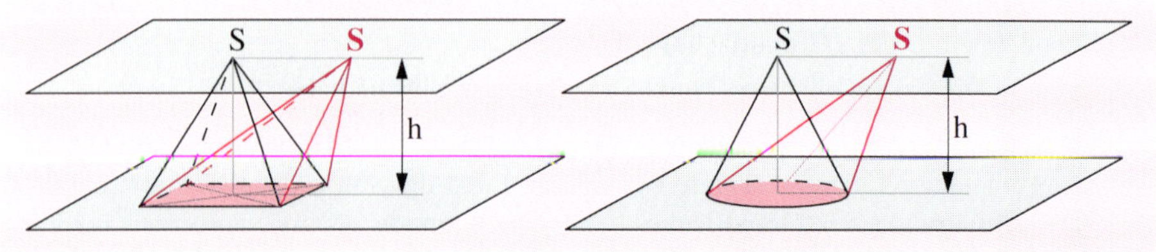

Um die Volumenformel für eine Pyramide herzuleiten, kann als erstes überlegt werden, daß Pyramiden mit inhaltsgleichen Grundflächen und gleichen Höhen volumengleich sind:

Wird eine Pyramide durch eine zur Grundfläche parallele Ebene in der Höhe $h' < h$ geschnitten, entsteht als Schnittfigur ein n-Eck, das nach den **Strahlensätzen** zum n-Eck der Grundfläche mit dem Ähnlichkeitsfaktor $\frac{h-h'}{h}$ ähnlich ist. Für den Inhalt der Schnittfigur A'_G gilt deshalb nach den **Eigenschaften für zentrische Streckungen** (vgl. S. 235)

$A'_G = (\frac{h-h'}{h})^2 \cdot A_G$.

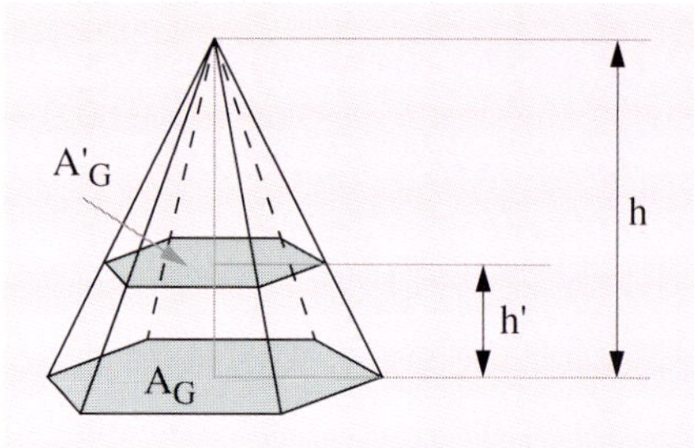

Da dies für jede Pyramide mit der Grundfläche A_G und der Höhe h gilt, sind sie nach dem Satz des CAVALIERI alle volumengleich. Bei den weiteren Betrachtungen ist deshalb eine Beschränkung auf quadratische Pyramiden möglich.

Um die Berechnung des Volumens V einer quadratischen Pyramide mit der Grundkante a und der Höhe h auf Bekanntes zurückzuführen, kann die Pyramide zu einem Quader mit gleicher Grundfläche und Höhe, also dem Volumen $a^2 \cdot h$, ergänzt werden. Die dabei entstehenden 4 Ergänzungspyramiden haben alle den gleichen Grundflächeninhalt $a \cdot h$ und die gleiche Höhe $\frac{a}{2}$, also alle das gleiche Volumen V_E. Zerlegt man die Grundfläche einer solchen Ergänzungspyramide in 4 gleiche Teile entstehen 4 dreiseitige Teilpyramiden mit dem gleichen Volumen V_T.

Durch eine Zerlegung der Grundpyramide in 8 volumengleiche Teilpyramiden wird sichtbar, daß jede dieser 8 Teilpyramiden das gleiche Volumen wie eine der 4 Teilpyramiden einer Ergänzungspyramide hat, da beide eine Grundfläche mit dem Inhalt $\frac{a^2}{4}$ und der dazugehörigen Höhe h besitzen.

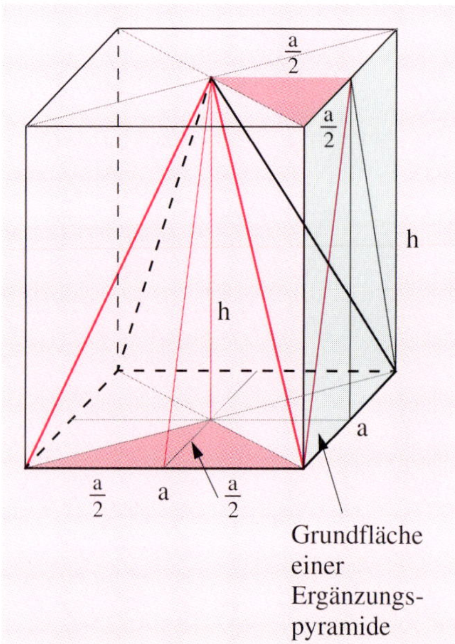

Es gilt also $V_T = \frac{1}{8} V$ und damit $V_E = 4V_T = \frac{1}{2} V$, also $4V_E = 2V$. Da $4V_E + V = a^2h$, folgt $2V + V = a^2h$, also $V = \frac{1}{3} a^2h$.

Die Berechnung des Volumens eines Kreiszylinders läßt sich mit dem Satz des CAVALIERI auf die Berechnung des Volumens einer Pyramide zurückführen (siehe nebenstehende Abbildung).

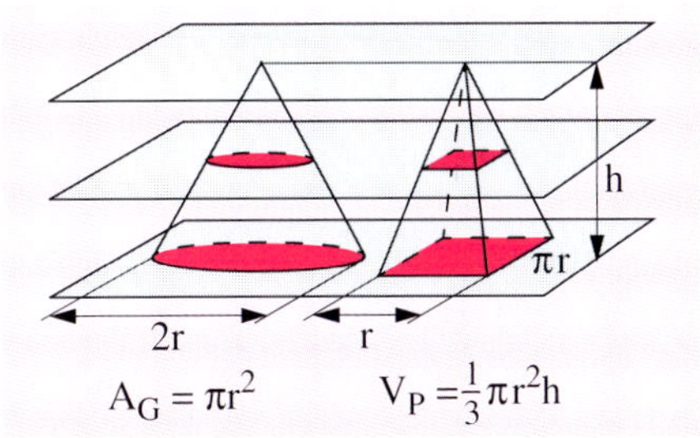

■ Bei der Sanierung eines Turmdaches, das die Form einer quadratischen Pyramide hat, mußte die gesamte Dachfläche von $460\,m^2$ erneuert werden.
Wie hoch ist das Dach und wie groß ist die Dachneigung, wenn die Grundkante eine Länge von 13 m hat?

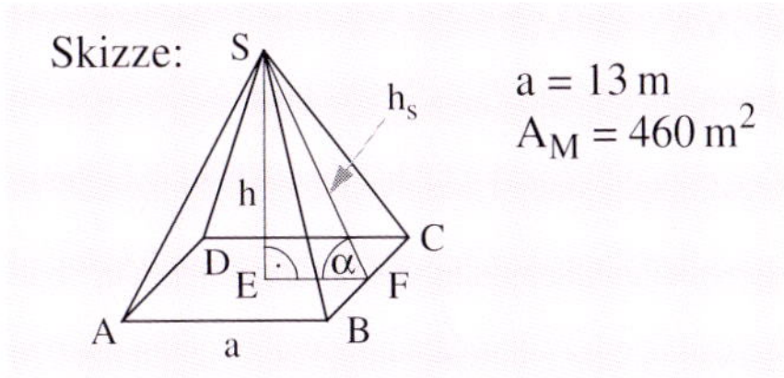

Durch Ausgehen vom Gesuchten (vgl. S. 308) erhält man folgenden Lösungsgraphen:

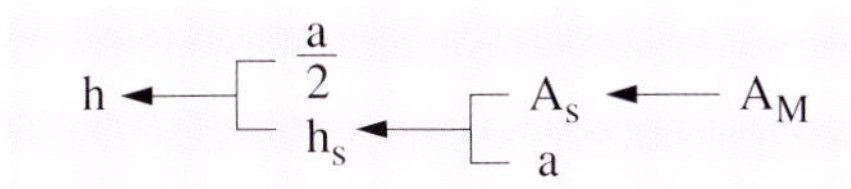

Es ergibt sich $h = \sqrt{\frac{A_M^2}{(2a)^2} - \left(\frac{a}{2}\right)^2} = 16{,}455\,m \approx 16\,m$ durch schrittweises Einsetzen.

Der Neigungswinkel α läßt sich mit einer Winkelfunktion in dem rechtwinkligen Dreieck EFS berechnen, z. B.: $\tan\alpha = h : \frac{a}{2} = 2{,}46$; also $\alpha = 67{,}89° \approx 68°$.

6.5 Pyramidenstumpf und Kreiskegelstumpf

D Ein **Pyramidenstumpf** ist ein Restkörper, der entsteht, wenn von einer Pyramide durch einen geraden Schnitt parallel zur Grundfläche eine Pyramide abgeschnitten wird.

D Ein **Kreiskegelstumpf** ist ein Restkörper, der entsteht, wenn von einem Kreiskegel durch einen geraden Schnitt parallel zur Grundfläche eine Kreiskegel abgeschnitten wird.

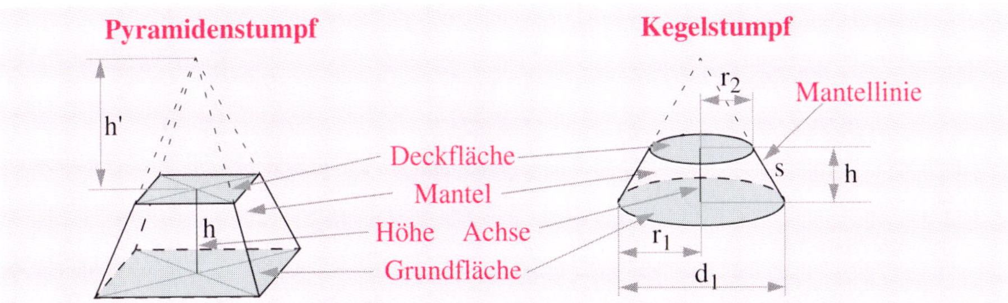

$V = \frac{1}{3}h(A_G + \sqrt{A_G A_D} + A_D)$

$A_O = A_G + A_M + A_D$

$V = \frac{1}{3}\pi h(r_1^2 + r_1 r_2 + r_2^2)$

$A_M = \pi s(r_1 + r_2)$ $s = \sqrt{(r_1 - r_2)^2 + h^2}$

$A_O = \pi r_1^2 + \pi r_2^2 + \pi s(r_1 + r_2)$

Zur Herleitung der Volumenformel für den Pyramidenstumpf kann die sich aus der Ähnlichkeit der Grund- und Deckfläche ergebende Beziehung $A_D = (\frac{h'}{h + h'})^2 \cdot A_G$ (*)(siehe Abbildung auf S. 263) verwendet werden.
Für das Volumen des Restkörpers gilt $V = \frac{1}{3} A_G(h + h') - \frac{1}{3} A_D h' = \frac{1}{3}(A_G h + h'(A_G - A_D))$.

Die Auflösung von (*) nach h' ergibt $h' = h \cdot \frac{1}{\sqrt{\frac{A_G}{A_D}} - 1} = h \cdot \frac{\sqrt{A_G A_D} + A_D}{A_G - A_D}$, woraus sich durch Einsetzen in die letzte Gleichung die Volumenformel ergibt.

Die Volumenformel für einen Kegelstumpf ergibt sich nach dem **Satz des Cavalieri** aus der Volumenformel für einen Pyramidenstumpf mit $A_G = \pi r_1^2$ und $A_D = \pi r_2^2$.

H Die ältesten Schriften mit mathematischem Inhalt, die uns aus dem Altertum erhalten geblieben sind, stammen aus Ägypten und sind fast 4000 Jahre alt. Es handelt sich um zwei Papyrusrollen, die über 5 m lang und 33 cm bzw. 8 cm breit sind. Beide Papyri enthalten zusammen 109 Aufgaben nebst Lösungen und sind in den damaligen Ausbildungsstätten für Beamte, Baumeister oder Landvermesser entstanden. Die berühmteste dieser Aufgaben, das Glanzstück der altägyptischen Mathematik, ist die exakte Berechnung des Volumens eines Pyramidenstumpfes mit quadratischer Grund- und Deckfläche.

6.6 Kugel

D Eine **Kugel** ist ein geometrischer Körper, der von einer gleichmäßig gekrümmten Fläche begrenzt wird (**Kugeloberfläche**), die alle Punkte enthält, die von einem festen Punkt im Raum den gleichen Abstand haben.

D Eine **Kugel** entsteht, wenn eine Kreisfläche um einen ihrer Durchmesser rotiert.

Beim ebenen Schnitt einer Kugel, entstehen zwei **Kugelabschnitte** (**Kugelsegmente**). Der jeweils abgetrennte Teil der Kugeloberfläche heißt **Kugelkappe**.
Mit zwei zueinander parallelen Ebenen wird aus einer Kugel eine **Kugelschicht** und aus ihre Oberfläche eine **Kugelzone** ausgeschnitten.
Wird ein Kugelabschnitt durch einen auf der Grundfläche aufgesetzten Kegel mit der Spitze im Mittelpunkt ergänzt, entsteht ein **Kugelsektor** (**Kugelausschnitt**).

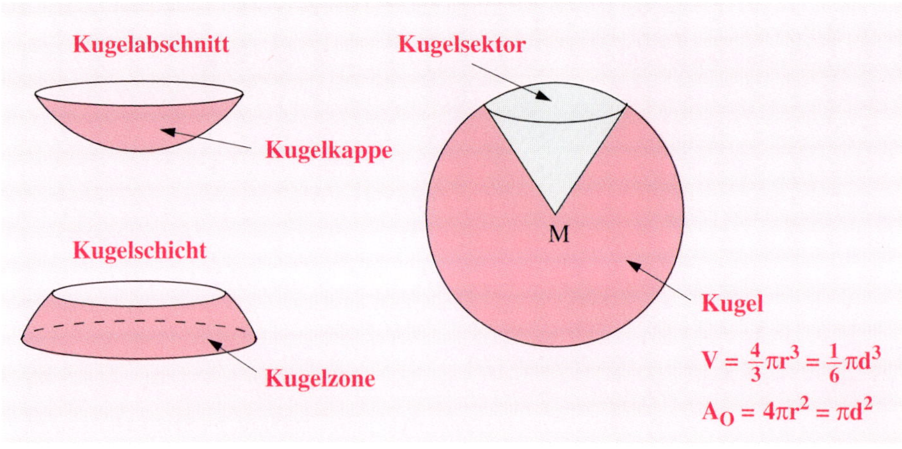

W Ist h die Höhe des Kugelabschnittes bzw. der Kugelschicht, und sind r_1 bzw. r_2 die Radien der Schnittkreise, gilt

für einen Kugelabschnitt:	$V = \frac{\pi}{6} h(3r_1^2 + h^2)$	$A_O = 2\pi r h$	für eine Kugelkappe
für eine Kugelschicht:	$V = \frac{\pi}{6} h(3r_1^2 + 3r_2^2 + h^2)$	$A_O = 2\pi r h$	für eine Kugelzone
für einen Kugelsektor:	$V = \frac{2}{3} \pi r^2 h$	$A_O = \pi r(2h + \sqrt{h(2r-h)}\,) = \pi r(2h + r_1)$	

Zur Herleitung der Formel für das Volumen einer Kugel kann ein Körper geschaffen werden, der in gleichen Höhen den gleichen Querschnitt wie eine Halbkugel und damit nach dem **Satz des CAVALIERI** das gleiche Volumen wie die Halbkugel hat.

Nach einer Idee von GALILEI entsteht ein solcher Körper, wenn man aus einem Kreiszylinder mit dem Grundflächenradius r und der Höhe r einen Kreiskegel mit gleicher Grundfläche und Höhe herausschneidet (siehe nebenstehende Abbildungen).

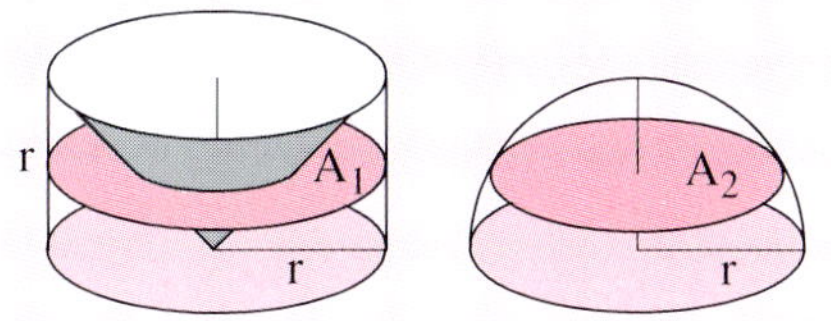

Werden dieser Restkörper und eine Halbkugel mit dem gleichen Radius r in der gleichen Höhe x durch eine Ebene geschnitten, haben die Schnittflächen den gleichen Flächeninhalt, wie die folgende Überlegung an einem Schnitt durch beide Körper zeigt (siehe nebenstehende Abbildungen).

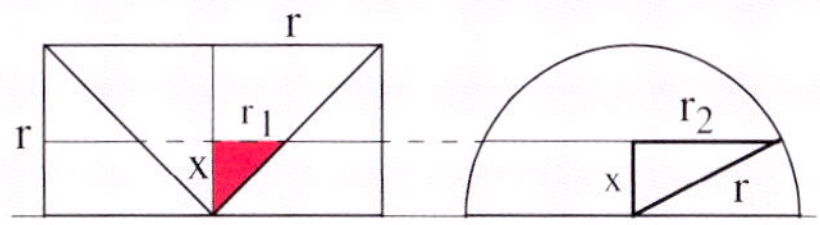

Da das hervorgehobene Dreieck gleichschenklig ist, gilt $r_1 = x$. Für den Flächeninhalt A_1 des Kreisringes ergibt sich demzufolge $A_1 = \pi r^2 - \pi r_1^2 = \pi r^2 - \pi x^2 = \pi(r^2 - x^2)$.
Nach dem **Satz des PYTHAGORAS** gilt für die Halbkugel $r^2 = x^2 + r_2^2$ und deshalb $A_2 = \pi r_2^2 = \pi(r^2 - x^2)$, also ist $A_1 = A_2$.
Nach dem Satz des CAVALIERI gilt also $V_{Halbkugel} = V_{Zylinder} - V_{Kegel} = \pi r^2 h - \frac{1}{3} \pi r^2 h = \pi r^3 - \frac{1}{3} \pi r^3 = \frac{2}{3} \pi r^3$, woraus sofort die Formel für das Kugelvolumen folgt.

H Die exakte Berechnung von Inhalt und Oberfläche der Kugel ist eine der größten mathematischen Leistungen von ARCHIMEDES (287–212 v. u. Z.).
ARCHIMEDES fand die Beziehung zwischen dem Volumen einer Kugel und dem Volumen eines Zylinders zuerst durch physikalische Überlegungen. Er hängte (wahrscheinlich in Gedanken) eine Kugel, einen Kegel sowie einen Zylinder (wie im Bild angegeben) drehbar auf, und bewies mit physikalischen Mitteln, daß sich die Körper im Gleichgewicht befinden. Nach dem Hebelgesetz gilt dann:
$V_{Ku} \cdot 2r + V_{Ke} \cdot 2r = V_{Zyl} \cdot r$.
Da die Volumenformeln für Kegel und Zylinder bekannt waren, konnte er nun die Formel für das Kugelvolumen ermitteln.

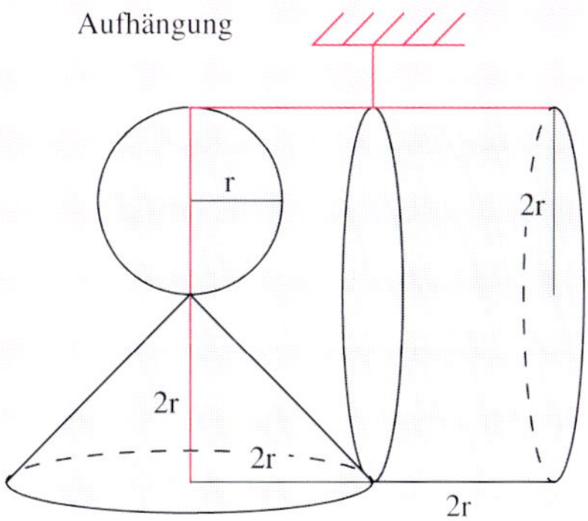

■ Die Hülle eines kugelförmigen Ballons hat sich durch die Füllung des Ballons mit 265 *l* Gas auf etwa 2 m^2 gedehnt. Wie groß ist die Hülle geworden und wieviel Liter Gas enthält der Ballon, wenn sein Durchmesser durch weiteres Füllen verdoppelt wurde?

Aufgrund der angegebenen Form des Ballons können die Formeln für Oberfläche und Volumen einer Kugel angewendet werden. Mit den Bezeichnungen d_1, A_1, V_1 für den Ausgangszustand und d_2, A_2, V_2 für den Zustand nach Verdopplung des Durchmessers erhält man folgende Lösungsgraphen (vgl. S. 308):

$$A_2 \longleftarrow d_2 \longleftarrow d_1 \longleftarrow A_1 \qquad\qquad V_2 \longleftarrow d_2 \longleftarrow d_1 \longleftarrow V_1$$

Die schrittweise Berechnung für A_2 ergibt.

$d_1 = \sqrt{\frac{A_1}{\pi}} = \sqrt{\frac{2\,m^2}{\pi}} = 0{,}797\,m \approx 0{,}8\,m$; $\quad d_2 = 2d_1 = 1{,}6\,m$; $\quad A_2 = \pi d_2{}^2 = 8{,}04\,m^2 \approx 8\,m^2$.

Analog erhält man $V_2 = 2\,100\,l$.

Die Aufgabe ist auch durch funktionale Überlegungen lösbar. Da bei einer Kugel zwischen Oberfläche und Durchmesser ein quadratischer sowie zwischen Volumen und Durchmesser ein kubischer Zusammenhang besteht, kommt es bei einer Verdopplung des Durchmessers zu einer Vervierfachung der Oberfläche sowie einer Verachtfachung des Volumens.

6.7 Zusammengesetzte Körper

In vielen Anwendungsaufgaben ist das Volumen bzw. die Oberfläche von Körpern zu berechnen, die nicht einem der bisher behandelten Typen zugeordnet werden können. In vielen Fällen kann man den Körper jedoch

- in Teilkörper zerlegen oder
- zu Körpern ergänzen,

deren Volumen oder Oberfläche man berechnen kann.

■ Es ist eine Volumenformel für einen **Keil** mit den Kantenlängen a, b und c sowie der Höhe h zu ermiteln (s. Zeichnung).

Um den Keil in Körper zu zerlegen, deren Volumen man schon berechnen kann, ist es günstig, zwei Schnitte in der angegebenen Weise auszuführen. Dadurch entstehen zwei vierseitige Pyramiden mit der Höhe h und ein dreiseitiges Prisma EKGFJH mit der Grundfläche FJH. Es gilt:

$$\begin{aligned} V_{Keil} &= 2 \cdot V_{Pyramide} + V_{Prisma} \\ &= 2 \cdot \frac{h}{3} \cdot \frac{a-c}{2} \cdot b + \frac{1}{2} b \cdot h \cdot c \\ &= h \cdot b \cdot \left(\frac{1}{3}(a-c) + \frac{1}{2} c\right) \\ &= \frac{1}{6} hb(2(a-c) + 3c) \\ &= \frac{1}{6} hb(2a + c) \end{aligned}$$

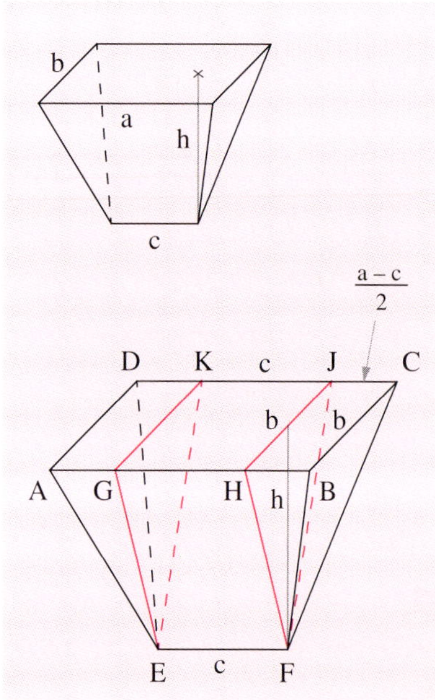

W Der Keil ist ein spezielles **Prismoid** (**Prismatoid**). Ein Prismoid ist ein ebenflächig begrenzter Körper mit parallelen Grund- und Deckenflächen sowie mit Dreiecken oder Trapezen als Seitenflächen.

Im Unterschied zum Prisma brauchen Grund- und Deckfläche nicht kongruent zu sein und auch nicht die gleiche Eckenzahl zu haben.

Das Volumen eines Prismoids läßt sich nach der Formel $V = \frac{h}{6}(A_G + 4A_S + A_D)$ berechnen, wobei A_G und A_D Grund- bzw. Deckfläche bedeuten und A_S die zu diesen Flächen parallele Schnittfläche, die in halber Höhe des Körpers liegt.

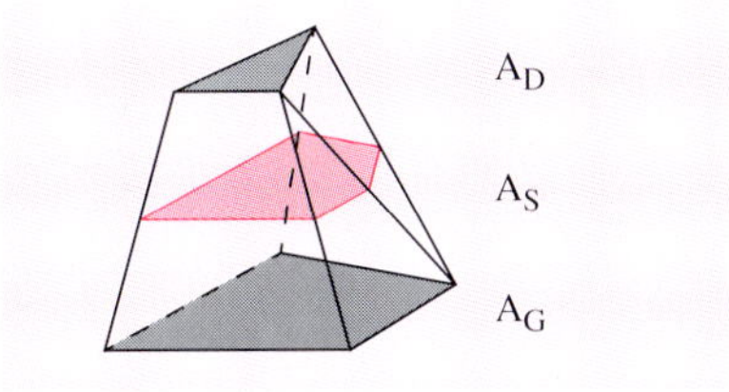

Diese Formel ist eine der berühmtesten und universellsten Volumenformeln. Zu Ehren ihres Entdeckers heißt sie **KEPLERsche Faßregel**. KEPLER fand diese Formel im Jahre 1613, als er sich mit der Geometrie von Weinfässern beschäftigte.

Mit der KEPLERschen Faßregel kann das Volumen eines Quaders, Prismas, eines Zylinders, einer Pyramide, eines Kegels, eines Pyramiden- oder Kegelstumpfes, einer Kugel und vieler weiterer Körper berechnet werden. So ist sie auch zur Volumenbestimmung eines **Obelisken** (Prismoid nur mit Trapezen als Seitenflächen) oder eines Keils anwendbar.

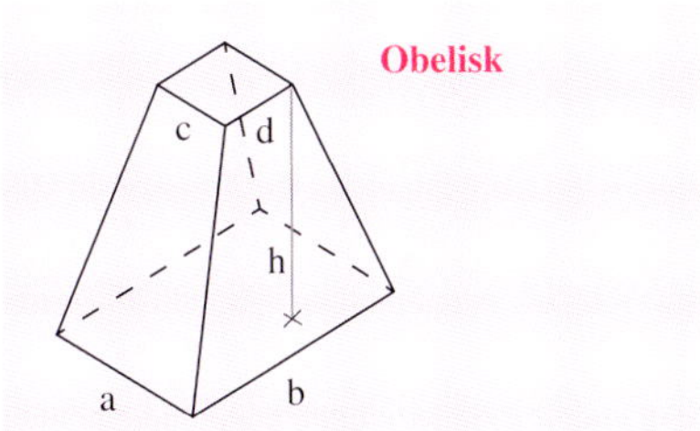

$$V = \frac{h}{6}(2ab + 2cd + ad + bc)$$

■ Ein Werkstück aus Stahl mit den im Bild angegebenen Maßen besitzt zwei Bohrungen mit einem Durchmesser von je 40 mm. Es ist die Masse des Werkstücks zu berechnen. (Dichte von Stahl: $7{,}8\ \frac{g}{cm^3}$).

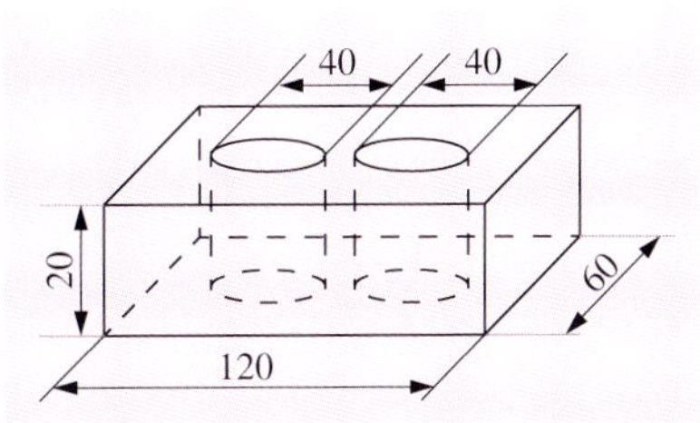

Die Masse m des Werkstücks ergibt sich aus der Dichte und dem Volumen V.

Zur Berechnung des Volumens kann in diesem Beispiel der Körper durch zwei Zylinder mit dem Radius 20 mm zu einem Quader ergänzt werden. Es gilt dann:

$V = (120 \cdot 60 \cdot 20 - \pi \cdot 20^2 \cdot 20)\ mm^3 = 118\,867{,}258\ mm^3 = 118{,}867258\ cm^3 \approx 120\ cm^3.$

Für die Masse gilt: $7{,}8\ \frac{g}{cm^3} \cdot 120\ cm^3 = 936\ g \approx 940\ g.$

6.8 Regelmäßige Polyeder

D Ein **Polyeder** heißt **regelmäßig** (**regulär**), wenn

(1) alle Begrenzungsflächen regelmäßige n-Ecke sind,

(2) alle Begrenzungsflächen zueinander kongruent sind und

(3) in jeder Ecke gleichviel Kanten zusammenstoßen.

Um die Anzahl und Art der regelmäßigen Polyeder zu bestimmen, kann man sich zunächst überlegen, welche und wieviel regelmäßige n-Ecke in einer Polyederecke zusammenstoßen können:

Es müssen mindestens drei n-Ecke sein, damit ein räumliches Gebilde entsteht. Der Winkel zwischen zwei benachbarten Kanten, die von einer Polyederecke ausgehen, wird als Kantenwinkel α bezeichnen. Der Anschauung kann man entnehmen, daß für ein konvexes Polyeder die Summe aller Kantenwinkel einer Polyederecke stets kleiner als 360° ist. Deshalb können als regelmäßige n-Ecke nur das gleichseitige Dreieck mit $\alpha = 60°$, das Quadrat mit $\alpha = 90°$ und das regelmäßige Fünfeck mit $\alpha = 108°$ in Frage kommen. Sind die Seitenflächen regelmäßige Dreiecke, können in einer Ecke 3, 4 oder 5 Dreiecke zusammenstoßen, da die Summe der Kantenwinkel dann stets kleiner als 360° ist. Sind die Seitenflächen Quadrate oder regelmäßige Fünfecke können nur genau drei Seitenflächen in einer Ecke zusammenstoßen, da bei vier Flächen die Summe der Kantenwinkel bereits gleich oder größer als 360° ist.

Es sind also maximal fünf regelmäßige Polyeder möglich. Man kann durch weitere Überlegungen oder einfach durch Herstellen dieser Körper zeigen, daß die fünf möglichen Polyeder auch existieren. In der folgenden Abbildung sind sie mit ihren Namen und Netzen dargestellt:

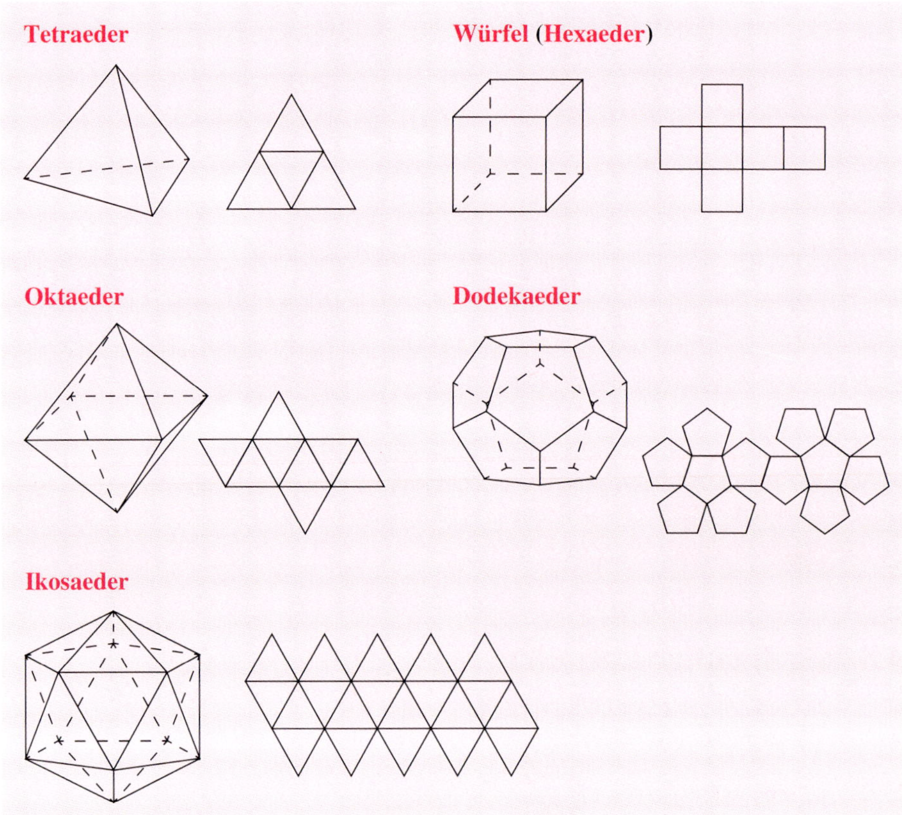

Reguläre Polyeder besitzen eine **Umkugel**, eine **Inkugel** und eine **Kantenkugel**. Die Umkugel geht durch alle Eckpunkte, die Inkugel berührt alle Seitenflächen in deren Mittelpunkten. Die Kantenkugel verläuft durch die Mittelpunkte der Kanten.

Die folgende Tabelle enthält eine Übersicht über die Anzahl der Flächen (f), die Anzahl der Ecken (e), die Anzahl der Kanten (k) sowie die Formeln zur Berechnung des Umkugelradius r, des Inkugelradius ρ, der Oberfläche A_O und des Volumens V der regulären Polyeder, wobei a die Kantenlänge ist:

	f	e	k	r	ρ	A_O	V
Tetraeder	4	4	6	$\frac{\sqrt{6}}{4}\,a$	$\frac{\sqrt{6}}{12}\,a$	$\sqrt{3}\,a^2$	$\frac{\sqrt{2}}{12}\,a^3$
Würfel	6	8	12	$\frac{\sqrt{3}}{2}\,a$	$\frac{1}{2}\,a$	$6a^2$	a^3
Oktaeder	8	6	12	$\frac{\sqrt{2}}{2}\,a$	$\frac{\sqrt{6}}{2}\,a$	$2\sqrt{3}\,a^2$	$\frac{\sqrt{2}}{3}\,a^3$
Dodeka-eder	12	20	30	$\frac{\sqrt{3}\,(1+\sqrt{5})}{4}\,a$	$\frac{\sqrt{10\,(25+11\sqrt{5})}}{20}\,a$	$3\sqrt{5\,(5+2\sqrt{5})}\,a^2$	$\frac{(15+7\sqrt{5})}{4}\,a^3$
Ikosaeder	20	12	30	$\frac{\sqrt{2\,(5+\sqrt{5})}}{4}\,a$	$\frac{\sqrt{3}\,(3+\sqrt{5})}{12}\,a$	$5\sqrt{3}\,a^2$	$\frac{5\,(3+\sqrt{5})}{12}\,a^3$

H Die erstaunliche Tatsache der Existenz von nur fünf regulären Polyedern mit ihren vielen besonderen Eigenschaften hat schon im Altertum viele Wissenschaftler beschäftigt.
So spielten die fünf regulären Polyeder in den Auffassungen des berühmten griechischen Philosophen PLATON (427–347 v.u.Z.) eine bedeutende Rolle. Er nahm an, daß alles, was existiert, aus den vier Elementen Erde, Luft, Feuer und Wasser zusammengesetzt ist. Diese vier Elemente sowie als fünftes Element die Welt als Ganzes stehen nach seiner Meinung zu den fünf regulären Polyedern in folgender Beziehung: Erde – Würfel, Luft – Oktaeder, Feuer – Tetraeder, Wasser – Ikosaeder, Welt – Dodekaeder. Dies führte dazu, daß die fünf regulären Polyeder auch als Körper des PLATON bzw. **PLATONische Körper** bezeichnet werden.
Die fünf PLATONischen Körper faszinierten im Jahre 1595 auch den dreiundzwanzigjährigen Lehrer der Mathematik und Moral an der Landständeschule in Graz, JOHANNES KEPLER. In seinem ersten Buch „Mysterium cosmographicum“ (Weltgeheimnis), das ihn sofort berühmt machte, stellte er die These auf, daß es einen Zusammenhang zwischen den Bahnen der sechs damals bekannten Planeten Merkur, Venus, Erde, Mars, Jupiter und Saturn und den In- und Umkugeln der fünf PLATONischen Körper gäbe. Er war der Meinung, daß sich die Radien der In- und Umkugeln eines jeden regulären Polyeders wie die Radien der Kreisbahnen zweier Planeten verhalten. Im Jahre 1601 gelangte KEPLER in den Besitz genauer Meßergebnisse über die Positionen der Planeten zu verschiedenen Zeiten. Er versuchte in langwierigen und komplizierten Berechnungen diese Daten in Übereinstimmung mit seinem Modell der Planetenbewegung zu bringen, mußte aber schließlich feststellen, daß beides nicht in Einklang zu bringen war. Es zeugt von der Größe und Genialität KEPLERs, seinen Irrtum zu erkennen, ihn öffentlich einzugestehen und solange zu suchen, bis eine befriedigende Lösung des Problems gefunden war. 1609 veröffentlichte er die Ergebnisse seiner jahrelangen Bemühungen, die berühmten drei KEPLERschen Gesetze der Planetenbewegung, mit denen auch heute noch recht genaue Berechnungen angestellt werden können.

6

Aus der Tabelle ist weiterhin erkennbar, daß es eine Beziehung zwischen der Anzahl der Flächen, Ecken und Kanten regelmäßiger Polyeder gibt, nämlich $e + f = k + 2$.
Der Schweizer Mathematiker LEONHARD EULER (1707–1783) bewies als erster, daß dieser Zusammenhang für beliebige konvexe Polyeder gilt.

S **EULERscher Polyedersatz**
Ist e die Anzahl der Ecken, f die Anzahl der Flächen und k die Anzahl der Kanten eines konvexen Polyeders, so gilt die Gleichung $e + f - k = 2$.

Dieser Satz gilt auch für bestimmte konkave, aber nicht für alle konkaven Polyeder.

7 Darstellende Geometrie

7.1 Projektionsarten

7.1.1 Parallelprojektion

Ein ebenes Bild räumlicher Figuren wird durch den Vorgang des **Projizierens** erzeugt. Darunter ist ein Abbildungsverfahren zu verstehen, bei dem sich das Bild aus dem Original durch „Schattenwerfen" mittels Lichtstrahlen (projizierender Strahlen) ergibt.
Die Verbindungen von Original- und Bildpunkten heißen **Projektionsgeraden**, das Bild wird auch **Projektion** bzw. **Riß** genannt.

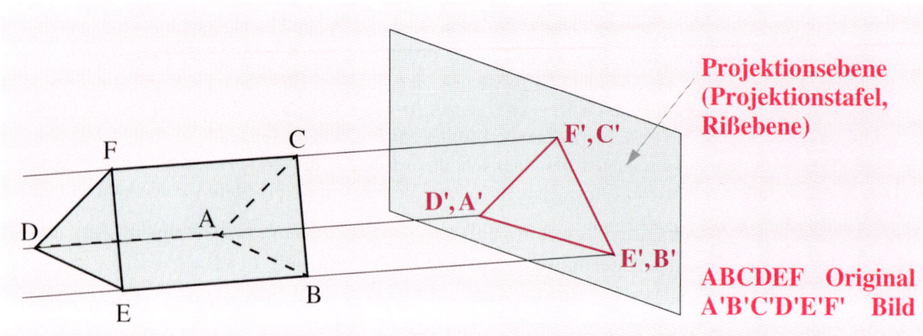

S Jedem Punkt als Original ist bei der Projektion in eine Ebene eindeutig ein Punkt als Bild zugeordnet.

Da alle Punkte einer Projektionsgeraden das gleiche Bild haben, gilt die Umkehrung des Satzes nicht.

Je nach Lage der Projektionsgeraden zueinander wird zwischen Zentralprojektion und Parallelprojektion unterschieden.
Bei der **Parallelprojektion** sind die Projektionsgeraden zueinander parallel. Treffen sie senkrecht auf die Projektionstafel auf, spricht man von **senkrechter Parallelprojektion** andernfalls von **schräger Parallelprojektion**.

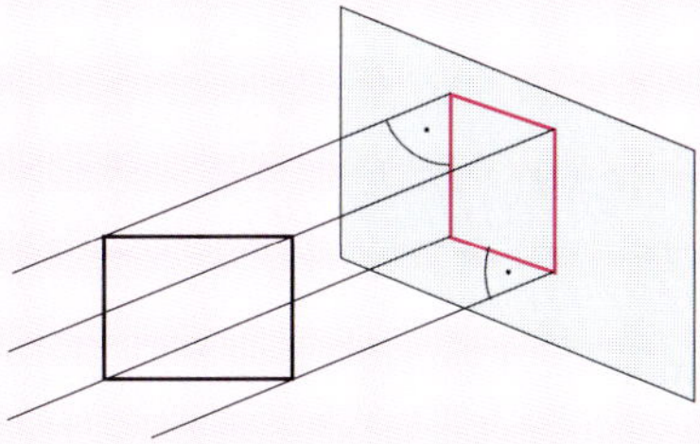

senkrechte Parallelprojektion

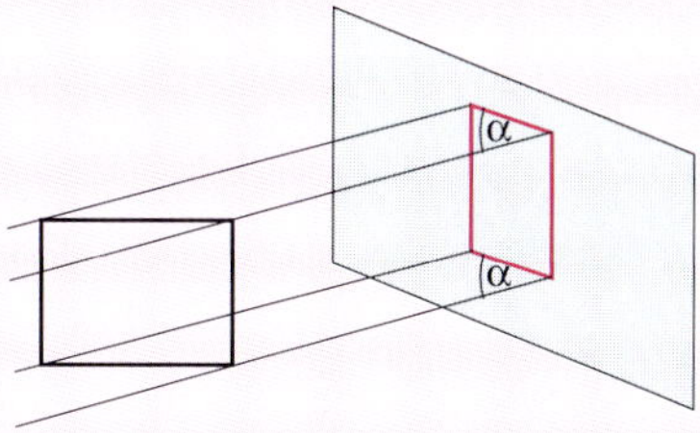

schräge Parallelprojektion

Die Sonnenstrahlen können aufgrund der großen Entfernung von Sonne und Erde als annähernd parallel vorausgesetzt werden. Der Schatten eines Gegenstandes kann deshalb als in Parallelprojektion erzeugt angenommen werden.
Die Parallelprojektion liefert Bilder relativ großer Maßtreue.
Die folgende Tabelle gibt einen Überblick über Abbildungseigenschaften geometrischer Figuren bei Parallelprojektion.

Original	Lage des Originals bez. der Projektionsgeraden	Bild
Punkt	beliebig	Punkt
Strecke (Gerade)	parallel nicht parallel	Punkt Strecke (Gerade)
ebene Figur	parallel nicht parallel	Strecke (Gerade) ebene Figur
räumliche Figur	beliebig	ebene Figur

7

Bild und Original sind nur dann kongruente Figuren, wenn das Original parallel zur Projektionsebene liegt.

7.1.2 Zentralprojektion

Bei der Zentralprojektion gehen alle Projektionsgeraden durch einen Punkt Z (von einem Punkt Z aus). Dieser Punkt heißt Projektionszentrum.

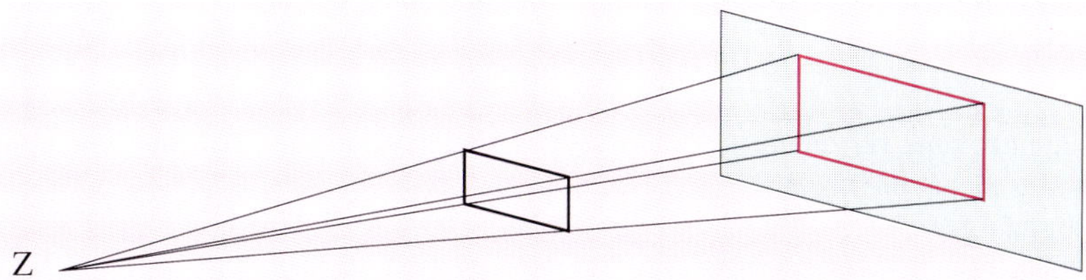

Die Zentralprojektion liegt dem menschlichen Sehen bzw. der Fotografie zugrunde; sie liefert im Vergleich zur Parallelprojektion anschaulichere Bilder und wird vor allem bei künstlerischen Darstellungen verwendet.

■ Die nebenstehende Abbildung stellt das zentralprojektive Bild eines Quaders dar. Das Auge des Beobachters befindet sich im Projektionszentrum außerhalb des Bildes.

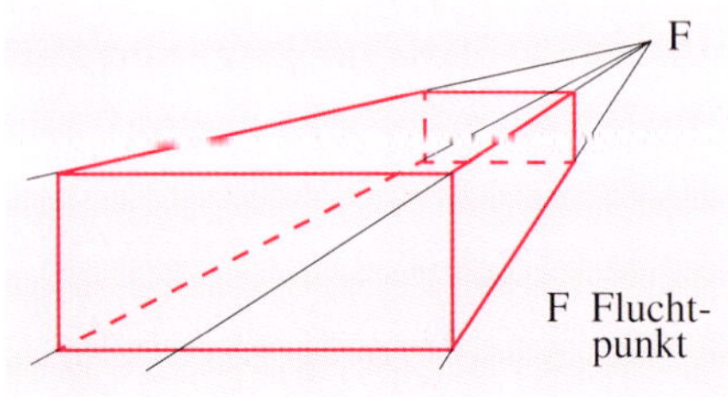

Im Beispiel ist erkennbar, daß bei der Zentralprojektion zueinander parallele Geraden entweder wieder als zueinander parallele Geraden oder als **Strahlenbüschel** abgebildet werden. Dieser Punkt F heißt auch **Fluchtpunkt** der Abbildung.

H Die Entdeckung des sogenannten Fluchtpunktsatzes durch den italienischen Baumeister FILIPPO BRUNELLESCHI (1377–1446) führte zu einer Wende in der Geschichte der Malerei. Erst durch die bewußte Anwendung jener Gesetzmäßigkeiten war es möglich, in Gemälden den Eindruck räumlicher Tiefe zu erwecken.

7.2 Senkrechte Parallelprojektion

Aufgrund ihrer großen Maßgenauigkeit ist die senkrechte Parallelprojektion besonders für technische Anwendungen bedeutsam. Oft erfolgt eine Projektion nicht nur auf eine Ebene (**Eintafelprojektion**), sondern auf zwei bzw. drei Rißebenen (**Zwei-** bzw. **Dreitafelprojektion**).

7.2.1 Eintafelprojektion

Die **senkrechte Eintafelprojektion** ist ein Sonderfall der Parallelprojektion. Die Projektionsgeraden verlaufen jetzt senkrecht zur Bildebene; zur Beschreibung der Lage des Originals bezieht man sich häufig auf diese Ebene.

Abbildung von Punkten; Höhenmaßstab

Jedem Punkt P des Raumes als **Original** ist bei senkrechter Parallelprojektion eindeutig ein Punkt P' als **Bild** zugeordnet. Man erhält P' als Fußpunkt des Lotes von P auf die **Rißebene**.

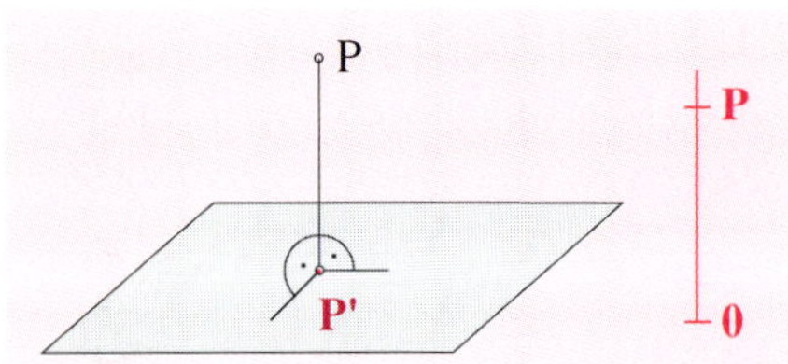

Ein Bildpunkt kann verschiedene Punkte als Original haben. Die senkrechte Eintafelprojektion ist also nicht eineindeutig. Um die Lage eines Originalpunktes eindeutig zu kennzeichnen, gibt man neben dem Bildpunkt einen **Höhenmaßstab** an. Punkte der Bildebene haben die Höhe 0.

Abbildung von Geraden bzw. Strecken; Neigungswinkel

Entscheidend für die Abbildung von Geraden bzw. Strecken ist deren Lage bezüglich der Projektionsebene.

Eine Gerade g kann bezüglich der Projektionsebene ε folgende Lagen haben:

(1) g ist (echt) parallel zu ε; d. h., g und ε haben keinen Punkt gemeinsam.

(2) g schneidet ε unter einem spitzen Winkel α (dem **Neigungswinkel**) in einem Punkt S, dem sogenannten **Spurpunkt** von g.

(3) g ist senkrecht zu ε.

(4) g liegt in ε; d. h., jeder Punkt von g ist ein Punkt von ε.

S Das Bild einer Geraden g bei senkrechter Parallelprojektion ist ein Punkt falls g senkrecht zur Projektionsebene verläuft; andernfalls ist das Bild eine Gerade (vgl. folgende Abbildung).

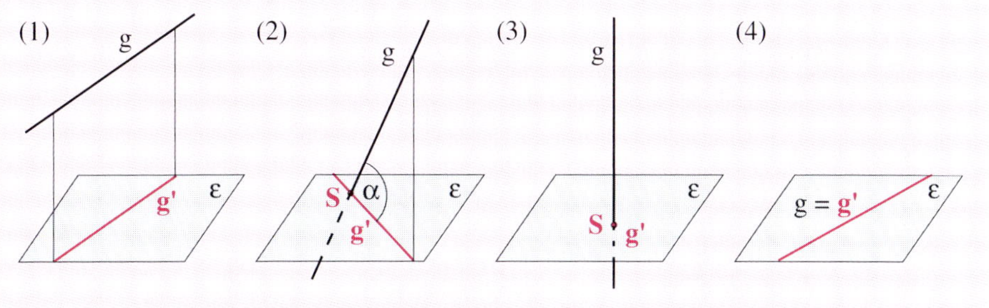

Für die Abbildung einer Strecke $\overline{AB}$ als Original und deren Bild $\overline{A'B'}$ gilt:

Lage des Originals bezüglich ε	Bild
$\overline{AB}$ parallel zu ε	Strecke gleicher Länge ($\overline{A'B'} \cong \overline{AB}$)
$\overline{AB}$ geneigt bezüglich ε	Strecke kleinerer Länge
$\overline{AB}$ senkrecht zu ε	Punkt

Je größer der Neigungswinkel α der Strecke $\overline{AB}$ bezüglich der Projektionsebene ε ist, desto mehr ist das Bild gegenüber dem Original verkürzt.

S Parallele Geraden (Strecken), die nicht in Projektionsrichtung liegen, werden als parallele Geraden (Strecken) abgebildet.

Abbildung ebener Figuren

In analoger Weise lassen sich Aussagen über die Abbildung ebener Figuren treffen; es gilt:

Lage des Originals bezüglich ε	Bild
parallel	kongruente Figur
geneigt	verkleinerte Figur
senkrecht	Strecke

Zur Charakterisierung der Lage von Ebenen bezüglich der Projektionsebene bedient man sich der Begriffe Höhen- und Fallinie.

Unter einer **Höhenlinie** versteht man eine Gerade, deren Punkte bezüglich der Projektionsebene in gleicher Höhe liegen. Zwei Höhenlinien legen eine Ebene eindeutig fest. Jede Gerade, die senkrecht zu den Höhenlinien einer geneigten Ebene liegt wird **Fallinie** genannt. Der Neigungswinkel der Ebene ergibt sich dann als Neigungswinkel einer ihrer Fallinien bezüglich der Projektionsebene.

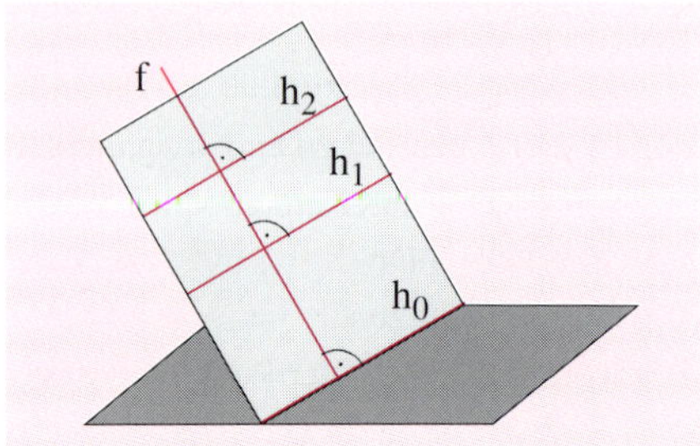

■ Die folgende Abbildung stellt eine vierseitige Pyramide in Eintafelprojektion dar.

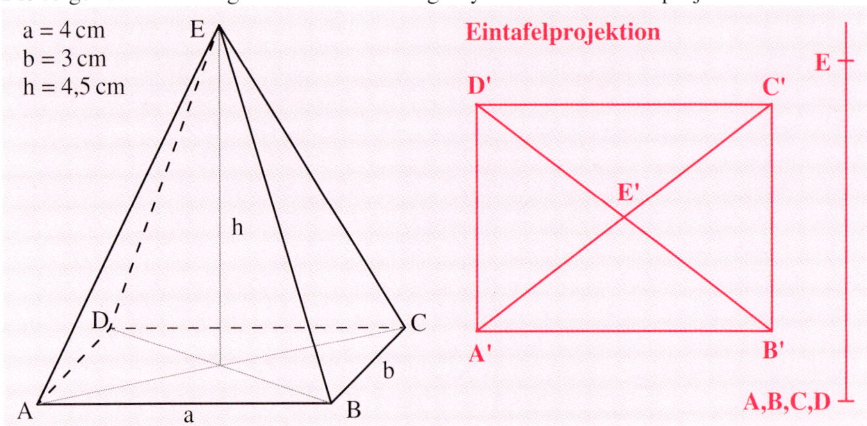

Strecken, Winkel und ebene Figuren haben nur dann ein zum Original kongruentes Bild, wenn sie parallel zur Projektionsebene liegen. Eine wichtige Aufgabe ist es deshalb, bei beliebiger Lage des Originals die *wahre Größe der jeweils abgebildeten Figuren zu ermitteln*. Die dafür erforderlichen und im folgenden erläuterten Konstruktionen werden auch **Grundaufgaben bei der senkrechten Eintafelprojektion** genannt:

Ermitteln der wahren Länge einer Strecke

Die Konstruktion der wahren Länge einer Strecke $\overline{AB}$ aus dem gegebenen Bild $\overline{A'B'}$ dieser Strecke erfolgt durch Umklappen des Trapezes A'B'BA in die Bildebene.

Konstruktionsschritte:

(1) Errichten der Senkrechten zu $\overline{A'B'}$ in den Punkten A' und B'

(2) Abtragen der aus dem Höhenmaßstab entnommenen Höhen von A und B auf den entsprechenden Senkrechten in A' bzw. B'

(3) Verbinden der dadurch erhaltenen Punkte A_0 und B_0

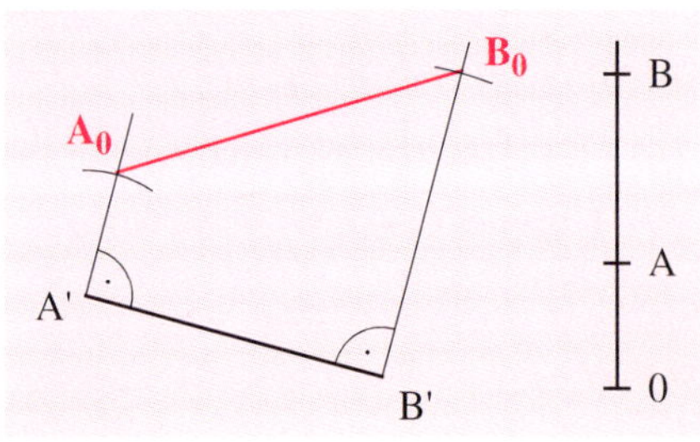

Die Strecke $\overline{A_0B_0}$ entspricht der wahren Länge von $\overline{AB}$.

Anmerkung: Liegt einer der beiden Punkte A und B in der Bildebene ergibt sich anstelle des charakteristischen Trapezes ein rechtwinkliges Dreieck.

Ermitteln des Neigungswinkels einer Geraden (Strecke) bezüglich der Bildebene

Der Neigungswinkel φ einer Geraden g ergibt sich aus dem Bild g' dieser Geraden sowie den Bildern P' und Q' zweier beliebiger Geradenpunkte P und Q wiederum durch Umklappen des charakteristischen Trapezes P'Q'QP in die Bildebene.

Konstruktionsschritte:

(1) Errichten der Senkrechten zu g' in beliebig gewählten Geradenpunkten P' und Q'

(2) Abtragen der aus dem Höhenmaßstab entnommenen Höhen von P und Q auf den entsprechenden Senkrechten in P' bzw. Q'

(3) Zeichnen der Geraden g_0 durch die erhaltenen Punkte P_0 und Q_0

(4) Zeichnen der Parallelen zu g' durch P_0, die die Senkrechte durch Q' in R_0 schneidet

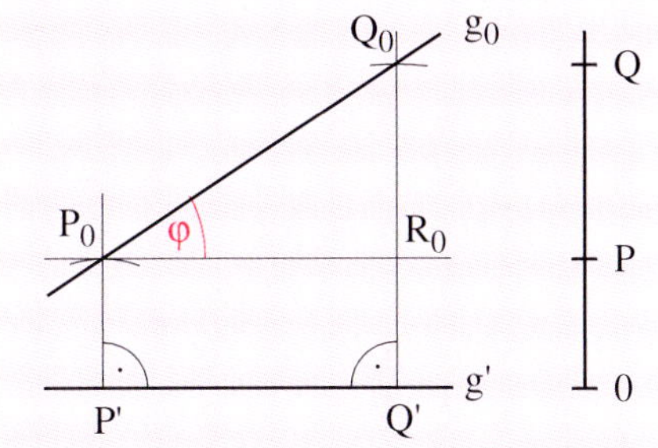

Der Winkel $Q_0P_0R_0$ ist gleich dem gesuchten Neigungswinkel φ.

Anmerkung: Auf den Punkt (4) der Konstruktion kann verzichtet werden, wenn g_0 bereits in der Zeichenebene g' schneidet.

W Der Neigungswinkel einer Ebene bezüglich der Projektionsgeraden ist gleich dem Neigungswinkel einer ihrer Fallinien bezüglich dieser Ebene.

■ Für den dargestellten Pyramidenstumpf sind die wahre Länge einer Seitenhöhe sowie deren Neigungswinkel φ zu bestimmen.

Anmerkung: Da die Seitenhöhe Fallinie für die entsprechende Seitenfläche ist, ist φ zugleich Neigungswinkel dieser Ebene.

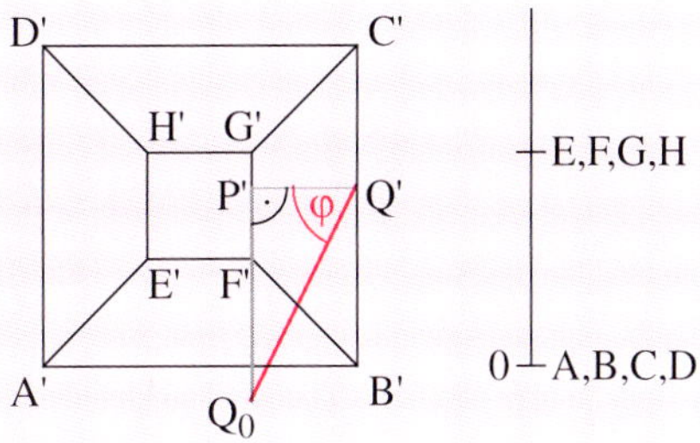

7.2.2 Zweitafelprojektion

Eigenschaften

Beim Verfahren der **Zweitafelprojektion** wird ein Original jeweils durch senkrechte Parallelprojektion auf zwei zueinander senkrechte Ebenen, die **Grundrißtafel** ε_1 und die **Aufrißtafel** ε_2, abgebildet.

Die Schnittgerade der Ebenen ε_1 und ε_2 heißt **Rißachse** bzw. **Projektionsachse**. Das Bild eines Originals in der Ebene ε_1 wird sein **Grundriß**, das in der Ebene ε_2 sein **Aufriß** genannt.

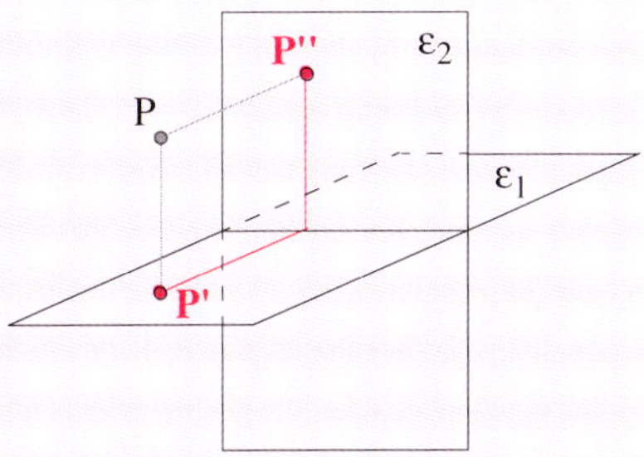

Durch Angabe seines Grundrisses P' und seines Aufrisses P'' ist die Lage eines Punktes P im Raum eindeutig bestimmt. Auf einen Höhenmaßstab kann deshalb verzichtet werden.

Zur besseren zeichnerischen Darstellung wird der vordere Teil der Grundrißtafel um die Rißachse nach unten geklappt, so daß auch sie – wie der obere Teil der Aufrißtafel – in der Zeichenebene liegt. Dann gilt:

S **Haupteigenschaften der Zweitafelprojektion:**

(1) Grund- und Aufriß ein und desselben Punktes liegen auf einer Senkrechten zur Rißachse, der sogenannten **Ordnungslinie**.

(2) Der Abstand des Grundrisses P' von der Rißachse gibt den Abstand des Punktes P von der Aufrißebene an.

(3) Der Abstand des Aufrisses P'' von der Rißachse gibt den Abstand des Punktes P von der Grundrißebene an.

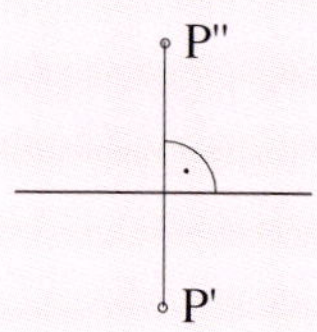

Für die Abbildung geometrischer Figuren beim Zweitafelverfahren gelten für jede Tafel die im Abschnitt 7.2.1 für die senkrechte Parallelprojektion getroffenen Aussagen. Insbesondere haben zu einer Tafel parallele (ebene) Figuren in dieser Tafel ein zum Original kongruentes Bild. Liegen sie dagegen senkrecht zu einer Tafel, so ist das Bild einer Geraden bzw. Strecke ein Punkt, und eine Ebene wird als Gerade abgebildet.
Ebenen, die nicht parallel zur betrachteten Projektionsebene liegen und von dieser verschieden sind, haben mit der Projektionsebene eine Gerade, die sogenannte Spurgerade, gemein.

■ In der folgenden Abbildung sind Beispiele für die Zweitafelprojektion einer Strecke, einer ebenen Figur, eines Körpers sowie einer zur Aufrißtafel senkrechten Ebene (mittels ihrer Spurgeraden) angeführt:

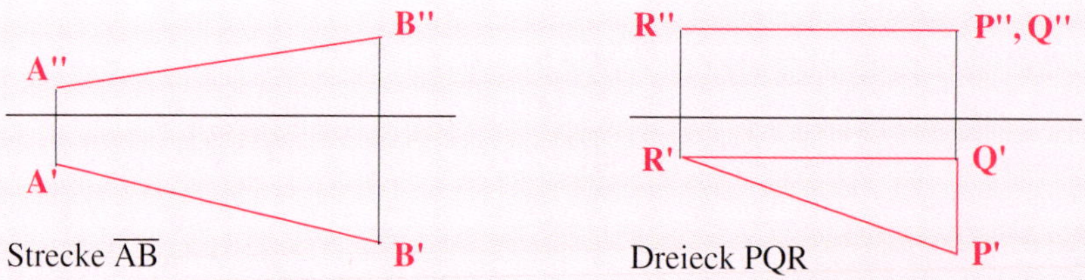

Strecke $\overline{AB}$

Dreieck PQR (parallel zur Grundrißebene)

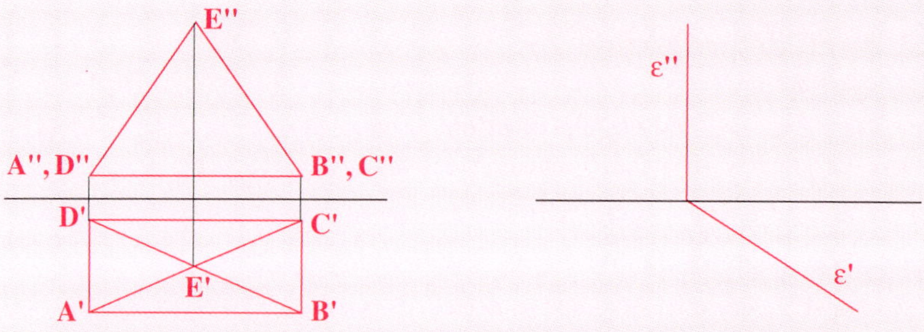

vierseitige Pyramide

Ebene (senkrecht zur Aufrißebene)

Man beachte: Fallen verschiedene Bildpunkte in einer Rißebene zusammen, werden diejenigen zuerst gekennzeichnet, die dem Betrachter näher liegen.

Wahre Größe und Gestalt von Figuren

Die wahre Länge einer Strecke bzw. die wahre Gestalt einer ebenen Figur lassen sich – analog zur Eintafelprojektion – durch Umklappen in eine der beiden Tafeln konstruieren.
Im folgenden ist dies für die wahre Länge einer Strecke ausgeführt:

■ Es ist die wahre Länge der Strecke $\overline{AB}$ zu ermitteln.

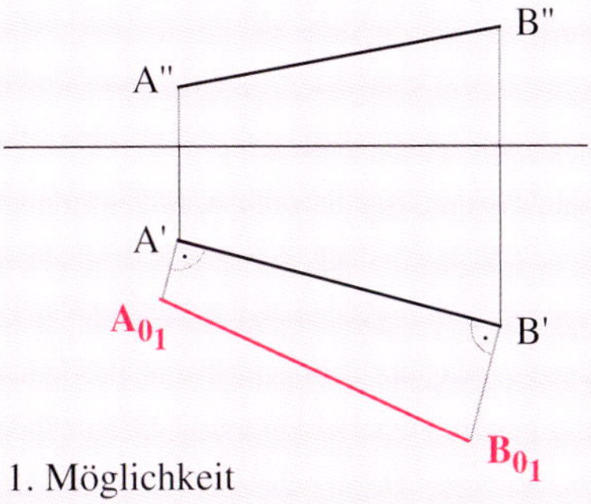

1. Möglichkeit
(Klappung in die Grundrißebene)

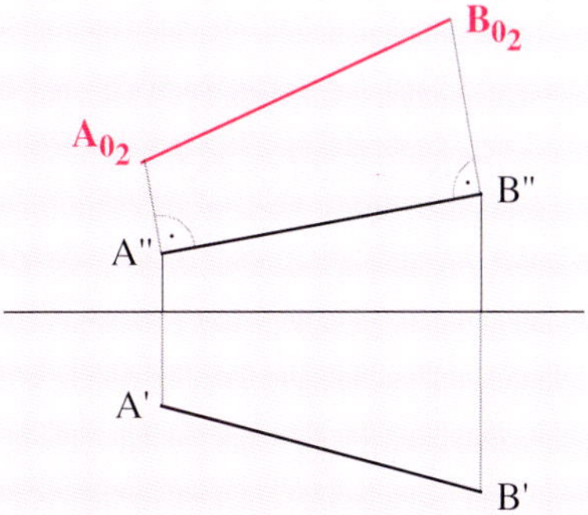

2. Möglichkeit
(Klappung in die Aufrißebene)

Auch bei der Ermittlung der wahren Gestalt von Begrenzungs- oder Schnittflächen eines Körpers werden diese Flächen so geklappt, daß sie in der Grundrißebene bzw. parallel zu dieser liegen.

Im folgenden wird dies für einen **ebenen Schnitt durch einen Körper** demonstriert:

■ Die nebenstehende Abbildung zeigt die Konstruktion der wahren Gestalt der Schnittfigur beim ebenen Schnitt durch eine quadratische Pyramide.

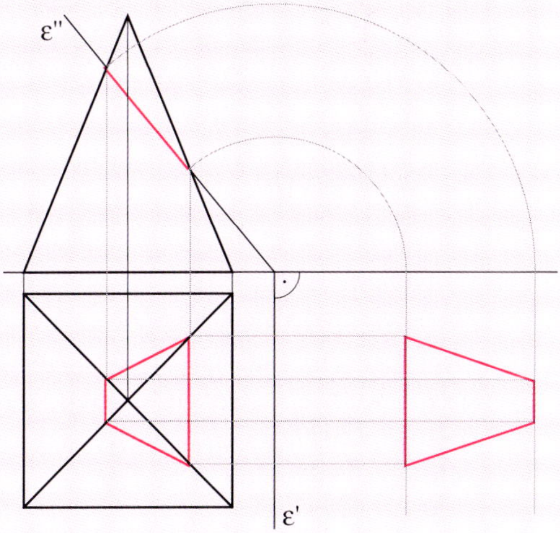

H Die Zweitafelprojektion hat ihren Ursprung im Bauwesen. Der französische Mathematiker GASPARD MONGE (1746–1818), der sich vor allem mit Festungsbauten beschäftigte, entwikkelte das Grundriß-Aufriß-Verfahren. Er gilt als Begründer der darstellenden Geometrie.

W Beim **Dreitafelverfahren** wird ein Original zusätzlich auf eine dritte Projektionsebene ε_3, die sogenannte **Seitenriß-** bzw. **Kreuzrißebene**, abgebildet. Diese Ebene ε_3 ist senkrecht zu ε_1 und senkrecht zu ε_2, sie bildet mit diesen gewissermaßen eine räumliche Ecke. Das Bild eines Punktes in dieser dritten Ebene wird mit P''' bezeichnet und heißt **Seiten-** bzw. **Kreuzriß**

7.3 Schräge Parallelprojektion

Beim Betrachten von Körpern, die in senkrechter Zweitafelprojektion (vgl. Abschnitt 7.2.2) dargestellt sind, besteht ein Problem darin, aus zwei ebenen Bildern gedanklich wieder eine räumliche Figur zu entwickeln. Das ist bei der schrägen Parallelprojektion nicht der Fall, da diese in einem einzigen Bild einen räumlichen Eindruck des abgebildeten Originals vermittelt.

7.3.1 Definition und Eigenschaften

Bei der **schrägen Parallelprojektion** treffen die Projektionsgeraden unter einem Winkel zwischen 0° und 90° auf die – zumeist vertikale – Bildebene auf. In Abhängigkeit von diesem Winkel verändert sich das Bild einer Figur, das auch als dessen **Schrägbild** bezeichnet wird. Zur Konstruktion eines Schrägbildes sind der **Verzerrungswinkel** α sowie das **Verkürzungsverhältnis** (**Verzerrungsverhältnis**) q charakteristische Größen. Sie bestimmen die Abbildung von zur Bildebene senkrechten Geraden bzw. senkrechten Strecken, den sogenannten **Tiefengeraden** bzw. **Tiefenstrecken**. Im Gegensatz dazu nennt man Strecken, die in der Tafelebene oder parallel zu ihr liegen, **Frontstrecken**.

D Der **Verzerrungswinkel** α gibt den Winkel an, unter dem Tiefengeraden (bezüglich zu horizontalen Geraden) zu zeichnen sind. Das **Verkürzungsverhältnis** q ist der Quotient aus der Länge des Bildes einer Tiefenstrecke $\overline{A'B'}$ zur Länge des Originals $\overline{AB}$.

Allgemein gilt für das Verfahren der schrägen Parallelprojektion:

S *Haupteigenschaften und Konstruktion von Schrägbildern:*

(1) Jede zur Tafelebene parallele (ebene) Figur wird als kongruente Figur abgebildet. Insbesondere sind das Bild einer Strecke eine Strecke gleicher Länge und das Bild eines Winkels ein Winkel gleicher Größe.

(2) Bilder von nicht zur Tafelebene parallelen (ebenen) Figuren werden verzerrt abgebildet. Tiefenstrecken werden unter Berücksichtigung von q und α verkürzt und gegenüber der Bildebene geneigt dargestellt.

(3) Parallele Geraden haben parallele Bilder.

Verzerrungswinkel α und Verkürzungsverhältnis q können innerhalb bestimmter Grenzen beliebig gewählt werden: $-180° < \alpha < 180°$ bzw. $0 < q < 1$.
Bevorzugte Verzerrungswinkel sind 30°, 45° bzw. 60°. Als Verkürzungsverhältnisse wählt man im allgemeinen rationale Zahlen wie $\frac{1}{3}$, $\frac{1}{2}$ bzw. $\frac{2}{3}$.

■ Die Abbildung zeigt verschiedene Schrägbilder eines Spielwürfels. Je nach Wahl des Winkels α ergeben sich unterschiedliche Sichten auf den Würfel.

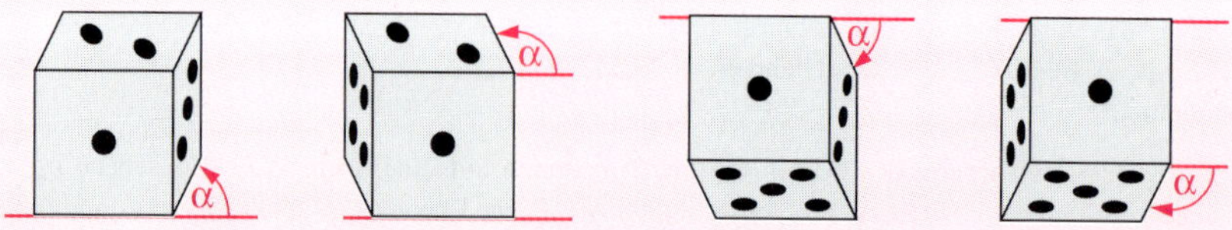

$\alpha = 60°$ $\alpha = 120°$ $\alpha = -60°$ $\alpha = -120°$

7.3.2 Die Kavalierperspektive

Besonders anschauliche Schrägbilder erhält man für den Verzerrungswinkel $\alpha = 45°$ sowie das Verkürzungsverhältnis $q = \frac{1}{2}$. Diese spezielle schräge Parallelprojektion wird **Kavalierperspektive** (mitunter auch **frontal-dimetrische Projektion**) genannt.

W Der Name Kavalierperspektive stammt vermutlich aus dem Militärwesen. Kavaliere waren Teile von Festungsanlagen. Mitunter ist auch der Begriff **Militärperspektive** gebräuchlich. Hierbei wird allerdings auf eine horizontale Ebene abgebildet.

Bei der Kavalierperspektive werden Breiten und Höhen (Frontstrecken) unverzerrt (unverkürzt), Tiefen dagegen auf die Hälfte verkürzt und unter einem Winkel von 45° geneigt wiedergegeben. Verdeckte Körperkanten werden durch gestrichelte Linien gekennzeichnet. Im folgenden sind zwei Beispiele für die Darstellung in Kavalierperspektive angegeben.

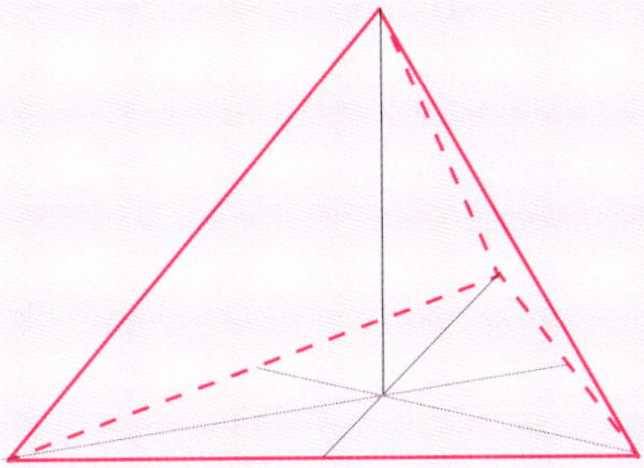

dreiseitige Pyramide
(A_G gleichsschenkliges Dreieck mit
$a = 5\,\text{cm}$ und $h_a = 4\,\text{cm}$; $h = 3\,\text{cm}$)

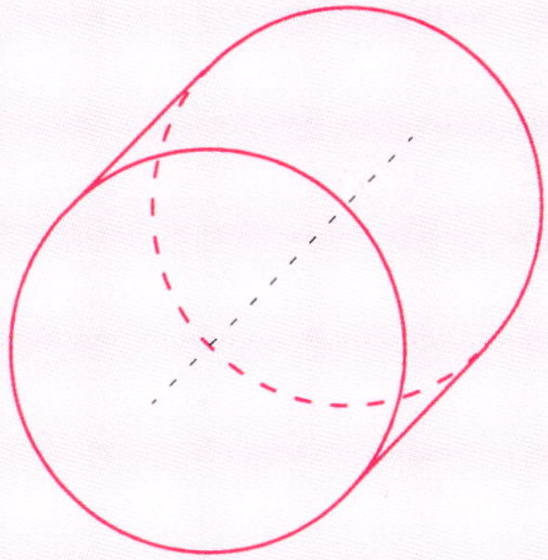

Kreiszylinder ($r = 1{,}5\,\text{cm}$; $h = 3\,\text{cm}$)

Im obigen Beispiel des Kreiszylinders wurde eine solche Lage dieses Körpers gewählt, bei der Grund- und Deckfläche zur Projektionsebene parallel sind, d.h., bei der das Bild eines Kreises wiederum ein Kreis ist. Das **Schrägbild eines Kreises**, dessen Lage parallel zu den Tiefenlinien ist, läßt sich folgendermaßen konstruieren:

Man zeichnet sich eine Hilfsfigur mit dem waagerecht liegenden Durchmesser des Kreises. Dieser Durchmesser wird gleichmäßig unterteilt, und es werden jeweils senkrecht zu den Teilpunkten Sehnen gezeichnet. Diese Sehnen sind für die Konstruktion des Schrägbildes Tiefenstrecken, die unter einem Winkel von 45° und um die Hälfte verkürzt abgebildet werden. Das Verbinden der Endpunkte der so konstruierten Tiefenstrecken ergibt das Bild des Kreises, das die Form einer **Ellipse** (vgl. Abschnitt 5.11.2, S. 242) hat. Der Mittelpunkt dieser Ellipse ist das Bild des Mittelpunktes des Kreises, die Hauptachse der Ellipse ist gegenüber der Grundlinie der Konstruktion um etwa 7° im mathematisch positiven Sinne gedreht.

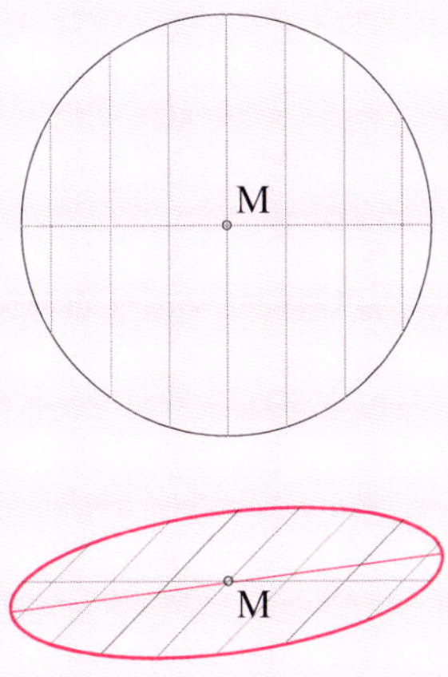

■ Darstellung eines Kreiskegels (r = 4 cm, h = 5 cm) in Kavalierperspektive:

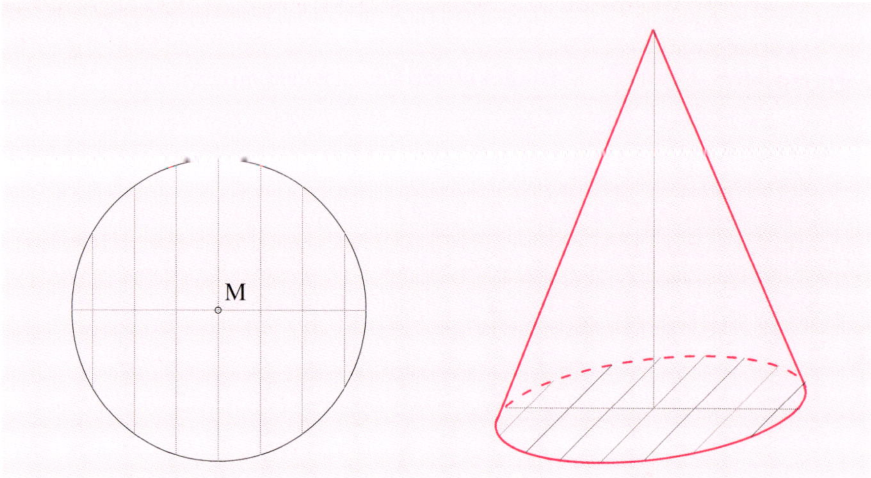

7.3.3 Axonometrie

Das Verfahren der **Axonometrie** gestattet, mittels eines mit dem abgebildeten Körper projizierten rechtwinkligen räumlichen Koordinatensystems, Maße unmittelbar aus der Projektion zu entnehmen. Werden die Projektionen der Koordinateneinheiten mit a, b bzw. c bezeichnet, so sind verschiedene Abbildungen zu unterscheiden.
Man nennt die Abbildung **isometrisch**, wenn a, b und c gleich sind. Sind nur zwei der Größen a, b und c gleich, dann spricht man von einer **dimetrisch**en Abbildung; sind a, b und c voneinander verschieden, so heißt die Abbildung **trimetrisch**.

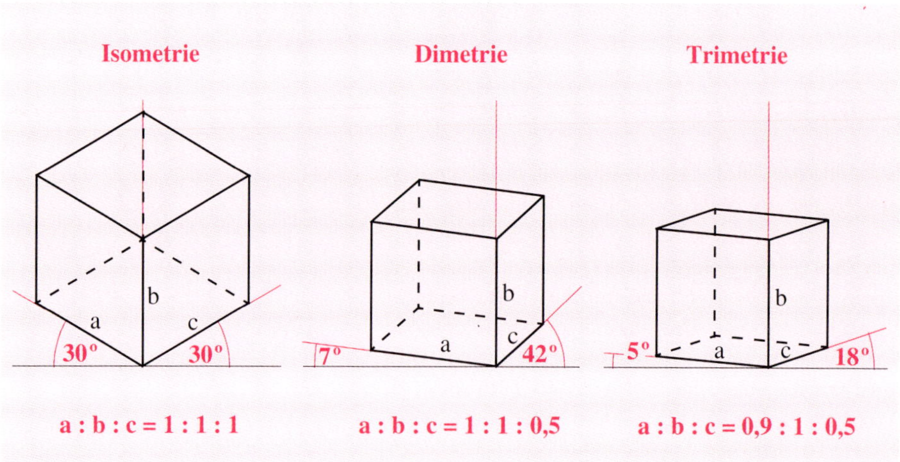

8 Vektorrechnung

8.1 Vektorbegriff

In der Physik lassen sich zwei Arten von Größen unterscheiden:
Skalare Größen sind allein durch die Angabe ihres Betrages (Maßzahl und Maßeinheit) bestimmt.
Vektorielle Größen dagegen sind *gerichtete* Größen. Ihre Beschreibung erfordert zusätzlich zum Betrag die Angabe der Richtung ihrer Wirkung sowie des Richtungssinnes (Orientierung). Eine typische vektorielle Größe ist die Kraft.

■

Skalare Größen	Vektorielle Größen
Zeit t	Weg $\vec{s}$
Masse m	Geschwindigkeit $\vec{v}$
Temperatur T	Beschleunigung $\vec{a}$
Arbeit W	Kraft $\vec{F}$
Leistung P	Drehmoment $\vec{M}$

Vektorielle Größen werden durch gerichtete Strecken (Pfeile) veranschaulicht.

■ Kräfte am zweiseitigen Hebel:

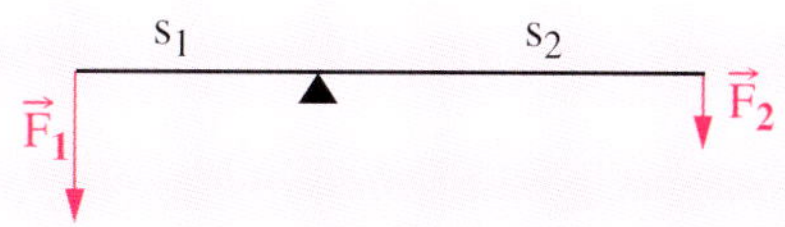

In der Mathematik wird unter einem **Vektor** im allgemeinen ein Element eines sogenannten Vektorraumes V verstanden. Vektoren werden mit $\vec{a}, \vec{b}, \vec{c}, ..., \vec{A}, \vec{B}, ...$ bezeichnet.

Einen speziellen Vektorraum, der hier betrachtet werden soll, bildet die Menge der Verschiebungen einer Ebene bzw. des Raumes.

D Unter einem **Schubvektor** (kurz: **Vektor**) versteht man die zu einer Verschiebung gehörende Menge gleich langer, zueinander paralleler und gleich gerichteter Pfeile.
Jeder Pfeil dieser Menge ist ein Repräsentant des Vektors.

■

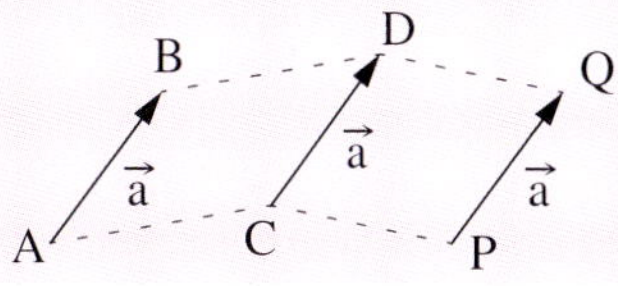

Es gilt: $\vec{a} = \overrightarrow{AB} = \overrightarrow{CD} = \overrightarrow{PQ}$

…ktor ist durch *Länge* (Betrag), *Richtung* und *Orientierung* eines ihn repräsentierenden …eiles eindeutig festgelegt. Vektoren sind genau dann gleich, wenn sie in Betrag, Richtung und Orientierung übereinstimmen:

■ 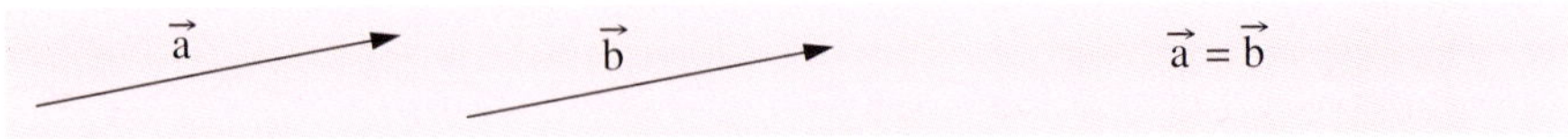

Die im folgenden Bild angegebenen Paare von Vektoren sind jeweils nicht gleich.

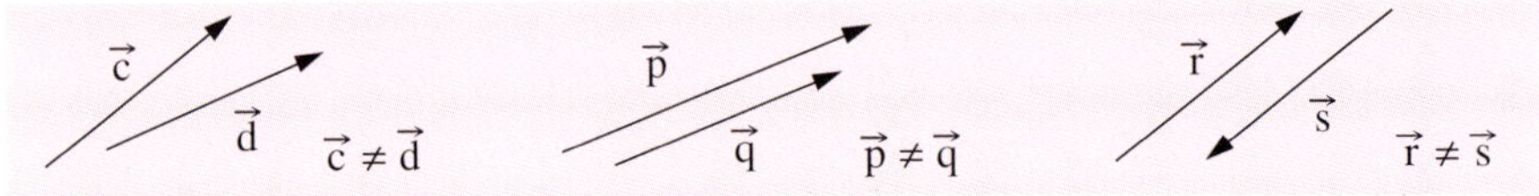

8.2 Addition von Vektoren

In Anlehnung an die Parallelogrammregel für das Zusammensetzen von Kräften in der Physik wird eine Addition von Vektoren folgendermaßen festgelegt:

D Die **Addition zweier Vektoren** $\vec{a}$ und $\vec{b}$ ist das Nacheinanderausführen der diese Vektoren repräsentierenden Verschiebungen.
Der Summenvektor $\vec{c}$ stellt ebenfalls eine Verschiebung dar.

Geometrisch ergibt sich der Summenvektor $\vec{c}$, indem man den Vektor $\vec{b}$ durch Parallelverschiebung in den Endpunkt des Vektors $\vec{a}$ bringt und den Anfangspunkt von $\vec{a}$ mit dem Endpunkt von $\vec{b}$ verbindet.

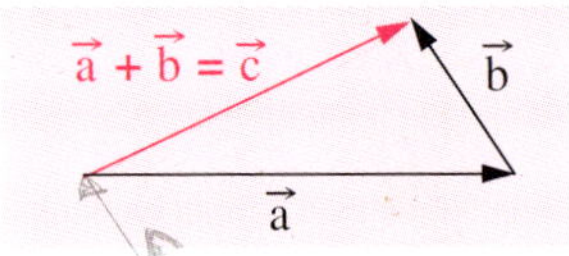

Der Summenvektor $\vec{c}$ kann auch als gerichtete Diagonale im von $\vec{a}$ und $\vec{b}$ aufgespannten Parallelogramm veranschaulicht werden.

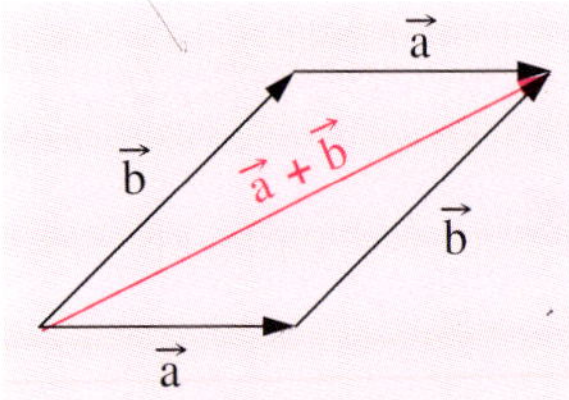

Aus der nebenstehenden Figur ist sofort ersichtlich, daß für die Addition von Vektoren das **Kommutativgesetz** gilt:

S Für alle $\vec{a}, \vec{b}$ ist $\vec{a} + \vec{b} = \vec{b} + \vec{a}$.

Da in jedem Dreieck eine Seite stets kleiner der Summe der beiden anderen Seiten ist (bei Gleichheit entartet das Dreieck zu einer Strecke), gilt für die Addition von Vektoren:

S Aus $\vec{c} = \vec{a} + \vec{b}$ folgt für die Beträge der Vektoren $\vec{a}, \vec{b}$ und $\vec{c}$
$|\vec{c}| = |\vec{a} + \vec{b}| \leq |\vec{a}| + |\vec{b}|$ bzw. $c \leq a + b$.

(Die Schreibweise $|\vec{a}|$ bzw. a wird für den Betrag von $\vec{a}$ verwendet.)

■ Für zwei unter einem Winkel von 120° in einem Punkt A angreifende Kräfte $\vec{F}_1$ und $\vec{F}_2$ mit $F_1 = 40\,N$ und $F_2 = 60\,N$ ist a) zeichnerisch und b) rechnerisch die Größe der resultierenden Kraft $\vec{F}$ zu ermitteln.

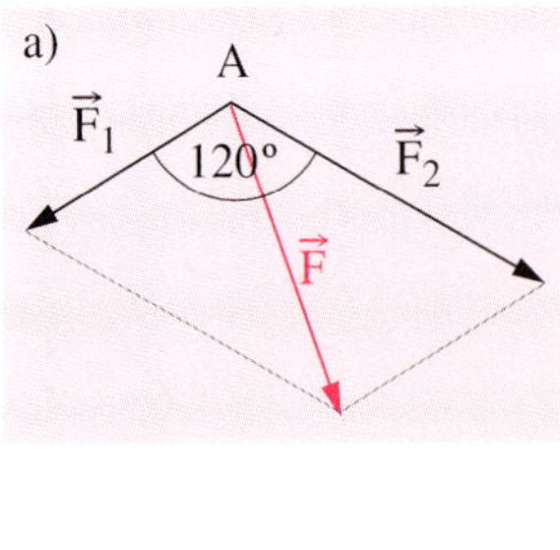

b) Der Betrag der Kraft $\vec{F}$ läßt sich nach dem **Kosinussatz** folgendermaßen errechnen:
$F^2 = F_1^2 + F_2^2 - 2 \cdot F_1 F_2 \cdot \cos 60° \quad \Rightarrow \quad F \approx 53\,N$

Es können auch mehr als zwei Vektoren addiert werden.

Die Summe dreier Vektoren $\vec{a}$, $\vec{b}$ und $\vec{c}$ erhält man entsprechend der nebenstehenden Abbildung.

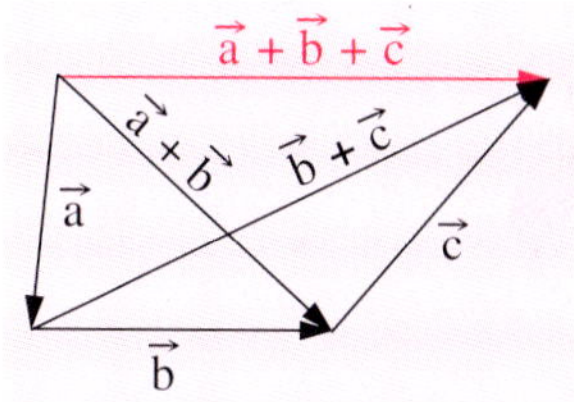

Wie aus der Abbildung ersichtlich ist, gilt für die Addition von Vektoren auch das **Assoziativgesetz**:

S Für alle $\vec{a}$, $\vec{b}$ und $\vec{c}$ gilt
$(\vec{a}+\vec{b})+\vec{c}=\vec{a}+(\vec{b}+\vec{c})=\vec{a}+\vec{b}+\vec{c}$.

D Unter dem **Nullvektor** $\vec{o}$ versteht man einen Vektor mit dem Betrage 0, dem keine bestimmte Richtung und Orientierung zugeordnet ist.

Der Nullvektor in der Menge der Verschiebungen beschreibt die identische Abbildung.
Der Nullvektor ergibt sich, wenn sich bei der Addition von Vektoren ein geschlossener Polygonzug bildet.

■

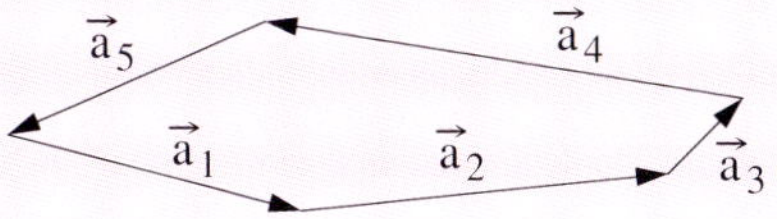

$\vec{a}_1+\vec{a}_2+\vec{a}_3+\vec{a}_4+\vec{a}_5=\vec{o}$

Die Summe zweier Vektoren ist genau dann gleich dem Nullvektor, wenn diese Vektoren gleichen Betrag und gleiche Richtung, aber entgegengesetzte Orientierung haben.

■

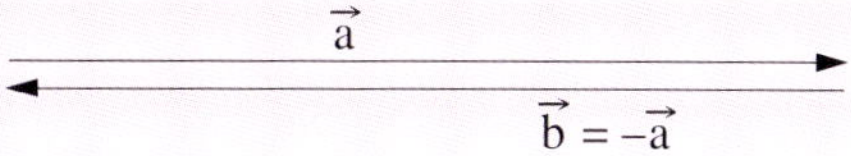

$\vec{a}+\vec{b}=\vec{o}$

D Der Vektor $-\vec{a}$ heißt der zu $\vec{a}$ **entgegengesetzte Vektor**. Er hat den gleichen Betrag und die gleiche Richtung, aber die entgegengesetzte Orientierung wie $\vec{a}$.
Es ist $\vec{a}+(-\vec{a})=\vec{o}$.

Die **Subtraktion von Vektoren** läßt sich auf die Addition zurückführen.
Der Vektor $\vec{b}$ wird von einem Vektor $\vec{a}$ subtrahiert, indem zu $\vec{a}$ der entgegengesetzte Vektor von $\vec{b}$ addiert wird.
Die Subtraktion ergibt sich also als Umkehrung der Addition, denn wegen $\vec{b}+\vec{c}=\vec{a}$ ist $\vec{a}-\vec{b}=\vec{c}$.

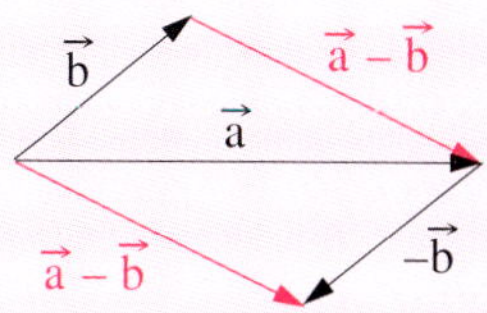

8.3 Vielfachbildung von Vektoren

Ein wiederholtes Addieren eines gleichen Summanden $\vec{a}$ führt zur Vielfachbildung.

■

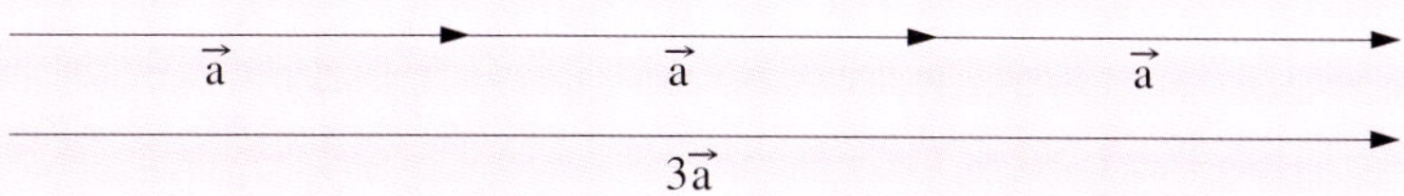

D Das Produkt $r\vec{a}$ eines Vektors $\vec{a}$ mit einer reellen Zahl r heißt **Vielfaches** von $\vec{a}$.

Zwischen den Vektoren $r\vec{a}$ und $\vec{a}$ gelten in Abhängigkeit von r folgende Beziehungen:

- $r > 0$ $\quad r\vec{a}$ und $\vec{a}$ sind gleich gerichtet und orientiert, $r\vec{a}$ hat die r-fache Länge von $\vec{a}$.
- $r = 0$ $\quad r\vec{a} = \vec{o}$.
- $r < 0$ $\quad r\vec{a}$ und $\vec{a}$ sind gleich gerichtet, aber entgegengesetzt orientiert, $r\vec{a}$ hat die $|r|$-fache Länge von $\vec{a}$.

Insbesondere gilt: $1\vec{a} = \vec{a}$ und $r\vec{o} = \vec{o}$.

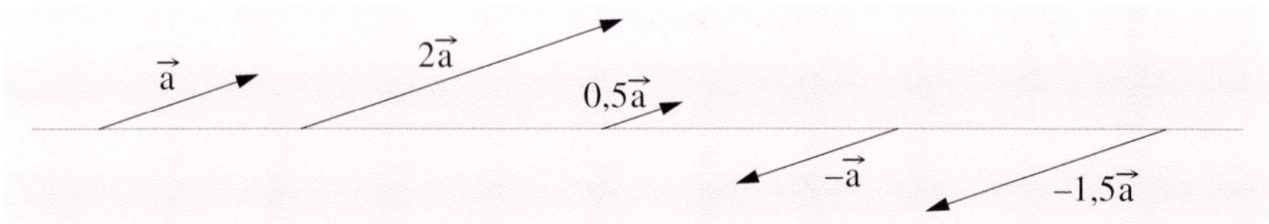

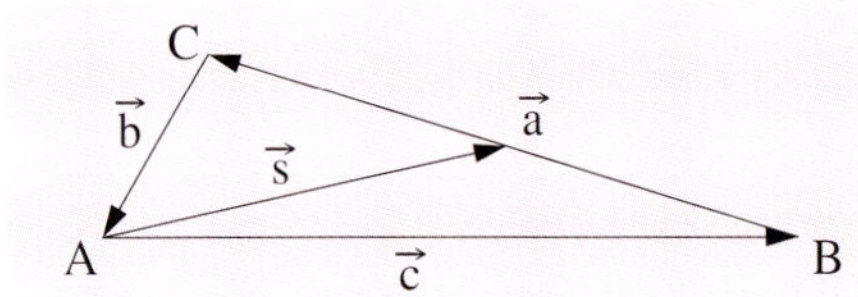

s Seitenhalbierende von a

$\vec{s} = \vec{c} + \frac{1}{2}\vec{a} = -\vec{b} - \frac{1}{2}\vec{a}$

Vielfache von Vektoren lassen sich mit Hilfe des Strahlensatzes konstruieren (vgl. Abschnitte 5.10.1 und 5. 10.2).

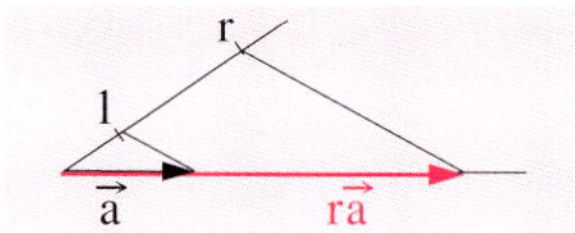

S Für alle reellen Zahlen r und s sowie für alle Vektoren $\vec{a}$ und $\vec{b}$ gilt:

$r(s\vec{a}) = (rs)\vec{a} \qquad (r + s)\vec{a} = r\vec{a} + s\vec{a} \qquad r(\vec{a} + \vec{b}) = r\vec{a} + r\vec{b}$

8.4 Beweise unter Verwendung von Vektoren

Die Gesetze der Vektoraddition und Vielfachbildung von Vektoren sind ein hilfreiches Mittel, um Sätze der ebenen Geometrie (Planimetrie) zu beweisen.
Dabei werden in eine Figur Strecken als Vektoren eingetragen, sowohl die Voraussetzung als auch die Behauptung vektoriell formuliert und schließlich der Beweis auf dieser Basis geführt.

Man beweise: Die Mittelpunkte der Seiten eines beliebigen Vierecks bilden die Eckpunkte eines Parallelogramms.

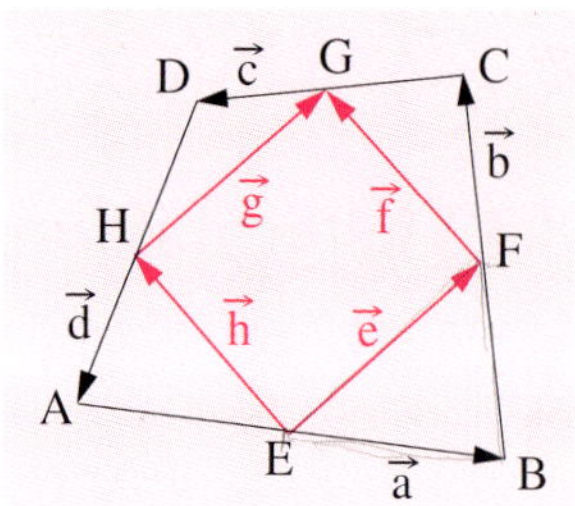

Voraussetzung: $\vec{a} + \vec{b} + \vec{c} + \vec{d} = \vec{o}$

$\overrightarrow{AE} = \overrightarrow{EB} = \frac{1}{2}\vec{a}; \quad \overrightarrow{BF} = \overrightarrow{FC} = \frac{1}{2}\vec{b}$

$\overrightarrow{CG} = \overrightarrow{GD} = \frac{1}{2}\vec{c}; \quad \overrightarrow{DH} = \overrightarrow{HA} = \frac{1}{2}\vec{d}$

Behauptung: $\vec{e} = \vec{g}; \ \vec{f} = \vec{h}$

Beweis:

$\vec{e} = \frac{1}{2}\vec{a} + \frac{1}{2}\vec{b}; \ \vec{g} = -\frac{1}{2}\vec{d} - \frac{1}{2}\vec{c}$. Daraus folgt: $\vec{e} - \vec{g} = \frac{1}{2}(\vec{a} + \vec{b} + \vec{c} + \vec{d}) = \frac{1}{2}\vec{o} = \vec{o}$.

Es gilt also $\vec{e} = \vec{g}$. Analog kann man $\vec{f} = \vec{h}$ nachweisen.

Man beweise: Die Mittellinie eines jeden Trapezes liegt parallel zu den Grundseiten und ist halb so groß wie deren Summe (vgl. Abschnitt 5.8.3, S. 224).

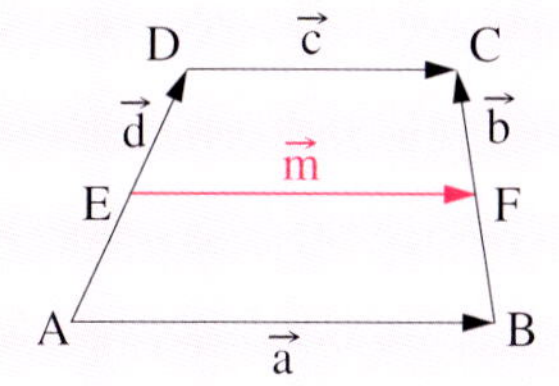

Voraussetzung: $\vec{a} + \vec{b} - \vec{c} - \vec{d} = \vec{o}$; $\vec{a} = r\vec{c}$ (Parallelität); $\overrightarrow{AE} = \frac{1}{2}\vec{d}$; $\overrightarrow{BF} = \frac{1}{2}\vec{b}$

Behauptung: $\vec{m} = \frac{1}{2}(\vec{a} + \vec{c})$

Beweis:

Für die Teilfiguren ABFE und EFCD des Trapezes gilt $\vec{a} + \frac{1}{2}\vec{b} - \vec{m} - \frac{1}{2}\vec{d} = \vec{o}$ und $\vec{m} + \frac{1}{2}\vec{b} - \vec{c} - \frac{1}{2}\vec{d} = \vec{o}$. Daraus folgt $\vec{m} = \vec{a} + \frac{1}{2}\vec{b} - \frac{1}{2}\vec{d}$ bzw. $\vec{m} = \vec{c} + \frac{1}{2}\vec{d} - \frac{1}{2}\vec{b}$. Addiert man die letzten beiden Gleichungen und teilt die Summe durch 2, so erhält man mit $\vec{m} = \frac{1}{2}(\vec{a} + \vec{c})$ die Behauptung.

8.5 Komponentenzerlegung

Aus der Physik ist bekannt, daß sich Kräfte nicht nur zusammensetzen lassen, sondern daß sich eine Kraft durch zwei oder mehrere Kräfte ersetzen läßt. Die durch Zerlegen gewonnen „Teilkräfte" nennt man Komponenten der Kraft.

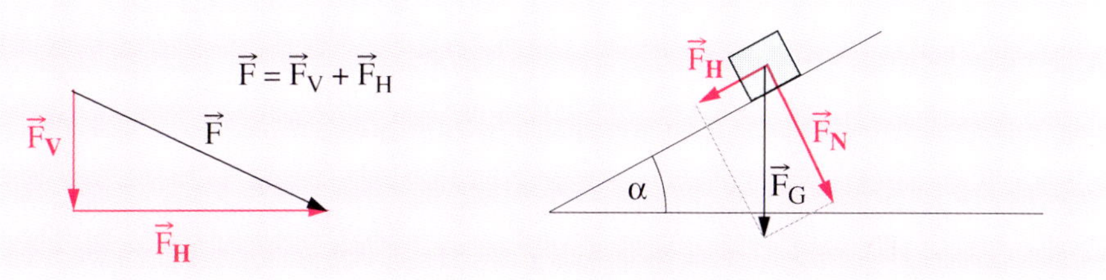

Analog läßt sich jeder Vektor in der Ebene in zwei Komponenten zweier beliebiger Richtungen zerlegen. Diese Aufgabe des Zerlegens löst man am leichtesten zeichnerisch, indem man durch Anfangs- und Endpunkt des gegebenen Vektors Parallelen zu den Zerlegungsrichtungen zieht. Die Schnittpunkte dieser beiden Geraden bestimmen jeweils die Größe der Komponenten.

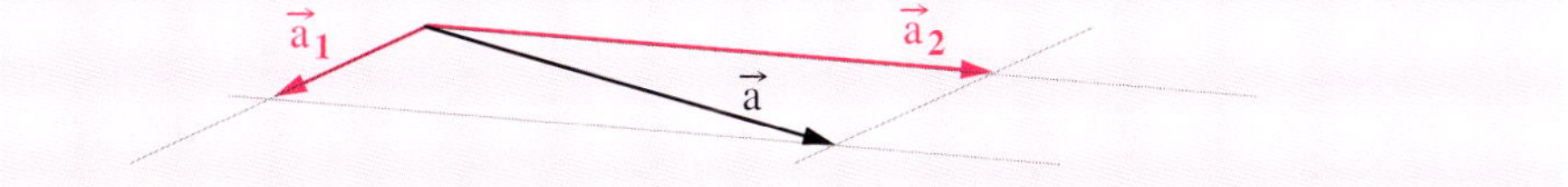

Sind in der Ebene zwei Vektoren $\vec{a}_1$ und $\vec{a}_2$ mit $\vec{a}_1 \nparallel \vec{a}_2$ gegeben, so läßt sich jeder Vektor $\vec{b}$ in der Form $\vec{b} = r_1\vec{a}_1 + r_2\vec{a}_2$ darstellen.
Man nennt $r_1\vec{a}_1$ und $r_2\vec{a}_2$ die **Komponenten** sowie r_1 und r_2 die **Koordinaten des Vektors** $\vec{b}$ bezüglich der sogenannten **Basis** $\{\vec{a}_1, \vec{a}_2\}$.

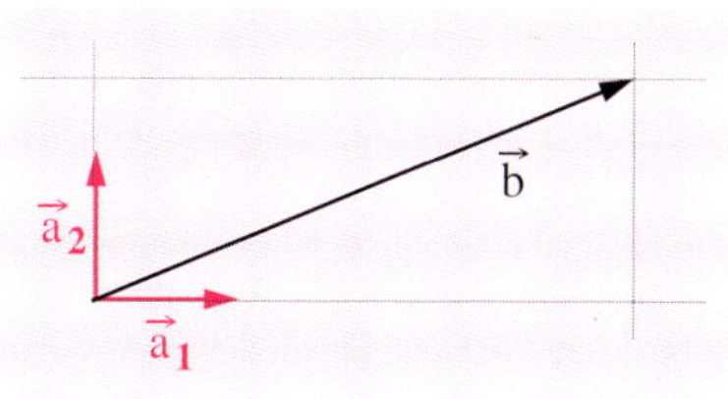

W Die Komponentenzerlegung ist Grundlage für das Darstellen von Vektoren in Koordinatensystemen und ermöglicht das Rechnen mit Vektoren.

Ein spezielles Koordinatensystem ist das **kartesische Koordinatensystem**. Es ist ein sogenanntes *orthonormiertes* System, d.h., die Achsen bilden einen rechten Winkel und auf jeder Achse ist ein Einheitsvektor (Vektor mit dem Betrag 1) vorgegeben. Jeder Vektor $\vec{a}$ läßt sich dann in der Form $\vec{a} = a_x \vec{i} + a_y \vec{j}$ darstellen.

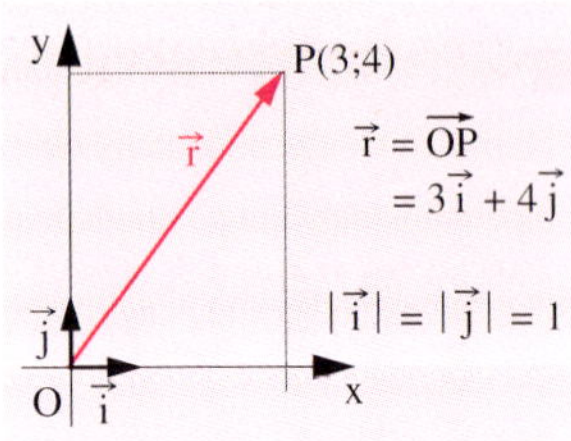

8.6 Skalarprodukt von Vektoren

Neben der Vielfachbildung, bei der ein Vektor $\vec{a}$ mit einer reellen Zahl r multipliziert wird, sind auch Produkte definiert, deren beide Faktoren Vektoren sind.

Ein solches Produkt ist das Skalarprodukt, das sich an folgendem physikalischen Problem verdeutlichen läßt:

■ Ein Eisenbahnwagen, der sich nur in Richtung der Schienen bewegen läßt, wird durch eine seitlich wirkende Kraft $\vec{F}$ (etwa durch einen Traktor) gezogen.

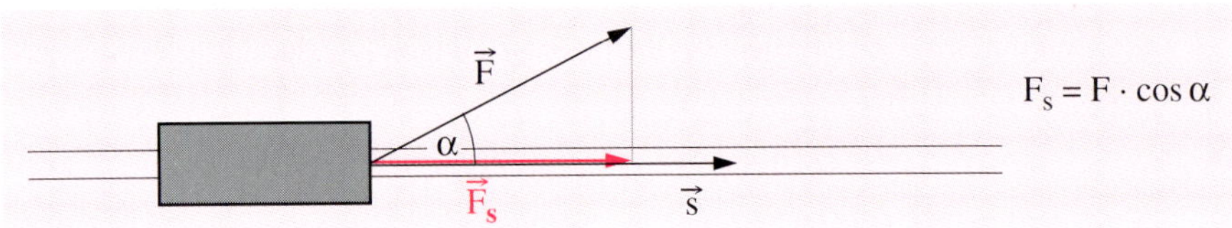

Von der Kraft $\vec{F}$ wirkt nur die Komponente $\vec{F}_s$ in Richtung des Weges $\vec{s}$, so daß sich die Arbeit W folgendermaßen berechnen läßt: $W = F_s \cdot s = F \cdot s \cdot \cos\alpha$.

Ist $\alpha = 0°$, so ist die geleistete Arbeit am größten, für $\alpha = 90°$ ist sie gleich 0.

Die mechanische Arbeit ist das skalare Produkt aus Kraft und Weg, und man schreibt: $W = \vec{F} \cdot \vec{s}$.

D Unter dem **Skalarprodukt** zweier Vektoren $\vec{a}$ und $\vec{b}$ versteht man eine reelle Zahl $c = \vec{a} \cdot \vec{b}$ mit $\vec{a} \cdot \vec{b} = |\vec{a}| \cdot |\vec{b}| \cdot \cos\sphericalangle(a,b)$ bzw. $c = a \cdot b \cdot \cos\gamma$.

Sind $\vec{a}$ und $\vec{b}$ orthogonal, so ist $\vec{a} \cdot \vec{b} = 0$.

W Ein weiteres Produkt ist das **Vektorprodukt** $\vec{a} \times \vec{b}$. Darunter versteht man einen Vektor $\vec{c}$ mit folgenden Eigenschaften:

1. $|\vec{c}| = |\vec{a} \times \vec{b}| = |\vec{a}| \cdot |\vec{b}| \cdot \sin\sphericalangle(a,b)$ bzw. $c = a \cdot b \cdot \sin\gamma$
2. $\vec{c} \perp \vec{a}$ und $\vec{c} \perp \vec{b}$
3. $\vec{a}$, $\vec{b}$ und $\vec{c}$ bilden in dieser Reihenfolge ein sogenanntes Rechtssystem (Rechte-Hand-Regel).

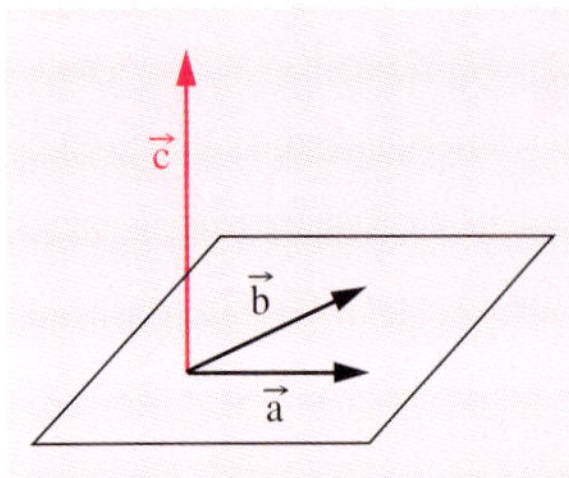

In der Physik ist beispielsweise das Drehmoment M als vektorielles Produkt definiert: $\vec{M} = \vec{r} \times \vec{F}$ ($\vec{r}$ Hebelarm, $\vec{F}$ Kraft).

9 Stochastik

9.1 Kombinatorik

In der **Kombinatorik** werden die verschiedenen Möglichkeiten der Anordnung von Gegenständen bzw. Zahlen untersucht. Typische kombinatorische Probleme sind zum Beispiel die folgenden:

- Wie viele Möglichkeiten gibt es, vier Buchstaben anzuordnen?
- Wie viele Diagonalen besitzt ein konvexes n-Eck?

Viele Aufgaben der klassischen Wahrscheinlichkeitsrechnung lassen sich auf kombinatorische Probleme zurückführen.
Methoden zum Lösen kombinatorischer Aufgaben sind das **systematische Probieren**, das Zurückführen auf sogenannte **Grundaufgaben der Kombinatorik** (s. Abschnitt 9.1.2) sowie das **Verwenden von Zählregeln** bzw. das Arbeiten mit Modellen, insbesondere mit dem **Urnenmodell** (s. Abschnitt 9.1.3).

9.1.1 Binomialkoeffizienten und Binomischer Satz

Beim rechnerischen Lösen kombinatorischer Probleme bzw. beim Berechnen von Wahrscheinlichkeiten werden als **Binomialkoeffizienten** bezeichnete Terme verwendet. Es sind die Koeffizienten, die beim Entwickeln der n-ten Potenz eines Binoms (vgl. Abschnitt 2.9.2, S. 102) auftreten. Sie sollen in diesem Abschnitt allgemeiner definiert werden.

Als abkürzende Schreibweise für das Produkt aufeinanderfolgender natürlicher Zahlen von 1 bis n wird dabei die folgende Schreibweise verwendet:

D $n! = 1 \cdot 2 \cdot 3 \cdot ... \cdot (n-1) \cdot n \qquad n \in \mathbb{N}$
Der Ausdruck n! wird **n-Fakultät** genannt.
Es wird festgelegt, daß gilt $0! = 1$ und $1! = 1$.
Somit ergibt sich folgende rekursive Darstellung: $(n+1)! = n! \cdot (n+1)$

Viele Taschenrechner geben die Zahlenwerte für n! explizite an. In der folgenden Tabelle sind sie bis $n = 16$ aufgeführt:

n	n!	n	n!	n	n!	n	n!
1	1	5	120	9	362880	13	6227020800
2	2	6	720	10	3628800	14	87178291200
3	6	7	5040	11	39916800	15	1307674368000
4	24	8	40320	12	479001600	16	20922789888000

Mit wachsendem n werden die Werte für n! sehr groß, so ist z.B. $69! \approx 1{,}7112 \cdot 10^{98}$.

D Unter dem **Binomialkoeffizienten** $\binom{n}{k}$ (gelesen: n über k) versteht man den folgenden Ausdruck:
$$\binom{n}{k} = \frac{n!}{k!\,(n-k)!} = \frac{n\,(n-1)\,(n-2)\,...\,[n-(k-1)]}{1 \cdot 2 \cdot 3 \cdot ... \cdot k} \qquad \text{mit } n, k \in \mathbb{N} \text{ und } k \le n.$$
Es ist $\binom{n}{0} = 1$ und $\binom{n}{n} = 1$.

Damit läßt sich folgender Satz formulieren:

S **Binomischer Satz**
$$(a+b)^n = \binom{n}{0}a^n + \binom{n}{1}a^{n-1}b + \binom{n}{2}a^{n-2}b^2 + ... + \binom{n}{n-1}ab^{n-1} + \binom{n}{n}b^n, \qquad a, b \in \mathbb{R}$$

■ Es ist das 3. Glied der Entwicklung von $(a+b)^{10}$ anzugeben.
Wegen $n = 10$ und $k = 2$ ergibt sich folgender Ausdruck: $\binom{10}{2}a^8b^2 = 45a^8b^2$.

Im **Pascalschen Zahlendreieck** (vgl. Abschnitt 2.10.2, S. 102) erhielt man die jeweiligen Zahlen einer Zeile, indem die beiden darüberstehenden Zahlen addiert wurden.
Allgemein gilt $\binom{n}{k} + \binom{n}{k+1} = \binom{n+1}{k+1}$.

Eine weitere Regel ergibt sich aus der Symmetrie des Pascalschen Zahlendreiecks. Nach Definition des Binomialkoeffizienten ist $\binom{n}{n-k} = \frac{n!}{(n-k)!\,[n-(n-k)]!} = \frac{n!}{k!\,(n-k)!} = \binom{n}{k}$.

Mit dieser Regel lassen sich vorteilhaft Binomialkoeffizienten mit $k \ge \frac{n}{2}$ berechnen.

■ $\binom{50}{48} = \binom{50}{2} = \frac{50 \cdot 49}{1 \cdot 2} = 1225$

9.1.2 Anordnungen

Permutationen

Das Problem, *n Personen auf n Plätze zu verteilen*, führt auf den Begriff der Permutation.

D Jede mögliche Anordnung von n Elementen, in der alle Elemente verwendet werden, heißt **Permutation** P_n dieser Elemente.

Von n verschiedenen Elementen gibt es $n \cdot (n-1) \cdot \ldots \cdot 3 \cdot 2 \cdot 1 = n!$ Permutationen.
Es gilt: $P_n = n!$

■ Aus den vier Buchstaben A, B, C und D lassen sich 24 verschiedene Anordnungen bilden:

ABCD	BACD	CABD	DABC
ABDC	BADC	CADB	DACB
ACBD	BCAD	CBAD	DBAC
ACDB	BCDA	CBDA	DBCA
ADBC	BDAC	CDAB	DCAB
ADCB	BDCA	CDBA	DCBA

Sollen – wie im vorigen Beispiel – alle Permutationen von n Elementen angegeben werden, so empfiehlt es sich, eine bestimmte Reihenfolge einzuhalten. Üblicherweise wird hier die **lexikographische Reihenfolge** gewählt. Ihr liegt eine solche Anordnung zugrunde, wie sie bei Buchstaben durch das Alphabet bzw. bei Zahlen durch die Ordnung nach ihrer Größe gegeben ist. In lexikographischer Reihenfolge steht demzufolge die Permutation BADC früher als die Permutation DCAB.

Sind unter den anzuordnenden Elementen Elemente gleich, so verringert sich die Anzahl der möglichen Permutationen. Für die Anzahl der **Permutationen von n Elementen mit Wiederholung** (n Elemente, von denen je $\alpha_1, \alpha_2, \ldots, \alpha_n$ untereinander gleich sind) gilt:

$$\overline{P}_n = \frac{n!}{\alpha_1! \cdot \alpha_2! \cdot \ldots \cdot \alpha_n!} \quad \text{mit } \alpha_1 + \alpha_2 + \ldots + \alpha_n = n.$$

■ Wieviel verschiedene fünfstellige Zahlen lassen sich aus den Ziffern 1, 1, 8, 8 ,8 bilden?

$$\overline{P}_5 = \frac{5!}{2! \cdot 3!} = \frac{120}{2 \cdot 6} = 10$$

11888	81188	88118	88811
18188	81818	88181	
18818	81881		
18881			

Variationen und Kombinationen

Bei Permutationen wurden *alle* zur Verfügung stehenden Elemente angeordnet. Vielfach müssen jedoch Probleme untersucht werden, bei denen Zusammenstellungen von k Elementen aus n Elementen erfolgen, d. h., eine *Auswahl* von k aus n Elementen vorgenommen wird. Werden dabei alle möglichen Reihenfolgen betrachtet und unterschieden, so spricht man von **Variationen**. Ist die Anordnung dagegen beliebig, so spricht man von **Kombinationen**. Mitunter wird der Begriff Kombination auch als Oberbegriff verwendet.

D Jede mögliche Anordnung von je k Elementen der n Elemente, bei der die Reihenfolge berücksichtigt wird, heißt **Variation** V_n^k (von n Elementen zur k-ten Klasse).

Sind die n Elemente verschieden, so gibt es $n \cdot (n-1) \cdot \ldots \cdot [n-(k-1)]$ Möglichkeiten, sie anzuordnen. Es gilt also: $V_n^k = \frac{n!}{(n-k)!} = \binom{n}{k} \cdot k!$
In diesem Fall spricht man von **Variationen ohne Wiederholung**.

■ Wie viele Variationen ohne Wiederholung von sechs Elementen a, b, c, d, e, f zur 2. Klasse gibt es?

$$V_6^2 = \frac{6!}{4!} = 6 \cdot 5 = 30$$

ab	ba	ca	da	ea	fa
ac	bc	cb	db	eb	fb
ad	bd	cd	dc	ec	fc
ae	be	ce	de	ed	fd
af	bf	cf	df	ef	fe

9

Für den Fall, daß im obigen Beispiel auch Wiederholungen zugelassen werden, erhöht sich die Anzahl der Anordnungen auf $36 = 6^2$.
Allgemein gilt für **Variationen mit Wiederholung**: $\overline{V}_n^k = n^k$.

■ Wieviel verschiedene dreistellige Zahlen lassen sich aus den Ziffern 2, 4, 6 und 8 bilden?
$\overline{V}_4^3 = 4^3 = 64$

222	262	422	462	622	662	822	862
224	264	424	464	624	664	824	864
226	266	426	466	626	666	826	866
228	268	428	468	628	668	828	868
242	282	442	482	642	682	842	882
244	284	444	484	644	684	844	884
246	286	446	486	646	686	846	886
248	288	448	488	648	688	848	888

Bei Variationen mit Wiederholung kann auch $k \geq n$ gelten.

■ Wieviel verschiedene Möglichkeiten des Ausfüllens eines Spielscheines gibt es im Fußballtoto (bei der 11er Wette)?
Es ist $n = 3$: 1 für Sieg der Heimmannschaft
0 für Unentschieden
2 für Sieg der Gastmannschaft.
Die Anzahl der zu tippenden Spiele liefert $k = 11$, so daß gilt: $\overline{V}_3^{11} = 3^{11} = 177\,147$.

Während bei Variationen die Anordnung (Reihenfolge) berücksichtigt wurde, ist dies bei Kombinationen nicht der Fall.

D Jede mögliche Anordnung von je k Elementen der n Elemente, bei der die Reihenfolge nicht berücksichtigt wird, heißt **Kombination** (von n Elementen zur k-ten Klasse).

Für **Kombinationen ohne Wiederholung**, d.h. Kombinationen, die jedes Element nur einmal enthalten, gilt: $C_n^k = \binom{n}{k} = \frac{n!}{(n-k)!\,k!}$.

■ In der Auswahlwette „6 aus 45“ gibt es genau $C_{45}^6 = \binom{45}{6} = \frac{45!}{39! \cdot 6!} = 8\,145\,060$ Möglichkeiten, den Spielschein anzukreuzen.
So viele unterschiedliche Tips sind also notwendig, um garantiert einen Sechser zu erzielen.

Für **Kombinationen mit Wiederholung**, d.h. Kombinationen, die Elemente mehrfach enthalten, gilt: $\overline{C}_n^k = \binom{n+k-1}{k}$.

■ Wie oft lassen sich die Zahlen 2, 4, 6 und 8 zur dritten Klasse kombinieren?
$\overline{C}_4^3 = \binom{6}{3} = 20$

222	444	666	888
224	446	668	
226	448	688	
228	466		
244	468		
246	488		
248			
266			
268			
288			

(Hinweis: 224, 242 und 422 stellen zum Beispiel die gleiche Kombination dar.)

Das folgende Schema gibt nochmals einen Überblick über Anordnungsmöglichkeiten. Die Beantwortung der jeweiligen Frage kann zum Typ des kombinatorischen Problems (und damit zu seiner formelmäßigen Lösung) führen:

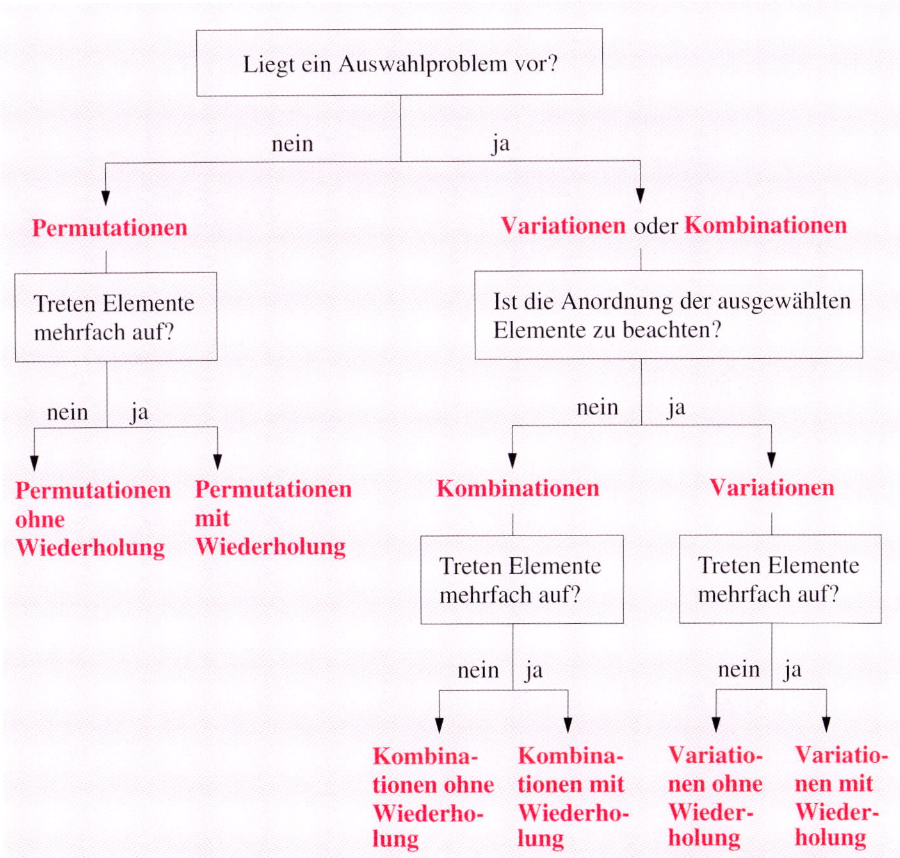

9.1.3 Strategien beim Lösen kombinatorischer Probleme

Eine Vielzahl kombinatorischer Aufgaben läßt sich allein durch inhaltliche Überlegungen, d.h. ohne explizite Verwendung einer Formel lösen. Neben dem **systematischen Probieren** bieten sich dafür das *Anwenden von Zählregeln* bzw. das *Arbeiten mit dem Urnenmodell* an. Die wichtigste Zählregel ist die *Produktregel* (in der Wahrscheinlichkeitsrechnung auch *1. Pfadregel* genannt), die durch ein sogenanntes Baumdiagramm veranschaulicht werden kann.

S **Produktregel der Kombinatorik (1. Pfadregel)**

Stehen k unterschiedliche Mengen mit $n_1, n_2, \ldots, n_k$ verschiedenen Elementen (Auswahlmöglichkeiten) zur Verfügung, so ist die Gesamtzahl aller möglichen Anordnungen gleich dem Produkt $A = n_1 \cdot n_2 \cdot \ldots \cdot n_k$ $(n, k \in \mathbb{N})$.

■ Für das Ankleiden einer Schaufensterpuppe stehen drei verschiedene Hosen, zwei verschiedene Jacken und zwei verschiedene Mützen zur Verfügung. Wie viele unterschiedliche Möglichkeiten des Ankleidens gibt es?

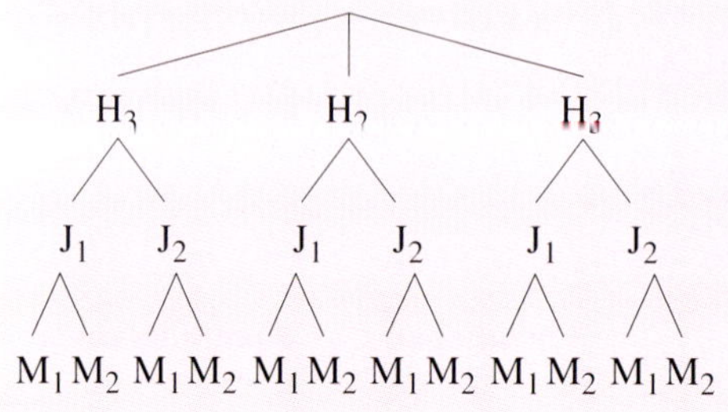

1. Entscheidung (Auswahl der Hose):
3 Möglichkeiten

2. Entscheidung (Auswahl der Jacke):
2 Möglichkeiten

3. Entscheidung (Auswahl der Mütze):
2 Möglichkeiten

Es gibt – wie im Baumdiagramm erkennbar – insgesamt $12 = 3 \cdot 2 \cdot 2$ Möglichkeiten (Pfade).

Die Bezeichnung **Baumdiagramm** erinnert an die Verzweigungen der Äste bzw. Wurzeln eines Baumes. Die einzelnen Verzweigungen werden auch **Pfade** genannt.
Sind unter den anzuordnenden Elementen Elemente gleich, so verringert sich die Anzahl der möglichen Pfade.

Auswahlprobleme lassen sich auch unter Verwendung des **Urnenmodells** lösen.
In einem Gefäß (einer Urne) befinden sich n Kugeln, von denen k ausgewählt (gezogen) werden. Es sind dabei drei prinzipielle Möglichkeiten zu unterscheiden:

1. Ziehen ohne Zurücklegen:
Werden von n Kugeln nacheinander k Kugeln gezogen, so ist die Anzahl der möglichen Anordnungen $A = n \cdot (n-1) \cdot \ldots \cdot [n-(k-1)]$; $k, n \in \mathbb{N}$; $k \leq n$.
Für $k < n$ ist dies eine Variation von n Elementen zur k-ten Klasse ohne Wiederholung.

■ Aus einer Urne mit vier unterscheidbaren Kugeln sollen ohne Zurücklegen zwei Kugeln gezogen werden.

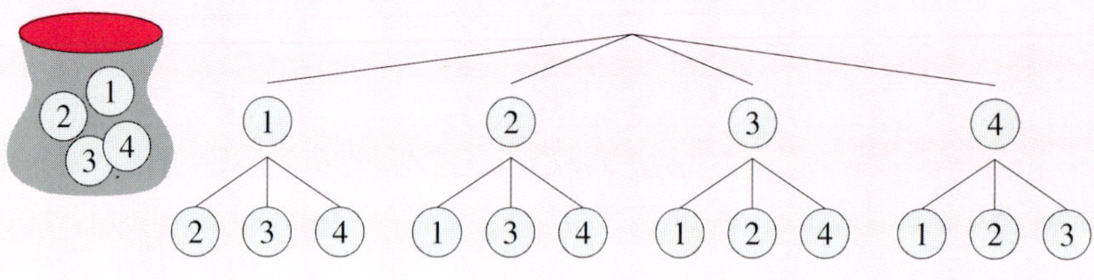

Es gibt insgesamt $4 \cdot 3 = 12$ Möglichkeiten.

Für $k = n$ ergibt sich $A = n \cdot (n-1) \cdot \ldots \cdot 2 \cdot 1$ der Fall der Permutation von n verschiedenen Elementen.

2. Ziehen mit Zurücklegen:
Wird die gezogene Kugel jeweils wieder zurückgelegt, so ist die Anzahl der möglichen Anordnungen (beim k-maligen Ziehen aus n Kugeln) $A = n^k$; $k, n \in \mathbb{N}$.
Dies entspricht einer Variation von n Elementen zur k-ten Klasse mit Wiederholung.

■ Aus einer Urne mit drei unterscheidbaren Kugeln sollen mit Zurücklegen zwei Kugeln gezogen werden.

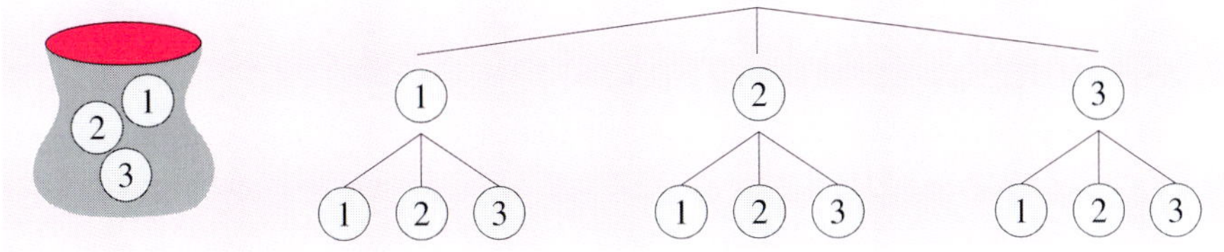

Es gibt insgesamt $3^2 = 9$ Möglichkeiten.

3. Ziehen auf einen Griff:
Werden aus n unterscheidbaren Kugeln k Kugeln mit einem Mal (auf einen Griff) gezogen, so ist die Anzahl der möglichen Anordnungen $A = \binom{n}{k}$; $k, n \in \mathbb{N}$; $k \leq n$.
Dies entspricht der Kombination von n Elementen zur k-ten Klasse ohne Wiederholung.

■ Aus einer Urne mit vier unterscheidbaren Kugeln sollen drei Kugeln auf einen Griff gezogen werden.
Es gibt $\binom{4}{3} = 4$ Möglichkeiten.
Anmerkung: Ein mögliches Baumdiagramm lieferte zwar $4 \cdot 3 \cdot 2 = 24$ Pfade. Da jedoch die Reihenfolge der Zusammenstellung keine Rolle spielt, sind jeweils sechs der Pfade gleich und die Gesamtzahl der Möglichkeiten reduziert sich auf 4.

9.2 Beschreibende Statistik

Aufgabe der **Statistik** ist es, Methoden sowohl zum Erfassen, Ordnen und Zusammenstellen als auch zum Auswerten empirisch gefundener (aus der Praxis gewonnener) Daten zu entwickeln. Die **beschreibende Statistik** beinhaltet dabei hauptsächlich den erstgenannten Aspekt. Die – hier nicht näher zu behandelnde – **beurteilende Statistik** liefert vor allem das mathematische Instrumentarium zur Analyse des Datenmaterials bis hin zum Prüfen bzw. Aufstellen statistischer Hypothesen (Vermutungen).

H Als Anfänge der Statistik können die Volkszählungen angesehen werden, die bis zum Beginn unserer Zeitrechnung zurückreichen. Erst im 18. Jahrhundert jedoch entwickelte sich die Statistik als selbständige Disziplin, wobei vorrangig der beschreibende Charakter überwog. So lehnt sich auch der Name an das lateinische Wort *status* (das Bestehende, der Zustand) an. Die zunehmende Nutzung leistungsfähiger informationsverarbeitender Geräte ermöglichte vor allem in den letzten Jahrzehnten eine umfassende mathematische Auswertung auch umfangreicheren Datenmaterials. Dadurch wurde die mathematische Statistik letztlich zur Grundlage vieler gesellschaftlicher Prozesse und Entscheidungen.

9.2.1 Erfassen und Darstellen von Daten

9

Statistische Untersuchungen beziehen sich im allgemeinen auf eine **Grundgesamtheit** mit einem bestimmten Merkmal, z. B. auf die Gesamtbevölkerung eines Landes. Da diese Grundgesamtheit oft sehr umfangreich ist, wählt man für die Untersuchung eine sogenannte **Stichprobe** als Teilmenge aus. Um von ihr auf die Grundgesamtheit schließen zu können, muß die Stichprobe **repräsentativ** sein. Darunter versteht man, daß jedes zufällig ausgewählte Element der Grundgesamtheit die gleiche Chance gehabt haben muß, in die Stichprobe zu gelangen.

Die bei statistischen Untersuchungen erfaßten Ausprägungen bestimmter quantitativer bzw. qualitativer Merkmale heißen **Daten**; meist sind es Meßreihen, die durch Zahlenwerte und gegebenenfalls ihre Einheiten repräsentiert werden.

Strichliste und Stengel-Blatt-Diagramm

Die durch Beobachten, Messen usw. in einer **Urliste** erfaßten Daten sind im allgemeinen ungeordnet, und es ist zweckmäßig, sie für die weitere Arbeit aufzubereiten.
Die einfachste Form einer Aufbereitung ist die **Strichliste**, von der häufig bereits beim Erfassen der Daten Gebrauch gemacht wird.

■ Es wird 40mal gewürfelt, und die erreichten Augenzahlen werden notiert:
14133 46344 15622 14421 14214 21362 54541 61166
Aussagekräftiger wäre bereits folgende Strichliste:

1: 𝍸 𝍸 |	2: 𝍸 |	3: ||||
4: 𝍸 𝍸	5: |||	6: 𝍸 |

Eine weitere Möglichkeit des Ordnens ist das **Stengel-Blatt-Diagramm** (mitunter auch **Stamm-Blätter-Diagramm** genannt). Hierbei erfolgt ein Aufspalten der Daten in einen „Stamm" (linker Teil) und in ein „Blatt" (rechter Teil).

■ In einer Klassenarbeit wurden von 40 zu vergebenden Punkten die folgenden Punktzahlen durch die Schüler einer Klasse erzielt:

19	33	39	14	7	40	36	25	30	37	19	21	33	34	12
40	36	26	23	17	39	33	24	12	19	29	28	31	40	9

Blatt-Stengel-Diagramme könnten folgendes Aussehen haben (a – grobe Aufteilung; b – feinere Aufteilung):

a)

0	7 9
1	9 4 9 2 7 2 9
2	5 1 6 3 4 9 8
3	3 9 6 0 7 3 4 6 9 3 1
4	0 0 0

b)

0	
0	7 9
1	4 2 2
1	9 9 7 9
2	1 3 4
2	5 6 9 8
3	3 0 3 4 3 1
3	9 6 7 6 9
4	0 0 0

Absolute und relative Häufigkeit

Ein wichtiges Moment statistischer Untersuchungen ist die Häufigkeit, mit der ein bestimmtes Ergebnis (bestimmter Wert) in einer Stichprobe auftritt.

D Die **absolute Häufigkeit** $H_n(x)$ eines Ergebnisses x gibt an, wie oft x innerhalb einer Stichprobe mit dem Umfang n auftritt.

Die Summe aller absoluten Häufigkeiten der Ergebnisse einer Stichprobe ist gleich n.

D Die **relative Häufigkeit** $h_n(x)$ eines Ergebnisses x ist gleich dem Quotienten aus dessen absoluter Häufigkeit und dem Umfang n der Stichprobe: $h_n(x) = \frac{H_n(x)}{n}$.

Die relative Häufigkeit wird oft in Prozent angegeben.

Die Summe der relativen Häufigkeiten der Ergebnisse einer Stichprobe ist gleich 1 (bzw. bei Angabe in Prozent gleich 100 %).

■ Für die beim 40maligen Würfeln erzielten Werte (vgl. vorletztes Beispiel) ergeben sich folgende Häufigkeiten:

x	1	2	3	4	5	6
$H_n(x)$	11	6	4	10	3	6
$h_n(x)$	0,275 27,5 %	0,15 15 %	0,1 10 %	0,25 25 %	0,075 7,5 %	0,15 15 %

Klassenbildung

Oft werden statistische Daten der Übersichtlichkeit wegen in **Klassen** zusammengefaßt; dies ist beispielsweise schon beim Erfassen in Blatt-Stengel-Diagrammen der Fall.
Für eine **Klasseneinteilung** ist festzulegen, wieviel Klassen gebildet werden und wie groß die einzelnen Klassen sein sollen. Dazu werden jeweils eine **untere** und eine **obere Klassengrenze** festgelegt, die Differenz aus oberer und unterer Klassengrenze wird auch als **Klassenbreite** bezeichnet. Im allgemeinen werden Klassen gleicher Breite betrachtet. Als einen Repräsentanten für eine Klasse wählt man oft den in der Mitte stehenden Wert als sogenanntes **Klassenmittel**.

W Als Faustregel findet man mitunter die Empfehlung, als Anzahl k der Klassen die Wurzel aus dem Stichprobenumfang n zu wählen: $k \approx \sqrt{n}$.

■ Eine Klasseneinteilung wird bei der Zensierung auf Grundlage erreichter Punktzahlen vorgenommen. Sie könnte folgendermaßen aussehen:

Klasse	Note	absolute Häufigkeit
39 und 40 Punkte	1	5
32 bis 38 Punkte	2	7
24 bis 31 Punkte	3	7
16 bis 23 Punkte	4	6
10 bis 15 Punkte	5	3
unter 10 Punkte	6	2

Im obigen Beispiel wurden abgeschlossene Intervalle für die Klassen gewählt, da nur ganzzahlige Werte für die Punktzahlen auftreten. Bei stetig veränderbaren Größen empfiehlt es sich, halboffene Intervalle zu verwenden.

■ Eine Klasseneinteilung für die Erfassung des monatlichen Nettoeinkommens von Privathaushalten könnte folgendermaßen vorgenommen werden:

Ein Einkommen von 2399 DM wäre der Klasse „1800 DM bis 2400 DM“, ein Einkommen von 2400 DM der Klasse „2400 bis 3000 DM“ zuzuordnen.

Monatliches Nettoeinkommen	Anzahl der Haushalte
bis 1200 DM	11
1200 DM bis 1800 DM	24
1800 DM bis 2400 DM	33
2400 DM bis 3000 DM	45
3000 DM bis 3600 DM	37
über 3600 DM	17

9

Graphische Darstellung statistischer Daten

Sehr oft werden graphische Darstellungen verwendet, um das Wesentliche statistischer Untersuchungen, insbesondere Häufigkeitsverteilungen, zu verdeutlichen. Am gebräuchlichsten sind das Säulen- und das Kreisdiagramm.

Bei einem **Säulendiagramm** (auch **Balken-** oder **Stabdiagramm** genannt) werden auf der horizontalen Achse die Ergebnisse und auf der vertikalen Achse deren absolute bzw. relative Häufigkeiten dargestellt.

■ Ein Säulendiagramm für die absolute Häufigkeit der einzelnen Augenzahlen beim 40maligen Würfeln könnte folgendes Aussehen haben:

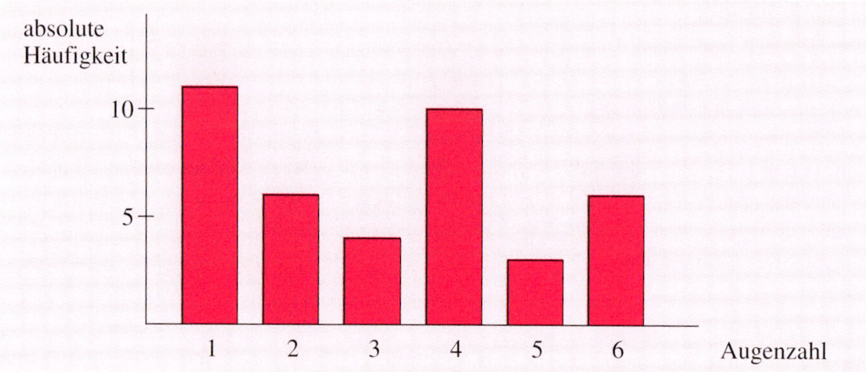

Mitunter werden auch horizontale und vertikale Achse vertauscht (z. B. bei im Fernsehen vorgenommenen Abstimmungen per Telefon, dem sogenannten Televotum).

Bei einem **Kreisdiagramm** wird ein Kreis entsprechend der prozentualen (relativen) Häufigkeiten in Sektoren aufgeteilt. Der Zentriwinkel eines Kreisausschnittes ergibt sich, indem man mit Hilfe der gegebenen Prozentsätze den entsprechenden Prozentwert von 360° berechnet.

■ Für das obige Beispiel ergeben sich folgende Zentriwinkel:

Augenzahl	relative Häufigkeit	Zentriwinkel
1	27,5%	99°
2	15,0%	54°
3	10,0%	36°
4	25,0%	90°
5	7,5%	27°
6	15,0%	54°

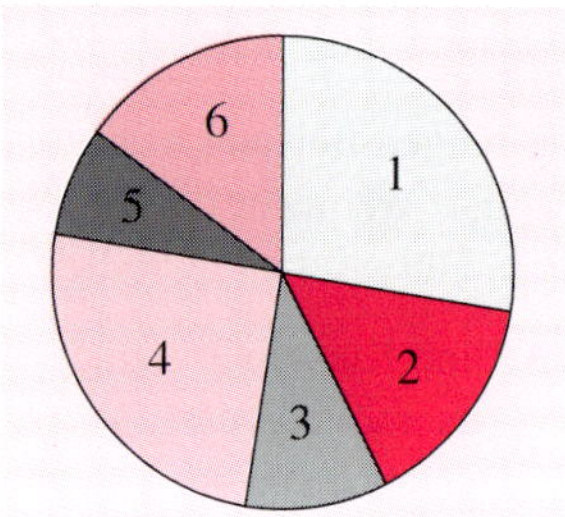

Für klassengeteilte Häufigkeitsverteilungen wählt man als Form der graphischen Darstellung oft das sogenannte **Histogramm**. Auf der horizontalen Achse werden die Klassen durch Strecken ausgewiesen. Über diesen Strecken werden jeweils Rechtecke gezeichnet, die die entsprechende Häufigkeit repräsentieren. Bei Klassen gleicher Breite ist als Höhe die jeweilige Häufigkeit zu wählen.

■ Es wird die Altersstruktur der Beschäftigten eines Unternehmens untersucht:

Klasse (Alter in Jahren)	Klassenmitte (in Jahren)	absolute Häufigkeit $H_n(x)$
$15 \leq x < 25$	20	20
$25 \leq x < 35$	30	14
$35 \leq x < 45$	40	31
$45 \leq x < 55$	50	22
$55 \leq x < 65$	60	11
$65 \leq x < 75$	70	4

Hieraus läßt sich folgendes Histogramm zeichnen:

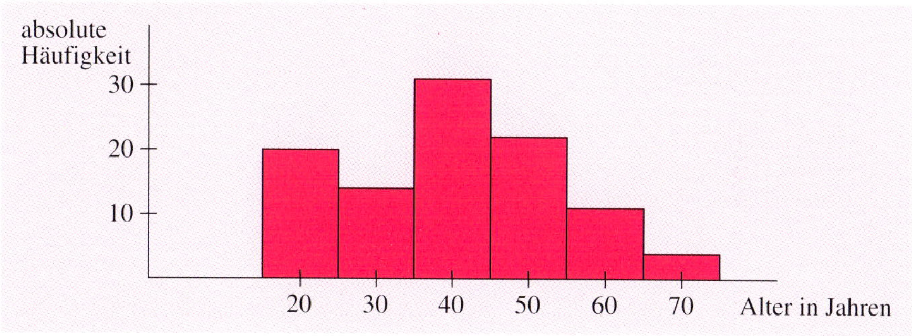

Weitere Darstellungsarten sind der **Polygonzug**, bei dem die entsprechenden Häufigkeitswerte im Diagramm durch Linien verbunden werden, sowie bildliche Darstellungen (**Piktogramme**).

9.2.2 Maße und Stichproben

Zur Charakterisierung von Stichproben, vor allem solchen mit relativ großem Umfang, werden spezielle Werte, sogenannte **Maße**, herangezogen. Sie dienen zum einen der Kennzeichnung der Lage der Verteilung; zum anderen geben sie an, wie die einzelnen Werte innerhalb einer Häufigkeitsverteilung von charakteristischen Werten abweichen („streuen").

Lagemaße

Kenngrößen der Lage (**Lagemaße**) beschreiben die mittlere Größe der Werte einer Stichprobe vom Umfang n. Wichtige Lagemaße sind die als Durchschnittswerte verwendeten **Mittelwerte** (vgl. auch Abschnitt 2.9.3, S. 83 ff.). Ein solcher Mittelwert ist das arithmetische Mittel.

D Das **arithmetische Mittel** $\bar{x}$ der Ergebnisse $x_1, x_2, x_3, ..., x_n$ einer Stichprobe vom Umfang n erhält man, indem die Summe aller Werte durch n dividiert wird. Es gilt:

$$\bar{x} = \frac{x_1 + x_2 + x_3 + ... + x_n}{n}$$

■ Beim Ermitteln des Gewichtes von 12 Schülern einer Klasse wurden folgende Ergebnisse notiert: 54 kg, 63 kg, 52 kg, 55 kg, 65 kg, 68 kg, 67 kg, 50 kg, 48 kg, 53 kg, 57 kg, 64 kg.
Das Durchschnittsgewicht ergibt sich als arithmetisches Mittel: $\bar{x} = \frac{696 \text{ kg}}{12} = 58 \text{ kg}$.

9

Treten bei einer Stichprobe mit dem Umfang n Werte mehrfach auf, so vereinfacht sich die Berechnung des arithmetischen Mittels. Für die mit einer absoluten Häufigkeit H_1, H_2, H_3, ..., H_k auftretenden Werte x_1, x_2, x_3, ..., x_k gilt:

$$\bar{x} = \frac{H_1 \cdot x_1 + H_2 \cdot x_2 + H_3 \cdot x_3 + \ldots + H_k \cdot x_k}{n}$$

Man spricht in diesem Fall vom **gewogenen arithmetischen Mittel** mit den Wägungsfaktoren H_1, H_2, ..., H_k. Es läßt sich auch folgendermaßen berechnen:

$\bar{x} = x_1 \cdot h_1 + x_2 \cdot h_2 + x_3 \cdot h_3 + \ldots + x_k \cdot h_k; \quad k \leq n.$

Das arithmetische Mittel ist also die Summe der Produkte aus den Werten der Stichprobe und ihren zugehörigen relativen Häufigkeiten h_1, h_2, h_3, ..., h_k.

■ In den neun Spielen der Fußball-Bundesliga wurden an einem Spieltag folgende Torquoten erzielt: 4, 6, 2, 4, 3, 4, 2, 4, 0.

Es ist somit $\bar{x} = \frac{1 \cdot 0 + 2 \cdot 2 + 1 \cdot 3 + 4 \cdot 4 + 1 \cdot 6}{9} = \frac{29}{9} \approx 3{,}2.$

Pro Spiel fielen also im Durchschnitt mehr als drei Tore.

Das arithmetische Mittel kennzeichnet nicht immer die Mitte einer Verteilung. Zu deren Kennzeichnung dient ein anderes Lagemaß, das als Zentralwert oder Median bezeichnet wird.

D Unter dem **Zentralwert** oder **Median** $\tilde{x}$ wird der in der Mitte stehende Wert der nach der Größe geordneten Werte x_1, x_2, x_3, ..., x_n einer Stichprobe vom Umfang n verstanden.

Stehen bei geradzahligem n zwei Werte in der Mitte, so ergibt sich der Zentralwert $\tilde{x}$ als arithmetisches Mittel dieser beiden Werte.

■ Im obigen Beispiel „Torquoten" ergibt sich als Zentralwert der Wert 4.

Im Beispiel „Körpergewichte" erhält man $\tilde{x} = \frac{55\,kg + 57\,kg}{2} = 56\,kg.$

Ein weiteres Lagemaß ist der Modalwert.

D Der **Modalwert** m ist der am häufigsten auftretenden Wert innerhalb einer Stichprobe.

■ Im Beispiel „Torquoten" ist $m = 4$.

Für das Beispiel „Punktzahlen" (vgl. S. 294) lassen sich mit 19 und 40 zwei Modalwerte angeben; im Beispiel „Körpergewichte" dagegen gibt es keinen Modalwert.

Streuungsmaße

Lagemaße allein charakterisieren Häufigkeitsverteilungen nicht ausreichend. Diese können sich bei gleichen Mittel- bzw. Zentralwerten durchaus stark unterscheiden, die einzelnen Werte sich anders verteilen, d. h. unterschiedlich um das Lagemaß streuen.

Eine Größe, die den Umfang des Streubereiches kennzeichnet, ist die Spannweite.

D Unter der **Spannweite** (**Streubreite**) w einer Stichprobe versteht man die Differenz zwischen größtem und kleinstem Stichprobenergebnis; es ist $w = x_{max} - x_{min}$.

■ Für die bei den Lagemaßen betrachteten Beispiele ergeben sich folgende Spannweiten:

Beispiel „Punktzahlen": $w = 40 - 7 = 33$

Beispiel „Körpergewichte": $w = 68\,kg - 48\,kg = 20\,kg$

Beispiel „Torquoten": $w = 6 - 0 = 6$

Als Maß für die Streuung einer Stichprobe kann auch die mittlere Abweichung vom Mittelwert gewählt werden. Die Summe dieser Abweichungen ist stets 0. Beim Berechnen der durchschnittlichen Abweichung muß deshalb mit den entsprechenden Beträgen gearbeitet werden.

Die **mittlere (lineare) Abweichung** vom Mittelwert ergibt sich somit folgendermaßen:

$$d = \frac{|x_1 - \bar{x}| + |x_2 - \bar{x}| + \ldots + |x_n - \bar{x}|}{n}$$

Um das nicht immer einfache Rechnen mit Beträgen zu vermeiden, quadriert man die jeweiligen vorzeichenbehafteten Abstände. Der so erhaltene Wert wird mittlere quadratische Abweichung oder Varianz genannt.

D Unter der **mittleren quadratischen Abweichung** oder **Varianz** s^2 einer Stichprobe vom Umfang n wird der Ausdruck

$$s^2 = \frac{(x_1 - \bar{x})^2 + (x_2 - \bar{x})^2 + \ldots + (x_n - \bar{x})^2}{n}$$ verstanden.

Anmerkung: Für die Berechnung der sogenannten **empirischen Varianz** wird mitunter statt mit n mit $n - 1$ als Nenner gearbeitet, so daß sich s^2 als

$$s^2 = \frac{(x_1 - \bar{x})^2 + (x_2 - \bar{x})^2 + \ldots + (x_n - \bar{x})^2}{n-1}$$ ergibt.

Treten innerhalb einer Stichprobe vom Umfang n die Werte $x_1, x_2, \ldots, x_k$ mehrfach auf, so läßt sich s^2 unter Verwendung der zugehörigen relativen Häufigkeiten $h_1, h_2, \ldots, h_k$ vereinfacht folgendermaßen berechnen: $s^2 = (x_1 - \bar{x})^2 \cdot h_1 + (x_2 - \bar{x})^2 \cdot h_2 + \ldots + (x_k - \bar{x})^2 \cdot h_k;\ k \leq n.$

Da s^2 nicht die gleiche Dimension wie die Werte $x_1, x_2, \ldots, x_k$ hat, betrachtet man die Wurzel aus s^2.

D Der Wert $s = \sqrt{\frac{(x_1 - \bar{x})^2 + (x_2 - \bar{x})^2 + \ldots + (x_n - \bar{x})^2}{n}}$ wird **Standardabweichung** genannt.

Stichprobenergebnisse, die weit vom Mittelwert entfernt liegen, vergrößern die Varianz bzw. Standardabweichung.

■ Mit Hilfe folgender Tabelle lassen sich für das Beispiel „Körpergewichte" (vgl. S. 297) die Streuungsmaße günstig ermitteln. Auf die Angabe von Einheiten wurde verzichtet:

x_i	$x_i - \bar{x}$	$\lvert x_i - \bar{x} \rvert$	$(x_i - \bar{x})^2$
48	–10	10	100
50	–8	8	64
52	–6	6	36
53	–5	5	25
54	–4	4	16
55	–3	3	9
57	–1	1	1
63	5	5	25
64	6	6	36
65	7	7	49
67	9	9	81
68	10	10	100
Summe:	0	74	542

Die mittlere lineare Abweichung beträgt rund 6,17 kg, der Wert für die Varianz 45,17 kg², die Standardabweichung kann mit etwa 6,72 kg angegeben werden.

9

Mit Hilfe der Standardabweichung wird es möglich, die Wahrscheinlichkeit anzugeben, mit der die Werte einer Stichprobe innerhalb eines bestimmten Intervalls liegen.

9.3 Wahrscheinlichkeitsrechnung

Die **Wahrscheinlichkeitsrechnung** untersucht Gesetzmäßigkeiten zufälliger Erscheinungen, die bei Massenvorgängen auftreten.

H Anfänge der Wahrscheinlichkeitsrechnung reichen bis ins 17. Jahrhundert zurück. So beschäftigten sich BLAISE PASCAL (1623–1662) sowie PIERRE FERMAT (1601–1665) mit aus Glücksspielen resultierenden Problemen. Erst in Zusammenhang mit dem Fortschritt der Naturwissenschaften im 19. Jahrhundert entwickelte sich die Wahrscheinlichkeitsrechnung zu einer selbständigen mathematischen Disziplin. Beiträge zu ihrer Entwicklung leisteten Mathematiker wie ABRAHAM DE MOIVRE (1667–1754), THOMAS BAYES (1702–1763), PIERRE SIMON LAPLACE (1749–1827) und PAFNUTI LWOWITSCH TSCHEBYSCHEW (1821–1894). Ein axiomatischer Aufbau der Wahrscheinlichkeitsrechnung geht auf ANDREJ NIKOLAJEWITSCH KOLMOGOROW (1903–1987) zurück.

9.3.1 Zufällige Ereignisse

Es gibt sichere, unmögliche und zufällige Vorgänge (Ereignisse).

D Ein Vorgang heißt **zufällig**, wenn mehrere Ergebnisse $x_1, x_2, ..., x_n$ möglich sind. Das Eintreten des jeweiligen Ergebnisses ist abhängig von bestimmten Bedingungen.
Unter einem **Zufallsexperiment** versteht man die mehrfache Wiederholung eines zufälligen Vorgangs unter gleichen Bedingungen.
Die Menge aller möglichen Ergebnisse wird **Ergebnismenge** Ω genannt.

■ Ein Würfel wird einmal geworfen.
Eine Ergebnismenge ist die Menge $\Omega_1 = \{1; 2; 3; 4; 5; 6\}$.
Als Ergebnismenge könnte jedoch auch $\Omega_2 = \{6; \text{keine } 6\}$ betrachtet werden.

D Jede Teilmenge der Ergebnismenge Ω heißt Ereignis. Ereignisse werden mit großen lateinischen Buchstaben A, B, C, ... bzw. $E_1, E_2, ...$ bezeichnet.

■ Mögliche Ereignisse beim einmaligen Werfen eines Würfels sind beispielsweise:
$E_1 = \{6\}$ Es wird eine Sechs gewürfelt.
$E_2 = \{1; 3; 5\}$ Es wird eine ungerade Zahl gewürfelt.

Ein Ereignis E tritt ein, wenn das erzielte Ergebnis zur Menge E gehört. Man sagt auch, das Ergebnis ist **günstig für** E.
Ein Ereignis heißt **sicher**, wenn es immer eintritt, d. h., wenn jedes Ergebnis günstig ist. Das sichere Ereignis ist also gleich der Ergebnismenge Ω.
Ein Ereignis ist **unmöglich**, wenn kein Ergebnis für dieses Ereignis günstig ist. Das unmögliche Ereignis wird mit Ø als Symbol für die leere Menge bezeichnet.

Vorgänge mit zufälligem Ergebnis können aus mehreren Teilvorgängen bestehen. Solche Vorgänge werden mehrstufig genannt. Die Ergebnismenge eines **mehrstufigen Zufallsversuch** läßt sich vorteilhaft mit Hilfe eines **Baumdiagramms** (vgl. Abschnitt 9.1.3) darstellen. Jeder Pfad entspricht dann einem möglichen Ergebnis. Ereignisse können durch mehrere Pfade repräsentiert werden.

■ Eine Münze wird dreimal hintereinander geworfen, und es wird jeweils das Eintreffen von Wappen (W) bzw. Zahl (Z) beobachtet. Das Ereignis E „Es fallen genau zwei Wappen." ist im Baumdiagramm zu kennzeichnen.

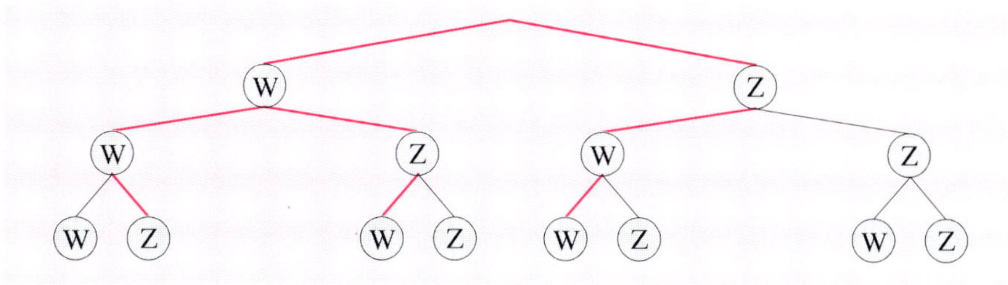

9.3.2 Elementarer Wahrscheinlichkeitsbegriff

Werden Zufallsexperimente wiederholt unter gleichen Bedingungen durchgeführt, so sind Aussagen über die Häufigkeit eines Ereignisses möglich.

D Die relative Häufigkeit $h_n(E)$ eines Ereignisses E bei n-maligem Wiederholen eines zufälligen Vorgangs ergibt sich als

$h_n(E) = \frac{H_n(E)}{n} = \frac{k}{n}$ ($H_n(E) = k$ absolute Häufigkeit von E; $k \le n$).

■ Eine Münze wird n-mal geworfen, und es wird jeweils die relative Häufigkeit für die Ergebnisse Wappen (W) bzw. Zahl (Z) dargestellt.

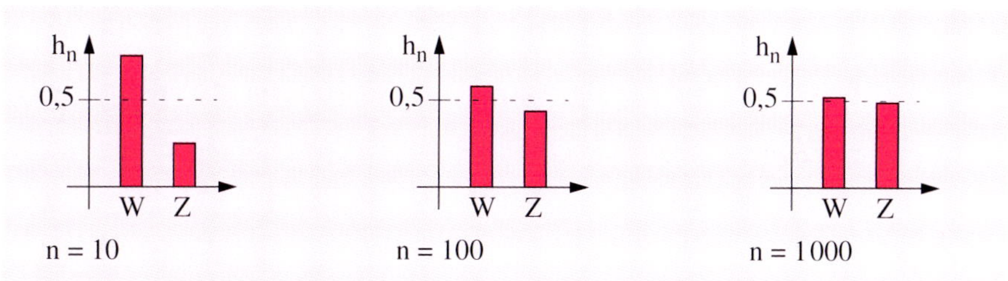

Wird ein zufälliger Versuch sehr oft durchgeführt, so läßt sich folgendes feststellen: Die relativen Häufigkeiten schwanken um einen festen Wert, und die Abweichungen von diesem Wert werden mit wachsendem n immer kleiner. Im obigen Beispiel ist jener Wert die Zahl 0,5.
Diese feste Zahl wird **Wahrscheinlichkeit** des Eintreffens von E genannt und mit P(E) bezeichnet.

S Die relative Häufigkeit $h_n(E)$ des Eintretens eines Ereignisses E bei einer hinreichend großen Anzahl n von Versuchen kann als Schätzwert für die Wahrscheinlichkeit des Eintreffens von E gewählt werden. Es ist $P(E) = \frac{k}{n}$; $(k \le n)$.

Da für die absolute Häufigkeit k stets $0 \le k \le n$ gilt, folgt für die Wahrscheinlichkeit eines Ereignisses E sofort $0 \le P(E) \le 1$.

Wahrscheinlichkeiten werden – ebenso wie relative Häufigkeiten – in Prozent angegeben. In diesem Fall ist $P(E) = \frac{k}{n} \cdot 100\,\%$.

9

Für die Wahrscheinlichkeit des unmöglichen bzw. sicheren Ereignisses gilt:
$P(\emptyset) = 0$ bzw. $P(\Omega) = 1$.

Dem klassischen Wahrscheinlichkeitsbegriff liegt das Prinzip der Gleichverteilung zugrunde. Es wird davon ausgegangen, daß alle Ergebnisse gleichwahrscheinlich sind. Dann gilt:

S $P(E) = \frac{g}{m} = \frac{\text{Anzahl der günstigen Fälle}}{\text{Anzahl der möglichen Fälle}}$ (**LAPLACE-Regel**)

■ Beim Werfen eines idealen Würfels beträgt die Wahrscheinlichkeit für das Erreichen einer bestimmten Augenzahl jeweils $P(E_i) = \frac{1}{6} \approx 0{,}167 = 16{,}7\,\%$ $(i = 1; 2; 3; 4; 5; 6)$.
Dagegen ist die Wahrscheinlichkeit beim Werfen einer idealen Münze für das Eintreten von „Wappen" bzw. „Zahl" jeweils $P(E_i) = \frac{1}{2} = 0{,}5 = 50\,\%$ $(i = 1; 2)$.

9.3.3 Rechnen mit Wahrscheinlichkeiten

Im Abschnitt 9.3.2 sind erste *Eigenschaften der Wahrscheinlichkeit* angegeben. Einige weitere werden im folgenden angeführt.

S Für ein Ereignis E mit endlich vielen günstigen Ergebnissen $x_1, x_2, \ldots, x_k$ gilt:
$P(E) = P(\{x_1\}) + P(\{x_2\}) + \ldots + P(\{x_k\})$, d.h., die Wahrscheinlichkeit eines Ereignisses E ist gleich der Summe der Wahrscheinlichkeiten der für E günstigen Ergebnisse.

■ Beim Werfen eines (idealen) Würfels wird das Ereignis E „Es wird eine gerade Zahl gewürfelt" beobachtet.

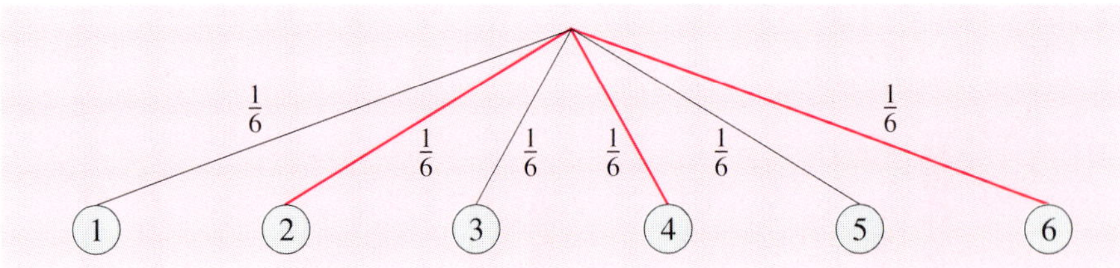

Es ist $P(E) = P(\{2\}) + P(\{4\}) + P(\{6\}) = \frac{1}{6} + \frac{1}{6} + \frac{1}{6} = \frac{3}{6} = \frac{1}{2} = 0{,}5$.

W Obiger Additionssatz gilt für sogenannte „Elementarereignisse", die unvereinbar sind, sich gegenseitig ausschließen. Allgemeiner ist die folgende Aussage:
Für zwei beliebige Ereignisse E_1 und E_2 gilt: $P(E_1 \cup E_2) = P(E_1) + P(E_2) - P(E_1 \cap E_2)$.
Sind E_1 und E_2 unvereinbar, so ergibt sich wegen $P(E_1 \cap E_2) = P(\emptyset) = 0$ unmittelbar
$P(E_1 \text{ oder } E_2) = P(E_1 \cup E_2) = P(E_1) + P(E_2)$ als vereinfachte Formel.

Beim Berechnen der Wahrscheinlichkeit eines Ereignisses E ist es mitunter günstiger, vom **Gegenereignis** auszugehen und dessen Wahrscheinlichkeit zu ermitteln.

D Das Ereignis $\overline{E}$ heißt **Gegenereignis** von E, falls $\overline{E}$ genau dann eintritt, wenn E nicht eintritt.

S Für ein Ereignis E und sein Gegenereignis $\overline{E}$ gilt: $P(E) + P(\overline{E}) = 1$ bzw. $P(\overline{E}) = 1 - P(E)$.

■ Beim Werfen eines (idealen) Würfels wird das Ereignis E „Es wird eine Sechs gewürfelt" betrachtet. Das Gegenereignis ist dann $\overline{E}$ „Es wird keine Sechs gewürfelt".
Für die Wahrscheinlichkeit von $\overline{E}$ gilt somit
$P(\overline{E}) = 1 - P(E) = 1 - \frac{1}{6} = \frac{5}{6} = P(\{1\},\{2\},\{3\},\{4\},\{5\})$.

Mit Hilfe der **Pfadregeln** lassen sich Wahrscheinlichkeiten von Ereignissen aus gegebenen Wahrscheinlichkeiten berechnen. Dazu werden Baumdiagramme verwendet, in denen für das Erzielen eines bestimmten Ergebnisses jeweils die Wahrscheinlichkeiten am Pfad markiert sind.

■ Eine (ideale) Münze wird dreimal geworfen. Es ergibt sich folgendes Baumdiagramm:

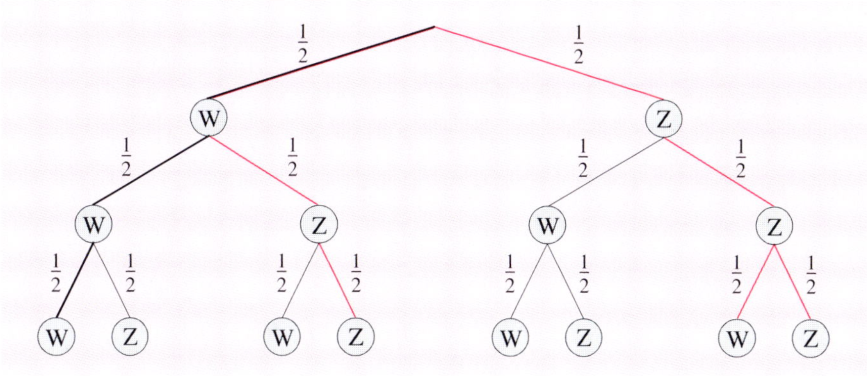

Jeder Pfad im Baumdiagramm repräsentiert ein mögliches Ereignis E. Seine Wahrscheinlichkeit P(E) läßt sich folgendermaßen ermitteln.

S **1. Pfadregel** (**Produktregel**):
Die Wahrscheinlichkeit eines Pfades ist gleich dem Produkt der Wahrscheinlichkeiten längs dieses Pfades.

■ Es ist beim dreimaligen Werfen einer Münze, die Wahrscheinlichkeit dafür zu ermitteln, daß dreimal Wappen (W) fällt.

$P(\{WWW\}) = \frac{1}{2} \cdot \frac{1}{2} \cdot \frac{1}{2} = \frac{1}{8} = 0{,}125 = 12{,}5\,\%.$

Der für dieses Ereignis günstige Pfad ist im obigen Baumdiagramm fett markiert.

S **2. Pfadregel** (**Summenregel**):
Die Wahrscheinlichkeit eines Ereignisses E ist gleich der Summe der Wahrscheinlichkeiten der für dieses Ereignis günstigen Pfade.

■ Es ist für das dreimalige Werfen einer Münze, die Wahrscheinlichkeit dafür zu ermitteln, daß zweimal hintereinander Zahl fällt.
Die für dieses Ereignis günstigen Pfade sind im obigen Baumdiagramm farbig markiert, und es ist
$P(E) = P(\{ZZZ, ZZW, WZZ\}) = \frac{1}{8} + \frac{1}{8} + \frac{1}{8} = \frac{3}{8} = 0{,}375 = 37{,}5\,\%.$

9

A Anhang

A.1 Hinweise zum Lösen von Aufgaben

A.1.1 Arbeiten mit Größen

Bestandteile einer Größenangabe

Jede Größenangabe besteht aus einem **Zahlenwert** und einer **Einheit** (**Maßeinheit**).

Größenangabe	Zahlenwert	Einheit
34 cm	34	cm
1,5 kg	1,5	kg
99,90 DM	99,90	DM
3 Stück	3	Stück

Rechnen mit Größenangaben

Man kann Größenangaben der gleichen Größenart addieren oder subtrahieren. Bei verschiedenen Einheiten muß vorher umgewandelt werden.

■ $2{,}6\,\text{cm} + 1{,}3\,\text{cm} = 3{,}9\,\text{cm}$ $3{,}5\,\text{kg} - 1{,}5\,\text{kg} = 2{,}0\,\text{kg}$
$20\,\text{cm} + 12\,\text{dm} = 20\,\text{cm} + 120\,\text{cm} = 140\,\text{cm}$

Man kann eine Größenangabe mit einer Zahl multiplizieren oder durch eine Zahl dividieren, indem man den Zahlenwert mit dieser Zahl multipliziert oder durch diese Zahl dividiert.

■ $12 \cdot 4{,}80\,\text{DM} = 57{,}60\,\text{DM}$ $153\,\text{cm} : 9 = 17\,\text{cm}$

Einige Größenangaben können auch miteinander multipliziert oder durcheinander dividiert werden. Das Ergebnis hat dann stets eine andere Einheit als die Ausgangsgrößen.

■ $3\,\text{m} \cdot 4\,\text{m} = 12\,\text{m}^2$ $120\,\text{km} : 2\,\text{h} = 60\,\frac{\text{km}}{\text{h}}$
$50\,\text{cm}^2 : 5\,\text{cm} = 10\,\text{cm}$

Gemischte Größenangaben

Größen werden manchmal mit zwei Einheiten angegeben. Für das Rechnen ist es günstig, diese Angaben mit nur einer Einheit zu schreiben. Dazu muß man eine Einheit in die andere umwandeln und dann addieren.

■ 3 m 7 cm (gesprochen: 3 Meter und 7 Zentimeter)
$3\,\text{m}\;7\,\text{cm} = 3\,\text{m} + 7\,\text{cm} = 300\,\text{cm} + 7\,\text{cm} = 307\,\text{cm}$

Umrechnen von Größenangaben

Beim Umrechnen von einer Einheit in eine andere kann man leicht Fehler machen. Um ganz sicher zu gehen, sollte man in folgenden Schritten arbeiten:

Schrittfolge	**Beispiele**	
	Rechne um:	
	3,4 dm in mm	$42\,\text{cm}^2$ in dm^2
1. Ich stelle mir die Einheiten vor und überlege, welche die größere und welche die kleinere Einheit ist.	1 dm und 1 mm vorstellen: 1 dm > 1 mm	$1\,\text{cm}^2$ und $1\,\text{dm}^2$ vorstellen: $1\,\text{cm}^2 < 1\,\text{dm}^2$
2. Ich bestimme die Rechenoperation nach folgenden Regeln: – Bei der Umrechnung von einer größeren in eine kleinere Einheit muß ich multiplizieren. – Bei der Umrechnung von einer kleineren in eine größere Einheit muß ich dividieren.	dm → mm größere → kleinere Einheit Ich muß multiplizieren und schreibe: $3{,}4\,\text{dm} = 3{,}4 \cdot$	$\text{cm}^2 \to \text{dm}^2$ kleinere → größere Einheit Ich muß dividieren und schreibe: $420\,\text{cm}^2 = 420 :$
3. Ich bestimme die Umrechnungszahl (UZ) aus der Einheitenkette.	UZ(dm—mm) = UZ(dm—cm—mm) = $10 \cdot 10 = 100$.	UZ(cm^2—dm^2) = $10^2 = 100$.
4. Ich rechne.	$3{,}4\,\text{dm} = 3{,}4 \cdot 100\,\text{mm} = 340\,\text{mm}$	$42\,\text{cm}^2 = (42 : 100)\,\text{dm}^2 = 0{,}42\,\text{dm}^2$
5. Ich stelle mir beide Werte vor und vergleiche grob.	Ich stelle mir 340 mm und 3,4 dm vor.	Ich stelle mir $4{,}20\,\text{dm}^2$ und $420\,\text{cm}^2$ vor.

A

Man beachte: Die Vorsilben können bei der Bestimmung der Umrechnungszahl helfen.
„Kilo" und „Milli" weisen auf die Umrechnungszahl 1000 hin:
UZ(km—m) = 1000, UZ(mm—m) = 1000,
„Zenti" auf die Umrechnungszahl 100 und „Dezi" auf 10:
UZ(c*l*—*l*) = 100, UZ(d*l*—*l*) = 10.
Aber Vorsicht: $1\ \text{cm}^2 \neq \frac{1}{100}\ \text{m}^2$, sondern $(\frac{1}{100})^2\ \text{m}^2$.

Schätzen und Vorstellen von Größenangaben

Man kann eine Größenangabe schätzen oder sich vorstellen, indem man

- sie mit seinen Vorstellungen über geeignete Einheiten vergleicht,
- geeignete Vergleiche mit bekannten Objekten oder Größen anstellt,
- sie auf das Schätzen oder Vorstellen anderer Größen zurückführt.

Größenangabe	mögliches Vorgehen beim Schätzen oder Vorstellen
Breite eines Tisches	Vergleich mit Vorstellung über 1 dm bzw. 1 m oder Vergleich mit der eigenen Handspanne
2,31 m	Vergleich mit Höhe einer Zimmertür + 30-cm-Lineal
600 m	eineinhalb Stadionrunden
Gewicht eines vollen Einkaufsbeutels	Vergleich mit Vorstellung über Gewicht eines vollen 10-l-Wassereimers bzw. eines 5-kg-Kartoffelnetzes
720 kg	Vergleich mit der Masse von (etwa 7) Motorrädern
3 Mrd. DM	Vergleich mit der Zeit zum Zählen bis 3 Mrd. (etwa 95 Jahre bei einer Zahl pro Sekunde)
Größe eines Zimmers	Schätzen der Länge und Breite des Zimmers und daraus Fläche berechnen
$30\ \text{m}^2$	Zerlegen in $5\ \text{m} \cdot 6\ \text{m}$ und Längen vorstellen
Volumen einer Kugel	Durchmesser schätzen und daraus Volumen berechnen
$30\ \text{m}^3$	15-m^2-Zimmer 2 m hoch mit Wasser gefüllt

A.1.2 Lösen von Sachaufgaben

Allgemeine Schrittfolge und mögliche Hilfen

Grundprinzip bei Schwierigkeiten (für alle Aufgabentypen):
Sich selbst geschickte Fragen stellen und nach der Antwort suchen.

1. Ich lese die Aufgabe mehrmals und stelle mir den Sachverhalt vor.
   Ich frage mich z. B.
   - Worum geht es in der Aufgabe?
   - Verstehe ich alles im Aufgabentext?
   - Wie lautet die Frage?
   - Kann ich mir den Sachverhalt mit Gegenständen veranschaulichen?
   - Wie könnte vermutlich die Antwort sein?

2. Ich suche die wesentlichen Angaben heraus. Ich frage mich z.B.
   - Kann ich die Angaben in einer Skizze oder Tabelle darstellen?
   - Was ist gesucht? Was ist gegeben?
   - Wie kann ich das Gesuchte und Gegebene günstig bezeichnen?
   - Sind die Einheiten der gesuchten und gegebenen Größen verträglich?
3. Ich suche einen Lösungsweg.
   Ich frage mich z. B.
   - Kann ich aus einer Skizze oder Tabelle Beziehungen erkennen?
   - Kann ich durch Probieren eine Lösung finden?
     Kann ich alle Fälle systematisch durchprobieren?
   - Kenne ich eine analoge Aufgabe?
   - Woraus könnte ich das Gesuchte unmittelbar berechnen? Kenne ich eine Formel für die gesuchte Größe? Sind mir die benötigten Größen alle bekannt? Woraus könnte ich die fehlenden Angaben berechnen?
   - Was kann ich aus den gegebenen Größen unmittelbar berechnen?
   - Kann ich auf eine Einheit schließen?
   - Sind die Größen proportional zueinander? Wie ändert sich die eine Größe bei Änderung der anderen? Ist das Produkt oder das Verhältnis zweier Größen immer gleich?
   - Welche Gleichungen kann ich aufstellen? Wieviel Unbekannte habe ich? Wieviel Gleichungen habe ich?
4. Ich führe den Lösungsweg aus und kontrolliere ihn sofort.
   Ich frage mich z. B.
   - Wie rechne ich am günstigsten?
   - Kann ich vor der Rechnung einen Überschlag im Kopf machen?
   - Kann ich auf einem anderen Weg nachrechnen?
5. Ich überprüfe das Ergebnis und formuliere eine Antwort.
   Ich frage mich z. B.
   - Kann das wahr sein?
   - Kann ich das Ergebnis am Sachverhalt überprüfen?
   - Habe ich alle wesentlichen Angaben verwendet?
   - Welche Genauigkeit ist für das Ergebnis sinnvoll?

■ *Aufgabe:*
Mit dem Weidezaun einer rechteckigen Koppel, die etwa 50 m lang und 25 m breit ist, soll eine quadratische Koppel eingezäunt werden. Ändert sich die Größe der Koppel?

Ich frage mich.	**Ich antworte, zeichne und rechne.**
1. Ich lese die Aufgabe mehrmals durch und stelle mir den Sachverhalt vor.	
Worum geht es in der Aufgabe?	Es geht um das Einzäunen einer Weidefläche.
Kann ich mir den Sachverhalt mit Gegenständen veranschaulichen?	Mit einem Bindfaden oder Gummiring könnte ich den Umwandlungsvorgang veranschaulichen.
Wie könnte vermutlich die Antwort sein?	Ich vermute, daß die eingezäunte Weidefläche etwas größer wird.

A

Ich frage mich.	Ich antworte, zeichne und rechne.
2. Ich suche die wesentlichen Angaben heraus.	
Kann ich die Angaben in einer Skizze darstellen? Was ist gesucht? Was ist gegeben? Wie kann ich das Gesuchte und Gegebene günstig bezeichnen?	geg.: 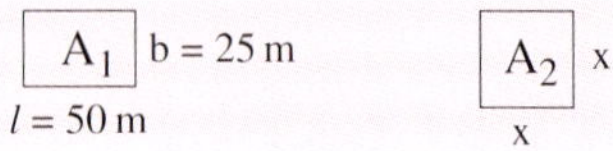 ges.: $A_1 \lesseqqgtr A_2$
3. Ich suche einen Lösungsweg.	
Woraus könnte ich das Gesuchte unmittelbar berechnen?	aus A_1 und A_2 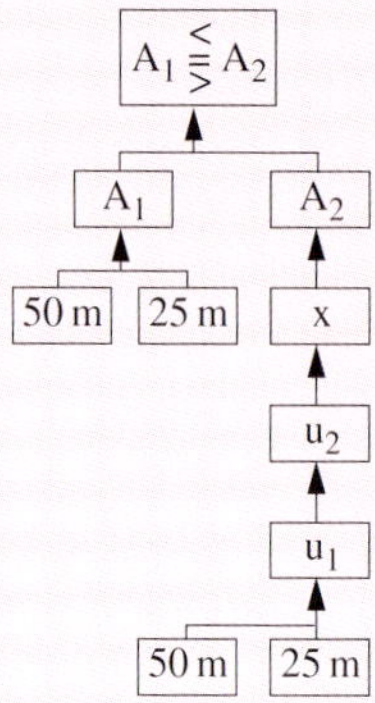
Sind mir diese Größen alle bekannt?	A_1 kann ich aus l und b berechnen. A_2 kenne ich nicht.
Woraus könnte ich A_2 berechnen?	A_2 kann ich aus x berechnen.
Woraus kann ich x berechnen?	x kann ich aus dem Umfang u_2 berechnen.
Woraus kann ich u_2 berechnen?	u_2 muß gleich u_1 sein (Gummiring).
Woraus kann ich u_1 berechnen?	u_1 kann ich aus l und b berechnen.
4. Ich führe den Lösungsweg aus und kontrolliere ihn sofort.	
Wie rechne ich am günstigsten?	Ich rechne schrittweise von hinten. Lösung: $u_1 = 2(l + b) = 2(50\,m + 25\,m)$ $u_1 = u_2 = 150\,m$ $u_2 = 4x$ $\quad x = \frac{u_2}{4}$ $x = 37{,}5\,m$ $A_1 = 50\,m \cdot 25\,m$ $\quad A_2 = x^2$ $A_1 = 1250\,m^2$ $\quad A_2 = 1406{,}25\,m^2$ $A_2 - A_1 = 156{,}25\,m^2$
Kann ich auf einem anderen Weg nachrechnen?	Ich setze schrittweise ein. $A_2 = x^2 = (\frac{2\,(l + b)}{4})^2 = (\frac{l + b}{2})^2 = (\frac{50m + 25m}{2})^2$ $A_2 = 1406{,}25\,m^2$
5. Ich überprüfe das Ergebnis und formuliere eine Antwort.	
Kann das wahr sein?	Das ist mehr als ich vermutete, aber die Größenordnung der Differenz (etwa $12\,m \times 12\,m$) stimmt.
Welche Genauigkeit ist für das Ergebnis sinnvoll?	Da 50 m und 25 m nur Näherungswerte mit zwei zuverlässigen Ziffern sind und die Koppel sicher nie genau rechtwinklig ist, runde ich auf 150 m^2.
Wie lautet die Antwort?	Die Koppel wird um etwa 150 m^2 vergrößert.

Man beachte: Der Lösungsgraph sollte im Heft quer von links nach rechts angefertigt werden.

Hinweise zu speziellen Aufgabentypen und Lösungsmethoden

Bei **Bewegungsaufgaben** ist es meist günstig, die wesentlichen Angaben in einer Skizze und einer Tabelle darzustellen.

■ Schmidts wanderten im Urlaub in 5 Stunden nach einem 21 km entfernten Wanderziel. Anfangs ging es mit der Geschwindigkeit von etwa $5\,\frac{\text{km}}{\text{h}}$ durch ebenes Gelände. Später, in bergigem Gelände, schafften sie nur noch etwa $3\,\frac{\text{km}}{\text{h}}$.

a) Wie lange hatten sie das flotte Tempo durchgehalten?

b) Wie lang war das bergige Wegstück?

<table>
<tr><th>Ich frage mich.</th><th>Ich antworte, zeichne und rechne.</th></tr>
<tr><td colspan="2">1. Ich lese die Aufgabe mehrmals durch und stelle mir den Sachverhalt vor.</td></tr>
<tr><td>Worum geht es in der Aufgabe?</td><td>Es geht um Zeiten und Wege bei einer Wanderung.</td></tr>
<tr><td>Kann ich mir den Sachverhalt mit Gegenständen veranschaulichen?</td><td>Ich veranschauliche mir den Ablauf der Wanderung durch Bewegen eines Stiftes.
Dabei versuche ich gleich, eine Skizze zu machen.</td></tr>
<tr><td colspan="2">2. Ich suche die wesentlichen Angaben heraus.</td></tr>
<tr><td>Kann ich die Angaben in einer Skizze darstellen?

Wie kann ich das Gesuchte und Gegebene günstig bezeichnen?</td><td>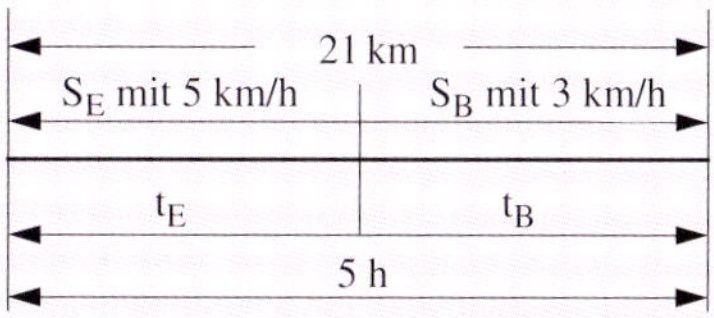

ges.: t_E, t_B
<table>
<tr><th></th><th>Geschwindigkeit in km/h</th><th>Zeit in h</th><th>Weg in km</th></tr>
<tr><td>Ebene</td><td>5</td><td>t_E</td><td>$5 \cdot t_E$</td></tr>
<tr><td>Berg</td><td>3</td><td>t_B</td><td>$3 \cdot t_B$</td></tr>
<tr><td>Gesamt</td><td></td><td>5</td><td>21</td></tr>
</table></td></tr>
<tr><td colspan="2">3. Ich suche einen Lösungsweg.</td></tr>
<tr><td>Kann ich aus der Skizze oder der Tabelle Beziehungen erkennen?</td><td>Es gilt
für die Zeiten: $t_E + t_B = 5\,\text{h}$</td></tr>
<tr><td>Welche Gleichungen kann ich aufstellen?</td><td>Es gilt
für die Wege: $5\,\frac{\text{km}}{\text{h}} \cdot t_E + 3\,\frac{\text{km}}{\text{h}} \cdot t_B = 21\,\text{km}$</td></tr>
<tr><td>Wieviel Unbekannte habe ich?
Wieviel Gleichungen habe ich?</td><td>Ich habe zwei Gleichungen und zwei Unbekannte und kann mit der Lösung beginnen.</td></tr>
<tr><td colspan="2">4. Ich führe den Lösungsweg aus und kontrolliere ihn sofort.</td></tr>
<tr><td>Wie rechne ich am günstigsten?</td><td>Ich löse die erste Gleichung nach einer Unbekannten auf und setze den Term in die zweite Gleichung ein. Da alle Einheiten verträglich sind, lasse ich sie zur Vereinfachung weg und setze $t_E = x$.
Auflösen: $t_B = 5 - x$
Einsetzen: $5 \cdot x + 3 \cdot (5 - x) = 21$
Auflösen: $5x + 15 - 3x = 21$
$2x = 6 \quad \Rightarrow \quad x = 3$
$t_E = 3\text{h} \quad \Rightarrow \quad s_B = 3\,\frac{\text{km}}{\text{h}} \cdot 2\,\text{h} = 6\,\text{km}$</td></tr>
</table>

<table>
<tr><th>Ich frage mich.</th><th>Ich antworte, zeichne und rechne.</th></tr>
<tr><td>Kann ich auf einem anderen Weg nachrechnen?</td><td>Ich löse die Gleichung durch Probieren:
<table>
<tr><th>t_E</th><th>t_B</th><th>$S_E = 5t_E$</th><th>$S_B = 3t_B$</th><th>$S_E + S_B$</th></tr>
<tr><td>1</td><td>4</td><td>5</td><td>12</td><td>17</td></tr>
<tr><td>2</td><td>3</td><td>10</td><td>9</td><td>19</td></tr>
<tr><td>3</td><td>2</td><td>15</td><td>6</td><td>21</td></tr>
<tr><td>4</td><td>1</td><td>20</td><td>3</td><td>23</td></tr>
</table></td></tr>
<tr><td colspan="2">5. Ich überprüfe das Ergebnis und formuliere eine Antwort.</td></tr>
<tr><td>Kann das wahr sein?</td><td>Die Zeiten und Wege sind möglich.</td></tr>
<tr><td>Wie lauten die Antworten?</td><td>a) Das flotte Tempo haben sie 3 h durchgehalten.
b) Das bergige Stück war 6 km lang.</td></tr>
</table>

Bei **Mischungsaufgaben** ist eine Skizze oder eine Tabelle günstig. In zwei Gleichungen läßt sich darstellen, daß vor und nach dem Mischen die Gesamtmenge und die Menge der gelösten Stoffe bzw. die Preise gleich sind.

■ Zum Experimentieren wird eine 30%ige Salzlösung benötigt. Vorhanden sind aber lediglich 2 Liter 10%ige Salzlösung sowie eine größere Menge 42%iger Salzlösung. Ermittle, wieviel Liter 42%ige Salzlösung den 2 Litern 10%iger Salzlösung zuzusetzen sind, damit eine 30%ige Salzlösung entsteht!

<table>
<tr><th>Ich frage mich.</th><th>Ich antworte, zeichne und rechne.</th></tr>
<tr><td colspan="2">1. Ich lese die Aufgabe mehrmals durch und stelle mir den Sachverhalt vor.</td></tr>
<tr><td>Worum geht es in der Aufgabe?</td><td>Es geht um das Herstellen einer Salzlösung durch Mischen zweier Lösungen.</td></tr>
<tr><td>Verstehe ich alles in diesem Text?</td><td>Was ist eine 10%ige Salzlösung?
Die Lösung enthält 10% Salz, also z.B. in 2 Liter der Lösung sind $0{,}1 \cdot 2\,l = 0{,}2\,l$ Salz.</td></tr>
<tr><td colspan="2">2. Ich suche die wesentlichen Angaben heraus.</td></tr>
<tr><td>Kann ich die Angaben in einer Skizze oder Tabelle darstellen?</td><td>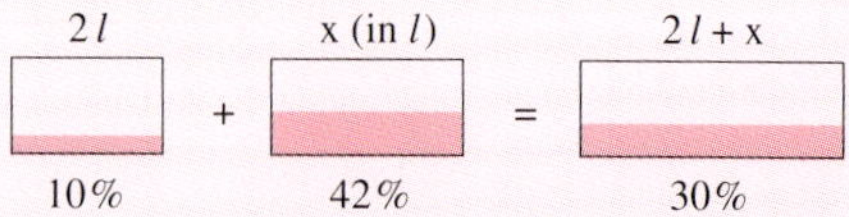

<table>
<tr><th></th><th>Volumen</th><th>Salzanteil</th><th>Salzmenge</th></tr>
<tr><td>1. Gefäß</td><td>$2\,l$</td><td>10%</td><td>$0{,}1 \cdot 2\,l$</td></tr>
<tr><td>2. Gefäß</td><td>x</td><td>42%</td><td>$0{,}42 \cdot x$</td></tr>
<tr><td>Mischung</td><td>$2\,l + x$</td><td>30%</td><td>$0{,}3 \cdot (2\,l + x)$</td></tr>
</table></td></tr>
<tr><td colspan="2">3. Ich suche einen Lösungsweg.</td></tr>
<tr><td>Kann ich aus der Skizze oder der Tabelle Beziehungen erkennen?</td><td>Die Menge des Salzes bleibt gleich. Im ersten und zweiten Gefäß zusammen muß soviel Salz wie in der Mischung sein.</td></tr>
<tr><td>Welche Gleichungen mit gesuchten und gegebenen Größen kann ich aufstellen?</td><td>$0{,}1 \cdot 2\,l + 0{,}42 \cdot x = 0{,}3 \cdot (2\,l + x)$
Das ist eine Gleichung mit einer Unbekannten, die ich lösen kann.</td></tr>
</table>

Ich frage mich.	Ich antworte, zeichne und rechne.
Kann ich auf einem anderen Weg nachrechnen?	Ich könnte das Mischungskreuz anwenden. (vgl. Abschnitt 2.9.5, S. 86)
4. Ich führe den Lösungsweg aus und kontrolliere ihn sofort.	
Wie rechne ich am günstigsten?	$0{,}2\,l + 0{,}42x = 0{,}6\,l + 0{,}3x$ $0{,}12x = 0{,}4 \quad \Rightarrow \quad x = 3{,}\overline{3}\,l$
5. Ich überprüfe das Ergebnis und formuliere eine Antwort.	
Welche Genauigkeit ist sinnvoll? Wie lautet die Antwort?	Es müssen 3,3 *l* von der 42%igen Salzlösung zugesetzt werden.

Aufgaben zur **Proportionalität**:
Wenn es in einer Aufgabe um 2 Größen geht und 3 Werte gegeben sind, versuche auf eine Einheit einer Größe zu schließen. Oft ist eine Tabelle günstig.

■ Herr Müller hat festgestellt, daß er im Schnitt mit einer Tankfüllung von 50 *l* etwa 650 km weit kommt. Wieviel Liter Kraftstoff wird er voraussichtlich auf der 1680 km langen Fahrt bis zum Urlaubsort verbrauchen?

Ich frage mich.	Ich antworte, zeichne und rechne.
1. Ich lese die Aufgabe mehrmals durch und stelle mir den Sachverhalt vor.	
Worum geht es in der Aufgabe?	Es geht um den Kraftstoffverbrauch während einer Urlaubsfahrt.
2. Ich suche die wesentlichen Angaben heraus.	
Kann ich die Angaben in einer Skizze oder Tabelle darstellen?	Kraftstoffverbrauch in *l* | 50 | x Strecke in km | 650 | 1680
3. Ich suche einen Lösungsweg.	
Sind die Größen proportional zueinander? Ist das Produkt oder das Verhältnis zweier Größen immer gleich? Wie ändert sich die eine Größe bei Änderung der anderen?	Der Verbrauch pro 100 km, also der Quotient aus Verbrauch und Strecke ist bei gleicher Fahrweise immer etwa gleich. Für einen doppelt solangen Weg brauche ich etwa doppelt soviel Kraftstoff. Die Größen sind proportional zueinander und ich kann eine Verhältnisgleichung aufstellen: $\frac{x}{1680} = \frac{50}{650}$
Kann ich auf eine Einheit schließen?	Ich kann berechnen, wieviel Liter im Schnitt für 1 km (bzw. für 100 km) verbraucht werden und dann, wieviel man für 1680 km braucht.
4. Ich führe den Lösungsweg aus und kontrolliere ihn sofort.	
Wie rechne ich am günstigsten?	Ich schließe auf die Einheit. Verbrauch pro 1 km: $50\,l : 650\,\text{km} = 0{,}077\,\frac{l}{\text{km}}$. Verbrauch für 1680 km: $1680\,\text{km} \cdot 0{,}077\,\frac{l}{\text{km}}$ $= 129{,}4\,l$
Kann ich auf einem anderen Weg nachrechnen?	Ich löse die Verhältnisgleichung und erhalte x = 129,23.

Ich frage mich.	Ich antworte, zeichne und rechne.
5. Ich überprüfe das Ergebnis und beantworte die Frage.	
Kann das wahr sein?	Auf der langen Strecke braucht man sicher über 100 *l*.
Welche Genauigkeit ist sinnvoll?	Sinnvoll sind 2 Stellen, da ein Ausgangswert nur zwei Stellen hat und der Verbrauch von vielen Bedingungen abhängt.
Wie lautet die Antwort?	Herr Müller wird etwa 130 *l* brauchen.

9 Monteure brauchen 45 Stunden zum Aufstellen von Maschinen. Wie lange brauchen dafür 15 Monteure?

Ich frage mich.	Ich antworte, zeichne und rechne.
1. Ich lese die Aufgabe mehrmals durch und stelle mir den Sachverhalt vor.	
Worum geht es in der Aufgabe?	Es geht um die Zeit, die Monteure zum Aufstellen von Maschinen benötigen.
2. Ich suche die wesentlichen Angaben heraus.	
Kann ich die Angaben in einer Skizze oder Tabelle darstellen?	<table><tr><td>Monteure</td><td>9</td><td>15</td><td></td></tr><tr><td>Zeit in Stunden</td><td>45</td><td>x</td><td></td></tr></table>
3. Ich suche einen Lösungsweg.	
Sind die Größen proportional zueinander? Ist das Produkt oder das Verhältnis zweier Größen immer gleich?	Das Produkt 9 Monteure · 45 h gibt die Arbeitsstunden an, die abzurechnen sind. Dieser Wert bleibt gleich, wenn die Anzahl der Monteure keinen Einfluß auf die Stundenleistung eines Monteurs hat: $9 \cdot 45 = 15 \cdot x$
Wie ändert sich die eine Größe bei Änderung der anderen?	Doppelt soviel Monteure brauchen bei gleicher Leistung halb soviel Zeit. Die Größen sind **umgekehrt proportional** zueinander.
Kann ich auf eine Einheit schließen?	Ich kann berechnen, wie lange ein Monteur braucht und dann wie lange 15 Monteure benötigen.
4. Ich führe den Lösungsweg aus und kontrolliere ihn sofort.	
Wie rechne ich am günstigsten?	9 Monteure brauchen insgesamt $9 \cdot 45\,h = 405\,h$. Teilen sich 15 die Arbeit, dauert es nur $405\,h : 15 = 27\,h$.
Welcher Weg ist noch möglich?	Lösung der Produktgleichung: $x = 27$.
5. Ich überprüfe das Ergebnis und beantworte die Frage.	
Kann das wahr sein?	Ja, 15 Monteure benötigen bestimmt weniger Zeit als 9 Monteure für die gleiche Arbeit.
Wie lautet die Antwort?	15 Monteure brauchen 27 Stunden für das Aufstellen der Maschinen.

A.1.3 Lösen von Beweisaufgaben

Allgemeine Schrittfolge und mögliche Hilfen

1. Ich lese die Aufgabe mehrmals und suche das Wesentliche heraus. Ich frage mich z. B.
   - Worum geht es in der Aufgabe?
   - Verstehe ich alles im Aufgabentext? Ist eine Skizze möglich?
   - Kann ich mir die Behauptung durch Beispiele verdeutlichen?
   - Wie sind die vorkommenden Begriffe definiert?
   - Was ist die Behauptung? Was sind die Voraussetzungen?
2. Ich suche ein Kette von Begründungen. Ich frage mich z.B.
   - Worum geht es in der Behauptung? Woraus würde die Behauptung folgen? Kenne ich Sätze über die Behauptung? Was müßte ich haben, was müßte ich nachweisen, damit ich die Behauptung unmittelbar daraus ableiten kann?
   - Was läßt sich unmittelbar aus den Voraussetzungen ableiten? Kenne ich Sätze mit gleichen Voraussetzungen?
   - Kann ich aus Beispielen etwas erkennen?
   - Ist es möglich, verschiedene Fälle zu betrachten?
   - Kenne ich eine ähnliche, bereits gelöste Beweisaufgabe?
Läßt sich das Vorgehen auf diese Aufgabe übertragen?
Läßt sich diese Aufgabe auf das gelöste Problem zurückführen?
   - Ist ein indirekter Beweis möglich?
3. Ich schreibe den Beweis auf und kontrolliere sofort jeden Schritt. Ich frage mich z.B.
   - Wie lautet die Begründung für jeden Beweisschritt?
   - Sind die Voraussetzungen der verwendeten Sätze erfüllt?
   - Habe ich alle möglichen Fälle berücksichtigt?
4. Ich kontrolliere den Beweis an der Aufgabenstellung. Ich frage mich z.B.
   - Habe ich bewiesen, was ich sollte?
   - Habe ich alle Voraussetzungen verwendet?

Hinweise zu speziellen Aufgabentypen und Lösungsmethoden

Arithmetische Beweise:
Bei Beweisaufgaben zu Eigenschaften von Zahlen, ist es meist günstig, die Definitionen der Begriffe zu verwenden, die Behauptung mit geeigneten Variablen als Gleichung zu schreiben bzw. Zahlenbeispiele zu betrachten.

■ Es ist zu beweisen, daß das Produkt dreier aufeinanderfolgender Zahlen durch 24 teilbar ist, wenn die kleinste Zahl gerade ist.

Ich frage mich.	Ich antworte, zeichne und schreibe.
1. Ich lese die Aufgabe mehrmals durch und suche das Wesentliche heraus.	
Worum geht es in der Aufgabe?	Es geht um die Teilbarkeit eines Produkts.
Wie sind die vorkommenden Begriffe definiert?	Eine Zahl z ist durch 24 teilbar, wenn es eine natürliche Zahl k gibt, so daß gilt $z = 24 \cdot k$.

A

Ich frage mich.	Ich antworte, zeichne und schreibe.
Was sind die Voraussetzungen?	drei aufeinanderfolgende Zahlen a, b, c mit $a = 2n$, $b = 2n + 1$ und $c = 2n + 2$
Was ist die Behauptung?	$24 \mid a \cdot b \cdot c$
2. Ich suche eine Kette von Begründungen.	
Worum geht es in der Behauptung?	Es geht um die Teilbarkeit von $2n \cdot (2n + 1) \cdot (2n + 2)$ durch 24.
Woraus würde die Behauptung folgen?	Wenn das Produkt durch 3 und durch 8 teilbar ist, ist es auch durch 24 teilbar.
Kann ich aus Beispielen etwas erkennen?	Ich betrachte Zahlenbeispiele: $4 \cdot 5 \cdot 6 = 4 \cdot 5 \cdot (2 \cdot 3) = 8 \cdot 3 \cdot 5 = 24 \cdot 5$ $6 \cdot 7 \cdot 8 = (2 \cdot 3) \cdot 7 \cdot 8 = 24 \cdot 14$ $8 \cdot 9 \cdot 10 = 8 \cdot (3 \cdot 3) \cdot 10 = 24 \cdot 30$ Ich erkenne folgende Gesetzmäßigkeiten, aus denen sich die Teilbarkeit durch 24 ergibt: – Von den drei aufeinanderfolgenden Zahlen ist immer eine durch 3 teilbar. – Die erste und letzte Zahl sind immer durch 2 teilbar. – Entweder ist die erste oder die letzte Zahl durch 4 teilbar.
...	

Geometrische Beweise:

Bei geometrischen Beweisen ist es meist günstig, eine Skizze anzufertigen, in der die Voraussetzungen und die Behauptung gut erkennbar sind.

■ Wenn in einem Trapez ABCD mit $AB \parallel CD$ die Diagonalen senkrecht zueinander sind, dann gilt $\overline{AC}^2 + \overline{BD}^2 = (\overline{AB} + \overline{CD})^2$.

Ich frage mich.	Ich antworte, zeichne und schreibe.
1. Ich lese die Aufgabe mehrmals durch und suche das Wesentliche heraus.	
Worum geht es in der Aufgabe? Ist eine Skizze möglich? Wie sind die vorkommenden Begriffe definiert? Was ist die Behauptung? Was sind die Voraussetzungen?	Es geht um die Seiten und die Diagonalen eines Trapezes. 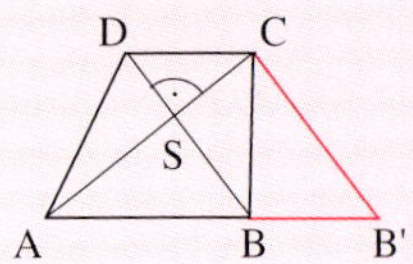 Vor.: $AB \parallel CD$, $AC \perp BD$ Beh.: $\overline{AC}^2 + \overline{BD}^2 = (\overline{AB} + \overline{CD})^2$
2. Ich suche eine Kette von Begründungen.	
Worum geht es in der Behauptung?	In der Behauptung geht es um die Summe der Quadrate zweier Seiten.
Kenne ich andere Sätze über die Behauptung?	Der **Satz des Pythagoras** sagt auch etwas über die Summe der Quadrate von Seiten aus.

Ich frage mich.	Ich antworte, zeichne und schreibe.
Was müßte ich haben, damit ich die Behauptung unmittelbar daraus ableiten kann?	Ich müßte ein rechtwinkliges Dreieck haben, in dem $\overline{AC}$ und $\overline{BD}$ die Katheten sind und $(\overline{AB} + \overline{CD})$ die Hypotenuse ist.
Wie kann ich mir dieses Dreieck verschaffen?	Ich trage die Seite $\overline{CD}$ an $\overline{AB}$ an und erhalte das Dreieck AB'C. Ich muß noch zeigen, daß $\overline{B'C} = \overline{BD}$ und $\sphericalangle ACB' = 90°$ ist. Dies folgt daraus, daß das Viereck BB'CD ein Parallelogramm ist ($\overline{BB'}$ und $\overline{DC}$ sind gleich lang und parallel) und daß dann $\sphericalangle ASB$ und $\sphericalangle ACB'$ Stufenwinkel an Parallelen sind.
...	

A.1.4 Lösen von Konstruktionsaufgaben

Allgemeine Schrittfolge und mögliche Hilfen

1. Ich lese die Aufgabe mehrmals und suche das Wesentliche heraus.
   Ich frage mich z. B.
   - Worum geht es in der Aufgabe?
   - Verstehe ich alles im Aufgabentext?
   - Ist eine günstige Skizze (Planfigur) möglich?
   - Kann ich das Gesuchte skizzieren?
   - Was ist gegeben? Was ist gesucht?
   - Kann ich mir die gesuchte Figur vorstellen?
2. Ich suche einen Lösungsweg.
   Ich frage mich z. B.
   - Kann ich die Aufgabe auf das Bestimmen von Punkten zurückführen?
     Wieviel Punkte brauche ich zur Konstruktion der gesuchten Figur?
   - Auf welchen Linien muß der gesuchte Punkt liegen?
     – Welche beiden Bedingungen soll der Punkt erfüllen?
     – Wo liegen alle Punkte, die die erste Eigenschaft erfüllen?
     – Wo liegen alle Punkte, die die zweite Eigenschaft erfüllen?
   - Was kann ich aus den gegebenen Angaben konstruieren?
   - Kann ich eine Teilfigur konstruieren?
   - Kenne ich eine ähnliche, bereits gelöste Konstruktionsaufgabe?
     Läßt sich das Vorgehen auf diese Aufgabe übertragen?
     Läßt sich diese Aufgabe auf das gelöste Problem zurückführen?
3. Ich führe die Konstruktion aus und kontrolliere sofort jeden Schritt.
   Ich frage mich z. B.
   - Stimmen die verwendeten Maße?
   - Wie weit muß ich die Linien zeichnen, um alle Punkte zu erfassen?
   - Welche Punkte muß ich verbinden?

4. Ich überprüfe die konstruierte Figur an der Aufgabenstellung.
   Ich frage mich z.B.
   - Wieviel Lösungen hat die Aufgabe? Welche sind zueinander kongruent?
   - Kann das wahr sein?
   - Entspricht die konstruierte Figur meiner Vorstellung?

Dreiecks- und Viereckskonstruktionen

Bei Dreiecks- und Viereckskonstruktionen ist es günstig, ein allgemeines Dreieck oder Viereck zu skizzieren und die gegebenen Stücke zu kennzeichnen. Die Aufgaben lassen sich meist auf die Bestimmung von einem oder zwei Punkten reduzieren, für die je zwei Bestimmungslinien gesucht werden sollten.

- Konstruktion eines Dreiecks aus 3 gegebenen Seiten:
  vgl. Abschnitt 5.5.6, S. 206.
- Konstruktion eines Dreiecks bei vorgegebener Höhe:
  vgl. Abschnitt 5.5.6, S. 207.
- Konstruktion eines Dreiecks bei gegebener Winkelhalbierenden:
  vgl. Abschnitt 5.5.6, S. 208.
- Konstruktion eines Dreiecks bei gegebener Seitenhalbierenden:
  vgl. Abschnitt 5.5.6, S. 208.
- Konstruiere ein Dreieck ABC aus $c = 4\,\text{cm}$, $b = 3{,}2\,\text{cm}$ und $\beta = 45°$.

<table>
<tr><th>Ich frage mich.</th><th>Ich antworte, zeichne und schreibe.</th></tr>
<tr><td colspan="2">1. Ich lese die Aufgabe mehrmals durch und suche das Wesentliche heraus.</td></tr>
<tr><td>Worum geht es in der Aufgabe?
Ist eine günstige Skizze möglich?
Was ist gegeben?</td><td>Es geht um die Konstruktion eines Dreiecks.
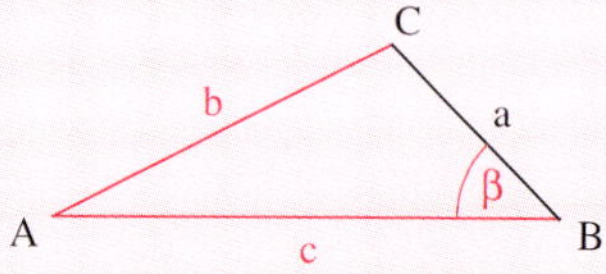
</td></tr>
<tr><td colspan="2">2. Ich suche einen Lösungsweg.</td></tr>
<tr><td>Kann ich die Aufgabe auf das Bestimmen von Punkten zurückführen?
Wieviel Punkte brauche ich zur Konstruktion der gesuchten Figur?</td><td>Ich muß die drei Punkte A, B und C konstruieren.
Mit der Seite $c = 4{,}3\,\text{cm}$ sind die Punkte A und B festgelegt.
Ich muß nur noch den Punkt C bestimmen.</td></tr>
<tr><td>Auf welchen Linien muß der Punkt C liegen?
– Welche beiden Bedingungen soll der Punkt erfüllen?
– Wo liegen alle Punkte, die die erste Eigenschaft erfüllen, und wo liegen alle Punkte, die die zweite Eigenschaft erfüllen?</td><td>Da $b = 3{,}2\,\text{cm}$, muß C den Abstand 3,2 cm von A haben.
C liegt auf dem freien Schenkel von β.
C liegt deshalb
1. auf einem Kreis um A mit dem Radius $b = 3{,}2\,\text{cm}$ und
2. auf dem freien Schenkel eines Winkels von 45°, angetragen an $\overline{AB}$ in B.</td></tr>
</table>

Ich frage mich.	Ich antworte, zeichne und schreibe.
3. Ich führe die Konstruktion aus und kontrolliere sofort jeden Schritt.	
Wie weit muß ich die Linien zeichnen? Welche Punkte muß ich verbinden?	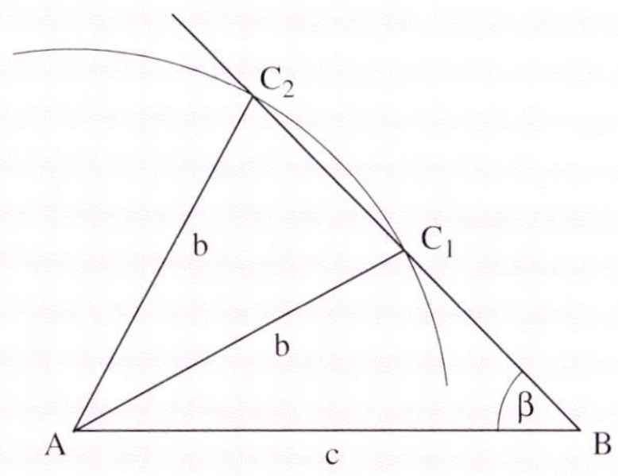
4. Ich überprüfe die konstruierte Figur an der Aufgabenstellung.	
Wieviel Lösungen hat die Aufgabe?	Da der Kreis um A und der freie Schenkel von β zwei Schnittpunkte haben, gibt es zwei Lösungen.
Welche sind zueinander kongruent?	Die Lösungen sind nicht kongruent, da die Seite a in beiden Dreiecken verschieden ist.

Zusammenhang zwischen gegebenen Stücken, Eigenschaften der gesuchten Punkte und Bestimmungslinien für die Punkte bei Dreieckskonstruktionen

Gegebene Stücke	Eigenschaften des gesuchten Punktes	Bestimmungslinie (Menge aller Punkte mit dieser Eigenschaft)
Seite, Seitenhalbierende, Winkelhalbierende, Mittelsenkrechte	Der Punkt hat den gegebenen Abstand von einem Eckpunkt oder Mittelpunkt einer Seite.	Kreis um den Punkt mit der Streckenlänge als Radius
Höhe	Der Punkt hat einen bestimmten Abstand von der gegenüberliegenden Seite.	Parallele zu der gegebenen Seite im Abstand der Länge der Höhe
Winkel und anliegende Seite	Der Punkt liegt auf dem freien Schenkel des Winkels.	
Winkel und gegenüberliegende Seite	Vom gesuchten Punkt aus erscheint die Strecke unter dem gegebenen Winkel.	Kreis über der Strecke mit dem Winkel als Peripheriewinkel

Konstruktion von Körperdarstellungen

Bei Darstellungen von Körpern im Schrägbild bzw. in Eintafel- oder Zweitafelprojektion ist es günstig, zuerst die Bilder der Eckpunkte zu ermitteln, dann alle Kanten dünn einzuzeichnen und anschließend die sichtbaren Kanten dick nachzuzeichnen.

Konstruiere das Schrägbild einer quadratischen Pyramide ABCDS mit der Grundkante $a = 4\,\text{cm}$ und der Höhe $h = 5\,\text{cm}$.

Ich frage mich.	Ich antworte und zeichne.
1. Ich lese die Aufgabe mehrmals durch und suche das Wesentliche heraus.	
Ist eine günstige Skizze möglich? Kann ich das Gesuchte skizzieren? Was ist gegeben? Was ist gesucht?	Ich mache eine Freihandskizze. 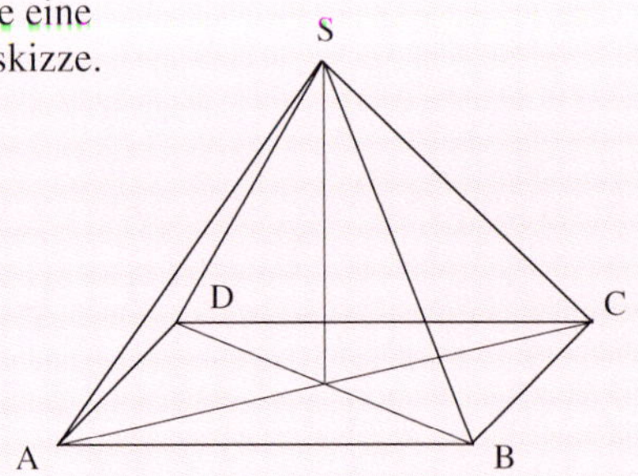
2. Ich suche einen Lösungsweg.	
Wieviel Punkte brauche ich zur Konstruktion der gesuchten Figur?	Ich muß die 5 Eckpunkte konstruieren. Durch die Kante $a = 4\,\text{cm}$ sind die Punkte A und B festgelegt und ich suche noch C, D, S.
Auf welchen Linien muß der Punkt C liegen?	C liegt auf dem freien Schenkel eines Winkels von $45°$, angetragen an $\overline{AB}$, in B in einem Abstand von 2 cm von B.
Auf welchen Linien muß der Punkt D liegen?	D liegt auf der Parallelen zu $\overline{AB}$ durch C und der Parallelen zu $\overline{BC}$ durch A.
Auf welchen Linien muß der Punkt S liegen?	S liegt auf einer Senkrechten zu $\overline{AB}$ durch den Schnittpunkt der Diagonalen in einem Abstand von 5 cm von diesem Punkt.
...	

Konstruktion der wahren Größe und Gestalt von Figuren bei der Zweitafelprojektion: vgl. Abschnitt 7.2.2, S. 277.

Konstruktion des Schrägbilds eines Kreiskegels: vgl. Abschnitt 7.3.2, S. 279, 280.

A.2 Register

A.2.1 Kleines Lexikon zur Herkunft mathematischer Begriffe

Abszisse	abscindere (lat.) – trennen
Addition; addieren	addere (lat.) – hinzufügen
Algebra	abgeleitet von dem Titel eines Buches von AL-CHWARIZMI
Algorithmus	abgeleitet von dem Namen AL-CHWARIZMI (in latinisierter Form)
Äquivalenz, äquivalent	aequus (lat.) – gleich; valere (lat.) – wert sein
Arithmetik	arithmos (αριϑμος, gr.) – Zahl
Arkus	arcus (lat.) – Bogen
Assoziativgesetz	associare (lat.) – verbinden, vereinigen
Axiom	axios (αξιος, gr.) – absoluten Wert habend
Basis	basis (lat.) – Grundlage
Binom	binominis (lat.) – zweinamig
dekadisch	deka (δεκα, gr.) – zehn
Datum (Mz.: Daten)	datum (lat.) – das Gegebene
Dezi-, Dezimal-,	decimus (lat.) – zehnter; decem (lat.) – zehn
Diagonale	dia (δια, gr.) – durch; gonia (γωνια, gr.) – Winkel
Differenz	differentia (lat.) – Unterschied
Diskriminante	discriminare (lat.) – unterscheiden
Dividend	dividere (lat.) – teilen
Division, Divisor	divisio (lat.) – Teilung
Dodekaeder	dodeka (δοδεκα, gr.) – zwölf
Dualsystem	duo (lat.) – zwei; systema (lat.) – das aus mehreren Dingen bestehende Ganze
Ellipse	elleipon (ελλειπον, gr.) – das Fehlen, der Mangel
explizit	explicatus (lat.) – entfaltet, aufgerollt
Exponent	exponere (lat.) – offen hinstellen
Funktion	functio (lat.) – der Wert, dessen Geltung sich nur nach Qualität und Quantität bestimmt
Geometrie	geometrein (γεομετρειν, gr.) – Land vermessen, ausmessen
Gon	gonia (γωνια, gr.) – Winkel
goniometrisch	gonia metrein (γωνια μετρειν, gr.) – Winkel messen
Graph	graphein (γραφειν, gr.) – zeichnen
Hektar	ekaton (εκατον, gr.) – hundert; area (lat.) – Platz
Hexaeder	hex (εξ, gr.) – sechs
Hyperbel	hyperbole (υπερβολη, gr.) – Überschuß
Ikosaeder	eikosi (εικοσι, gr.) – zwanzig

implizit	implicare (lat.) – einwickeln, einrollen
Index	index (lat.) – Anzeige, Aufschrift
Interpolation	interpolatio (lat.) – Umgestaltung (inter – zwischen)
Intervall	intervallum (lat.) – Zwischenraum
invers	inversus (lat.) – umgekehrt
irrational	irrationalis (lat.) – ohne Anwendung der Vernunft ausgeführt
Iteration	iteratio (lat.) – Wiederholung
Kavalierperspektive	cavaliere (ital.) – Ritter; perspicere (lat.) – deutlich sehen
Kathete	kathetos (καθετος, gr.) – die senkrechte Linie
Kilo-	chilioi (χιλιοι, gr.) – tausend
Koeffizient	cum (lat.) – mit; efficiens (lat.) – bewirkend
kollinear	collinere (lat.) – etwas in gerader Linie richten
kommensurabel	commensurabilis (lat.) – gleich zu bemessen, gleichmäßig
Komplementwinkel	complementum (lat.) – Ergänzung
kongruent	congruens (lat.) – übereinstimmend, gleichförmig
Konstante	constans (lat.) – feststehend
Konstruktion	constructio (lat.) – Bau, Zusammenführung
konvex	convexus (lat.) – gewölbt
Koordinate	cum (lat) – zusammen, mit; ordinatio (lat.) – Anordnung, Aufstellung
Kubik; Kubus	kubos (κυβος, gr.) – Würfel
lexikographisch	lexis (λεξις, gr.) – das Wort; graphein (γραφειν, gr.) – schreiben
linear	linea (lat.) – Linie, Strich
Logarithmus	logos (λογος, gr.) – Wort; arithmos (αριθμος, lat.) Zahl
Mathematik	mathema (μαθεμα, gr.) – Wissenschaft
Millimeter	mille (lat.) – tausend
Minuend; Minus	minuere (lat.) – verkleinern, vermindern
Minute	abgeleitet von „partes minutae primae" – „erste verminderte Teile" (lat.)
Modul	modulus (lat.) – Maßstab
Monom	monos (μονος, gr.) – einzeln
Monotonie	monotonos (μονοτονως, gr.) – mit immer gleicher Spannung
Multiplikation	multiplicare (lat.) – vervielfältigen, vervielfachen (multum – viel)
negativ	negare (lat.) – verneinen
Oktaeder	okto (οκτω, gr.) – acht
Operation	opera (lat.) – Mühe, Arbeit
Ordinate	ordinatus (lat.) – geordnet
orthogonal	orthos (ορθος, gr.) – senkrecht; gonia (γωνια, gr.) – Winkel

Parabel	paraballein (παραβαλλειν, gr.) – vergleichen
Parallele, Parallelogramm	parallelos (παραλληλος, gr.) – die Parallele
Parameter	parametrein (παραμετρειν, gr.) – nach etwas messen, vergleichen
Passante	pass (engl.), passer (frz.) – vorbeigehen
Peripherie	perifereia (περιφερεια, gr.) – die Kreislinie
Periode	periodos (περιοδος, gr.) – Periode, Gliedersatz
Permutation	permutatio (lat.) – Veränderung
Perspektive	perspicere (lat.) – deutlich sehen
Planimetrie	planus (lat.) – eben, flach; metrein (μετρειν, gr.) – messen
plus	plus (lat.) – mehr
Polyeder, Polynom	poly (πολυ, gr.) – viel
Polygon	polygonion (πολυγωνιον, gr.) – Vieleck
Positionssystem	positio (lat.) – Lage, Stellung; systema (lat.) – das aus mehreren Dingen bestehende Ganze
positiv	positivus (lat.) – im Positiv stehend
Potenz	potentia (lat.) – Kraft, Macht
Primzahl	primus (lat.) – erster
Prisma	priein (πριειν, gr.) – zersägen, auseinanderbrechen
Produkt	producere (lat.) – hervorbringen
Projektion	proicere (lat.) – hinwerfen
Proportionale	proportio (lat.) – Verhältnis
Prozent	pro (lat.) – für; centum (lat.) – hundert
Promille	pro (lat.) – für; mille (lat.) – tausend
Pyramide	pyramis (πυραμις, gr.) – die Pyramide
Quader, Quadrat	quadrus (lat.) – viereckig
Quadrant	quadrans (lat.) – Viertel
Quotient	quotiens (lat.) – wie oft?
Radikand, radizieren	radix (lat.) – Wurzel
Radius	radius (lat.) – Strahl, Stab
rational	ratio (lat.) – Rechnung, Methode
Relation	relatio (lat.) – die Beziehung, das Verhältnis
reziprok	reciprocus (lat.) – umgekehrt
Rhombus	rhombus (lat.) – Rhombus, Raute, das verschobene Quadrat
Sekante, Sektor	secare (lat.) – schneiden
Sekunde	abgeleitet von „partes minutae secundae" – „zweite verminderte Teile" (lat.)
Sexagesimalsystem	sexagesimus (lat.) – sechzig; systema (lat.) – das aus mehreren Dingen bestehende Ganze

Statistik	status (lat.) – das Bestehende, der Zustand
Stereometrie	stereoma (στερεωμα, gr.) – fester Körper, Stärke; metrein (μετρειν, gr.) – messen
stochastisch	stochastike (στοχαστικη, gr.) – zum Zielen, zum Erraten gehörend
Substitution	substituere (lat.) – einsetzen, ersetzen
Subtraktion	subtrahere (lat.) – abziehen
Supplementwinkel	supplementum (lat.) – Ergänzung
Symmetrie	symmetria (συμμετρια, gr.) – das Ebenmaß
Tangente, Tangens	tangere (lat.) – berühren
Tetraeder	tettares (τετταρες, gr.) – vier
Trapez	trapezion (τραπεζιον, gr.) – das ungleichmäßige Viereck
Trigonometrie	treis (τρεις, gr.) – drei; gonia (γωνια, gr.) – Winkel; metrein (μετρειν, gr.) – messen
Variable	varius (lat.) – verschieden, wechselnd
Vektor	vector (lat.) – Träger
Volumen	volumen (lat.) – Windung, Krümmung
Zentimeter	centum (lat.) – hundert
Zirkel	circulus (lat.) – Kreislinie
Zylinder	kylindros (κυλινδρος, gr,) – Zylinder

Abkürzungen in der Rechentechnik (Taschenrechner)

deg	degree (engl.) – Grad
grd	(Neu-)Grad, Gon
M	memory (engl.) – Gedächtnis
MR	memory (engl.) – Gedächtnis, recall (engl.) zurückrufen
MC	memory (engl.) – Gedächtnis; clear (engl.) – löschen, säubern
rad	Radiant, Bogenmaß

A.2.2 Sachregister

A

F

G

A

H

I

Q

R

S

T

U

A

X

Y

Z

A.2.3 Personenregister

In diesem Buch verwendete mathematische Zeichen und Symbole

Zeichen	Sprechweise / Bedeutung	Zeichen	Sprechweise / Bedeutung
$=$	gleich	$\sim$	proportional; ähnlich (Geometrie)
$\neq$	ungleich	$\cong$	kongruent, deckungsgleich
$<$	kleiner als	$\parallel$	parallel zu, Beispiel: $g \parallel h$
$\leq$	kleiner oder gleich	$\perp$	senkrecht auf, rechtwinklig zu
$>$	größer als	$\triangle ABC$	Dreieck mit den Eckpunkten A, B, C
$\geq$	größer oder gleich	$\sphericalangle$	Winkel
$\approx$	rund, angenähert	$\measuredangle$	orientierter Winkel
$\widehat{=}$	entspricht	$\overline{AB}$	Strecke AB
$\%$	Prozent	$\vec{a}, \vec{F}, \overrightarrow{AB}$	Vektoren
‰	Promille		
$a \mid b$	a teilt b, a ist Teiler von b	A, B, M_1	Mengen
$a \nmid b$	a teilt nicht b	$\{a; b\}$	Menge mit den Elementen a und b
$+$	plus	$\emptyset$	leere Menge
$-$	minus	$\{x \mid x = ...\}$	Menge aller x, für die gilt: ...
$\cdot$	mal, multipliziert mit	$\in$	Element von
$a : b \quad \frac{a}{b}$	a durch b, a geteilt durch b	$\notin$	nicht Element von
a^b	a hoch b (Potenz)	$\subseteq$	Teilmenge von
$\sqrt{}$	Quadratwurzel aus	$\subset$	echte Teilmenge von
$\sqrt[n]{}$	n-te Wurzel aus	$A \cap B$	Durchschnittsmenge von A und B
$\log_a x$	Logarithmus x zur Basis a	$A \cup B$	Vereinigungsmenge von A und B
$\lg x$	Logarithmus x zur Basis 10	$\overline{A}$	Komplementärmenge zu A
$\ln x$	Logarithmus x zur e	$A \setminus B$	Differenzmenge A ohne B
$\lvert x \rvert$	Betrag von x	$A \times B$	Produktmenge von A und B
sin	Sinus		
cos	Kosinus	$\mathbb{N}$	Menge der natürlichen Zahlen
tan	Tangens	$\mathbb{Z}$	Menge der ganzen Zahlen
cot	Kotangens	$\mathbb{Q}_+$	Menge der gebrochenen Zahlen
$n!$	n Fakultät	$\mathbb{Q}$	Menge der rationalen Zahlen
$\binom{n}{k}$	n über k (Binomialkoeffizient)	$\mathbb{R}$	Menge der reellen Zahlen
$\Rightarrow$	wenn ..., dann ... (Implikation)	$]a, b[$	offenes Intervall von a bis b
$\Leftrightarrow$	genau dann, wenn (Äquivalenz)	$[a, b]$	abgeschlossenes Intervall
$\wedge$	und (Konjunktion)	$[a, b[$	halboffenes Intervall
$\vee$	oder (Disjunktion)	$(a; b)$	geordnetes Paar
$\dot{\vee}$	entweder..., oder... (Alternative)	∞	unendlich
$\neg$	nicht (Negation)		
$f(x)$	f von x (Wert der Funktion f an der Stelle x)	$\longmapsto$	Zuordnung, Beispiel: $x \longmapsto x^2$